Stitz/Keller
Spritzgießtechnik

Siegfried Stitz / Walter Keller

Spritzgießtechnik

Verarbeitung – Maschine – Peripherie

HANSER

Die Autoren:
Prof. Dr.-Ing. Siegfried Stitz, Fachhochschule Würzburg–Schweinfurt, Studiengang Kunststofftechnik, 97070 Würzburg
Dipl.-Ing. (ETH) Walter Keller, Papierfabriken Cham-Tenero AG, CH-6330 Cham, und Fachhochschule Aargau, Nachdiplomstudium Kunststofftechnik, CH-5210 Windisch

Alle in diesem Buch enthaltenen Verfahren und Berechnungen wurden nach bestem Wissen erstellt und mit Sorgfalt getestet. Dennoch sind Fehler nicht ganz auszuschließen. Aus diesem Grund sind die in diesem Buch enthaltenen Verfahren und Berechnungen mit keiner Verpflichtung oder Garantie irgendeiner Art verbunden. Autor und Verlag übernehmen infolgedessen keine Verantwortung und werden keine daraus folgende oder sonstige Haftung übernehmen, die auf irgendeine Art aus der Benutzung dieser Verfahren und Berechnungen oder Teilen davon entsteht.

Die Wiedergabe von Gebrauchsnamen, Handelsnamen, Warenbezeichnungen usw. in diesem Werk berechtigt auch ohne besondere Kennzeichnung nicht zu der Annahme, dass solche Namen im Sinne der Warenzeichen- und Markenschutz-Gesetzgebung als frei zu betrachten wären und daher von jedermann benutzt werden dürften.

Die Deutsche Bibliothek – CIP-Einheitsaufnahme
Stitz, Siegfried:
Spritzgießtechnik : Verarbeitung – Maschine – Peripherie : Siegfried Stitz/Walter Keller. – München ; Wien : Hanser, 2001
  ISBN 3-446-21401-1

Dieses Werk ist urheberrechtlich geschützt.
Alle Rechte, auch die der Übersetzung, des Nachdruckes und der Vervielfältigung des Buches, oder Teilen daraus, vorbehalten. Kein Teil des Werkes darf ohne schriftliche Genehmigung des Verlages in irgendeiner Form (Fotokopie, Mikrofilm oder ein anderes Verfahren), auch nicht für Zwecke der Unterrichtsgestaltung, reproduziert oder unter Verwendung elektronischer Systeme verarbeitet, vervielfältigt oder verbreitet werden.

© 2001 Carl Hanser Verlag München Wien
Herstellung: Martha Kürzl, Stafford, UK (martha@kurzl.softnet.co.uk)
Satz, Druck und Bindung: Kösel, Kempten (www.koeselbuch.de)
Printed in Germany

Vorwort

Das vorliegende Buch versucht, dem Praktiker wie dem Studierenden eine umfassende Darstellung der Spritzgießtechnik – vom Anfänger- bis zum Expertenwissen – zu geben. Durch die Breite des angebotenen Stoffs ergab sich ein beachtlicher Umfang, aus dem der Leser die seinen Wünschen entsprechenden Informationen auswählen sollte.

Der Inhalt des Buchs gliedert sich den Studienplänen an Fachhochschulen entsprechend in zwei Hauptgebiete: Spritzgießverarbeitung und Spritzgießmaschinen. Schwerpunkt der Verarbeitung sind die Gesetzmäßigkeiten der Formteilbildung und ihre Auswirkung auf Formteilqualität und Fertigungszeit. Daraus werden Konsequenzen für die Prozesssteuerung abgeleitet. Die zugehörige Theorie vermittelt dem Leser das notwendige physikalische Verständnis, das ihm ermöglicht zielgerichtet und schnell Fehler zu beseitigen und einen wirtschaftlichen Verfahrensablauf zu erreichen. Als Schwerpunkt der Maschinentechnik stehen der Aufbau und die Varianten der Spritzgießmaschine einschließlich neuester Entwicklungen im Vordergrund. Die wichtigsten Peripheriegeräte und Automatisierungsmöglichkeiten werden so umfassend wie nötig dargestellt. Zusätzlich zur Thermoplastverarbeitung werden die Besonderheiten der Verarbeitung von Duroplasten und Elastomeren sowie der Spritzgießmaschinen für diese Werkstoffe behandelt. Ein eigenes Kapitel wurde den Sonderverfahren gewidmet, die einen Wettbewerbsvorsprung gegenüber Billiganbietern ermöglichen. Ziel des Kapitels „Einführung in die Werkzeugtechnik" ist es, Kenntnisse, die beim Umgang mit Werkzeugen erforderlich sind, zu vermitteln. Tiefergehendes Wissen, wie es für die Konstruktion und Fertigung von Werkzeugen nötig ist, kann spezieller Literatur entnommen werden. Nicht zuletzt werden Wirtschaftlichkeitsaspekte, wie sie für die Vorkalkulation von Formteilen oder die Maschinenbeschaffung nötig sind, berücksichtigt.

Das Buch entstand aus Vorlesungsskripten und Kursunterlagen für die Fächer Kunststoffverarbeitung und Kunststoffverarbeitungsmaschinen an den Fachhochschulen Würzburg-Schweinfurt und Aargau/Schweiz für Studierende des Studiengangs Kunststofftechnik und für die Weiterbildung von Praktikern, die ihr Wissen aktualisieren und vertiefen wollen. Die Autoren haben durch eigene Forschungstätigkeiten und ihren beruflichen Werdegang bei Maschinenherstellern, Verarbeitern und im Werkzeugbau ein langjährig erlebtes Wissen auf diesen Gebieten und durch ihre Lehrtätigkeit Erfahrung in der Darstellung des Stoffs.

Zahlreichen Studien- und Diplomarbeitern, die in diesem Buch nicht erwähnt wurden, da die Arbeiten der Öffentlichkeit nicht zugänglich sind, soll auf diesem Wege für ihre Beiträge gedankt werden. Auch allen Mitarbeitern des Carl Hanser Verlags, die an der Herstellung des Buchs beteiligt waren, gilt ein besonderer Dank.

Die Autoren freuen sich, wenn das Buch den Lesern bei ihrer Arbeit im Bereich der Spritzgießtechnik helfen wird, Zusammenhänge besser zu verstehen und Probleme zu lösen. Anregungen und Verbesserungsvorschläge werden gerne entgegengenommen.

Würzburg und Obfelden

Siegfried Stitz
Walter Keller

Inhaltsverzeichnis

1 Spritzgießen von Thermoplasten 19
1.1 Wirtschaftliche Bedeutung des Spritzgießverfahrens 19
1.2 Einführung in den Verfahrensablauf 20
    1.2.1   Plastifizieren und Dosieren 21
    1.2.2   Einspritzen, Nachdrücken, Abkühlen 21
    1.2.3   Entformen 21
    1.2.4   Der Arbeitszyklus 22
    1.2.4.1   Balkendiagramm 22
    1.2.4.2   Weg-Zeit-Diagramm 23
    1.2.4.3   Kreisdiagramm 23
1.3 Spritzgießsystem und Prozessvariable 26
    1.3.1   Bestandteile 26
    1.3.2   Definition des Prozesses 26
    1.3.3   Einteilung der Prozessvariablen 26
    1.3.3.1   Einstellgrößen 27
    1.3.3.2   Störgrößen 29
    1.3.3.3   Parameter 29
    1.3.3.4   Ausgangsgrößen 29
    1.3.3.5   Zielgrößen 29
1.4 Rheologische Grundlagen 30
    1.4.1   Schichtmodell der Scherströmung 30
    1.4.2   Basisgrößen 31
    1.4.2.1   Schubspannung 31
    1.4.2.2   Scher- und Deformationsgeschwindigkeit 32
    1.4.3   (Scher-)Viskosität 32
    1.4.3.1   Strukturviskosität 33
    1.4.3.2   Einflussgrößen 33
    1.4.3.3   Ermittlung des viskosen Fließverhaltens 35
    1.4.4   Druckverluste und Druck 36
    1.4.4.1   Hagen-Poiseuillesche Gesetze 37
    1.4.4.2   Druck 37
1.5 Formmasse 38
    1.5.1   Darbietungsformen 40
    1.5.2   Fließfähigkeit 40
    1.5.3   Thermische Beständigkeit 41
    1.5.4   Wassergehalt 42
    1.5.4.1   Problematik 42
    1.5.4.2   Feuchtebestimmung 43
    1.5.5   Einfärben 43
    1.5.5.1   Grundsätzliche Möglichkeiten 43
    1.5.5.2   Masterbatch 44
    1.5.5.3   Wirtschaftlichkeitsaspekte der Selbsteinfärbung 44

	1.5.6	Recycling im Spritzgießbetrieb	45
	1.5.6.1	Verwendbarkeit von Mahlgut	45
	1.5.6.2	Bestimmung der Anteile von Originalmaterial und Mahlgut	45
	1.5.6.3	Einfluss des Mahlguts auf die Verarbeitung	46
1.6	Die Plastifizierung	46
	1.6.1	Funktionen der Schnecke	46
	1.6.2	Plastifiziervorgang	46
	1.6.2.1	Aufschmelzvorgang	46
	1.6.2.2	Strömungsformen	47
1.7	Die Formteilbildung	49
	1.7.1	Druckverlauf in Maschine und Werkzeug	49
	1.7.1.1	Druckanstieg	49
	1.7.1.2	Druckabbau	52
	1.7.1.3	Gemessene Druckverläufe aus der Praxis	54
	1.7.1.4	Druckverlauf längs und quer zum Fließweg	58
	1.7.1.5	Kenngrößen des Forminnendrucks	58
	1.7.1.6	Steuerung des Druckverlaufs	59
	1.7.2	Temperaturen bei der Formteilbildung	67
	1.7.2.1	Temperaturerhöhung durch Reibung	68
	1.7.2.2	Abkühlung durch Wärmeleitung	69
	1.7.2.3	Stoffwerte	75
	1.7.2.4	Temperaturen beim Füllen	77
	1.7.2.5	Abkühlung der Masse nach dem Füllen	79
	1.7.2.6	Entformungstemperatur	80
	1.7.2.7	Werkzeugtemperatur	82
	1.7.2.8	Steuerung des Massetemperaturverlaufs im Werkzeug	85
	1.7.3	Veränderungen des Werkzeugvolumens	85
	1.7.3.1	Werkzeugatmung	85
	1.7.3.2	Folgen für Qualität und Fertigung	86
	1.7.3.3	Gemessene Verformungen	87
	1.7.4	Formteilbildung im p-v-ϑ-Diagramm	90
	1.7.4.1	Töpfchenmodell	90
	1.7.4.2	Spezifisches Volumen	91
	1.7.4.3	p-v-ϑ-Diagramme	91
	1.7.4.4	Alternative Beschreibungsmöglichkeiten	93
	1.7.4.5	Einfluss der Abkühlgeschwindigkeit	93
	1.7.4.6	p-v-ϑ-Messmethoden	95
	1.7.4.7	Zustandskurve	96
1.8	Qualität der Formteile	98
	1.8.1	Formteilgewicht als Maß der Verdichtung	98
	1.8.2	Schwindung	98
	1.8.2.1	Maßänderungsverhalten von Spritzgussteilen	99
	1.8.2.2	Definitionen	99
	1.8.2.3	Bedeutung der Schwindung	100
	1.8.2.4	Volumenschwindung	100
	1.8.2.5	Einflussgrößen	102
	1.8.2.6	Von der Volumen- zur Maßschwindung	103
	1.8.2.7	Komplikationen der Wirklichkeit	106
	1.8.2.8	Schwindungs- und Verzugsberechnung mit Simulationsprogrammen	106
	1.8.2.9	Schwindungswerte für die Werkzeugauslegung	107

	1.8.3	Verzug	107
	1.8.3.1	Definition	107
	1.8.3.2	Labiler und stabiler Verzug	107
	1.8.3.3	Ursachen	108
	1.8.3.4	Verzugsanalyse	112
	1.8.3.5	Maßnahmen zur Veringerung von Verzügen	115
	1.8.4	Molekulare Orientierungen	116
	1.8.4.1	Definition	116
	1.8.4.2	Einfluss auf die Formteileigenschaften	116
	1.8.4.3	Ziel für den Spritzgießer	116
	1.8.4.4	Entstehung von Orientierungen	116
	1.8.4.5	Rückstellung von Orientierungen	118
	1.8.4.6	Nachweis von Orientierungen	120
	1.8.4.7	Orientierungszustand im Spritzgussteil	120
	1.8.4.8	Einfluss der Einstellgrößen	123
	1.8.5	Orientierungen von Füll- und Verstärkungsstoffen	125
	1.8.5.1	Glasfasergröße	126
	1.8.5.2	Einfluss auf die Formteileigenschaften	126
	1.8.5.3	Faserorientierungen im Spritzgussteil	126
	1.8.5.4	Oberflächenbeschaffenheit	128
	1.8.5.5	Schwindungsverhalten in Faserrichtung und quer dazu	129
	1.8.5.6	Beeinflussung der Faserorientierung	129
	1.8.6	Eigenspannungszustand in Spritzgussteilen	130
	1.8.6.1	Definition	130
	1.8.6.2	Ursachen	131
	1.8.6.3	Nachweis	133
	1.8.6.4	Reduzierung von Spannungen	135
	1.8.7	Spannungsrisse	135
	1.8.7.1	Erscheinungsbild	135
	1.8.7.2	Ursachen	135
	1.8.7.3	Nachweis	136
	1.8.7.4	Beeinflussung	136
	1.8.8	Kristallines Gefüge von Spritzgussteilen	136
	1.8.8.1	Kristallinität bei Kunststoffen	136
	1.8.8.2	Entstehung von kristallinem Gefüge	137
	1.8.8.3	Gefügeaufbau im Querschnitt von Spritzgussteilen	138
	1.8.8.4	Bestimmung des Kristallisationsgrades	139
	1.8.8.5	Einfluss der Teilkristallinität auf die Formteileigenschaften	139
	1.8.8.6	Einfluss der Verarbeitungsbedingungen	140
	1.8.9	Spritzfehler	141
1.9		Qualitätssicherung in der Produktion	145
	1.9.1	Definitionen	145
	1.9.1.1	Qualität	145
	1.9.1.2	Qualitätssicherung	145
	1.9.1.3	Qualitätssicherungssysteme	146
	1.9.2	Statistische Prozesskontrolle (SPC)	147
	1.9.2.1	Normalverteilung	147
	1.9.2.2	Maschinenfähigkeit	148
	1.9.2.3	Qualitätsregelkarte	149
	1.9.2.4	Eingriffsgrenzen	149
	1.9.2.5	Prozessfähigkeit	151

1.9.2.6	Zielsetzung von SPC	151
1.9.2.7	Grenzen der Anwendbarkeit von SPC-Methoden	152
1.9.3	Spritzgießspezifische Qualitätssicherung	152
1.9.3.1	Prozessdokumentation	152
1.9.3.2	Überwachung von Prozessparametern	153
1.9.3.3	Auswahl der Überwachungsgrößen	153
1.9.3.4	Überwachungsgrenzen	156
1.10	Optimierungsstrategien	156
1.10.1	Programmierung der Einstellogik	156
1.10.2	Thermodynamische Prozessführung	157
1.10.2.1	Prinzipien der thermodynamischen Prozessführung	157
1.10.2.2	Aufgabengrößen	157
1.10.2.3	Optimierungsmöglichkeiten	158
1.10.2.4	Reproduktion und Regelung der Formteilbildung mit Hilfe der Zustandsgrößen	158
1.10.3	Evolutionsstrategie	160
1.10.4	Statistische Verfahren	160
1.10.5	Kombinierte Verfahren	161
1.10.6	Schalenmodell	161
1.11	Sonderverfahren	162
1.11.1	Mehrkomponentenspritzgießen	162
1.11.1.1	Über- oder Aneinanderspritzen (Overmolding)	162
1.11.1.2	Spritzgießen beweglicher Teile	165
1.11.1.3	Werkstoffpaarungen	167
1.11.1.4	Sandwichspritzgießen oder Coinjektionsverfahren	168
1.11.1.5	Marmorieren	170
1.11.1.6	Biinjektion	171
1.11.2	Gegentaktspritzgießen	171
1.11.2.1	Gegentaktspritzgießen mit zwei Werkstoffen	171
1.11.2.2	Gegentaktspritzgießen mit einem Werkstoff	172
1.11.3	Fluidinjektionsverfahren	172
1.11.3.1	Gasinjektionstechnik	172
1.11.3.2	Gashinterdrucktechnik	177
1.11.3.3	Wasserinjektionstechnik	177
1.11.4	Hinterspritztechnik	178
1.11.4.1	Hinterspritzen von Kunststoff-Folien oder Papier	178
1.11.4.2	Hinterspritzen von Textilien	182
1.11.4.3	Wirtschaftlichkeit der Hinterspritztechniken	185
1.11.5	Kaskadenspritzgießen	186
1.11.6	Herstellung von Schaltungsträgern (MID)	187
1.11.7	Spritzen von Hybridteilen	188
1.11.7.1	Umspritzen von Einlegeteilen	188
1.11.7.2	Anspritzen an Einlegeteile	191
1.11.7.3	Hybride Strukturbauteile	192
1.11.8	Reduzierte Wanddicken und Mikrospritzguss	194
1.11.8.1	Dünnwandtechnik	194
1.11.8.2	Herstellung von Chipkarten	194
1.11.8.3	Spritzgießen von optischen Datenträgern	195
1.11.8.4	Abformen von Mikrostrukturen	198
1.11.8.5	Mikroformteile	200

1.11.9	Pulverspritzgießen	200
1.11.9.1	Produkte	200
1.11.9.2	Herstellverfahren	201
1.11.9.3	Materialien	202
1.11.10	Magnesiumspritzgießen	202
1.11.11	Thermoplast-Schaumguss (TSG)	203
1.11.11.1	Grundlegende Vor- und Nachteile	203
1.11.11.2	Verfahrenstechnik	204
1.11.11.3	Neue Wege	204
1.11.12	Spritzprägen	204
1.11.13	Spritzblasen	205
1.11.14	Intrusion	206

2 Spritzgießen vernetzender Polymere ... 207

2.1	Zur Entwicklungsgeschichte		207
	2.1.1	Entwicklung der Duroplaste und ihrer Verarbeitung	207
	2.1.2	Kautschukgeschichte	209
2.2	Struktur und Eigenschaften von Polymeren		209
2.3	Duroplaste		210
	2.3.1	Typisierung der Formmassen	210
	2.3.2	Phenolharz-Formmassen (PF)	211
	2.3.3	Harnstoffharz-Formmassen (UF)	213
	2.3.4	Melaminharz-Formmassen (MF)	214
	2.3.5	Epoxidharz-Formmassen (EP)	214
	2.3.6	Diallylphthalat-Formmassen	215
	2.3.7	Feuchtpolyesterharz-Formmassen	216
	2.3.8	Trockenpolyesterharz-Formmassen (GMC)	217
	2.3.9	Polyimid-Formmassen	218
	2.3.10	Übersicht über wichtige Materialdaten	218
2.4	Elastomere		220
	2.4.1	Kautschuk	220
	2.4.2	Gummi	221
	2.4.3	Silikone	222
	2.4.4	HTV-Silikonformmassen	223
	2.4.5	Flüssigsilikonkautschuke LSR	223
2.5	Verfahrenstechnik		224
	2.5.1	Grundlegende Unterschiede zum Spritzgießen von Thermoplasten	224
	2.5.2	Aufbereitung der Formmassen	225
	2.5.2.1	Aufbereitung von duroplastischen Formmassen	225
	2.5.2.2	Aufbereitung von Kautschuk	226
	2.5.3	Darbietungsformen	227
	2.5.4	Fließ-/Vernetzungsverhalten	228
	2.5.4.1	Viskositätsverlauf bei der Verarbeitung	228
	2.5.4.2	Steuerung des Fließ-/Vernetzungsverhaltens	229
	2.5.5	Temperaturführung	231
	2.5.6	Besonderheiten der Plastifizierung	233
	2.5.7	Einspritzphase	234
	2.5.8	Nachdruck	236

	2.5.9	Heiz-/Kühlzeit	236
	2.5.10	Forminnendruckverlauf bei reagierenden Formmassen	238
	2.5.11	Entlüften/Evakuieren der Werkzeuge	239
	2.5.12	Spritzprägen von Duroplasten	240
	2.5.13	Feuchtpolyesterverarbeitung	242
	2.5.14	Faserorientierungen, Schwindung und Verzug bei Duroplasten	243
	2.5.15	Typische Verarbeitungsprobleme bei Duroplasten und Gegenmaßnahmen	245
2.6	Herstellverfahren für Gummiformteilen		247

3 Die Thermoplast-Spritzgießmaschine ... 249

3.1	Geschichtliches		249
3.2	Zur wirtschaftlichen Bedeutung		250
	3.2.1	Markt	250
	3.2.2	Angebot	250
3.3	Normen		251
	3.3.1	EUROMAP	251
	3.3.2	Andere Normen	252
	3.3.3	Klassifizierung der Maschinen	252
3.4	Maschinenaufbau		253
3.5	Plastifizier- und Spritzaggregat		254
3.6	Massezylinder		255
	3.6.1	Beheizung des Massezylinders	255
	3.6.2	Temperaturmessung	256
	3.6.3	Einzugstasche	257
	3.6.4	Zylinderkopf	257
	3.6.5	Düsen	257
	3.6.5.1	Offene Düse	258
	3.6.5.2	Verschlussdüsen	258
	3.6.6	Sonderdüsen	260
	3.6.7	Ankoppelung der Düse an das Werkzeug	261
	3.6.8	Beheizung und Messeinrichtung	262
3.7	Schnecken und Zubehör		262
	3.7.1	Standardschnecke	263
	3.7.2	Schnecken für spezielle Thermoplaste	265
	3.7.3	Barriereschnecken	266
	3.7.4	Entgasungsschnecken	267
	3.7.5	Schneckenspitzen	267
	3.7.6	Rückströmsperren	268
3.8	Schneckenantrieb		269
	3.8.1	Ausführungsformen	269
	3.8.2	Axialantrieb	270
	3.8.3	Rotatorischer Schneckenantrieb	270
	3.8.3.1	Elektromotorischer Schneckenantrieb	271
	3.8.3.2	Hydromotorischer Schneckenantrieb	271
3.9	Führung und Betätigung des Aggregats		272

3.10	Andere Spritz- und Plastifiziereinheiten		273
	3.10.1	Kolbenplastifizieraggregat	273
	3.10.2	Schneckenvorplastifizierung mit Kolbeneinspritzung	273
3.11	Leistungsdaten der Spritzaggregate		274
	3.11.1	Hubvolumen, Schussgewicht	274
	3.11.2	Einspritzleistung	275
	3.11.3	Einspritzstrom	275
	3.11.4	Plastifizierstrom	276
	3.11.5	Plastifizierleistung	276
3.12	Verschleiß		276
	3.12.1	Abrasiver Verschleiß	276
	3.12.2	Adhäsiver Verschleiß	277
	3.12.3	Kavitation	277
	3.12.4	Korrosion	277
	3.12.5	„Fressen"	277
	3.12.6	Verschleißschutz	277
3.13	Schließeinheit		278
	3.13.1	Funktionen	278
	3.13.2	Mechanische Zuhaltung (formschlüssige Verriegelung)	279
	3.13.2.1	Kinematik	279
	3.13.2.2	Bauarten	280
	3.13.2.3	Schließ- und Zuhaltekraft bei mechanischen Schließeinheiten	283
	3.13.3	Hydraulische Schließeinheiten	284
	3.13.3.1	Vollhydraulische Schließeinheiten	284
	3.13.3.2	Schließ- und Zuhaltekraft bei hydraulischen Schließeinheiten	285
	3.13.3.3	Hydraulische Schließeinheit mit mechanischer Verriegelung	286
	3.13.4	Zwei-Plattenschließeinheit	286
	3.13.4.1	Prinzip	286
	3.13.4.2	Bauarten	287
	3.13.5	Holmlose Schließeinheiten	289
	3.13.5.1	C-Rahmen	290
	3.13.5.2	H-Rahmen	291
	3.13.6	Verformungsverhalten von Aufspannplatten	292
	3.13.7	Führungen	292
	3.13.8	Vergleich der Schließsysteme	293
	3.13.8.1	Schließ- und Zuhaltekraft	293
	3.13.8.2	Trockenlaufzeiten	293
	3.13.8.3	Krafteinleitung und Plattenverformungen	293
	3.13.8.4	Gesamtvergleich	294
	3.13.9	Werkzeugsicherung	295
	3.13.10	Auswerfer	295
3.14	Maschinenständer		295
	3.14.1	Aufgaben des Ständers	295
	3.14.2	Ausführung	296
3.15	Sicherheitseinrichtungen		296
	3.15.1	Notwendigkeit	296
	3.15.2	Verschalungen	297
	3.15.3	Steuerungstechnische und hydraulische Sicherheitseinrichtungen	297

3.16 Hydraulische Antriebe 298
    3.16.1   Grundlagen 298
    3.16.1.1   Hydraulikkreislauf 298
    3.16.1.2   Sinnbilder für hydraulische Bauelemente und Schaltpläne 300
    3.16.2   Elemente der Hydraulik 302
    3.16.2.1   Hydropumpen und -motoren 302
    3.16.2.2   Hydrozylinder (Linearmotor) 305
    3.16.2.3   Sperrventile 306
    3.16.2.4   Druckventile 307
    3.16.2.5   Stromventile 309
    3.16.2.6   Wegeventile 310
    3.16.2.7   Proportionalventile 311
    3.16.2.8   Servoventile 313
    3.16.2.9   Hydrospeicher 313
    3.16.2.10   Verkettung 314
    3.16.2.11   Ölversorgungssystem 314
    3.16.3   Prinzipielle Steuer-, Regelkonzepte für Druck- und Volumenstrom 315
    3.16.4   Hydraulische Verbraucher einer Spritzgießmaschine 318
    3.16.5   Antriebsysteme mit zentraler Druck- und Mengensteuerung 318
    3.16.5.1   Einkreissysteme 318
    3.16.5.2   Zweikreissysteme 320
    3.16.6   Dezentrale Druck- und Mengensteuerung 321

3.17 Elektrische Direktantriebe 322
    3.17.1   Servomotoren 323
    3.17.2   Umsetzung der Drehbewegung in translatorische Bewegungen 323
    3.17.3   Antriebseinheiten einer vollelektrischen Spritzgießmaschine 325
    3.17.3.1   Schneckenrotation 325
    3.17.3.2   Bewegung des Spritzaggregats 325
    3.17.3.3   Einspritzen 326
    3.17.3.4   Schließeinheit 326
    3.17.3.5   Auswerfer 327
    3.17.3.6   Kernzüge 327
    3.17.4   Vergleich mit hydraulischen Antrieben 327
    3.17.4.1   Vorteile 327
    3.17.4.2   Nachteile 328

3.18 Hybridantriebe 328

3.19 Zum Energieverbrauch von Spritzgießmaschinen 329
    3.19.1   Energieverbrauch während des Zyklus 329
    3.19.2   Aufteilung der installierten Leistung 330
    3.19.3   Spezifischer Energieverbrauch 331
    3.19.4   Energiekosten 331
    3.19.4.1   Einflussgrößen 331
    3.19.4.2   Preis der KWh 332
    3.19.5   Anteil an den Fertigungskosten 332
    3.19.6   Energieverbrauchsmessung 333

3.20 Die Maschinensteuerung 334
    3.20.1   Aufgaben der Maschinensteuerung 334
    3.20.2   Steuerungshardware 334

	3.20.2.1	Zentraleinheit	335
	3.20.2.2	Temperaturregler	336
	3.20.2.3	Geschwindigkeits- und Druckregler	336
	3.20.2.4	Eingangsbaugruppen	336
	3.20.2.5	Ausgangsbaugruppen	336
	3.20.2.6	Messwertverstärker und Wandlerbaugruppen	337
	3.20.2.7	Sensoren	337
	3.20.2.8	Schnittstellen	338
	3.20.3	Software	338
	3.20.3.1	Steuerungssoftware	338
	3.20.3.2	Bedienungsrechnersoftware	339
	3.20.4	Regler	340
	3.20.5	Prozessregelsysteme	340
3.21		Bauarten von Spritzgießmaschinen	341
	3.21.1	Arbeitsstellungen von Spritzgießmaschinen	341
	3.21.2	Vertikalmaschinen	341
	3.21.3	Mehrkomponentenspritzgießmaschinen	343
	3.21.4	Mikrospritzgießmaschinen	343

4 Maschinen für die Verarbeitung vernetzender Formmassen ... 347

4.1		Duroplastspritzgießmaschinen	347
	4.1.1	Unterschiede von Duroplast- gegenüber Thermoplastspritzgießmaschinen	347
	4.1.2	Einzugshilfen	349
	4.1.3	Spritzaggregat	350
	4.1.4	Schließeinheit	352
	4.1.5	Entformungshilfen und Werkzeugreinigungsgeräte	353
	4.1.6	Steuerung	354
	4.1.7	Verschleiß an Spritzgießmaschinen	355
	4.1.7.1	Verschleißzonen	355
	4.1.7.2	Verschleißmindernde Maßnahmen	356
	4.1.7.3	Verschleißende Wirkung von Duroplastformmassen	356
	4.1.8	Spritzgießmaschinen für die Verarbeitung von Feuchtpolyester	357
	4.1.8.1	Schließeinheit von DMC-Maschinen	357
	4.1.8.2	DMC-Spritzaggregate	357
4.2		Maschinen für die Kautschukverarbeitung	360
	4.2.1	Plastifizier- und Einspritzaggregat	361
	4.2.2	Besonderheiten der Schließeinheiten	363
4.3		Spritzgießmaschinen für Flüssigsilikonkautschuke	363
4.4		Einrichtungen zur Entfernung von Graten und Angüssen	364

5 Peripheriegeräte – Automation ... 367

5.1		Geräte im Überblick	369
5.2		Materialversorgung	369
	5.2.1	Gebinde und Lagerung	369
	5.2.2	Trockner	369
	5.2.3	Fördersysteme	371

	5.2.4	Dosierer, Mischer, Einfärbegeräte	373
	5.2.5	Angussrecycling	373
	5.2.6	Metallabscheider	375
5.3	Formteilhandling		376
	5.3.1	Manuelle Entnahme	376
	5.3.2	Fallentnahme/Schüttguthandhabung	376
	5.3.2.1	Pufferung	378
	5.3.2.2	Vereinzeln und Ausrichten	378
	5.3.3	Kontrollierter Fall	378
	5.3.4	Handhabungsgeräte und Industrieroboter	379
	5.3.4.1	Freiheitsgrade und Achsenbezeichnung	379
	5.3.4.2	Bauarten	380
	5.3.4.3	Gerätebeispiele	382
	5.3.4.4	Spezifikation von Handlinggeräten	383
5.4	Angusshandling		384
5.5	Betriebsmittel		384
	5.5.1	Werkzeuge	384
	5.5.2	Werkzeugwechselsysteme	384
	5.5.2.1	Konventioneller Rüstvorgang	386
	5.5.2.2	Schnellspannvorrichtungen	386
	5.5.2.3	Kupplungen	389
	5.5.2.4	Werkzeugschnellwechselsysteme	390
	5.5.3	Zubehör zur Werkzeugsicherung	392
	5.5.4	Temperiergeräte	392
	5.5.4.1	Direkte Wasserkühlung	393
	5.5.4.2	Heiz-/Kühlgeräte	395
	5.5.4.3	Betriebswasser-Kühlsysteme	397
	5.5.4.4	Heißkanalregler	398
	5.5.5	Geräte für die Qualitätssicherung	398
	5.5.6	Reinräume	399
	5.5.6.1	Reinraumklassen	399
	5.5.6.2	Reinraumgeräte	399
	5.5.7	Trockenluftgeräte	401
5.6	Automatische Produktionsanlagen		401
	5.6.1	Flexible Fertigungszellen	401
	5.6.2	Flexible Fertigungssysteme	403
5.7	Informationsver- und -entsorgung		403
	5.7.1	Versorgung mit Einstelldaten	404
	5.7.2	Betriebsdatenerfassung (BDE)	405
	5.7.3	On-line-Qualitätsüberwachung	406
	5.7.4	Computerintegrierte Fertigung (CIM)	406

6 Einführung in die Werkzeugtechnik ... 409

| 6.1 | Bezeichnungen | 409 |
| 6.2 | Funktion | 410 |

6.3	Anguss		410
	6.3.1	Bezeichnungen	411
	6.3.2	Anforderungen	411
	6.3.3	Angussarten	412
	6.3.3.1	Angüsse mit großflächigen Anschnitten	412
	6.3.3.2	Angüsse mit punktförmigen Anschnitten	413
	6.3.3.3	Nach der Temperierung benannte Angüsse	414
6.4	Entlüftung		416
	6.4.1	Gestaltungsmöglichkeiten von Entlüftungen	416
	6.4.2	Evakuierung	417
6.5	Temperierung		417
	6.5.1	Anforderungen an die Werkzeugtemperierung	417
	6.5.2	Wärmebilanz	417
	6.5.3	Wärmeübergang zum Temperiermedium	419
	6.5.4	Temperierkanäle	420
	6.5.4.1	Grundsätzliche Fertigungsmöglichkeiten	420
	6.5.4.2	Temperierkanäle in Platten	420
	6.5.4.3	Temperierkanäle in Kernen	420
	6.5.4.4	Temperierkanäle um Gesenke	421
	6.5.4.5	Schaltung von Temperierkreisläufen	422
	6.5.4.6	Dichtungen	422
	6.5.4.7	Anschlüsse und Zuführungen	422
6.6	Entformung		423
	6.6.1	Auswerferarten	424
	6.6.1.1	Auswerferstifte	424
	6.6.1.2	Abstreifelemente	425
	6.6.1.3	Luftauswerfer	425
	6.6.1.4	Betätigung von Auswerfern	425
	6.6.2	Entformung äußerer Hinterschneidungen	426
	6.6.2.1	Außenschieber	426
	6.6.2.2	Backen	427
	6.6.3	Entformung innerer Hinterschneidungen	428
	6.6.3.1	Innenschieber	428
	6.6.3.2	Ausschraubwerkzeuge	430
6.7	Führungen und Zentrierungen		430

7 Wirtschaftlichkeit und Kostenrechnen ... 433

7.1	Festlegung des Produktionskonzepts		435
	7.1.1	Werkzeugkonzept	435
	7.1.1.1	Kavitätenzahl	435
	7.1.1.2	Qualitätsstandard	435
	7.1.1.3	Angusssystem	436
	7.1.2	Definition der Spritzgießmaschine	436
	7.1.2.1	Bestimmung der minimalen Schließkraft	436
	7.1.2.2	Mindestgröße von Spritzaggregat und Schnecke	439
	7.1.2.3	Maschinenantrieb	440
	7.1.3	Abschätzung der Zykluszeit	441
	7.1.3.1	Schließen und Öffnen des Werkzeugs	442

	7.1.3.2		Einspritzen	443
	7.1.3.3		Kühlzeit inkl. Nachdruckzeit	443
	7.1.3.4		Nachdruck- und Plastifizierzeit	444
	7.1.3.5		Auswerfen	445
	7.1.3.6		Teilentnahme („Pause")	446
7.2	Abschätzung der Rohmaterial- und Investitionskosten			446
	7.2.1		Rohmaterialkosten	446
	7.2.2		Beschaffungskosten für Spritzgießmaschine und Peripherie	447
	7.2.3		Werkzeugkosten	447
7.3	Kostenkalkulation			448
	7.3.1		Methoden der Kostenrechnung	448
	7.3.2		Zuschlagskalkulation	448
	7.3.2.1		Materialkosten pro Los	449
	7.3.2.2		Direkte Maschinenkosten pro Los	449
	7.3.2.3		Direkte Lohnkosten pro Los	450
	7.3.2.4		Fertigungsgemeinkosten	450
	7.3.2.5		Werkzeugkosten pro Los	450
	7.3.2.6		Herstellkosten	451
	7.3.2.7		Selbstkosten	451
	7.3.2.8		Netto-Verkaufspreis pro Stück	451
7.4	Möglichkeiten der Kostenreduktion			452

Literaturverzeichnis ... 455

Stichwortverzeichnis ... 461

1 Spritzgießen von Thermoplasten

1.1 Wirtschaftliche Bedeutung des Spritzgießverfahrens

Das Spritzgießverfahren dient zur vollautomatischen Herstellung von Formteilen komplexer Geometrie. Etwa 60 % aller Kunststoffverarbeitungsmaschinen sind Spritzgießmaschinen (Extruder 30 %). Auf Spritzgießmaschinen werden Formteile von einigen mg (Uhrenindustrie, Swatch) bis zu vielen kg (Instrumententafeln, Stoßfänger für Autos) hergestellt (Bild 1-1 und 1-2). Prozentualer Anteil der Spritzgießverarbeitung am Kunststoffverbrauch in Deutschland ca. 25 %.

Das Spritzgießverfahren konkurriert mit Fein-, Druckguss- und dem Pressverfahren. Sein Vorteil ist die geringe Nacharbeit der Formteile. Im Gegensatz zum Metallguss und Pressverfahren entstehen beim Spritzgießen von Thermoplasten bei guter Werkzeugqualität keine Grate.

Beim Metallguss und besonders beim Pressverfahren tritt starke Gratbildung auf, die aufwendige Nacharbeit verursacht.

Der Energieaufwand der Kunststoffverarbeitung im Vergleich zum Metalldruckguss verhält sich etwa wie 1 : (4 bis 5).

Bild 1-1 Sortiment kleinerer Spritzgussteile

Bild 1-2 Prototyp Chrysler CCV mit spritzgegossener Karosserie aus eingefärbtem PET, ohne Lackierung

Typische Leistungen der Werkzeuge:
- Spritzguss $\qquad 10^6$ Zyklen
- Pressverfahren $\qquad 10^5$ Zyklen
- Druckguss $\qquad 10^3$ bis 10^4 Zyklen

1.2 Einführung in den Verfahrensablauf

In Bild 1-3 erkennt man links die sog. Schließ- und rechts die Spritz- oder Plastifiziereinheit einer Spritzgießmaschine. Die Schließeinheit hat die Aufgabe das formgebende Werkzeug aufzunehmen, zu öffnen, zu schließen dicht zu halten und den Spritzling (Formteil + Anguss) zu entformen.

Die Plastifiziereinheit bestehend aus einem zylindrischen Rohr mit Mantelheizungen und einer Schnecke im Inneren des Zylinders. Diese Schnecke lässt sich mittels Motor (Hydro- oder Elektromotor) drehen. Außerdem kann sie im Zylinder axial vor- und rückwärts verschoben werden.

Diese grundsätzlichen Erklärungen beziehen sich auf die traditionell elektrohydraulisch angetriebenen Maschinen. Besonderheiten der aufkommenden direkt-elektrischen Antriebe werden in Abschnitt 3.17 behandelt.

Schritt 1: Beginn der Plastifizierung

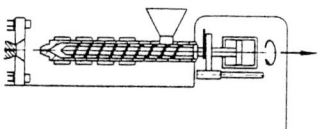

Schritt 4: Einspritzen

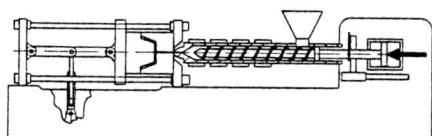

Schritt 2: Ende der Plastifizierung

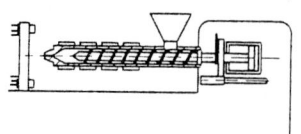

Schritt 5: Nachdrücken und kühlen

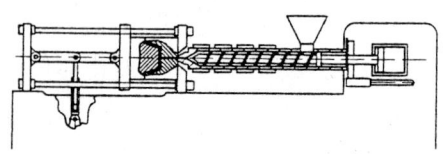

Schritt 3: Schließen des Werkzeugs

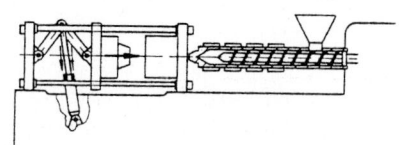

Schritt 6: Entformung des Spitzlings

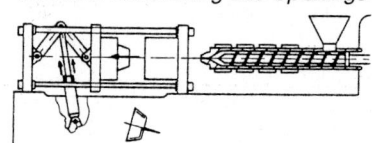

Bild 1-3 Prinzipieller Verfahrensablauf [6]

1.2.1 Plastifizieren und Dosieren

Beim Plastifizieren gelangt das Kunststoffgranulat vom Trichter in den Zwischenraum, der durch die Schneckengänge und Zylinderwand begrenzt ist. Bei drehender Schnecke wandert das Material an der heißen Zylinderwand nach vorne und wird durch die Wärmezufuhr vom Zylinder aber auch durch innere Reibung plastifiziert. Die plastifizierte Masse bildet vor der Schneckenspitze ein Materialposter, das die Schnecke nach hinten drückt, weil das Material vorne durch die Düse nicht entweichen kann. Der Rückhub entsteht aber auch dadurch, dass sich die Schnecke wie eine Schraube in einer Kunststoffmutter nach hinten dreht. Bei der Rückwärtsbewegung der Schnecke muss Öl aus dem Antriebszylinder verdrängt werden. Dieses abfließende Öl kann mit einem Druckbegrenzungsventil gebremst werden. Der sich aufbauende Druck wird als Staudruck bezeichnet. Der Weg der Schnecke wird gemessen. Sobald der eingestellte Dosierweg erreicht ist, wird die Schneckenrotation abgeschaltet. Das Plastifizieraggregat, das beim Plastifizieren meist am gefüllten Werkzeug anliegt, wird zur thermischen Trennung vom kälteren Werkzeug abgehoben. Die Plastifiziereinheit bleibt dann untätig, bis der Spritzling ausreichend abgekühlt und entformt werden kann.

1.2.2 Einspritzen, Nachdrücken, Abkühlen

Wenn das Werkzeug sich geschlossen hat, fährt das Aggregat an das Werkzeug, und der Einspritzvorgang beginnt. Die Schnecke wird nach vorne geschoben. Bei dieser axialen Bewegung dreht sich die Schnecke nicht. Die Schneckenvorlaufgeschwindigkeit ist programmierbar und wird über Druck- und Mengenventile (Spritzdruck, Volumenstrom) gesteuert. Nach der volumetrischen Füllung des Werkzeugs muss die Masse komprimiert werden, um die Kontraktion infolge Abkühlung auf ein akzeptables Maß zu reduzieren. Der angewandte Druck wird Nachdruck, die entsprechende Zeit Nachdruckzeit genannt. Der Nachdruck wird abgeschaltet, wenn das Werkzeug versiegelt ist d.h. keine Masse mehr nachgedrückt werden kann. Da bei Thermoplasten das Werkzeug weitaus niedriger temperiert ist (typisch: 20 bis 120 °C) als die heiße, spritzfähige Kunststoffmasse (typisch: 200 °C bis 300 °C), kühlt die Schmelze beim Nachdrücken ab. Um eine für die Entformung ausreichende Steifigkeit zu erreichen, folgt nach der Nachdruckzeit eine sog. Restkühlzeit. Diese Zeit muss genutzt werden, um das Material für den nächsten Schuss zu plastifizieren. Da die Düse noch am Werkzeug anliegt, kann keine Kunststoffmasse nach außen treten.

1.2.3 Entformen

Sobald sich eine der Größe des Spritzlings entsprechende spritzfähige Masse vor der Schnecke im Zylinder gesammelt hat, wird die Schneckenrotation beendet, die Schmelze dekomprimiert und das Aggregat vom Werkzeug abgehoben. Unter Dekompression versteht man die Druckentlastung der plastifizierten Masse, die entweder durch Freischaltung des Hydrauliköls zum Tank „passiv" oder durch einen kleinen hydraulischen Rückhub der Schnecke „aktiv" erfolgen kann. Das Abheben der Düse vom Werkzeug ist aus zweierlei Gründen erforderlich. Zum einen soll keine Kraft auf die Düsenseite des Werkzeugs ausgeübt werden, wenn die Gegenkraft durch die Schließ- oder Ausstoßerseite des Werkzeugs beim Öffnen des Werkzeugs aufgehoben wird. Dies könnte zur Beschädigung des Werkzeugs führen. Zum anderen ist eine Wärmeübertragung von der heißen Düse auf die relativ kalten Angussbüchse des Werkzeugs unerwünscht, weil auf der einen Seite das Werkzeug zu warm wird und auf der anderen Seite der Kunststoff beim Absinken der Düsentemperatur im Düsenkanal einfrieren kann. Dadurch würde beim nächsten Schuss entweder das Material nicht aus der Düse in das Werkzeug gespritzt werden können oder der kalte Pfropfen würde mit der Masse eingespritzt und könnte zu Ausschußteilen führen. Anschließend öffnet das Werkzeug und der erstarrte Spritzling wird mit Hilfe von Auswerfern entformt. Das Fertigteil fällt dann entweder durch die Schwerkraft nach unten (Schüttgut) oder wird mit Handlingsgeräten entnommen (Stapelgut) .

1.2.4 Der Arbeitszyklus

Das Spritzgießen ist kein kontinuierlicher Vorgang wie etwa das Extrudieren. Vielmehr laufen eine Reihe sich wiederholender Vorgänge ab. Dabei müssen die einzelnen Arbeitsgänge von der Maschine in der vorgegebenen Zeit und in bestimmter Reihenfolge ausgeführt werden. Die Zeit vom Schließen des Werkzeugs über das Spritzen und Ausstoßen bis zum nächsten Schließen nennt man Zykluszeit, den Ablauf Zyklus.

In Bild 1-4 bis 1-7 sind drei verschiedene graphische Darstellungsmöglichkeiten zu sehen. In den Diagrammen soll der Spritzzyklus wie üblich mit dem Schließen des Werkzeugs beginnen und die bereits plastifizierte Masse im Schneckenvorraum bereitstehen.

1.2.4.1 Balkendiagramm

Die einfachste Art, die zum Verfahrensablauf gehörenden Arbeitsschritte darzustellen, ist ein Balkendiagramm. Hier sind die aufeinanderfolgenden Schritte über der Zeit aufgetragen.

Bild 1-4 ist unter der meist zutreffenden Voraussetzung gezeichnet worden, dass die Plastifizierung einschließlich „Kompressionsentlastung" und „Aggregat zurück" innerhalb der Restkühlzeit abgeschlossen werden kann. Bei dünnwandigen, voluminösen Teilen kann jedoch der Plastifiziervorgang länger dauern als die Kühlzeit. Dann wird der Plastifiziervorgang zykluszeitbestimmend, denn das Werkzeug kann, wenn die Maschine nicht auf Parallel-

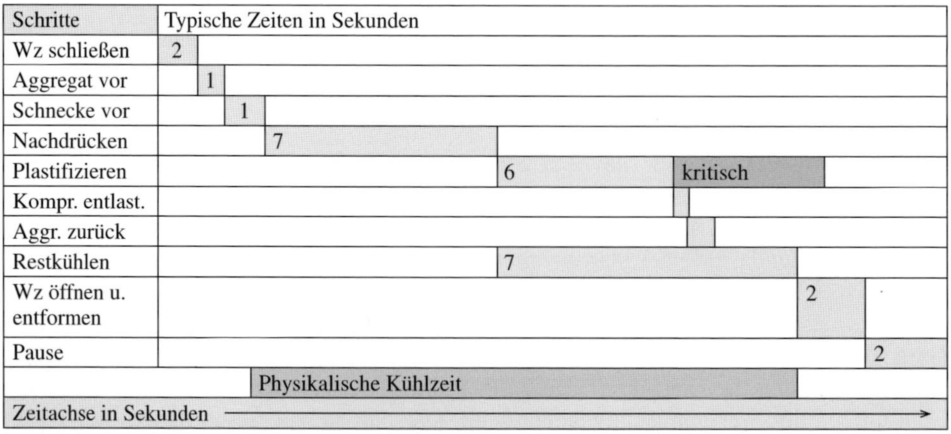

Schritte	Typische Zeiten in Sekunden							
Wz schließen	2							
Aggregat vor		1						
Schnecke vor			1					
Nachdrücken				7				
Plastifizieren						6	kritisch	
Kompr. entlast.								
Aggr. zurück								
Restkühlen					7			
Wz öffnen u. entformen								2
Pause								2
				Physikalische Kühlzeit				
Zeitachse in Sekunden	→							

Bild 1-4   Balkendiagramm des Spritzzyklus (Standardzyklus)

betrieb ausgelegt ist, erst nach der Plastifizierung geöffnet werden. Wird diese Möglichkeit bei der Formteilkalkulation übersehen, so sind die kalkulierten Maschinenkosten nicht zu halten. Diese Situation ist die mit dem Stichwort „kritisch" im Balkendiagramm angedeutet.

1.2.4.2 Weg-Zeit-Diagramm

Im Weg-Zeit-Diagramm, Bild 1-5, werden die zurückgelegten Wege von Schnecke, Plastifizieraggregat und Werkzeug über der Zeit aufgetragen. Diese Auftragung hat den Vorteil, dass daraus die Geschwindigkeiten der einzelnen Schritte ersichtlich werden, wenn die tatsächlichen Werte für Weg und Zeit maßstäblich auftragen werden.

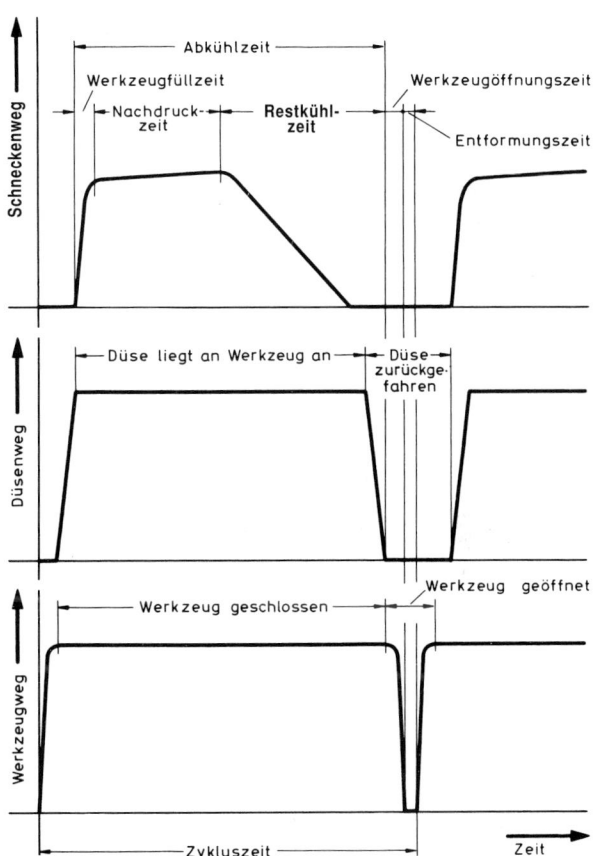

Bild 1-5
Weg-Zeit-Diagramm des Spritzzyklus

1.2.4.3 Kreisdiagramm

Besonders anschaulich ist das Kreisdiagramm, Bild 1-6. Der Arbeitszyklus beginnt nach Ablauf der Zeit 3 mit dem Schließen der Form. Die Steuerung schließt einen Stromkreis zum Elektromagneten (19b, Bild 1-7) der Vorsteuerung des Wege- oder Proportionalventils I. Der Vorsteuerschieber wird nach rechts ausgelenkt und macht einen Weg zur linken Seite des Hauptsteuerschiebers frei. Der sich aufbauende Öldruck drückt den Hauptsteuer-

24 Spritzgießen von Thermoplasten

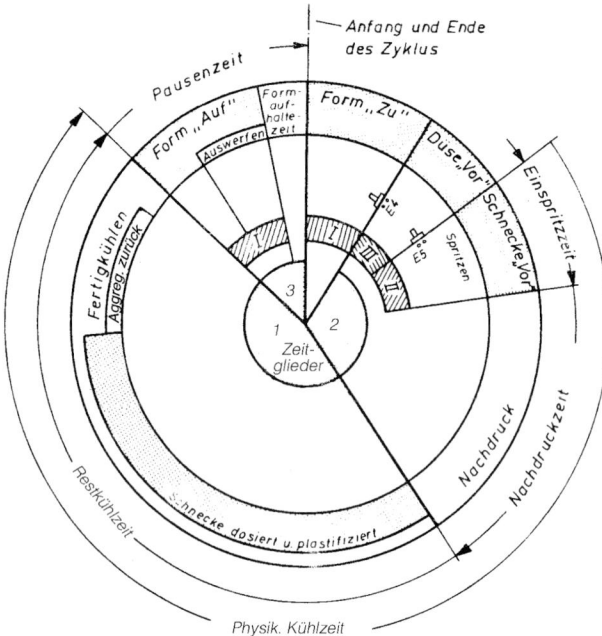

Bild 1-6
Kreisdiagramm des Spritzzyklus

schieber ebenfalls nach rechts, wodurch der Ölpfad zum Schließzylinder geöffnet wird. Nach Formschluss ist die Position E4 erreicht. Bei alten Maschinen wurden Positionen durch End- oder Näherungsschalter an die Steuerung gemeldet, bei neuen werden die Wege meist stetig gemessen und mit den an der Steuerung vorgegebenen Positionen verglichen. Nach Erreichen der Position E4 gibt der Steuerschieber III den Ölpfad zum Aggregatzylinder frei. Die Bewegung der Spritzeinheit stoppt automatisch, wenn die Düse am Werkzeug anliegt. Kurz davor muss die Position E5 eingestellt sein, die über den Steuerschieber II den Vorlauf der Schnecke startet. Die Umschaltung vom Einspritzen auf Nachdrücken wird weg-, zeit- oder druckabhängig initiert. Die Nachdruckphase wird durch die eingestellte Nachdruckzeit beendet, wobei gleichzeitig das Zeitglied 1 angeregt wird. Beim Einspritzen und Nachdrücken darf sich die Schnecke aus Verschleißgründen nicht drehen, deshalb kann frühestens zu diesem Zeitpunkt der Ölmotor eingeschaltet werden, der die Schnecke in Drehung versetzt. Dadurch läuft die Schnecke dosierend und plastifizierend zurück. Um die thermische Belastung der Schmelze zu verringern, wird der Start der Plastifizierung gelegentlich verzögert. In jedem Fall sollte die Plastifizierung vor Ablauf der Restkühlzeit abgeschlossen sein, weil sonst die Zykluszeit durch die Plastifizierung verlängert wird. Bei Erreichen des Dosierwegs E7 wird über den Steuerschieber III der Rücklauf des Spritzaggregats bewirkt. Zuvor kann die Schmelze noch dekomprimiert werden. Danach verharrt die Maschine im Stillstand, bis die Restkühlzeit, die gelegentlich auch als Stand- oder Kühlzeit bezeichnet wird, abgelaufen ist. Wenn man im Mittel eine isotherme Füllung voraussetzt – Abkühlung und Friktionserwärmung halten sich die Waage –, beginnt die physikalisch Abkühlung mit der Nachdruckzeit und setzt sich in der Restkühlzeit fort. Nach Ablauf der Restkühlzeit öffnet das Werkzeug und die Pausenzeit läuft an. Während dieser Zeit wird der Spritzling entformt und falls erforderlich werden Einlegeteile ins Werkzeug eingebracht. Nach Ablauf der Pausenzeit schließt sich das Werkzeug und der nächste Zyklus beginnt.

1.2 Einführung in den Verfahrensablauf 25

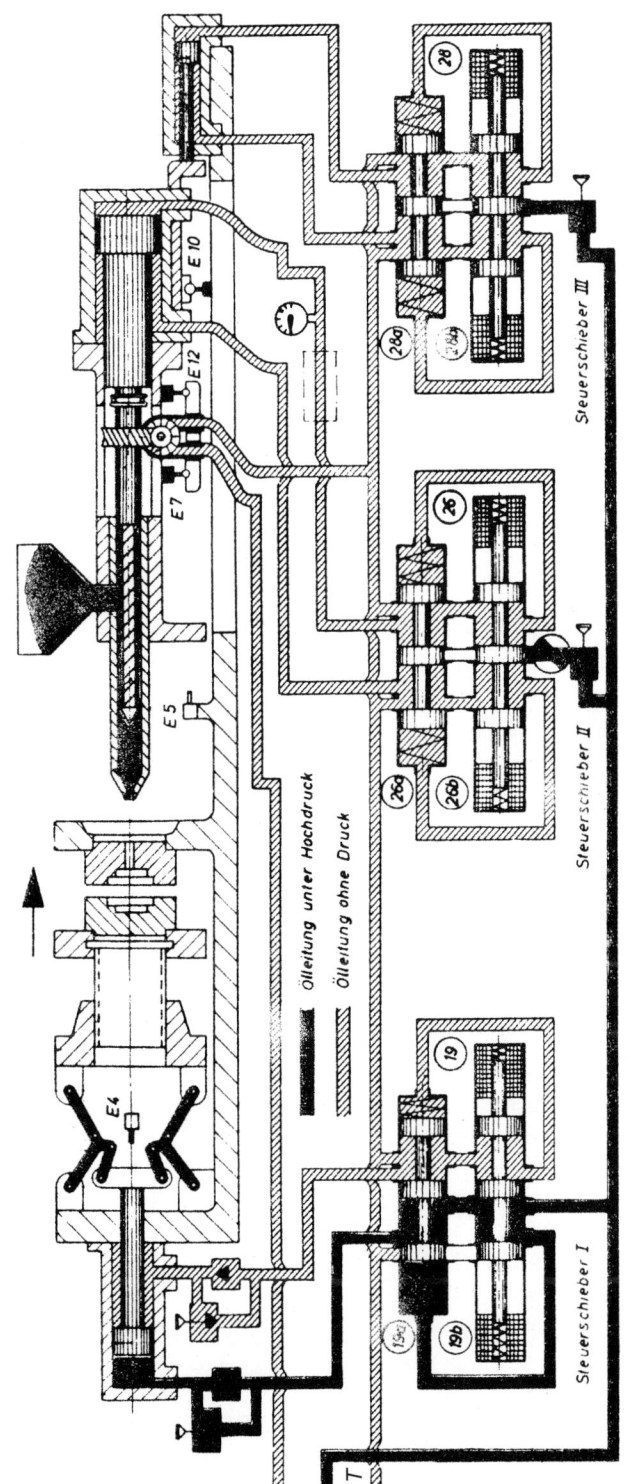

Bild 1-7 Hydraulikplan zum Kreisdiagramm (Betriebszustand: „Form Schließen")

1.3 Spritzgießsystem und Prozessvariable

1.3.1 Bestandteile

Zur Herstellung von Spritzgussteilen genügt nicht nur eine Spritzgießmaschine, sondern es wird ein ganzes System zueinander gehörender Einrichtungen und Geräte benötigt. Dies sind im einzelnen: Maschine, Werkzeug, Temperiergeräte, Materialzuführung einschließlich Trockner, Einrichtungen zur Entnahme zum Puffern und zum Abtransport der Teile sowie Vorrichtungen zur Nachbearbeitung und Kontrolle der Teile. Im folgenden sollen Begriffe und Benennungen verwendet werden, wie sie im Bereich der Prozesssteuerung unabhängig vom speziellen Verfahren üblich sind.

1.3.2 Definition des Prozesses

Der Spritzgießprozess besteht aus dem technisch-physikalischen Wirkungsablauf eines Spritzgießsystems. Genau genommen umfasst der Spritzgießprozess mehrere Teilprozesse. Physikalisch sind zumindest der Plastifiziervorgang und die Formteilbildung zu unterscheiden. In Bild 1-8 ist der Prozess global und vereinfacht dargestellt.

1.3.3 Einteilung der Prozessvariablen

Als Prozessvariablen werden grundsätzlich alle veränderlichen Größen eines Verfahrens bezeichnet. In Bild 1-8 sind die wichtigsten Prozessvariablen zusammengestellt und eingeteilt. Dabei werden Eingangsgrößen, Parameter, Ausgangsgrößen und Zielgrößen unterschieden. Im Sinn der mathematischen Formulierung des Prozesses (Modell) sind die Eingangsgrößen die unabhängigen, und die Ausgangsgrößen die abhängigen Variablen.

Die *Eingangsgrößen*, also die unabhängigen Variablen, setzen sich aus *Einstellgrößen* und *Störgrößen* zusammen.

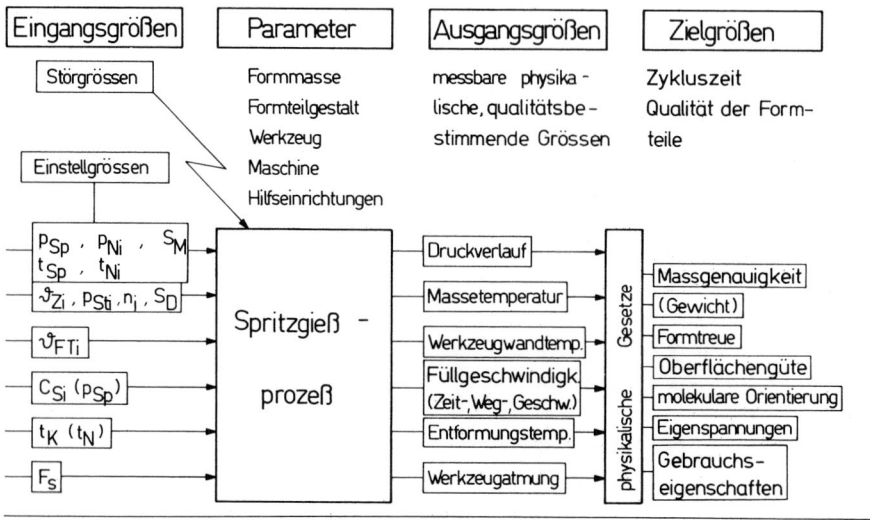

Bild 1-8   Spritzgießprozess und Variable, vereinfachte Darstellung

1.3.3.1 Einstellgrößen

Formteilbildung

Die Formteilbildung im Werkzeug lässt sich, wie noch genauer gezeigt wird, physikalisch in zwei Phasen einteilen:

Phase 1: Füllvorgang

Phase 2: Verdichtungsvorgang

Physikalische Basisgröße für den Füllvorgang ist der Volumenstrom (cm³/s). Basisgröße für den Verdichtungsvorgang ist der Druck.

Schneckenvorlaufgeschwindigkeit (c_{Si}), Einspritzgeschwindigkeit oder auch Einspritzstrom:

Die Schneckenvorlaufgeschwindigkeit ist die Geschwindigkeit mit der die Schnecke die plastifizierte Masse aus dem Zylinder in das Werkzeug verdrängt. Geschwindigkeit mal Querschnittsfläche der Schnecke ergibt den Volumenstrom des Materials. Aus den Ohmschen Gesetz der Hydraulik folgt, dass der Volumenstrom von Druck und Widerstand abhängt.

Ohmsches Gesetz der Hydraulik: Volumenstrom = Druck/Widerstand $\dot{V} = \frac{p}{Wh}$ (1-1)

Bei gesteuerten, hydraulischen Maschinen sind deshalb grundsätzlich zwei Stellglieder zur Einstellung erforderlich. Ein Stromventil zur Einstellung des Widerstands und ein Druckbegrenzungsventil zur Steuerung des Drucks (Bild 1-9). Die entsprechenden Einstellgrößen heißen Spritzdruck oder Druck1 und Schneckenvorlaufgeschwindigkeit, Einspritzgeschwindigkeit oder auch Einspritzstrom.

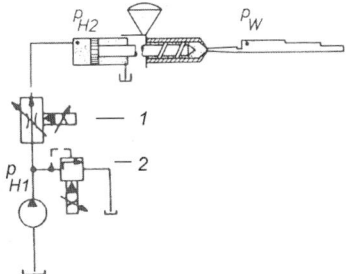

Bild 1-9
Hydraulische Druck- und Mengensteuerung für den Einspritzvorgang
1 elektrisch einstellbares Stromventil,
2 elektrisch einstellbares Druckventil

Da die erforderlichen Drucke für die Füll- und Verdichtungsphase normalerweise unterschiedlich sind, kann man selbst an alten Spritzgießmaschinen zumindest zwei Druckstufen einstellen, die erste für das Einspritzen die zweite für das Verdichten. Bei modernen Maschinen mit elektrohydraulischen Stellgliedern können vielstufige Programme für Geschwindigkeit und Druck vorgegeben werden.

(Ein-)Spritzdruck (P_{Sp}) oder Druck1:

Einspritzdruck bedeutet zunächst generell der sich beim Einspritzen aufbauende Druck. In der Praxis versteht man darunter nach DIN 24450 den höchsten Druck, der während der Einspritzzeit vom Schneckenkolben auf die Formmasse ausgeübt wird. Die Angabe kann als Hydraulikdruck, besser aber umgerechnet auf den Schneckenvorraum als *theoretischer Massedruck*, erfolgen. *Relativer, spezifischer* oder auch *äußerer Druck* sind weitere Bezeichnungen. Die Umrechnung erfolgt mit Hilfe des Übersetzungsfaktors (häufig 8 bis 10) auf Grund des Flächenverhältnisses von Antriebskolben zu Schnecke. (Einzelheiten: Punkt 3.8.2). Zu beachten ist, dass dieser theoretische Druck praktisch im Schneckenvorraum nicht erreicht wird, da vom hydraulischen Antriebskolben zum Schneckenvorraum Druckverluste durch Haftung, Reibung und Leckströmungen auftreten.

Einspritzzeit (t_{Sp}):
Die Einspritzzeit ist die Zeit ab Kommando „Schnecke vor" bis zum Umschalten auf Nachdruck. Diese Zeit ist nur bei zeitabhängiger Umschaltung eine Einstellgröße sonst aber eine hilfreiche Überwachungsgröße.

Nachdruck (p_{Ni}):
Druck nach dem Umschalten von Einspritzen auf Nachdrücken, bei heutigen Maschinen in „i" (i = 4 bis 10) Stufen einstellbar.

Nachdruckzeiten (t_{Ni}):
Wirkzeiten der einzelnen Nachdruckstufen. Mit p_{Ni} und t_{Ni} können Nachdruckprogramme vorgegeben werden.

Restkühlzeit (t_K):
Zeit, die nach den Nachdruckzeiten noch erforderlich ist, um den Spritzling soweit abzukühlen, dass er entformbar wird.

Schließkraft (F_S):
Kraft welche die beiden Werkzeughälften nach dem Schließen dichtend zusammenhält.

Temperiermitteltemperatur (ϑ_{FTi}):
Temperatur, die an Temperiergeräten eingestellt wird, um eine bestimmte Werkzeugtemperatur zu erreichen. Die Werkzeugtemperatur selbst ist nur im Falle einer direkten Regelung eine Einstellgröße. Je nach Temperiersystem kann auch der Volumenstrom des Temperiermediums eine Einstellgröße sein.

Plastifiziervorgang

Zylindertemperaturen (ϑ_{Zi}):
Temperaturen der Heizzonen längs des Zylinders. Der Zylinder wird in der Regel über vier bis fünf Zonen beheizt. Die Numerierung erfolgt vom Trichter ausgehend in Richtung Düse. Die Einstellung erfolgt an den zugehörigen Temperaturreglern.

Schneckendrehzahl (n):
Drehzahl mit der sich die Schnecke während der Plastifizerung dreht.

Staudruck (p_{St}):

Druck auf den das beim Plastifizeren aus dem Zylinder verdrängte Öl „gestaut" wird. Dieser Druck mal Übersetzungsverhältnis minus Verluste wirkt auf die Masse beim Plastifizieren.

Dosierweg (s_D) oder Dosiervolumen:

Hub der Schnecke beim Dosieren. Eingestellt wird die entsprechende Position.

1.3.3.2 Störgrößen

Bei den Störgrößen handelt es sich um nicht einstellbare Eingangsgrößen. Sie sind, soweit sie nicht gemessen werden, nur aufgrund ihrer Auswirkungen auf die Ausgangsgrößen des Prozesses zu erkennen. Störgrößen sind z. B. die Umgebungstemperatur, Zugluft, Schwankungen des Rohmaterials, Toleranzen, Verschleiß und Alterung der Maschinenkomponenten. Wegen der Einwirkung der Störgrößen arbeitet die Maschine nicht streng reproduzierbar.

1.3.3.3 Parameter

Unter Parametern versteht man, die im Vorfeld der Produktion festgelegten Einflussgrößen wie z. B. die Wanddicken des Formteils oder die Werkzeugauslegung. Diese für Qualität und Wirtschaftlichkeit häufig entscheidenden Faktoren können, wenn das Werkzeug einmal auf der Maschine ist, nicht mehr verändert werden.

1.3.3.4 Ausgangsgrößen

Die Ausgangsgrößen sind die abhängigen Variablen des Gesamtprozesses. Sie ergeben sich als Folge der Prozesseigenheiten und sämtlicher Einflussgrößen und bringen deshalb das Verhalten des Gesamtprozesses zum Ausdruck. Sie geben daher auch über die Qualität des entstehenden Produkts Aufschluss. Physikalisch sind die Verläufe der thermodynamischen Zustandsgrößen Druck, Temperatur und das durch die Werkzeugatmung veränderliche Volumen der Kavitäten qualitäts- und zyklusbestimmend. Im Zusammenhang zu diesen stehen weitere hilfreiche Überwachungsgrößen wie Massepolster, Einspritzarbeit und Druckintegral.

Von den physikalischen Zustandsgrößen ist nur der Werkzeuginnendruck direkt messbar. Der Temperaturverlauf kann nur indirekt über seine Einflussgrößen Füllgeschwindigkeit, Masse- und Werkzeugtemperatur erfasst werden. Ein für die Entformung wichtiger Wert des Temperaturverlaufs ist die Entformungstemperatur.

Ziel weiterer Ausführungen wird es sein, die physikalischen Gesetze zwischen Ziel- und Ausgangsgrößen darzustellen, um aus dem physikalischen Verständnis der Formteilbildung heraus eine gezielte, effektive Optimierung der Maschineneinstellung oder Fehlerbeseitigung vornehmen zu können.

1.3.3.5 Zielgrößen

Die Zielgrößen bewerten den Produktionsablauf aus wirtschaftlicher Sicht und bilden damit die Basis jeder Optimierung. Dabei kann man zwei Gruppen bilden, wovon die eine den Aufwand, die andere das Produktionsergebnis enthält. Der von der Prozessführung zu beeinflussende Aufwand setzt sich im Wesentlichen aus Zeit- und Energieaufwand sowie Materialverlusten durch Ausschussteile zusammen. Auf der Ergebnisseite stehen dem Aufwand die produzierten Formteile mit Qualitätseigenschaften gegenüber, die ebenfalls von der Prozessführung abhängen. Der Aufwand lässt sich prinzipiell einfach über meßbare Ausgangsgrößen während des Produktionsablaufs ermitteln. Dagegen ist die Bewertung der Qualität ein Vorgang. der zumindest teilweise im Prüflabor, d. h. getrennt von der Maschine, vorgenommen werden muss. Um die dadurch bedingte zeitliche Verzögerung und den Aufwand zu reduzieren wird, im Rahmen der Qualitätsüberwachung soweit möglich auf die on-line meßbaren, qualitätsbestimmenden Ausgangsgrößen des Prozesses zurückgegriffen.

1.4 Rheologische Grundlagen

Die im Folgenden dargestellten Beziehungen gelten zunächst für isotherme Strömungen. Die Abkühlung der Schmelze wird in Abschnitt 1.7.2.2 behandelt. Weitere Einzelheiten zu diesem Thema sind in [2] kompatibel dargestellt.

1.4.1 Schichtmodell der Scherströmung

In Bild 1-10 ist das Strömungsmodell eines Ausschnitts aus einem Werkzeughohlraum dargestellt. Die dort strömende Schmelze ist in Schichten der Dicke dy eingeteilt. Man geht davon aus, dass die Schmelze an der Werkzeugwand haftet. Durch diese Haftung werden die vom Druck angetriebenen Schichten gebremst. Die Bremswirkung lässt zur Mitte hin nach, deshalb erreicht die Schmelze dort die höchste Geschwindigkeit.

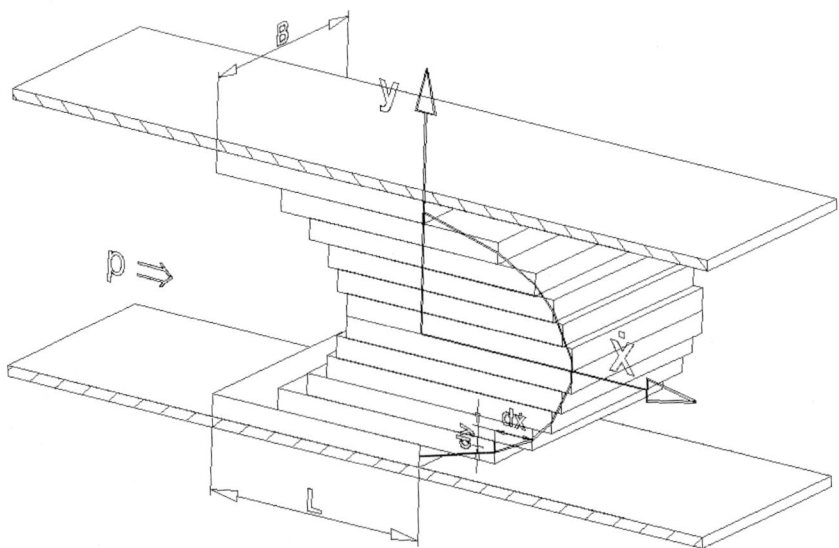

Bild 1-10 Schichtenmodell der Scherströmung.
ẋ Geschwindigkeit der Schichten, dẋ Geschwindigkeitsunterschied zwischen zwei Schichten, p treibender Druck, dy Schichtdicke, L Länge, B Breite

1.4.2 Basisgrößen (τ, η, $\dot{\gamma}$)

Die im Folgenden definierten Begriffe sind unter anderem für die Interpretation von Simulationsergebnissen nötig. Da die Simulationsprogramme häufig angelsächsischen Ursprungs sind sollen die englischen Begriffe mitgeführt werden.

1.4.2.1 Schubspannung

In den Grenzflächen zwischen den Schichten wirken bremsende bzw. treibende Kräfte. Diese Kräfte bezogen auf die Grenzfläche heißen Schubspannungen (Stress). Man könnte sie auch Fließspannungen nennen. Sie sind nicht mit den thermischen Spannungen zu verwechseln, die durch die unterschiedlich schnelle Abkühlung der äußeren und inneren Schichten entstehen.

$$\tau = \frac{F}{A} = \frac{F}{L \cdot B} \quad \frac{N}{m^2} \triangleq Pa \quad 1 \text{ MPa} \triangleq 10^6 \text{ Pa} \quad (1\text{-}2)$$

Praktische Auswirkungen:
- Die Schubspannung ist ein Maß für die mechanische Belastung der Moleküle beim Fließen. Zu hohe Werte zerreissen Molekülketten und führen somit zu einem mechanischen Abbau des Materials.
- Die Schubspannung ist auch ein Kennwert für mögliche Oberflächenfehler. Übersteigen die Schubkräfte gemäß Bild 1-11 die Haftkraft schon erstarrter Randschichten, so verschiebt sich diese Haut und es entsteht ein Oberflächenfehler.

Schubspannung für den Rechteckkanal:

$$\tau_y = \frac{\Delta p \cdot y}{L} \quad \text{und an der Wand für } y = H/2 \quad \tau_w = \frac{\Delta p \cdot H}{2 \cdot L} \quad (1\text{-}3)$$

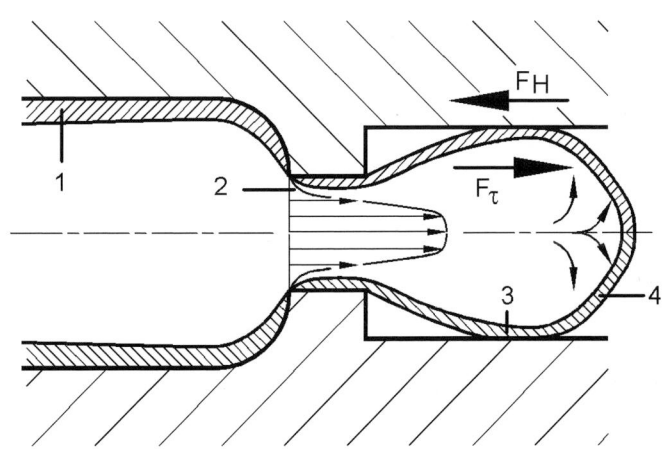

Bild 1-11
Oberflächenfehler durch Randschichtgleiten an schroffen Querschnittsübergängen
1 erstarrte Randschicht,
2 Geschwindigkeitsprofil,
3 haftende oder gleitende Randschicht,
4 Haut an der Fließfront
F_H Haftkraft
$F\tau$ Schubkraft

Schubspannung für den zylindrischen Kanal für y = R: $\quad \tau_w = \dfrac{\Delta p \cdot R}{2 \cdot L} \quad$ (1-4)

mit τ_y Schubspannung an der Stelle y, τ_w Schubspannung an der Wand, Δp Druckgefälle längs durchströmter Länge, y Abstand von Kanalmitte zur Kanalwandung, L durchströmte Länge, R Radius eines zylindrischen Kanals, H Höhe des Rechteckkanals, entspricht näherungsweise der Formteildicke.

Die Formeln zeigen, dass die Spannung, wie in Bild 1-16 dargestellt, vom Wert 0 in der Kanalmitte linear zum Höchstwert an der Wand ansteigen.

1.4.2.2 Scher- und Deformationsgeschwindigkeit

$$\dot\gamma = \frac{d\dot x}{dy} \qquad \frac{1}{s} \qquad (1\text{-}5)$$

Die Schergeschwindigkeit ist gemäß Gleichung (1-5) als Geschwindigkeitsunterschied zwischen zwei Schichten definiert. Durch diesen Geschwindigkeitsunterschied wird die Schmelze deformiert. Zur Erklärung der Reibungswärme kann man sich unter der Schergeschwindigkeit auch die Geschwindigkeit vorstellen, mit der eine Schicht über die andere hinweggleitet.

Praktische Auswirkungen:
- Erwärmung der Schmelze durch Reibung (Friktion)
- Ausrichtung von Molekülen, Füll- und Verstärkungsstoffen
- Entmischung von Komponenten z. B. bei Blends
- Schmelzebruch

Schergeschwindigkeit an der Wand des Rechteckkanals (Newtonsche Substanz):

$$\dot\gamma_w = \frac{6 \cdot \dot V}{B \cdot H^2} \qquad (1\text{-}6)$$

mit $\dot V$ Volumenstrom, B Breite des Kanals, H Höhe des Kanals.

Diese Formel lehrt, dass die Schergeschwindigkeit nicht vom Stoff oder der Massetemperatur (η) abhängt, sondern nur von Geometrie und Volumenstrom. Ist die Scherung z. B. in einem Anschnitt zu groß, so muss der Anschnitt vergrößert werden oder es muss durch Parallelschaltung eines zweiten Anschnitts der Volumenstrom halbiert werden.

1.4.3 (Scher-)Viskosität

Experimentell wurde festgestellt, dass sich die Schubspannung proportional zur Schergeschwindigkeit verhält. Als Proportionalitätsfaktor wurde die Viskosität eingeführt.

$$\tau = \eta \cdot \dot\gamma \qquad \text{Newtonsches Gesetz} \qquad (1\text{-}7)$$

Daraus folgt die Definition der Scherviskosität. Analog wurde für eine Dehn-Verformung der Begriff der Dehnviskosität eingeführt, der hier jedoch nicht näher behandelt werden soll.

$$\eta \equiv \frac{\tau}{\dot{\gamma}} \qquad \frac{N \cdot s}{m^2} \triangleq Pa \cdot s \qquad (1\text{-}8)$$

In Analogie zum Ohmschen Gesetz kann die Viskosität auch als (Reibungs-)Widerstand interpretiert werden, den eine Substanz einer verformenden Kraft entgegensetzt. Die Viskosität hängt vom Platzwechselverhalten der Moleküle und von freiem Volumen ab.

1.4.3.1 Strukturviskosität

Bei niedermolekularen Flüssigkeiten ist das Verhältnis von $\tau/\dot{\gamma}$ gleichbleibend. Das heißt, die Viskosität ist nicht von der Schergeschwindigkeit abhängig sondern konstant. Stoffe mit diesem Verhalten werden Newtonsche Substanzen genannt.

Bei Kunststoffschmelzen ist dies jedoch nicht der Fall, die Viskosität nimmt gemäß Bild 1-12 mit zunehmender Schergeschwindigkeit ab. Die Schmelze wird dünnflüssiger, „shear thinning" weil sich mit zunehmender Scherung die Struktur der Moleküle beim Fließen verändert. Die Knäuelstruktur der Moleküle löst sich zunehmend auf, und die sich parallel lagernden Moleküle können leichter aneinander abgleiten. Dieses Verhalten wird als Strukturviskosität bezeichnet. Die Strukturviskosität ist eine wesentliche Voraussetzung für das Spritzgießen und anderer Verarbeitungsverfahren. Nur deshalb ist es möglich mit realisierbaren Drucken große Mengen Schmelze durch kleinste Kanäle zu treiben. Man denke an Anschnitte von 0,8 mm Durchmesser.

1.4.3.2 Einflussgrößen

In Bild 1-12 sind die zwei wichtige Einflussgrößen zu erkennen: Scherung und Temperatur.

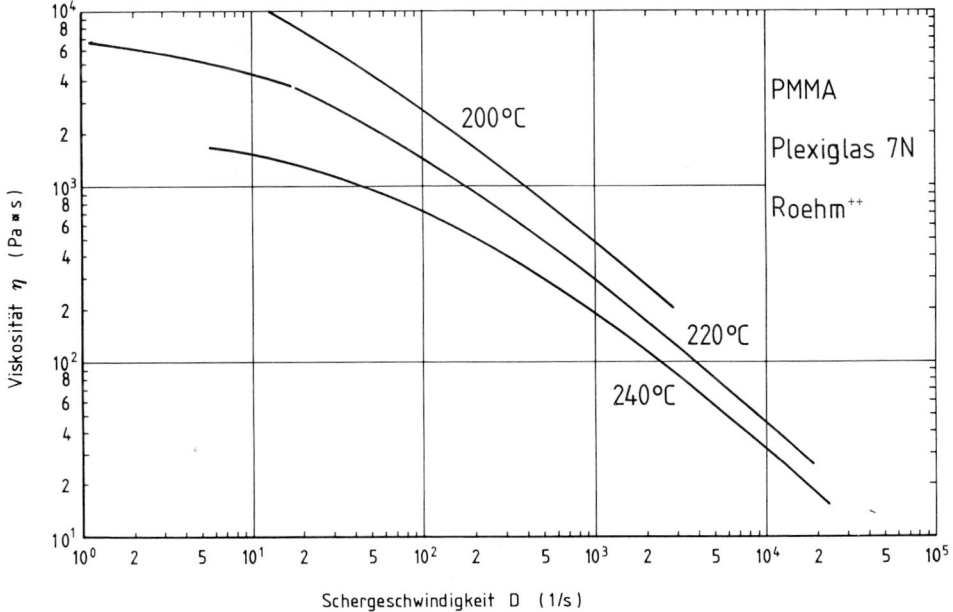

Bild 1-12   Viskositätskurven für ein PMMA [1]

Schergeschwindigkeit

Das Bild zeigt, dass die Erhöhung der Schergeschwindigkeit von 10 auf 10^3 s^{-1} die Viskosität um etwa 2 Dekaden, das entspricht einem Faktor von etwa 100, erniedrigt.

Temperatur

Bei einer Schergeschwindigkeit von 10^2 s^{-1} bewirkt eine Temperaturerhöhung von 200 auf 240 °C gemäß Bild 1-12 eine Verringerung der Viskosität von etwa 25 %. Ursachen sind eine größere Beweglichkeit der Kettensegmente und mehr freies Volumen. Bild 1-13 beweist, dass der Temperatureinfluss nur bei amorphen Materialien so stark ist. Teilkristalline Kunststoffe zeigen eine wesentlich geringere Abhängigkeit.

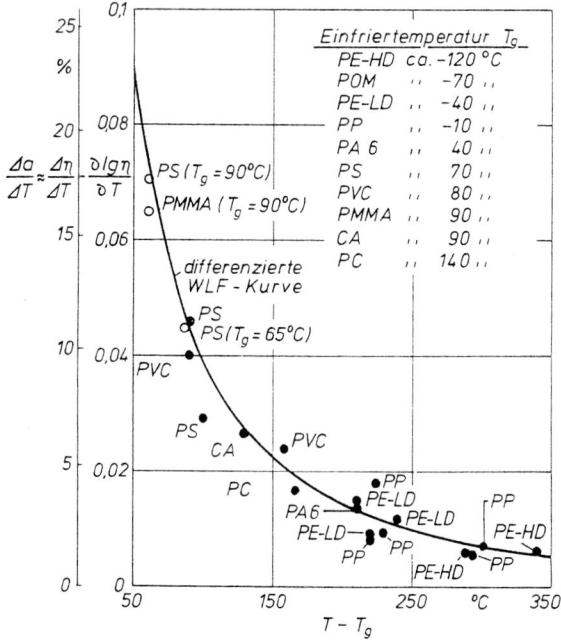

Bild 1-13
Änderung der Viskosität mit der Temperatur für verschiedene Polymere [2]

Druck

Der hydrostatische Druck auf eine Schmelze verringert die Beweglichkeit der Molekülkettensegment und verringert das freie Volumen. Deshalb steigt die Viskosität mit zunehmendem Druck. Bild 1-14 vermittelt einen Eindruck des Druckeinflusses auf die Viskosität. Eine Druckerhöhung um ca. 550 bar führt bei dem betrachteten PMMA zu einer zehnfach höheren Viskosität. Um die Viskosität in diesem Falle konstant zu halten, müßte die Temperatur um ca. 23 °C erhöht werden. Der Fülldruck eines Werkzeugs kann jedoch nicht frei variiert werden, deshalb ist die Bedeutung des Drucks für die Prozessführung im Zusammenhang mit dem Fließverhalten gering.

Feuchtigkeit

Die Feuchte des Materials bei der Verarbeitung hat einen häufig unterschätzten Einfluss auf die Viskosität. Wassermoleküle wirken als inneres Schmiermittel und bauen die Moleküle hydrolytisch ab. Beide Effekt veringern die Viskosität. Eine reproduzierbare, gleichmäßige Materialtrocknung ist deshalb insbesondere bei hygroskopischen Materialien eine wichtig Vorraussetzung für konstante Qualität.

Molekulargewicht

Die entscheidende molekulare Kenngröße ist das Molekulargewicht. Je länger die Molekülketten umso schwerer fließt das Material und umso höher wird die Festigkeit. Man erkennt daraus einen Widerspruch zwischen hoher Festigkeit und leichter Verarbeitbarkeit. Häufig sind jedoch leichter fließende Typen eines Materials festigkeitsmäßig ausreichend und verringern Spritzprobleme wie z. B. Füllbarkeit oder Verzug.

Füll- und Verstärkungsstoffe

Die Viskosität steigt durch den Faserzusatz im Bereich niedriger Schergeschwindigkeiten um zwei bis drei Zehnerpotenzen, während sie bei hohen Schergeschwindigkeiten nur geringfügig zunimmt. Die Temperaturabhängigkeit der Viskosität ändert sich dagegen nicht. Durch den Faserzusatz steigen auch die Einlaufdruckverluste bei Querschnittsverringerungen erheblich an.

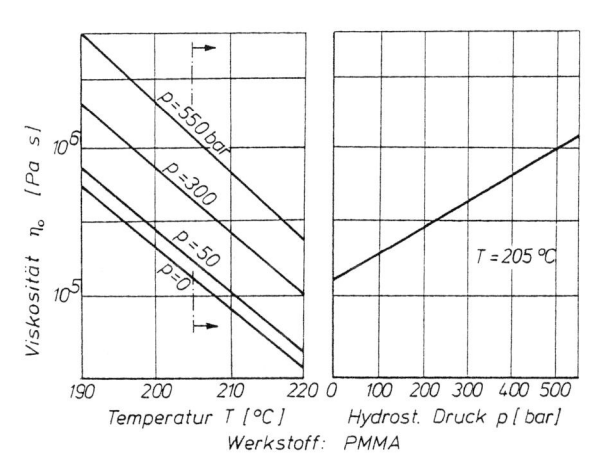

Bild 1-14
Viskosität als Funktion von Druck und Temperatur [2]

1.4.3.3 Ermittlung des viskosen Fließverhaltens

Das Standard-Messgerät für Viskositätskurven ist das *Hochdruckkapillarrheometer*. Eine preiswerte Alternative für vergleichende Einpunktmessungen ist das *Schmelzindexgerät*. Bei beiden Geräten wird eine präzise temperierte Schmelze mit einem Kolben von etwa 11 mm Durchmesser durch eine Düse Kapillare von 1 bis 2 mm Durchmesser gepresst. Der Kolben wird beim HD-Kapillarrheometer über Spindeln oder Hydraulik aufwendig und einstellbar angetrieben, wohingegen beim Schmelzindexgerät (Bild 1-15) einfach ein Gewicht auf den Kolben aufgelegt wird.

Beim HD-Rheometer wird aus der Druckmessung vor Düsen unterschiedlicher Länge die Schubspannung und aus der Kolbengeschwindigkeit die Schergeschwindigkeit ermittelt. Der Quotient aus beiden ergibt gemäß Gleichung (1-9) die Viskosität. Der Schmelzindex (MFR: Melt Flow Rate) ist nach (DIN ISO 1133) wie folgt zu bestimmen:

$$\text{MFRc/b} = \frac{600 \cdot m}{t} \quad [g/(10 \text{ min})] \tag{1-9}$$

mit c Prüftemperatur in °C, b Belastungsmasse in kg, t Messzeit, m während der Messzeit durch die Düse gedrückte Masse.

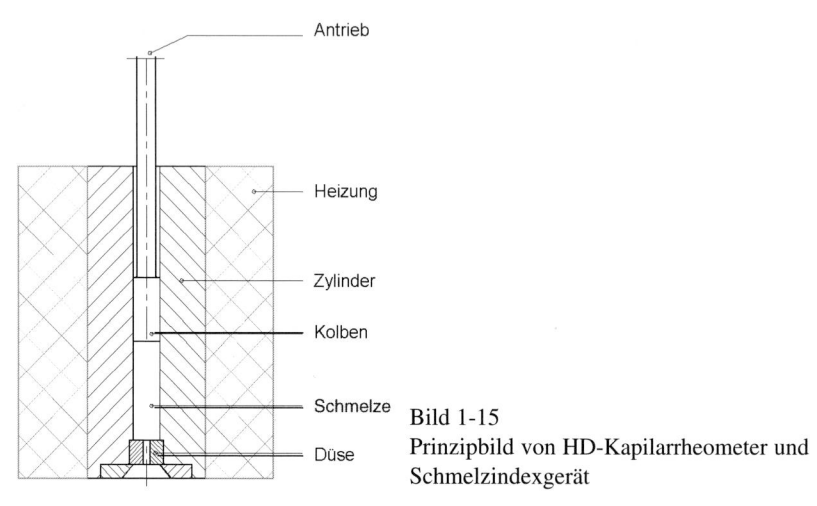

Bild 1-15
Prinzipbild von HD-Kapilarrheometer und Schmelzindexgerät

1.4.4 Druckverluste und Druck

Der Druckverlust Newton'scher Substanzen kann mit dem Hagen Poiseuille'schen Gesetze berechnet werden. Die Feststellung, dass – wie in Bild 1-16 zu sehen – an einer sog. repräsentativen Stelle (e_r) die Schergeschwindigkeiten von Newton'scher und strukturviskoser

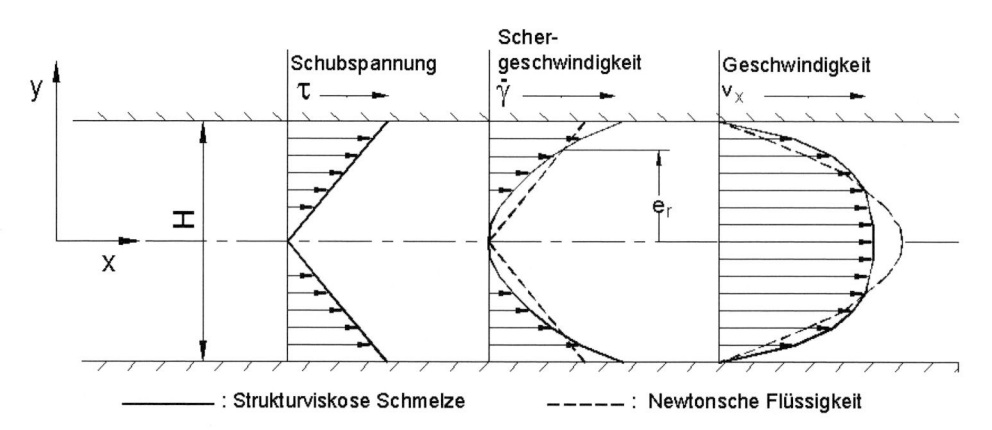

Bild 1-16 Profile der Basisgrößen (Beträge) und repräsentative Schergeschwindigkeit für isothermes Fließen

Substanz gleich sind, führte zu der Erkenntnis, dass diese Formeln auch für strukturviskose Substanzen benutzt werden dürfen, wenn man die Viskosität für diese Stelle einsetzt. Die repräsentative Stelle liegt näherungsweise bei etwa 80 % des Abstands von der Kanalmitte zur Wandung. Weitere Einzelheiten sind [2] zu entnehmen.

1.4.4.1 Hagen-Poiseuillesche Gesetze

Zylindrische Kanäle, typisch für Angüsse:

$$\Delta p_Z = \frac{8 \cdot \eta_r \cdot L}{\pi \cdot R^4} \cdot \dot{V} \quad \text{oder} \quad \Delta p_Z = \frac{8 \cdot \eta_r \cdot L \cdot \bar{v}}{R^2} \tag{1-10}$$

Rechteckkanäle, typisch für Werkzeughohlräume:

$$\Delta p_R = \frac{12 \cdot \eta_r \cdot L}{H^3 \cdot B} \cdot \dot{V} \quad \text{oder} \quad \Delta p_R = \frac{12 \cdot \eta_r \cdot L \cdot \bar{v}}{H^2} \tag{1-11}$$

mit Δp Druckverlust, η_r repräsentative Viskosität, L durchströmte Länge, R Zylinderradius, $\dot{V}$ Volumenstrom, $\bar{v}$ mittlere Fließfrontgeschwindigkeit, H Höhe des Rechteckkanals, entspricht näherungsweise der Formteildicke.

Einheiten: Europa: bar   USA: MPa   1Mpa = 10 bar

Man erkennt in der Formel für Rechteckkanäle, dass durch Einführung der mittleren Geschwindigkeit die Breite eliminiert wurde, was die Gleichung in dieser Form für Werkzeughohlräume brauchbar macht.

Unabhängig von der Anwendbarkeit dieser Formeln für Berechnungen liegt ihr Wert in der klaren Darstellung der Einflussgrößen. Soll z.B. der Fülldruck eines Werkzeugs gesenkt werden, so ist die wirkungsvollste Einflussgröße – nicht die wirtschaftlichste – die Wanddicke auf Grund der höheren Potenz. Wirtschaftlicher wäre eine Verkürzung der Fließlänge L z.B. durch eine andere Lage des Anschnitts oder einen weiteren Anschnitt. Sofern erlaubt könnte eine leichter fließender Materialtyp gewählt oder an der Maschine η und $\bar{v}$ über Zylindertemperatur und Schneckenvorlaufgeschwindigkeit abgesenkt werden.

1.4.4.2 Druck

Mit Δp in den obigen Formeln sind häufig der Druckunterschied gegenüber dem Atmosphärendruck im Tank der Hydraulik oder an der Fließfront gemeint. Da der Atmosphärendruck gegenüber Hunderten von bar, die beim Spritzgießen üblich sind, zu vernachlässigen ist, wird normalerweise nur vom Spritzdruck oder Fülldruck gesprochen.

$$\Delta p = p - p_{\text{Atmosphäre}} \approx p \tag{1-12}$$

1.5 Formmasse

In Tabelle 1-1 sind einige thermoplastische Kunststoffe mit spritztechnischen Daten zusammengestellt.

Tabelle 1-1 Thermoplaste mit Verarbeitungskennwerten nach [124]

Bezeichnung	Verarbeitungs-temperatur °C	Vortrocknung °C/h	Werkzeug-temperatur °C	Schwindung %	Fließweglänge bei 2 mm Wanddicke mm
PE-LD Polyethylen niedr. Dichte	160 bis 270	–	20 bis 60	1,0 bis 3,0	550 bis 600
PE-HD Polyethylen hoher Dichte	200 bis 300	–	10 bis 60	1,5 bis 3,0	200 bis 600
PE-HD geschäumt	200 bis 260	–	10 bis 20	1,5 bis 3,0	
EVA Ethylen-Vinyl-acetat-Cop.	130 bis 240	–	10 bis 50	0,8 bis 2,2	320
PP Polypropylen	200 bis 300	–	20 bis 90	1,3 bis 2,5	250 bis 700
PP-GF20 mit 20 % Glasfasern	200 bis 300	–	20 bis 90	1,2 bis 2,0	500
PP geschäumt	200 bis 290	–	10 bis 20	1,5 bis 2,5	
PVC-U PVC ohne Weichmacher	170 bis 210	–	20 bis 60	0,4 bis 0,8	160 bis 250
PVC-U geschäumt	190 bis 210	–	10 bis 20	0,5 bis 0,7	
PVC-P PVC mit Weichmacher	160 bis 190	–	20 bis 60	0,7 bis 3,0	150 bis 500
PVC-P geschäumt	160 bis 190	–	10 bis 20	0,7 bis 3,0	
PS Polystyrol	170 bis 280	–	10 bis 60	0,4 bis 0,7	200 bis 500
PS geschäumt	170 bis 280	–	10 bis 20	0,4 bis 0,6	
SAN Styrol-Acryl-nitril-Cop.	200 bis 260	85/2 bis 4	50 bis 80	0,4 bis 0,6	
SAN-GF30	200 bis 260	85/2 bis 4	50 bis 80	0,2 bis 0,3	
SB Styrol-Butadien-Cop.	190 bis 280	–	10 bis 80	0,4 bis 0,7	200 bis 500
SB geschäumt	190 bis 280	–	10 bis 80	0,4 bis 0,7	
ABS Acrylnitril-Butadien-Styrol-Cop.	200 bis 260	70 bis 80/2 bis 3	50 bis 80	0,4 bis 0,7	320
ABS-GF30 mit 30 % Glasfasern	200 bis 260	70 bis 80/2 bis 3	50 bis 80	0,1 bis 0,3	300
ABS geschäumt	200 bis 260	70 bis 80/2 bis 3	10 bis 40	0,4 bis 0,7	
ASA Acrylnitril-Styrio-Acrylester-Cop.	220 bis 260	70 bis 80/2 bis 4	50 bis 85	0,4 bis 0,7	
PMMA Polymethyl-methacrylat	190 bis 290	80/4 bis 5	40 bis 90	0,3 bis 0,8	200 bis 500
POM Polyoxy-methylen, Polyacetal	180 bis 230	110/26[1)]	60 bis 120	1,5 bis 2,5	500

Tabelle 1-1 *Fortsetzung*

Bezeichnung	Verarbeitungs-temperat. °C	Vortrocknung °C/h	Werkzeug-temperatur °C	Schwindung %	Fließweglänge bei 2 mm Wanddicke mm
POM-GF30 mit 30% Glasfasern	180 bis 230	110/26[1]	60 bis 120	0,5 bis 0,1	350
PFA Perfluoralk-oxyalkan	380 bis 400	–	95 bis 230	3,5 bis 5,5	80 bis 120
PA6 Polyamid 6	240 bis 290	75/4 bis 6	40 bis 120	0,8 bis 2,5	400 bis 600
PA6-GF30 mit 30% Glasfasern	240 bis 290	75/4 bis 6	40 bis 150	0,2 bis 1,2	360 bis 580
PA66 Polyamid 66	260 bis 300	85/4 bis 6	40 bis 120	0,8 bis 2,5	810
PA66-GF30 mit 30% Glasfasern	260 bis 300	85/4 bis 6	40 bis 120	0,2 bis 1,2	610
PA610 Polyamid 610	230 bis 290	80/8 bis 15	40 bis 120	0,8 bis 2,0	
PA 11 Polyamid 11	200 bis 270	100/4 bis 5	40 bis 80	1 bis 2	
PA11-GF30 mit 30% Glasfasern	230 bis 300	100/4 bis 5	60 bis 90	0,3 bis 0,7	
PA12 Polyamid 12	190 bis 270	100/4 bis 5	20 bis 100	1 bis 2	200 bis 500
PA12-GF30 mit 30% Glasfasern	210 bis 270	100/4 bis 5	20 bis 100	0,5 bis 1,5	200
PA 12 geschäumt	220 bis 250	100/4 bis 5	20 bis 100		
PC Polycarbonat	270 bis 380	110 bis 120/4	80 bis 120	0,6 bis 0,7	150 bis 220
PC-GF30 mit 30% Glasfasern	270 bis 380	110 bis 120/4	80 bis 120	0,2 bis 0,4	120 bis 170
PC geschäumt	270 bis 380	110 bis 120/4	60 bis 90	0,7 bis 0,9	
PET Polyethylen-terephthalat	260 bis 300	160/4	130 bis 150	1,6 bis 2,0	200 bis 500
PET-GF 30 mit 30% Glasfasern	260 bis 300	160/4	130 bis 150	0,2 bis 2,0	200 bis 330
PBT Polybutylen-terephthalat	230 bis 280	120/4	40 bis 80	1,0 bis 2,2	250 bis 600
PBT-GF 30 mit 30% Glasfasern	240 bis 280	120/4	40 bis 80	0,5 bis 1,5	200 bis 400
PBT geschäumt	230 bis 270	120/4	50 bis 60	2,0 bis 2,5	200 bis 300
PSU Polysulfon	340 bis 390	120/2	100 bis 160	0,6 bis 0,8	
PSU-GF 40 mit 40% Glasfasern	340 bis 370	120/5	100 bis 160	0,2 bis 0,4	
PPS-GF40 Polyphenylensulfid	320 bis 380	–	20 bis 200	ca. 0,2	
PES Polyethersulfon	320 bis 390	160/5	100 bis 160	0,6	
PES-GF 40 mit 40% Glasfasern	320 bis 380	160/5	100 bis 160	0,15	
CAB Cellulose-acetobutyrat	180 bis 220	80/2 bis 4	40 bis 80	0,4 bis 0,7	500

[1] Bei entsprechendem Anlieferungszustand Vortrocknung nicht nötig

1.5.1 Darbietungsformen

Spritzgussmassen sollen so konfektioniert, das heißt vom Hersteller so gefertigt sein, dass ein störungsfreier Betrieb der Spritzgießmaschine gesichert ist. Das Material muss rieselfähig sein, damit es auf Grund der Schwerkraft von selbst und ohne Brückenbildung aus dem Materialtrichter in die Einfüllöffnung des Zylinders fällt. Dort soll es durch Verkeilung mit der Zylinderwand möglichst wenig mit der Schnecke umlaufen, damit eine axiale Förderwirkung zustande kommt, und schließlich soll es auch gasduchlässig sein, damit flüchtige Bestandteile vom Plastifiziervorgang durch den Trichter entweichen können.

Diese Forderungen werden von Granulat (Bild 1-17), das aus gleichmäßig geformten, meist zylindrischen Körnern besteht, sehr gut erfüllt. Deshalb ist diese Granulatform im Bereich der Thermoplaste Standard. Nur gelegentlich werden aus Preisgründen auch Pulver oder Linsengranulate verarbeitet. Beide sind im Förderverhalten kritischer.

Farbstoffe werden in der Regel als Konzentrate in Form von Masterbatch zugeführt.

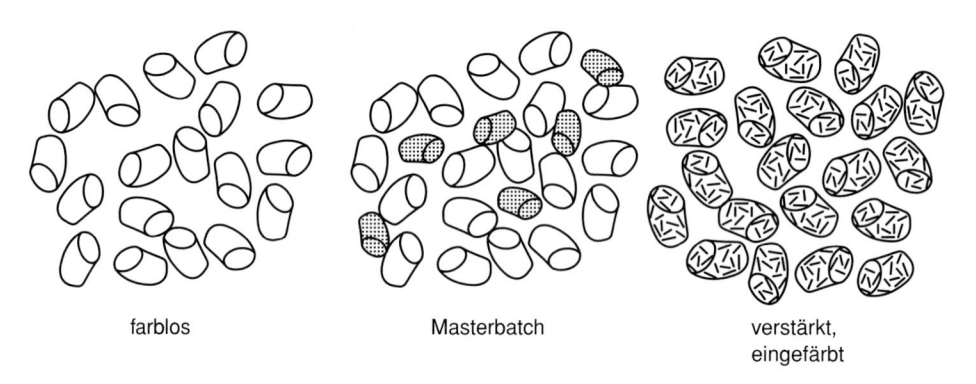

farblos   Masterbatch   verstärkt, eingefärbt

Bild 1-17   Granulate als Ausgangsmaterial

1.5.2 Fließfähigkeit

Voraussetzung für das Spritzgießverfahren überhaupt ist eine ausreichende Fließfähigkeit der Materialien im Schmelzezustand. Spritzgießtypen einer Materialgattung wie z.B. PE müssen fließfähiger sein als Extrusions- oder Blasformtypen.

Die Kennzeichnung kann über Viskositätskurven oder Schmelzindizes erfolgen, die aber der Abkühlung beim Füllen eines Werkzeugs nicht Rechnung tragen.

Als praxisnahe Überschlagswerte für die Füllbarkeit einer Form hat sich das sog. Fließweg-Wanddickenverhältnis bewährt (Bild 1-18). Selbstverständlich sind mit modernen Berechnungsverfahren genauere Ergebnisse zu erzielen. Man geht in der Regel davon aus, dass der Fülldruck des Werkzeugs ohne Anguss 500 bar nicht überschreiten sollte.

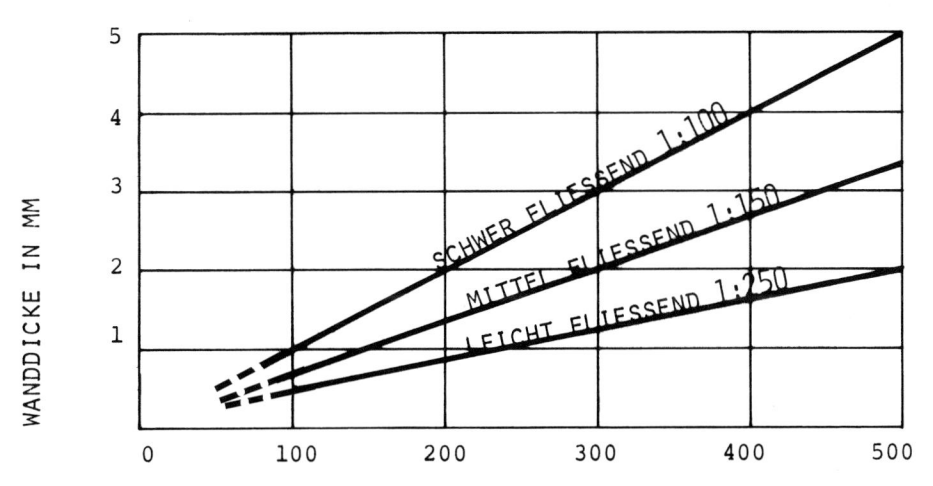

Bild 1-18 Erreichbare Fließweg-Wanddicken für übliche Thermoplaste

1.5.3 Thermische Beständigkeit

Die für organische Materialien relativ hohen Temperaturen beim Aufschmelzen und im Schmelzebereich schädigen den Werkstoff zunächst durch Depolymerisation von Molekülketten. Durch den Abbau der Molekülketten verschlechtern sich die mechanischen Eigenschaften, ohne dass dem Produkt etwas anzusehen ist. Besonders kritisch ist Polycarbonat, wenn es feucht verarbeitet wird. Durch Hydrolyse im Zylinder können die Festigkeitswerte bis zu 50 % sinken. Bei weiter gehender Schädigung kommt es zu Zersetzungen oder Verbrennungen. Bei der Zersetzung entstehen Zerfallsprodukte, welche die Maschine und Werkzeuge chemisch angreifen können. PVC soll hier als Beispiel für andere Kunststoffe angeführt werden. Bei der Zersetzung von PVC spaltet sich Chlor ab, das Salzsäure bildet und besonders aggressiv ist. Maschinen, auf denen PVC verarbeitet wird, müssen deshalb mit einer korrosionsbeständigen Plastifiziereinheit ausgerüstet sein. Zu beachten ist, dass bei kritischen Materialien die Mitarbeiter durch Abzüge über den Plastifiziereinheiten vor gesundheitsschädlichen Gasen zu schützen sind. Zersetzungen gehen meist mit Verfärbungen der Masse und teilweise mit aggressiven Gerüchen einher.

Bild 1-19 zeigt Kurven gleicher Belastung, nach rechts oben mit zunehmender Schädigung. Die Kurven machen deutlich, dass ein bestimmter Schädigungsgrad nicht nur von der Temperatur sondern auch von der Belastungszeit abhängt. Bei hoher Temperatur ist der Schädigungsgrad nach kürzerer Zeit erreicht als bei tiefer.

Was bedeutet das Diagramm für die Praxis? Die wesentliche Aussage ist, dass der Kunststoff mit möglichst geringer Verweilzeit im Zylinder dem Werkzeug zugeführt werden muss. Hier ist neben der Temperaturführung besonders auf die Zahl der Schüsse zu achten, die längs der Schnecke eingelagert sind. Bei kleinen Schußgewichten auch kleine Schnecke verwenden! Selbstverständlich sollte sein, dass nach längeren Stillstandzeiten das Material aus dem Zylinder ins Freie abgespritzt und entsorgt wird.

Im Sinne niedriger Temperaturbelastung im Zylinder wirkt auch die Strategie moderner Angussberechnungen, Angüsse so auszulegen, dass die letzten 10 °C erst dort durch Reibungswärme erzeugt werden.

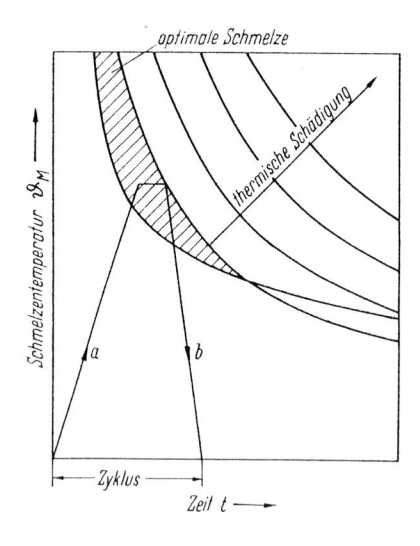

Bild 1-19 Belastungsdiagramm für thermoplastische Kunststoffe [3]
a Erwärmung und Plastifizierung,
b Abkühlung

Eine häufige Fehlerursache sind mit zunehmendem Verschleiß Masserückstände im Bereich von Rückstromsperrre, Schneckenspitze und Düse. Die Rückstände verbrennen allmählich und werden von nachfolgendem Material in den Werkzeughohlraum gespült, wo sie bei transparenten oder hellen Formteilen als dunkle Flecken in Erscheinung treten.

Da Zusatzstoffe wie Farbpigmente, Gleitmittel, Stabilisatoren, Füllstoffe, Schmiermittel oder Weichmacher, die der eigentlichen Kunststoffmasse zugesetzt werden, derselben thermischen Belastung ausgesetzt sind, müssen auch sie thermisch stabil sein und dürfen ihre Eigenschaften unter Einwirkung von Temperatur und Zeit nicht wesentlich verändern.

1.5.4 Wassergehalt

1.5.4.1 Problematik

Thermoplaste werden beim Rohstoffhersteller häufig naß granuliert und anschließend getrocknet. Es ist deshalb nicht verwunderlich, wenn sie schon bei der Anlieferung eine gewisse Feuchte enthalten. Es lässt sich auch nicht ganz vermeiden, dass hygroskopische Kunststoffe bei der Lagerung und Verarbeitung aus der Luft Feuchtigkeit aufnehmen.

Obwohl die Schnecke abhängig vom Staudruck Wasserdampf und andere flüchtige Bestandteile zum Trichter verdrängen kann, besteht die Gefahr, dass bei zu hoher Restfeuchte des Granulats ein hydrolytischer Abbau des Polymers eintritt und die Schmelze blasig wird. Diese Wasserdampfblasen werden beim Einspritzen an der Oberfläche zerrieben und lassen am Teil sog. Feuchtigkeitsschlieren entstehen, oder sie bilden im Inneren des Teils Blasen.

Deshalb müssen zumindest hygroskopische Kunststoffe vorgetrocknet werden. Die Einrichtungen reichen vom einfachen Wärmeschrank bis zum speziellen Granulattrockner in Förderanlagen. Bei besonders kritischen Materialien wird zusätzlich mit Trichterheizungen oder sehr kleinen Trichtern gearbeitet, damit das Material dort nicht erneut Feuchtigkeit aufnehmen kann.

Zu beachten ist, dass mit vorgetrockneter Luft oder beim Wärmeschrank unter Vakuum getrocknet wird, da sonst die Gefahr besteht, dass bei warmer und feuchter Witterung das Material befeuchtet und nicht getrocknet wird. Die Restfeuchte nach der Trocknung sollte ≤ 0.02 % betragen.

Auf die richtige Lagerung während der letzten 12 bis 24 h vor der Verarbeitung ist besonders in der kühlen Jahreszeit zu achten. Wird Material vom kalten in einen warmen Raum gebracht, so sollte die Verpackung nicht vor dem Temperaturausgleich geöffnet werden, weil sonst die Luftfeuchtigkeit am kalten Material kondensiert. Tabelle 1-1 enthält Hinweise zu den Trocknungsbedingungen.

1.5.4.2 Feuchtebestimmung

Zur Feuchtebestimmung haben sich die folgenden Methoden bewährt:

- *Bestimmung der Feuchte mit dem C-Aquameter [27]:* In diesem Gerät entsteht durch die Reaktion von Kalziumkarbid mit der Feuchtigkeit (Wasser) Acetylengas. Der Druck des Gases ist ein Maß für die Feuchtigkeit.
- *Titration nach Karl Fischer DIN53715:* Dieses Verfahren beruht auf der Umsetzung des Wassers mit SO_2 und J_2 vorzugsweise in methanolischer Lösung. Das Wasser wird dabei in einem Inertgas-Strom aus dem Kunststoff ausgeheizt.
- *TVI-Test:* In der Praxis hat sich die Bläschenbildung beim Erhitzen eines Granulatkorns zwischen zwei Glasscheiben auf einem Heiztisch bewährt. Treten keine Bläschen auf, so ist der Wassergehalt für die Verarbeitung ausreichend niedrig.
- *Kontrolle der Schmelze durch Ausspritzen ins Freie:* Grundsätzlich sollte die Schmelze vor dem Einspritzen ins Werkzeug auf Bläschen kontrolliert werden. Die Bläschenbildung kann verschiedene Ursachen haben. Eine davon ist die zu hohe Materialfeuchte.

Eine Alternative zur Vortrocknung ist die Entgasungsschnecke, die im Teil „Maschinen" behandelt wird.

1.5.5 Einfärben

1.5.5.1 Grundsätzliche Möglichkeiten

Kunststoffe werden heute vom Rohstoffhersteller, Compoundeur oder aber vom Verarbeiter durch folgende Zugaben eingefärbt (Einzelheiten sind in [29] dargestellt):

- *Farbmittel* : Einzelpigmente/Farbstoffe allein oder in Kombination.
- *Verkollerungen:* Dies sind physikalische Mischungen von verschiedenen Farbmitteln mit entsprechenden Extendern (Streckmittel).
- *Flüssigfarben:* Hier werden die verschiedensten Farbmittel in einem polymerverträglichen flüssigen Trägersystem dispergiert.
- *Farbkonzentrate:* Die verschiedensten Farbmittel sind in einem Polymerträger dispergiert. Lieferform: Granulat, Minigranulat und gemahlenes Pulver.

1.5.5.2 Masterbatch

Als Farbmittel zum Einfärbung von Kunststoffen haben sich im Spritzgussbetrieb granulatförmige Farbkonzentrate durchgesetzt, die auch als „Masterbatches" bezeichnet werden. Pigmentkonzentrate sind granulatförmige Mischungen aus 40 bis 95% auf das einzufärbende Polymer abgestimmter Trägersysteme und 5 bis 60% Farbpigmenten oder Ruß, die homogen in das Trägermaterial eingearbeitet sind. Trägermaterialien sind Polyolefine, PS, ABS, PA, lineare Polyester, PVC und andere Thermoplaste. Sonder-, Kombi-(multifunktionelle)-Konzentrate enthalten als weitere Komponenten zusätzlich Additive und/oder Effekt-Pigmente.

Trotz des höheren Preises sprechen folgende Vorteile für die Verwendung vom Masterbatch:

- Sauberes Handling.
- Eine durch den Präparationshersteller vorweggenommene optimale Pigmentdispergierung, welche für die zu erreichende Farbstärke und damit die Wirtschaftlichkeit einer Einfärbung maßgeblich ist.
- Der Mischaufwand der granulatförmigen Präparation mit dem einzufärbenden Kunststoff ist gering. Im einfachsten Fall ist schon ein in Rotation versetztes Mischbehältnis ausreichend. Alle automatischen Dosiereinrichtungen sind möglich.
- Da die energieaufwendige und know-how-intensive Dispergierarbeit vorweggenommen ist, bleibt dem Verarbeiter lediglich die Aufgabe der Beimischung.
- Eine Dosierung im Bereich von > 2,0 % Pigmentgehalt im Endartikel ist problemlos realisierbar und bis in die Grenzbereiche des färbetechnisch Sinnvollen möglich.
- Die Gefahr des Reagglomerierens, die beispielsweise bei Pulverpigmenten durch „Gebinde-Preßdruck" bei Transport und Lagerung auftreten kann, ist ausgeschlossen. Ebenso die Ausbildung von sogenannten „nassen" Agglomeraten, die in Wechselwirkung mit der Luftfeuchtigkeit oder gebräuchlichen Haftmitteln bei der Pulvereinfärbung entstehen können.
- Gewerbehygienische Auflagen und Vorschriften bezüglich Feinstaubanteilen in der Raumluft können ohne Zusatzmaßnahmen erfüllt werden.

1.5.5.3 Wirtschaftlichkeitsaspekte der Selbsteinfärbung

Ein wesentlicher Vorteil des Selbsteinfärbens ist die Reduktion der Materialvielfalt. Die Materialpalette kann unter Umständen auf wenige Grundmaterialien reduziert werden. Daraus folgt:

- Größere Mengen ungefärbtes Material können zu besseren Konditionen bezogen werden.
- Auf den personalintensiven und umständlichen Umgang mit Sackware kann verzichtet werden. Stattdessen kann auf Großgebinde wie Oktabins, klappbare Mehrweg-Container oder auf die Lieferung im Tankwagen umgestellt werden.
- Durch Lagerung in freistehenden Materialsilos wird Betriebsfläche für produktive Zwecke frei.
- Logistik und Disposition werden insgesamt deutlich vereinfacht.

1.5.6 Recycling im Spritzgießbetrieb

1.5.6.1 Verwendbarkeit von Mahlgut

Bei der Herstellung von Kunststoff-Formteilen fallen in der Regel Reststoffe in Form von Angüssen und Ausschussteilen an. Die althergebrachte Methode, die Reststoffe zu sammeln und in einer zentralen Mühle zu zerkleinern, hat die Verarbeitung von Mahlgut in Misskredit gebracht, denn das Material war häufig mit Fremdmaterialien vermischt oder verunreinigt. Bei sachgerechter Behandlung und geeigneten Maschinen und Einrichtungen, die im Kapitel „Maschinen" behandelt werden, ist Mahlgut von Angüssen oder Ausschussteilen hochwertiges Material, das, wie für viele Werkstoffe nachgewiesen, Neuware kaum nachsteht. Im allgemeinen können bis zu 30 % Mahlgut zugegeben werden. Material, das z. B. bei Werkzeugwechseln lange im beheizten Zylinder stand, ist aber in jedem Falle geschädigt und muss als Abfall entsorgt werden. Die Qualität der Formteile hängt unter anderem von der Sorgfalt ab, mit der die Mischung aus Originalmaterial und Mahlgut hergestellt wird. Dabei sollte ausschließlich Mahlgut des eigenen Betriebs – nach Möglichkeit sogar der augenblicklichen Fertigung – verwendet werden. Zu beachten ist auch, dass Mahlgut der größeren Oberfäche wegen begierig Feuchtigkeit aufnimmt und, wenn es nicht sofort weiterverarbeitet werden kann, sorgfältig getrocknet werden muss.

1.5.6.2 Bestimmung der Anteile von Originalmaterial und Mahlgut

Bei der Verwendung von Mahlgut besteht jedes Spritzgussteil aus einer Mischung von Neuware und einer Vielzahl von Mahlgutanteilen, die bereits verschieden häufig verarbeitet worden sind. Durch eine Reihenentwicklung kann man die Mahlgutanteile verschiedener Verarbeitungshäufigkeit im Formteil für ständig gleichmäßiger Zugabe des Mahlguts zur Neuware berechnen, Tabelle 1-2 [28].

Tabelle 1-2 Mahlgutanteile verschiedener Verarbeitungshäufigkeit im Formteil für ständig gleichmäßiger Zugabe des Mahlguts zur Neuware [28]

Mahlgutzugabe (bezogen auf Fertigteilgewicht)	10 Gew.-%	20 Gew.-%	40 Gew.-%	60 Gew.-%	80 Gew.-%	100 Gew.-%
Masse 1-mal verarbeitet – Originalware –	91	83,3	71,4	62,5	55,6	50
Masse 2-mal verarbeitet	8,26	13,89	20,41	23,44	24,69	25
Masse 3-mal verarbeitet	0,751	2,315	5,831	8,789	10,974	12,5
Masse 4-mal verarbeitet	0,068	0,386	1,666	3,296	4,877	6,25
Masse 5-mal verarbeitet	0,016	0,064	0,476	1,236	2,168	3,125
Masse 6-mal verarbeitet	0,005	0,011	0,136	0,463	0,963	1,563
Masse 7-mal verarbeitet		0,0018	0,039	0,174	0,428	0,781
Masse 8-mal verarbeitet			0,011	0,065	0,19	0,39
Masse 9-mal verarbeitet			0,0032	0,024	0,085	0,195
Masse 10-mal verarbeitet				0,0092	0,038	0,098

Dies bedeutet z. B. für Originalware plus 20 Gew.-% Mahlgut (Mischung 5:1) folgende Zusammensetzung des Fertigteils:

83,30 Gew.-%	1-mal verarbeitetes Material
13,89 Gew.-%	2-mal verarbeitetes Material
2,315 Gew.-%	3-mal verarbeitetes Material
0,386 Gew.-%	4-mal verarbeitetes Material
0,064 Gew.-%	5-mal verarbeitetes Material
0,011 Gew.-%	6-mal verarbeitetes Material
0,034 Gew.-%	mehr als 6-mal verarbeitetes Material

1.5.6.3 Einfluss des Mahlguts auf die Verarbeitung

Für eine reibungslose Fertigung ist es notwendig, dass über den gesamten Produktionszeitraum immer die gleiche Mischung verarbeitet wird, da unterschiedliche Prozentsätze des Mahlgutanteils zu unterschiedlichem Einzugsverhalten infolge von Schüttdichteschwankungen führen. Das gleiche gilt, wenn die Korngröße des Mahlguts sich zu sehr von der Korngröße des Originalmaterials unterscheidet oder die Korngröße des Mahlguts für die Schneckengangtiefe ungeeignet ist. Selbst wenn die Mengenanteile sorgfältig abgemessen worden sind, kann es zu einer ungleichmäßigen Förderung kommen, wenn die Bestandteile nicht homogen miteinander vermischt wurden. Die Mischungen sollten daher auf Zwangsmischern oder über Dosiervorrichtungen hergestellt werden. Bewährt hat sich auch das Aussieben von Staub und Spießen und das Abscheiden von Metallpartikeln, die aus den vorgelagerten Einrichtungen stammen. Spieße sind längere Angussstücke, die je nach Mühle entstehen können.

1.6 Die Plastifizierung

1.6.1 Funktionen der Schnecke

Im Gegensatz zum einfachen Kolben der ursprünglichen Kolbenspritzgießmaschinen, der lediglich die heiße Kunststoffmasse in die Werkzeughöhlung drückt, übernimmt die Schnecke eine 5fache Funktion.

- Fördern,
- Dosieren,
- Plastifizieren,
- Homogenisieren,
- Einspritzen.

1.6.2 Plastifiziervorgang

1.6.2.1 Aufschmelzvorgang

Der zu verarbeitende thermoplastische Kunststoff wird über den Materialtrichter und die Zylindereinzugszone der Schnecke angeboten. Der Trichterbereich wird dabei mit Wasser gekühlt, um ein Haften des Granulats an der Trichter- und Zylinderwand zu verhindern. Das in der Schneckeneinzugszone aufgenommene Material wird durch möglichst hohe Reibung zwischen Kunststoff und Zylinder und kleinstmöglicher Reibung zwischen Kunststoff und Schnecke axial transportiert. Die Förderwirkung durch Reibung wird unterstützt durch das

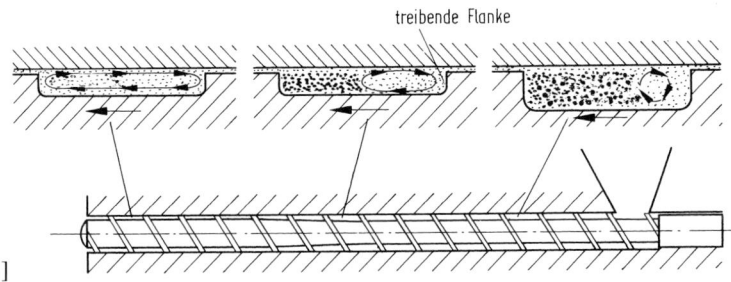

Bild 1-20
Aufschmelzvorgang
längs der Schnecke [5]

Anhaften des Materials an der Zylinderwand, deren Temperatur in der ersten Heizzone dem Erweichungsbereich des zu verarbeitenden Kunststoffs angepasst wird.

Thermoplastische Kunststoffe haben als Granulate oder Pulver eine Schüttdichte, die gegenüber dem massiven verarbeiteten Zustand um 40 bis 50 % niedriger ist. Die Einzugszone fördert mit vergrößertem Gangvolumen das Material gegen den Widerstand der nachfolgenden Zonen und verdrängt die zwischen den Granulaten oder Pulverkörnern befindliche Luft. Der Aufschmelzvorgang beginnt bereits in der Einzugszone, wobei das Granulat durch teilweise Haftung an der heißen Zylinderfläche im Schneckengang rotiert. Die dabei erweichenden Granulat-Randzonen werden als Schmelzefilm an der Zylinderfläche zurückgelassen, der von der treibenden Flanke der Schnecke abgeschabt wird (Bild 1-20). Dadurch bildet sich ein Schmelzebecken, das stetig zunimmt. Durch das sich nach der Einzugszone verjüngende Gangvolumen steigt der Druck nach Bild 1-21. Dadurch wird der Plastifiziervorgang beschleunigt und gasförmige Bestandteile werden in Richtung Trichter verdrängt. In der Ausstoßzone findet das Homogenisieren der Schmelze statt. Der Hauptanteil der zur Plastifizierung erforderlichen Energie wird durch Scherung der Schmelze zugeführt, d. h. durch Umsatz von Antriebsenergie. Der Rest wird durch die Zylinderheizung eingebracht.

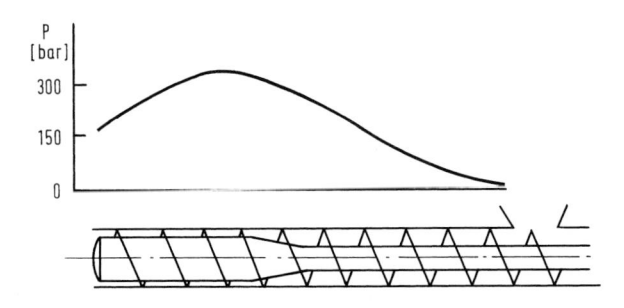

Bild 1-21
Druckaufbau längs der Schnecke [5]

1.6.2.2 Strömungsformen

In Bild 1-22 sind drei Strömungsformen dargestellt.

Die *Schleppströmung* hat ihre Ursache in der Schleppwirkung der umlaufenden Schneckenoberfläche. Die Schleppströmung ist am größten, wenn im Raum vor der Schnecke der Druck p = 0 herrscht, das heißt, wenn das Material ohne Gegendruck frei aus der Düse austreten kann. In diesem Fall ist die Ausstoßleistung am größten.

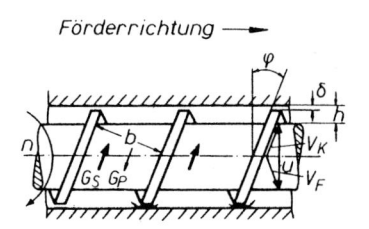

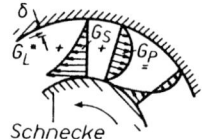

Bild 1-22
Strömungsformen längs der Schnecke
G_S: Schleppströmung,
G_p: Druckströmung,
G_L: Leckströmung.

Die *Druckströmung* G_p ist eine Folge der Druckdifferenz vom Schneckenvorraum zum Einzugsbereich. Dieses Druckgefälle trägt auch zur Entgasung der Schmelze bei. Flüchtige Bestandteile werden zum Trichter verdrängt. Die Rückströmung ist am größten, wenn die Düse verschlossen ist. Dann ist die Ausstoßleistung gleich Null, und der Druck vor der Schnecke ist der maximal mit der Schnecke erreichbare Druck.

Die dritte Strömung innerhalb des Schneckenaggregats ist die *Leckströmung* G_L. Diese Strömung entwickelt sich zwischen dem Schneckensteg und der Zylinderwand und ist stark vom Verschleisszustand von Zylinder und Schnecke abhängig. Die Ursache der Leckströmung ist wie bei der Druckströmung der Druckunterschied zwischen Düsen- und Einzugsbereich. Mit zunehmendem Verschleiß vergrößert sich das Spiel und dadurch die Leckströmung und Scherung, was zur lokalen Überhitzungen des Materials führen kann.

Die drei Strömungsarten treten nie voneinander getrennt auf. Es wird vielmehr im Schneckenkanal zu einer Überlagerung aller Strömungsarten kommen, so dass das Bild einer solchen zusammengesetzten oder resultierenden Strömung der Kunststoffmasse ein sehr verwickeltes ist. Tatsächlich führt die Kunststoffmasse im Schneckengang eine wendelförmige Bewegung aus. Durch konstruktive und verfahrenstechnische Maßnahmen kann man die einzelnen Strömungen in Grenzen beeinflussen und somit auch die resultierende Strömung verändern.

Ein Vorteil der Schneckenplastizierung gegenüber der Kolbenplastizierung liegt darin, dass eine kürzere Verweilzeit des Materials im Schneckenaggregat gegeben ist. Unter Verweilzeit versteht man die Zeit, die ein Massepartikelchen zum Durchlaufen des Schneckenaggregats benötigt, das ist die Zeit von der Einführung in den Schneckengang bis zum Verlassen der Düse. Dadurch wird die Gefahr der thermischen Überbeanspruchung des Materials, die zum Abfall der Festigkeitseigenschaften führt, erheblich vermindert. Außerdem vollzieht sich der Wärmeübergang nicht mehr am ruhenden Material, sondern am bewegten. Immer neue Masseteilchen kommen mit der beheizten Zylinderwand in Berührung, nehmen Wärme mit, um sie während der Bewegung auf andere kältere Teilchen übertragen.

Für die schnelle Einbringung der Wärme in das Material ist aber auch die innere Reibungswärme von erheblicher Bedeutung. Sie kann über Staudruck und Drehzahl gesteuert werden.

Weitere Einzelheiten sind der Fachliteratur zur Extrusionstechnik zu entnehmen. Im Vergleich zur Extrusion sind jedoch zwei Besonderheiten zu beachten:

a) Die Schneckenrotation wird nach jedem Plastifiziervorgang abgeschaltet. Das Losbrechmoment beim Wiederanfahren verhindert z. B. den Einsatz von förderwirksamen Einzugszonen.

b) Die wirksame Schneckenlänge verringert sich während des Plastiziervorgangs, weil sich die Schnecke nach hinten schiebt. Die hintereinander liegenden Massenanteile durchlaufen also eine unterschiedliche Plastiziergeschichte.

1.7 Die Formteilbildung

Die Formteilbildung im Werkzeug soll als zentrales Thema der Spritzgießtechnik besonders ausführlich dargestellt werden. Einzelheiten sind [4] zu entnehmen.

1.7.1 Druckverlauf in Maschine und Werkzeug

Obwohl die Zustandsgrößen Druck, Temperatur und Volumen thermodynamisch gesehen gleichrangig sind, kommt dem Druckverlauf für die Prozesssteuerung eine besondere Bedeutung zu, da er viele Einzelheiten der Formteilbildung anzeigt, relativ einfach gemessen und schnell verändert werden kann. In Bild 1-23 sind die Druckverläufe, wie sie beim Spritzgießen von Radiogehäusen (Bild 1-27) gemessen wurden, an sechs besonders interessanten Stellen der Maschine und des Werkzeugs dargestellt. Dieselben Druckkurven sind in Bild 1-28 synchron aufgetragen.

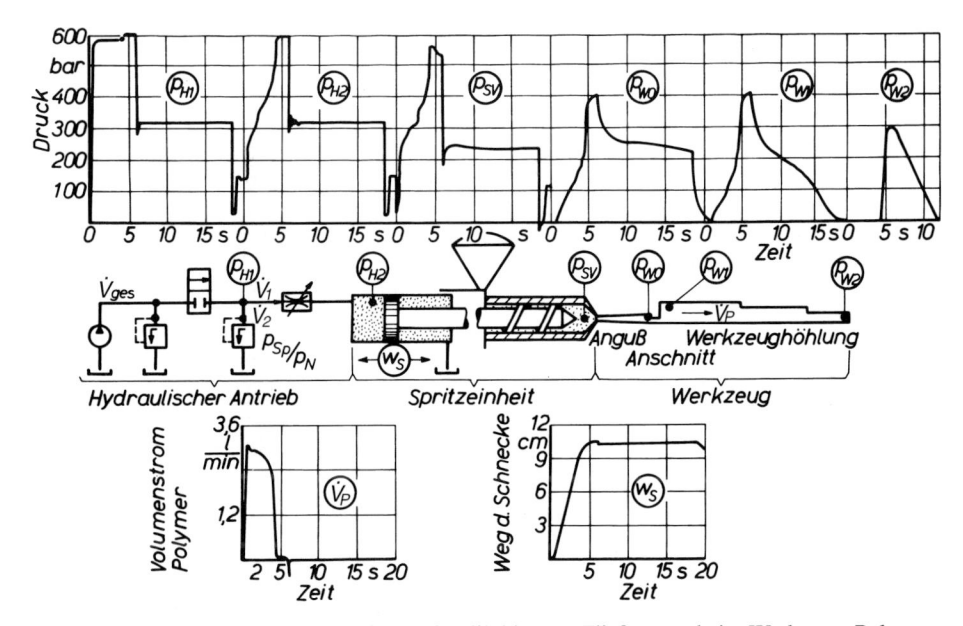

Bild 1-23 Druckfortpflanzung von der Hydraulik bis zum Fließwegende im Werkzeug, Polymerstrom und Schneckenweg beim Spritzgießen eines Radiogehäuses

1.7.1.1 Druckanstieg

Druck entsteht durch Widerstände, die dem Volumenstrom entgegenwirken. Das einfachste Gesetz, das diesen Zusammenhang darstellt, ist das Ohmsche Gesetz der Elektrizität:

$$U = R \cdot I \qquad \text{Ohmsches Gesetz der Elektrizität} \qquad (1\text{-}13)$$

mit U treibende Spannung, R elektrischer Widerstand, I elektrischer Strom.

Da alle Transportvorgänge wie z. B. von elektrischen Ladungen, Wärme oder Flüssigkeiten nach denselben Gesetzmäßigkeiten ablaufen, kann das Ohmsche Gesetz auch auf hydraulische oder rheologische Vorgänge angewendet werden.

$$\Delta p = W_H \cdot \dot{V} \qquad \text{Ohmsches Gesetz der Hydraulik} \qquad (1\text{-}14)$$

mit Δp treibende Druckdifferenz, W_H hydraulischer Widerstand, $\dot{V}$ Volumenstrom.

Aus Abschnitt 1.4.4.1 wird das Hagen-Poiseuillesches Gesetz, Gleichung (1-11), übernommen:

$$\Delta p = \frac{12 \cdot \eta_r \cdot L}{H^3 \cdot B} \cdot \dot{V} \qquad (1\text{-}11)$$

Durch Vergleich der Gleichungen (1-14) und (1-11) erhält man den folgenden Ausdruck für den hydraulischen Widerstand eines Rechteckkanals:

$$W_H = \frac{12 \cdot \eta_r \cdot L}{H^3 \cdot B} \qquad (1\text{-}15)$$

Beim Einspritzvorgang ist zunächst der Volumenstrom die unabhängige Variable und Δp ergibt sich. Sobald der eingestellte Einspritzdruck erreicht ist, wechselt die Kausalität. Jetzt ist nicht mehr der Volumenstrom die unabhängige Variable des Einspritzvorgangs sondern der Druck. Der Einspritzvorgang verläuft nicht mehr strom- sondern druckgesteuert. Die Gleichung 1-14 gilt in umgestellter Form:

$$\dot{V} = \frac{\Delta p}{W_H} \qquad (1\text{-}16)$$

Dies hat zur Folge, dass der Volumenstrom und dadurch die Schneckenvorlaufgeschwindigkeit sinken, wenn sich der Widerstand durch zunehmende Werkzeugfüllung vergrößert; es sei denn, dass ein anderer Widerstand sich im gleichen Maße verringert, wie dies z. B. bei Stromregelventilen der Fall ist. Der Übergang vom stromgesteuerten zum druckgesteuerten Einspritzvorgang erfolgte beim Radiogehäuse (Bild 1-28) schon beim Anlauf der Schnecke, wie man aus der Begrenzung des Druckanstiegs beim Hinweis (2 ==t >) erkennen kann. Die Krümmung der Zeitfunktionen der Schneckenwege „w_S" in Bild 1-28 und 1-29, jeweils b) beweisen, dass der Einspritzvorgang auch bei diesen Formteilen zumindest gegen Ende der Füllung druckgesteuert verlief.

Obwohl der hydraulische Antrieb der Spritzgießmaschinen und die Rheologie der Kunststoffschmelze von verschiedenen wissenschaftlichen Disziplinen behandelt werden und verschiedene Medien betreffen, kann man durch den übergeordneten Begriff des Stofftransports die Formteilbildung von der Hydraulik bis zum Werkzeug einheitlich beschreiben. In Bild 1-24 ist der gesamte Transportweg von der Ölpumpe bis zur entferntesten Stelle des Werkzeugs als hydraulischer und analog dazu als elektrischer Kreislauf dargestellt. In diesem Kreislauf sind die wichtigsten Widerstände der einzelnen Transportabschnitte zwischen den Messstellen eingezeichnet. Sie verursachen Druckverluste, die überwiegend durch die Reibung der viskosen Medien entstehen. Neben festen Widerständen sind variable eingezeichnet, die der zunehmenden Werkzeugfüllung Rechnung tragen. Hinzu kommen Kapazitäten für die Kompressibilität der Schmelze. Die Analogie zur Elektrotechnik wird verständlich, wenn man bedenkt, dass auch der in Bild 1-24 hydrau-

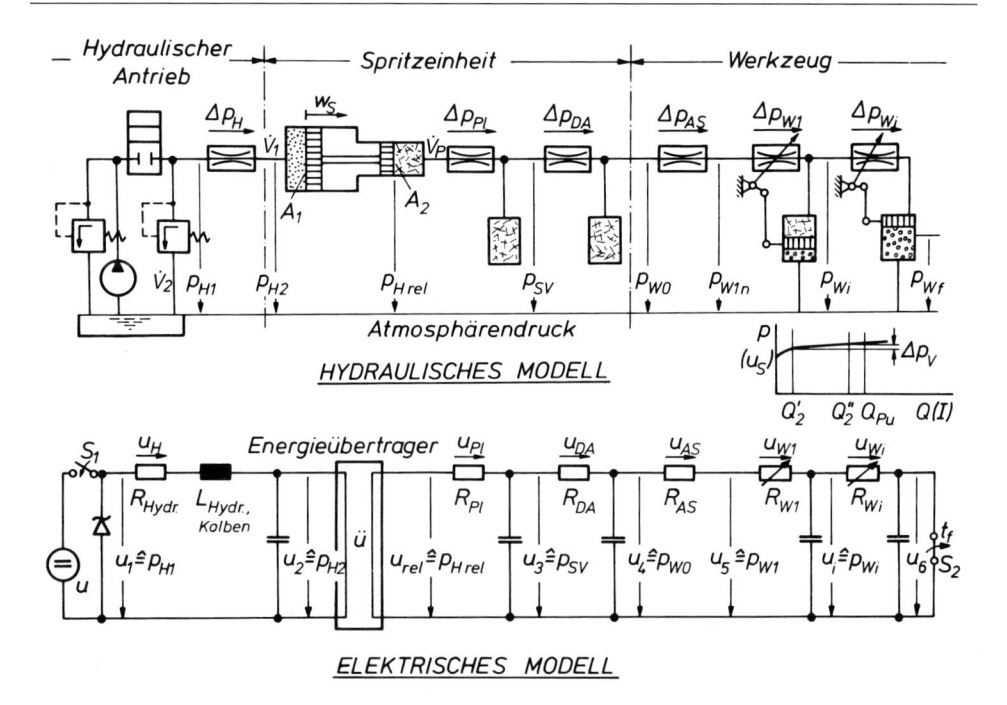

Bild 1-24 Modelle des Stofftransports bei der Formteilbildung
Widerstände:
H Hydraulik   Pl Plastifiziereinheit   DA Düse, Angusskanäle
AS Anschnitt   Wi Werkzeugabschnitte i

lisch interpretierte Transportweg Induktivitäten und Kapazitäten enthält. Die hydraulische Induktivität entsteht durch die trägen Massen der Schnecke, des Öls und der Polymerschmelze. Die hydraulische Kapazität ist durch die Kompressibilität der Druckübertragungsmedien und die elastische Verformung von Leitungen und anderer federnder Elemente des Systems bedingt.

Mit Hilfe dieser Modellvorstellung und der vereinfachten Druckverläufe in Bild 1-25 soll nun der Druckaufbau in Maschine und Werkzeug erklärt werden.

Anlaufphase

Der Einspritzvorgang beginnt mit dem Kommando „Schnecke vor", Punkt 2 in Bild 1-25. Durch den entsprechenden Impuls an das Wegeventil wird der Ölstrom zum Schneckenantriebszylinder geleitet. Dort stellen sich die träge Masse des Schneckenkolbens sowie Haft- und Reibungswiderstände der Bewegung entgegen. Hinzu kommt der Widerstand der Düse, die nicht selten durch einen kalten Massepropfen verschlossen ist. Häufig setzt sich die Schnecke erst nach einem Überschwinger des Hydraulikdrucks in Bewegung, um dann zunächst den Angusskegel und die Verteilerkanäle zu durchströmen.

Füllphase

Bei Punkt 4 hat die Schmelze den angussnahen Druckaufnehmer erreicht. Jetzt wird die Kavität gefüllt, das Formteil entsteht. Der Druck p_{W1} steigt an, weil die durchströmte Länge zunimmt (L in Gleichung (1-15). Der Anstieg erfolgt je nach Veränderung der Querschnittgrößen B und H progressiv oder degressiv. Verengt sich der Querschnitt erfolgt der Anstieg progressiv und umgekehrt. Zu den schon vorhandenen Druckverlusten addiert sich gemäß Kirchhoffscher Maschenregel der Druckanstieg im Werkzeug. Deshalb steigt der Hydraulikdruck ungefähr parallel zum Fülldruck des Werkzeugs. In der Füllphase repräsentiert der Hydraulikdruck zumindest näherungsweise die Vorgänge im Werkzeug.

Verdichtungsphase

Die volumetrische Füllung des Werkzeugs ist erreicht, sobald der gesamte Hohlraum des Werkzeugs von der Masse benetzt ist. In diesem Augenblick steigt der Widerstand des Werkzeugs an der Fließfront ins Unendliche. Der Vorgang ist im elektrischen Modell durch das Öffnen des Schalters S 2 symbolisiert. Dadurch geht der Strom plötzlich auf einen durch die Kapazitäten bedingten sehr kleinen Wert zurück – wie auch aus den zeitlichen Verlaufen der Schneckenwege in Bild 1-28 und 1-29 hervorgeht – die Druckübertragung wird quasi-statisch und die Druckverluste an den einzelnen Widerständen gehen gegen Null. Bei einer klassischen inkompressiblen Flüssigkeit würde jetzt ein spontaner Druckausgleich im ganzen System stattfinden d. h. der Druck im Werkzeug würde auf den Hydraulikdruck ansteigen. In der Schmelze baut sich der Druck jedoch durch die Kompressibilität verzögert nach einer e-Funktion auf, und durch die Abkühlung bleibt der Druckausgleich unvollständig. Der maximale Druck im Werkzeug ist abhängig vom Fließweg-Wanddickenverhältnis deutlich geringer als der relative Hydraulikdruck.

1.7.1.2 Druckabbau

Die triviale Ursache für den Druckabfall bei Punkt 6 in den Abbildungen ist die Absenkung des Hydraulikdrucks vom Einspritz- auf den niedrigeren Nachdruck. Die zweite Ursache ist die Abkühlung der Schmelze. Die Abkühlung wirkt zweifach. Zunächst durch Verringerung der Mikrobraunschen Bewegung und damit der Stöße auf den Druckaufnehmer und zweitens durch die in Erstarrung übergehende zunehmende Viskosität der Schmelze längs der Fließwege, die den Nachschub der Masse vom Zylinder zunehmend unterbindet. Da der Anschnitt normalerweise besonders dünn ist, erstarrt dieser am schnellsten, um das Werkzeug zu versiegeln, das heißt den Masseaustausch mit der Maschine zu unterbinden. Erstarrende Anschnitte sind thermische Ventile, die den Forminnendruck je nach Auslegung mehr oder weniger schnell herunterregeln. Die in Bild 1-25 dargestellte senkrechte Schraffur zeigt den dadurch bedingten Unterschied zwischen Hydraulik- und Forminnendruck. Man erkennt aus diesem Vergleich auch, dass der Hydraulikdruck in der Verdichtungsphase keine Aussagen über die Vorgänge im Werkzeug macht.

Dynamische Effekte

Zum Verständnis von Einzelheiten der Druckverläufe ist nicht nur das bisher behandelte stationäre Verhalten bei konstantem Volumenstrom von Bedeutung sondern auch das instationäre Verhalten bei plötzlicher Veränderung von Druck oder Volumenstrom. Auch hier

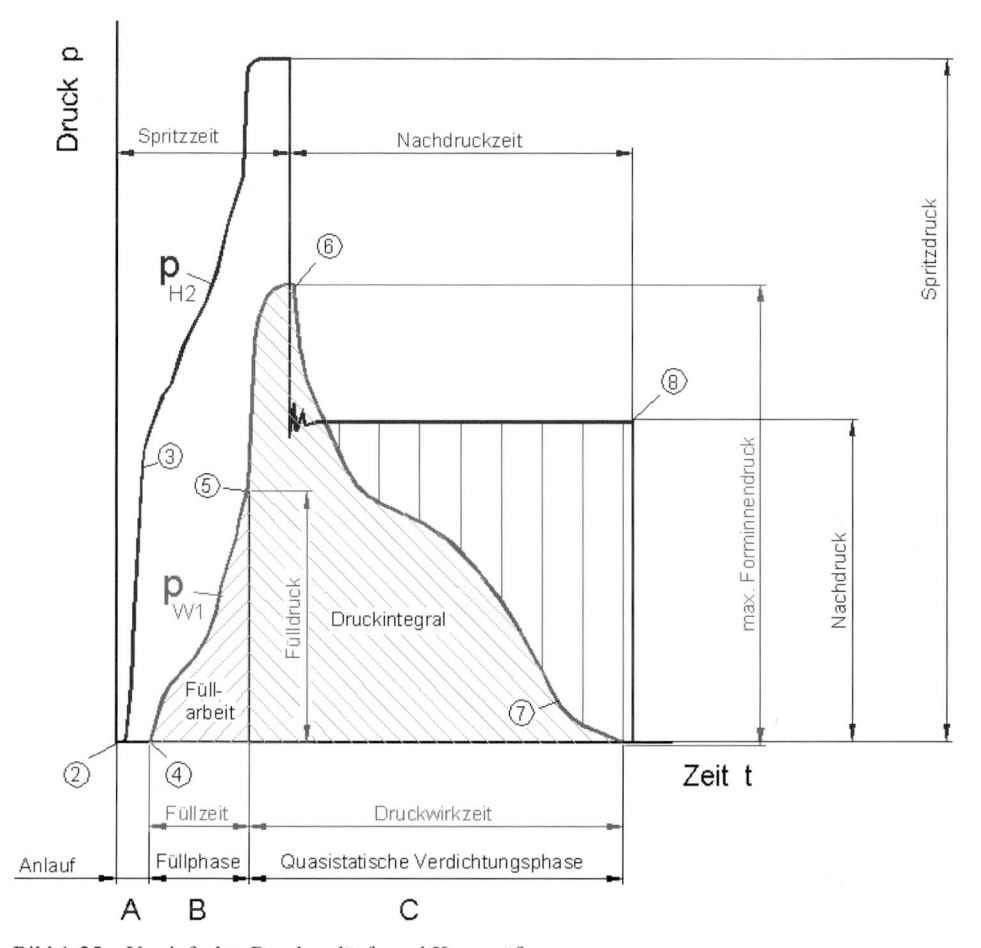

Bild 1-25   Vereinfachte Druckverläufe und Kenngrößen

kann die Analogie zur Elektrotechnik hilfreich sein. In Bild 1-26 ist das dynamische Druckübertragungsverhalten einzelner Transportabschnitte zwischen den Messstellen analog zur Elektrotechnik abgebildet worden. In der ersten Zeile von Bild 1-26 ist ein Anlaufvorgang angedeutet, der dem Starten des Einspritzvorgangs gegen die geschlossene Düse entspricht. Sobald das Wegeventil den Ölpfad zum Schneckenantriebszylinder freigibt, stellt sich sprungartig die Fördermenge der Pumpe als Ölstrom ein. Dieser Ölstrom prallt auf die einer Induktivität entsprechenden trägen Masse des Schneckenkolbens. Dadurch entsteht eine Druckspitze, die sofort wieder abklingt, um nach Aufladung der Kapazitäten einen konstanten Endwert zu erreichen. Eine derartige Druckspitze ist in Bild 1-28a (Hinweispfeil 1) deutlich zu erkennen.

In der zweiten Zeile ist dargestellt, wie sich sprungartige Druckänderungen z. B. bei der Umschaltung von Spritz- auf Nachdruck auswirken. Da Druckbegrenzungsventile wie auch der axiale Schneckenantrieb RLC-Glieder (Definition: Bild 1-26) sind, können je nach Dämpfung mehr oder weniger ausgeprägte Schwingungen auftreten

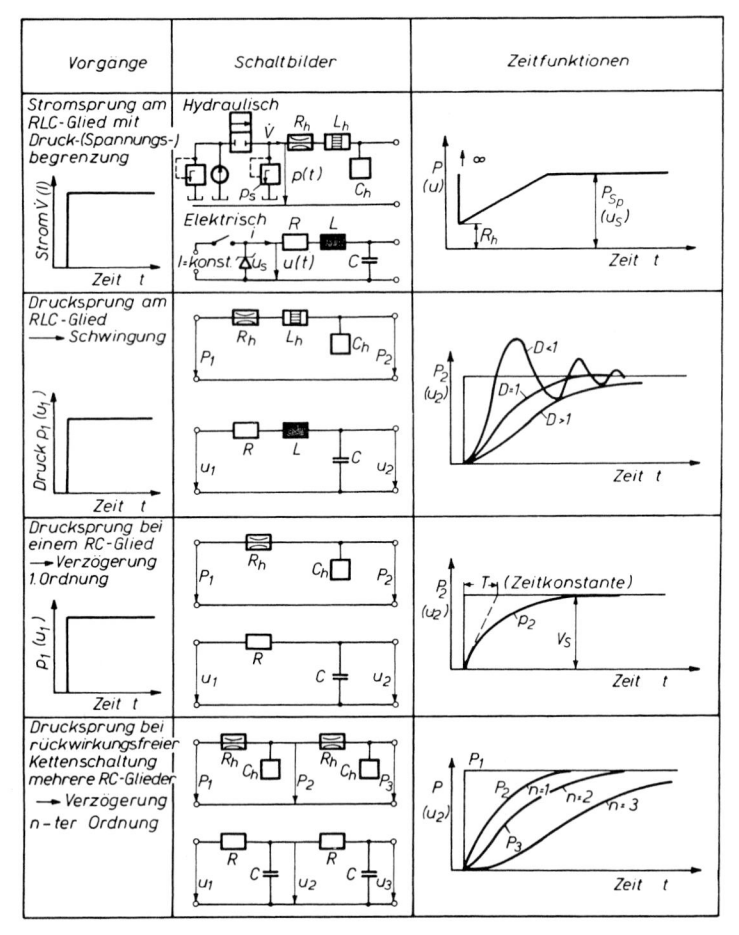

Bild 1-26 Dynamisches Druckübertragungsverhalten einzelner Transportabschnitte in Analogie zur Elektrotechnik
R Widerstand   L Induktivität bzw. träge Masse   C Kapazität

Die Schmelze selbst, Zeilen 3 und 4, ist kein schwingfähiges System, da die Trägheit im Verhältnis zur Reibung und zur Elastizität gering ist. Es treten Übergangsfunktionen mit mehr oder weniger großen Zeitkonstanten auf.

Das mechanische Analogon zum RC-Glied ist das Maxwellsche Modell (Serienschaltung: Dämpfer-Feder), das häufig zur Beschreibung des visko-elastischen Verhaltens von Kunststoffen benutzt wird.

1.7.1.3 Gemessene Druckverläufe aus der Praxis

In Bild 1-28 und 1-29 sind Druckverläufe für weitere Formteile (Bild 1-27) dargestellt. Abgesehen vom Radiogehäuse wurden die Druckkurven unter Produktionsbedingungen gemessen. Der Druckaufnehmer p_{H2} war bei allen Messungen am Hydraulikzylinder an-

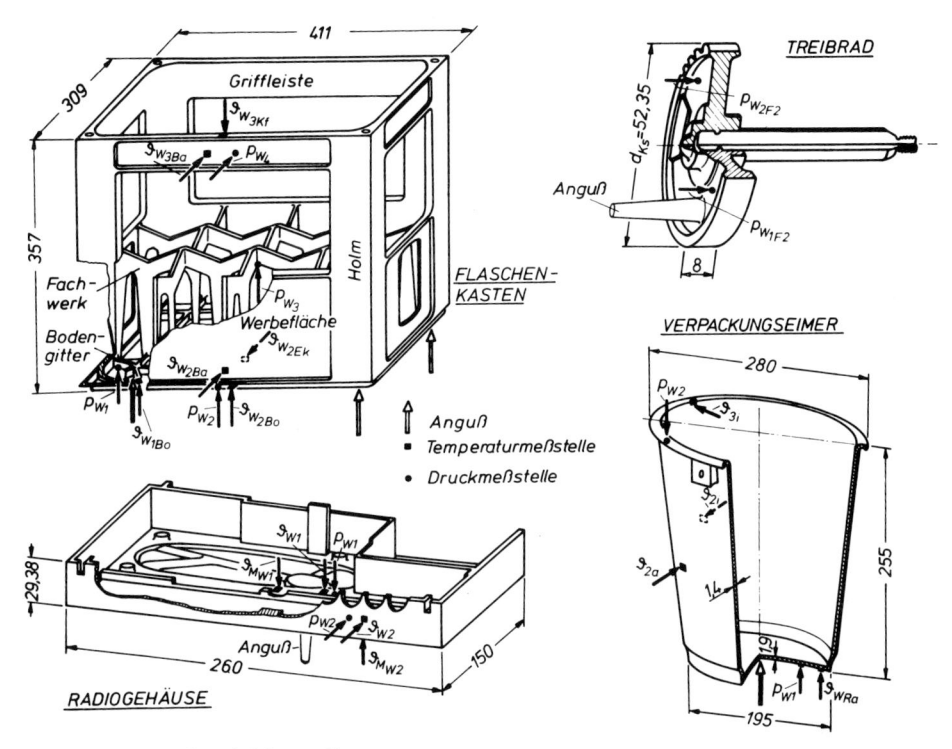

Bild 1-27 Formteile mit Messstellen
Formmassen: Flaschenkasten PE, Zahnrad POM, Radiogehäuse PS, Verpackungseimer PE

gebracht. Die Messstellen für die Drücke im Werkzeug gehen aus Bild 1-27 hervor. Die Indizes geben die Reihenfolge der Aufnehmer längs des Fließwegs an. Die Messstellen P_{WO}, P_{SV} und P_{H1} nach Bild 1-23 waren nur beim Radiogehäuse vorhanden. Damit die Hydraulikdrücke und die Drücke in der Masse verglichen werden können, wurden die Hydraulikdrücke auf die Polymerseite der Schnecke umgerechnet. Die umgerechneten Werte, an anderer Stelle theoretischer Massedruck genannt, sind hier mit „relative Hydraulikdrücke" bezeichnet. Zur Kurzbeschreibung der Druckkurven dient Tabelle 1-3.

Diese Formteile repräsentieren ein großes Spektrum von Teilen aus der Praxis. Extreme sind das Zahnrad mit einem Fließweg-/Wanddickenverhältnis von weniger als 10, also einem sehr geringen Füllwiderstand, und der Verpackungseimer mit einem Fließweg-Wanddickenverhältnis von etwa 250 an der Grenze der Füllbarkeit. Der Flaschenkasten gehört ebenfalls zu schwerfüllenden Teilen, wohingegen das Radiogehäuse einen mäßigen Füllwiderstand aufweist.

Da die grundlegenden Ursachen der Druckverläufe bereits behandelt wurden, soll hier nur noch auf Besonderheiten der Messungen unter Produktionsbedingungen hingewiesen werden.

Treibrad

Das entscheidende Qualitätsmerkmal eines Zahnrads ist die Präzision (Rundlauf, Wälzfehler, Wälzsprung, Planschlag usw.). Man erkennt, dass durch einen ungewöhnlich hohen und lang wirkenden Forminnendruck von 1000 bar eine präzise Abformung der Werkzeughöhlung erzwungen und die Schwindung auf ein Minimum reduziert wird. Der Fülldruck der Kavität (siehe vergrößerte Einzelheit in Bild 1-29) ist mit etwa 100 bar gering. Der hohe Maximaldruck und die Angussauslegung haben zur Folge, dass bei einem großen Restdruck von über 300 bar entformt wird (Hinweispfeil 5 in Bild 1-29), was hier zu Qualitätsproblemen führte und bei komplizierteren Formteilgestalten gar nicht möglich wäre. Der Nachdruck ist gleich Spritzdruck und die Umschaltung erfolgte zeitabhängig.

Verpackungseimer

Beim Verpackungseimer bestand das Hauptproblem darin, das Werkzeug überhaupt voll zu bekommen, ohne es danach zu überspritzen.. Der maximale Einspritzdruck von 1200 bar lag an der Leistungsgrenze der Maschine. Bei so hohen Füllwiderständen kann der Füllpunkt durch den steilen Anstieg nicht mehr als Knick in der Forminnendruckkurve erkannt werden. Allein das Ansprechen des angussfernen Druckaufnehmers bei ca. 1,9 s zeigt die volumetrische Füllung an. Der Fülldruck der Kavität beträgt etwa 860 bar und ist gleichzeitig Maximaldruck. Der Nachdruck wurde auf knapp zwei Drittel des Einspritzdrucks eingestellt. Die Umschaltung erfolgte wegabhängig. Eine Besonderheit ist das Sekundärmaximum im angussfernen Druckverlauf nach Hinweispfeil 4 in Bild 1-29. Dieser erneute Anstieg entstand durch das Rückfedern des Werkzeugs, nachdem es durch den hohen Druck zuvor verformt und aufgetrieben worden war.

Flaschenkasten

Beim Flaschenkasten war der Verzug der Werbeflächen mit daraus folgenden Qualitätsproblemen beim Bedrucken Grund für die Messungen. Auf das Verzugsproblem wird im entsprechenden Kapitel eingegangen. Auch hier ist der Druckanstieg im Werkzeug so steil, dass sich der Füllpunkt nicht abzeichnet. Man erkennt die Füllung jedoch durch den Anstieg des angussfernen Drucks (p_{w4}, Punkt 5). Der Fülldruck der Kavität beträgt knapp 400 bar, der maximale Einspritzdruck dagegen 700 bar. Ein wesentlicher Anteil des Unterschieds von 300 bar entfällt auf den Heißkanal. Durch die direkte Anspritzung mit beheizten Düsen entfällt die versiegelnde, drucksteuernde Wirkung des Anschnitts. Die angussnahen Forminnendrücke verhalten sich im Nachdruckbereich wie der Hydraulikdruck. Das gleiche gilt auch für den Verpackungseimer, der mittels Vorkammeranguss direkt angespritzt wurde. Bei solchen Teilen kann man nur vom „Versiegeln" einzelner Abschnitte des Werkzeughohlraums wie z.B. des Fachwerks sprechen. Da die drucksteuernde Wirkung des Anschnitts entfällt, wäre hier eine abfallende Programmierung des Nachdrucks an der Maschine zweckmäßig.

In Bild 1-28 und 1-29 sind zu zwei willkürlichen Zeiten die Druckverluste der einzelnen Transportabschnitte in der Füllphase „f" und der quasi-statischen Phase „qs" eingezeichnet. Σ_W^H ist Summe der Druckverluste vom Werkzeug zur Hydraulik. Tabelle 1-3 gibt eine Kurzbeschreibung der Druckkurven.

1.7 Die Formteilbildung

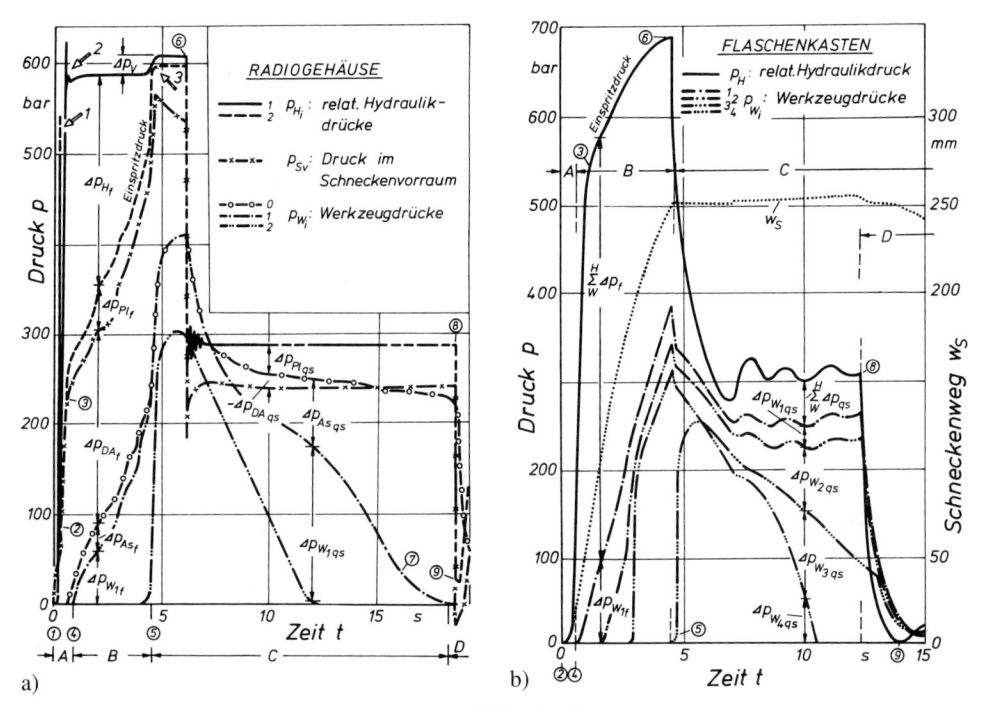

Bild 1-28 Druckverläufe für Radiogehäuse und Flaschenkasten
W_S Schneckenweg

Tabelle 1-3 Kurzbeschreibung zu den Druckkurven

Adresse	Ereignis
1	Aggregat läuft gegen das Werkzeug
2	Steuerschieber öffnet Ölpfad zum Hydraulikzylinder
3	Fließbeginn
4	Füllbeginn, Schmelze hat ungussnahen Druckaufnehmer erreicht
5	Werkzeug ist volumetrisch gefüllt, ungussferner Aufnehmer hat angesprochen
6	Umschaltung: Einspritz-Nachdruck
7	Werkzeug „versiegelt"
8	Nachdruck wird abgeschaltet
9	Plastifizierung beginnt
10	Entformung

58 Spritzgießen von Thermoplasten

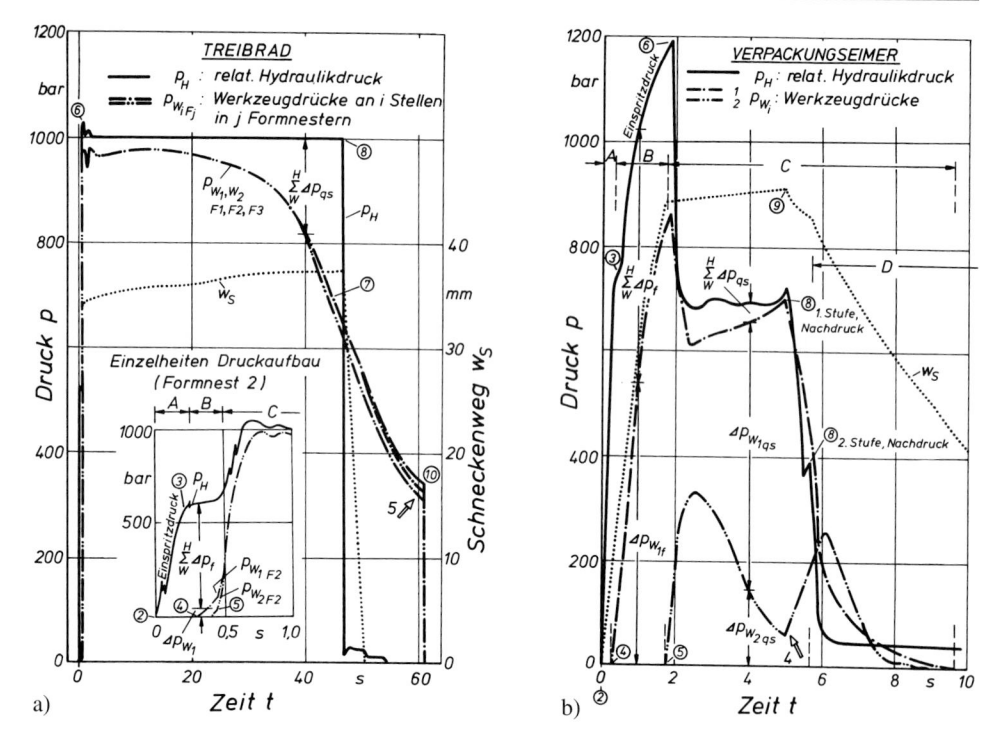

Bild 1-29   Druckverläufe und Schneckenwege für Treibrad und Verpackungseimer

1.7.1.4 Druckverlauf längs und quer zum Fließweg

Der Vergleich von p_{w1} mit p_{w2} zeigt in Bild 1-23 besonders deutlich, dass der Druck längs des Fließwegs (x-Richtung) abnimmt und kürzer wirkt. Daraus ergibt sich bei sonst gleichen Bedingungen eine geringere Verdichtung der Angussferne im Vergleich zu Angussnähe.

Durch Versuche konnte nachgewiesen werden, dass zumindest bei bündigem Einbau der Druckaufnehmer mit der Werkzeugwand in y-Richtung also von der Formteilmitte zur Wand kein Druckverlust entsteht, dass also in jeder Schicht der gleiche Druckverlauf herrscht.

1.7.1.5 Kenngrößen des Forminnendrucks

Wie aus Bild 1-30 hervorgeht ist der gesamte Verlauf des Drucks im Werkzeug qualitätsbestimmend. Da der gesamte Verlauf schwer erfassbar ist, greift man auf besonders wichtige Punkte und Kenngrößen zurück, die in Bild 1-25 zusammengestellt wurden.

Eines Hinweises bedarf die Füllarbeit, die aus der Forminnendruckkurve oder alternativ als Einspritzarbeit aus dem zugehörigen Hydraulikdruck entnommen werden kann. Wie nachfolgende Gleichung zeigt, gewinnt man die Einspritzarbeit W aus einer multiplikativen Verknüpfung von Druck und Schneckenweg bzw. die Einspritzleistung P aus Druck und Schneckengeschwindigkeit.

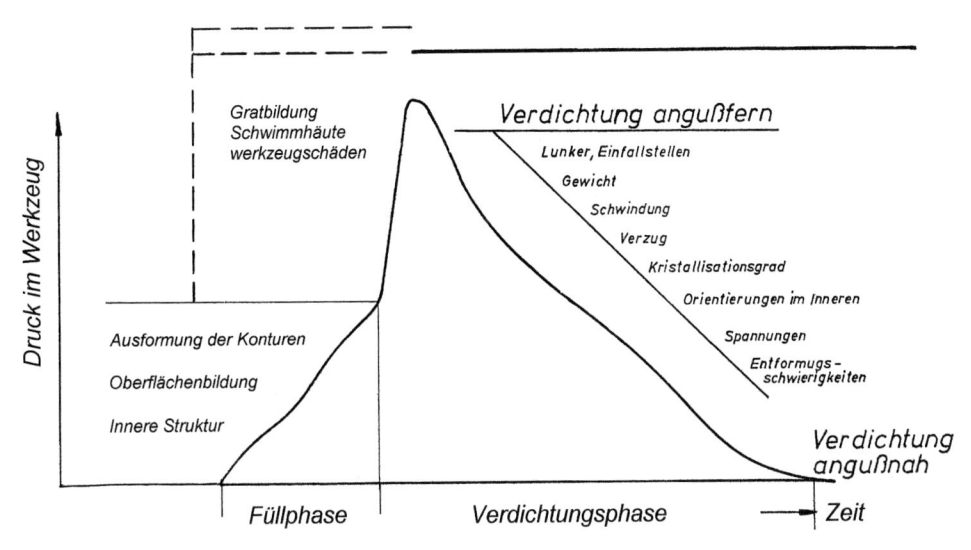

Bild 1-30 Zuordnung von Qualitätsmerkmalen und Fertigungsproblemen zu den verursachenden Druckbereichen

$$W = A_Z \cdot \int p_{(S)} \cdot ds \qquad (1\text{-}17)$$

$$P = A_Z \cdot \int p_{Cs} \cdot dc_S \qquad (1\text{-}18)$$

mit W Einspritzarbeit, A_Z Zylinderquerschnitt, $p_{(S)}$ Druck in Abhängigkeit vom Weg, s Schneckenweg, P Einspritzleistung, c_S Schneckenvorlaufgeschwindigkeit.

Die Einspritzarbeit ist die Energie, die der Schmelze beim Einspritzvorgang zugeführt wird. Sie reagiert empfindlich auf Veränderungen der Schmelze, sei es durch Temperaturänderungen, Feuchte oder Chargenschwankungen. Leider werden von den Maschinenherstellern wenn überhaupt nur Zeitintegrale des Einspritzdrucks als Überwachungsgrößen angeboten. Die Aussagefähigkeit solcher „Füllindizes" ist jedoch deutlich schlechter.

Das Zeitintegral des Massedrucks im Werkzeug während der Verdichtungsphase, in Bild 1-25 als Druckintegral bezeichnet, ist geeignet, um pauschal die Verdichtung der Masse im Werkzeug zu charakterisieren. Hier ist der Hydraulikdruck keine Alternative, da der Nachdruck häufig konstant ist, der Forminnendruck aber durch die Abkühlung, wie schon beschrieben, abnimmt. Eine billigere Alternative ist die Gewichtsüberwachung der Formteile, vorausgesetzt sie erfolgt mit genügender Genauigkeit.

1.7.1.6 Steuerung des Druckverlaufs

Alle im Folgenden dargestellten Druckkurven außer in Bild 1-40 wurden beim Spritzgießen von Radiogehäusen mit PS gemessen. Bei der Variation der Einstellparameter wurde ausgehend von einer Normaleinstellung, die Bild 1-28a entsprach, jeweils eine Einstellgröße variiert und alle anderen konstant gehalten. Die erste Gruppe der Einstellparameter (max. Einspritzdruck, Spritzdruckzeit, Nachdruck und Nachdruckzeit) dient der Drucksteuerung. Ihre Auswirkung auf die Temperaturverteilung im Werkzeug bleibt gering. Bei der zweiten Gruppe, den Temperaturen, stellt die Veränderung der Druckkurven eine unvermeidliche

Sekundärwirkung der Temperatursteuerung dar. Eine Sonderstellung nimmt die Schneckenvorlaufgeschwindigkeit ein. Diese beeinflusst die Druck- und Temperaturverteilung im Werkzeug.

Hydraulischer Axialantrieb der Schnecke

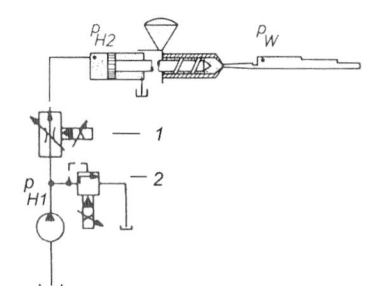

Bild 1-31 Hydraulische Druck- und Mengensteuerung für den Einspritzvorgang
1 elektrisch einstellbares Stromventil
2 elektrisch einstellbares Druckventil

Grundsätzlich muss für die Steuerung des Einspritzvorgangs Druck und Volumenstrom einstellbar sein. In Bild 1-31 ist eine typische Ventilkombination zur Realisierung dargestellt. Eine Zusammenstellung weiterer Möglichkeiten ist in [5] zu finden.

Druckverlauf in der Füllphase

Der Druckverlauf in der Füllphase ist nicht direkt einstellbar. Er ergibt sich gemäß Gleichung (1-11) aus Volumenstrom, Viskosität und der Geometrie der Strömungskanäle. Der Volumenstrom ist proportional zur Schneckenvorlaufgeschwindigkeit. Diese ist wiederum nur bei geregelten Maschinen direkt einstellbar, da ein Regler die Ventile automatisch so betätigt, dass die gewünschte Geschwindigkeit erreicht wird. Bei gesteuerten Maschinen muss der Einsteller die Funktion des Reglers übernehmen. Dazu müssen gemäß obigem Bild zwei Einstellgrößen, die Einstellungen für das Strom- und Druckventil eingegeben werden. Die entsprechenden Einstellgrößen werden meist Geschwindigkeit oder Volumenstrom und Druck 1 genannt. Die Notwendigkeit von zwei Einstellgrößen geht auch aus Gleichung (1-16 bzw. 1-19) hervor (W_H und p_{H1}).

$$c_S = \frac{\dot{V}}{A_Z} = \frac{p_{H1} - p_{H2}}{W_H \cdot A_Z} \qquad (1\text{-}19)$$

mit c_S Schneckenvorlaufgeschwindigkeit, $\dot{V}$ Volumenstrom, A_Z Querschnittsfläche des Zylinders, P_{H1} am Druckbegrenzungsventil (Ventil 2) einstellbarer Druck, P_{H2} von den stromabwärtsliegenden Widerständen hervorgerufener Gegendruck, W_H am Stromventil (Ventil 1) einstellbarer Widerstand.

Die kombinierte Wirkung macht man sich am besten dadurch klar, dass man sich überlegt, was passieren würde, wenn man a) bei maximal eingestelltem P_{H1} das Stromventil ganz schließen und b) bei ganz geöffneten Stromventil die Druckeinstellung Null wählen würde. In beiden Fällen würde sich die Schnecke nicht bewegen. Die einfachste Strategie P_{H1} maximal zu wählen und nur die Einstellung des Stromventils zu variieren birgt die Gefahr der Werkzeugüberspritzung bzw. -beschädigung und wird deshalb normalerweise nicht angewendet.

In Bild 1-32 sind die Veränderungen des Werkzeuginnendrucks beim schrittweisen Schließen des Stromventils dargestellt. Wie nicht anders zu erwarten, verändert sich im Wesentlichen der Füllpunkt. Die Füllzeit wird länger und der Fülldruck durchläuft ein Minimum. Nach der für isotherme Strömungen geltenden Gleichung (1-11) wäre mit abnehmendem Volumenstrom eine stetige Abnahme des Fülldrucks zu erwarten. Der erneute Anstieg ergibt sich aus gegenläufigen Tendenzen, die dadurch zustande kommen, dass bei geringerem Volumenstrom die Viskosität infolge Strukturviskosität aber auch durch die zunehmende Abkühlung steigt. Hinzu kommt eine Verengung der Kanäle durch dickere, erstarrte Randschichten. Die Füllzeit ist optimal gewählt, wenn sie im Fülldruckminimum liegt. Bei der Druckkurve d in Bild 1-32 war der Füllvorgang so langsam, dass die Umschaltung auf Nachdruck vor abgeschlossener Füllung erfolgte. Das Bild zeigt auch, dass bei langsamerer Füllung durch die niedrigere Massetemperatur der Maximaldruck geringer wird und der Druckabbau schneller erfolgt.

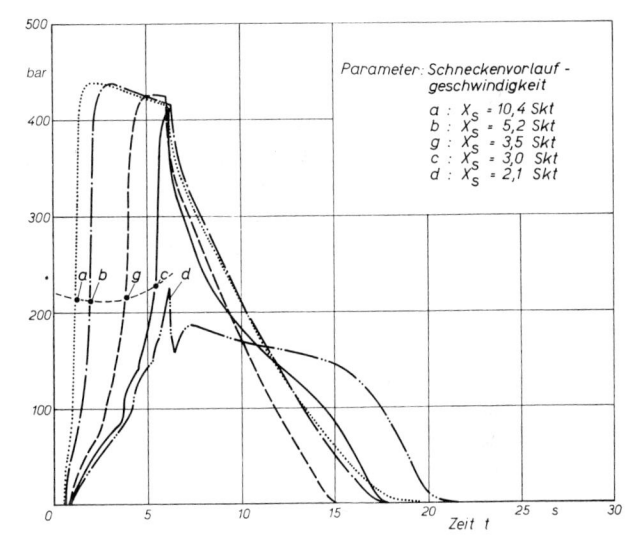

Bild 1-32
Druckverläufe bei Änderung der Schneckenvorlaufgeschwindigkeit; Umschaltung von Spritz- auf Nachdruck zeitabhängig
Skt: Skalenteile des Stromventils, hier einer Drossel

Übergang von der Füll- zur Verdichtungsphase

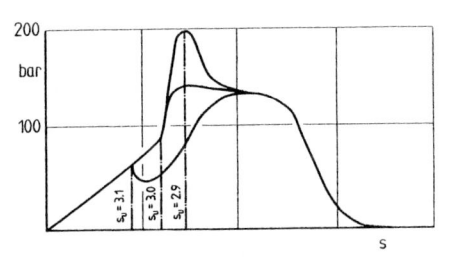

Bild 1-33
Einfluss des Umschaltpunktes auf den Druckverlauf im Werkzeug [6]
s_U: Position der Schnecke beim Umschalten

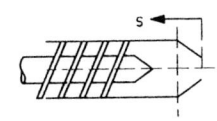

Physikalisch betrachtet besteht die Formteilbildung aus zwei unterschiedlichen Vorgängen, der Werkzeugfüllung und der anschließenden Verdichtung der Masse. Wie schon dargelegt, wird der Füllvorgang über die Schneckenvorlaufgeschwindigkeit bzw. den entsprechenden Volumenstrom gesteuert. Ab volumetrischer Füllung wird der Druck zur entscheidenden Größe. Die Umschaltung von Geschwindigkeit auf Druck ist ein kritischer Punkt der Prozesssteuerung. In Bild 1-33 ist dargestellt, wie gravierend sich gerinfügige Unterschiede beim Umschalten auf den Druckverlauf auswirken.

Eine zu frühe Umschaltung vor der volumetrischen Füllung bewirkt einen Druckeinbruch, eine zu späte einen hohen Maximaldruck, der zu Überspritzungen und Werkzeugschäden führen kann. Der Druckeinbruch entsteht durch eine Verringerung des Volumenstroms, da vom Spritz- auf den niedrigeren Nachdruck umgeschaltet wird (Gleichung 1-19). Da die Füllung, wenn auch langsamer, fortschreitet, steigt der Druck danach wieder allmählich an. Die langsame Restfüllung ist für die innere Struktur des Formteils, wie noch gezeigt wird, ungünstig kann aber Gratbildung verhindern. In der Regel sollte die vorzeitige Umschaltung vermieden werden.

Begrenzung des Maximaldrucks

Unter dem max. Einspritzdruck versteht man nach DIN 24450 den höchsten Druck, der während der Einspritzzeit von Schneckenkolben auf die Formmasse ausgeübt wird. Vom max. Einspritzdruck ist der am Spritzdruckventil eingestellte Einspritzdruck, Einstellgröße p1, zu unterscheiden. Die Steuerung des maximalen Einspritzdrucks kann entweder direkt durch diesen am Druckventil (Ventil 2 in Bild 1-31) eingestellten ersten Druck p_{H1max} (Methode b) oder aber durch die Umschaltung vom ersten auf einen niedriger eingestellten zweiten Druck (Nachdruck) begrenzt werden (Methode a).

Methode a: Umschaltbegrenzung

Bei der Methode a „Umschaltbegrenzung" (Bild 1-34a) wird das Spritzdruckventil auf einen Druck (P_{H1max}) eingestellt, der größer ist als der gewünschte max. Einspritzdruck, im Höchstfall auf Systemdruck. Während der Druck am Druckventil meist schon zu Beginn des Einspritzvorgangs den eingestellten Wert erreicht, steigt der Einspritzdruck im Schneckenantriebszylinder (P_{H2}) mit zunehmender Werkzeugfüllung allmählich und nach der volumetrischen Füllung steil an. Er würde schließlich den am Druckventil eingestellten Wert annehmen, wenn nicht vor Erreichen der am Ventil eingestellten Druckbegrenzung auf eine niedrigere zweite Druckbegrenzung umgeschaltet würde. Dies hat zur Folge, dass der Druck im Schneckenantriebszylinder und längs der Transportwege nicht weiter steigt, sondern auf Nachdruck abfällt. Auf diese Weise kann durch die Wahl des Umschaltpunktes der maximale Einspritzdruck erhöht oder erniedrigt werden.

Anwendung:
Diese Methode ist grundsätzlich bei allen Werkzeugen möglich, aber immer dann zwingend erforderlich, wenn zum Einspritzen mehr Druck erforderlich ist, als dem Werkzeug im gefüllten Zustand zuträglich ist. Dies gilt für Werkzeuge mit hohem Füllwiderstand wie z. B. Verpackungseimer- oder Flaschenkastenwerkzeug. Die Umschaltung erfolgt der Trägheit der Maschine entsprechend kurz vor der volumetrischen Füllung. Bei den Druckkurven des Flaschenkastens und des Verpackungseimers wurde diese Begrenzungsmethode angewendet. Es zeigte sich jedoch, dass bei der Steuerung des max. Einspritzdrucks durch Um-

schalten auf Nachdruck beträchtliche Schwankungen des max. Werkzeugdrucks auftreten können. Dies leuchtet ein, wenn man bedenkt, dass die Drücke zum Zeitpunkt der Umschaltung steil ansteigen, sodass Schwankungen des Umschaltzeitpunkts um geringe Beträge erhebliche Druckstreuungen hervorrufen können.

Methode b: Ventilbegrenzung

Bei der Steuerung des max. Einspritzdrucks mit Hilfe von p_{H1max} (Bild 1-34 b) wird der gewünschte maximale Einspritzdruck direkt am Ventil eingestellt. Die Umschaltung auf Nachdruck erfolgt erst dann, wenn der Druck im Schneckenantriebszylinder den eingestellten Wert erreicht hat.

Anwendung:
Nur bei Werkzeugen mit geringem bis mäßigem Fließwiderstand möglich (Zahnrad und Radiogehäuse), wenn der Druck, der zur Verdichtung der Masse benötigt wird, ausreicht, um die nötige Einspritzgeschwindigkeit zu realisieren. Ihre Vorteil sind geringere Druckstreuungen und mehr Sicherheit für das Werkzeug.

Initiierung der Umschaltung von Spritz- auf Nachdruck

Die Umschaltung kann weg-, druck- oder zeitabhängig ausgelöst werden. Weg- und druckabhängige Umschaltung stehen im Gegensatz zur zeitabhängigen in direktem Zusammenhang mit dem Füllgrad des Werkzeugs. Am häufigsten wird mit *wegabhängiger Umschaltung* gearbeitet. Problematisch ist die Einstellung der Umschaltposition, da es dabei leicht zu Überspritzungen des Werkzeugs kommen kann. Die *druckabhängige Umschaltung* kann in Abhängigkeit vom Werkzeuginnendruck oder Hydraulikdruck erfolgen. Diese Methode ist, wenn Druckaufnehmer und die nötigen Steuerungseinrichtungen vorhanden sind, einfacher anzuwenden und bietet mehr Schutz für das Werkzeug, da der Umschaltdruck direkt eingegeben wird. Die prinzipiell wertvolle Methode wird umso ungünstiger je größer die Reaktionszeit der Maschine in Relation zur Füllzeit wird. Es kommt dann zu einem über den eingestellten Schwellwert hinausgehenden, unkontrollierten Überschwingen des Drucks. Die *zeitabhängige Umschaltung* ist bei der Druckbegrenzungsmethode (Methode b) sinnvoll, wenn nach Erreichen des Maximaldrucks auf Nachdruck umgeschaltet werden soll. Da sich dann Schneckenweg und Druck wenig ändern, kann man davon ausgehend keine Umschaltimpulse ableiten. Die zeitabhängige Umschaltung bietet die Möglichkeit mit dem max. Einspritzdruck länger zu verdichten.

Steuerung der Verdichtungsphase

Neben der unter dem Aspekt der Druckbegrenzung behandelten Steuerung des Maximaldrucks dienen Nachdruck und Nachdruckzeit zur Steuerung der Verdichtungsphase. Beide Größen wurden bei der Entstehung von Bild 1-35 und Bild 1-36 der Einfachheit halber nur einstufig variiert, wie dies den Möglichkeiten älterer Maschinen entspricht. Bei modernen Maschinen ist eine mehrstufige Programmierung möglich, auf die im Kapitel Einstellstrategien eingegangen wird.

Die beiden Kurven a in Bild 1-35 und 1-36 zeigen, dass der mit dem Druckmaximum im Werkzeug aufgebaute Druck sehr schnell abfällt, wenn der Nachdruck zu niedrig oder zu kurz eingestellt wird. Der Druck in der Maschine wird niedriger als im Werkzeug, die

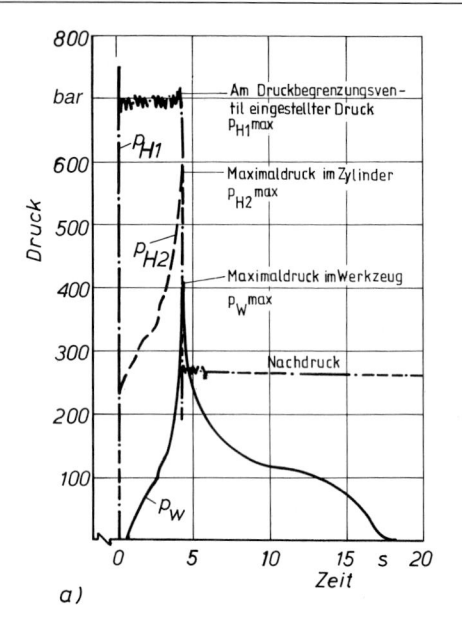

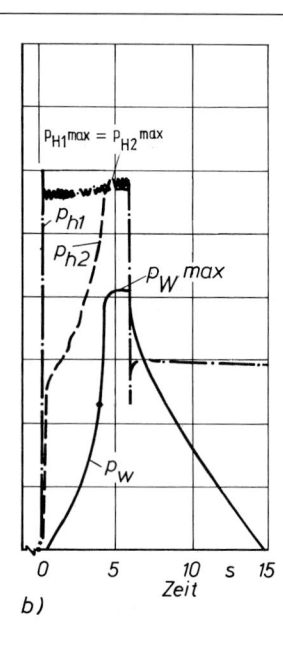

Bild 1-34 Steuerung der Maximaldrucke
Methode a: Umschaltbegrenzung, Druckbegrenzung durch Umschaltung von Spritz- auf Nachdruck;
Methode b: Ventilbegrenzung, Druckbegrenzung durch den eingestellten Spritzdruck p_{H1max}

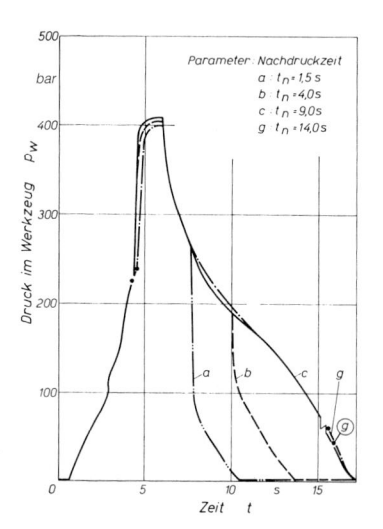

Bild 1-35
Einfluss der Nachdruckzeit

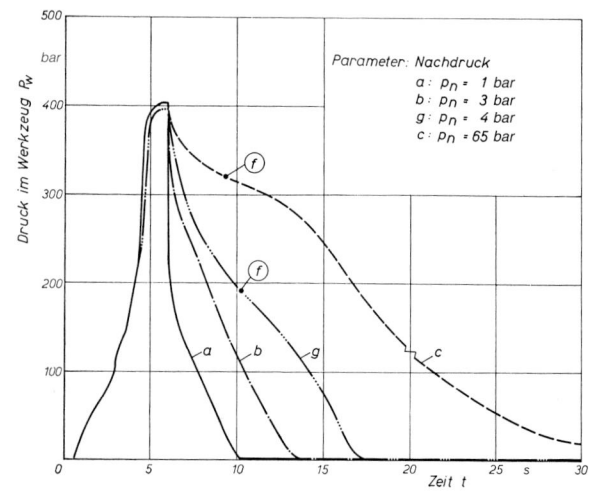

Bild 1-36
Einfluss des Nachdrucks

1.7 Die Formteilbildung 65

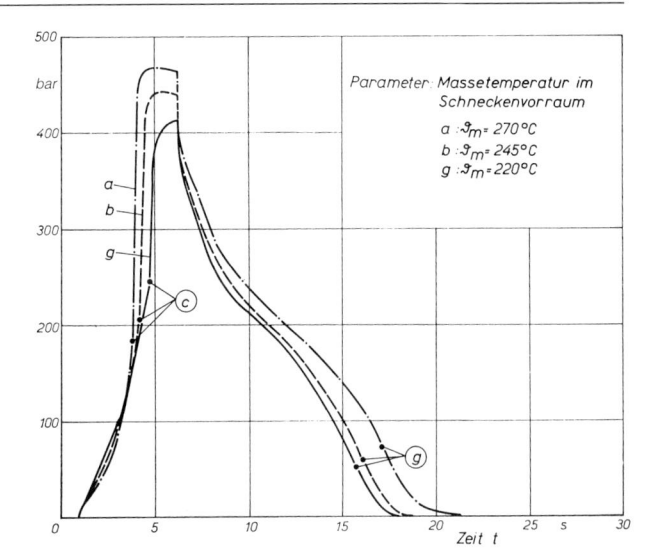

Bild 1-37
Druckverlauf bei Änderung der
Massetemperatur

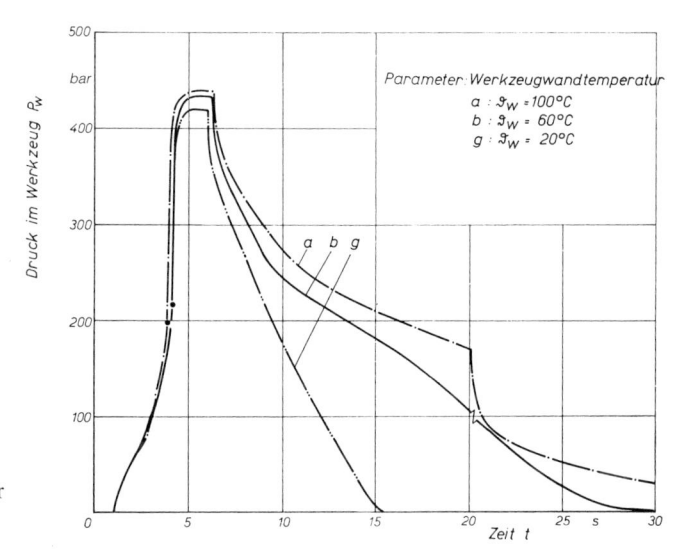

Bild 1-38
Druckverlauf bei Änderung der
Werkeugtemperatur

Masse fließt zurück. Die schon erreichte Kompression entspannt sich. Mit zunehmendem Nachdruck, eine ausreichende Nachdruckzeit vorausgesetzt, wird zuerst ein Gleichgewicht und dann ein Nachschieben ins Werkzeug erreicht. Die Druckwirkzeit im Werkzeug wird größer und damit die Verdichtung, wie noch gezeigt wird. Die Nachdruckzeit ist dann ausreichend lang, wenn das Werkzeug beim Abschalten des Nachdrucks versiegelt ist, wie dies bei den Kurven c (t_n = 14 s) der Fall ist. Den versiegelten Zustand erkennt man dadurch, dass der Druck im Werkzeug auf die Abschaltung des Nachdrucks in der Maschine nicht mehr reagiert. Eine weitere Verlängerung auf 14 s (Kurve g) vergeudet nur Energie unter Umständen auch Zykluszeit, weil sich im Werkzeug nichts mehr ändert.

Einfluss der Temperaturen

Die in Bild 1-37 zu erkennenden Veränderungen aller Einzelheiten des Druckverlaufs im Werkzeug können je nach Formmasse und Angusssystem sehr viel deutlicher ausfallen. Erhöht man die Massetemperatur, so verringert sich die Viskosität der Schmelze. Deshalb nimmt der Fülldruck ab. Gleichzeitig verschiebt er sich bei nicht geregelter Schneckenvorlaufgeschwindigkeit, was bei dieser Maschine der Fall war, zu kleineren Zeiten, da sich die Schneckenvorlaufgeschwindigkeit wegen des abnehmenden Füllwiderstands erhöht. Die Druckwirkzeit vergrößert sich. Als Werkzeugwandtemperatur wird die Oberflächentemperatur der Kavität unmittelbar vor dem Einspritzvorgang bezeichnet. Aus Bild 1-38 folgt, dass diese Temperatur ähnlich wie die Massetemperatur den gesamten Druckverlauf beeinflusst. Mit zunehmender Wandtemperatur verlangsamt sich die Abkühlung. Dadurch bleibt die Viskosität der Schmelze geringer und der Anschnitt erstarrt später. Bei Kurve a wurde der Nachdruck abgeschaltet, bevor das Werkzeug versiegelt war. Zu beachten ist, dass die Auswirkung auf den Fülldruck deutlich geringer ist als bei der Massetemperatur. Daraus folgt, dass bei Füllproblemen zuerst die Massetemperatur erhöht werden sollte, zumal diese die Kühlzeit weniger verlängert.

Einfluss des Massepolsters

In Anlehnung an den Sprachgebrauch der Praxis wird hier das Massepolster durch den Abstand des Schneckenkolbens vom vorderen Anschlag „s_m" charakterisiert. Die Auswirkungen stark unterschiedlicher Massepolster sind in Bild 1-39 dargestellt. Es zeigt sich, dass das Massepolster, solange die Schnecke nicht auf Anschlag gefahren ist, einen sehr geringen Einfluss auf die Druckübertragung von der Schnecke zum Werkzeug hat. Sobald der Schneckenantriebskolben aber auf den Anschlag an Stelle der Masse drückt (Kurve a), ist der Druckaufbau im Werkzeug beendet und der Druck fällt vorzeitig ab. Bei „e" erfolgt wie üblich die Umschaltung auf Nachdruck.

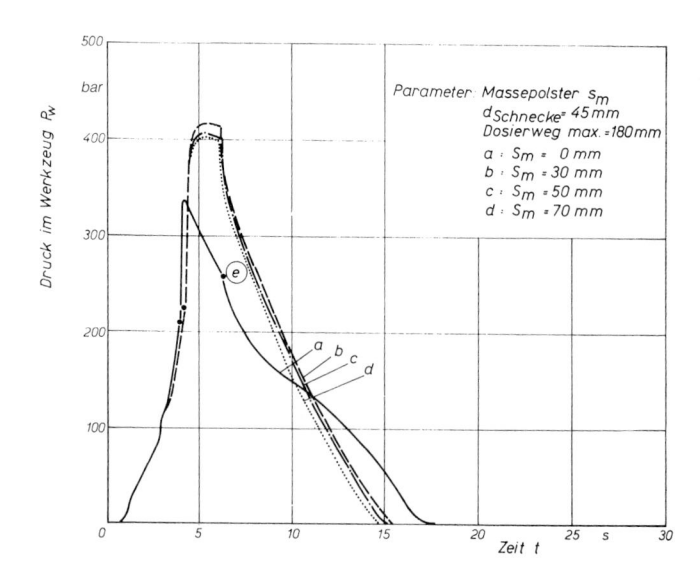

Bild 1-39
Einfluss des Massepolsters

1.7 Die Formteilbildung

Einfluss der Angussauslegung

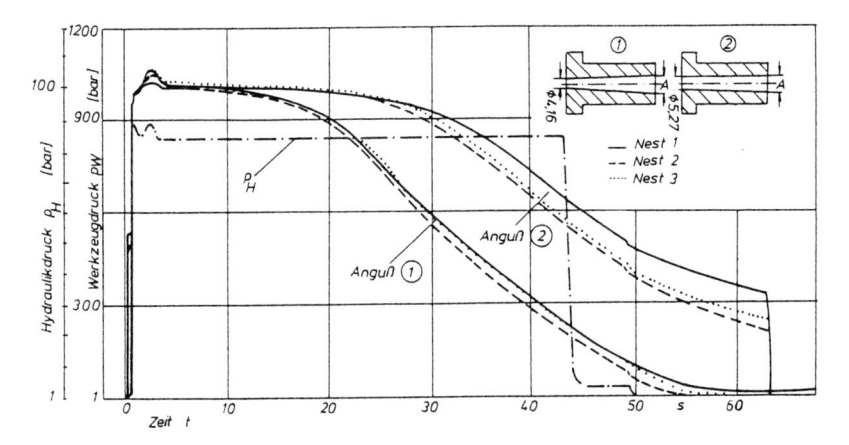

Bild 1-40   Einfluss einer Stangenangussvergrößerung (Zahnrad, Bild 1-27)

Als Beispiel für den massiven Einfluss der Angussauslegung insbesondere der Anschnitte ist in Bild 1-40 die Auswirkung der Vergrößerung des Stangenangusses vom Treibrad (Bild 1-27) um etwa 1 mm im Durchmesser gezeigt. Die Druckwirkzeit wird dadurch soweit verlängert, dass bei sonst gleichen Bedingungen beim Entformen noch ein Restdruck von etwa 300 bar herrscht.

1.7.2 Temperaturen bei der Formteilbildung

Das Ziel dieses Abschnitts ist es, die Temperaturänderung der Masse auf ihrem Weg vom Schneckenvorraum bis zur Ablagerungsstelle im Werkzeug und bei der sich anschließenden ortsgebundenen Abkühlung zu beschreiben: Daraus soll ihr Einfluss auf die Qualität und Kühlzeit abgeleitet werden. Eine Energiebilanz am Volumenelement (Bild 1-41) ergibt die Energiegleichung [1-20]).

Unter den Voraussetzungen, dass sich die geringen Beträge der Kompressions- und Expansionswärme etwa die Waage halten und nach Vernachlässigung der konvektiv mit den Nachbarelementen ausgetauschten Wärmemengen ergibt sich aus der Energiegleichung die folgende Beziehung für die Temperaturänderung:

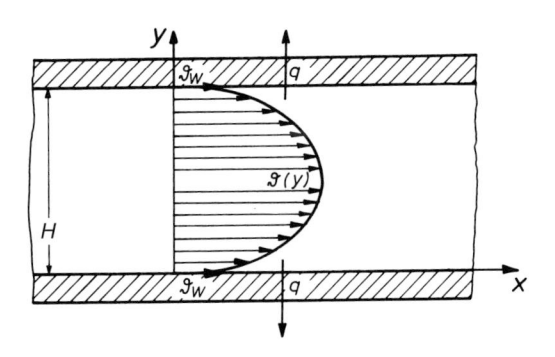

Bild 1-41
Zweiplattenmodell der Abkühlung

$$\frac{\partial \vartheta}{\partial t} = a \frac{\partial^2 \vartheta}{\partial y^2} - \frac{1}{\rho \cdot c} \tau \cdot \frac{\partial \dot{x}}{\partial y} \qquad \text{vereinfachte Energiegleichung} \qquad (1\text{-}20)$$

mit $\dfrac{\partial \vartheta}{\partial t}$: Temperaturänderung eines Volumenelements pro Zeitintervall,

$a \dfrac{\partial^2 \vartheta}{\partial y^2}$: Temperaturänderung durch Wärmeleitung zur Werkzeugwand,

$\dfrac{1}{\rho \cdot c} \tau \cdot \dfrac{\partial \dot{x}}{\partial y}$: Temperaturänderung durch Reibungswärme.

1.7.2.1 Temperaturerhöhung durch Reibung

Wenn man zunächst nur die Temperaturänderung durch Reibungswärme betrachtet, ergibt sich folgende Ausgangsgleichung.

$$\frac{\partial \vartheta}{\partial t} = -\frac{1}{\rho \cdot c} \tau \cdot \frac{\partial \dot{x}}{\partial y} \qquad (1\text{-}21)$$

Mit $\partial \vartheta = \Delta \vartheta$, $\partial t = \Delta t$, $\tau = \eta \cdot \dot{\gamma}$ und $\dfrac{\partial \dot{x}}{\partial y} = \dot{\gamma}$ folgt:

$$\Delta \vartheta = \frac{1}{\rho \cdot c} \eta_r \cdot \dot{\gamma}_r^2 \cdot \Delta t \qquad (1\text{-}22)$$

Ersetzt man Δt durch ΔL aus $\bar{v} = \dfrac{\Delta L}{\Delta t}$ so ergibt sich:

$$\Delta \vartheta = \frac{1}{\rho \cdot c} \cdot \eta_r \cdot \dot{\gamma}_r^2 \cdot \frac{\Delta L}{\bar{v}} \qquad (1\text{-}23)$$

mit $\Delta \vartheta$ Temperaturerhöhung durch Reibung, η_r repräsentative Viskosität, ΔL durchströmte Fließweglänge, ρ, c Dichte und spez. Wärmekapazität des Materials, $\dot{\gamma}_r$ repräsentative Schergeschwindigkeit, $\bar{v}$ mittlere Fließfrontgeschwindigkeit.

Aus dieser Gleichung wird die dominierende Rolle der Schergeschwindigkeit bei der Friktionserwärmung deutlich.

Ein zweite Beziehung ergibt sich aus der Erkenntnis, dass Druck eine spezifische Energie ist. Eine Betrachtung der Einheiten zeigt, dass Druck als Energie pro m³ interpretiert werden kann.

$$[p]: \frac{N}{m^2} = \frac{N \cdot m}{m^2 \cdot m} = \frac{N \cdot m}{m^3}$$

Mit dem Ansatz, dass die Druckenergie in Wärme umgewandelt wird, ergibt sich:

$$\Delta p \cdot \dot{V} = \dot{V} \cdot \rho \cdot c \cdot \Delta \vartheta$$

Daraus folgt für die Temperaturerhöhung:

$$\Delta \vartheta = \frac{\Delta p}{\rho \cdot c} \qquad (1\text{-}24)$$

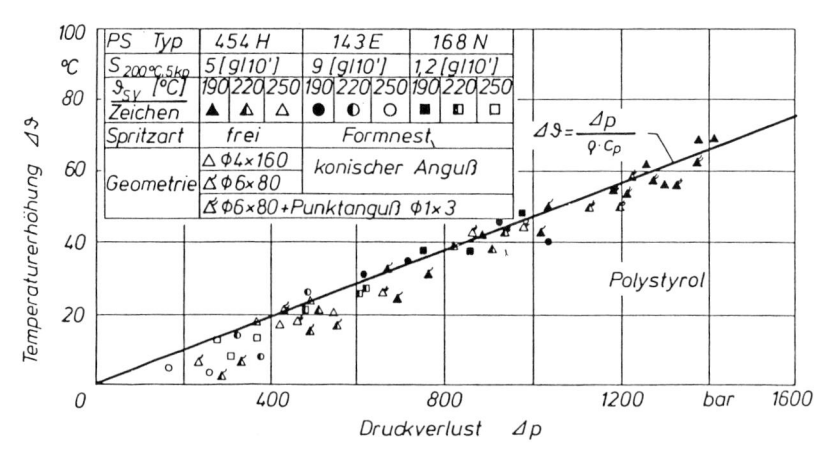

Bild 1-42   Experimentelle Überprüfung von Gleichung (1-24) [11]

Aus Gleichung (1-24) wird deutlich, dass man beim Einspritzen etwa soviel Druckenergie zuführen muss, wie der Schmelze durch den Wärmefluss zur Werkzeugwand entzogen wird. Ist dies nicht möglich, so kühlt die Schmelze unter Umständen so weit ab, dass die Fließfront einfriert und das Werkzeug nicht ganz gefüllt wird.

Die Gültigkeit von Gleichung (1-24) wurde am Institut für Kunststoffverarbeitung in Aachen (IKV) mit den Ergebnissen von Bild 1-42 experimentell überprüft. Man erkennt, dass nur im Bereich kleiner Druckverluste größere Abweichungen auftreten. Kleinere Druckverluste ergeben sich beim langsameren Einspritzen. Es bleibt dann mehr Zeit für Wärmeverluste an die Umgebung, was die Abweichungen nach unten erklärt.

1.7.2.2   Abkühlung durch Wärmeleitung

Betrachtet man die Wärmeleitung isoliert, so geht die Energiegleichung in die Fouriersche Differentialgleichung der Wärmeleitung über:

$$\frac{\partial \vartheta}{\partial t} = a \frac{\partial^2 \vartheta}{\partial y^2} \quad \text{Fouriersche Gleichung in vereinfachter Form} \quad (1\text{-}25)$$

Zur Bestimmung der Temperaturen für bestimmte Zeiten muss diese Differentialgleichung gelöst werden. Lösungsmöglichkeiten:

a) numerische Differenzenverfahren,
b) analytische Näherungslösung durch Reihenentwicklung.

Analytische Lösung

Durch eine Reihenentwicklung ergibt sich die folgende Näherungslösung:

$$\vartheta_{(t,y)} = \vartheta_W + 2(\vartheta_M - \vartheta_W) \sum_{K=1}^{\infty} \frac{1}{\mu_K \cdot \sin(\mu_K)} \cdot e^{-a\left(\frac{2 \cdot \mu_K}{H}\right)^2 \cdot t} \cdot \cos\left(\frac{2 \cdot \mu_K}{H} \cdot y\right) \quad (1\text{-}26)$$

mit Temperatur $\vartheta_{(t,y)}$ zum Zeitpunkt „t" an der Stelle „y", ϑ_W Werkzeugwandtemperatur, ϑ_M Massetemperatur = Starttemperatur der Abkühlung, μ_K Nullstellen der Cosinus bzw. Bessel'schen Funktion, $\mu_K = \frac{\pi}{2} \cdot (2k - 1)$ k=1,2,3..., a Temperaturleitfähigkeit $a = \frac{\lambda}{\rho \cdot c}$, λ Wärmeleitfähigkeit, ρ,c Dichte und spez. Wärmekapazität der Masse, H Wanddicke, t Zeit ab Kühlbeginn bis zum interessierenden Zeitpunkt (Kühlzeit), y Abstand von der Plattenmitte.

Für das erste Glied der Reihe (K=1, $\mu_K = \pi/2$) gilt:

$$\vartheta_{(t,y)} = \vartheta_W + \frac{4}{\pi} (\vartheta_M - \vartheta_W) \cdot e^{-a\frac{\pi^2}{H^2} \cdot t} \cdot \cos(\frac{\pi}{H} \cdot y) \qquad (1\text{-}27)$$

Mit dieser Gleichung kann man berechnen, welche Temperatur nach einer bestimmten Zeit an einer bestimmten Stelle y herrscht. In Bild 1-44 und Bild 1-45 sind die Aussagen dieser Gleichung grafisch dargestellt. Man sieht, dass jede Schicht anders abkühlt, außen schnell, innen langsam. Diese Erkenntnis ist für die später behandelten Formteileigenschaften von großer Bedeutung.

Für die Formteilmitte (y = 0) wird der cos-Faktor gleich 1, und es ergibt sich die höchste Temperatur (Scheitelwert) $\hat{\vartheta}$.

$$\hat{\vartheta}_{(t)} = \vartheta_W + \frac{4}{\pi} (\vartheta_M - \vartheta_W) \cdot e^{-a\frac{\pi^2}{H^2} \cdot t} \cdot 1 \qquad (1\text{-}28)$$

Durch eine Mittelung gemäß Bild 1-43 gewinnt man eine Beziehung für die mittlere Temperatur $\bar{\vartheta}$:

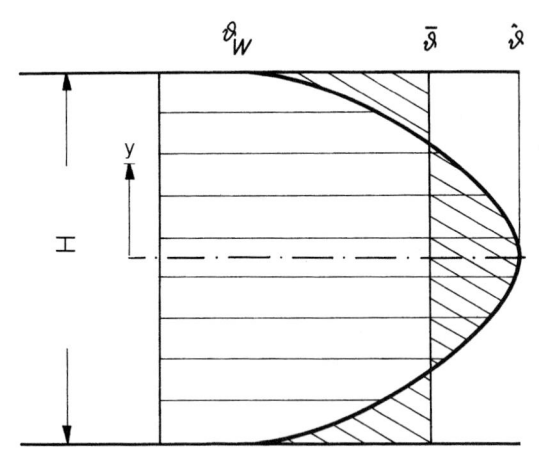

Bild 1-43 Prinzip der Temperaturmittelung

$$\bar{\vartheta} \cdot H = 2 \cdot \int_0^{H/2} \vartheta_{(y)} \cdot dy \qquad (1\text{-}29)$$

$$\bar{\vartheta}_{(t)} = \vartheta_W + \frac{8}{\pi^2}(\vartheta_M - \vartheta_W) \cdot e^{-a\frac{\pi^2}{H^2} \cdot t} \qquad (1\text{-}30)$$

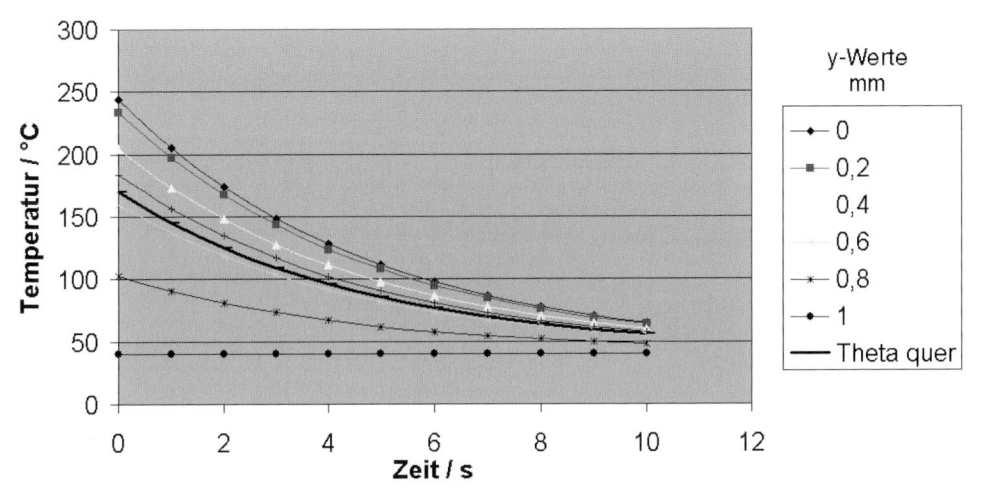

Bild 1-44 Temperaturkurven in Abhängigkeit von der Zeit (Glied 1 von Gleichung 1-27)
Parameter: 0 Formteilmitte, 1 Werkzeugwand
Ausgangsdaten wie in Tabelle 1-4

Stellt man diese Gleichung nach t um, so kann man damit berechnen, wie lange es dauert bis eine vorgegebene Temperatur erreicht wird. Setzt man die Entformungstemperatur ein, so ergibt sich die Kühlzeit.

$$t = \frac{H^2}{a \cdot \pi^2} \cdot \ln(\frac{8}{\pi^2} \cdot \frac{\vartheta_M - \vartheta_W}{\vartheta - \vartheta_W}) \qquad (1\text{-}31)$$

In Tabelle 1-4 werden die Kühlzeiten bei einer gleichen Erhöhung der Masse- oder Werkzeugtemperatur von 10 °C verglichen. Man erkennt daraus, dass die Werkzeugtemperatur die Kühlzeit etwa zehnmal mehr verlängert als die Massetemperatur. Wenn die Alternative besteht, ist es deshalb wirtschaftlicher die Massetemperatur zu erhöhen.

Tabelle 1-4 Vergleich der Kühlzeiten bei gleicher Erhöhung von Masse- oder Werkzeugtemperatur
Ausgangsdaten: Formteil aus PS, H = 2mm, a_{eff} = 0,085 mm^2/s, ϑ_M = 248 °C, ϑ_W = 40 °C, ϑ_E = 60 °C

Varianten	Ausgangsdaten	$\Delta\vartheta_M$ + 10 °C	$\Delta\vartheta_W$ + 10 °C
Kühlzeit in s	8,9	8,9 + 0,3	8,9 + 3

In Bild 1-46 nach Kretzschmar [8] sind Kühlzeitgleichungen für verschiedene Grundgeometrien zusammengestellt.

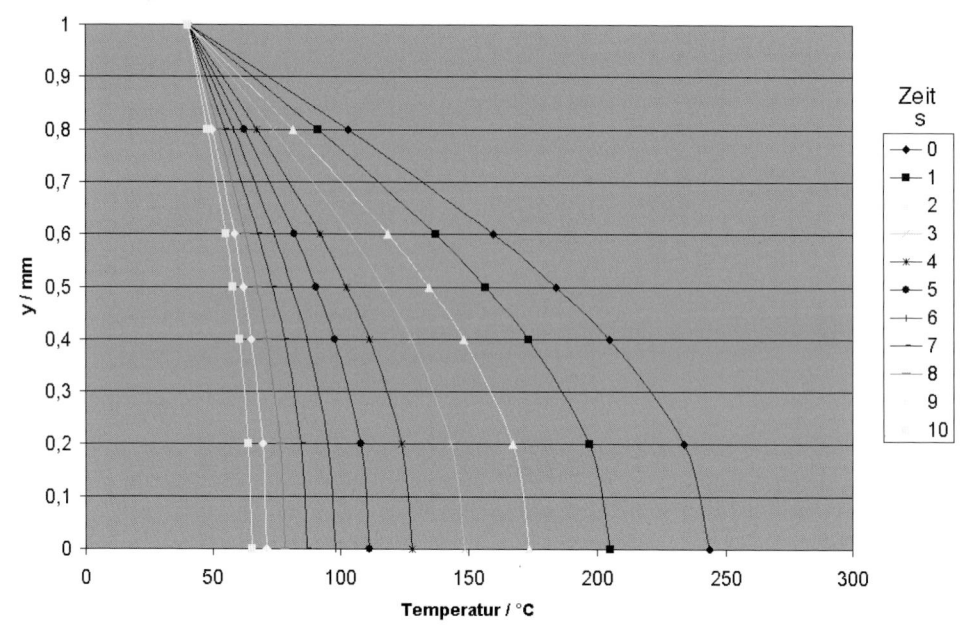

Bild 1-45 Temperaturprofile über dem halben Querschnitt (2. Glied der Abkühlgleichung 1-27)
Ordinate: Abstand von der Formteilmitte, 0: Formteilmitte, 1: Werkzeugwand
Ausgangsdaten wie in Tabelle 1-4

Differenzenverfahren

Bevor es die moderne EDV gab, erkannten Binder und Schmidt die Möglichkeit Differentialgleichungen grafisch zu lösen. Das nach ihnen benannte Verfahren soll hier dazu dienen das Differenzenverfahren, Basis moderner Simulationsprogramme, zu veranschaulichen. Das Prinzip besteht darin, die Differentialgleichung in eine Differenzengleichung umzuwandeln und die einzelnen Differenzen grafisch darzustellen.

Differentialgleichung: $\frac{\partial \vartheta}{\partial t} = a \frac{\partial^2 \vartheta}{\partial y^2}$ → Differenzengleichung: $\frac{\Delta \vartheta}{\Delta t} = a \frac{\Delta^2 \vartheta}{\Delta y^2}$

Aufgelöst nach $\Delta\vartheta$:

$$\Delta\vartheta = a \frac{\Delta t}{\Delta y^2} \cdot \Delta^2\vartheta \qquad (1\text{-}32)$$

Zur Darstellung der Differenzen wird die Wanddicke in Schichten der Dicke Δy (Bezeichnung: n-1, n, n+1 ...) und die Zeit in Intervalle Δt (Bezeichnung: k, k+1, k+2 ...) eingeteilt (Bild 1-47).

Mit Hilfe von Bild 1-47 können die einzelnen Differenzen graphisch dargestellt werden.

$\Delta\vartheta = \vartheta_{n,k+1} - \vartheta_{n,k}$: Temperaturänderung an der Stelle n während eines Zeitintervalls Δt

$\Delta^2\vartheta = (\vartheta_{n+1,k} - \vartheta_{n,k}) - (\vartheta_{n,k} - \vartheta_{n-1,k})$: Änderung der Temperaturänderung zur Zeit k in y-Richtung = Differenz zweier aufeinander folgender Differenzen (2. Ableitung).

1.7 Die Formteilbildung

Geometrie	Randbedingung	Gleichung	
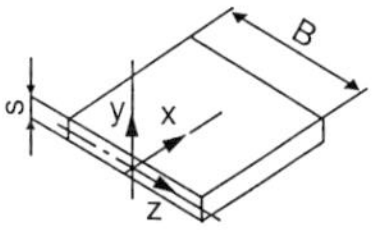 Platte	$\dot{Q}_Z = 0$	$t_K = \dfrac{s^2}{\pi^2 \cdot a_{eff}} \cdot \ln\left(\dfrac{8}{\pi^2} \cdot \dfrac{\vartheta_M - \overline{\vartheta}_W}{\overline{\vartheta}_E - \overline{\vartheta}_W}\right)$	1
	$\dot{Q}_X = 0$	$t_K = \dfrac{s^2}{\pi^2 \cdot a_{eff}} \cdot \ln\left(\dfrac{4}{\pi} \cdot \dfrac{\vartheta_M - \overline{\vartheta}_W}{\overline{\vartheta}_E - \overline{\vartheta}_W}\right)$	1a
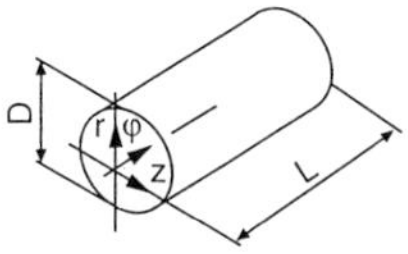 Zylinder	$\dot{Q}_\varphi = 0$	$t_K = \dfrac{D^2}{23.14 \cdot a_{eff}} \cdot \ln\left(0.692 \cdot \dfrac{\vartheta_M - \overline{\vartheta}_W}{\overline{\vartheta}_E - \overline{\vartheta}_W}\right)$	2
	$\dot{Q}_Z = 0$, $L \gg D$	$t_K = \dfrac{D^2}{23.14 \cdot a_{eff}} \cdot \ln\left(1.602 \cdot \dfrac{\vartheta_M - \overline{\vartheta}_W}{\overline{\vartheta}_E - \overline{\vartheta}_W}\right)$	2a
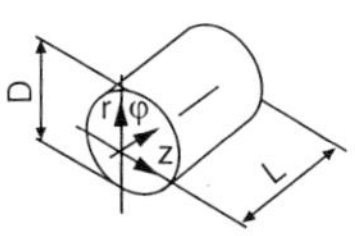 Zylinder	$\dot{Q}_\varphi = 0$	$t_K = \dfrac{1}{\left(\dfrac{23.14}{D^2} + \dfrac{\pi^2}{L}\right) \cdot a_{eff}} \cdot \ln\left(0.561 \cdot \dfrac{\vartheta_M - \overline{\vartheta}_W}{\overline{\vartheta}_E - \overline{\vartheta}_W}\right)$	3
	$L \sim D$	$t_K = \dfrac{1}{\left(\dfrac{23.14}{D^2} + \dfrac{\pi^2}{L}\right) \cdot a_{eff}} \cdot \ln\left(2.04 \cdot \dfrac{\vartheta_M - \overline{\vartheta}_W}{\overline{\vartheta}_E - \overline{\vartheta}_W}\right)$	3a
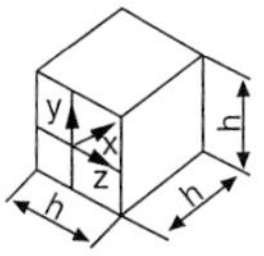 Würfel		$t_K = \dfrac{h^2}{3 \cdot \pi^2 \cdot a_{eff}} \cdot \ln\left(0.533 \cdot \dfrac{\vartheta_M - \overline{\vartheta}_W}{\overline{\vartheta}_E - \overline{\vartheta}_W}\right)$	4
		$t_K = \dfrac{h^2}{3 \cdot \pi^2 \cdot a_{eff}} \cdot \ln\left(2.064 \cdot \dfrac{\vartheta_M - \overline{\vartheta}_W}{\overline{\vartheta}_E - \overline{\vartheta}_W}\right)$	4a
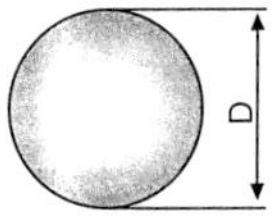 Kugel		$t_K = \dfrac{D^2}{4 \cdot \pi^2 \cdot a_{eff}} \cdot \ln\left(2 \cdot \dfrac{\vartheta_M - \overline{\vartheta}_W}{\overline{\vartheta}_E - \overline{\vartheta}_W}\right)$	5
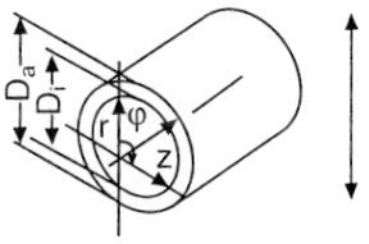 Hohlzylinder	$\dot{Q}_\varphi, \dot{Q}_z = 0$; $r < D_i/2$: $\dot{Q}_r = 0$	Gl. (1; 1a) mit $s = D_a - D_i$	6
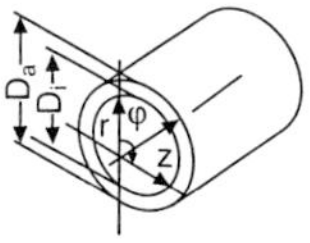 Hohlzylinder	$\dot{Q}_\varphi, \dot{Q}_z = 0$	Gl. (1; 1a) mit $s = (D_a - D_i)/2$	7

Bild 1-46 Kühlzeitgleichungen für verschiedene Grundgeometrien [8]

Eingesetzt in Gleichung (1-32) bekommt man die Bestimmungsgleichung für die Abkühlung während eines Zeitintervalls:

$$\vartheta_{n,k+1} - \vartheta_{n,k} = a \frac{\Delta t}{\Delta y^2} (\vartheta_{n+1,k} - 2 \cdot \vartheta_{n,k} + \vartheta_{n-1,k}) \qquad (1\text{-}33)$$

74   Spritzgießen von Thermoplasten

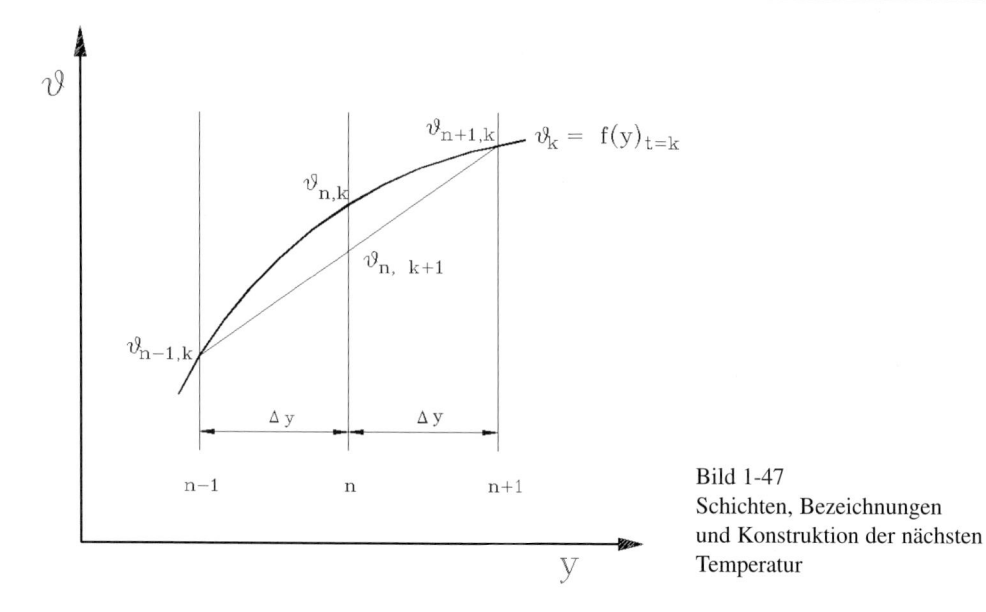

Bild 1-47
Schichten, Bezeichnungen und Konstruktion der nächsten Temperatur

Wie man mit Hilfe des Strahlensatze beweisen kann, ist die grafische Aussage dieser Gleichung, dass die neue Temperatur $\vartheta_{n,k+1}$ einer Schicht n als Schnittpunkt der Verbindungslinie zwischen den vorausgehenden Temperaturen der Nachbarschichten und der Schichtlinie gewonnen werden kann.

Voraussetzung dafür ist, dass der Ausdruck

$$a \frac{\Delta t}{\Delta y^2} = \frac{1}{2}$$

gesetzt wird, was eine Abhängigkeit des Zeitinkrements von der Schichtdicke mit sich bringt. In Bild 1-48 sind für PS (a = 0,083 mm²/s) ausgehend von einer konstanten Temperatur über der Wanddicke von 200 °C (k = 0), die an den Rändern auf eine Kontakttemperatur von 25 °C abfällt, die Temperaturprofile für acht Zeitschritte konstruiert worden. Man erkennt, wie aus dem zunächst rechteckigen Profil allmählich ein cos-Profil entsteht, das immer weiter abflacht. Bei einer Wanddicke von 4 mm ergibt sich gemäß obiger Voraussetzung ein Zeitintervall von 1,506 s.

$$\Delta t = \frac{\Delta y^2}{2 \cdot a} = \frac{0,5^2}{2 \cdot 0,083} = 1,506 \text{ s}$$

Nach 8 · 1,506 s Zeitintervallen, das entspricht 12 s, werden in Formteilmitte rund 140 °C erreicht.

Einzelheiten zum entsprechenden Lösungsalgorithmen für die EDV sind [9] zu entnehmen.

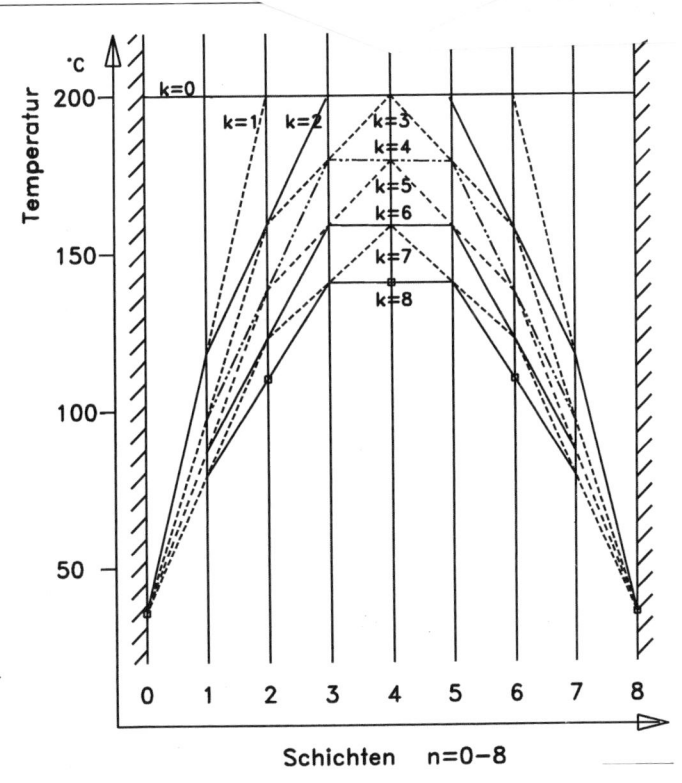

Bild 1-48
Konstruktion der Temperaturprofile für die Abkühlung nach dem Differenzenverfahren

1.7.2.3 Stoffwerte

Wie aus Bild 1-49 hervorgeht, sind alle in den vorausgehenden Gleichungen auftretenden Stoffwerte temperaturabhängig. Besonders gravierend ist der Einfluss auf cp und a bei teilkristallinen Kunststoffen. Die für Abkühlberechnungen erforderlich Temperaturleitfähigkeit geht im Bereich der Kristallisation gegen Null, weil die frei werdende Kristallisationswärme den Wärmeabfluss annähernd kompensiert. Ein großer Vorteil des numerischen Differenzenverfahren ist, dass dieser Einfluss berücksichtigt werden kann. Dazu ist es erforderlich, dass der Verlauf von a mathematisch approximiert wird.

Bei den analytischen Formeln kann dagegen nur ein konstantes a eingegeben werden. Es ist ein Verdienst von Wübken [9] und anderen, dass am IKV, Aachen, Effektivwerte von a so bestimmt wurden, dass sie eingesetzt in die Abkühlformeln für den Bereich der Entformung brauchbare Kühlzeiten liefern. Die Bestimmung erfolgte prinzipiell so, dass im Bereich der Entformung ein Stück Abkühlkurve gemessen wurde und durch Einsetzen von zusammengehörigen Zeiten und Temperaturen in die nach a aufgelöste Abkühlgleichung a berechnet wurde. Aus der Ermittlung geht hervor, dass diese sog. a_{eff}-Werte nur für den Bereich der Entformung genau sein können. In Bild 1-50 sind a_{eff}-Werte für eine Reihe von Stoffen dargestellt.

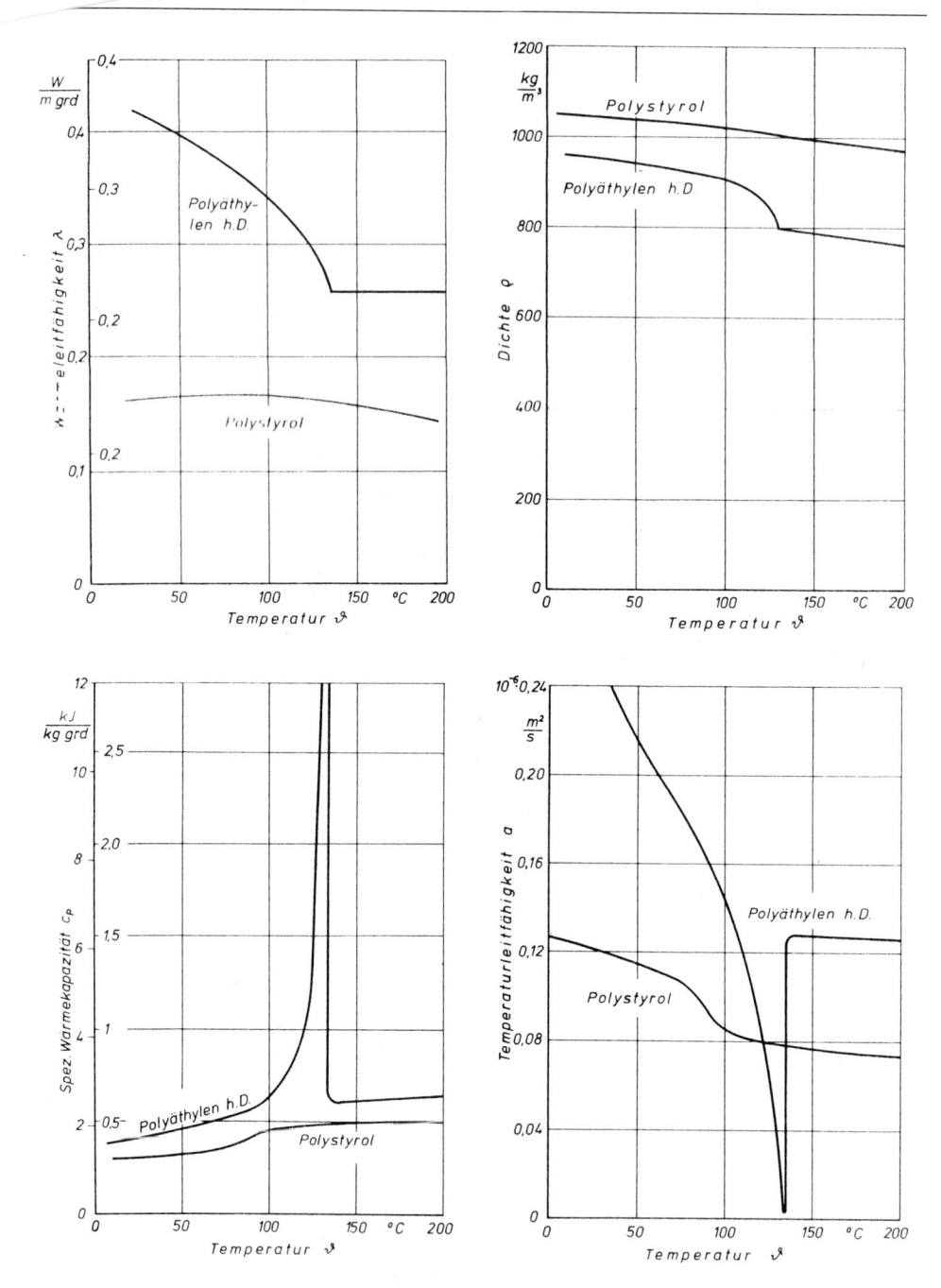

Bild 1-49 Temperaturabhängigkeit der thermischen Eigenschaften von Kunststoffen für ein amorphes und ein teilkristallines Material [9]

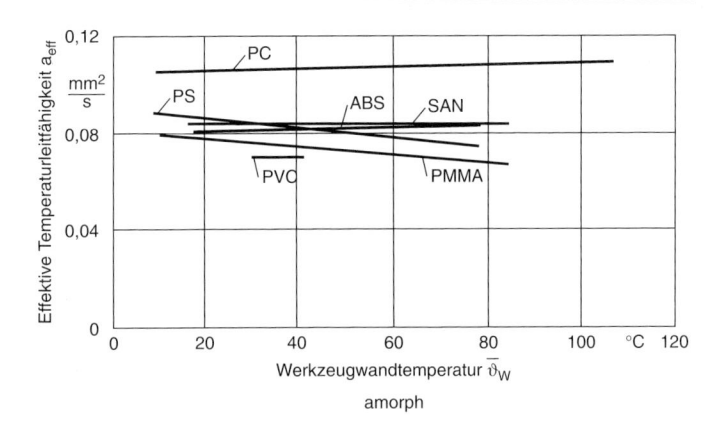

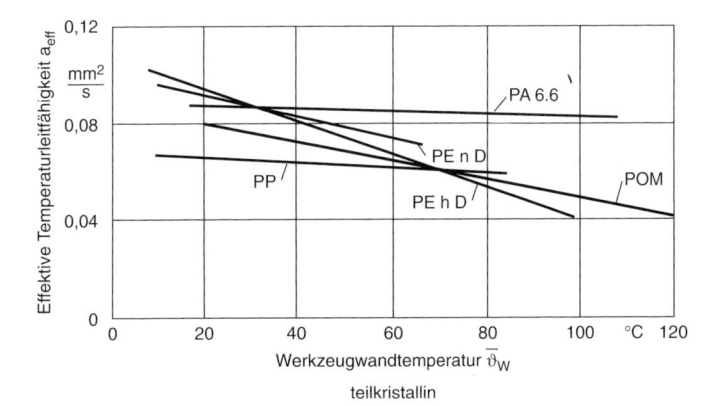

Bild 1-50
Effektive Temperaturleitfähigkeit für amorphe und teilkristalline Formmassen

1.7.2.4 Temperaturen beim Füllen

Temperaturführung ab Schneckenvorraum

Beim Füllen sind beide Terme der Differentiale von Bedeutung. Moderne Angüsse werden so ausgelegt, dass im Anguss die Reibungswärme überwiegt. Eine Erhöhung der Massetemperatur um 10 bis 15 °C ist willkommen. Man geht davon aus, dass die letzten 15 °C durch den Anguss wegen der geringeren Verweilzeit weniger schaden als eine 15 °C höhere Zylindertemperatur. Die Füllung des Werkzeughohlraums sollte ungefähr isotherm erfolgen, gleiche Wanddicke vorausgesetzt darf die Masse maximal 10 bis 15 °C abkühlen. Das heißt die Abkühlung durch den Wärmefluss zur kälteren Werkzeugwand muss in etwa durch Reibungswärme kompensiert werden.

Temperaturberechnung mit der Mittelwertmethode

Wenn man, wie in Bild 1-51 dargestellt den Fließweg L in Sektionen einteilt und mit mittleren Temperaturen rechnet, ist auf der Basis vorausgehender analytischer Formeln eine pauschale Berechnung des nicht isothermen Strömungsvorgangs beim Füllen eines Werkzeugs möglich. Bei Abkühlrechnungen mit den Gleichungen (1-27) bis (1-30) ist zu beach-

Bild 1-51
Temperaturberechnung unter Berücksichtigung von Abkühlung und Reibungswärme

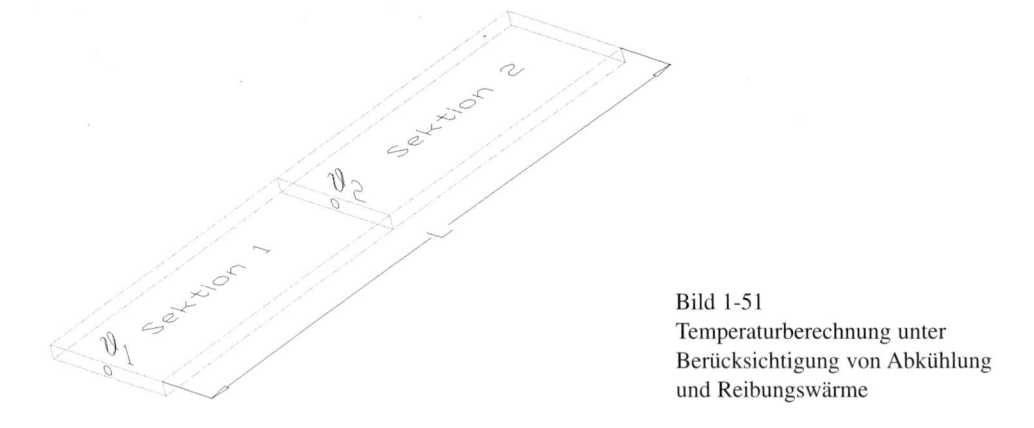

ten, dass diese für die kurze Füllzeiten einzelner Sektionen viel zu tiefe Temperaturen ergeben. Die Ursachen dafür sind die Art der Näherungslösung als solche und die Berücksichtigung von nur einem Glied der Reihe. Um diesen Fehler zu kompensieren, muss an Stelle der Massetemperatur eine fiktive, erhöhte Temperatur nach Gleichung (1-34) eingesetzt werden.

$$\vartheta_{Fikt} = \vartheta_W + \frac{\pi^2}{8}(\vartheta_M - \vartheta_W) \qquad (1\text{-}34)$$

mit ϑ_{Fikt} fiktive Temperatur, ϑ_M, ϑ_W Masse-, Werkzeugtemperatur.

Ausgehend von einer gegebenen Temperatur ϑ_1 wird ϑ_2 wie folgt berechnet:

$$\vartheta_2 = \vartheta_{Abkühl} + \Delta\vartheta_{Reibung} \qquad (1\text{-}35)$$

mit $\vartheta_{Abkühl}$ Temperatur der Masse nach Abkühlung während der Füllzeit von 1 nach 2 (Gleichung [1-30] mit fiktiver Temperatur), $\Delta\vartheta_{Reibung}$ Temperaturerhöhung durch Reibung nach Gleichung (1-23).

Basierend auf dieser Temperaturberechnung können Sektion für Sektion die Druckverluste nach Gleichung (1-11) berechnet werden. Die Summe ergibt den Fülldruck eines Werkzeugs. Der Nachteil dieser einfachen Methode ist, dass die Querschnittsverengung durch erstarrende Randschichten nicht berücksichtigt wird. Die berechneten Druckverluste sind zu niedrig.

Temperaturverteilung über dem Querschnitt

In Bild 1-52 sind die symmetrischen Temperatur-, Geschwindigkeits- und Schergeschwindigkeitsprofile dargestellt, wie sie mit EDV-Programmen an einer bestimmten Stelle x zu einem festen Zeitpunkt t während der Formfüllung in einem Flachkanal berechnet wurden [11].

Wie in Bild 1-16 bereits dargestellt hat auch hier der Geschwindigkeitsverlauf v_x das für strukturviskose Flüssigkeiten charakteristisch abgeplattete Profil. Unmittelbar an der gekühlten Werkzeugwand ist die Schmelze bereits eingefroren, die Geschwindigkeit ist dort Null. Der Fließquerschnitt wird bei wachsender Abkühlung durch die erstarrenden Rand-

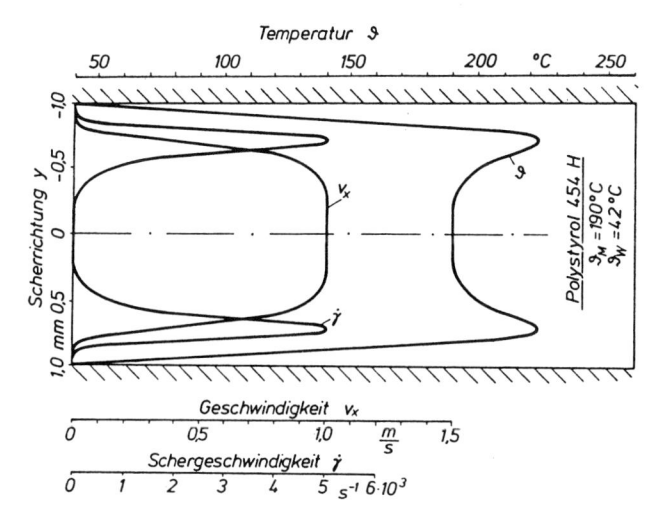

Bild 1-52   Temperatur-, Geschwindigkeits- und Schergeschwindigkeitsprofil über dem Kanalquerschnitt [11]

schichten eingeengt. Die Schergeschwindigkeit $\dot{\gamma}$ besitzt am Ort des steilsten Anstieges des Geschwindigkeitsprofils einen Maximalwert. An diesen Stellen der maximalen Scherbeanspruchung wird die höchste Reibungswärme erzeugt. Es bildet sich daher das dargestellt Temperaturprofil mit ausgeprägten Temperaturspitzen aus. Zur Werkzeugwand hin fällt die Schmelzetemperatur wegen der Kühlung steil ab. In der Kanalmitte ist noch der Temperaturwert vorhanden, den die Schmelze beim Eintritt in den Formhohlraum aufweist, da Schergeschwindigkeit und damit die Schererwärmung hier gleich Null sind und eine geringe Wärmeleitung in y-Richtung stattfindet.

1.7.2.5   Abkühlung der Masse nach dem Füllen

Wie bereits ausgeführt wird der Volumenstrom der Masse nach der volumetrischen Füllung sehr klein, es werden nur noch einige Prozent des Formteilgewichts „nachgedrückt". Energetisch bedeutet dies, dass die Reibungswärme gering wird und gegenüber der Wärmeleitung zur Werkzeugwand zu vernachlässigen ist. Der Abkühlvorgang wird jetzt von den bereits abgeleiteten Gesetzmäßigkeiten der Wärmeleitung bestimmt.

Diskussion von Abkühlkurven

Bild 1-53 und Bild 1-54 zeigen einen Vergleich zwischen experimentell und rechnerisch bestimmten Abkühlkurven für Polystyrol und POM. Die Messung erfolgte mit dünnen, frei im Werkzeughohlraum aufgespannten Thermodrähten, die eingespritzt wurden und mit jedem Schuß verloren waren. Die Berechnung erfolgte numerisch. Bei PS wurde mit konstantem a_{eff} gerechnet, bei POM mit temperaturabhängigen Stoffwerten. Man erkennt eine sehr gute Übereinstimmung zwischen Berechnung und Messungen. Ein interessante Einzelheit ist der Temperaturhaltebereich durch die Kristallisation bei POM, der durch Messung und Berechnung erkannt wurde.

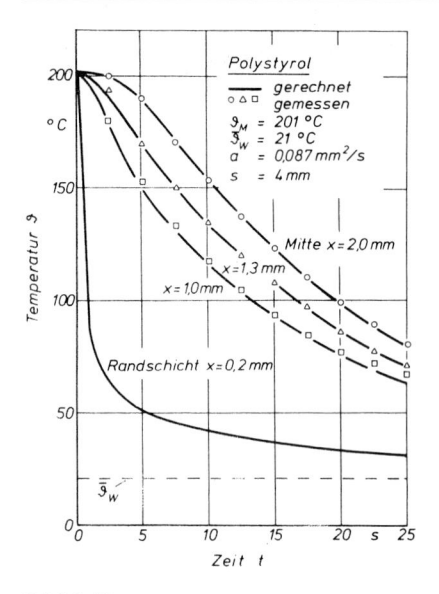

Bild 1-53
Schichtweise Abkühlung von PS [9]

Bild 1-54
Abkühlung von POM in Formteilmitte [9]

1.7.2.6 Entformungstemperatur

Thermische Auswirkungen der Entformung

Bild 1-55 zeigt die Mitten- und Oberflächentemperatur vor und nach der Entformung. Durch den im Vergleich zum Werkzeugkontakt schlechteren Wärmeübergang wirkt die Luft wie ein Isolator. Die noch heißen Innenschichten erwärmen die schon erkalteten äußeren. Es ergibt sich eine mittlere Temperatur. Gelegentlich kann in der Praxis beobachtet werden, dass ein Formteil ohne Einfallstellen entformt wird, um kurz danach durch die Erwärmung der Außenschicht auf dem Förderband einzufallen. Da die langsamere Abkühlung an der Luft für die innere Struktur der Formteile günstig ist, sollte man nicht nur aus wirtschaftlicher sondern auch aus qualitativer Sicht möglichst früh entformen. Die Grenze sind allerdings Verzugserscheinungen oder Entformungsschwierigkeiten.

Bestimmung der Entformungstemperatur

Für die Formteilkalkulation und die Prozesssteuerung ist die Entformungstemperatur eine wichtige Größe, da sie ja gemäß Gleichung (1-31) in die Kühlzeit eingeht. Es stellt sich deshalb die Frage, wie die Entformungstemperatur im voraus zu bestimmen sei. Aus Bild 1-56 geht hervor, dass die Entformungskräfte, die es bei der Entformung zu überwinden gilt, von vielen Einflussgrößen abhängen. Eine Berechnung für normale Teile ist noch nicht möglich, so dass die Entformungstemperatur bisher empirisch festgelegt wird. Eine gesicherte Aussage lässt sich nur über die Temperatur machen, bei welcher der Werkstoff fest wird. Diese frühest mögliche Entformungsemperatur kann am besten über den Anstieg einer G- oder E-Modulkurve bei abnehmender Temperatur, siehe Kapitel „Schwindung",

1.7 Die Formteilbildung   81

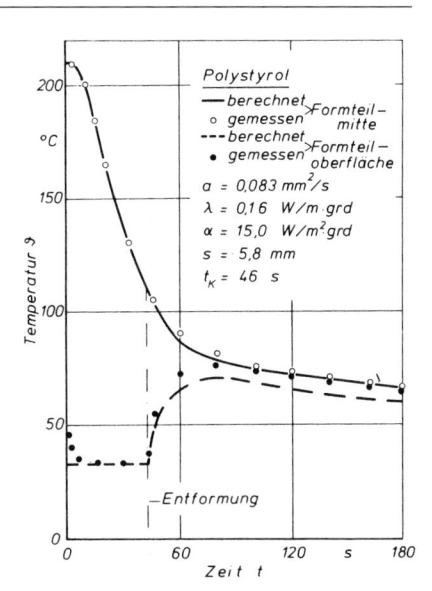

Bild 1-55
Temperaturausgleich nach der Entformung [9]

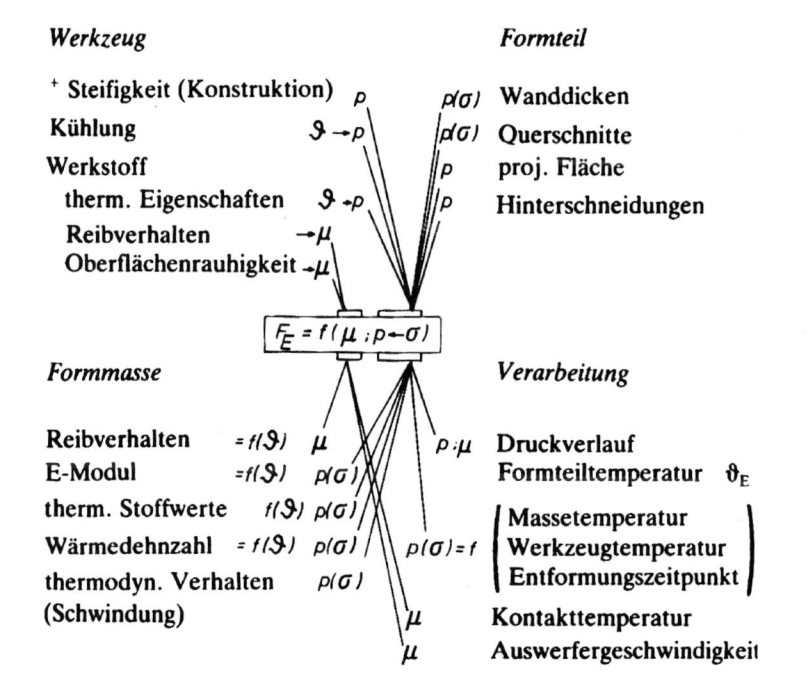

Werkzeug   *Formteil*

+ Steifigkeit (Konstruktion) p $p(\sigma)$ Wanddicken
  Kühlung $\vartheta \to p$ $p(\sigma)$ Querschnitte
  Werkstoff p proj. Fläche
    therm. Eigenschaften $\vartheta \to p$ p Hinterschneidungen
    Reibverhalten $\to \mu$
    Oberflächenrauhigkeit $\to \mu$

$$F_E = f(\mu\, ;\, p \leftarrow \sigma)$$

Formmasse   *Verarbeitung*

Reibverhalten $= f(\vartheta)$ μ $p \cdot \mu$ Druckverlauf
E-Modul $= f(\vartheta)$ $p(\sigma)$ Formteiltemperatur ϑ_E
therm. Stoffwerte $f(\vartheta)$ $p(\sigma)$ Massetemperatur
Wärmedehnzahl $= f(\vartheta)$ $p(\sigma)$ $p(\sigma)=f$ Werkzeugtemperatur
thermodyn. Verhalten $p(\sigma)$ Entformungszeitpunkt
(Schwindung)
                                            μ Kontakttemperatur
                                            μ Auswerfergeschwindigkeit

Bild 1-56   Einflussgrößen auf die Entformungskräfte [12]

festgelegt werden. Alternativen sind näherungsweise die Erstarrungs- bzw. Kristallisationstemperatur. Die tatsächliche Entformungstemperatur wird zwischen diesen Werten und der Werkzeugtemperatur liegen.

1.7.2.7 Werkzeugtemperatur

Zyklische Temperaturschwankungen der Formnestwand

Der zeitliche Verlauf der Werkzeugwandtemperatur (Formnestwandtemperatur) ist in Bild 1-57 dargestellt. Direkt vor dem Einspritzen befindet sich die Temperatur auf dem Wert ϑ_{Wmin}. Kommt nun die heiße Kunststoffschmelze mit der kälteren Werkzeugwand in Berührung, so stellt sich augenblicklich an der Grenzstelle eine Kontakttemperatur ein. Diese Kontakttemperatur entspricht dem Temperaturmaximum ϑ_{Wmax}. Vom Maximum fällt die Temperatur infolge der Kühlung kontinuierlich während des Zyklus ab. Nach der Entformung wird die Temperaturabnahme noch beschleunigt, da das Formteil keine Wärme mehr an das Werkzeug abgibt. Zu Beginn des neuen Zyklus ist ϑ_{Wmin} wieder erreicht, solange ein quasistationärer Betrieb vorliegt.

Die periodischen Temperaturschwankungen sind physikalisch bedingt und können in ihrer Amplitude nicht durch die geometrische Anordnung des Kühlsystems beeinflusst werden. Sie sind aber stark von den thermischen Eigenschaften des Werkzeugwerkstoffs und der Formmasse sowie vom Temperaturniveau dieser Stoffe abhängig.

Für den Kontakt zweier halbunendlicher Körper unterschiedlicher Temperaturen gilt:

$$\vartheta_{Wmax} = \frac{b_W \cdot \vartheta_{Wmin} + b_{Pl} \cdot \vartheta_M}{b_W + b_{Pl}} \qquad (1\text{-}36)$$

mit $b = \sqrt{\lambda \cdot \rho \cdot c}$ Wärmeeindringfähigkeit, b_W Wärmeeindringfähigkeit des Werkzeugs, ϑ_M Massetemperatur, b_{Pl} = Wärmeeindringfähigkeit der Formmasse.

Der Begriff halbunendlicher Körper weist auf die Voraussetzung großer Körper hin, deren Temperatur im Inneren sich beim Kontakt nicht verändert. Dünne Kerne erfüllen diese Vo-

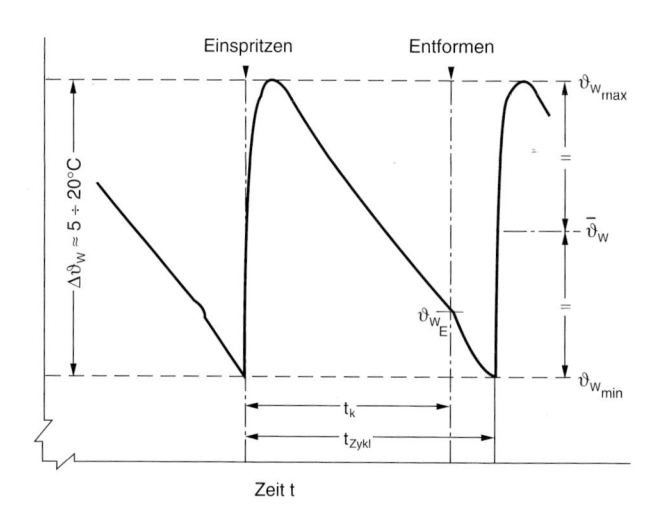

Bild 1-57
Zyklische Schwingungen der Werkzeugtemperatur [9]

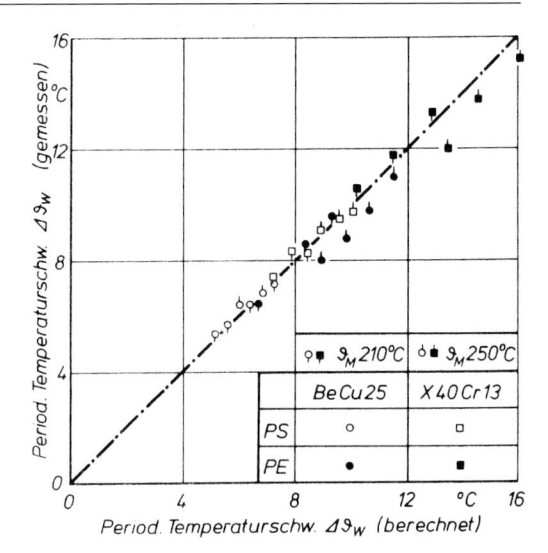

Bild 1-58
Zyklische Temperaturschwankung –
gemessen und berechnet [9]

raussetzung nicht. Die Erwärmung ist deshalb wesentlich größer als der Formel entsprechend. In Bild 1-58 sind berechnete und gemessene Werte einander gegenübergestellt.

Tabelle 1-5 Wärmeeindringfähigkeit einiger Werkzeugwerkstoffe und Spritzgießmassen

Werkstoff	Wärmeeindringfähigkeit b $Ws^{1/2}\,m^{-2}\,grd^{-1}$
Berylliumkupfer (Be Cu 25)	$17{,}2 \cdot 10^3$
unlegierter Stahl (C 45 W 3)	$13{,}8 \cdot 10^3$
Chromstahl (X 40 Cr 13)	$11{,}7 \cdot 10^3$
Polyäthylen (PE-HD) Polystyrol (PS)	$0{,}99 \cdot 10^3$ $0{,}57 \cdot 10^3$

Vergleicht man die Wärmeeindringfähigkeit von Metallen mit denen von Polymeren, Tabelle 1-5, so erkennt man, dass aufgrund der wesentlich höheren Werte bei den Metallen die Kontakttemperatur in der Nähe der Werkzeugwandtemperatur vor Einspritzbeginn liegen muss. Bei hochlegierten, schlecht wärmeleitenden Stählen liegt die Kontakttemperatur höher als bei gut leitenden Werkzeugen, z. B. aus Kupferlegierungen. Durch Anbringen einer dünnen Wärmedämmschicht auf der Formnestwand kann der Temperatursprung stark vergrößert werden; Die Formteilrandschichten werden dadurch nicht so stark abgeschreckt. Maßgeblich für die Formteilqualität ist das Temperaturmaximum $\vartheta_{W\,max}$. Für die Kühlzeit ist dagegen die mittlere Werkzeugwandtemperatur verantwortlich.

$$\overline{\vartheta}_W = \frac{\vartheta_{W\,max} + \vartheta_{W\,min}}{2} \qquad (1\text{-}37)$$

84 *Spritzgießen von Thermoplasten*

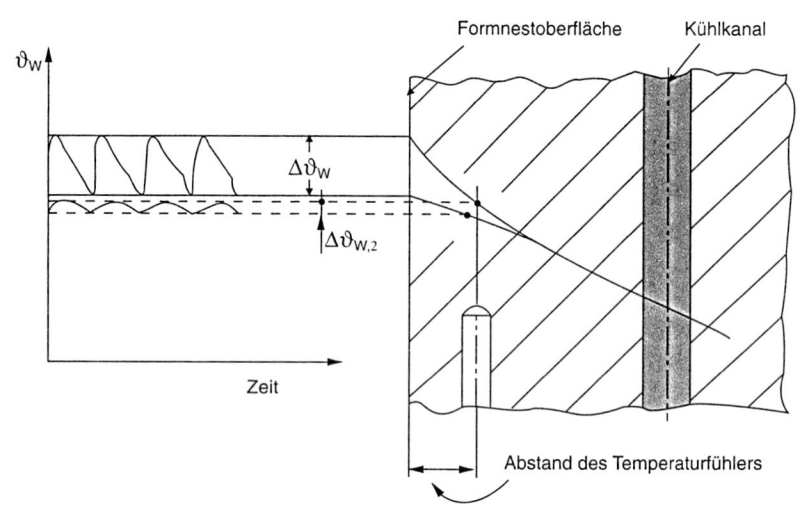

Bild 1-59 Abklingen der Temperaturschwingungen mit zunehmendem Abstand von der Kavität

Die Amplitude der Temperaturschwingungen nimmt mit zunehmender Entfernung von der Formnestoberfläche ab (Bild 1-59). Der Temperaturfühler für eine direkte Regelung der Werkzeugtemperatur sollte etwa 15 mm Abstand haben, damit die Schwingung weitgehend abgeklungen ist.

Zeitlicher Verlauf der Werkzeugtemperatur

Im Produktionszustand wird dem Werkzeug mit dem Kunststoff Wärme zugeführt. Dadurch erwärmt sich das Werkzeug, auch wenn es temperiert ist, und die Temperatur steigt nach einer e-Funktion, bis ein Gleichgewicht zwischen zu- und abgeführter Wärme erreicht ist (Bild 1-60). Die zyklischen Schwankungen überlagern diesen Trend. Bei einer Produktionsunterbrechung fällt die Temperatur, natürlich ohne die zyklischen Erscheinungen, nach einer e-Funktion ab. Bei einer effektiven Werkzeugtemperierung sollten diese Änderungen nicht mehr als 10 °C betragen.

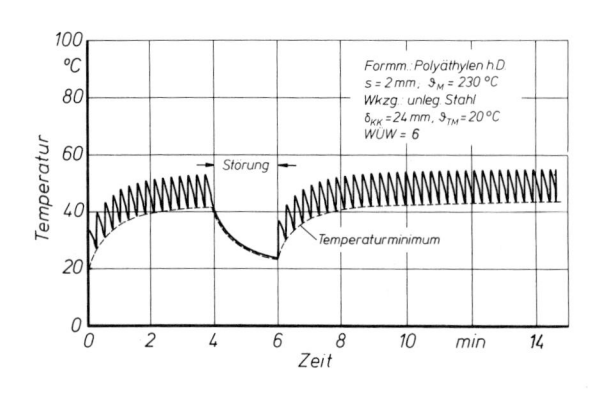

Bild 1-60
Verhalten der Werkzeugtemperatur beim Anfahren und Unterbrechung

1.7.2.8 Steuerung des Massetemperaturverlaufs im Werkzeug

Wie aus der Abkühlgleichung (1-30) hervorgeht hängt, die Abkühlung bei gegebenem Formteil (H) und Material (a) von ϑ_M und ϑ_W ab. Die Veränderung der Abkühlkurven in Abhängigkeit von diesen Parametern ist qualitativ in Bild 1-61 dargestellt.

$$\overline{\vartheta}_{(t)} = \vartheta_W \pm \frac{8}{\pi^2} (\vartheta_M - \vartheta_W) \cdot e^{-a\frac{\pi^2}{H^2} \cdot t} \qquad (1\text{-}30)$$

mit ϑ_M: Ankunftstemperatur der Masse im Werkzeug = Starttemperatur der Abkühlung, keine Einstellgröße.

$$\vartheta_M = f_1\,(\vartheta_{MSv},\, c_S,\, \vartheta_W)$$

Die Massetemperatur im Schneckenvorraum ϑ_{MSv} hängt von den Einstellgrößen Zylindertemperaturen ϑ_{Zi}, Staudruck p_{St} und Drehzahl n ab:

$$\vartheta_{MSv} = f_2\,(\vartheta_{Zi},\, p_{St}, n)$$

Die Schneckenvorlaufgeschwindigkeit c_S ist, wie bereits ausgeführt, nur bei geregelten Maschine eine Einstellgröße. Bei gesteuerten wird c_S über die Einstellungen von Druck p_1 und Mengenventil v_1 variiert.

$$c_S = f_3\,(p_1,\, v_1)$$

Bei direkter Regelung ist die Werkzeugtemperatur ϑ_W eine Einstellgröße. In den meisten Fällen wird sie aber indirekt über die Temperatur des Temperiermediums vorgegeben.

1.7.3 Veränderungen des Werkzeugvolumens

1.7.3.1 Werkzeugatmung

Auch die dritte physikalische Zustandsgröße, das Werkzeugvolumen, bleibt bei der Formteilbildung nicht konstant. Spritzgießwerkzeuge werden durch die Schließkraft der Maschine, Wärmespannungen und den hohen Forminnendruck belastet. Ein Forminnendruck

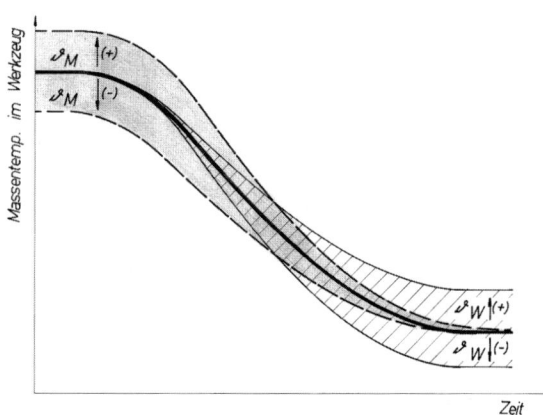

Bild 1-61
Schematische Darstellung der Temperatursteuerung

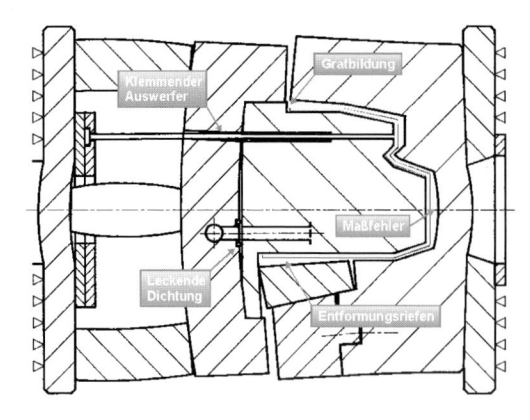

Bild 1-62
Schematische Darstellung der Verformung von Werkzeugen unter Innendruck

von 500 bar bewirkt auf einer fingernagelgroßen Fläche von 2 cm² eine Druckkraft von einer Tonne. Diese riesigen Kräfte bewirken Werkzeugverformungen, die schon vor der Bruchgrenze kritisch werden. Hinzu kommen Verformungen der Schließeinheit. In dem Maße wie sich der Druck abbaut, federn die Verformungen zumindest teilweise zurück. Diese Vorgänge erinnern an die Bewegung des Brustkorbs beim Ein- und Ausatmen, man spricht deshalb von der „Werkzeugatmung". In Bild 1-62 sind die Verformungen eines Werkzeugs unter Forminnendruck, wie sie sich aus Messungen und FE- Berechnungen ergeben, schematisch dargestellt.

1.7.3.2 Folgen für Qualität und Fertigung

- *Maßfehler:* Bekannt ist die direkte Vergrößerung der Maße bei extremer Atmung des Werkzeugs. Weitgehend unterschätzt wird jedoch der Kompressionseffekt durch das Rückfedern des Werkzeugs, der wie ein unkontrollierter Nachdruck die Maße beeinflusst.
- *Grate, Schwimmhäute, unsaubere Trennungen:* Durch die Verformung der Platten in axialer Richtung wird die Berührung und damit die Dichtwirkung in der Trennebene aufgehoben. Überschreiten entstehende Spalten Grenzwerte, so kann Schmelze eindringen, die erstarrt und durch das rückfedernde Werkzeug eingeklemmt und in den Stahl eingedrückt wird. Es entstehen Grate, Schwimmhäute und unsaubere Trennungen.
- *Entformungsschwierigkeiten, Oberflächenfehler:* Übersteigen die Verformungen in radialer Richtung (Aufwertung Gesenk, Stauchung Kern) die Wanddickenschwindung des Formteils, so wird es durch das rückfedernde Werkzeug wie in einem Schraubstock eingeklemmt. Das Teil wird unter Restdruck entformt. Mögliche Folgen: Das Teil bleibt im Gesenk, kantet beim Entformen oder wird zerkratzt.
- *Fressen der Ausstoßer:* Bei verformten Werkzeugen fluchten die Auswerfer nicht mehr sauber mit den Bohrungen. Dies führt zu Schwergängigkeit oder Fressen.
- *Leckagen:* Werkzeugverformungen machen Dichtelemente unwirksam. Leckagen von Temperier- oder Heißkanalsystemen sind die Folge.
- *Kernversatz:* Bei asymmetrischer Druckbelastung während der Füll- und Nachdruckphase kommt es zum sogenannten Kernversatz. Die Kerne pen-

deln in der Werkzeughöhlung. Es entstehen Füllprobleme Wanddickenfehler- und Entformungsschwierigkeiten.
- *Zuhaltekraftverluste*: Schieber und Backen sind im Prinzip Keile, die, solange der Verriegelungswinkel über der Selbsthemmung liegt, eine Austreibkraft in Schließrichtung entwickeln und dadurch die nutzbare Zuhaltekraft verringern.
- *Kosten:* Qualitätsprobleme am Formteil und vorzeitiger Werkzeugverschleiß durch unzulässige Verformungen verursachen hohe Änderungs-, Erneuerungs- und Reparaturkosten.

1.7.3.3 Gemessene Verformungen

Zur Verformungsmessung haben sich induktive Aufnehmer mit einem Nennweg von 1 mm bei einer Messunsicherheit von +/- 0,002 mm, bewährt. Diese Aufnehmer haben den gleichen Schaftdurchmesser wie Messuhren und können deshalb wie diese befestigt werden. Das Messsignal von einer Trägerfrequenzmessbrücke ausgewertet wird auf üblichen Schreibern registriert.

In Bild 1-63 ist die Atmung des Radiogehäuses während der Formteilbildung für verschiedene Einspritzdrücke wiedergegeben. Die Atmung wurde hier seitlich am Werkzeug über die Trennebene mit einem induktiven Wegaufnehmer gemessen. Wenn das Messsignal im Bild nach unten verläuft, so bedeutet dies eine Verringerung der Distanz über die Trennebene; Das schon geschlossene Werkzeug geht scheinbar weiter zu. Messsignal nach oben bedeutet das Werkzeug geht auf.

Die Atmungskurven in Bild 1-63 zeigen, dass sich das Werkzeug keinesfalls einfach parallel zu den Aufspannplatten in der Trennebene öffnet, denn auf diese Weise könnte die Schließbewegung an der Messstelle, die bei p_{Sp} > 75 bar auftritt, nicht gedeutet werden. Wie aus Skizze hervorgeht, weist das „Schließen" außen auf eine Durchbiegung innen hin. Sämtliche Messungen führen zur Annahme, dass die Werkzeughälften eine druckabhängige Taumelbewegung ausführen, die durch die Elastizität und das Spiel der Schließeinheit, die Deformation des Werkzeugs und durch Haft- und Reibungswiderstände an den Führungsbolzen hervorgerufen wird. Aus den Ursachen folgt, dass ein Anteil der Werkzeugatmung reversibel ist, ein anderer bis zur Entformung bestehen bleibt.

Die Werkzeugatmung kann nur dann vollständig erfasst werden, wenn die Atmung an allen vier Seiten des Werkzeugs gleichzeitig gemessen wird. Da bei den vorliegenden Untersuchungen nur ein Aufnehmer benutzt wurde, reichen die Messungen nicht aus, um den Einfluss der Werkzeugatmung auf den Druckverlauf im Werkzeug und die Qualität der Formteile quantitativ zu ergründen. Mit Hilfe dieser einen Messstelle konnte aber zumindest festgestellt werden, ob sich die Atmung bei den Versuchen veränderte. Generelle Messmöglichkeiten sind in Bild 1-64 dargestellt.

Die Verformungskurve des Becherwerkzeugs (Bild 1-65) zeigt die Plattendurchbiegung im Werkzeuginneren. Sie verhält sich nach dem Schließen des Werkzeugs proportional zum Forminnendruck.

Einfluss der Schließkraft

Die Differenz zwischen Zuhaltekraft und der auftreibenden Druckkraft bestimmt die Klemmkraft der Werkzeugplatten. Je geringer die Klemmung desto größer die Verformung.

88 Spritzgießen von Thermoplasten

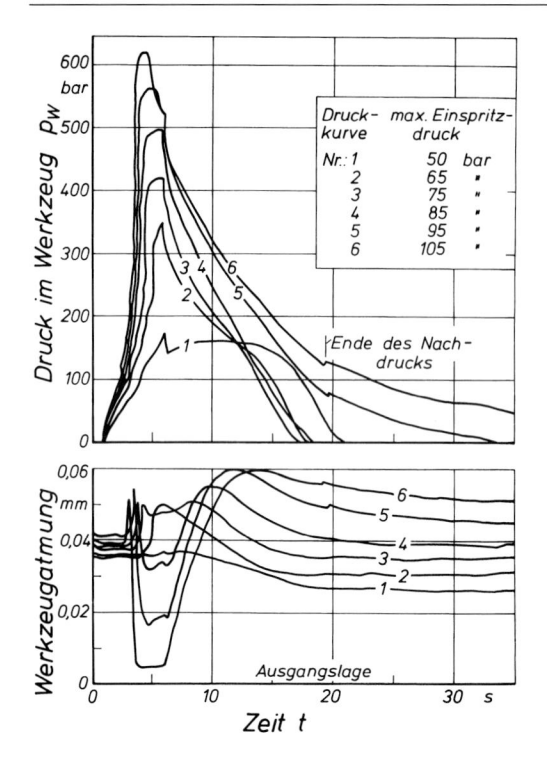

Druck-kurve Nr.:	max. Einspritzdruck
1	50 bar
2	65 "
3	75 "
4	85 "
5	95 "
6	105 "

Bild 1-63
Druckverläufe und Werkzeugatmung beim Radiogehäusewerkzeug für variierte Einspritzdrücke

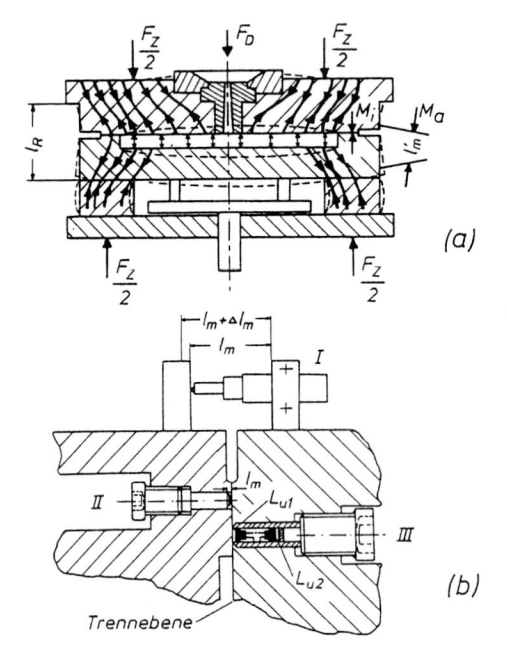

M_i Meßstelle innen
M_a Meßstelle außen
F_D Düsenanpreßkraft
F_Z Zuhaltekraft
l_R rückfedernder Teil
l_m Meßstrecke
l'_m Meßstrecke nach Durchbiegung
L_{u1} Luftspalt 0,5 - 1 mm
L_{u2} Referenzluftspalt 0,5 - 1 mm
$I - III$ Wegaufnehmer
I tastend außen
II tastend innen
III berührungslos innen

Bild 1-64
Messmöglichkeiten der Werkzeugatmung [14]

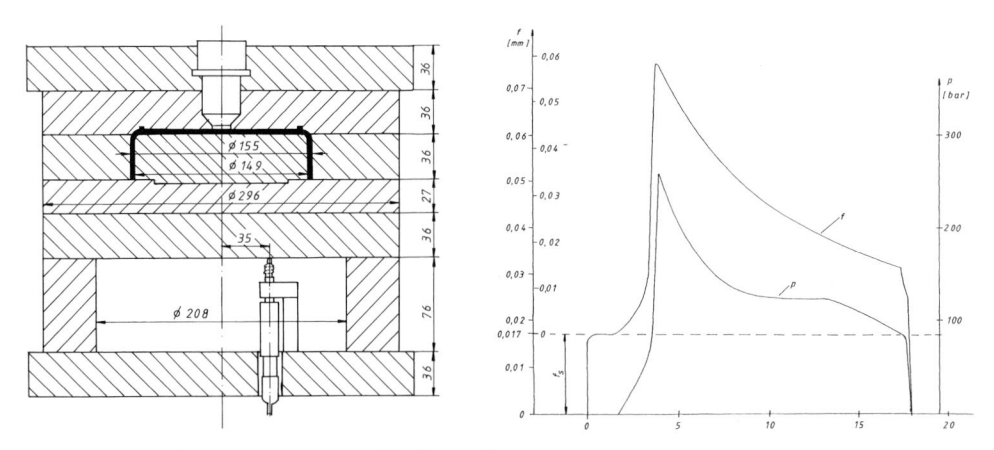

Bild 1-65 Verformungsmessung am Becherwerkzeug
p Forminnendruck, f Änderung des Abstands Zwischenplatte–Aufspannplatte, f_S Stauchung des Werkzeugs beim Schließen

Bei den Berechnungsformeln wird zwischen biegesteif eingespannt und biegbar aufliegend unterschieden. Es ist deshalb nicht überraschend, wenn mit abnehmender Schließkraft eine deutliche Verschlechterung der Gewichtskonstanz festgestellt wird (Bild 1-66).

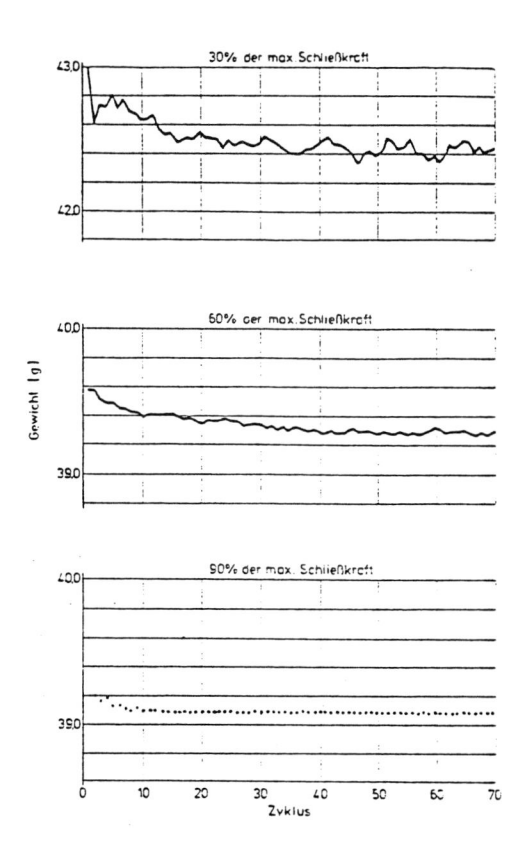

Bild 1-66
Einfluss der Schließkraft auf Gewicht und Gewichtsstreuung [72]

Überwachung der Werkzeugatmung

Da die Werkzeugatmung die Qualität deutlich beeinflusst, empfiehlt, sich bei der Produktion zumindest eine sorgfältige Überwachung oder Regelung der Schließkraft. Darüber hinaus sollten die Werkzeuge in der Konstruktionsphase auf Verformungen nachgerechnet werden. Dies ist überschlägig mit einfachen auf analytischen Formeln beruhenden Programmen möglich. Eine gezielte Ausnutzung der Volumenverkleinerung führt zum Spritzprägen, das später behandelt wird.

1.7.4 Formteilbildung im p-v-ϑ-Diagramm

1.7.4.1 Töpfchenmodell

Der Kunststoff muss beim Spritzgießverfahren durch Erwärmung in einen formbaren Zustand überführt werden, dabei vergrößert sich das Volumen des Stoffs. Bei der Abkühlung nach der Formgebung verkleinert sich der Masse wieder. Dieser Vorgang kann in einfachster Form mit einem Töpfchenmodell (Bild 1-67) veranschaulicht werden. Man stelle sich vor, dass eine Kavität mit V_{WZ} = 0.955 cm³ Rauminhalt vorbereitet wurde. In diese Kavität würde also genau, das im linken Becher bereitstehende 1 g PS bei Raumtemperatur und Atmosphärendruck passen. Wenn man dieses Material erwärmt, damit es fließfähig und formbar wird, vergrößert es sein Volumen. Die Folge: Bei druckloser Füllung würde das Material nicht ganz in die Kavität passen, im Becher verbliebe ein Rest. Nach der Abkühlung würde genau dieser Betrag im Werkzeug fehlen. Der Fehlbetrag bezogen auf das Werkzeugvolumen ist die Volumenschwindung. Sie würde bei druckloser Verarbeitung und amorphen Kunststoffen die Größenordnung von 10 % und bei teilkristallinen von 25 % erreichen. Derartig Formteile wären krumm und schief und hätten eine wellige, unebene Oberfläche. Sie wären unbrauchbar. Zur Reduktion der Schwindung muss deshalb ein Teil der thermischen Expansion durch Kompression mit dem sog. Nachdruck kompensiert werden.

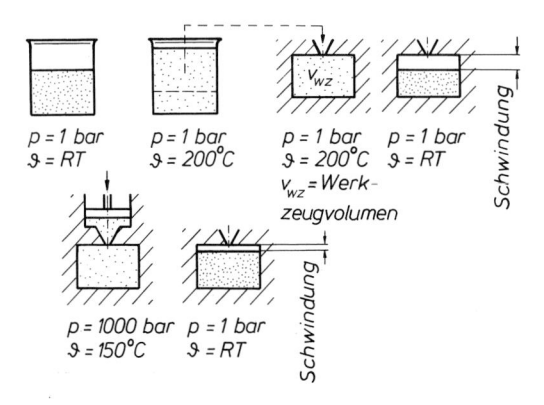

Bild 1-67
Töpfchenmodell der Formteilbildung

1.7.4.2 Spezifisches Volumen

Definitionsgleichung:

$$v \equiv \frac{V}{m} = \frac{1}{\rho} \quad \frac{cm^3}{g} \tag{1-38}$$

Das spezifische Volumen ist gemäß Definitionsgleichung der Platzbedarf in cm³ von 1 g Kunststoff. Genau dies wird mit dem Töpfchenmodell veranschaulicht. v dient als Maß für die Verdichtung des Stoffs. Je kleiner der Wert desto höher ist die Verdichtung und umso geringer der Platzbedarf. Alternativ wird in anderen Branchen die Dichte, der Kehrwert von v, gebraucht.

1.7.4.3 p-v-ϑ-Diagramme

Die p-v-ϑ-Diagramme zeigen für beliebige Druck- und Temperaturkombination den Raumbedarf von 1 g der jeweiligen Formmasse. Während bei amorphen Massen die Änderung in beide Richtungen sanft erfolgt (Bild 1-68), erkennt man in Bild 1-69 bei Abkühlung im Bereich der Kristallisationstemperatur einen gewaltigen Abfall. Die Ursache ist die Entstehung von fibrillenartig, eng gepackten Krystalliten (s. Kap.: Kristallinität). Die Änderung des spez. Volumens von 200 °C auf Raumtemperatur bei Atmosphärendruck beträgt für PS: ca. 8 % und für PE: ca. 22 %. Dies wären die Größenordnungen der Volumenschwindung ohne Nachdruck.

Projiziert man das dreidimensionale Diagramm für PS auf die hintere Wand, so erhält man ein zweidimensionales Diagramm (Bild 1-70), mit dem in der Zeichenebene gearbeitet werden kann.

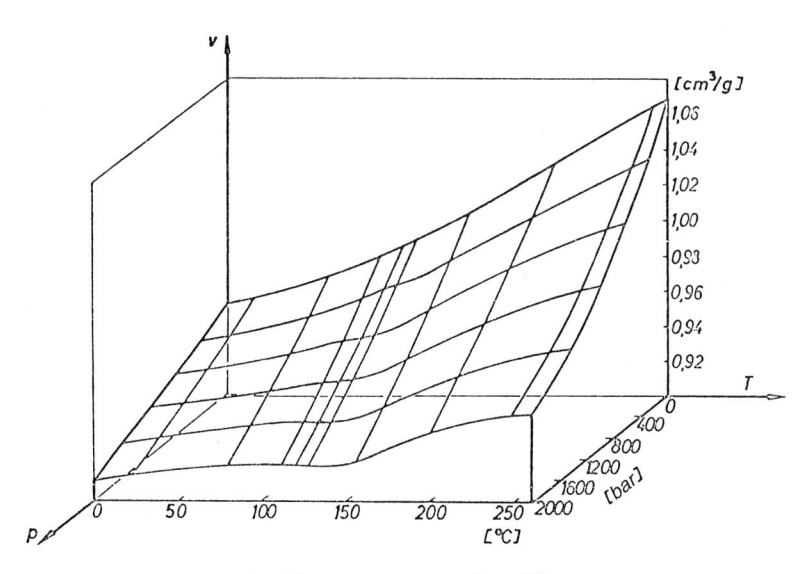

Bild 1-68 Dreidimensionales p-v-ϑ-Diagramm von amorphem PS

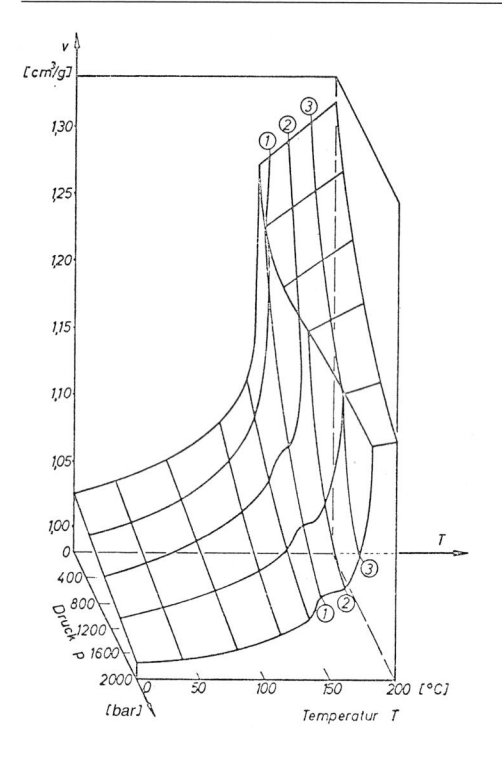

Bild 1-69
Dreidimensionales p-v-ϑ-Diagramm von teilkristallinem Niederdruck-PE

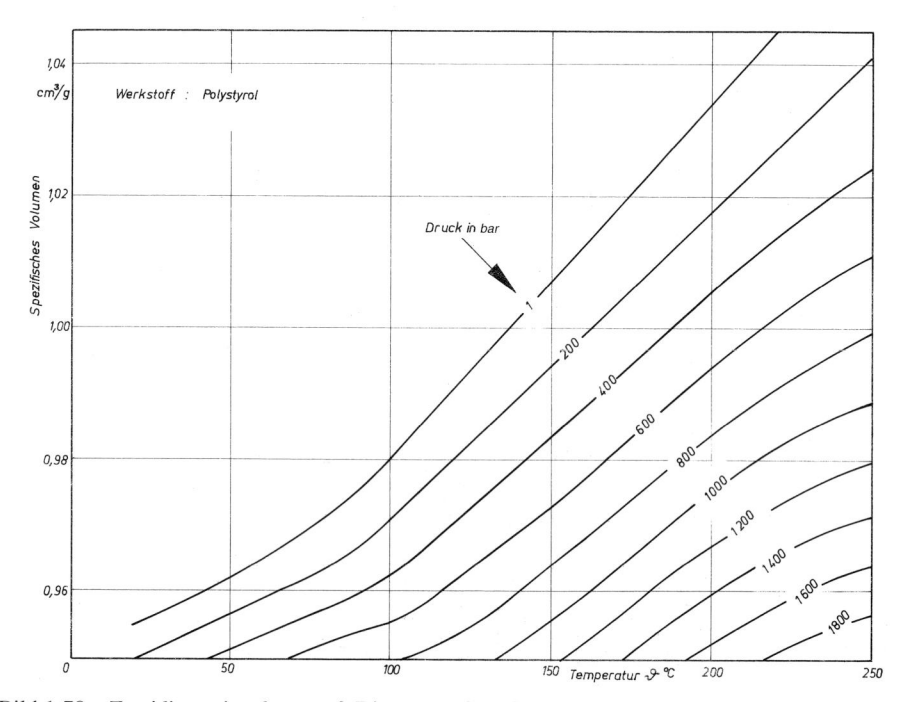

Bild 1-70   Zweidimensionales p-v-ϑ-Diagramm für PS

1.7.4.4 Alternative Beschreibungsmöglichkeiten

Weitere Kenngrößen, die aus dem p-v-ϑ-Diagramm abgeleitet werden, sind: Volumenausdehnungskoeffizient, Kompressibilität, adiabate Kompressionserwärmung und die Abhängigkeit der spezifischen Wärme vom Druck.

Volumenausdehnungskoeffizient

Der Volumenausdehnungskoeffizient ist die partielle Ableitung des spezifischen Volumens nach der Temperatur oder anders ausgedrückt die Änderung des spez. Volumens bei konstantem Druck in Abhängigkeit von der Temperatur bezogen auf den Ausgangswert:

$$\alpha_V = \frac{1}{v} \cdot \left(\frac{\partial v}{\partial \vartheta}\right)_{p=konst} \qquad \text{Volumenausdehnungskoeffizient} \qquad (1\text{-}39)$$

Kompressibilität

Die Kompressibilität ist die partielle Ableitung von v nach p für ϑ = konst. Sie sagt aus, um wieviel sich das spezifische Volumen bei konstanter Temperatur in Abhängigkeit von einer Druckänderung bezogen auf den Ausgangswert ändert.

$$\kappa_V = \frac{1}{v} \cdot \left(\frac{\partial v}{\partial p}\right)_{\vartheta=konst} \qquad \text{Kompressibilität} \qquad (1\text{-}40)$$

Temperaturerhöhung bei adiabater Kompression

$$d\vartheta = \frac{\vartheta \cdot a}{\rho \cdot c_p} \, dp \qquad (1\text{-}41)$$

Abhängigkeit der spezifischen Wärme vom Druck

$$\left(\frac{\partial c_p}{\partial p}\right)_\vartheta = -\vartheta \left(\frac{\partial^2 v}{\partial \vartheta^2}\right)_p \qquad (1\text{-}42)$$

1.7.4.5 Einfluss der Abkühlgeschwindigkeit

Beim Übergang der abkühlenden Schmelze in den Glas- bei amorphen bzw. kristallinen Zustand bei teilkristallinen Kunststoffen findet eine Umlagerung von Molekülketten und Kettensegmenten statt. Dies wird besonders deutlich, wenn man der Modellvorstellung folgt, dass Kristallite (s. Abschnitt 1.8.8) aus gefalteten Molekülketten bestehen. Die Umlagerung braucht Beweglichkeit, das heißt ausreichend hohe Temperatur und Zeit. Bei schneller Abkühlung, wie dies im Spritzgießwerkzeug der Fall ist, werden die Gefügeumwandlungen, wie auch bei Stahl bekannt, durch die schnelle Abkühlung überrollt. Sie kommen nicht zum Abschluss, es wird kein inneres Gleichgewicht erreicht. Die Folgen sind bei amorphen Materialien relativ gering, bei teilkristallinen aber von großer Bedeutung. In Bild 1-71 ist der Einfluss der Abkühlgeschwindigkeit dargestellt. Man erkennt bei teilkristallinen Kunststoffen eine Erniedrigung der Kristallisationstemperatur $\Delta T_{Krist.}$ und eine Verschiebung des spezifischen Volumens zu höheren Werten. Diese wird in Bild 1-72 noch deutlicher ($v_{30\,°C}$).

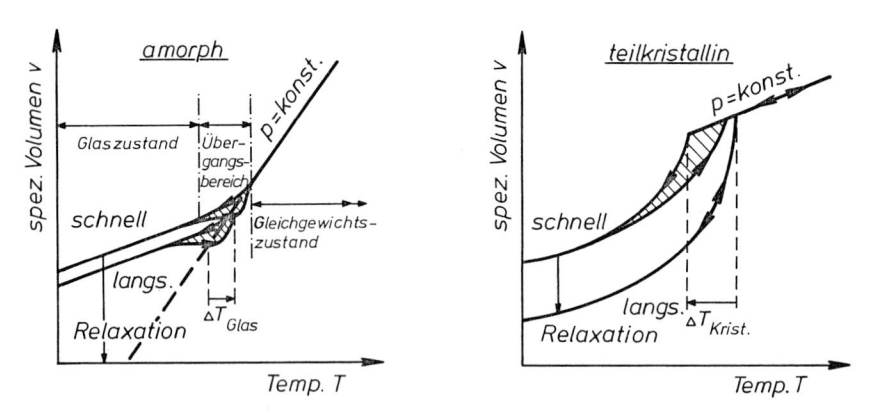

Bild 1-71   Spezifisches Volumen in Abhängigkeit von der Abkühlgeschwindigkeit [31]

Die Differenz im spezifischen Volumen zwischen schneller und langsamer Abkühlung ist der Grund für die Nachschwindung, Ursache für Maß und Funktionsprobleme. Wie schon ausgeführt erreichen die Moleküle bei schneller Abkühlung den inneren Gleichgewichtszustand nicht. Die Kristallisation wird nicht abgeschlossen. Aus diesem Grunde geht sie als Nachkristallisation mit der Zeit weiter. Bei Raumtemperatur langsam, bei erhöhten Temperaturen während den Anwendungen der Formteile schneller.

Aus Bild 1-72 folgt eine weitere wichtige Erkenntnis: Die Vergößerung des spezifischen Volumens v_{30} mit zunehmender Abkühlgeschwindigkeit geht nicht beliebig aufwärts, sondern erreicht schon bei etwa 5 °C/s einen Endwert. Diese Abkühlgeschwindigkeit wird bei einer Plattendicke von 4 mm bzw. einem Durchmesser von 6 mm erreicht. Alles was dünner ist, und das sollten gut gestaltete Formteile sein, kühlt schneller ab. Das heißt, wird das

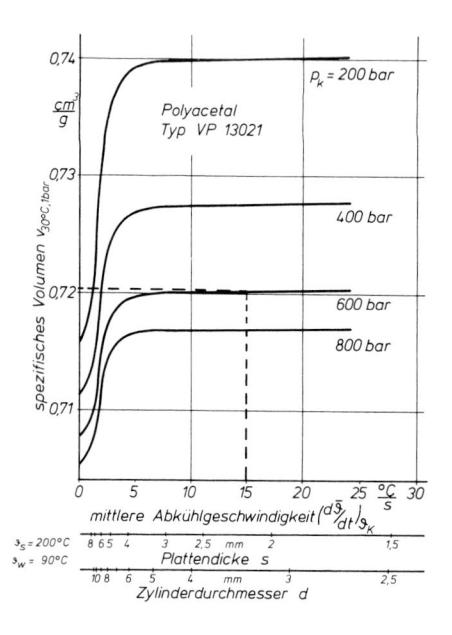

Bild 1-72
Spezifisches Volumen in Abhängigkeit von der Abkühlgeschwindigkeit [15]

p-v-ϑ-Verhalten für eine ausreichend schnelle Abkühlgeschwindigkeit ermittelt, so gilt es für das Spritzgießen universell.

1.7.4.6 p-v-ϑ-Messmethoden

Zur Messung des p-v-ϑ-Verhaltens konkurrieren die Kolben- mit der Flüssigkeitsmethode (Bild 1-73). Eine vergleichende Untersuchung wurde von Wendisch veröffentlicht [16].

Kolbenprinzip

Die Probe befindet sich in einem Zylinder, der an dem einen Ende mit einem festen, an dem anderen Ende mit einem beweglichen Stempel abgeschlossen ist. Über den beweglichen Stempel erfolgt die Druckbeaufschlagung der Probe in axialer Richtung; der Stempel dient darüber hinaus gleichzeitig als Messwertgeber für die Länge der Probe. Aus den Längenwerten wird unter Verwendung der Probenmasse der Absolutwert v(p,ϑ) des spezifischen Volumens des Probenmaterials berechnet.

Sperrflüssigkeitsprinzip

Druckbeaufschlagung der Probe und Bestimmung des Volumens erfolgen auf getrenntem Wege. Die Probe ist in einer Messzelle allseitig von einer Sperrflüssigkeit – zumeist Quecksilber – umgeben. Bestimmt wird die Volumenänderung der mit Quecksilber und der zu prüfenden Probe gefüllten Messzelle.

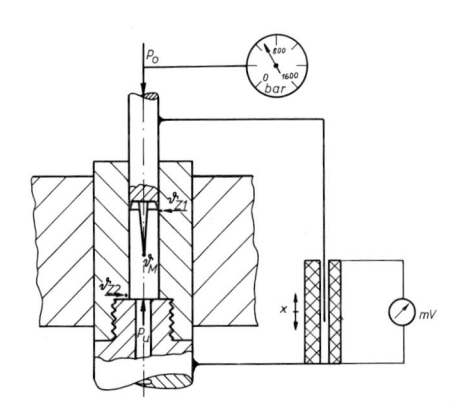

$ϑ_M$ = Masstemperatur in Probenmitte
$ϑ_Z$ = Zylinderwandtemperatur
p_o = oberer Stempeldruck (Manometeranzeige)
p_u = unterer Stempeldruck (elekt. Anzeige)
x = Kompressionsweg (induktiver Wegaufnehme)

a) b)

Bild 1-73   p-v-ϑ-Messgeräte
a) Kolbenprinzip
b) Sperrflüssigkeitsprinzip

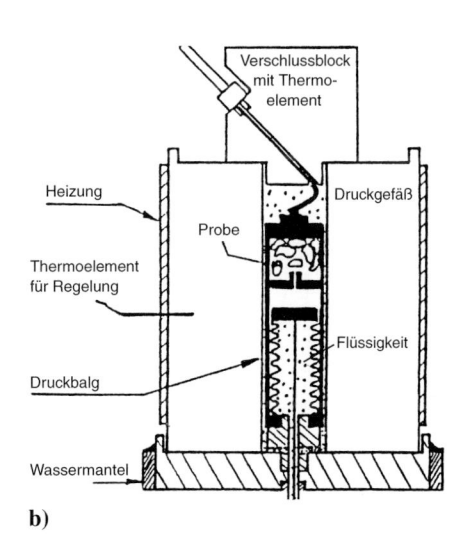

1.7.4.7 Zustandskurve

Wenn man Bild 1-74 zusammengehörige Druck- und Temperaturwerte entnimmt, mit diesen Punkte in das p-v-ϑ-Diagramm einzeichnet und diese verbindet, so erhält man eine sog. Zustandskurve (Bild 1-75), die kontinuierlich anzeigt, wie sich das spezifische Volumen bei der Formteilbildung verändert. Verfolgt man die Zustandsänderung vom Füllbeginn (oberhalb Punkt 2) bis zum abgekühlten Formteil (Punkt 10), so stellt man eine erhebliche Verringerung des spezifischen Volumens, insgesamt also einen Verdichtungsvorgang fest. Verdichtend wirken Druck und die abnehmende Temperatur.

Die Zustandskurve läßt sich in zwei charakteristische Bereiche aufteilen. Für Bereich I, Füllbeginn bis Punkt 7, gilt V_W = konst., die Masse füllt das Werkzeugvolumen ganz aus. Solange p > 1 ist, muss dies so sein, denn die Masse drückt auf den bündig mit der Werkzeugwand eingebauten Druckaufnehmer. Die Verdichtung wird in diesem Bereich durch Zufluss von Masse bewirkt. Die Pfeile in Gleichung 1-38 symbolisieren Veränderung und Richtung.

$$\downarrow v = \frac{V_{W=konst.}}{\uparrow m} \qquad (1\text{-}38)$$

Bei Punkt 6 ist der Siegelpunkt erreicht. Da keine Masse mehr ins Werkzeug nachströmt, muss v konstant bleiben, die Zustandkurve verläuft waagrecht. Eine waagrechte Zustandsänderung nennt man Isochore, weil sich das spezifische Volumen nicht verändert.

Bei Punkt 7 beginnt der Bereich II; der Druck im Werkzeug ist auf Atmosphärendruck abgefallen. Die Masse bleibt konstant, denn selbst wenn das Werkzeug nicht versiegeln würde (Heißkanäle), ist kein Druck mehr da, der Masse transportieren könnte. Das Volumen des Kunststoffs V_K wird mit fortschreitender Abkühlung kleiner:

$$V_K = v \cdot m_{=konst} \qquad (1\text{-}43)$$

Das Kunststoffvolumen wird kleiner als das Werkzeugvolumen und der Spritzling beginnt von der Gesenkwandung abzuschwinden. Es entsteht ein kleiner Luftspalt.

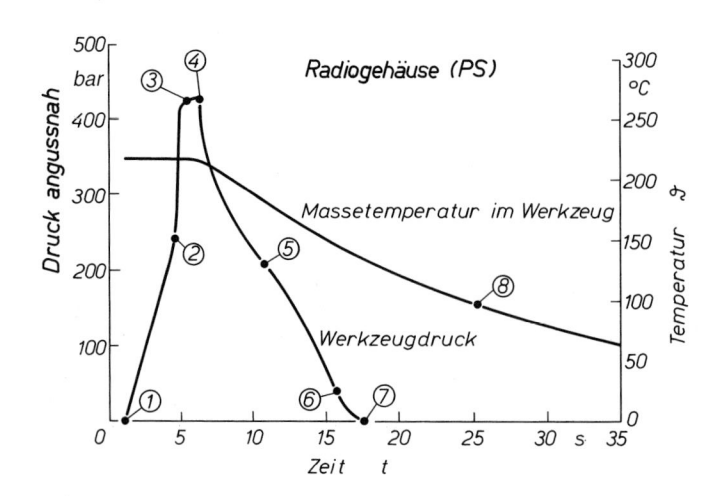

Bild 1-74 Angussnaher Druck- und mittlerer Temperaturverlauf

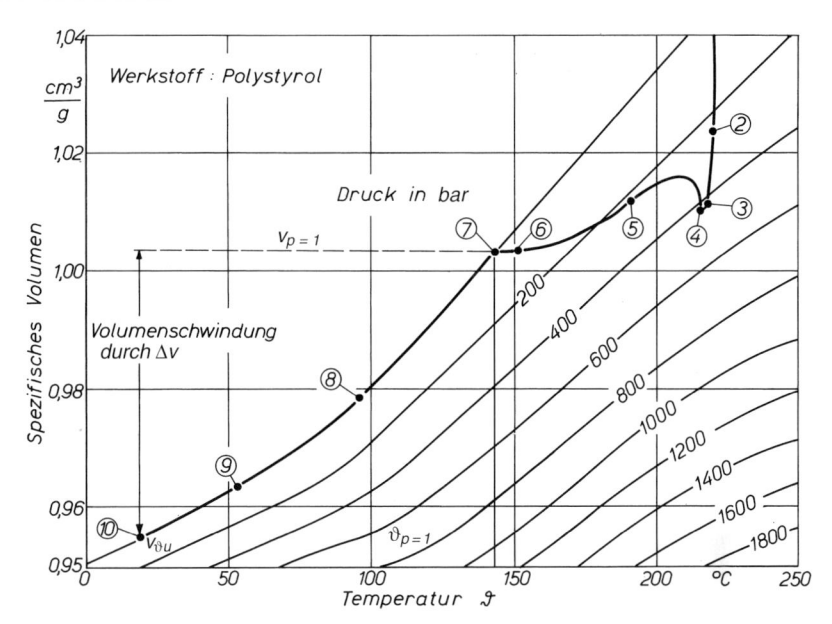

Bild 1-75   Zustandskurve aus Bild 1-74

Erläuterungen zu Bild 1-74 und 1-75:

0   Schnecke beginnt vorzulaufen
0-1 Totzeit, Vorverdichtung der Schmelze im Schneckenvorraum, Schmelzebewegung durch das Angusssystem

Füllphase:

1   Druckaufnehmer (angussnah) erreicht
1-2 Werkzeugfüllung, Druck steigt durch zunehmenden Widerstand des sich verlängernden Fließwegs
2   Werkzeughohlraum volumetrisch gefüllt

Verdichtungsphase:

2-3 dynamisches Strömen der Schmelze abgeschlossen, quasi-statischer Druckausgleich mit Schneckenvorraum
3   Druckmaximum fast erreicht (übliche Druckmaxima im Werkzeug 300 bis 1000 bar)
4   Druckabsenkung in der Maschine durch Umschaltung: Spritzdruck–Nachdruck
4-5 Druckabfall durch Druckumschaltung, Stoffaustausch mit Schneckenvorraum
5   Nachdruckniveau erreicht
5-6 weiterer Druckabfall durch Abkühlung vor Ort und erschwertes Nachdrücken durch zunehmende Erstarrung längs Fließweg insbesondere des Anschnitts
6   Siegelpunkt, d. h. Anschnitt soweit erstarrt, dass Stoffaustausch mit Schneckenvorraum beendet
6-7 Druckabfall durch Abkühlung ohne Nachschub
7   Atmosphärendruck erreicht, Spritzling löst sich von der Wand ab, Beginn der Schwindung.
7-10 isobare Abkühlung
8   Erstarrungstemperatur an der Messstelle erreicht
9   Entformung
10 Raumzustand erreicht.

1.8 Qualität der Formteile

1.8.1 Formteilgewicht als Maß der Verdichtung

Aus der Definitionsgleichung für das spezifische Volumen ergibt sich durch Umstellen eine Beziehung für die Masse (volkstümlich = Gewicht) im Werkzeug.

$$m = \frac{V_W}{v_7} = \frac{V_W}{v_{p=1}} \tag{1-44}$$

Sobald das Werkzeug volumetrisch gefüllt ist, wird das Volumen des Werkzeugs zu einer bestimmenden Größe. Die zweite, das spezifische Volumen, verändert sich kontinuierlich. Wie bereits dargestellt ist das Endgewicht des Formteils im Siegelpunkt 6, bei nicht versiegelnden Werkzeugen im Punkt 7 erreicht. Das spezifische Volumen im Punkt 7 wird auch mit $v_{p=1}$ bezeichnet, um darauf hinzuweisen, dass dort der Druck im Werkzeug wieder auf Atmosphärendruck abgefallen ist.

1.8.2 Schwindung

Durch die Abkühlung nach der Formgebung verkleinern sich Spritzgussteile nach der Entformung gegenüber dem formgebenden Werkzeughohlraum. Diese Verkleinerung wird generell als Schwindung bezeichnet. Verkleinert sich das Formteil nicht gleichmäßig, wie dies an den Stellen I und III in Bild 1-76 besonders deutlich wird, so nennt man dies Verzug.

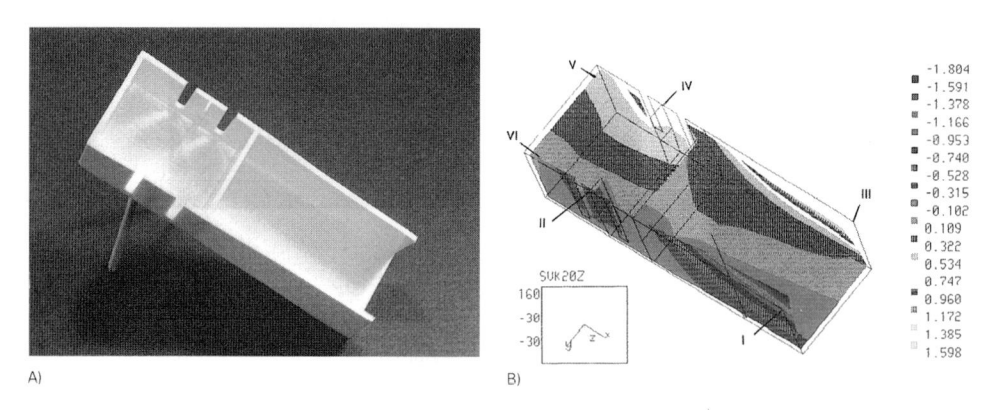

Bild 1-76 Schwindung und Verzug eines Formteils als Simulationsergebnis (Zahlenwerte der Verformungen gelten für y-Richtung)
Schwarze Linien: Modellierte Kontur = Werkzeugkontur, Schattierte, verformte Kontur: Formteil

1.8.2.1 Maßänderungsverhalten von Spritzgussteilen

In Bild 1-77 ist das Maßänderungsverhalten schematisch dargestellt.

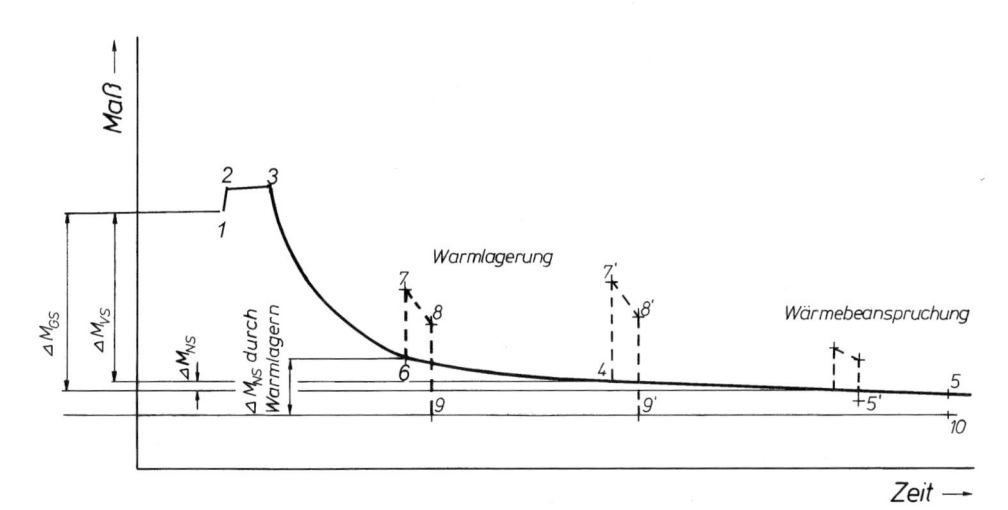

Bild 1-77   Maßänderungsverhalten von Spritzgussteilen
Δ M Maßänderung, 1 Maß des kalten Werkzeugs, 2 Maß des warmen Werkzeugs, 3 Maß des Formteils unmittelbar vor der Entformung, 4 Maß des Formteils bei der Ermittlung der Schwindung, 1 bis 4 Maßänderung durch die Verarbeitungsschwindung (VS), 5 bzw. 5´ Maß des Formteiles nach sehr langer Zeit bei Raumtemperatur (5) oder nach Wärmebeanspruchung (5´), 4 bis 5(5´) Maßänderung durch Nachschwindung (NS), 6 bzw. 4: Maß des Formteils vor dem Warmlagern, 9 bzw 9´ Maß des Formteiles nach dem Warmlagern, 4 bis 9´ Nachschwindung durch Warmlagern (7´, 8´ Maße während der Warmlagerung), 10 Maß des Formteiles nach sehr langer Zeit oder im Anschluss an vorangegangenes Warmlagern, 1 bis 5 Maßänderung durch GS = VS + NS ohne Wärmebeanspruchung oder Warmlagerung

1.8.2.2 Definitionen

Volumenschwindung

$$S_V = \frac{V_W - V_T}{V_W} \cdot 100 \tag{1-45}$$

mit S_V Volumenschwindung in %, V_W Werkzeugvolumen, V_T Formteilvolumen.

Maßschwindung

$$S_M = \frac{M_W - M_T}{M_W} \cdot 100 \tag{1-46}$$

mit S_M Maßschwindung in %, M_W Maß Werkzeug, M_T Maß Formteil.
Je nach Zeitpunkt und Bedingungen bei der Ermittlung der Maßschwindung wird von Verarbeitungsschwindung (VS), Nachschwindung (NS) oder Gesamtschwindung (GS) gesprochen.

Die Verarbeitungsschwindung (VS) (1 bis 4) ist nach der Duroplastnorm DIN 53464 der Unterschied zwischen dem Maß des kalten Werkzeuges (23 +/- 5 °C) und dem des kalten Formteils (23 +/- 5°C, Normfeuchte) 24 bis 168 h nach der Herstellung.

Nach der Norm 16901 für Thermoplaste ist das Formteilmaß 16 h nach der Fertigung zu messen.

$$VS = \frac{M_W - M_{T,16h}}{M_W} \cdot 100 \tag{1-47}$$

Als Nachschwindung (NS) (4 bis 5 bzw. 5´ oder 9´) wird die Maßverkleinerung bezeichnet, die nach der Verarbeitungsschwindung meist durch Nachkristallisation oder Nachreaktion bei reagierenden Massen erfolgt. Die Warmlagerung hat den Zweck eine Nachkristallisation oder Nachreaktion möglichst schnell und vollständig zu erreichen. Für die Bestimmung von NS hat es keinen wesentlichen Einfluss, zu welchem Zeitpunkt das Warmlagern erfolgt.

$$NS = \frac{M_{VS} - M_{T,x}}{M_W} \cdot 100 \tag{1-48}$$

mit M_{VS} Maß des Teils nach der Verarbeitungsschwindung, $M_{T,x}$ Maß des Teils nach der Nachschwindung; die Bedingungen für die Ermittlung von $M_{T,x}$ sind nicht genormt.

Die Gesamtschwindung (GS) ist die Summe von Verarbeitungs- und Nachschwindung. Bei amorphen Thermoplasten tritt keine nennenswerte Nachschwindung auf. Die Verarbeitungsschwindung entspricht der Gesamtschwindung.

$$GS = VS + NS \tag{1-49}$$

Feuchtigkeitsaufnahme kann insbesondere bei Polyamiden Ursache von Maßvergrößerungen sein. Deshalb sind bei diesem Werkstoff Vereinbarungen über den Zustand bei der Ausmessung der Teile nötig.

Nicht zu vernachlässigen ist häufig auch die Wärmedehnung bei erhöhten Anwendungstemperaturen.

1.8.2.3 Bedeutung der Schwindung

Eine der häufigsten Ursachen für Auschuss und kostspielige, zeitaufwendige Werkzeugkorrekturen sind Maßfehler. Eine Analyse von Maßabweichungen (Bild 1-78) ergab, dass die gewichtigste Ursache die Ungenauigkeit der Schwindungsvorgabe für den Werkzeugbau ist. Man weiß im voraus nicht genau genug, um wieviel die Werkzeugmaße gegenüber den Sollmaßen des Formteils zu vergrößern sind.

1.8.2.4 Volumenschwindung

Der „Motor" der Maßschwindung ist die Volumenschwindung. Wissenschaftlich könnte man von Schwindungspotential oder Schwindungsbestreben sprechen. Wieviel Verformung durch das Schwindungspotential entsteht, hängt vom Verformungswiderstand (Gestaltsteifigkeit) des Formteils ab. Aus der Definitionsgleichung ergibt sich der Zusammenhang zum spezifischen Volumen wie folgt:

1.8 Qualität der Formteile

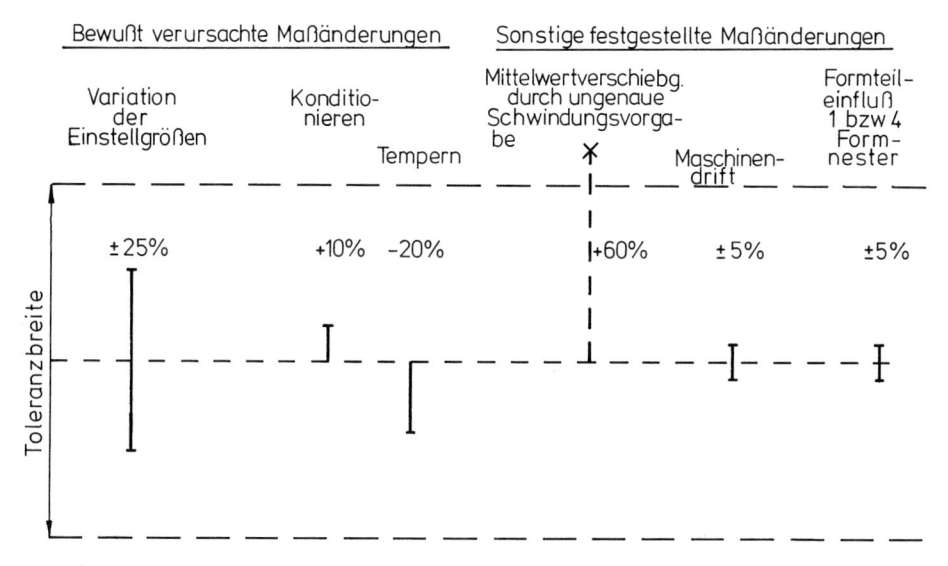

Bewußt verursachte Maßänderungen		Sonstige festgestellte Maßänderungen		
Variation der Einstellgrößen	Konditionieren Tempern	Mittelwertverschiebg. durch ungenaue Schwindungsvorgabe	Maschinendrift	Formteileinfluß 1 bzw 4 Formnester
±25%	+10% −20%	+60%	±5%	±5%

Bild 1-78 An Wälzlagerkäfigen (PA 66 GF) festgestellte typische Einflüsse auf Maßabweichungen

$$S_V = \frac{V_W - V_T}{V_W} = 1 - \frac{V_T}{V_W} \qquad (1\text{-}50)$$

Die Volumina V können durch m · v ausgedrückt werden. Das Volumen des Teils durch m und v bei Raumtemperatur:

$$V_T = m_{\vartheta u} \cdot v_{\vartheta u}$$

Das Volumen des Werkzeugs durch m und v bei Schwindungsbeginn:

$$V_W = m_{p=1} \cdot v_{p=1}$$

Die Schwindung beginnt, wie schon in Abschnitt 1.7.4.7 ausgeführt, bei p = 1 wenn der Druck im Werkzeug auf Atmosphärendruck abgefallen ist. Da sich wie ebenfalls ausgeführt die Masse von $v_{p=1}$ bis $v_{\vartheta u}$ nicht mehr ändert, kürzt sie sich in der Schwindungsgleichung weg. Es bleibt:

$$S_V = 1 - \frac{v_{\vartheta u}}{v_{p=1}} \qquad (1\text{-}51)$$

Dies führt unter der Annahme, dass Druck und Temperatur im betrachteten Bereich überall gleich sind (Töpfchenmodell) zu der erstaunlichen Feststellung, dass die Volumenschwindung physikalisch nur von einer einzigen Variblen $v_{p=1}$ abhängt. Vergleicht man mit der Gleichung für die Masse (1-44), so erkennt man, dass das Gewicht ebenfalls nur von $v_{p=1}$ abhängt. Es ist deshalb nicht verwunderlich, dass das Gewicht eine gute Kontrollgröße für die Schwindung ist.

Da $v_{p=1}$ an der Maschine weder meß- noch einstellbar ist, soll im nächsten Abschnitt der Zusammenhang zu meß- und steuerbaren Größen gesucht werden.

1.8.2.5 Einflussgrößen

Den Zusammenhang zu mess- und steuerbaren Größen findet man mit Hilfe des p-v-ϑ-Diagramms. Der Punkt 7 ($v_{p=1}$) in Bild 1-75 ist durch die 1-bar-Linie und die Temperatur $\vartheta_{p=1}$ festgelegt, die in der Masse dann herrscht, wenn der Druck auf 1 bar abgefallen ist. $\vartheta_{p=1}$ ist also eine Ersatzgröße für $v_{p=1}$. $\vartheta_{p=1}$ ergibt sich aus der Kühlgleichung (1-30) für die Zeit ab volumetrischer Füllung bis der Druck auf 1 bar abgefallen ist. Diese als Druckwirkzeit eingeführte Größe (Bild 1-79) repräsentiert den Einfluss des Drucks. Man erkennt, dass nicht die Höhe des Drucks entscheidend ist, sondern vielmehr wie lange er wirkt. Häufig aber nicht immer ergibt ein hoher Druck auch eine lange Druckwirkzeit.

$$\vartheta_{p=1} = \vartheta_W + \frac{8}{\pi^2}(\vartheta_M - \vartheta_W) \cdot e^{-a\frac{\pi^2}{}\cdot t_{p=1}} \qquad (1\text{-}30)$$

Aus dieser Gleichung können nun alle Einflüsse auf die Volumenschwindung abgelesen werden:

$\vartheta_{p=1}$ mittlere Temperatur der Masse nach Ablauf der Druckwirkzeit.

H Wanddicke, dominante Einflussgröße; Optimierung bei der Produktgestaltung erforderlich.

$t_{p=1}$ Druckwirkzeit repräsentiert den Einfluss des Drucks. Eine länger Druckwirkzeit bewirkt eine tiefere Temperatur $\vartheta_{p=1}$. $\vartheta_{p=1}$ tiefer bedeutet eine höhere Verdichtung, $v_{p=1}$ wird kleiner, weniger Schwindung und ein höheres Gewicht.

ϑ_M, ϑ_W Masse-, Werkzeugtemperatur: Die Wirkung einer Temperaturerhöhung ist zweifach. Setzt man zunächst eine konstant bleibende Druckwirkzeit voraus, so würde sich $\vartheta_{p=1}$ und dadurch $v_{p=1}$ vergrößern. Die Masse wäre weniger verdichtet, die Schwindung würde größer und das Gewicht kleiner. Tatsächlich bleibt die Druckwirkzeit aber nicht konstant, sondern vergrößert sich mit zunehmenden Temperaturen. Es entsteht ein gegenläufiger Effekt. Je nach Verhältnissen kann jeder dieser Effekte dominieren oder sie können sich kompensieren. Die Schwindung kann gleichbleiben, größer oder kleiner werden. Am wahrscheinlichsten ist insbesondere bei teilkristallinen Materialien, dass die Schwindung größer wird.

a Temperaturleitfähigkeit, Einfluss des Materials.

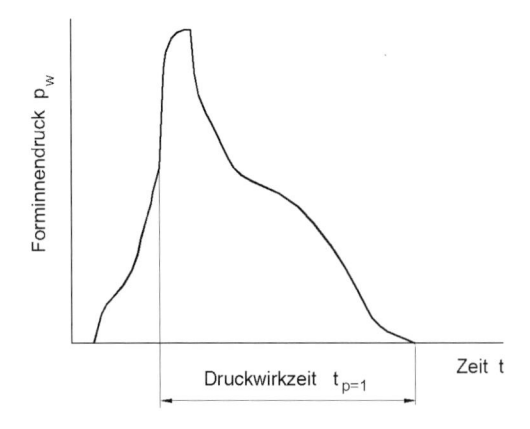

Bild 1-79
Definition der Druckwirkzeit

1.8.2.6 Von der Volumen- zur Maßschwindung

In der Praxis interessiert nicht die Volumenschwindung sondern die lineare Maßschwindung, die aber von der Volumenschwindung verursacht wird. Im Werkzeug selbst kann nur die Wanddicke schwinden. In der Formteilebene sind die Maße weitgehend fixiert. Hier bauen sich durch die Abkühlung infolge der verhinderten Schwindung Spannungen auf, die bis zur Entformung zum kleineren Teil relaxieren. Bei der Entformung verkleinern die aufgebauten Spannungen das Formteil zeitelastisch; danach verringern sich die Abmessungen durch die fortschreitende Abkühlung.

Beziehungen für die isotrope Schwindung

Isotrope Schwindung bedeutet, dass sich die Volumenschwindung auf die drei Raumrichtungen gleichmäßig verteilt. Unter dieser Annahme gilt näherungsweise:

$$S_l = \frac{1}{3} \cdot S_V \qquad (1\text{-}52)$$

mit S_l lineare Schwindung, S_V Volumenschwindung und in Abhängigkeit vom spezifischen Volumen:

$$S_l = 1 - \sqrt[3]{\frac{v_{\vartheta u}}{v_{p=1}}} \qquad (1\text{-}53)$$

Experimenteller Befund

In Bild 1-81 und 1-82 sind Gewicht und Schwindung für verschiedene Formteile und Formmassen in Abhängigkeit von der Druckwirkzeit dargestellt. Zunächst stellt man fest, dass diese experimentellen Ergebnisse die dargebotene Schwindungstheorie exemplarisch bestätigen. Mit zunehmender Druckwirkzeit verringert sich die Schwindung nach einer e-Funktion, wie dies der Abkühlkurve entspricht, und das Gewicht steigt entsprechend an.

In Bild 1-81 erkennt man zusätzlich, dass es offensichtlich zwei Maßarten gibt, die sehr unterschiedlich reagieren. Aus einem Vergleich mit den in Bild 1-80 gekennzeichneten Messstellen wird deutlich, dass sich die Schwindung der Wanddicken um viele Prozent verändert, wohingegen die Änderung der Nicht-Wanddicken, die auch als Ebenen-Schwindung bezeichnet werden soll, nur geringfügig ist. Es muss hinzugefügt werden, dass bei diesen Versuchen die Druckeinstellungen der Maschine extrem variiert wurden. Die Temperaturen dagegen wurden konstant gehalten.

Die Erklärung dieses sehr anisotropen Schwindungsverhaltens geht aus dem Erstarrungsmodell (Bild 1-83) hervor. Dieses Bild zeigt einen gedachten Schnitt durch ein Formteil einige Zeit nach der Füllung. Zu diesem Zeitpunkt ist bereits ein erstarrter Rahmen vorhanden, indem sich noch eine plastische Seele, oder jedenfalls heißeres Material befindet. Im Zuge der nach innen fortschreitenden Abkühlung will sich dieser Bereich zusammenziehen, wird aber vom erstarrten Rahmen behindert. Es entstehen nach innen gerichtete Kräfte. In Wanddickenrichtung aber nicht unmittelbar am Rand kann das Formteil diesen Kräften am leichtesten nachgeben. Bei geringer Verdichtung ziehen die Teile deutlich sichtbar ein. Die mit Wandstärken bezeichneten Maße in Bild 1-80 liegen in dieser Richtung. Sie sind zum Glück nur in Ausnahmefällen toleriert, denn es wäre schwierig enge Toleranzen einzuhalten. Nicht-Wanddicken, also Maße in der Formteilebene, sind die Länge „l" und die Breite „b" im Modell, die durch den erstarrten Rahmen weitgehend fixiert sind und nur im geringen Umfang von den inneren Schwindungskräften beeinflusst werden.

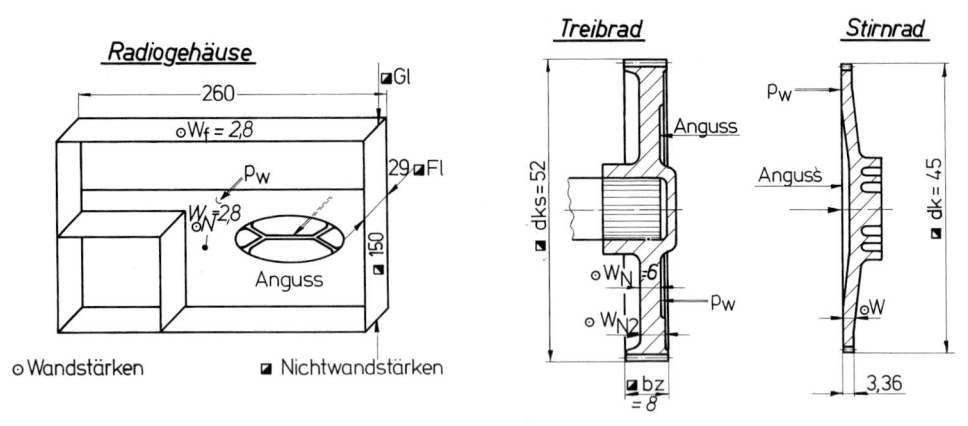

Bild 1-80   Formteile und Messstellen zu Bild 1-81

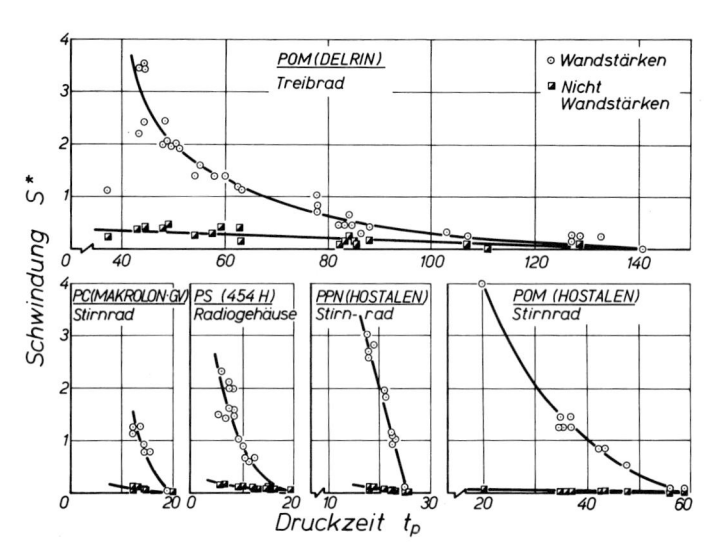

Bild 1-81   Auf das größte Teil der Untersuchungen bezogene Schwindung für mehrere Werkstoffe und Formteile in Abhängigkeit von der Druckwirkzeit

Erläuterungen zu Bild 1-81
Bei der hier angegebenem Schwindung S* wurde wegen der höheren Genauigkeit die Schwindung nach folgender Formel, abweichend von der Norm, nicht auf das Werkzeugmaß sondern auf das größte Teil der Serie bezogen.

$$S^* = \frac{M^*_T - M_T}{M^*_T} \cdot 100$$

mit S* auf das größte Teil der Serie bezogene Schwindung, M^*_T Maß des größten Teils, M_T Maß eines beliebigen Teil.

1.8 Qualität der Formteile

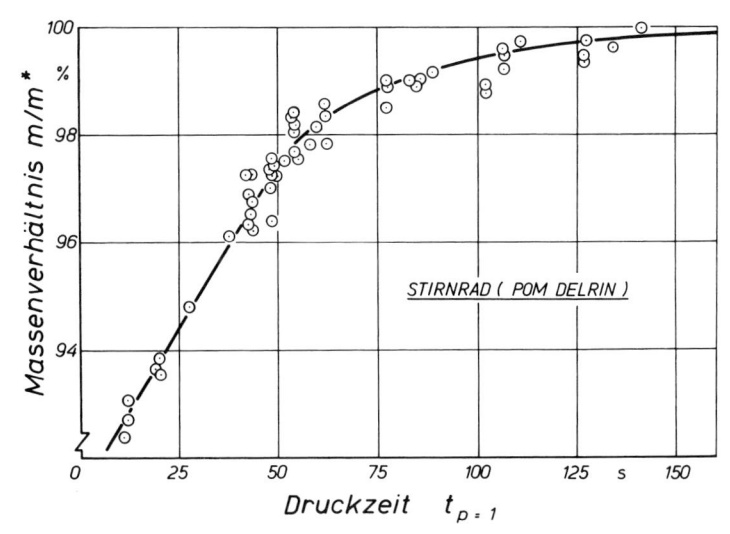

Bild 1-82 Teilegewicht in Abhängigkeit von der Druckwirkzeit
m* Masse des schwersten Teils der Serie

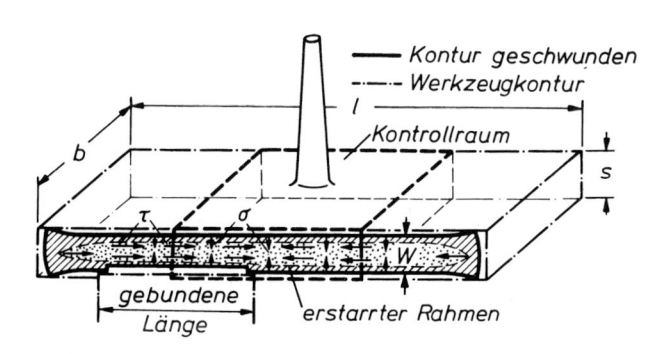

Bild 1-83
Erstarrungsmodell

Ansatz für die anisotrope Schwindung

Wenn man davon ausgeht, dass die Schwindung des Rahmens im Feststoffbereich also von v_F bis $v_{\vartheta u}$ isotrop erfolgt und sich dieser werkstoffbedingten Grundschwindung ein prozessabhängie Zusatzschwindung von $v_{p=1}$ bis v_F überlagert, so kommt man zu folgendem Ansatz:

$$S_i = 1 - \sqrt[3]{\frac{v_{\vartheta u}}{v_F}} + K_i \left(1 - \frac{v_F}{v_{p=1}}\right) \tag{1-54}$$

mit S_i Maßarten: Wanddicken und Nicht-Wanddicken,

$1 - \sqrt[3]{\frac{v_{\vartheta u}}{v_F}}$ werkstoffabhängige, isotrope Feststoffschwindung,

$v_{\vartheta u}$ spezifisches Volumen bei Raumtemperatur,

v_F spezifisches Volumen beim Übergang in den Feststoffbereich,

$(1 - \frac{v_F}{v_{p=1}})$ prozessabhängige Zusatzschwindung,

$v_{p=1}$ spezifische Volumen, wenn der Druck im Werkzeug wieder auf Atmosphärendruck abgefallen ist,

K_i Aufteilungsfaktor: $K_i = 0{,}8$ bis $0{,}9$ für Wanddicken
$K_i = 0{,}1$ bis $0{,}2$ für andere Maße in der Formteilebene.

Neben dem prinzipiellen Unterschied zwischen der Wanddicken- und Ebenen-Schwindung erklärt dieser Ansatz zumindest, warum die Schwindung immer eine materialabhängige Größenordnung aufweist, amorphe Materialien ca. 0,5 bis 0,8 %, teilkristalline häufig ca. 2 %. Durch Glasfasern geht die Schwindung der teilkristallinen in den Bereich der amorphen zurück.

1.8.2.7 Komplikationen der Wirklichkeit

Obwohl die dargelegten Modellvorstellungen qualitativ das Schwindungsverhalten beschreiben, sind sie für eine quantitative Berechnung, wie sie in modernen Simulationsprogrammen angestrebt wird nicht ausreichend. Folgende Effekte sind zusätzlich zu berücksichtigen:

- Ortsabhängigkeit des Druck- und Temperaturverlaufs (viele Töpfchen),
- Einfluss von Orientierungen (Moleküle, Fasern),
- Schwindungsbehinderungen durch das Werkzeug,
- unterschiedliche Gestaltssteifigkeit im Formteil,
- Einfluss der Abkühlgeschwindigkeit.

1.8.2.8 Schwindungs- und Verzugsberechnung mit Simulationsprogrammen

Simulationsprogramme arbeiten mit der Finite Elemente (FE)-Technik. So genannte Maschengeneratoren teilen das Formteil in kleine Elemente ein (Bild 1-84). Jedes Element ist im Sinne der vorausgehenden Modellvorstellungen ein Töpfchen.

Aus der thermischen und rheologischen Berechnung ergeben sich element- und schicht-

Bild 1-84
Finite-Elemente-Struktur eines Formteils
(Siemens-Verzugskörper, Moldflow)

weise Druck- und Temperaturverlauf während der Füll- und Nachdruckphase. Unter Berücksichtigung des pvϑ-Verhaltens des jeweiligen Werkstoffs kann damit die Endverdichtung der Masse im jeweiligen Element und davon abhängig die Volumenschwindung berechnet werden. Zusätzlich werden nach verschiedenen Algorithmen Kristallisation, Orientierungszustand und Spannungsaufbau durch Schwindungsbehinderungen im Werkzeug und deren Relaxation berechnet. Unter Berücksichtigung dieser Effekte wird zunächst die freie Schwindung der Elemente ermittelt. In einem Strukturanalysemodul wird das Bestreben der einzelnen Elemente, sich zu verkleinern und zu biegen, mit der Gestaltsteifigkeit des Formteils kombiniert. Das Resultat ist die zu erwartende Verformung des Formteils gemäß Bild 1-76.

1.8.2.9 Schwindungswerte für die Werkzeugauslegung

Schwindungswerte für die Auslegung von Werkzeugen werden von den Rohstoffherstellern in den Materialdatenblättern typenspezifisch zur Verfügung gestellt. Problematisch ist dabei einerseits die zum Teil große Bandbreite der angegebenen Werte, die eine ausreichend genaue Schwindungsvorhersage nicht gestattet. Andererseits sind die zugehörigen Prozessgrößen und oftmals die Formteilgeometrien, an der die Schwindungswerte gemessen wurden, nicht bekannt. Eine Übertragung auf andere Geometrien ist daher schwierig.

Simulationsprogramme sind nützlich, um Verzug zu minimieren, der einen erheblichen Einfluss auf die Schwindungswerte hat. Eine quantitative Vorausberechnung ist zwar möglich aber in Relation zu Formteiltoleranzen von 0,5 % der Nennmaße und weniger ebenfalls noch nicht genau genug. Man muss bedenken, dass selbst Messgeräte Fehler von mehr als 0,5 % aufweisen. Die genaueste Vorhersage ist auf der Basis eigener Erfahrungen an ähnlichen Teilen möglich. In Erfahrungskatalogen sollten die Schwindungswerte der bisher produzierten Teilefamilien und die zugehörigen Herstellbedingungen protokolliert werden. Die Größenordnung der Schwindung einiger Thermoplaste ist in Tabelle 1-1 angegeben.

1.8.3 Verzug

1.8.3.1 Definition

Unter Verzug versteht man Gestaltsabweichungen, die beim Schwinden entstehen. In der Schwindung nach DIN 16901 (Gleichung 1-47) ist praktisch immer Verzug enthalten, denn das Formteil wird so gemessen, wie es ist und nicht etwa vorab gerichtet. Dem Verzug kommt eine besondere Bedeutung zu, weil er zu gravierenden Abweichungen von den üblichen Schwindungsfaktoren führen kann und somit Ursache vieler Maßfehler ist.

1.8.3.2 Labiler und stabiler Verzug

Verzug kann labil und stabil sein. Bricht die Schwindungsspannung aus der Formteilebene aus, so beginnt das Teil zu beulen. Das Beulen ist ein labiler Vorgang. Durch kleine Zufälligkeiten bedingt, verformt sich das Teil zur einen oder anderen Seite. Normalerweise ist ein labiles Verzugsverhalten keine Basis für eine stabile Produktion. Deshalb sollte der labile Zustand durch Änderungen des Teils oder Wahl eines anderen Werkstoffs beseitigt werden. Mit Hilfe von Simulationsprogrammen kann die Beulneigung schon in einem frühen Stadium erkannt und verhindert werden.

1.8.3.3 Ursachen

Ursache des Verzugs sind unterschiedliche Schwindungspotentiale im Formteil. Diese Schwindungsdifferenzen entstehen durch Unterschiede in den bereits behandelten Einflussgrößen der Schwindung. Hinzu kommen Restkühlzeit und Orientierungen.

$$\Delta S = f\ (\Delta H,\ \Delta t_{p=1},\ \Delta \vartheta_M,\ \Delta \vartheta_W,\ t_K,\ O) \tag{1-55}$$

ΔS Schwindungsdifferenzen, sie hängen ab von:

ΔH Wanddickenunterschiede,

$\Delta t_{p=1}$ unterschiedliche Druckwirkzeiten längs des Fließwegs,

$\Delta \vartheta_M$ unterschiedliche Ankunftstemperaturen der Masse,

$\Delta \vartheta_W$ unterschiedliche Werkzeugtemperaturen,

t_K Restkühlzeit; die Restkühlzeit steuert die Entformungstemperatur und von dieser wird die Gestaltssteifigkeit des Formteils beeinflusst; bei höherer Temperatur ist das Teil weicher und nachgiebiger,

O   Orientierungen; unter Orientierungen sind Ausrichtungen von Molekülen und Füllstoffen, insbesondere von Fasern zu verstehen; Molekülorientierungen verursachen durch Rückstellkräfte in Orientierungsrichtung eine erhöhte Schwindung und quer dazu eine verminderte; bei Faserorientierungen ist das Gegenteil der Fall. Die Fasern wirken armierend; sie selbst schwinden kaum und behindern das Schwinden des Kunststoffs in Faserrichtung.

Man kann die Einflüsse zu drei Gruppen zusammenfassen:
- Schwindungsunterschiede durch unterschiedliche Wanddicken ΔH,
- fließwegabhängige Unterschiede durch $\Delta t_{p=1}, \Delta \vartheta_W, \Delta \vartheta_M$,
- lokale Schwindungsunterschiede durch asymmetrische Abkühlung.

Im Folgenden sollen die einzelnen Einflüsse durch Beispiele verdeutlicht werden.

Einfluss der Wanddicke

In Bild 1-85 und 1-86 sind typische Verzugserscheinungen durch unterschiedliche Wanddicken dargestellt. Aus vorausgehender Schwindungstheorie ergibt sich als Daumenregel für unverstärkte Materialien: „Formteilbereiche, die langsamer abkühlen, wollen mehr schwin-

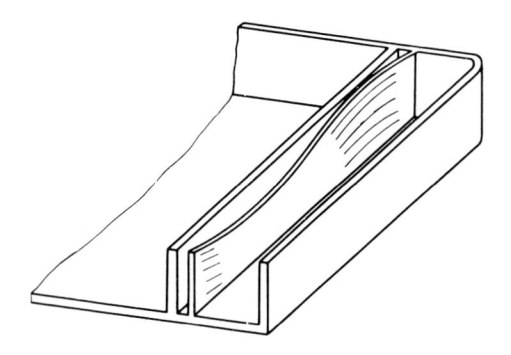

Bild 1-85
Beul-Verzug einer dünnen Trennwand in einem Kasten

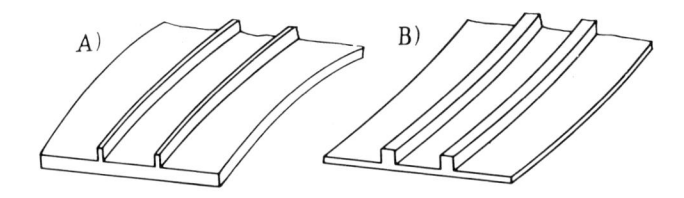

Bild 1-86
Steuerung des Verzugs mit
der Dicke von Rippen

den". Die Wanddicke ist die dominante Einflussgröße für die Abkühlung. Angewendet auf Bild 1-85 bedeutet dies, dass die dickwandigere Basis des dargestellten Kastens mehr schwinden will, als die dünne Trennwand. Da die Basis die höhere Festigkeit hat, wird die Trennwand auf die Länge der Basis gestaucht. Dies führt in diesem Fall zu einem Beulen der Trennwand.

Da die Wanddicke bei unverstärkten Formmassen die dominante Einflussgröße für Schwindung und Verzug ist, kann der Verzug durch Veränderung von Wanddicken am wirkungsvollsten gesteuert werden. Die Wirkung von unterschiedlichen Rippendicken wird in Bild 1-86 gezeigt.

Einfluss der Druckwirkzeit

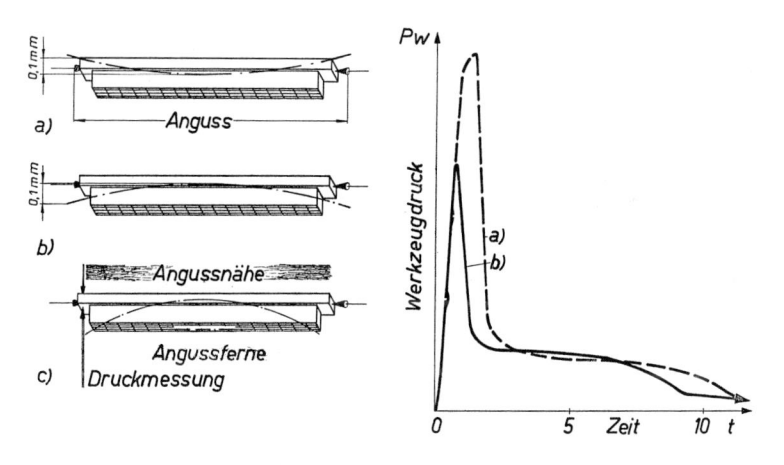

Bild 1-87   Verzugsteuernde Wirkung des Druckverlaufs, Druckverläufe angussnah gemessen

Bild 1-87 zeigt eine Steckerleiste aus PC, die allein durch Veränderung des Druckmaximums von konvex bis konkav gekrümmt werden konnte. Zur Erklärung muss man davon ausgehen, dass der Verzug durch die unterschiedliche Schwindung des angussnahen oberen und des angussfernen unteren Bereichs entsteht (Bimetalleffekt). Da der zeitlich frühe Druck die Angussferne, der zeitlich spätere die Angussnähe beeinflusst, bewirkt ein höheres Druckmaximum (Kurve a) eine längere Druckwirkzeit und stärkere Verdichtung der angussfernen Partie. Dadurch schwindet der angussferne Bereich weniger. Die Druckwirkzeit angussnah bleibt fast gleich. Weil die Schwindung angussfern kleiner wird und angussnah gleich bleibt, verzieht sich das Teil nach oben. An diesem Beispiel erkennt man, dass an einem realen Teil, das im Sinne des Töpfchenmodells aus vielen Töpfchen besteht, der gesamte Druckverlauf und nicht nur die angussnahe Druckwirkzeit für die Schwindung von Bedeutung ist. Jeder Punkt der Druckkurve in der Verdichtungsphase vertritt die Druckwirkzeit in einem anderen Töpfchen. Die angussnahe repräsentiert pauschal das Ganze. Man kann deshalb über das Verhältnis von P_{Wmax} bzw. p_{Sp} zur Druckwirkzeit $t_{p=1}$ bzw. p_N die Schwindung längs des Fließwegs vergleichmäßigen.

Nachteil eines jeden Spritzverfahrens ist, dass die Druckwirkung normalerweise von Angussnähe zu -ferne abnimmt. Deshalb schwindet die Angussnähe in der Regel weniger. Dies kommt bei Rundheitsaufnahmen von Wälzlagerkäfigen aus PA 66 mit 20 % Glasfasern zum Ausdruck (Bild 1-88). Man erkennt, dass immer am Anschnitt eine „Ecke" entsteht. Das runde Teil wird zum Polygon. Je größer die Zahl der Anschnitte um so runder das Teil, vorausgesetzt die Anschnitte sind gleichmäßig angeordnet. (Bild 1-88 c) mit sechs ungleich-

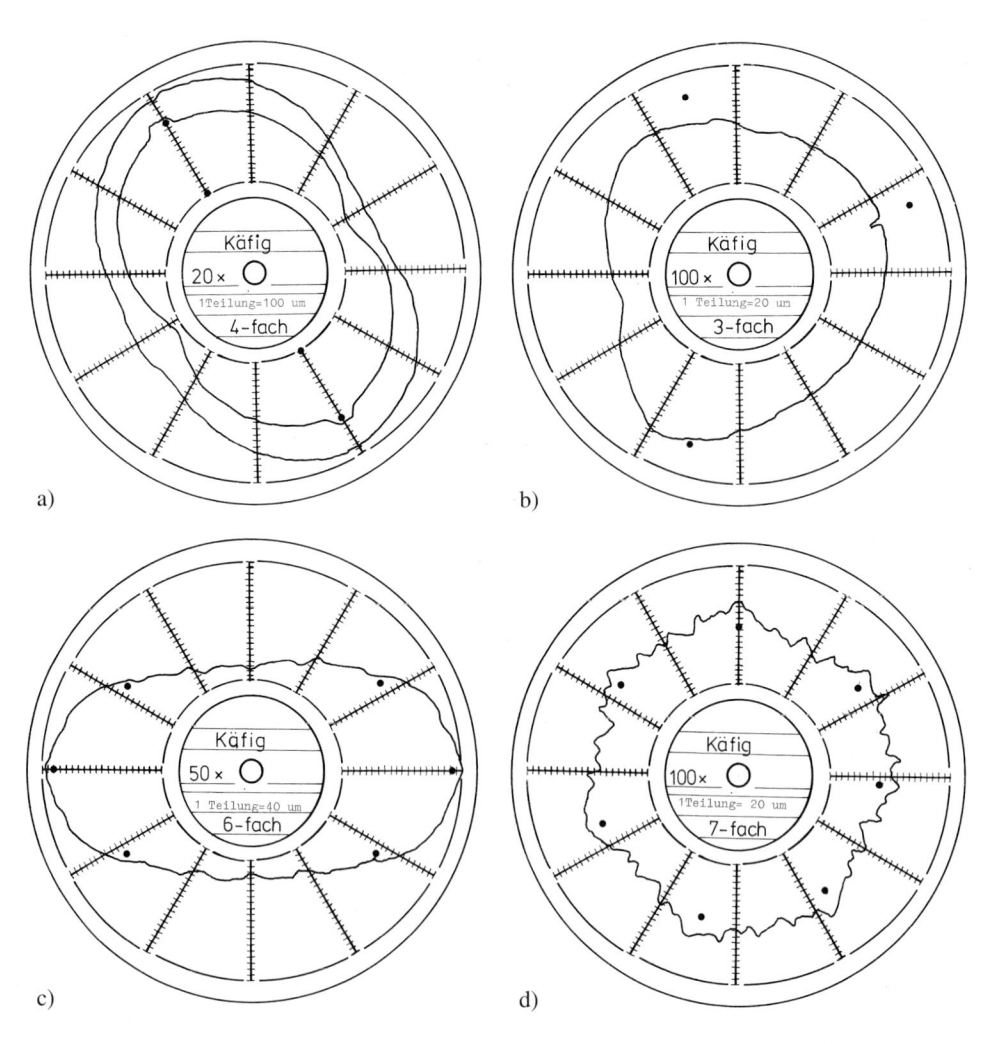

Bild 1-88 Rundheitsaufnahmen von Wälzlagerkäfigen in Abhängigkeit von Zahl und Lage der Anschnitte. Punkte: Position der Anschnitte

mäßig angeordneten Anschnitten zeigt prinzipiell die gleiche Unrundheit wie der zweifach Anschnitt a).

Einfluss der Werkzeugwandtemperatur

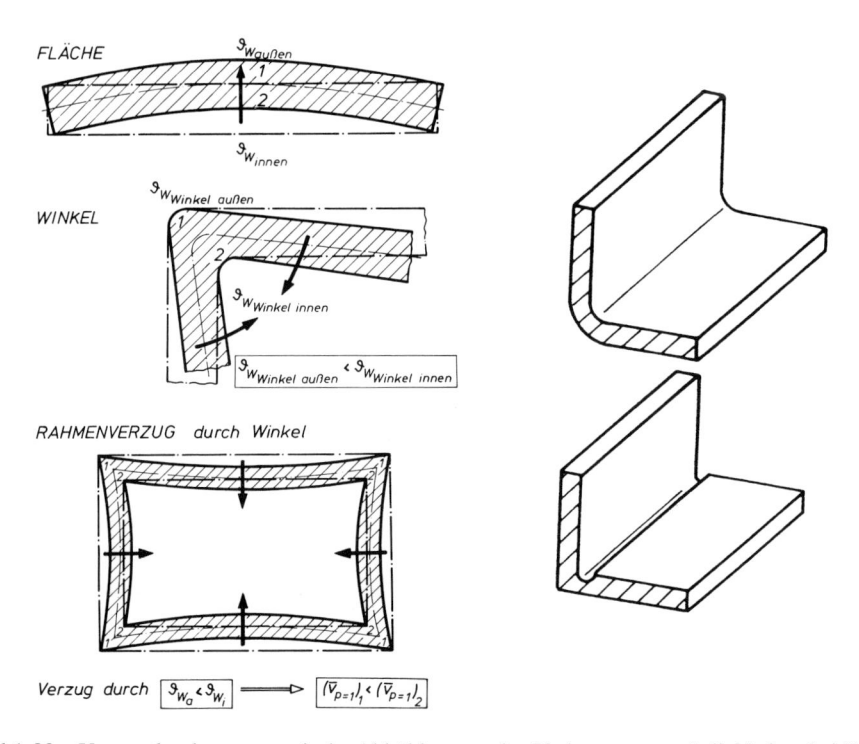

Bild 1-89   Verzug durch asymmetrische Abkühlung, rechts Verbesserungsmöglichkeiten bei Ecken

Kühlt man eine Fläche asymmetrisch, so wölbt sie sich zur langsamer abkühlenden Seite (Bild 1-89 oben). Bei Ecken und Winkeln kühlt die Innenseite grundsätzlich langsamer ab, weil innen weniger kühlende Fläche vorhanden ist als außen. Ein 90° Winkel verzieht sich deshalb spitzwinklig. Fügt man vier Ecken zu einem Rahmen, so folgt daraus der in Bild 1-89, unten gezeichnete Rahmenverzug, der an vielen Behältern zu beobachten ist. Verbesserungen können durch großzügige Radien oder Entlastungskerben erreicht werden (Bild 1-89 rechts). Zu beachten ist, dass die Aushöhlung zumindest bis in die Mitte der Wanddicke reicht.

Einfluss von Faserorientierungen

Beim Spritzgießen eines verrippten Deckels (Bild 1-90) trat der dargestellte Verzug auf. Bezogen auf die diagonale Verbindungslinie von Ecke zu Ecke liegt die Formteilmitte etwa 2 mm tiefer. Auf Grund der Wanddicken könnte man vermuten, dass die dünnere Rippen durch ihr geringeres Schwinden die Ursache wären. Tatsächlich hat aber eine Verdickung der Rippen auf 1,4 mm keinen meßbaren Erfolg gebracht. Ursache für den Verzug ist viel-

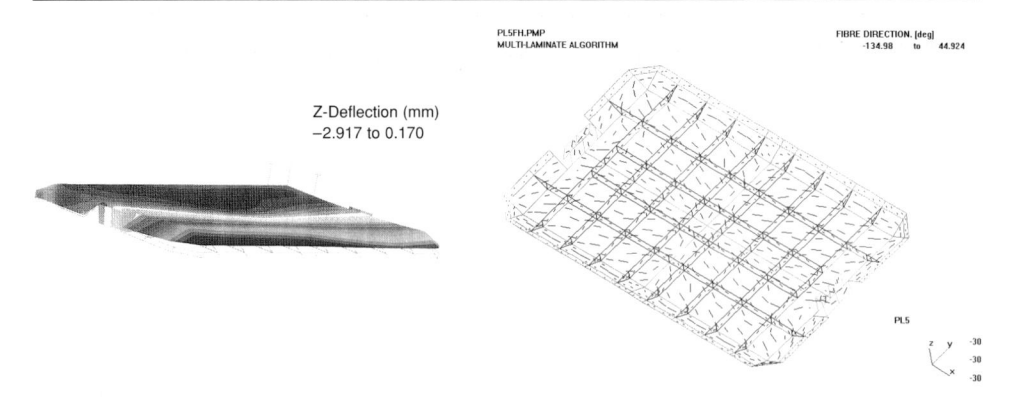

Bild 1-90 Auf der Unterseite verrippter Deckel und mittlere Faserorientierungen
Formmasse: PBT+30% GF, Abmessungen: 90x60x5, allgemeine Wanddicke: 1 mm, Rippenstärke: 0.8 mm

mehr die Längsorientierung der Glasfasern in den Rippen, welche die Schwindung der Rippe im Vergleich zum radial orientierten Grundkörper reduziert. Diese verändert sich auch nicht wesentlich, wenn man die Rippen verdickt. Man erkennt daraus, dass Faserorientierungen selbst den gewichtigen Wanddickeneinfluss überwiegen und dass eine Verzugsbeeinflussung nur durch Veränderung der Faserausrichtung möglich ist. Diese kann je nach Gestalt des Teils durch partielle Wanddicken, die Lage des Anschnitts oder durch Fließschikanen gesteuert werden. Im konkreten Fall des Deckels wurden die Rippen entfernt.

1.8.3.4 Verzugsanalyse

Ein sehr hilfreiches Instrument der Verzugsanalyse sind Simulationsprogramme. Dennoch ist es für Plausibilitätsbetrachtungen oder Verzugsbekämpfung ohne Simulationsergebnisse hilfreich, wenn Verzug im Kopf abgeschätzt werden kann. Bei unverstärkten Materialien und nicht zu komplizierter Formteilgeometrie ist dies durchaus möglich. Als Beispiel für die Vorgehensweise soll die Verzugsanalyse an einem Flaschenkasten aus unverstärktem PE dienen.

Schritt 1: Zerlegen in Wanddickenbereiche

Da bei unverstärkten Materialien die Wanddicke der dominante Einfluss ist, muss das Formteil zunächst in Wanddickenbereiche zerlegt werden. Wenn man den Flaschenkasten in wanddickengleiche Einzelelemente zerlegt, ergibt sich folgende Aufteilung (Bild 1-91):

1. Gerippe bestehend aus Holmen 3 mm, Griffleisten 3,3 mm, versteifenden Kanten 3–3,5 mm,
2. Bodengitter, das Bodengitter muss die Last der Flaschen tragen und ist deshalb mit der größten Wandstärke 4,4–4,8 mm ausgelegt,
3. Fachwerk, Werbeflächen und übrige Flächen, Wandstärkenbereich 2,4–2,6 mm.

Auf Grund der Wanddickenunterschiede ergibt sich somit folgendes Bild: Das Bodengitter schwindet am stärksten und zieht den gesamten unteren Rand nach innen; dies führt zum „Holmverzug unten" (Bild 1-92). Das Fachwerk schwindet weniger als das Gerippe und das

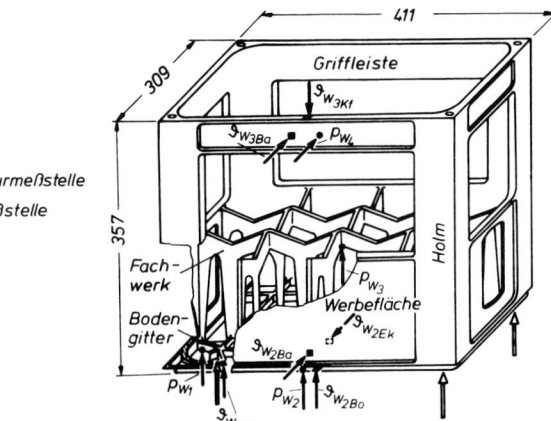

1.8 Qualität der Formteile   113

Bild 1-91
Flaschenkasten mit Formteilbereichen

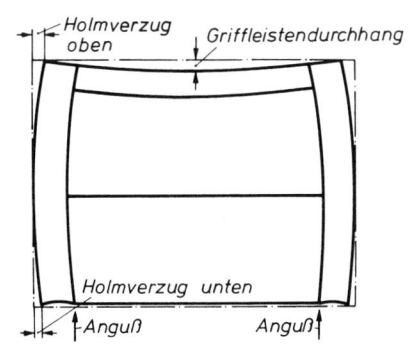

↑ Anguß
■ Temperaturmeßstelle
● Druckmeßstelle

Holmverzug und Griffleistendurchhang

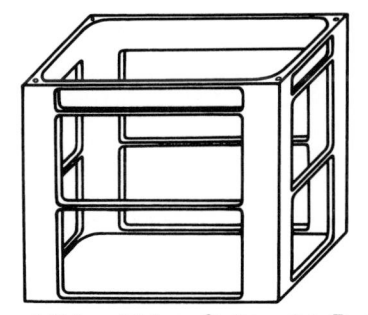

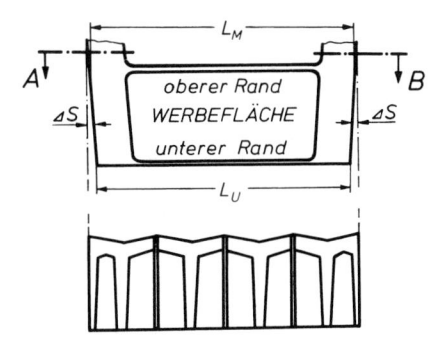

Schwindungsdifferenz zwischen Umrandung und befreitem Fachwerk

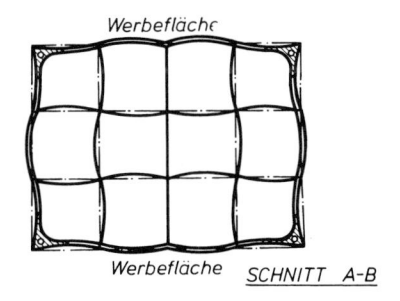

wandstärkengleiches Gerippe des Flaschenkastens

Resultierender Fachwerk- und Werbeflächenverzug

Bild 1-92 Links: Holmverzug, Griffleistendurchhang und wanddickengleiches Gerippe des Kastens, rechts: Fachwerk- und Werbeflächenverzug

Bodengitter. Es wird deshalb von beiden gestaucht. Dadurch entstehen die rechts unten im Bild dargestellten Verzugserscheinungen im Fachwerk und an den Werbeflächen, die ihrerseits weniger schwindet als ihre Umrandungen, so dass sie zusätzlich durch eine Schwindungsdifferenz in der vertikalen Ebene verspannt wird.

Schritt 2: Prüfung auf asymmetrische Kühlverhältnisse

In Bild 1-93 sind einige Verzugserscheinungen des Flaschenkastens zusammengestellt, die überwiegend auf die asymmetrische Abkühlung zurückzuführen sind. Die Werkzeugwandtemperatur auf der Außenseite der Griffleiste lag, durch Entlüftungseinsätze bedingt, höher als auf der Innenseite. Zusammen mit den Ecken des Profils, die ebenfalls auf der Außenseite liegen, bewirkt sie die Verwölbung des Querschnitts und den horizontalen Verzug der Griffleiste.

Der Holmverzug nach innen entsteht durch die schlechte Kühlbarkeit der Innenkanten im Vergleich zur Außenkante.

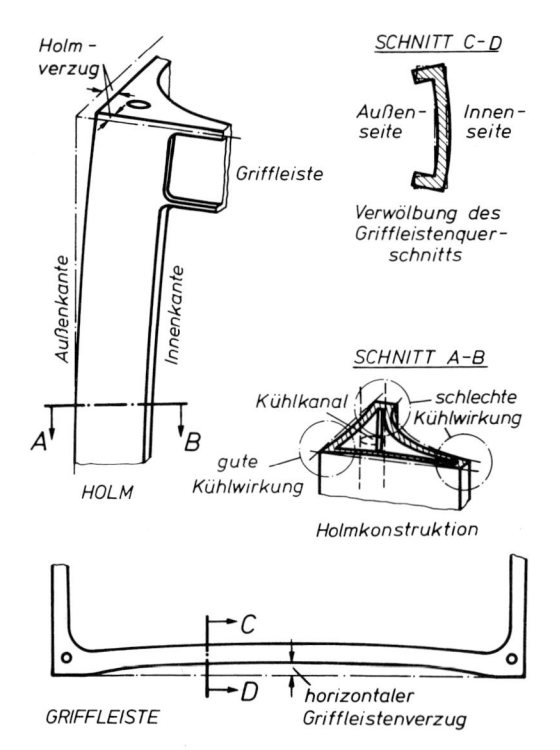

Bild 1-93
Verzugserscheinungen durch asymmetrische Abkühlung

Schritt 3: Prüfung von fließwegabhängigen Schwindungsdifferenzen

Die mit zunehmendem Fließweg abnehmenden $t_{p=1}$ -Zeiten führen beim Flaschenkasten dazu, dass die angussferne Griffleiste stärker schwindet als die angussnahen Teile des Kastens mit gleicher Wanddicke. Dies verstärkt den Holmverzug im oberen Teil des Kastens, weil die Griffleiste die Holme nach innen zieht. Da die Griffleiste starr mit den Holmen verbunden ist, entsteht gleichzeitig der vertikale Griffleistendurchhang.

1.8.3.5 Maßnahmen zur Veringerung von Verzügen

Die Entstehung und Bekämpfung von Verzug reicht von der Materialauswahl über die Gestaltung des Formteils, die Anguss- und Kühltechnik im Werkzeug bis zur Einstellung der Maschine. Die wirkungsvollsten Möglichkeiten liegen im Bereich der Gestaltung. Da die Gestaltung und die Werkzeugkonstruktion nicht Gegenstand dieses Buchs sind, wird auf diese Aspekte nur kurz eingegangen und auf die entsprechende Spezialliteratur wie z. B. [17] verwiesen.

Formmasse

- Masse mit geringer Schwindung wählen.
  Grundsätzlich gilt, je geringer die Schwindung desto kleiner der Verzug. Die Erfahrung lehrt, dass amorphe Massen generell weniger zu Verzug neigen als teilkristalline.
- Schwindung durch Füllstoffe reduzieren.
  Unter Umständen können Füllstoffe, am besten kugelige, zugesetzt werden. Fasrige oder ellipsoide Zusatzstoffe können den Verzug zunächst erhöhen, stabilisieren die Maße aber in der Produktion.
- Leicht fließende Massen wählen.
  Innerhalb einer Stoffgruppe sind leicht fließende Massen günstiger als schwer fließende. Bei leichtfließenden Massen ist $t_{p=1}$ längs des Fließwegs gleichmäßiger und die molekulare Orientierung ist geringer.

Gestaltung

- Wandstärken so dünn wie möglich, so dick wie nötig. Eine dünne Wand schwindet weniger als eine dicke, deshalb werden auch mögliche Schwindungsunterschiede kleiner.
- Allgemeine Wanddicken gleichmäßig. Diese Regel muss aktuell modifiziert werden. Wenn die Fließwege nicht gleich sind, sollte die Wanddicke auf langen Weg etwas erhöht werden, (Fließhilfen), um eine balancierte Füllung zu gewährleisten. Mit einer balancierten Füllung, das heißt die Schmelze erreicht die Enden aller Fließwege gleichzeitig, erreicht man die gleichmäßigste Verdichtung.
- Vermeiden von Masseanhäufungen.
- Eckengestaltung wie vorausgehend empfohlen.
- Rippen so, dass Versteifung ohne Verzug oder Einfallstellen.
- Rippenersatz durch abgestufte Zonen.
- Spannungsausgleichendes, optisch unkritisches Design.
- Knautschzonen zwischen Bereichen, die unterschiedlich schwinden.
- Versteifendes Design.

Werkzeug

- Lage, Zahl und Größe der Anschnitte. Ziele sind: balancierte, bei faserverstärkten Materialien unidirektionale Füllung und hohe Verdichtung.
- Verzug im Werkzeug so vorhalten, dass das Formteil im verzogenen Zustand die Sollgestalt erreicht.

- Kritische Bereiche besonders kühlen. Sie sind dort, wo viel Kunststoff wenig Stahl umgibt. Möglichkeiten: Einsätze aus gut wärmeleitenden Stoffen wie z. B. Cu oder BeCu, Injektionsnadelkühlungen, Wärmeleitrohre oder Phasenumwandlung wie z. B. bei CO_2 flüssig-gasförmig.

Maschineneinstellung

- Formteil hoch verdichten. Dadurch werden Schwindung und Schwindungsunterschiede reduziert
- Formteil gleichmäßig verdichten. Wie bereits ausgeführt, kann durch das Verhältnis von Spritz- zu Nachdruck die Schwindung längs des Fließwegs vergleichmäßigt werden.
- Asymmetrisch temperieren, Kern kälter fahren als Gesenk.

1.8.4 Molekulare Orientierungen

1.8.4.1 Definition

Unter molekularer Orientierung versteht man die Ausrichtung von Molekülketten oder Kettensegmenten in eine Vorzugsrichtung unter Abnahme der Entropie.

1.8.4.2 Einfluss auf die Formteileigenschaften

In Bild 1-97 ist der Einfluss der Orientierung auf die mechanischen Eigenschaften dargestellt. Die Symbole ∥ und ⊥ stehen für „in Fließrichtung" und „quer dazu". Man erkennt, dass die Festigkeit in Orientierungsrichtung durch die tragenden Primärbindungen erheblich zunimmt, um sich quer dazu entsprechend zu verschlechtern, da dort nur sekundäre Kräfte wirken.

1.8.4.3 Ziel für den Spritzgießer

Bei der Extrusion wird das Verstrecken von Extrudaten zur Ausrichtung der Moleküle gezielt eingesetzt, um die Festigkeit zu erhöhen. Man denke an Angelschnüre. Dies ist ein sehr wirksames Verfahren, wenn die Beanspruchungsrichtung wie bei einer Schnur klar zu definieren ist. Bei komplexen Spritzgussteilen ist es nicht möglich, Beanspruchungs- und Orientierungsrichtung aufeinander abzustimmen. Orientierungen sind nachteilig, wenn die Beanspruchung quer dazu erfolgt. Aus diesem Grunde strebt der Spritzgießer orientierungsarme Formteile an.

1.8.4.4 Entstehung von Orientierungen

Ursachen von Orientierungen sind Verformungen der Schmelze beim Fließen durch Scherung und Dehnung. In Bild 1-94 und 1-95 sind die Fließvorgänge, wie sie Leibfried [18] mit einem Sichtwerkzeug nachwies, dargestellt. Bild 1-94 zeigt die Quellströmung, die sich kreisförmig um Anschnitte ausbildet. In diesem Bereich werden die Schmelzepartikel tangential gedehnt und orientiert, gleichzeitig aber auch im Inneren geschert und damit in Fließrichtung orientiert. In diesem Bereich ist eine biaxiale Orientierung zu erwarten.

1.8 Qualität der Formteile 117

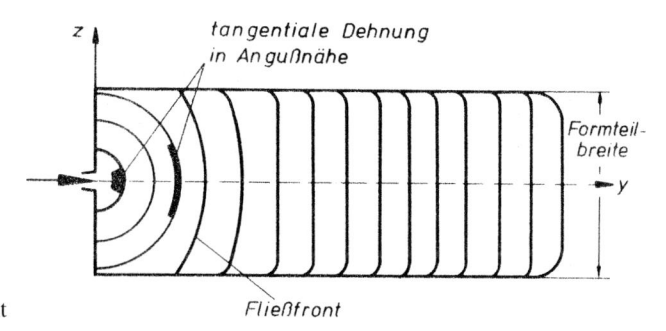

Bild 1-94
Fließfrontausbildung bei einem Plattenformteil in der Draufsicht

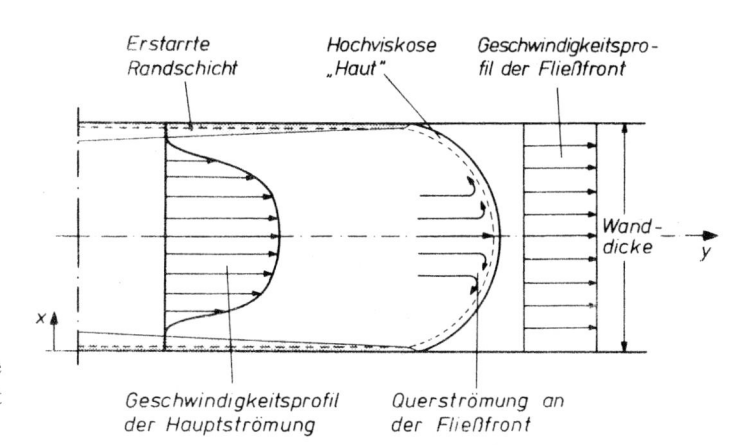

Bild 1-95
Geschwindigkeitsprofile im Werkzeugquerschnitt
[18]

In Bild 1-95 ist ein senkrechter Schnitt zu der in Bild 1-94 dargestellten Ansicht zu sehen. Durch die Kanalverengung infolge der erstarrten Randschichten ist die Geschwindigkeit im Inneren erheblich größer als die Geschwindigkeit der Fließfront. Daher holen die nachfließenden Schmelzeteilchen die Fließfront rasch ein und fließen dort quer zur Hauptströmungsrichtung sowohl in Dicken- wie auch in Breitenrichtung. Hierdurch wird die schon abgekühlte, hochviskose Fließfront wie eine Haut quer zur Fließrichtung gedehnt und bei Berührung der gekühlten Werkzeugwand sofort eingefroren. Wegen der Querströmung ist an der Oberfläche mit einer mehrachsigen Orientierung zu rechnen. Die Hauptströmung ist im Gegensatz zur Dehnströmung an der Fließfront eine nahezu reine Scherströmung, sofern der Kanalquerschnitt konstant bleibt. Sie enthält praktisch nur Geschwindigkeitskomponenten in Hauptfließrichtung. Daher wird das Formteilinnere des Spritzlings vornehmlich einachsig in Fließrichtung orientiert.

Die Einschnürung des Geschwindigkeitsprofils durch zunehmende Abkühlung der Randschichten ist in Bild 1-96 veranschaulicht. Es zeigt schematisch die Geschwindigkeits- und Schergeschwindigkeitsprofile über dem Formteilquerschnitt zu verschiedenen Zeitpunkten. Zu beachten ist, dass sich das Schergeschwindigkeitsmaximum und somit auch das Orientierungsmaximum mit fortschreitender Abkühlzeit vom Formteilrand zum Formteilinnern verschiebt. Auf Grund der Kontinuitätsgleichung erhöht sich dabei sein Absolutbetrag.

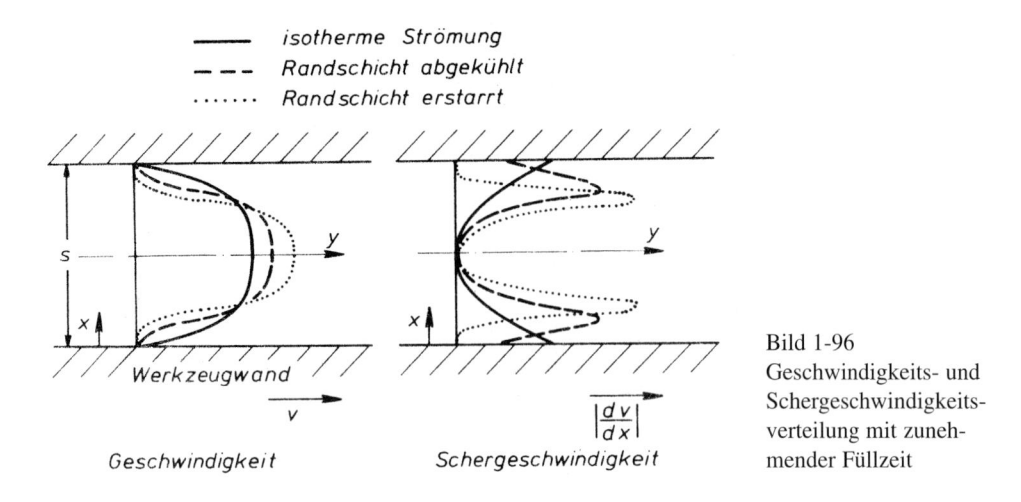

Bild 1-96 Geschwindigkeits- und Schergeschwindigkeitsverteilung mit zunehmender Füllzeit

1.8.4.5 Rückstellung von Orientierungen

Moleküle sind nicht mit totem Material, sondern eher mit lebenden Organismen zu vergleichen. Sie bewegen sich umso heftiger, je höher die Temperatur ist. Dies macht verständlich, dass die Moleküle nicht in der ausgerichteten Zwangslage verharren wollen, sondern in den ungeordneten natürlichen Zustand zurückstreben. Dieses Rückstellbestreben wird, weil sich dabei die Entropie erhöht, auch als Entropieelastizität bezeichnet. Die Rückstellung kann nur durch Platzwechsel der Atomgruppen, also innere Fließprozesse, bei genügender Beweglichkeit und Energie der Molekülteile und bei genügend großem „freiem Volumen" [19] stattfinden. Das freie Volumen kann man sich als notwendigen, freien Platz für die Sprungmöglichkeit der Kettenteile vorstellen. Es steigt linear mit der Differenz zwischen dem Volumen im flüssigen Zustand und dem Volumen, das der Feststoff bei dieser Temperatur haben würde. Unterhalb der Einfriertemperatur ist das freie Volumen sehr klein; es beträgt bei amorphen Polymeren nur ca. 2,5 % des Gesamtvolumens [20]. Deshalb können nennenswerte Rückstellvorgänge erst oberhalb der Erweichungstemperatur auftreten.

Rückstellvorgänge können zeitlich sehr unterschiedlich verlaufen, je nachdem, ob die Kunststoffschmelze frei, d. h. ohne äußeren Zwang, relaxieren kann (freier Schrumpf z. B. im Wärmeschrank oberhalb der Erweichungstemperatur) oder ob die makroskopische Deformation aufrecht erhalten wird, z. B. bei der Relaxation im Spritzgießwerkzeug, bei der ja kein Schrumpf möglich ist. Obschon es sich in beiden Fällen physikalisch gesehen um Relaxationsprozesse handelt, wird der erste Vorgang des freien Schrumpfens mit „Retardation", der zweite Vorgang, bei dem der Schrumpf verhindert wird und die Gesamtdeformation äußerlich konstant bleibt, mit „Relaxation" bezeichnet. Diese Definitionen sind in analoger Form auch in der mechanischen Werkstoffprüfung üblich.

Relaxationsvorgänge können durch die sog. WLF-Gleichung, die sich auch für die Berechnung des Temperatureinflusses auf die Viskosität bewährt, recht genau beschrieben werden (WLF: Williams, Landel, Ferry). Aus der WLF-Gleichung folgt die Beziehung für die Halbwertszeit des Rückstellvorgangs:

$$\lg \frac{\tau_{1/2}}{\min} = K - \frac{8{,}86(\vartheta - \vartheta_S)}{101{,}6 + (\vartheta - \vartheta_S)} \tag{1-56}$$

1.8 *Qualität der Formteile* 119

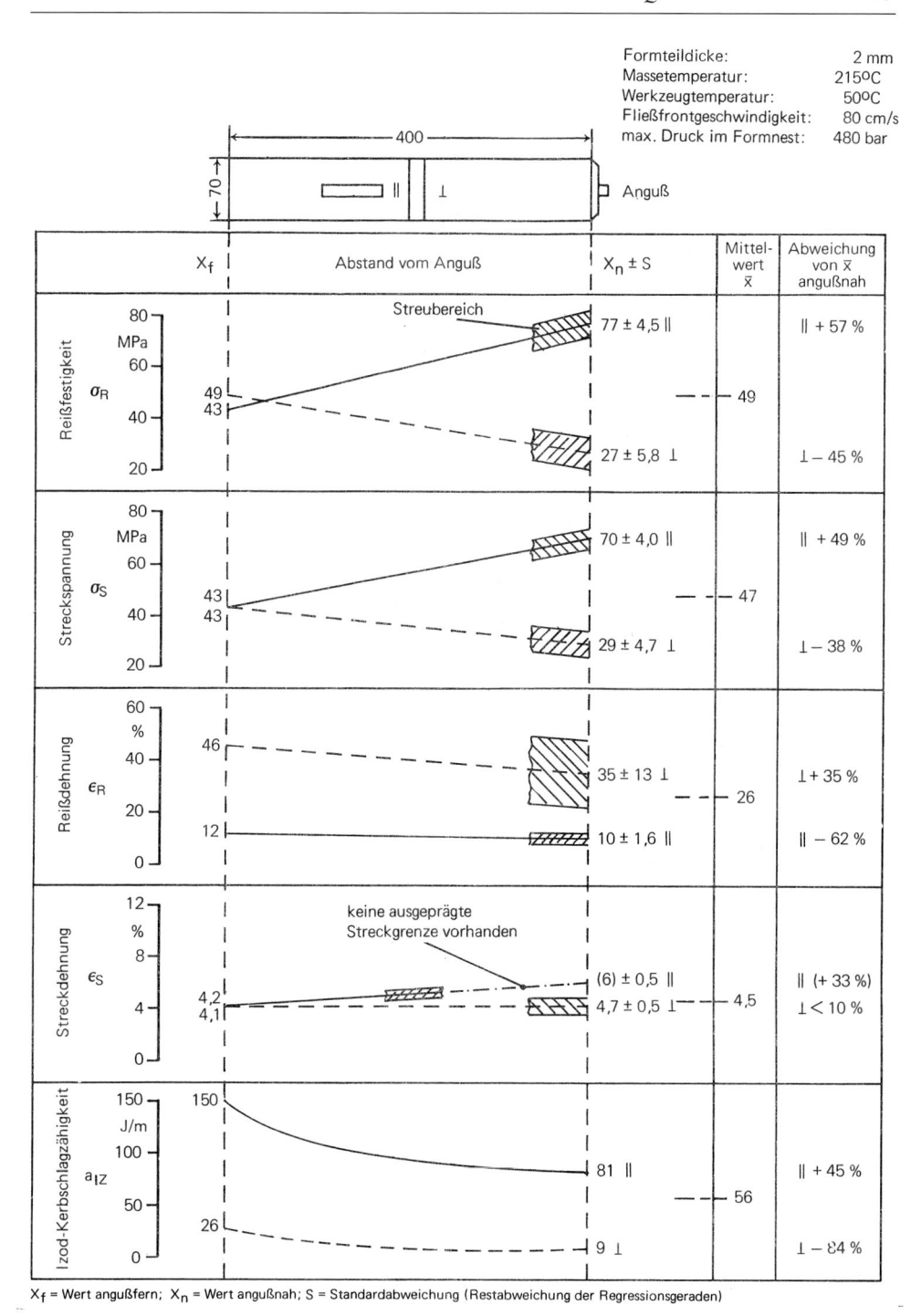

	Formteildicke:	2 mm
	Massetemperatur:	215 °C
	Werkzeugtemperatur:	50 °C
	Fließfrontgeschwindigkeit:	80 cm/s
	max. Druck im Formnest:	480 bar

		X_f	Abstand vom Anguß	$X_n \pm S$	Mittelwert $\bar{x}$	Abweichung von $\bar{x}$ angußnah
Reißfestigkeit	σ_R	49 / 43	Streubereich	77 ± 4,5 ∥ 27 ± 5,8 ⊥	49	∥ + 57 % ⊥ − 45 %
Streckspannung	σ_S	43 / 43		70 ± 4,0 ∥ 29 ± 4,7 ⊥	47	∥ + 49 % ⊥ − 38 %
Reißdehnung	ϵ_R	46 / 12		35 ± 13 ⊥ 10 ± 1,6 ∥	26	⊥ + 35 % ∥ − 62 %
Streckdehnung	ϵ_S	4,2 / 4,1	keine ausgeprägte Streckgrenze vorhanden	(6) ± 0,5 ∥ 4,7 ± 0,5 ⊥	4,5	∥ (+ 33 %) ⊥ < 10 %
Izod-Kerbschlagzähigkeit	a_{IZ}	150 / 26		81 ∥ 9 ⊥	56	∥ + 45 % ⊥ − 84 %

X_f = Wert angußfern; X_n = Wert angußnah; S = Standardabweichung (Restabweichung der Regressionsgeraden)

Bild 1.97 Orts- und Richtungsabhängigkeit der mechanischen Eigenschaften eines Spritzgussteils aus CA (Cellidor SM)

mit $\tau_{1/2}$ Halbwertszeit der Relaxation, ϑ Massetemperatur, ϑ_S Standardtemperatur: $\vartheta_S = \vartheta_E$ + 50 °C, ϑ_E Erweichungstemperatur, K Konstante; für PS: K = lg 27 für Relaxation und K = lg 0,0018 für Retardation.

Diese Gleichung zeigt, dass die Temperatur und die Randbedingungen (Retardation, Relaxation) die wesentlichen Einflussgrößen für das Rückstellvermögen sind. Der Druckeinfluss steckt in der Standardtemperatur, denn mit zuehmendem Druck erhöht sich diese geringfügig.

1.8.4.6 Nachweis von Orientierungen

Von praktischer Bedeutung sind Schrumpfmessungen und die Messung der Doppelbrechung mit einer Polarisationsoptik.

Schrumpfmessung

Lagert man ganze Formteile oder Dünnschnitte im Wärmeschrank oberhalb der Erweichungstemperatur, so stellt sich durch die Zurückstellung der Moleküle eine erhebliche Verkleinerung der Proben ein. Diese Längenänderung bezogen auf das Ausgangsmaß wird als Schrumpf definiert und ist mit der Schwindung nicht zu verwechseln. Im Gegensatz zur Schwindung kann der Schrumpf weit über 10 % erreichen.

Polarisationsoptik

Die Apparatur (Bild 1-98) besteht aus Lichtquelle L, Polaristor P und Analysator A. Sind beide Filter in der O-Stellung, dann sind P und A „gekreuzt": A läßt das vom P kommende Licht nicht durch. Bringt man in den Strahlengang zwischen P und A ein doppelbrechendendes Objekt, dann dreht dieses die Schwingungsebene um die P-A-Achse. Der Drehwinkel hängt dabei von den Objekteigenschaften ab. A läßt dann, je nach der Größe dieses Winkels zwischen 90° und 0°, auch in der gekreuzten Stellung mehr oder weniger Licht passieren. Weißes Licht wird dabei zerlegt. Von den Farben, aus denen sich das weiße Licht zusammensetzt, wird immer irgendeine vom A nicht durchgelassen – dahinter erscheint die Komplementärfarbe. Die farbigen Linien oder Flächen heißen „Isochromaten". Die Anzahl pro Längeneinheit, ist das Maß für die Orientierungen. Hoch orientierte Bereiche zeigen viele, feine Isochromaten, niedrig orientierte wenige. Flächige Isochromaten weisen auf gleichförmige Orientierungen hin. Es handelt sich um eine einzige in die Breite gezogene Isochromate.

Da amorphe Kunststoffe auch gegenüber Eigenspannungen polarisationsoptisch aktiv sind, erhält man eine Überlagerung. Der Einfluss von Eigenspannungen auf das polarisationsoptische Bild ist jedoch gering. Die Methode ist nur für transparente Wekstoffe anwendbar. Bild 1-99 zeigt ein Beispiel.

1.8.4.7 Orientierungszustand im Spritzgussteil

In Bild 1-100 sind geschrumpfte Dünnschnitte dargestellt. Die drei Zeilen D1-D3 entsprechen den am kästchenförmigen Formteil gekennzeichneten Positionen. Von links nach rechts sind die Dünnschnitte verschiedener Tiefen von der Oberfläche bis zur Formteimitte angeordnet. Je kleiner die Proben in vertikaler Richtung im Vergleich zum jeweils ganz

1.8 Qualität der Formteile   121

gekreuzt
kein Durchgang

parallel
Durchgang

Bild 1-98   Prinzip der Polarisationsoptik; links: Filter gekreuzt, rechts: Filter parallel

Bild 1-99
Mäßig orientiertes Kunststoffteil,
die dunklen Linien sind Isochromaten

rechts dargestellten ungeschrumpften, kreisförmigen Dünnschnitt sind, umso größer ist der Orientierungsgrad. Die Richtung der Längenänderung entspricht der Orientierungsrichtung. Betrachtet man beispielsweise die Zeile D1 systematisch, so erkennt man, dass die Vertikalerstreckung der Probe an der Formteiloberfläche, bei 70 µm, am kleinsten ist. Dort ist der höchste Orientierungsgrad. Die Proben werden dann von 100 bis 160 µm größer, um bei 430 µm erneut einen Kleinstwert zu erreichen. Von da an werden sie zur Formteilmitte hin zunehmend größer. In Querschnittsmitte sind sie kreisförmig wie das ungeschrumpfte Original.

Trägt man den Schrumpf als Maß des Orientierungsgrads grafisch auf, so erhält man den in Bild 1-101 bis 1-103 immer wieder festzustellenden Orientierungsverlauf. Die Orientierung (in Fließrichtung) ist in der Regel an der Oberfläche am größten, weil dort eine hohe Scherung vorherrscht und durch die schnelle Abkühlung kaum Rückstellmöglichkeiten vorhanden sind. Sie nimmt zum Formteilinnern zunächst ein wenig ab, weil sich die Rückstellmöglichkeiten verbessern und erreicht nahe unter der Oberfläche ein relatives Maximum. Das relative Maximum befindet sich an der Stelle, wo sich gemäß Bild 1-96 kurz vor Beendigung des Füllvorgangs das Schergeschwindigkeitsmaximum befindet. Durch die abnehmende Scherung und Verlangsamung der Abkühlung geht der Orienterungsgrad zur Mitte hin auf Null zurück. Dies gilt nur in einiger Entfernung vom Anschnitt. In Angussnähe kann der Nachdruck sehr hohe Orientierungen in Formteilmitte hervorrufen, wenn erkaltende Masse verschoben wird (Bild 1-101).

122 Spritzgießen von Thermoplasten

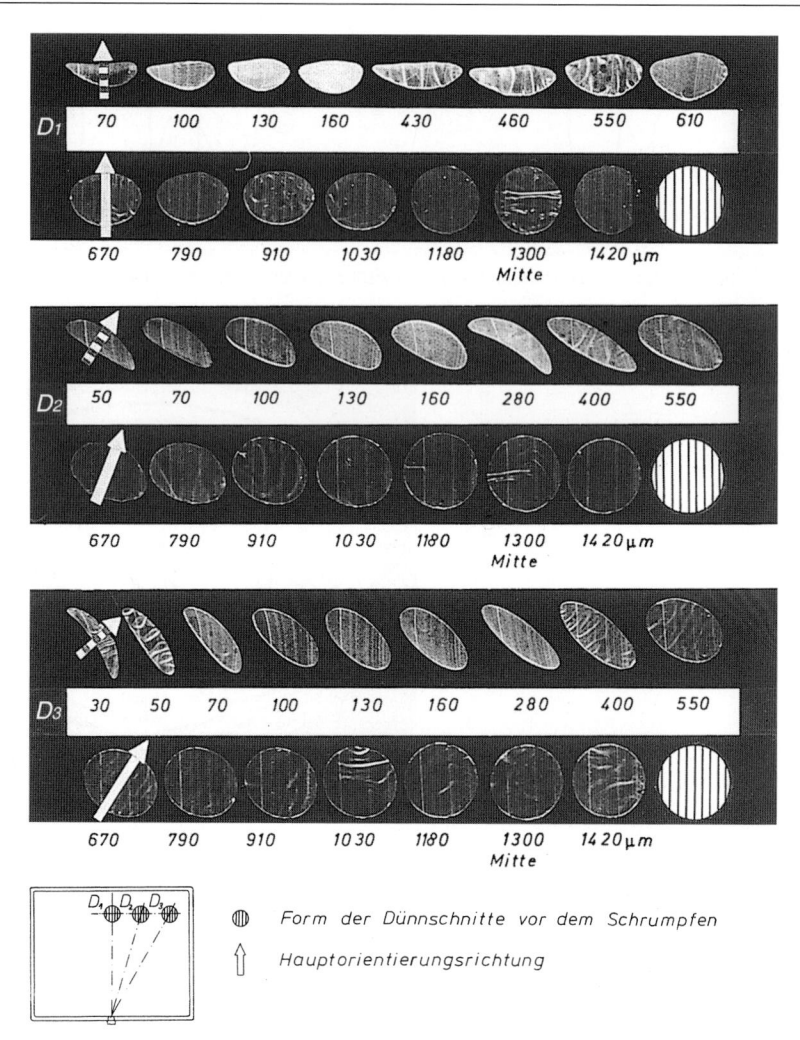

Bild 1-100 Dünnschnitte nach dem Schrumpfen für verschiedene Stellen des Formteils in Abhängigkeit von der Schichttiefe [9]

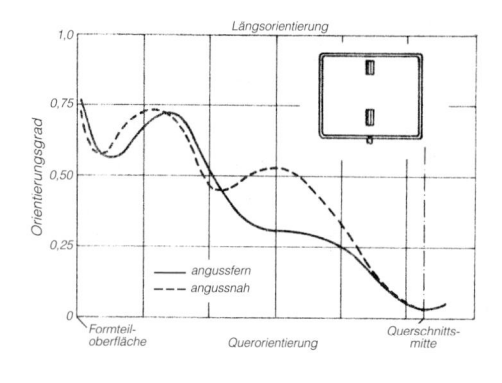

Bild 1-101
Typische Orientierungsverteilung im Formteil [9]

1.8.4.8 Einfluss der Einstellgrößen

Masse- und Werkzeugtemperatur

In Bild 1-102 sind die Orientierungsverläufe in Formteilen dargestellt, die bei unterschiedlichen Temperaturen spritzgegossen wurden. Die bei höherer Massetemperatur gespritzten Teile zeigen an jeder Stelle eine geringere Orientierung, da die Orientierungen bei höheren Temperaturen besser relaxieren können. Bemerkenswert ist auch hier das Orientierungsmaximum im Inneren, das auf die Schmelzebewegungen während des Nachdrucks zurückgeführt werden kann. Es ist bei der höheren Massetemperatur stärker ausgeprägt als bei der niedrigeren. Der Grund ist, dass bei höherer Temperatur der Anschnitt später versiegelt, der Nachdruck also länger wirken kann.

Eine Variation der Werkzeugwandtemperatur hat einen ähnlichen Einfluss wie die Massetemperatur. Wegen der besseren Relaxationsmöglichkeit bei hohen Wandtemperaturen verringert sich die eingefrorene Orientierung ebenfalls. Der Einfluss der Werkzeugwandtemperatur ist im Vergleich zur Massetemperatur allerdings bedeutend geringer.

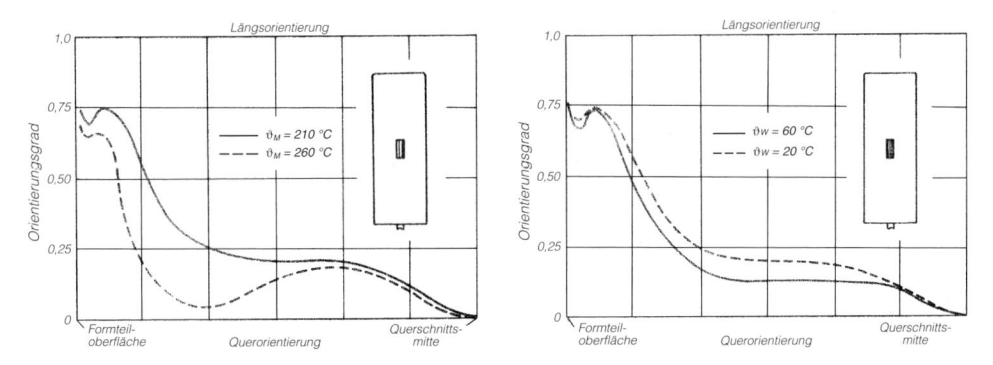

Bild 1-102 Orientierungsverlauf bei unterschiedlichen Temperaturen [9]
links: Massetemperatur, rechts: Werkzeugtemperatur

Schneckenvorlaufgeschwindigkeit

Der Orientierungsgrad bei unterschiedlicher Einspritzgeschwindigkeit ist in Bild 1-103 dargestellt. Um eine bessere Vergleichsmöglichkeit bei unterschiedlichen Formteilen und Spritzgießmaschinen zu erhalten, wurde als Maß für die Einspritzgeschwindigkeit nicht – wie meist üblich – die Schneckenvorlaufgeschwindigkeit, sondern die Fließfrontgeschwindigkeit im Formnest gewählt. Im Gegensatz zur Verarbeitungs- und Werkzeugwandtemperatur ist der Einfluss der Einspritzgeschwindigkeit nicht einheitlich. Einerseits wird die Scherung größer andererseits verbessern sich die Relaxationsbedingungen. Ummittelbar an der Formteiloberfäche überwiegt die Scherung, weiter innen die verbesserte Relaxation. Wenn man von der Oberflächenschicht absieht, wird die Struktur der Formteile mit zunehmender Schneckenvorlaufgeschwindigkeit besser. Dies gilt insbesondere für dünnwandige Teile.

124 Spritzgießen von Thermoplasten

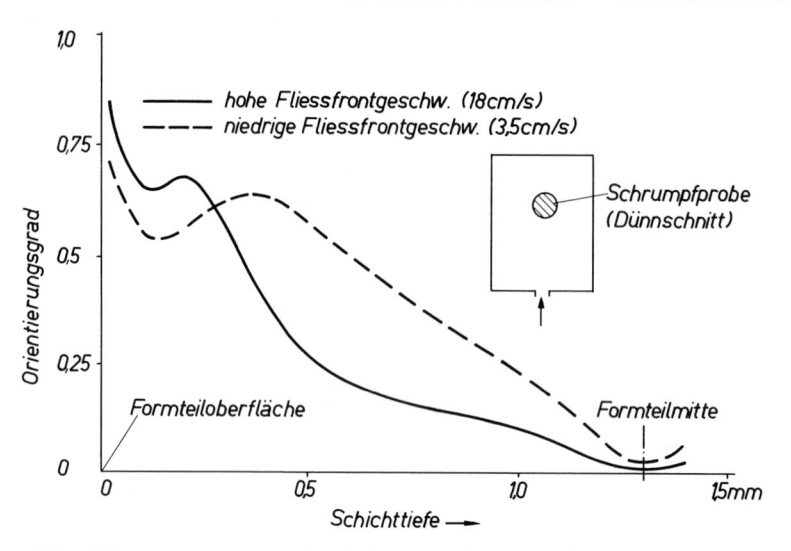

Bild 1-103 Orientierungsverlauf bei unterschiedlichen Fließfrontgeschwindigkeiten [9]

Einfluss des Nachdrucks

Ein Blick auf die Zustandskurven (Bild 1-105), die auf den Druckverläufen von Bild 1-104 beruhen) zeigt, dass je nach Nachdruck auch in der Verdichtungsphase mehr oder weniger Masse verschoben wird. Kennzeichnend sind die schraffierten Abweichungen von der Isochoren (siehe auch Abschnitt 1.7.4.7), die bei konstanter Masse entstehen müßte. Man erkennt, dass in der Reihenfolge b, c, d der schraffierte Bereich größer wird. In dieser Reihenfolge wird zunehmend Masse verschoben. Da die Masse zu dieser Zeit schon weit abgekühlt ist, wirken diese Verschiebungen stark orientierend, was durch die deutlich zu-

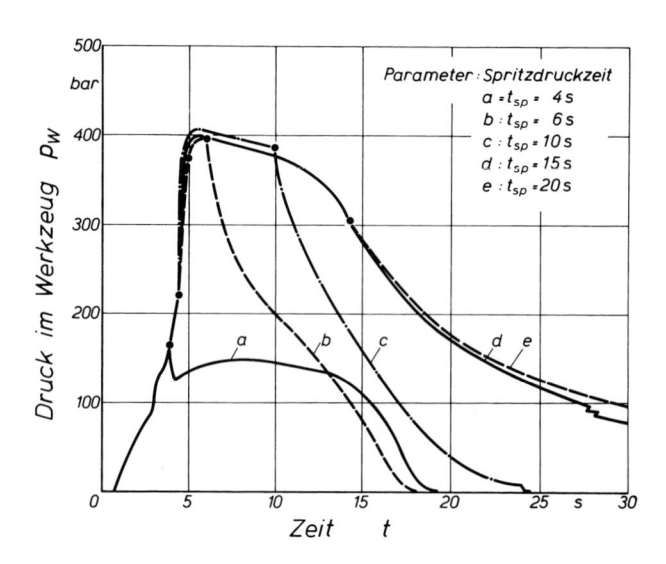

Bild 1-104 Druckverläufe im Werkzeug

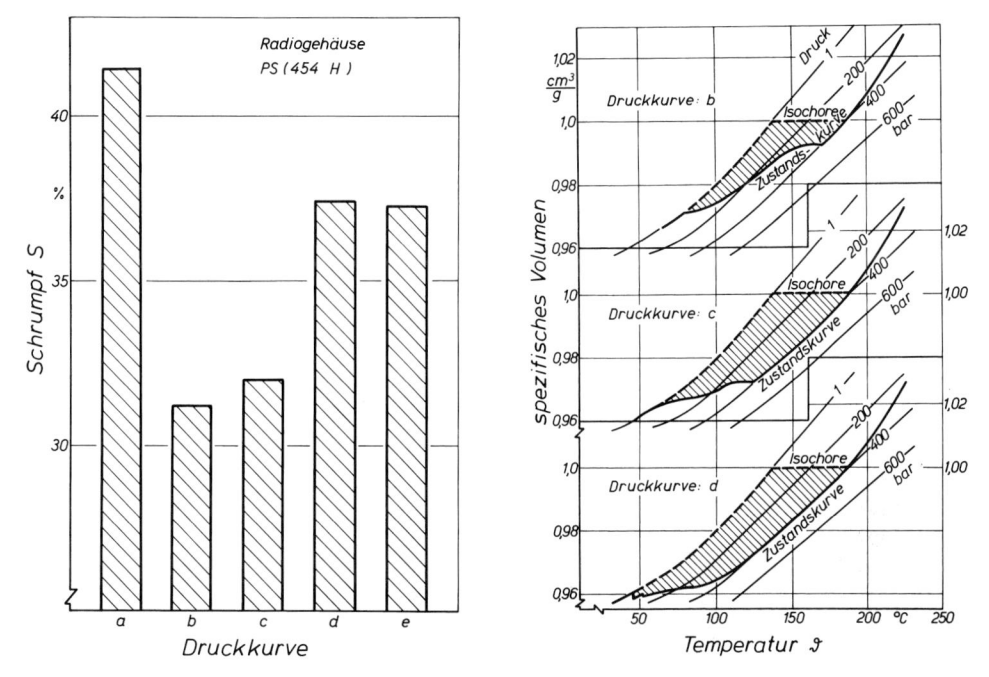

Bild 1-105   Schrumpfwerte und Zustandskurven für obige Druckkurven

nehmenden Schrumpfwerte in Bild 1-105 manifestiert wird. Die Druckkurven d und e sind fast identisch, die entsprechenden Schrumpfwerte ebenfalls, was für die Reproduzierbarkeit der Ergebnisse spricht.

Druckkurve a (Bild 1-104) ist ein Sonderfall. Hier wurde vor der volumetrischen Füllung auf Nachdruck umgeschaltet, was zu einer langsamen Restfüllung führte. Der höchste Schrumpf für diesen Druckverlauf beweist die ungünstige Wirkung einer zu langsamen Füllung.

Aus dem Vorausgehenden kann geschlossen werden, dass es eine bestimmte Form der Druckkurve in der Verdichtungsphase geben muss, die den geringsten Orientierungsgrad zur Folge hat. Der Druckabfall muss so sein, dass eine isochore Zustandsänderung erreicht wird. Das heißt, dass weder Masse zu- noch abfließt. Wie in Abschnitt 1.10.2.3 („Optimierungsmöglichkeiten") noch gezeigt wird, kann der entsprechende Druckverlauf für eine gegebene Abkühlkurve konstruiert oder berechnet werden.

1.8.5   Orientierungen von Füll- und Verstärkungsstoffen

Die Palette der Zusatzstoffe, die kugliger (3-dimensionaler), plättchen- (2-dimensionaler) oder faserförmiger (1-dimensionaler) Natur sein können, reicht von billigen mineralischen Füllstoffen (Talkum u. dgl.) bis zu hochwertigen Faserwerkstoffen. Bei faserförmigen Verstärkungsstoffen kommen Glasfasern, Kohlenstofffasern, Polymerfasern, Naturfasern sowie in geringeren Mengen anorganische Fasern zum Einsatz. Von diesen Füllstoffen haben Glasfasern den weitaus größten Marktanteil.

Neben der Anhebung des Festigkeits- und Steifigkeitsniveaus gegenüber den klassischen Thermoplasten wird häufig auch eine Verbilligung angestrebt, die sich in der Regel weniger auf die reinen Rohstoffkosten als auf die Reduzierung der Fertigungskosten bezieht. Diese Kostensenkung wird durch die raschere Abkühlung und durch eine mit einer erhöhten Beanspruchbarkeit verbundenen Wanddickenminderung ermöglicht.

Bei allen Füll- und Verstärkungsstoffen, die nicht kugelförmig sind, kommt es bei der Formteilbildung zu Orientierungen. Die Anisotopien durch Füll- und Verstärkungsstoffen wird umso ausgeprägter, je weiter sich die Gestalt der Füllstoffe von der Kugel entfernt und der Faser nähert. Fasern und andere Füllstoffe sind tote Materie; im Gegensatz zu molekularen Orientierungen entfällt hier der Effekt der Rückstellung.

1.8.5.1 Glasfasergröße

Neben den billigen zwei- und dreidimensionalen Verstärkungsstoffen mit allenfalls nur geringer Festigkeitverbesserung, jedoch merklichem Versteifungseffekt sind die „eindimensionalen" Glasfasern im spritzgießbaren Kurzglasfaserverbund ein bewährtes Verstärkungsmittel für Thermoplaste. In Spritzgießmassen sind Faserlängen zwischen 0,2 mm und 1 mm (Durchmesser ca. 0,01 mm) üblich. Zu lange Glasfasern können nur schlecht dispergiert werden, führen zu schlechten Bindenähten und mangelhaften Oberflächen. Zu kurze Fasern (< 0,2 mm) beeinträchtigen wegen des Effekts der Spannungskonzentration an den Faserenden die Festigkeit und Schlagzähigkeit.

1.8.5.2 Einfluss auf die Formteileigenschaften

Im Vergleich zu den unverstärkten Matrixwerkstoffen bieten die kurzglasfaserverstärkten Formmassen deutlich verbesserte Eigenschaften:

- höhere Steifigkeit,
- höhere Festigkeit,
- höhere Wärmeformbeständigkeit,
- höhere Wärmeleitfähigkeit,
- geringere Schwindung.

Nachteilig sind vor allen Dingen:

- Anisotropie der Eigenschaften,
- schlechtere Oberflächengüte,
- verringerte Zähigkeit,
- Verzugsprobleme.

1.8.5.3 Faserorientierungen im Spritzgussteil

Allgemeine Struktur

Betrachtet man die Glasfaserorientierung an einem einfachen Formteil (z. B. Rechteckplatte mit Filmanguss), findet man nach [22, 23] im allgemeinen drei verschiedene Hauptzonen im Formteilquerschnitt (Bild 1-106). In der Wandhaftungszone (2) findet man eine Mischorientierung. In der Scherzone (3) sind die Fasern in Fließrichtung ausgerichtet, während sie in der Mittelschicht (5) quer zu ihr stehen. Sowohl die Fasern der Scherzone als auch die

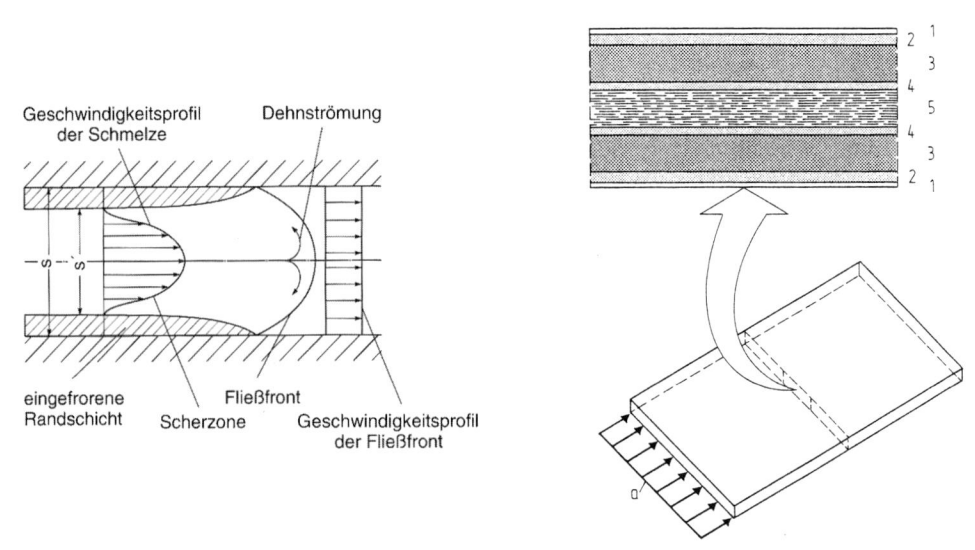

Bild 1-106
Strömungsverhältnisse und die sich daraus ergebenden Faserorientierungen [22]
1 faserarme Randschicht,
2 regellose Faserorientierung,
3 Fasern vorwiegend in Fließrichtung,
4 regellose Faserorientierung,
5 Fasern vorwiegend quer zur Fließrichtung

der Mittelschicht liegen parallel zur Formteiloberfläche. Diese Verteilung der Glasfasern wird durch die Tatsache begründet, dass Scher- und Dehnströmungen wirken.

Bild 1-106 links zeigt die Ursachen. In der mittleren Schicht geht der Geschwindigkeitsgradient gegen Null, somit auch die Schergeschwindigkeit; die Schmelze wird aber gedehnt. In der Scherzone ist das Geschwindigkeitsgefälle besonders groß. Die Faser wird sich aufgrund der unterschiedlichen Kräfte, die an ihr wirken, parallel zur Fließrichtung ausrichten. In der Regel gilt die Schichtaufteilung $2 \times 2{,}5\%$ Randschicht, $2 \times 40\%$ Scherzone und 15% Mittelschicht [21]. Aus den Anteilen wird deutlich, dass die Scherzone den größten Einfluss auf die Formteileigenschaften hat.

Berechnungsprogramme bieten die Möglichkeit, die Glasfaserorientierung in mehreren Schichten über den Querschnitt vorauszusagen.

Faserorientierungen an Bindenähten

Vor einem Fließhindernis werden die Fasern quer orientiert. Der danach wieder aufeinander treffende, geteilte Massestrom vermischt sich an der Berührungsfläche nicht. Im Nahbereich der faserarmen Fließfront entsteht vielmehr – ähnlich wie in der Nähe der Werkzeugwand – eine Zone mit strenger Längsorientierung der Fasern. Die in der Mittelschicht gültigen Bedingungen sind schematisch in Bild 1-107 aufgezeichnet. Das Umströmen von Hindernissen bringt generell eine Verschlechterung des mechanischen Eigenschaftsniveaus

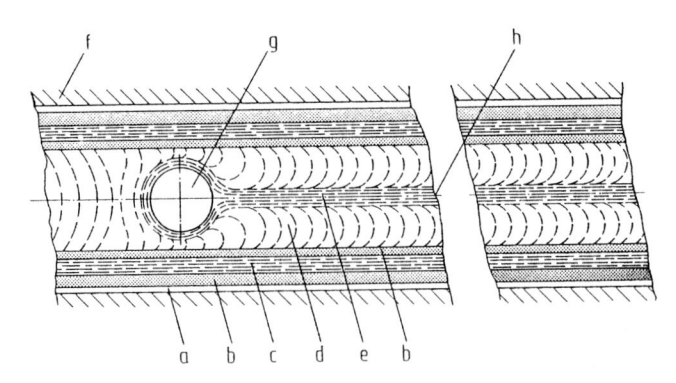

Bild 1-107 Faserorientierung in der Mittelschicht eines Flachstabs mit Fließhindernis
a faserarme Randschicht, b regellose Faserorientierung, c Fasern bevorzugt in Fließrichtung, d Fasern bevorzugt quer zur Fließrichtung, e Fasern bevorzugt in Fließrichtung, f Werkzeugwand, g Fließhindernis, h Bindenaht

quer zur Strömungsrichtung mit sich. Hinzu kommt häufig ein visuelles Fehlerbild. Durch die sich aufhäufenden Fasern ist die Bindenaht wulstförmig erhaben.

1.8.5.4 Oberflächenbeschaffenheit

Beim Einsatz von glasfaserverstärkten Kunststoffen kann es zu einer matten und rauhen Oberfläche kommen. Die metallisch spiegelnden Glasfasern sind schlierenförmig an der Oberfläche sichtbar. Für diese Erscheinung kommen nach [25] zwei Ursachen infrage:

- Wenn die Kunststoffschmelze beim Anlegen an die Werkzeugwand schlagartig einfriert, kann es passieren, dass die Glasfasern nicht ausreichend mit Schmelze umhüllt sind.
- Die Glasfasern behindern durch die großen Schwindungsunterschiede (Glasfaser : Kunststoff = 1 : 200) gemäß Bild 1-108 die Schwindung des abkühlenden Kunststoffs in Längsrichtung der Faser, wodurch eine unebene Oberfläche entsteht.

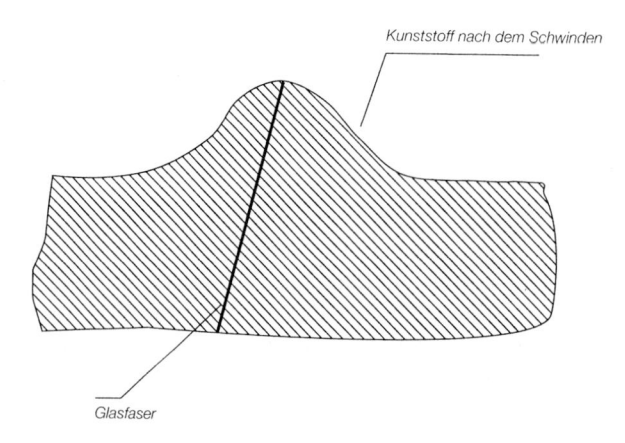

Bild 1-108
Entstehung der rauhen Oberfläche durch Schwindungsunterschiede Faser/Matrix [25]

1.8.5.5 Schwindungsverhalten in Faserrichtung und quer dazu

Bild 1-109 zeigt zunächst die schwindungsreduzierende Wirkung von Glasfasern. Da die Fasern die Schwindung vor allem in Faserrichtung reduzieren, schwindet die Matrix quer dazu umso mehr. Die Volumenschwindung der Matrix wird vollzogen. Die Differenz der Schwindungen in und senkrecht zur Orientierungsrichtung gibt Auskunft über die Verzugsneigung eines Produktes. Bild 1-109 zeigt an zwei Fertigteilen, dass starke Schwindungsdifferenzen in Längs- und Querrichtung auftreten. Sie sind besonders bei glasfaserverstärkten teilkristallinen Werkstoffen sehr hoch (vgl. unverstärktes und verstärktes PBT) und müssen bei der Teilegestaltung, vor allem bei der Festlegung der Anschnittlage, berücksichtigt werden. Bild 1-109 läßt außerdem erkennen, dass bei Behinderung der Schwindung, z. B. durch Kerne, mit geringeren Werten gerechnet werden muss.

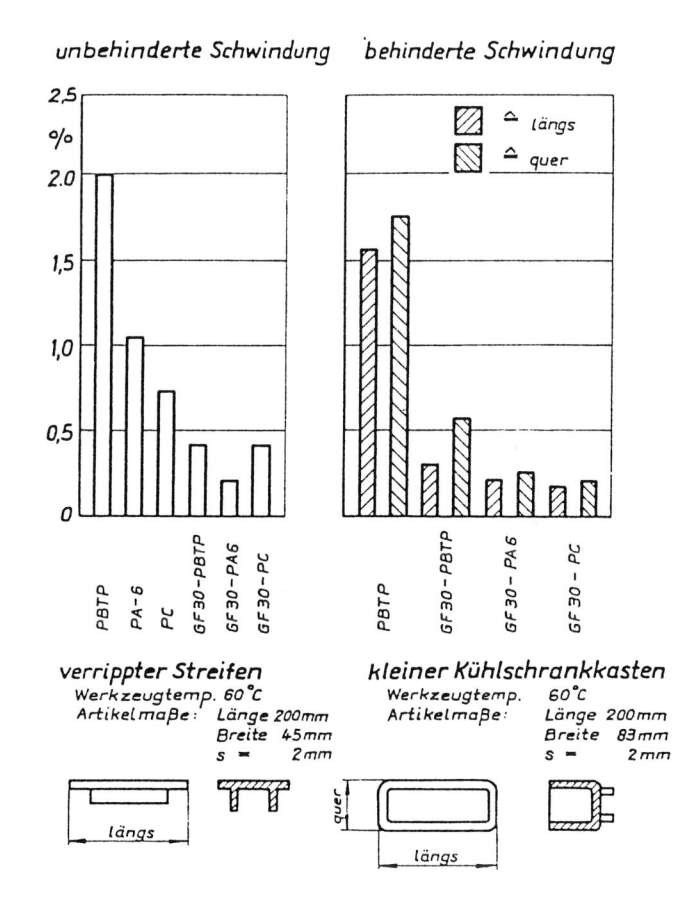

Bild 1-109
Schwindungswerte einiger technischer Thermoplaste nach [26]
teilkristallin-amorph, unverstärkt-verstärkt, Längs- und Querschwindung, Einfluss von Schwindungsbehinderungen

1.8.5.6 Beeinflussung der Faserorientierung

Wie aus Tabelle 1-6 hervorgeht haben die Verarbeitungsparameter abgesehen von der Einspritzzeit einen geringen Einfluss auf die Faserorientierung. Der Schlüssel zur Beeinflussung liegt in der Strömungsrichtung, die vor allem durch Lage und Art der Anschnitte oder durch Schikanen im Strömungsweg manipuliert werden kann. Im Sinne der Verzugsminimierung sollten Radialströmungen vermieden werden. Das bedeutet nicht zentral sondern von einer Seite anspritzen.

Tabelle 1-6   Einflussfaktoren auf die Faserorientierungen beim Spritzgießen [22]

Einflussgröße	Faserorientierung[1] (Schichtenstruktur)
Verfahrenstechnische Parameter	
Schmelzetemperatur	–
Werkzeugtemperatur	–
Nachdruckphase	O
Eonspritzzeit	+
Stoffliche Parameter	
Matrixmaterialien	++
Faserkonzentration	(–)
Faserlänge	(–)
Konstruktive Parameter	
Anschnitt	++
Werkzeuggeometrie	++
Wanddicke	O

[1] Grad der Beeinflussung:
++ sehr stark, + deutlich, O gering, – unbedeutend, (–) mit Einschränkungen behaftet

1.8.6   Eigenspannungszustand in Spritzgussteilen

1.8.6.1   Definition

Unter Eigenspannungen versteht man mechanische Spannungen, die ohne äußere Belastung im Formteil herrschen. Sie beruhen auf einer Änderung der Gleichgewichtslage der Atome und Deformation von Valenzwinkeln in den Molekülketten sowie auch einer Abstandsänderung zwischen den Molekülsegmenten (Nebenvalenzbindungen). Eigenspannungen sind überwiegend energieelastischer Natur (Metallelastizität) und von den entropieelastischen Rückstellkäften ausgerichteter Moleküle zu unterscheiden, die verhältnismäßig klein sind.

Für das gesamte Formteil betrachtet stehen die Eigenspannungen im Kräftegleichgewicht, das heißt, befinden sich an einem Ort Druckeigenspannungen, so sind an anderer Stelle Zugeigenspannungen zu erwarten. Sind die Spannungen bei der Entformung nicht im Gleichgewicht (Formteil liegt verspannt im Formnest), so verformt sich der Spritzling, bis der Gleichgewichtszustand erreicht ist (Verzug).

Im Gegensatz zu Orientierungen können hohe Eigenspannungen bereits ohne äußere Belastung zur Rissbildung und zum Versagen eines Formteils führen. Der aus der äußeren Belastung resultierende Spannungszustand ist dem Eigenspannungszustand zu überlagern.

1.8.6.2 Ursachen

Abkühlspannungen

Die wichtigste Ursache für Eigenspannungen ist die unterschiedliche Abkühlgeschwindigkeit der verschiedenen Formteilschichten. Man stelle sich gemäß Bild 1-110 ein Formteil kurz nach dem Füllvorgang im Schnitt vor. Die an der Formteiloberfläche schnell abgekühlte und erstarrte Schicht bildet eine feste Schale. Der noch warme Kern wird während des weiteren, langsamer verlaufenden Abkühlvorgangs in seiner Kontraktion behindert. Dies führt zu Zugspannungen im Kern und Druckspannungen in der äußeren Schale (Bild 1-110).

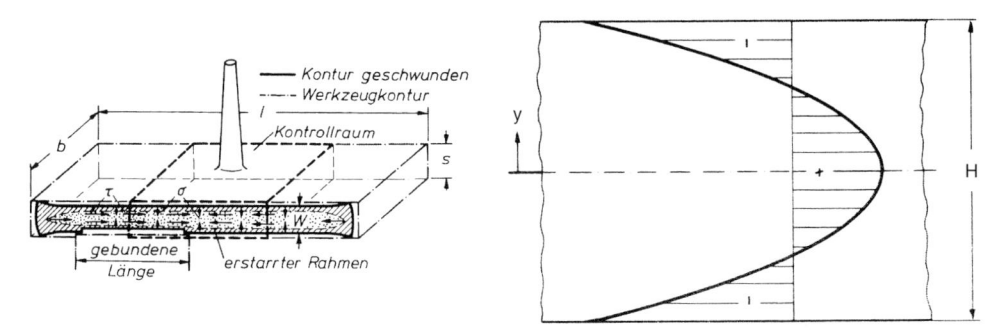

Bild 1-110
Erstarrungsmodell und Verteilung von Abkühleigenspannungen über dem Querschnitt von Spritzgussteilen

Der Spannungsverlauf lässt sich idealisiert durch Gleichung (1-56) beschreiben [56].

$$\sigma = -\frac{2}{3} \alpha \cdot E \cdot (\vartheta_E - \vartheta_W) \cdot \left(\frac{6 \cdot y^2}{H^2} - \frac{1}{2}\right) \tag{1-56}$$

mit σ Spannung, α Ausdehnungskoeffizient, E E-Modul, ϑ_E Einfriertemperatur, ϑ_W Werkzeugwandtemperatur, y Ortskoordinate, H Wanddicke.

Problematisch bei der Anwendung dieser Gleichung auf Kunststoffe ist allerdings, dass E-Modul und Ausdehnungskoeffizient temperaturabhängig sind und die Relaxationsmöglichkeit der Spannung bei langsamen Abkühlvorgängen nicht berücksichtigt ist. Dennoch beweisen experimentelle Untersuchungen zumindest die prinzipielle Gültigkeit dieser Gleichung.

Strömungsbedingte Spannungen

Wie in Bild 1-11 dargestellt fließt die Thermoplastschmelze in einer erstarrten Haut. Diese Haut wird durch den Druck im Inneren gedehnt. Es entstehen Zugspannungen (Bild 1-111). Besonders ausgeprägt ist dieser Effekt in Ecken (Bild 1-112). Die Schmelze strömt zunächst auf der Innenbahn, ohne in den spitzwinkligen Teil einzudringen. Erst mit zuneh-

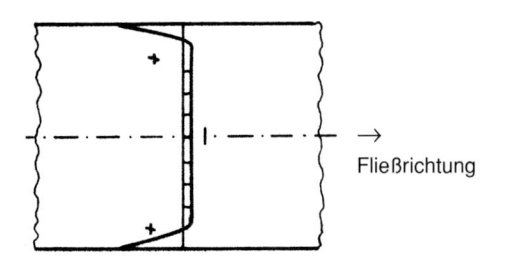

Bild 1-111
Zug-, Druckspannungen beim Fließen [9]

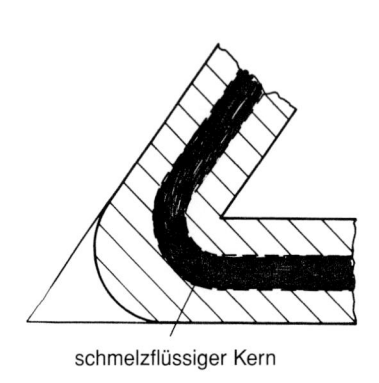

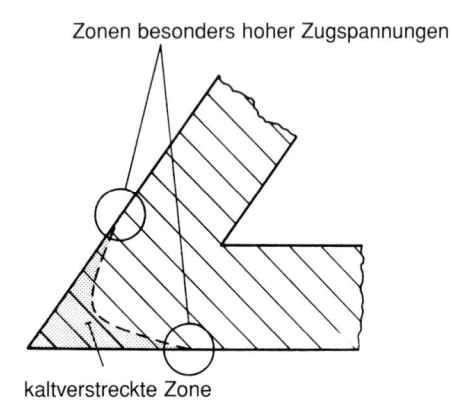

Fließrichtung

Bild 1-112 Spannungs- und orientierungserzeugende Wirkung von Ecken [9]

mendem Druckaufbau wird die Haut in die Ecke verstreckt. Dabei entstehen eine besonders hohe Zugspannung und eine ausgeprägte Orientierung der Moleküle. Beide Effekte erklären zusammen mit der asymmetrischen Abkühlung von Ecken die besondere Anfälligkeit von Ecken und Kanten auf Spannungsrisse.

Eigenspannungen durch Restdruck

Werden Formteile unter Restdruck entformt, so expandiert der Druck die Randschichten bei der Entformung. Es entstehen zusätzlich zu den Druckspannungen im Inneren Zugspannungen in den Außenschichten (Bild 1-114 Mitte).

Überlagerung der Eigenspannungseffekte

Bild 1-113 und 1-114 zeigen die Überlagerung der verschiedenen Spannungsarten. Von besonderem Interesse sind die Zugspannungsbereiche, da nur unter Zug, nicht unter Druck, Risse entstehen können.

1.8 Qualität der Formteile 133

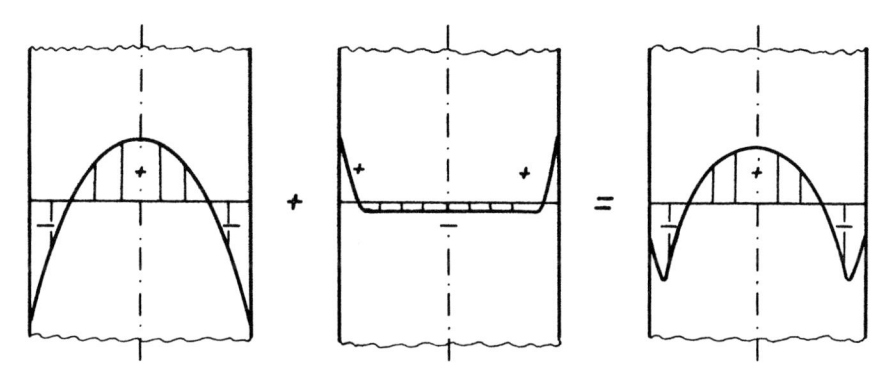

Bild 1-113   Überlagerung von Abkühl- und strömungsbedingten Spannungen [9]

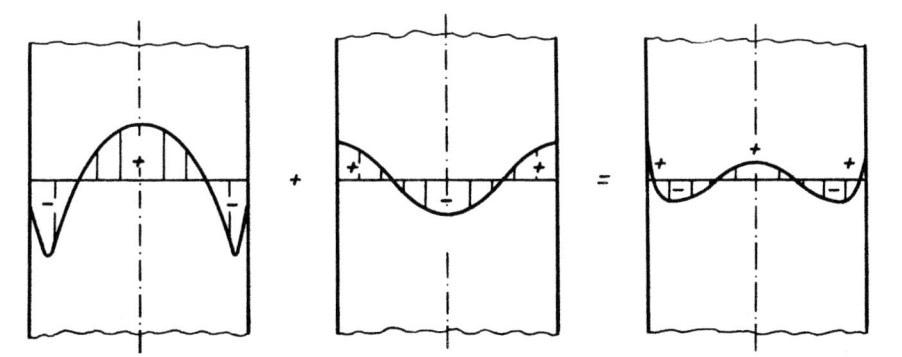

Bild 1-114   Zusätzliche Überlagerung von Restdruck-bedingten Expansionsspannungen [9]

1.8.6.3 Nachweis

Es gibt keine quantitativ befriedigende Methode zur Bestimmung von Eigenspannungen. Von prinzipiellem Interesse sind Verformungen des Formteils beim Befreien von Spannungen. Von praktischer Bedeutung ist das Auslösen von Spannungsrissen. Bei dieser Methode wird allerdings die Kombination von Orientierungen und Spannungen getestet, die letztlich auch die Praxis interessiert, da beide Effekte zu den gefürchteten Spannungsrissen beitragen. Aus diesem Grunde unterscheidet der Praktiker auch nicht zwischen Orientierungen und Spannungen, für ihn gibt es nur Spannungen. Auch über Härtemessungen können nach [57] Aussagen über den Eigenspannungszustand an Oberflächen gewonnen werden.

Befreien von Spannungen

Eine Möglichkeit, die Eigenspannungen zumindest qualitativ zu bestimmen, besteht darin, stabförmige Proben auszusägen und Schichten der Probe abzufräsen. Die Probe verformt sich daraufhin, bis ein Spannungsausgleich eingetreten ist. Über die auftretende Verformung kann die Eigenspannungsverteilung abgeschätzt werden. In Bild 1-115 wurde die Hälfte des Probenquerschnitts abgefräst. Die Zug- bzw. Druckspannungen in der verbleibenden Hälfte verbiegen die Probe nach unten bis wieder Gleichgewicht hergestellt ist.

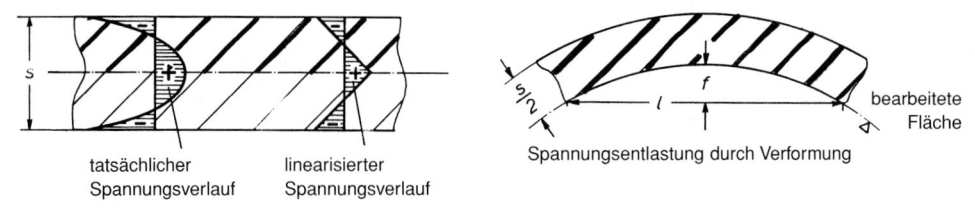

Bild 1-115   Verformung einer Probe nach Abfräsen der halben Wanddicke

Um von der Verformung der Probe zu Spannungswerten zu kommen, stellt man sich alternativ einen Biegeversuch vor, der die gleiche Verformung ergeben hätte. Für diesen gilt unter der Voraussetzung eines linearen Spannungsverlaufs über den Querschnitt die folgende Formel zur Bestimmung der Spannung:

$$\sigma_{max} = \frac{2 \cdot E \cdot f \cdot s}{l^2} \qquad (1\text{-}57)$$

mit σ_{max} Randfaserspannung, E E-Modul, f Durchbiegung, s Wanddicke, l Länge zwischen den Auflagern.

Rissätzen

Beim Rissätzen werden Formteile in ein schnell eindiffundierendes Medium gelegt, das in den Zugzonen in kurzer Zeit Risse auslöst. Für verschiedene Kunststoffe sind dafür unterschiedliche Medien bekannt (Tabelle 1-7). Die Rissauslösung kann zusätzlich zu den Agenzien durch Vorverformungen auf Biegelehren oder Anbohren und Aufweiten der Bohrungen mit Kugeln definierten Übermaßes (Pohrtsches Verfahren) erzwungen werden.

Tabelle 1-7   **Spannungsrissauslösende Medien nach Kurr, SKZ (siehe auch DIN ISO 175)**

Kunststoff	Spannungsrissauslösende Medien
PE	Tensid-Lösung 5% (70 bis 80 °C)
PP	Chromsäure (50 °C)
PVC	Methanol
PS	n-Heptan, Petroleum-Benzin
SB	n-Heptan, Petroleum-Benzin
SAN	Toluol + n-Propanol 1:5 bis 1:10
ABS	Essigsäure 80%, Methanol
PMMA	Ethanol, Toluol + n-Heptan 2:3
PC	Toluol + n-Propanol 1:3 bis 1:10
PC+ABS	Methanol + Ethylacetat 3:1
PPO+PS	Tributylphosphat
PA 6	Zinkchloridlösung 35%, Aceton
PA 66	Zinkchloridlösung 35 bis 50% (50 °C)
PA 6-3 transp.	Methanol, Aceton, Isopropanol
POM	Schwefelsäure 40 bis 50%
PSU	Ethylenglykolmonoethylether, Trichlorethan, Essigsäureethylester

1.8.6.4 Reduzierung von Spannungen

Der wesentliche Anteil der Eigenspannungen entsteht durch die ungleichmäßige Abkühlung von inneren und äußeren Schichten. Dieser Unterschied wird umso geringer, je höher die Werkzeugtemperatur gewählt wird. Diese ist, wie die Abkühlgleichung (1-30) lehrt, bei gegebener Wanddicke die wesentliche Einflussgröße. Bild 1-116 belegt diese These, denn bei einer Werkzeugtemperatur von 46 °C sind keine, bei 11 °C dagegen zahlreiche Risse zu erkennen.

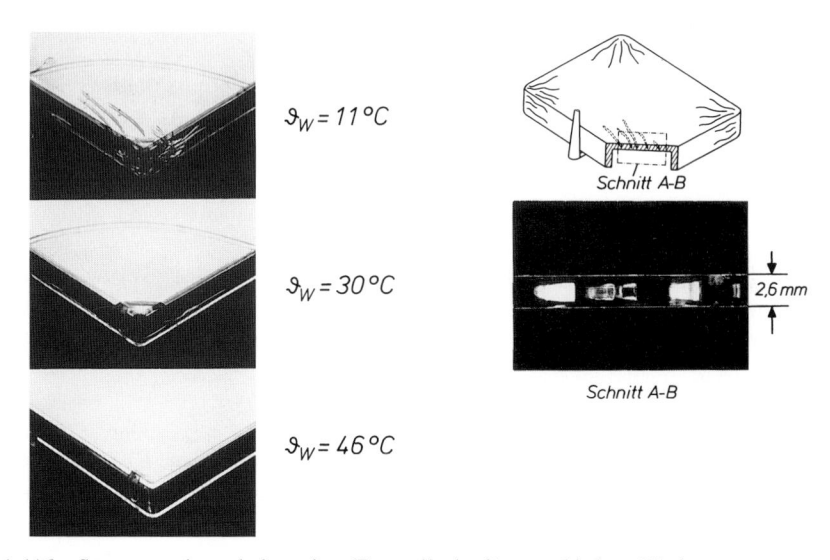

Bild 1-116   Spannungsrissverhalten einer Formteilecke für verschiedene Werkzeugtemperaturen [9]

Nach der Fertigung können Eigenspannungen auch durch Tempern abgebaut werden. Der Aufwand dafür ist jedoch so hoch, dass er nur in Ausnahmefällen wirtschaftlich zu rechtfertigen ist.

1.8.7 Spannungsrisse

1.8.7.1 Erscheinungsbild

Spannungsrisse sind kleinste Risse, die bei Gegenlichtbetrachtung des Formteils als Silberschimmer bevorzugt in Ecken, Kanten oder im Angussbereich zu beobachten sind. Sie treten in der Regel erst Tage oder Wochen nach der Produktion auf. Ein Schadensfall ist in Bild 1-117 dargestellt.

1.8.7.2 Ursachen

Die Ursachen von Spannungsrissen sind Eigenspannungen und Orientierungen. Die Spannungen zerren am Gefüge; dieses gibt allmählich senkrecht zu den ausgerichteten Molekülsegmenten, wo nur Van der Waalssche Sekundärkräfte wirken, nach. Die Längsachse der Risse liegt in Orientierungsrichtung. Bei dem in Bild 1-117 gezeigten Beispiel wurden die

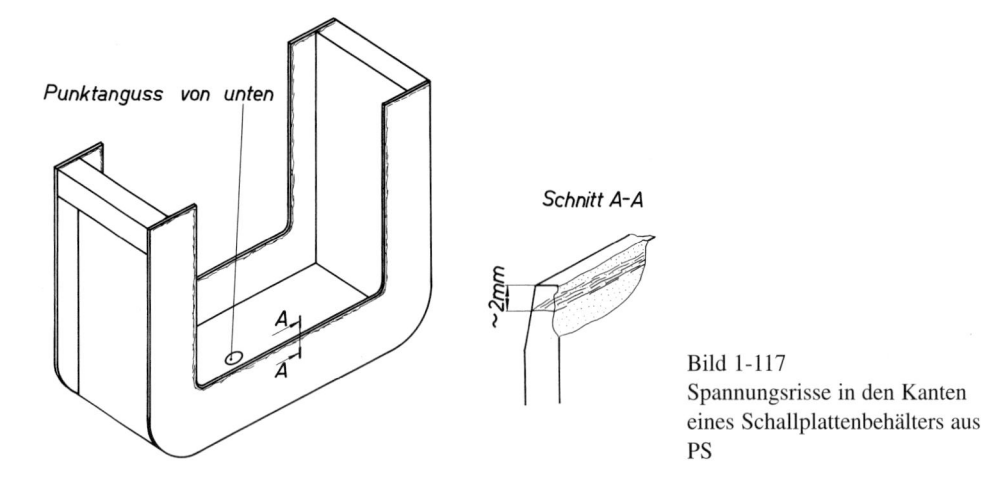

Bild 1-117
Spannungsrisse in den Kanten eines Schallplattenbehälters aus PS

schadhaften Teile durch eine Verlangsamung der Einspritzgeschwindigkeit wegen Entlüftungsproblemen verursacht. Durch das langsamere Einspritzen wurde ein höherer Orientierungsgrad hervorgerufen.

1.8.7.3 Nachweis

Die übliche Nachweismethode ist das in Abschnitt 1.8.6.3 beschriebene Rissätzen, mit dem die Spannungsrissanfälligkeit unmittelbar nach der Produktion getestet werden kann. Beim dargestellten Beispiel sind die Risse wenige Wochen nach der Produktion ohne Einwirkung spezieller Agenzien aufgetreten.

1.8.7.4 Beeinflussung

Grundsätzlich gilt, dass alles was Orientierungen und Spannungen reduziert, auch die Rissanfälligkeit verringert. Daraus folgt für die Einstellgrößen:

Weniger Orientierungen durch:
- höhere Schneckenvorlaufgeschwindigkeit,
- steigende Massetemperatur,
- geringeren Nachdruck.

Weniger Spannungen durch:
- höhere Werkzeugtemperatur.

1.8.8 Kristallines Gefüge von Spritzgussteilen

1.8.8.1 Kristallinität bei Kunststoffen

Lineare oder nur schwach verzweigt Hochpolymere mit gleichartig aufgebauten und gleichsinnig angeordneten Molekülen gehen beim Abkühlen einer Schmelze schon weit über der Einfriertemperatur in einen kristallinen Ordnungszustand über. Man stellt sich gemäß Bild 1-118 vor, dass sich Moleküle falten. Derartig gefaltete Bereiche werden Lamellenkristalle

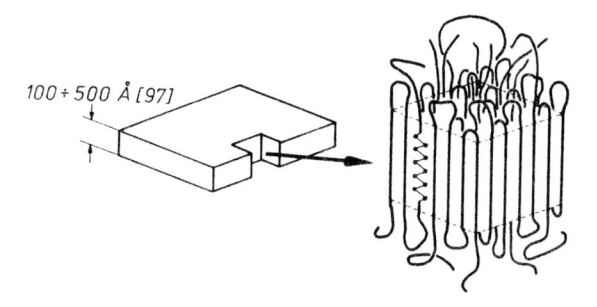

Bild 1-118   Lamellenkristallit

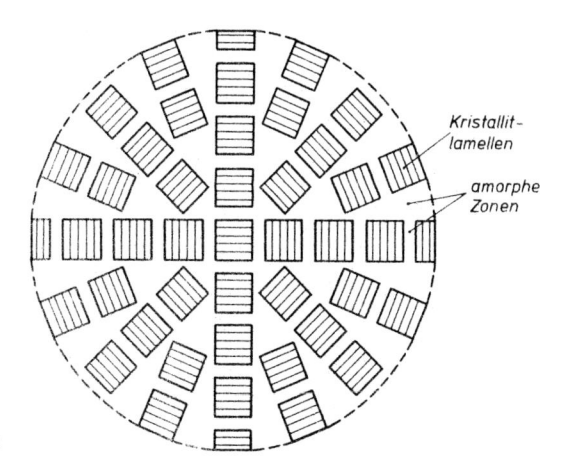

Bild 1-119   Sphärolithaufbau schematisch

genannt. Die aus den Kristallitoberflächen herausragenden Kettenenden und Schlaufen sind regellos angeordnet und bilden amorphe Regionen. Kristallisierende Kunststoffe sind deshalb „teilkristallin". Kristallite sind submikroskopisch klein. Was unter dem Mikroskop sichtbar wird, sind Überstrukturen, die unter idealisierten Bedingungen kugelförmig wären und deshalb als Sphärolite (Bild 1-119) bezeichnet werden. Kristallite und Sphärolithe werden durch Fließvorgänge orientiert.

1.8.8.2   Entstehung von kristallinem Gefüge

Die Kristallisation beginnt mit dem zufälligen Aufeinandertreffen von Molekülketten oder von Molekülen mit Fremdstoffen. Die Keime wachsen zu Kristalliten und diese vereinigen sich zu Sphärolithen (Bild 1-120).

Sowohl die Keimbildungs- wie auch die Wachstumsgeschwindigkeit sind stark temperaturabhängig. Allerdings liegt gemäß Bild 1-121 das Maximum der Keimbildung bei niedrigeren Temperaturen als das des Wachstums. So erklärt sich, dass durch schnelle Abkühlung aber auch durch Scherung viele Keime entstehen, deren Wachstum durch die sinkenden Temperaturen begrenzt ist. Bei langsamer Abkühlung entstehen dementsprechend weniger aber auch größere Sphärolithe.

Der Kristallisationsvorgang wird in Primär- und Sekundärkristallisation unterteilt. Während die Primärkristallisation mit dem Aufeinanderstoßen der Sphärolithe ein definiertes Ende

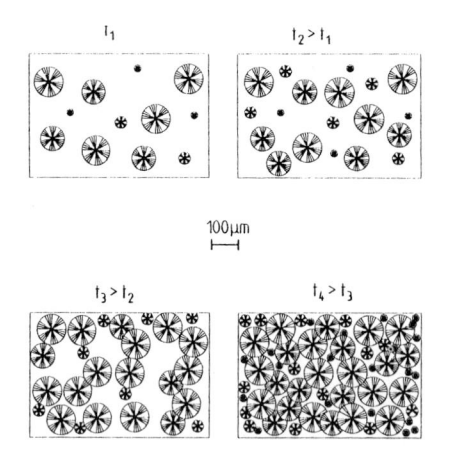

Bild 1-120
Zeitabhängige Bildung von Sphärolithen [6]

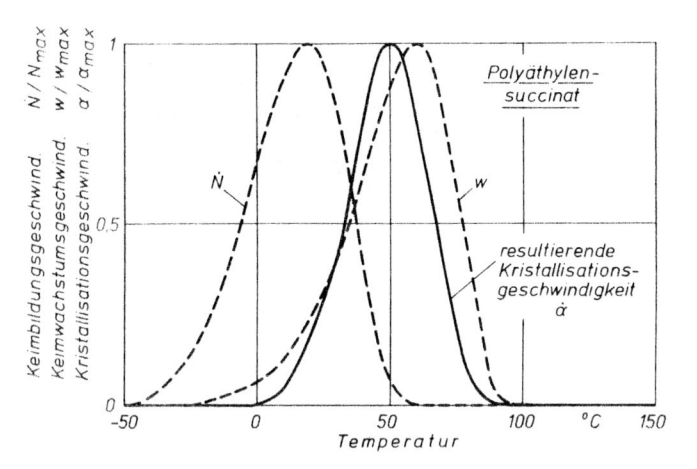

Bild 1-121   Keimbildungs-, Keimwachstums- und resultierende Kristallisationsgeschwindigkeit [58]

hat, verläuft die Sekundärkristallisation kontinuierlich weiter, allerdings mit immer geringerer Intensität.

1.8.8.3   Gefügeaufbau im Querschnitt von Spritzgussteilen

Grundsätzlich lässt sich beim kristallinen Gefüge, wie schon beim Orientierungszustand gezeigt, ein dreischichtiger Gefügeaufbau erkennen (Bild 1-122), wobei innerhalb dieser charakteristischen Zonen weitere Unterteilungen möglich sind. Besonders markant ist der Schichtenaufbau bei isotaktischem Polypropylen.

Die sphärolitharme *Randzone I* erscheint unter dem Mikroskop wie amorph. Tatsächlich liegt hier aber – wie DSC-Messungen gezeigt haben – ein teilkristalliner Zustand vor. Das Gefüge ist oft so fein, dass es von Lichtmikroskopen nicht mehr aufgelöst werden kann. Für die Feinheit des Gefüges in dieser Zone ist in erster Linie die extrem hohe Abkühlgeschwindigkeit verantwortlich. Es müssen in diesem Bereich so viele Keime entstanden

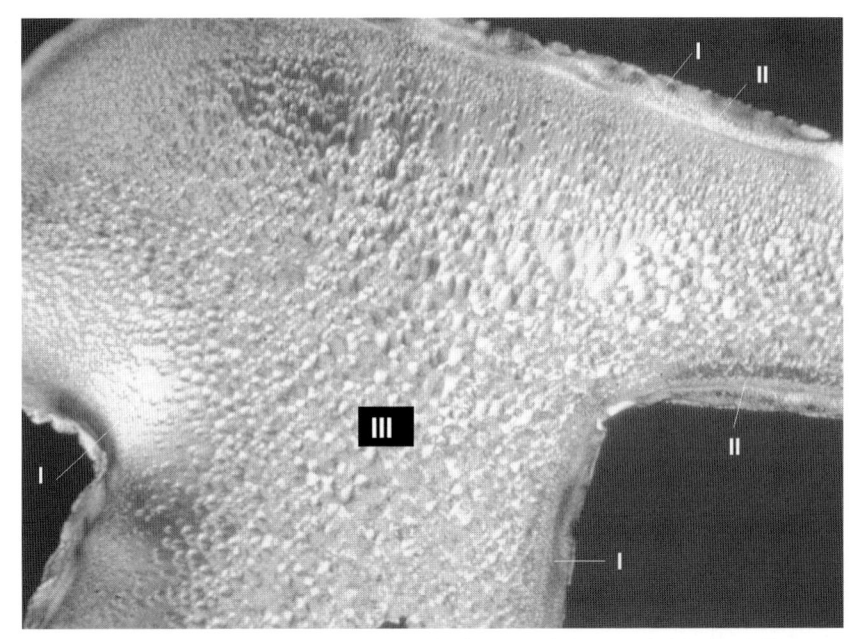

Bild 1-122 Kristalline Struktur eines Dünnschnitts durch einen Rasthaken aus POM (nach Kurr, SKZ)

sein, dass sie schon nach kurzem Wachstum mit Nachbarkristalliten zusammengestoßen sind.

Die gesamte *Zone II* ist durch starke Schereinwirkung beim Werkzeugfüllvorgang geprägt. Sie enthält häufig deutlich ausgeprägte Überstrukturen.

Die *Kernzone III* weist in der Regel grobsphärolitisches Gefüge auf, bei dem keine direkte Ausrichtung der Sphärolithe erkennbar ist. In dieser Zone liegt durch die langsame Abkühlung bedingt eine relativ große Wachstumsgeschwindigkeit bei geringer Keimzahl vor. Die Schmelzebewegungen während der Nachdruckphase führt angussnah auch in diesem Bereich zu scherungsbedingten Überstrukturen.

1.8.8.4 Bestimmung des Kristallisationsgrades

Der Kristallisationsgrad kann auf drei Arten bestimmt werden:
- thermoanalytisch,
- Dichtemessung,
- röntgenografisch.

1.8.8.5 Einfluss der Teilkristallinität auf die Formteileigenschaften

Bei normalen Einsatztemperaturen liegen die amorphen Bereiche oberhalb der Glastemperatur, also im zähflüssigen Zustand, vor; dadurch verlieren die Formteile die von den amorphen Teilen gewohnte Sprödigkeit. Je höher der Kristallisationsgrad, desto härter, fester und spröder wird der Werkstoff (Bild 1-123). Maßgeblich für die Kristallinität ist zunächst der molekulare (chemische) Aufbau der Formmassen. Daneben wird der Kristalli-

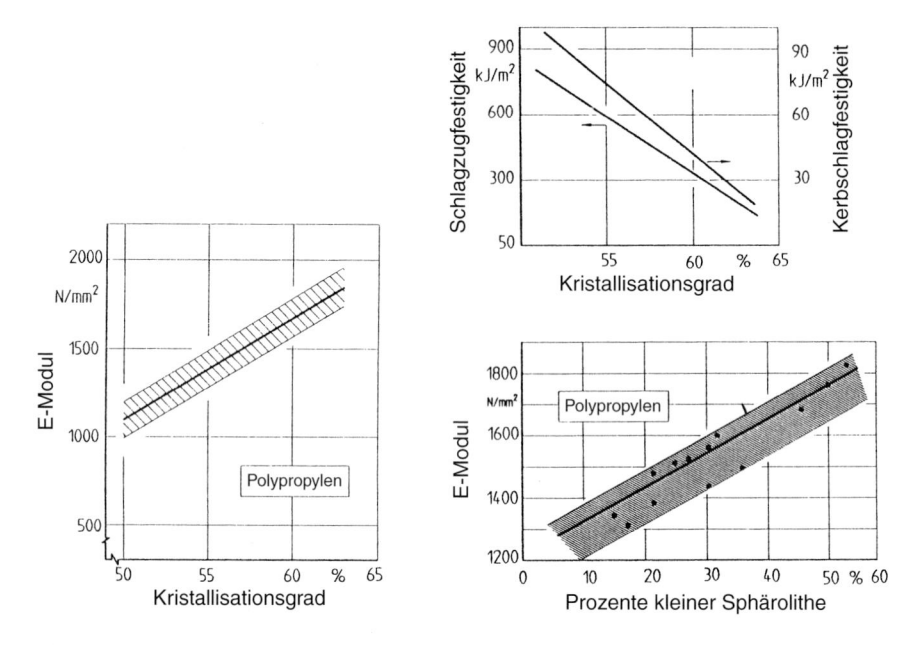

Bild 1-123 Einfluss der Krisallinität auf mechanische Eigenschaften [6]

sationsgrad auch durch die Verarbeitung und eine mögliche Wärmebehandlung (Tempern) beeinflusst.

1.8.8.6 Einfluss der Verarbeitungsbedingungen

Der wichtigste Verarbeitungsparameter ist die *Werkzeugtemperatur*, da sie abgesehen von der Wanddicke die Abkühlgeschwindigkeit am stärksten beeinflusst (Gleichung 1-30). Eine schnelle Abkühlung verringert die Beweglichkeit der Moleküle und damit den Faltungsvorgang. Die Folge ist eine unvollständige Kristallisation, die dann beim Einsatz des Formteils, insbesondere bei erhöhten Einsatztemperaturen, weitergeht und ein Nachschwinden des Formteils bewirkt. Bei einer Maßtoleranz von z. B. 0,3 % darf die Nachschwindung nur einen Bruchteil davon ausmachen. Das bedeutet z. B. für POM gemäß Bild 1-124 eine Werkzeugtemperatur von 90 °C oder mehr. Grundsätzlich gilt, je kleiner die Wanddicke umso höher muss die Werkzeugtemperatur gewählt werden. Durch Tempern kann man die Nachschwindung testen und feststellen, ob die Werkzeugtemperatur ausreichend hoch war.

Eine hohe *Schneckenvorlaufgeschwindigkeit* und eine hohe *Massetemperatur* bewirken ein gleichmäßige Gefüge. Eine hohe Massetemperatur führt zu gröberem Gefüge. Nicht zu vernachlässigen ist auch die *Restkühlzeit*. Da das Formteil an der Luft langsamer abkühlt als im Werkzeug, ist eine frühe Entformung für die Kristallisation günstig. Beim *Druck* gibt es ein Optimum, da er einerseits die Volumenverkleinerung fördert anderseits die Beweglichkeit der Moleküle verringert.

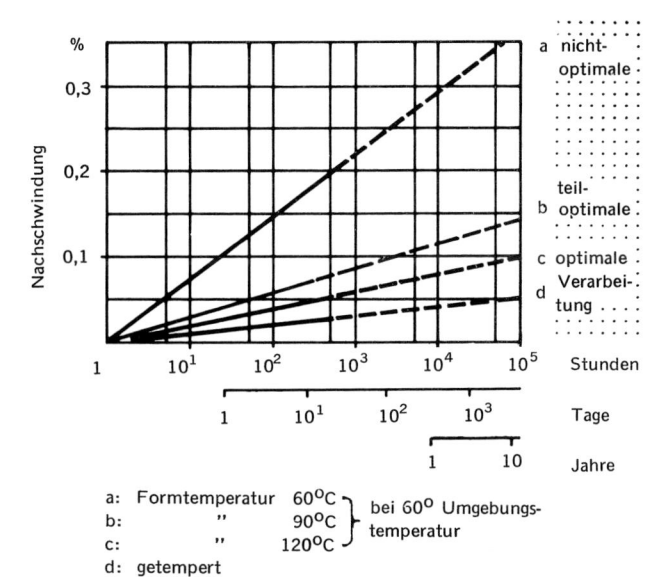

Bild 1-124
Nachschwindung von POM für unterschiedliche Werkzeugtemperaturen (nach DuPont)

a: Formtemperatur 60°C
b: " 90°C   bei 60° Umgebungstemperatur
c: " 120°C
d: getempert

1.8.9 Spritzfehler

Nachdem in den vorangegangenen Abschnitten grundlegende Merkmale der Qualität behandelt wurden, werden in Tabelle 8 zusätzliche, für das Spritzgießen typische Qualitätsmängel erläutert. Bei den Beseitigungsvorschlägen wird auf die Abschnitte verwiesen, in denen die physikalischen Grundlagen dargestellt wurden.

Tabelle 1-8 Typische Spritzfehler, ihre Ursachen und mögliche Maßnahmen zur Beseitigung

Erscheinungsbild	Mögliche Ursachen	Beseitigung (s. Abschnitt)
Unvollständige Werkzeugfüllung Formteilkonturen nicht vollständig vorhanden	• Dosiervolumen zu gering • Füllwiderstand zu hoch	• Mehr Dosieren • Gl. (1-15)
Überspritzte Teile (Gratbildung, Schwimmhäute) Feine mit Fingernagel zu ertastende bis zu filmartigen Überständen am Formteil, meist im Bereich von Trennebenen	• Schmelze dringt in Zwickel, Fugen, Spalte > 0,2 bis 0,4 mm ein. • Zuhaltekraft zu gering • Werkzeugverformung zu hoch • Viskosität zu gering • Werkzeug touchiert nicht/ eingedrückt	• Zuhaltekraft↓, (3.13.2.3 ff) • Schneckenvorlaufg. ↓ • Max.Druck↓, (1.7.1.6) • Werkzeug versteifen, (1.7.3) • Viskosität↓, (1.4.3) • Touchieren/reparieren

Tabelle 1-8 *Fortsetzung*

Erscheinungsbild	Mögliche Ursachen	Beseitigung (s. Abschnitt)
Entformungsschwierigkeiten Der Spritzling wird nicht gleichmäßig aus der Form ausgestoßen, die Auswerfer drücken sich ein; er weist entformungsbedingte Kratzer, Riefen oder Risse auf, bleibt im Gesenk hängen, wird beschädigt oder gar zerbrochen	• Spritzling noch zu weich • Entformung unter Restdruck, da zu früh entformt, zu hoch verdichtet oder verformtes Werkzeug rückfedernd den Spritzling einklemmt • Kleinsthinterschneidungen von Werkzeugbearbeitung • Zu kleine Entformungsschräge • Zu kleine, zu wenige, falsch positionierte Auswerfer	• Später entformen • Verdichtung reduzieren, (1.7.4), später entformen, • Werkzeug. versteifen (1.7.3) • Werkzeug in Entformungsrichtung ausziehen • Entformungsschrägen vergrößern • Zusätzliche Auswerfer
Freistrahlbildung Im Formteil ist ein mäanderförmig zusammengeschobener Strang („Spaghetti") zu erkennen	• Der aus der Düse austretende zylindrische Schmelzestrang bewegt sich frei durch den Werkzeughohlraum. Es entsteht keine Quellströmung, weil sich der Strahl nicht unmittelbar hinter dem Anschnitt an der Werkzeugwand oder einem anderen Hindernis bricht. • Der Strang hat durch große Viskosität eine hohe Eigenfestigkeit.	• Im Anschnittbereich Strömungsgeschwindigkeit der Schmelze verringern. • Richtung Größe und Ausbildung des Anschnitts verbessern. • Viskosität↓, (1.4.3)
Bindenähte, Fließlinien Nahtartiger Oberflächen- und Gefügefehler	• Bindenähte bilden sich, wenn Schmelzeströme zusammentreffen und mehr oder weniger verschweißen. Dabei entstehen Kerben, Verunreinigungen und Farbveränderungen durch Entmischen und Ausrichten von Pigmenten/Fasern.	• Schmelzeströme sollten nicht abgekühlt und unter hohem Druck zusammenfließen. • Bindenähe in unkritische Bereiche verlegen.
Schallplatteneffekt Am Ende der Fließwege ist die Oberfläche rillenartig, ähnlich Schallplatten ausgebildet. Die Rillen verlaufen quer zur Fließrichtung	• Untrügliches Symptom für zu langsames Einspritzen. Bei hohen Füllwiderständen verlangsamt sich die Schneckenbewegung gegen Füllende auto-	• Schneller einspritzen • Höhere Temperaturen

Tabelle 1-8 *Fortsetzung*

Erscheinungsbild	Mögliche Ursachen	Beseitigung (s. Abschnitt)
Schallplatteneffekt	matisch. Durch die starke Abkühlung der Fließfront entsteht ein „Stick-, Slip-Effekt".	
Dieseleffekt Schwarze Stellen, meist an Fließwegenden, gelegentlich auch im Bereich von Bindenähten	• Gestaute Luft erhitzt sich durch Kompression so stark, dass am Formteil Brandstellen hervorgerufen werden. Durch die Verbrennungen können aggressive Spaltprodukte freiwerden, die den Werkzeugstahl angreifen. Es bilden sich Rückstände, die Entlüftungsschlitze verstopfen.	• Entlüftung verbessern • Eine Verlangsamung der Füllung ist gefährlich, weil sich dadurch die Struktur des Formteils verschlechtert (1.8.4).
Matte Stellen Meist im Anschnittbereich aber auch bei schroffen Querschnittsübergängen entstehen matte Flecken, die auch aus feinen Ringen bestehen können	• Die Schubkräfte übersteigen die Wandhaftung der Randschicht, erkaltete Haut verrutscht. • Die hohen Scherkräfte zerreißen die schon erstarrte Haut. Durch die Kerbe dringt heißes Material an die Oberfläche.	• Schubkräfte reduzieren; Schneckenvorlaufgeschwindigkeit in diesem Bereich verlangsamen • Viskosität↓ (1.4.3) • Anschnitt vergrößern • Querschnittsübergänge runden
Einfallstellen, unebene Oberfläche Vertiefungen an der Formteiloberfläche, teilweise nur an Glanzunterschieden zu erkennen; meist im Bereich von Masseanhäufungen	• Lokal erhöhte Volumenschwindung durch ungenügende Verdichtung • Gestaltungsfehler	• Verdichtung erhöhen (1.7.4) • Masseanhäufungen vermeiden
Lunker Im Inneren des Formteils haben sich nach der Abkühlung mikrozellige bis blasenförmige Hohlräume (Vakuolen) gebildet	• Wie bei Einfallstellen mit dem Unterschied, dass die Randschichten schon so fest sind, dass sie durch die Kontrakationskräfte nicht mehr nach innen gezogen werden können. • Gestaltungsfehler	• Verdichtung erhöhen (1.7.4) • Masseanhäufungen vermeiden
Gasblasen im Inneren des Spritzlings Im Spritzling sind Blasen zu erkennen. Im Gegensatz zu Lunkern ist die Blase mit einem Gas gefüllt oder durch Wasserdampf entstanden. Das Gas kann Luft oder ein Zersetzungsgas sein	• Bei der Plastifizierung oder durch übertriebene Kompresionsentlastung wurde Luft in die Schmelze eingeleitet	• Staudruck zu gering, Kompressionsentlastung zu groß

Tabelle 1-8   *Fortsetzung*

Erscheinungsbild	Mögliche Ursachen	Beseitigung (s. Abschnitt)
Gasblasen im Inneren des Spritzlings	• Materialfeuchte • Materialzersetzung durch lokale Überhitzung	• Vortrocknen • Temperaturen/Scherung herabsetzen (1.7.2.1)
Feuchtigkeitsschlieren An der Formteiloberfläche sind silbrige Wolken, Strahlen oder eisblumenartige Muster, zu erkennen	• An die Oberfläche kommende Wasserdampfblasen werden durch die Scherkräfte aufgerissen und zerrieben.	• Material ausreichend vortrocknen
Verbrennungsschlieren Bräunliche oder silbrige Muster an der Formteiloberfläche	• Thermische Schädigung der Kunststoffe durch: – zu hohe Massetemperatur – zu hohe Scherung	• Zylindertemperaturen, Drehzahl, Staudruck ↓ • Einspritzgeschwindigkeit↓ (1.7.2.1) • Rückstromsperre überprüfen
Farbschlieren Muster an der Fomteiloberfläche durch unterschiedliche Farbintensität	• Schlechte Mischung • Thermische Schädigung der Pigmente • Ausrichtung/Entmischung der Farbstoffe durch hohe Scherung	• Schmelzehomogenität verbessern • Zylindertemperaturen, Drehzahl, Staudruck ↓ • Scherung reduzieren (1.7.2.1)
Glasfaserschlieren Glasfasern in Kunststoffen führen generell zu einer verhältnismäßig matten Oberfäche der Formteile. Ist die Verteilung nicht gleichmäßig, so entstehen Muster	• Glasfasern treten an die Oberfläche • Entmischungen	• Werkzeugtemperatur ↑ • Einspritzgeschwindigkeit ↑
Glanz Ungenügender Glanz oder Glanzunterschiede insbesondere gegenüber von Masseanhäufungen	• Maximaler Glanz entsteht bei minimaler Oberflächenrauheit des Formteils. Eine polierte Werkzeugoberfläche muss deshalb besonders gut abgeformt werden. Bei rauen Werkzeugoberflächen erscheinen gegenüber von Masseanhäufungen glänzende Stellen, weil die erhöhte Schwindung eine saubere Abformung der Werkzeugrauigkeit verhindert.	• Werkzeugtemperatur ↑ • Massetemperatur ↑ • Schnell einspritzen • Höher verdichten • Werkzeugoberfläche verbessern
Dunkle Punkte Auf der Oberfläche oder im Formteilinneren sind schwarze Punkte zu erkennen	• Verschleiss, wie z. B. Ablösung der Nitrierschicht von Schnecken,	• Thermische Belastung reduzieren • Schnecke reinigen

Tabelle 1-8 *Fortsetzung*

Erscheinungsbild	Mögliche Ursachen	Beseitigung (s. Abschnitt)
Dunkle Punkte	thermische Schädigung oder Verschmutzung	• Rückstromsperre/ Schneckenspitze/ Schnecke ersetzen
Abblätterung der Oberflächenschicht Vom Formteil können vorwiegend im Angussbereich einzelne Schichten schieferartig voneinander abgezogen werden	• Thermische Schädigung, hohe Schubspannung. Kaltverschiebungen unter Nachdruck	• Thermische Belastung reduzieren (1.5.3) • Schubspannung absenken (1.4.2.1) • Stützender Nachdruck

1.9 Qualitätssicherung in der Produktion[1]

1.9.1 Definitionen

1.9.1.1 Qualität

Das Wort *Qualität* wird vielfach falsch verstanden und mit „Hohem Anspruch" gleichgesetzt. Tatsächlich bedeutet Qualität aber die möglichst genaue und gleichmäßige Erfüllung der Forderungen, die der Endanwender an das jeweilige Teil stellt. Diese können jedoch eher mit Funktionieren, Leichtgängigkeit, Haltbarkeit, Farbechtheit, Schönheit usw. als mit Zeichnungsmaßen und -toleranzen beschrieben werden.

Die Toleranzen sind nur ein – zuweilen sehr unvollkommenes – Mittel, um die Gebrauchsforderungen in einer technischen Zahlenform auszudrücken und sie damit mess- und überprüfbar zu machen. Toleranzen sind irreführend, weil sie dazu verleiten, an der Toleranzgrenze eine scharfe Gut-/Schlecht-Unterscheidung zu treffen. Dieses Denken wird in den letzten Jahren mehr und mehr infrage gestellt.

Der japanische Qualitätsguru Taguchi stellt dem die These entgegen, dass es zwischen den beiden Toleranzgrenzen kein einheitliches „Gut" gibt, sondern dass nur in der Toleranzmitte eine Maßanforderung wirklich erfüllt ist. Je weiter man sich von dieser Mitte entfernt, desto größer wird der Qualitätsverlust, auch wenn die Toleranzgrenze noch nicht erreicht ist. Die Grenze ist nur eine beiderseitige Übereinkunft, bis zu welchem Grade Abweichungen vom (gewünschten) Idealfall akzeptiert werden.

Qualität bedeutet: Erfüllung der Forderungen.

1.9.1.2 Qualitätssicherung

Qualitätssicherung wird landläufig sehr selbstverständlich gleichgesetzt mit Qualitätskontrolle. Dabei hat man automatisch den scharfäugigen Kontrolleur vor Augen, der mit Messwerkzeugen, Labor und dem „goldenen Griff" bewaffnet ist und dessen Bemühungen alle darauf zielen, fehlerhafte Teile zu finden und sie aus der Produktion herauszufiltern. „Qualitätssicherung", wörtlich betrachtet, bedeutet dagegen „Sichern" bzw. „Sicherstellen der

---
[1] Auszug aus der Vorlesung von Dipl.-Ing. Achim Franken an der FH Aargau

Qualität". Eine Qualitätskontrolle beschränkt sich darauf, Fehler zu finden. Qualitätssicherung fasst dagegen alle Maßnahmen zusammen, die dazu beitragen, dass Fehler gar nicht erst entstehen können.

Qualitätssicherung bedeutet: Fehlervermeidung.

1.9.1.3 Qualitätssicherungssysteme

Bis zum Beginn der achtziger Jahre war die Laufkontrolle das übliche Mittel einer ernsthaften Qualitätsüberwachung. Lieferungen erfolgten nach AQL (Accepted Quality Level). Dieser beschreibt die Anzahl zulässiger Fehlteile innerhalb einer Stichprobe, deren Größe abhängig von der Liefermenge festgelegt ist. AQL ist somit eine Abmachung, wie viele fehlerhafte Teile der Abnehmer akzeptiert.

Dann kam jedoch der Durchbruch der Mikroelektronik auf breiter Front. Auf allen Gebieten der industriellen Fertigung hielt die Automation Einzug. Damit wurden fehlerhafte Teile zu einem großen Risiko, weil jetzt die Gefahr bestand, dass ein fehlerhaftes Teil eine komplette Montagelinie zum Stillstand bringen konnte, weil der entsprechende Automat nicht in der Lage war, einfach ein anderes Teil zu nehmen oder ein wenig „Gewalt" anzuwenden, wenn z. B. eine Passung nicht ganz stimmte. Es entstand die Forderung nach einer „Null-Fehler"-Qualität. Ein weiterer Anstoß erwuchs aus dem wachsenden Konkurrenz- und Preisdruck durch fernöstliche Produkte mit ausgezeichnetem Preis-/Leistungs-Verhältnis.

Neben anderen Faktoren waren dies die Hauptauslöser für einen Umdenkprozess, der von den großen Konzernen, allen voran der Automobilindustrie, begonnen und auf ihre Lieferanten übertragen wurde. Ausgangspunkt war die heute selbstverständlich scheinende Erkenntnis, dass präventive Maßnahmen zur Vermeidung von Fehlern wesentlich wirkungsvoller sind als die nachträgliche Prüfung mit Aussortieren. Daneben wollte man das zur Prüfung erforderliche Personal bei Lieferant und Abnehmer reduzieren.

Anstatt die Qualität der gelieferten Teile zu kontrollieren, wird nun das Konzept des Herstellers überprüft mit dem er die Fehlerfreiheit sicher zu stellen gedenkt. *„Auditieren"*,

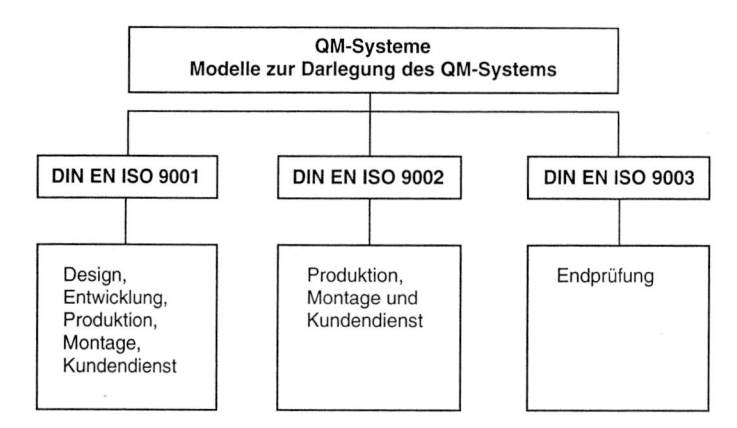

```
          QM-Systeme
Modelle zur Darlegung des QM-Systems
```

DIN EN ISO 9001	DIN EN ISO 9002	DIN EN ISO 9003
Design, Entwicklung, Produktion, Montage, Kundendienst	Produktion, Montage und Kundendienst	Endprüfung

Bild 1-125 Schlüssel-QM-Elemente und zugehörige Normen

„Zertifizieren" und *„Verifizieren"* heißen die Schlagworte. Nicht mehr das Produkt selber, sondern das Qualitätssicherungssystem zur Herstellung des Produkts steht jetzt im Vordergrund. Qualität(ssicherung) wird als Unternehmensziel gefordert.

Ein solches Qualitätssicherungssystem wird seit 1994 (DIN EN ISO 9001 bis 9004) als *Qualitätsmanagement (QM)* bezeichnet [98]. Qualitätsmanagement ist damit der übergeordnete Begriff und bezeichnet die Gesamtheit aller qualitätsbezogenen Tätigkeiten und Zielsetzungen, nicht nur diejenigen, die direkt an der Herstellung eines Produkts beteiligt sind. Bild 1-125 gibt einen Überblick der qualitätsrelevanten Bereiche und die zugehörigen Normen.

1.9.2 Statistische Prozesskontrolle (SPC)

Im Bereich der Produktionsüberwachung wurden ebenfalls neue Methoden eingeführt, vor allem in Fertigungsbereichen wie der spanenden Fertigung, wo ein Arbeitsgang ein bestimmtes Merkmal erzeugt. Sie werden meistens zusammenfassend mit dem Begriff „SPC" *(Statistical Process Control)* bezeichnet. Als Grundidee tritt an die Stelle der stichprobenartigen Kontrolle einzelner Teile die Abschätzung aller Teile mit statistischen Methoden, vergleichbar mit einer so genannten repräsentativen Erhebung. Mithilfe der Wahrscheinlichkeitsrechnung kann eine Aussage über die Wahrscheinlichkeit von Fehlteilen gemacht werden. Die Verfahrensweise wird nachfolgend vereinfacht beschrieben.

1.9.2.1 Normalverteilung

Zeichnet man die Häufigkeit eines Merkmals aus einer Menge von Teilen über dem Messwert auf (z.B. Anzahl Personen über der Körpergröße), so erhält man das typische Bild einer Glockenkurve, der so genannten Normalverteilung nach Gauß bzw. nach Poisson. Sie wird durch die zwei Kennwerte Mittelwert $\bar{x}$ und die Standardabweichung s eindeutig beschrieben; $\bar{x}$ gibt die Lage an und s beschreibt die Breite der Glockenkurve. (Bild 1-126).

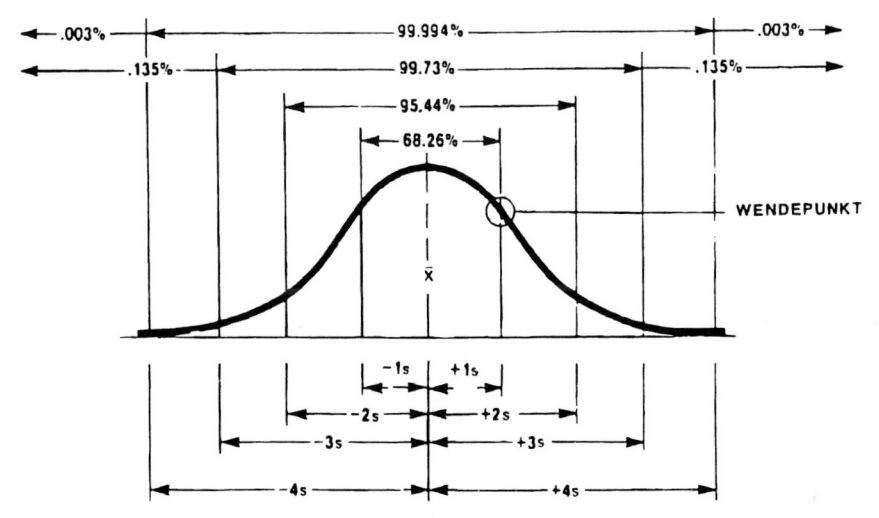

Bild 1-126 Normalverteilung nach Gauß

1.9.2.2 Maschinenfähigkeit

Zunächst wird in einem Vorlauf eine größere Stichprobe von Teilen (ca. 50 bis 100 Stück) ausgewertet. Dazu wird das entsprechende Qualitätsmerkmal (z. B. ein Längenmaß) bei jedem Teil ausgemessen. Daraus berechnet man den *arithmetischen Mittelwert* $\bar{x}$:

$$\bar{x} = \frac{1}{n} \sum_{i=1}^{n} x_i \tag{1-58}$$

sowie die *Standardabweichung s* (mittlerer Abstand vom Mittelwert):

$$s = \sqrt{\frac{\Sigma (x_i - \bar{x})^2}{n - 1}} \tag{1-59}$$

Diese Werte definieren die Form der Verteilung. Die so ermittelte Glockenkurve kann mit den Spezifikationsgrenzen (Toleranzgrenzen) verglichen werden. Aufgrund der Wahrscheinlichkeit muss die nächste Toleranzgrenze mindestens *4s* vom Mittelwert entfernt sein, um die nötige Sicherheit zu erreichen. Die Forderung lautet:

$$c_m = \frac{OSG - USG}{6 \cdot s} \geq \frac{4}{3} = 1,\bar{3} \tag{1-60}$$

mit OSG/USG obere-/untere Spezifikationsgrenze.

Normalerweise wird bei einer solchen Untersuchung der Mittelwert nicht unbedingt in der Toleranzmitte liegen. Die Forderung lautet, dass er dann dorthin verschoben werden muss (z. B. durch eine Änderung der Maschineneinstellung), bevor weitere Untersuchungen durchgeführt werden. Das ist natürlich bei einer Spritzgussproduktion nicht so ohne weiteres möglich. Für diesen Fall wird noch eine kritische Maschinenfähigkeit definiert, die auf den Abstand vom Mittelwert zur nächstliegenden Toleranzgrenze bezogen ist:

$$c_{mk} = \frac{\min(OSG - \bar{x}); \bar{x} - USG)}{3 \cdot s} \geq \frac{4}{3} = 1,\bar{3} \tag{1-61}$$

cm steht für das englische *capability* (= Fähigkeit) mit dem Index *m* für *Maschinenfähigkeit*. *Cm* wird also als *Maschinenfähigkeitsindex* bzw. *cmk* als *kritischer Maschinenfähigkeitsindex* bezeichnet. Er beruht auf einer Kurzzeitbeobachtung und drückt aus, inwieweit das Produktionsmittel (Maschine) überhaupt in der Lage ist, die geforderten Toleranzen einzuhalten. Er enthält keine Aussagen über die Einflüsse von Personal, Umgebungsbedingungen, Materialschwankungen, Abnutzung usw.

Maschinenfähigkeit ist eine Kurzzeiteigenschaft.

Generell sind vier Fälle für c_m- und c_{mk}-Werte zu unterscheiden (Bild 1-127).
- Zentrierte Lage mit geringer Streuung innerhalb der Spezifikationsgrenzen.
- Nichtzentrierte Lage mit geringer Streuung außerhalb der Spezifikationsgrenzen.
- Zentrierte Lage mit großer Streuung über die Spezifikationsgrenzen hinaus.
- Nichtzentrierte Lage mit großer Streuung über die Spezifikationsgrenzen hinaus.

1.9 Qualitätssicherung in der Produktion

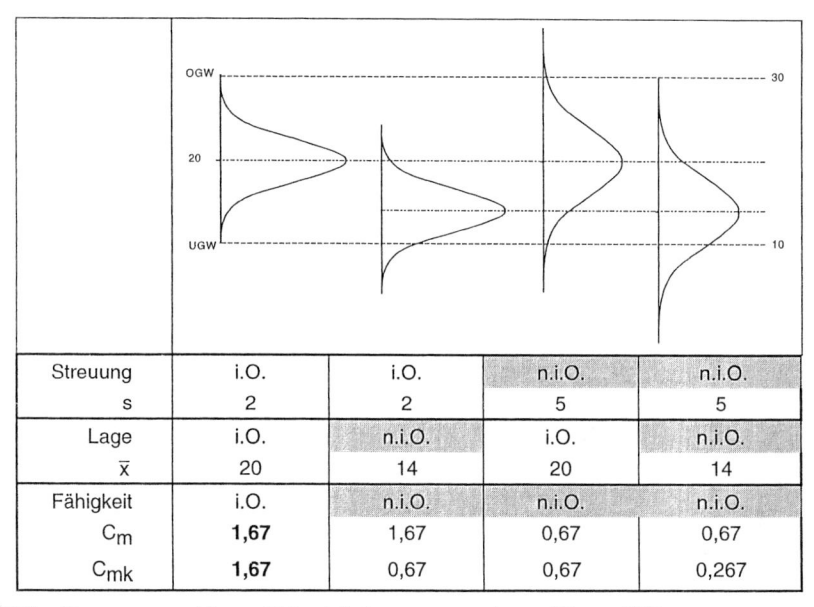

Streuung s	i.O. 2	i.O. 2	n.i.O. 5	n.i.O. 5
Lage $\bar{x}$	i.O. 20	n.i.O. 14	i.O. 20	n.i.O. 14
Fähigkeit c_m	i.O. 1,67	n.i.O. 1,67	n.i.O. 0,67	n.i.O. 0,67
c_{mk}	1,67	0,67	0,67	0,267

Bild 1-127   Streuungs- und Lageabhängigkeit von c_m- und c_{mk}-Werten [59]

Allgemein werden für die Maschinenfähigkeitsuntersuchung c_{mk}-Werte größer 1,67 oder bei besonderen Bedingungen 1,33 als ausreichende Grenze angenommen. Welcher Wert erreicht werden soll, ist firmenintern festzulegen und zu dokumentieren.

1.9.2.3   Qualitätsregelkarte

Ist die Maschinenfähigkeit gegeben, wird eine Produktion gestartet und in regelmäßigen Abständen eine Stichprobe entnommen. Der minimale Umfang einer Stichprobe beträgt fünf Teile. (Aufgrund des Grenzwertsatzes der Statistik sind fünf Werte aus einer Gesamtmenge bereits normalverteilt, d. h. völlig zufällig). Die Teile der Stichprobe werden dann vermessen und die Messergebnisse in einer Regelkarte (Bild 1-128) eingetragen. Für jede einzelne Stichprobe werden Mittelwert und Standardabweichung berechnet und grafisch eingezeichnet. Aus dem entstehenden Kurvenzug lässt sich das Prozessverhalten ablesen. Durch die getrennte Auftragung von Mittelwert und Standardabweichung lassen sich zufällige und systematische Einflüsse unterscheiden. Letztere können (und müssen) abgestellt werden, während zufällige Einflüsse in der Regel nur durch eine Änderung der Produktionsmethode beseitigt werden können.

1.9.2.4   Eingriffsgrenzen

Eine Regelkarte umfasst im Normalfall 25 Stichproben. Wenn eine Karte komplett ausgefüllt ist, wird aus den Mittelwerten und Standardabweichungen der Einzelstichproben ein *Gesamtmittelwert xq* und eine *mittlere Standardabweichung sq* berechnet. Das wird dann als das *normale* Verhalten des Prozesses angenommen. Folglich kann man daraus dann für die nächste Karte so genannte *Eingriffsgrenzen* berechnen, die anzeigen, wenn der Prozess sich aus dieser „Normalität" herausbewegt.

150 Spritzgießen von Thermoplasten

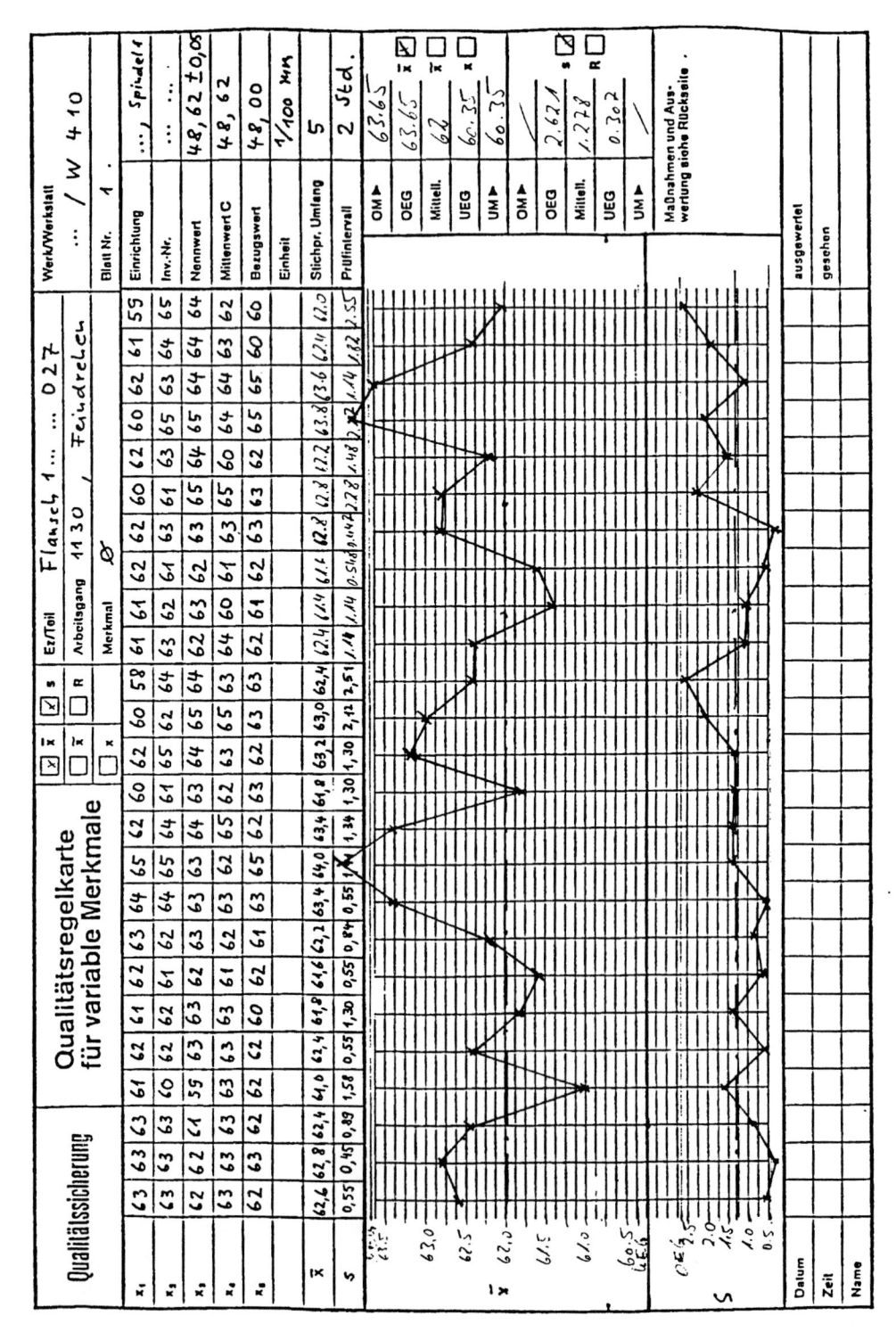

Bild 1-128 Qualitätsregelkarte für variable Merkmale

Für den Mittelwert gelten die Eingriffsgrenzen:

$$OEG_{\bar{x}} = xq + A3 \cdot sq \qquad (1\text{-}62)$$

$$UEG_{\bar{x}} = xq - A3 \cdot sq \qquad (1\text{-}63)$$

OEG/UEG obere-/untere Eingriffsgrenze, A3 Tabellenwert nach Ford Q101 [60], abhängig von der Stichprobengröße.

Entsprechend gilt für die Standardabweichung s:

$$OEG_s = B4 \cdot sq \qquad (1\text{-}64)$$

$$UEG_s = B3 \cdot sq \qquad (1\text{-}65)$$

mit B3, B4 Tabellenwerte nach Ford Q101 [60], abhängig von der Stichprobengröße.

Die Überschreitung dieser Grenzen erfordert die Einleitung einer Gegenmaßnahme.

1.9.2.5 Prozessfähigkeit

Aus dem Gesamtmittelwert xq und der mittleren Standardabweichung sq einer Regelkarte wird analog zur Maschinenfähigkeit die Prozessfähigkeit berechnet. Dazu wird aus der mittleren Standardabweichung sq (der Stichproben) die Standardabweichung (Streuung) aller in diesem Zeitraum gefertigten Teile abgeschätzt:

$$\sigma = \frac{sq}{C4} \qquad (1\text{-}66)$$

C4 Tabellenwert nach Ford Q101, abhängig von der Stichprobengröße

Die Prozessfähigkeit berechnet sich dann genau wie die Maschinenfähigkeit:

$$c_p = \frac{OSG - USG}{6 \cdot \sigma} \geq \frac{4}{3} = 1,\bar{3} \qquad (1\text{-}67)$$

$$c_{pk} = \frac{\min(OSG - xq; xq - USG)}{3 \cdot \sigma} \geq \frac{4}{3} = 1,\bar{3} \qquad (1\text{-}68)$$

Die Prozessfähigkeit drückt aus, inwieweit die Toleranzen auch über längere Zeit eingehalten werden können. Einflüsse wie Mitarbeiter, Umgebungseinflüsse, Materialschwankungen, Abnutzung usw. werden hier mit berücksichtigt.
Die Prozessfähigkeit ist eine Langzeiteigenschaft.

1.9.2.6 Zielsetzung von SPC

Mit den oben beschriebenen Maßnahmen wird das *Prozessverhalten* sichtbar. So kann z. B. aus der Lage des Mittelwerts ein *Trend* abgelesen werden und eine Gegenmaßnahme ergriffen werden, *bevor* überhaupt *Fehlteile* entstehen können. Die Eingriffsgrenzen definieren den Rand des „normalen" Prozessverhaltens; eine Überschreitung ist nicht mehr normal, also muss eine Veränderung stattgefunden haben. Diese Veränderung gilt es dann zu suchen und abzustellen bzw. zu kompensieren.

Mit einem solchen System kann ein Herstellprozess durch den Bediener *korrigiert, „geregelt"* werden, auch wenn die entsprechende Maschine nicht geregelt arbeitet. Wenn es gelingt, die produzierten Teile mit diesen Maßnahmen innerhalb der Toleranzgrenzen zu halten, d. h. wenn c_{pk} > 1.33 ist, spricht man von einer *beherrschten Produktion*.

SPC, korrekterweise mit Statistische Prozessregelung übersetzt, wird also erst durch die Beachtung der Eingriffsgrenzen durch den Bediener zu einer „Regelung". Die statistische Dokumentation mit einer „Regelkarte" alleine bewirkt noch keine Regelung und darf daher auch nicht mit SPC verwechselt werden.

Eine Regelkarte macht noch keine SPC.

1.9.2.7 Grenzen der Anwendbarkeit von SPC-Methoden

Wie bereits oben beschrieben, funktioniert SPC ausgezeichnet bei Verfahren, bei denen ein Merkmal in einem Arbeitsschritt erzeugt wird und definiert beeinflusst werden kann, Beispiel: Drehen eines Durchmessers. Demgegenüber ist Spritzgießen ein Urformverfahren, bei dem alle Merkmale eines Formteiles im gleichen Arbeitsgang (Zyklus) erzeugt werden. Das erste Problem stellt sich schon alleine mit der Zahl der theoretisch zu überwachenden Merkmale. Selbst bei Reduzierung auf Hauptmaße und der Annahme, dass die übrigen Maße damit korrespondieren, bleiben noch Eigenschaften wie Verzug, Struktur, Festigkeit, Orientierungen, Oberfläche u. a. Das nächste, größere Problem ist die lange Rückkopplung eines solchen Qualitätsregelkreises. Bis die Qualität an einer Stichprobe von Teilen vollständig bestimmt ist, können Stunden vergehen. Zudem sind manche Eigenschaften erst Stunden oder Tage nach der Herstellung feststellbar. Ein solcher Regelkreis ist nicht brauchbar. Der schwerwiegendste Einwand liegt aber in der fehlenden Stellgröße für einen solchen Regelkreis. Selbst wenn eine Abweichung an einem Teilemerkmal festgestellt wird, kann keine eindeutige Abhilfemaßnahme am Prozess (außer einer Werkzeugänderung) definiert werden. Vor allem kann ein einzelnes Merkmal nicht alleine verändert werden, ohne auch die übrigen Merkmale zu beeinflussen. Insgesamt ist also SPC für das Spritzgießen nur mit erheblichen Einschränkungen geeignet.

Obwohl viele Gründe dagegen sprechen, wird SPC in Spritzgießbetrieben weit verbreitet praktiziert. Das hat im Wesentlichen zwei Ursachen. Einerseits fehlt aufseiten der Abnehmer entweder die Kompetenz, die beschriebenen Sachverhalte anzuerkennen, oder aber die Bereitschaft, mühsam eingeführte rigorose Forderungen jetzt wieder aufweichen zu wollen. Ebenso fehlt den meisten Spritzgießern sowohl die Argumentation, ihre Abnehmer von der Sinnlosigkeit ihrer Forderungen zu überzeugen, als auch eine brauchbare Alternative.

1.9.3 Spritzgießspezifische Qualitätssicherung

Im Folgenden sollen einige für das Spritzgießverfahren typische Qualitätssicherungsmöglichkeiten dargelegt werden.

1.9.3.1 Prozessdokumentation

Noch immer ist das Know-how über das Verhalten des Spritzgießprozesses für das jeweilige Teil in vielen Betrieben nur in den Köpfen des Einrichtpersonals vorhanden. Eine Dokumentation oder Abspeicherung der Maschineneinstellung ist immer noch nicht selbstverständlich. Somit resultiert die bei jedem Produktionsstart erforderliche neue Optimierung in der Regel jedesmal in einem anderen Betriebspunkt. Es fehlt Wissen um die Zusammenhänge zwischen Prozessführung und Teilequalität. Erst mit diesem Wissen, dem Kennen der möglichen Störeinflüsse und geeigneter Abhilfemaßnahmen wird im Spritzgießen die geforderte „Prozessbeherrschung" erreicht. Der erste Grundstock für dieses Wissen liegt in der systematischen Dokumentation der Prozessbedingungen und der Resultate am Teil. Dazu sind Regelkarte (ohne Eingriffsgrenzen, Fähigkeitsberechnung nur am Teil), Einstellprotokoll und Messschriebe geeignet.

1.9.3.2 Überwachung von Prozessparametern

Abgesehen von Regelschwankungen ist das Spritzgießverfahren ein sehr stabiler Prozess. Nicht umsonst wurde 1973 die Einführung geregelter Parametern von der Fachwelt belächelt. Abweichungen durch Driften des Betriebspunktes sind erfahrungsgemäß sehr langfristiger Natur (Alterungs-, Ablagerungs- oder Verschleißeffekte z. B. Rückstromsperre o. ä.) und werden daher auch von statistischen Überwachungen nicht sicher erfasst. Typisch für den Spritzgießprozess sind dagegen plötzliche, zufällig auftretende grundsätzliche Änderungen des Betriebspunkts ohne vorherige Ankündigung durch Trends. (Ausbrüche im Werkzeug, verstopfte Anspritzpunkte im Mehrkavitätenwerkzeug, Chargenwechsel beim Material u. a.). Diese können nur durch eine geeignete 100%-Prozessüberwachung sicher erkannt werden.

Die Strategie einer Prozessüberwachung muss darauf abzielen, plötzliche Betriebspunktänderungen zu erfassen. Es wird nur in den seltensten Fällen gelingen, eine Prozessgrenze direkt mit einer Versagensgrenze am Teil in Bezug zu setzen. Das Ziel muss vielmehr sein, die Abweichung vom Normalzustand zu detektieren und entsprechend mit Aussortieren oder sogar Abschalten der Maschine zu reagieren. Eine solche Überwachung ist dann wirkungsvoll, wenn Fehlteile erst bei Abweichungen vom Betriebspunkt entstehen können. Leider ist in der gängigen Praxis jedoch festzustellen, dass bei den meisten Produktionen bereits im Betriebspunkt, d.h. im Normalzustand, die Gefahr gelegentlicher Fehlteile besteht. Der Grund hierfür liegt darin, dass bei der Werkzeugabnahme bzw. Produktionsaufnahme lediglich nach den hauptsächlichen Kriterien (Optik, Vollständigkeit, Hauptmaße) optimiert wurde. Eine komplette Analyse aller Kriterien fällt in der Regel der Komplexität des Anforderungsprofils zum Opfer.

Die Überwachung von Prozessparametern, wie z.B. in Bild 1-129 zu sehen, kann und soll aufgrund der automatischen Messwerterfassung in jedem Fall zu 100% erfolgen, da hierdurch keine zusätzliche Belastung entsteht. Die Dokumentation wiederum darf und muss aufgrund der nötigen Datenverdichtung auf statistische Methoden zurückgreifen. Aber auch diese sollte jeweils immer auf der Grundgesamtheit aller Zyklen und nicht nur auf einer Teilmenge beruhen.

1.9.3.3 Auswahl der Überwachungsgrößen

Prozesskurvenverläufe

Die einfachste Überwachungsfunktion besteht in der Visualisierung des Prozessgrößenverlaufs in Form einer über den Bildschirm und Drucker ausgebbaren Prozessgraphik (Bild 1-130). Dabei werden von den Maschinensteuerungen die Verläufe für den Hydraulikdruck, den Schneckenweg und, soweit erfassbar, den Werkzeuginnendruck angeboten. Diese Funktionen erlauben es dem Maschineneinrichter, eine visuelle Kontrolle des Prozessge-

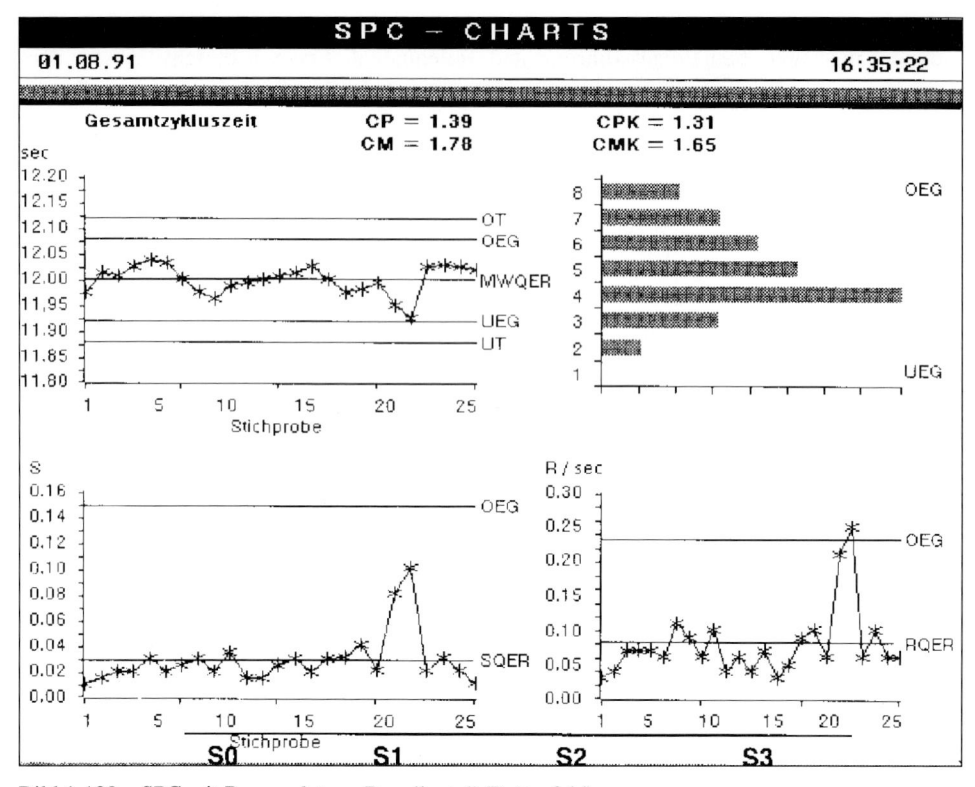

Bild 1-129 SPC mit Prozessdaten-„Regelkarte" (Battenfeld)

schehens vorzunehmen. Besonders in der Einrichtphase kann so schneller die geforderte Qualität erreicht oder reproduziert werden. Um den Verlauf einer Prozesskurve über den kompletten Zyklus oder über bestimmte Phasen eines Zyklus automatisch zu überwachen, werden so genannte Toleranzbandüberwachungsfunktionen von der Maschinensteuerung zur Verfügung gestellt.

Folgende *Prozesskennzahlen* (Bild 1-131) bieten sich für die Prozessüberwachung an:

Kennzahlen des Druckverlaufs beim Einspritzen und Verdichten

- Einspritzarbeit, Fließzahl
- Druckanstiegsgeschwindigkeit beim Einspritzen
- Druckwert zum Umschaltzeitpunkt
- Fülldruck
- Füllzeit, Einspritzzeit
- maximaler Druck
- Druckintegral in der Nachdruckphase
- Druckwirkzeit

Kennzahlen derPlastifizierung

- Dosierzeit
- Dosierarbeit

1.9 Qualitätssicherung in der Produktion 155

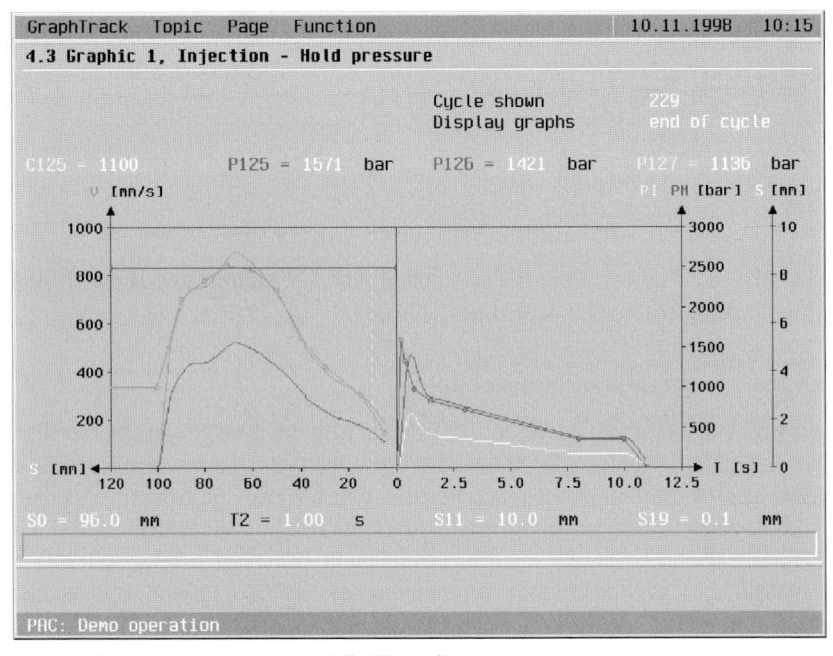

Bild 1-130 Beispiel für eine Prozessdatengraphik (Netstal)

Bild 1-131 Überwachung von Prozesskennzahlen (Netstal)

Temperaturkennzahlen
- Massetemperatur
- Werkzeugtemperatur

Weitere Kennzahlen
- Zykluszeit
- Massepolster

Maschinelle Überwachungsgrößen können das Ausschußrisiko erheblich senken aber die Möglichkeit nicht mit Sicherheit ausschließen.

1.9.3.4 Überwachungsgrenzen

Ein Problem bei einer Prozessüberwachung liegt im Finden geeigneter Toleranzgrenzen. Normalerweise ist der Zusammenhang zwischen den Prozessgrößen und den erzielten Teileeigenschaften nicht bekannt. Daher ist eine Grenze am Prozess eigentlich willkürlich. Allerdings kann wie auf einer Regelkarte einmal ein Zustand der „Normalität" definiert werden. Danach überwacht man nicht mehr mit Blick auf defekte Teile sondern auf eine grundsätzliche (systematische) Veränderung des Arbeitspunkts, da man davon ausgehen kann, dass bei unveränderter Prozesssituation (Arbeitspunkt) auch die Qualität der produzierten Teile unverändert bleibt. Aussortierte Schüsse sind damit auch nicht zwangsläufig Ausschuss, sondern lediglich Teile von zweifelhafter Beschaffenheit außerhalb des uns Bekannten.

1.10 Optimierungsstrategien

Es wurde bereits erwähnt, dass die Komplexität des Anforderungsprofils an ein Spritzgussteil eine vollständige Optimierung nahezu unmöglich macht. Wer schon einmal versucht hat, einen Spritzgießprozess zu optimieren, kann bestätigen, dass bereits die gleichzeitige Verfolgung von zwei oder drei Kriterien an die Grenze der menschlichen Leistungsfähigkeit führt. In der Regel werden die Kriterien einzeln nacheinander (iterativ) optimiert, wobei zwischen gegenläufigen Interessen ein intuitiver Kompromiss gesucht wird. Erst wenn zwei Forderungen gänzlich unvereinbar scheinen, wird als letzte Wahl eine Werkzeugänderung in Betracht gezogen. Es existieren diverse Ansätze, diese Problemstellung mittels Computer zu lösen. Unter dem Oberbegriff „Expertensystem" wird versucht, das Wissen um Einzelzusammenhänge systematisch zusammenzufassen und damit auch komplexere Anforderungen zu erfüllen.

1.10.1 Programmierung der Einstelllogik

Wenn man davon ausgeht, dass der Einsteller beim Einfahren eines Werkzeugs sich aufgrund einer Folge logischer Entscheidungen an einen Betriebspunkt herantastet, der Teile von ausreichender Qualität ergibt, so liegt nahe, dass diese Folge von Entscheidungen auch programmierbar ist und damit von einem Rechner ausgeführt werden kann. Da bei einer Programmierung die Intelligenz und Erfahrung vieler Personen verarbeitet werden kann, ist zu erwarten, dass der Rechner die Maschinen besser und schneller einstellen wird, als es der

Einsteller im Betrieb vermag. Hinzu kommt, dass der Rechner zusätzliche Informationen über die Messeinrichtungen der Maschine direkt abrufen kann. Aufgrund dieser Überlegungen wurde schon in [61] eine Ablauflogik des Einstellvorgangs entwickelt. Da die Sensorik des Menschen, Auge, Ohr, Tast- und Geruchssinn apparativ nicht zu erreichen ist, ging man davon aus, dass die Qualitätsbeurteilung vom Menschen über Terminal erfolgt.

1.10.2 Thermodynamische Prozessführung

1.10.2.1 Prinzipien der thermodynamischen Prozessführung

Der Begriff „thermodynamische Prozessführung" [4] bezeichnet die direkte oder indirekte Steuerung, Regelung oder Überwachung der thermodynamischen Zustandsgrößen und nicht der Maschinengrößen, um die Formgebung, auf die letztlich das Verfahren ausgerichtet ist, zu beeinflussen. Die Maschine und die übrigen Aggregate werden ihr untergeordnet. Deshalb ist die Produktion eines beliebigen Formteils nicht mehr an eine bestimmte Maschine gebunden, wenn verschiedene Maschinen die Voraussetzungen dafür erfüllen. Ein weiterer Vorteil der thermodynamischen Prozessführung ist die universelle Gültigkeit der Strategie. Da diese auf allgemeingültigen physikalischen Gesetzmäßigkeiten aufgebaut ist, verändern sich je nach Werkzeug, Werkstoff und Maschine nur die Randbedingungen. Durch eine Regelung der Zustandsgrößen können ferner Störgrößen weitgehend eliminiert und Unterschiede der Übertragungsfunktionen zwischen den Ausgangs- und Eingangsgrößen bei verschiedenen Maschinen, Werkzeugen oder Werkstoffen automatisch ausgeglichen werden.

1.10.2.2 Aufgabengrößen

Unter Aufgabengrößen sind nach DIN 19226 diejenigen Größen zu verstehen, die beeinflusst werden sollen. Das Ziel der thermodynamischen Prozessführung ist die Steuerung, Regelung und Überwachung der Zustandsgrößen. Einem direkten Zugriff ist jedoch nur der Druckverlauf im Werkzeug zugänglich, da er verhältnismäßig einfach gemessen und mit Hilfe des Hydraulikdrucks und der Schneckenvorlaufgeschwindigkeit schnell verändert werden kann. Der Verlauf der Massetemperatur im Werkzeug kann unter Produktionsbedingungen nicht gemessen werden. Man ist deshalb gezwungen, sie indirekt über ihre Einflussgrößen zu steuern oder zu regeln. Die Werkzeugatmung, als Repräsentant der Zustandsgröße „Volumen", ist – wie aus Abschnitt 1.7.3.3 hervorgeht – nur als Überwachungsgröße geeignet. Insgesamt umfasst die thermodynamische Prozessfuhrung damit sechs Aufgabengrößen:

- Druckverlauf im Werkzeug; Alternativen mit eingeschränkter Aussagekraft sind Hydraulikdruck und die Schneckenbewegung
- Volumenstrom bzw. Schneckenvorlaufgeschwindigkeit
- Massetemperatur im Schneckenvorraum
- Werkzeugwandtemperatur
- Entformungstemperatur
- Werkzeugatmung

1.10.2.3 Optimierungsmöglichkeiten

Der Zusammenhang zwischen Druckverlauf und Qualität wurde bereits in Bild 1-30 zusammenfassend dargestellt. Als Beispiel für physikalische Optimierungsmöglichkeiten sind aus Bild 1-132 einige Gesichtspunkte für den Forminnendruck zu erkennen.

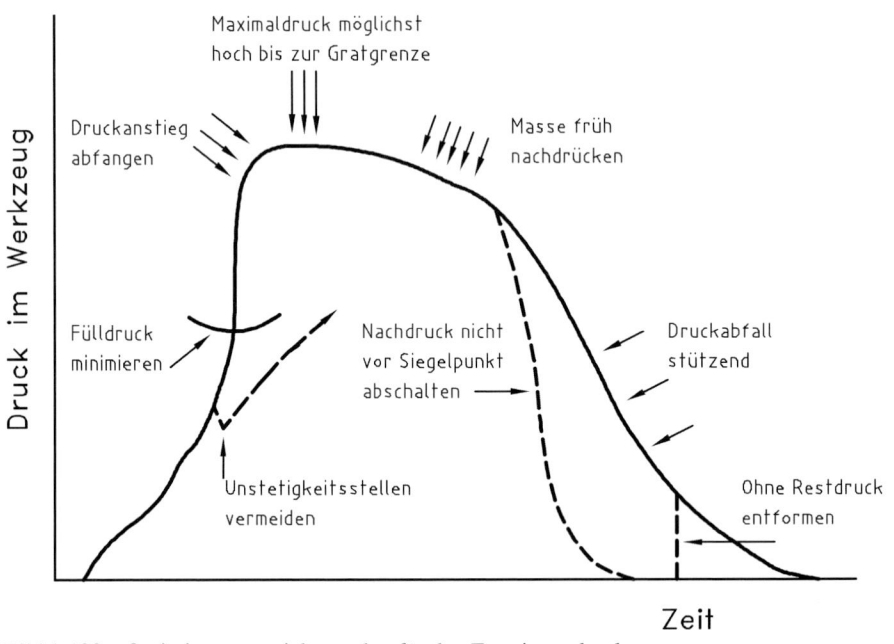

Bild 1-132   Optimierungsgesichtspunkte für den Forminnendruck

Aus Bild 1-133 geht hervor, wie man eine optimale Solldruckkurve für die Verdichtungsphase aus einer gegebenen Zustandskurve und einer berechneten Abkühlkurve ermitteln kann. Der Verlauf der Zustandskurve ergibt sich aus dem Optimierungsziel, dass die Masse auf ein gewünschtes $v_{p=1}$ unter der Bedingung eines möglichst geringen Orientierungsgrads verdichtet werden soll. Dabei darf, die Gratgrenze des Werkzeugs bei z. B. 400 bar nicht überschritten werden. Der Druck wird sofort nach der volumetrischen Füllung auf den maximal möglichen erhöht und solange gehalten bis die gewünschte Verdichtung erreicht ist. Danach verläuft die Zustandsänderung isochor (v = konst.), d. h. stützend ohne Zu- oder Rückfluss. Einzelheiten zu dieser Betrachtungsweise sind Abschnitt 1.7.4 und 1.8 zu entnehmen.

1.10.2.4   Reproduktion und Regelung der Formteilbildung mithilfe der Zustandsgrößen

Bild 1-134 zeigt, dass durch Reproduktion der thermodynamischen Größen, insbesondere des Druckverlaufs im Werkzeug, beim Anlauf eines neuen Fertigungsloses eine sehr viel höhere Wiederholgenauigkeit der Qualität erreicht werden kann [4]. Während die Reproduktion auf ein- und derselben Maschine hochgenau erfolgte, zeigten Reproduktionsversuche auf verschiedenen Maschinen größere Unterschiede, die aber auch wesentlich gerin-

1.10 Optimierungsstrategien 159

Ermittlung einer optimierten Solldruckkurve

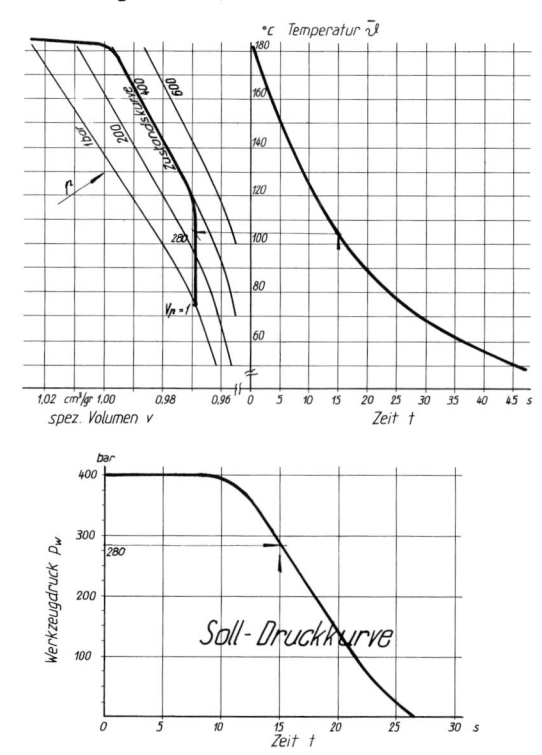

Bild 1-133
Ermittlung eines optimalen Druckverlaufs
für die Verdichtungsphase

Bild 1-134
Spannweite der mittleren Qualität bei Reproduktionsversuchen mit Hilfe der Zustandsgrößen
(Angaben in % der Gesamtmittelwerte)

Reproduziert wurden:
- angussnahe Forminnen-
  druckkurve
- Massetemperatur
- Werkzeugtemperatur

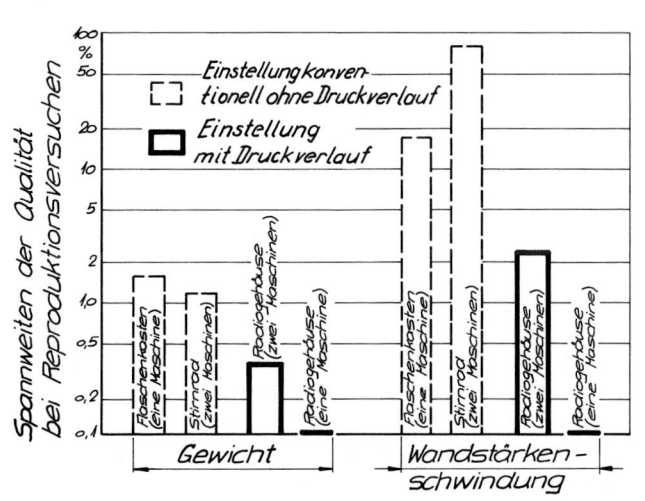

ger ausfielen als bei konventioneller Einstellung. Die Grenzen der Reproduktionsgenauigkeit auf verschiedenen Maschinen waren durch unterschiedliche Eigenschaften bedingt, die eine genaue Reproduktion der Aufgabengrößen nicht zuließen.

Mit „Autoflow" entwickelte Kistler [99] ein Regelsystem, das über eine Leitrechner-Schnittstelle mit der Spritzgießmaschine kommuniziert und die Einstellparameter Einspritzgeschwindigkeit, Nachdruck, Nachdruckzeit und Werkzeugtemperatur ständig nachregelt. Das Ziel dabei ist, die einmal aufgenommene Referenz-Werkzeuginnendruckkurve eines Gutteils zu reproduzieren. Mit einem einmal optimiertes Spritzgussteil ergibt sich eine Referenzkurve, die man praktisch als „Fingerabdruck" dieses Teiles betrachten kann. Unabhängig von der Spritzgießmaschine soll Autoflow auf der Basis der neuronalen Netzwerktechnik die Einstellparameter so bestimmen können, dass die Referenzkurve exakt reproduziert wird. Dabei wird beispielsweise bewertet, wie sich die Steilheit der Werkzeuginnendruckkurve während der Füllphase auf den Spitzendruck auswirkt oder wie sich die Fläche unter der ganzen Kurve oder einem Teil davon, bezogen auf unterschiedliche Nachdrücke oder Temperaturen, ändert. Während der Produktion kann so jeder Änderung der Werkzeuginnendruckkurve mit der entsprechenden Maschineneinstellung entgegengewirkt werden, mit dem Ziel, die ursprüngliche Kurve wieder exakt zu erreichen.

Vorausgehend gab es bereits Versuche anderer Firmen unter der Bezeichnung, p-v-ϑ- und p-m-ϑ-Regelung. Hier wurden Temperaturänderungen durch Druckänderungen kompensiert, um Gewichts- und Maßkonstanz zu erreichen. Diese Ansätze haben sich nicht durchgesetzt, da die Auswirkungen auf die übrigen Teileeigenschaften unberücksichtigt blieben. Erst mit einer ganzheitlichen Betrachtung des Prozesses und der Teilequalität wird eine gezielte Prozessführung denkbar. Ohne die genaue Kenntnis dieser Zusammenhänge muss die Prozessstrategie auf eine möglichst genaue Einhaltung der primären Prozessparameter (Drücke, Wege, Geschwindigkeiten, Temperaturen, Zeiten) beschränkt bleiben.

1.10.3 Evolutionsstrategie

Ein anderer Optimierungsansatz beruht auf der Evolutionsstrategie (IBOS [63, 68]), die ohne anfängliches Prozesswissen aus zufälligen Mutationen die Richtung mit den größten Erfolgsaussichten bestimmt. Die Problematik liegt bei allen diesen Systemen in der Bewertung der hergestellten Teile. Subjektive Kriterien wie Gratbildung oder Einfallstellen werden vom Maschinenbediener in der Art eines Notensystems bewertet. Zusammen mit Vermessungsergebnissen werden diese Wertungen dann mit entsprechender Wichtung zu einer Qualitätsfunktion zusammengefasst. Die Formulierung dieser Qualitätsfunktion ist damit der entscheidende Faktor solcher Systeme.

1.10.4 Statistische Verfahren

Die in einem Vorlauf durch Abfahren eines faktoriellen Versuchsplans erzielten Variationen an Prozess und Formteil können mittels multivariabler Regressionsanalysen in Zusammenhang gesetzt und korreliert werden. Als Ergebnis kann ein Formteilmerkmal in Abhängigkeit von den variierten Prozessparametern beschrieben werden. Es wird also auf empirischer Basis ein mathematisches Modell des Prozesses gebildet (PROMON [64, 69], MESOS [70, 71]). Die Qualität eines Teiles kann somit bereits während des Prozessablaufs anhand des Modells prognostiziert und eine Gut/Schlecht-Entscheidung getroffen werden.

Als logische Konsequenz kann sogar versucht werden, den Prozessablauf mittels des gefundenen Modells auf die gewünschte Qualität hin zu beeinflussen und somit eine erste echte Qualitätsregelung zu realisieren. Ein solches Modell gilt allerdings immer nur für den jeweiligen Betriebspunkt. Eine kleine Änderung, z. B. durch Farbwechsel, macht bereits einen erneuten Durchlauf des Versuchsplanes mit anschließender Analyse erforderlich. Dieser Aufwand kann jedoch bisher nur in wenigen Einzelfällen gerechtfertigt werden, wenn es sich beispielsweise um ausgesprochene Sicherheitsteile handelt.

1.10.5 Kombinierte Verfahren

Ein kombiniertes Verfahren wurde z. B. von der Firma Moldflow entwickelt. Bei dieser Strategie wird die Grundeinstellung des Einspritz- und Verdichtungsvorgangs auf physikalischer Basis bestimmt und durch Mitteilungen des Maschineneinstellers verfeinert. Danach wird auf statistischer Basis ein Prozessfenster ermittelt und eine SPC-Überwachung durchgeführt. Außerdem identifiziert das System Probleme automatisch, schlägt Prozesskorrekturen vor oder führt die Korrekturen selbstständig durch [65–67].

1.10.6 Schalenmodell

Die Beziehungen der unterschiedlichen Ansätze und Philosophien untereinander und in Bezug auf die Spritzgießmaschine sind schematisch in einem so genannten „Schalenmodell" (Bild 1-135) dargestellt.

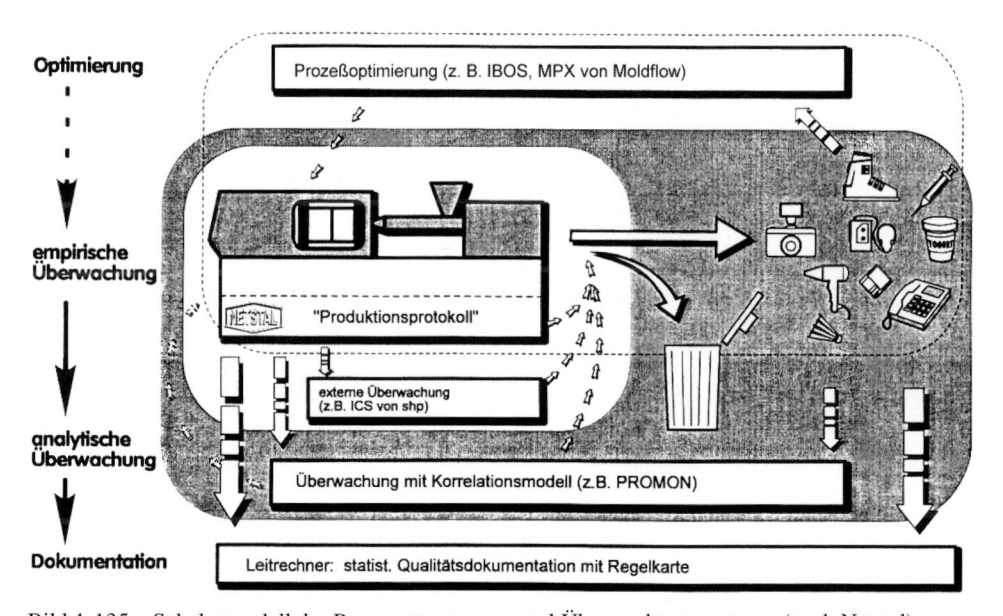

Bild 1-135   Schalenmodell der Prozesssteuerungs- und Überwachungssysteme (nach Netstal)

1.11 Sonderverfahren

In diesem Kapitel werden die Verfahrensvarianten von Bedeutung in Anlehnung an Rothe [72] zusammengestellt und exemplarisch genauer erklärt. Die Sonderverfahren haben gerade in den letzten Jahren eine immer größere Bedeutung erlangt. Sie sind eine Voraussetzung für die Konkurrenzfähigkeit mit Niedrig-Lohn-Ländern.

1.11.1 Mehrkomponentenspritzgießen

Beim Mehrkomponentenspritzgießen (Bild 1-137) werden zwei oder mehrere Kunststoffe in einem Spritzzyklus zu multifunktionellen Bauteilen verbunden (Bild 1-136). Es werden Farbeffekte genutzt und unterschiedliche Werkstoffeigenschaften gezielt kombiniert. Montagevorgänge und ansonsten nachgeschaltete Verbindungstechniken werden in den Spritzgießprozess verlagert. Damit eröffnen sich Einsparpotenziale und neue Designlösungen bei der Umsetzung von Produktideen.

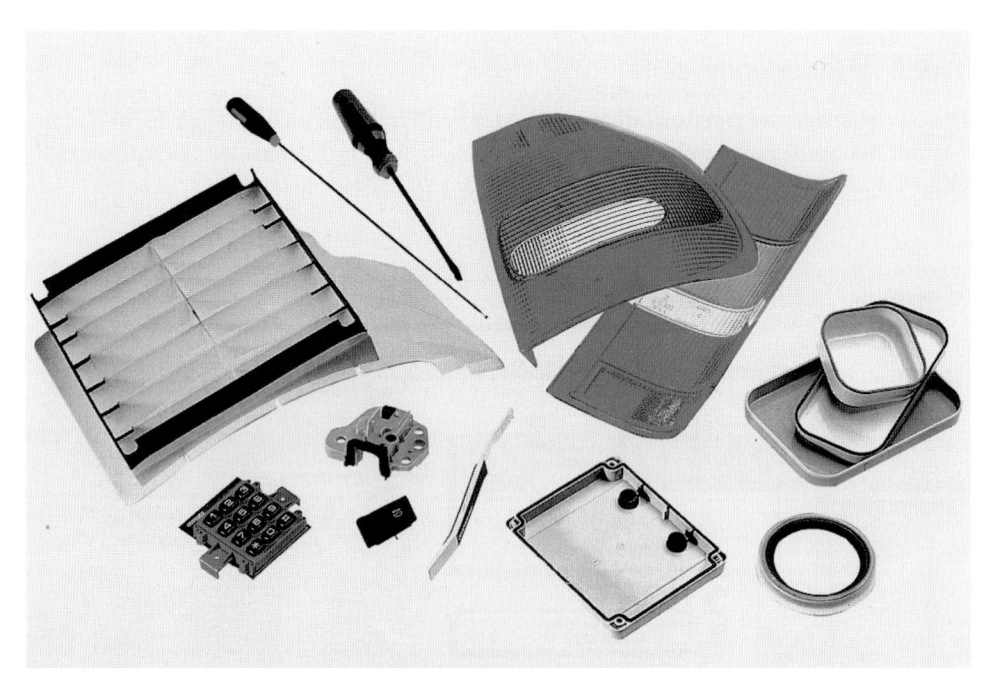

Bild 1-136   Beispiele für Mehrkomponenten-Teile [73]

1.11.1.1 Über- oder Aneinanderspritzen (Overmolding)

Bei dieser Verfahrensgruppe werden mehrere Kunststoffe zu einer festen Verbindung übereinander oder aneinander gespritzt. Andere Bezeichnungen sind *Verbindungs-, Verbundspritzgießen* oder *Combimelt-Technologie*. In Bild 1-138 ist das Prinzip des 3-Komponentenspritzguss als Beispiel für das Übereinanderspritzen prinzipiell dargestellt.

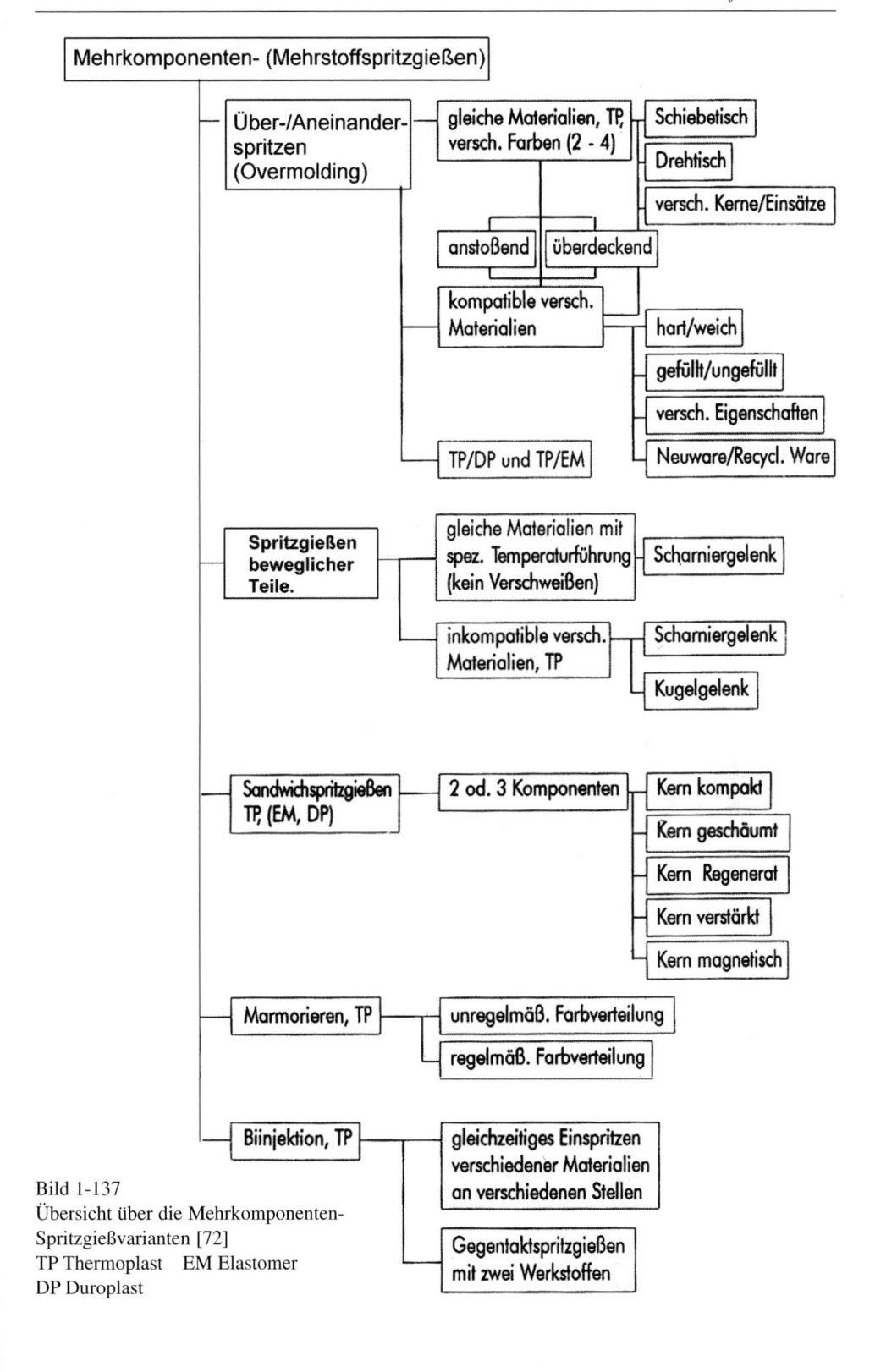

1.11 Sonderverfahren

Mehrkomponenten- (Mehrstoffspritzgießen)

- **Über-/Aneinanderspritzen (Overmolding)**
  - gleiche Materialien, TP, versch. Farben (2 - 4)
    - Schiebetisch
    - Drehtisch
    - versch. Kerne/Einsätze
  - anstoßend | überdeckend
  - kompatible versch. Materialien
    - hart/weich
    - gefüllt/ungefüllt
    - versch. Eigenschaften
    - Neuware/Recycl. Ware
  - TP/DP und TP/EM

- **Spritzgießen beweglicher Teile.**
  - gleiche Materialien mit spez. Temperaturführung (kein Verschweißen)
    - Scharniergelenk
  - inkompatible versch. Materialien, TP
    - Scharniergelenk
    - Kugelgelenk

- **Sandwichspritzgießen TP, (EM, DP)**
  - 2 od. 3 Komponenten
    - Kern kompakt
    - Kern geschäumt
    - Kern Regenerat
    - Kern verstärkt
    - Kern magnetisch

- **Marmorieren, TP**
  - unregelmäß. Farbverteilung
  - regelmäß. Farbverteilung

- **Biinjektion, TP**
  - gleichzeitiges Einspritzen verschiedener Materialien an verschiedenen Stellen
  - Gegentaktspritzgießen mit zwei Werkstoffen

Bild 1-137
Übersicht über die Mehrkomponenten-Spritzgießvarianten [72]
TP Thermoplast   EM Elastomer
DP Duroplast

Bild 1-138   Drei-Komponentenspritzguss [74]

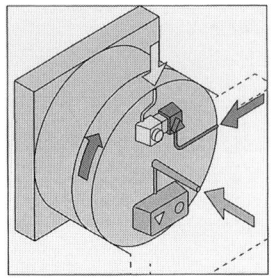

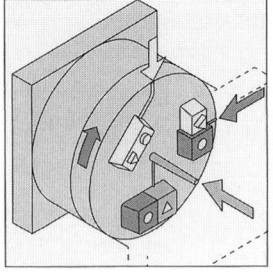

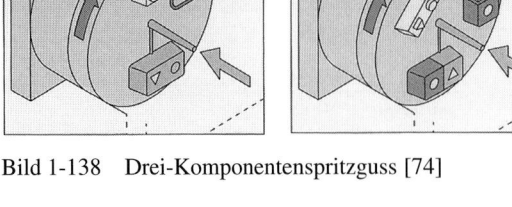

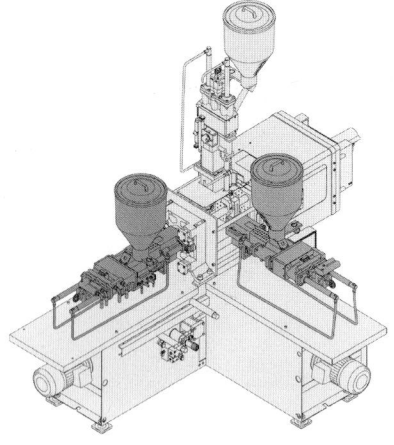

Mit Ausnahme vom Marmorier- und Monosandwichverfahren haben Mehrkomponentenmaschinen für jede Materialart eine eigen Plastifizier- und Spritzeinheit. Im Werkzeug hat jede Materialart ihr individuelles Angusssystem. Die Bereitstellung des Vorspritzlings und des Werkzeughohlraums für das folgende Material kann durch Umsetzverfahren (Handler, Indexplatte), Schiebertechnik oder im Drehtischverfahren erfolgen (Bild 1-139).

Über- oder Aneinanderspritzen gleicher Materialien (Mehrfarbenspritzgießen)

Die häufigsten Anwendungen sind seit vielen Jahren Autorückleuchten, Bedienungselemente mit Symbolen und Zahlen, Tasten und Zahlenrollen. Die Anwendung für Tasten und Zahlenrollen bietet sich wegen der hohen Abriebfestigkeit an. Bei entsprechenden Stückzahlen ist dies nach wie vor eine bevorzugte Verfahrenstechnik gegenüber dem Bedrucken oder Laserbeschriften.

Das Verbindungsspritzgießen zweier oder mehrerer Kunststoffe im Werkzeug kann grundsätzlich „anstoßend", „überlappend" oder „überdeckend" erfolgen. Zu beachten ist, dass im Folgetakt der Kunststoff quasi die Werkzeugwand darstellt und dass diese nur örtlich begrenzt aufschmelzen soll (ca. 0,1 mm), damit das nachfolgend eingespritzte Material gut verschweißt, ohne optisch ineinander zu „verfließen". Das heißt, optisch sollen klare Trennlinien sichtbar sein.

Über- oder Aneinanderspritzen kompatibler aber verschiedener Materialien

In dieser Technologie dürften Hart/Weich-Kombinationen die weiteste Verbreitung erlangt haben. Der Verfahrensablauf entspricht dem gleicher Materialien. Beispiele sind steife, harte Abdeckungen oder Deckel mit angespritzter Dichtlippe, Stoßfänger im oberen Bereich hart/zäh, im unteren Spoilerbereich weich, Feuchtraumsteckdosen aus talkumgefülltem PP mit TPE-Dichtung, Schraubendrehergriffe aus PP/TPE, Brausekopf, Schraubverschlüsse aus PP/TPE, Schloßgehäuse einer Automobil-Schließanlage aus PPE mit angespritzter Dichtung und Dämpfungspuffer aus SBR, Sägengriff aus PA-GF mit partiellen weichen Dämpfungselementen, Zahnbürsten aus ABS/TPE und vieles mehr.

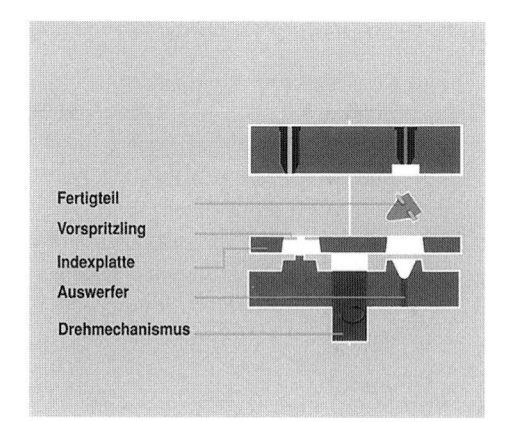

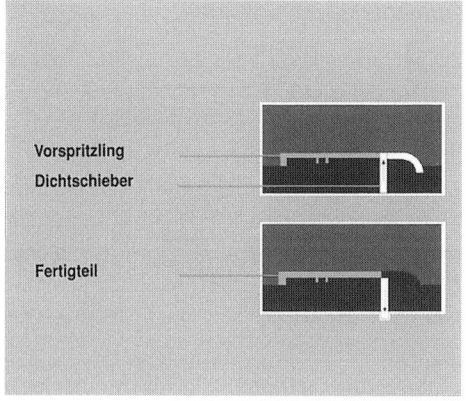

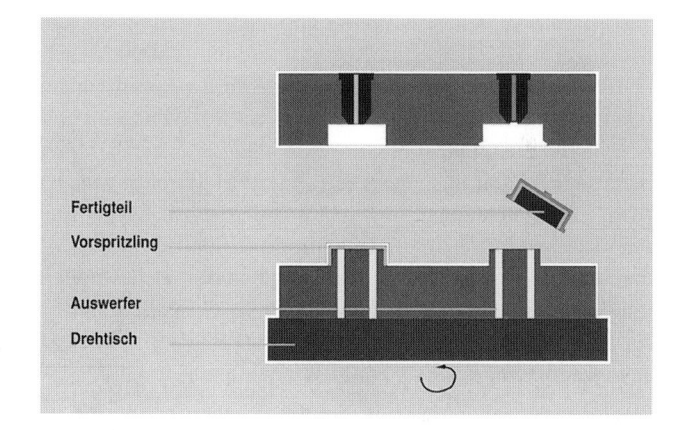

Bild 1-139
Bereitstellung der neuen Werkzeughöhlung und Umsetzung des Vorspritzlings [73]

Über- oder Aneinanderspritzen von vernetzenden Kunststoffen mit Thermoplasten

Hierbei ist nicht an die Verbindung mit Haftvermittlern gedacht sondern an ein direktes Verbindungsspritzgießen, wobei Moleküle in der Grenzschicht zum noch heißen Thermoplast während der Aushärtung oder Vulkanisation vernetzen und dadurch hohe Haftkräfte entstehen. Hierfür ist eine Einspritzeinheit für den Thermoplast und eine für den Duroplast oder das Elastomer erforderlich. Die Problematik liegt hierbei im Werkzeug, da in diesem sowohl gekühlte (für Thermoplaste) als auch beheizte Bereiche (für Duroplaste bzw. Elastomere) erforderlich sind. Für Thermoplast-Elastomer-Verbunde liegen erste Beispiele vor, die z.T. Gummi-Metall-Verbunde ersetzen. Thermoplast/Duroplast-Verbunde sind bisher über das Versuchsstadium nicht hinausgekommen.

1.11.1.2 Spritzgießen beweglicher Teile

Da mit dieser Technik unter anderem Montagevorgänge ersetzt werden, spricht man auch von *Montagespritzguss*.

Spritzgießen beweglicher Teile aus gleichen Materialien ohne Verschweißung

Beim Spritzgießen beweglicher Teile werden mehrere Kunststoffe so ineinander gespritzt, dass ohne Montage bewegliche Teile aus dem Werkzeug kommen. Das Know-how dieser Technik liegt ausschließlich im Werkzeug. Nachdem der erste Werkzeughohlraum gefüllt ist, wird im Werkzeug partiell so intensiv gekühlt, dass nach Freigabe des zweiten Werkzeughohlraums und beim Füllen desselben, z. B. beim teilweisen Umspritzen, die Wärme nicht ausreicht, dass beide Teile miteinander verschweißen, wodurch sie gegeneinander beweglich bleiben. Auf diese Weise entstehen beim Umspritzen von Hinterschneidungen unlösbare bewegliche Verbindungen. Aus der Sicht des Recyclings ist diese Montagespritzgießtechnik interessanter als die nachfolgend beschriebene.

Spritzgießen beweglicher Teile aus verschiedenen, inkompatiblen Materialien

Das Verfahren, seine Varianten und die Fertigungseinrichtungen sind dieselben wie beim Montagespritzgießen gleicher Materialien. Während bei kompatiblen Materialien hohe Haftkräfte gewünscht werden, will man mit inkompatiblen leicht bewegliche Verbindungen herstellen. Das wird durch die Auswahl der Materialien, die im Allgemeinen unterschiedliche Schmelzpunkte besitzen, z. B. PA/PP oder POM/PA, erreicht, indem an einer oder mehreren Stellen das zuerst eingespritzte Material mit der zweiten Komponente unlösbar (d. h. mit Hinterschneidungen) umspritzt wird. Die Vorteile sind: Kein zusätzlicher Montageaufwand, keine Toleranzabstimmung der beiden Einzelteile, spielfreie Passungen, nicht demontierbare Ausführung. Anwendungen sind bewegliche Gelenkverbindungen für Kettenglieder, Scharnier- und Kugelgelenke, Schnallenteile, Befestigungselemente, Halteringe für Babyschnuller und Luftausströmer (PBTP+PP). Für bewegliche Verbindungen in großer Stückzahl kann diese Technik vorteilhaft sein.

Von historischer Bedeutung für diese Technik sind die in Bild 1-140 dargestellten Spielzeugfiguren [106]. Der Affe wird folgendermaßen produziert: Die Teile werden in einem 3-Stationen-Werkzeug nacheinander gespritzt. Für alle Komponenten werden Heißkanäle mit Direktanspritzung eingesetzt. In der ersten Station werden mit einem gelben Polyacetal Gesicht und Ohren gespritzt, einschließlich eines gewissen Teils des Kopfes mit Hals und

Bild 1-140
Bewegliche Spielfiguren in 3K-Technik produziert [106], Werkzeug: Fickenscher, Selb

einem kugeligen Ansatz für die spätere Bewegung im Rumpf. Die bewegliche Werkzeugpartie dreht sich um 120°. Jetzt wird der Körper aus einem PA-GF gespritzt. PA ist mit dem POM inkompatibel, so dass der Kopf im Körper beweglich bleibt. Die Werkzeughälfte dreht sich abermals 120° zur dritten Station, wo Arme, Beine und der Rest des Kopfes aus braunem POM gespritzt werden. Dies ist kompatibel mit dem gelben POM, aber inkompatibel mit PA. Dadurch entsteht am Kopf eine unlösbare Verbindung, Arme und Beine bleiben dagegen frei beweglich.

1.11.1.3 Werkstoffpaarungen

Als Werkstoffe für die Mehrkomponenten-Technologie stehen Thermoplaste, Duroplaste und Elastomere zur Auswahl. Einfluss auf die erzielbare Verbundfestigkeit zur Übertragung von Zug- und Scherkräften über die Werkstoff-Verbindungsfläche haben Werkstoffpaarung, Verfahrenstechnik, Prozessführung, Formteilgeometrie und Gestaltung der Verbindungsfläche. Erfahrungswerte der Fa. Engel werden in Bild 1-141 wiedergegeben.

Vielfach entscheidend für den Werkstoffverbund sind die chemische Verträglichkeit der Werkstoffe, ein partielles Anschmelzen des Vorspritzlings nach Auftreffen der Schmelze in der Verbindungsfläche und der anschließende Verschweißvorgang. Es gibt aber auch Werkstoffkombinationen, bei denen eine zusätzliche mechanische Verankerung in Form von Hinterschneidungen oder eine chemische Verbindung über das Auftragen von Haftvermittlern notwendig ist. Bei Werkstoffkombinationen zwischen Thermoplasten und Elastomeren kann der Verbund in einer rationellen Fertigung durch Kovulkanisation ohne aufwendiges und umweltbelastendes Aufbringen eines Haftvermittlers erfolgen. Willkommener Neben-

Werkstoff		Thermoplaste								Hart-/Weichverbindungen					
										TPE		Elastomere			
Vorspritzling		PA 66	PBT	PC	PMMA	POM	PP	PS	PSU	PVC-W	SEBS	TPU	PP/EPDM	EPDM	NR	SBR	LSR
Thermoplaste	ABS											2					
	PA 6					9					2	2	2		3	3	
	PA 66					9					2	2	2		3	3	
	PA 6.12												4				
	PBT										2		4	3	3	5	
	PC										2						
	PMMA			1													
	POM	9															
	PP												2				
	mPPE												4	4	4		
	SAN																
TPE	PP/EPDM										7						
Duroplaste	BMC															6	
Elastomere	EPDM	4											8				
	NR													8			
	SBR														8		
	LSR															8	

Gute Verbindung　　Schlechte Verbindung　　Keine Verbindung

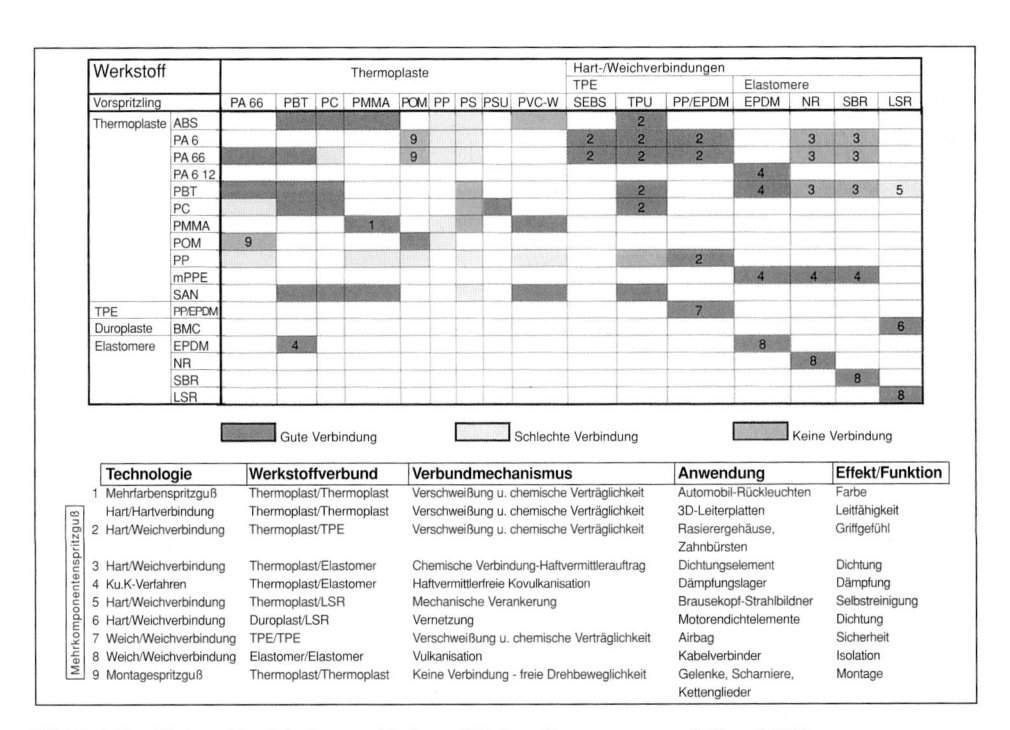

	Technologie	Werkstoffverbund	Verbundmechanismus	Anwendung	Effekt/Funktion
1	Mehrfarbenspritzguß	Thermoplast/Thermoplast	Verschweißung u. chemische Verträglichkeit	Automobil-Rückleuchten	Farbe
	Hart/Hartverbindung	Thermoplast/Thermoplast	Verschweißung u. chemische Verträglichkeit	3D-Leiterplatten	Leitfähigkeit
2	Hart/Weichverbindung	Thermoplast/TPE	Verschweißung u. chemische Verträglichkeit	Rasierergehäuse, Zahnbürsten	Griffgefühl
3	Hart/Weichverbindung	Thermoplast/Elastomer	Chemische Verbindung-Haftvermittlerauftrag	Dichtungselement	Dichtung
4	Ku.K-Verfahren	Thermoplast/Elastomer	Haftvermittlerfreie Kovulkanisation	Dämpfungslager	Dämpfung
5	Hart/Weichverbindung	Thermoplast/LSR	Mechanische Verankerung	Brausekopf-Strahlbildner	Selbstreinigung
6	Hart/Weichverbindung	Duroplast/LSR	Vernetzung	Motorendichtelemente	Dichtung
7	Weich/Weichverbindung	TPE/TPE	Verschweißung u. chemische Verträglichkeit	Airbag	Sicherheit
8	Weich/Weichverbindung	Elastomer/Elastomer	Vulkanisation	Kabelverbinder	Isolation
9	Montagespritzguß	Thermoplast/Thermoplast	Keine Verbindung - freie Drehbeweglichkeit	Gelenke, Scharniere, Kettenglieder	Montage

Bild 1-141　Verbundfestigkeit verschiedener Werkstoffpaarungen nach Engel [73]

effekt gegenüber Gummi-Metallverbindungen sind Gewichtsreduzierung und Korrosionsfreiheit für den Automobilbau. Für den Montagespritzguss werden gezielt Werkstoffe ausgewählt, die keine Verbindung eingehen, sodass eine freie Drehbeweglichkeit z. B. für Gelenkfunktionen erhalten bleibt.

1.11.1.4 Sandwichspritzgießen oder Coinjektionsverfahren

Bei diesem Verfahren werden meist zwei gleiche oder verschiedene Rohstoffe nacheinander aber überlappend so in ein Werkzeug eingespritzt, dass ein Rohstoff den anderen vollkommen umschließt. Dieses Verfahren nutzt die Quellströmung beim Füllvorgang aus. Das zuerst eingespritzte Material wird vom nachfolgend eingespritzten Material im Kern verdrängt und legt sich an der Fließfront an der Wand an, sodass im Endzustand das erste Material die Außenhaut und das zweite das Kernmaterial bildet (Bild 1-142). Zu beachten ist, dass das Kernmaterial das Hautmaterial weder am Fließwegende noch beim Umfließen von Kernen durchbricht, wodurch sich Geometriebeschränkungen ergeben [93]. Generell wichtig ist die „Verträglichkeit" von Haut- und Kernmaterial, damit eine gute Verbindung und entsprechende mechanische Eigenschaften erzielt werden, notfalls können Haftvermittler helfen.

Durch die Wahl verschiedener Haut- und Kernmaterialien lassen sich beachtliche Eigenschaftskombinationen erreichen (Tabelle 1-9). Mit der Prozessführung, insbesondere der zeitlichen Folge des Einspritzvorgangs und der Schmelzetemperatur, lässt sich die Verteilung des Kernmaterials beeinflussen.

Von den zahllosen Anwendungen seien hier nur beispielhaft einige aufgeführt: Scheinwerferreflektor (Haut: PBT, Kern: PBT-GF), Computergehäuse (Haut: PPO, Kern: PS+35% Ruß), Gehäuse (Haut: flammgeschütztes ABS, Kern: ABS+14% Stahlfasern), Kotflügel

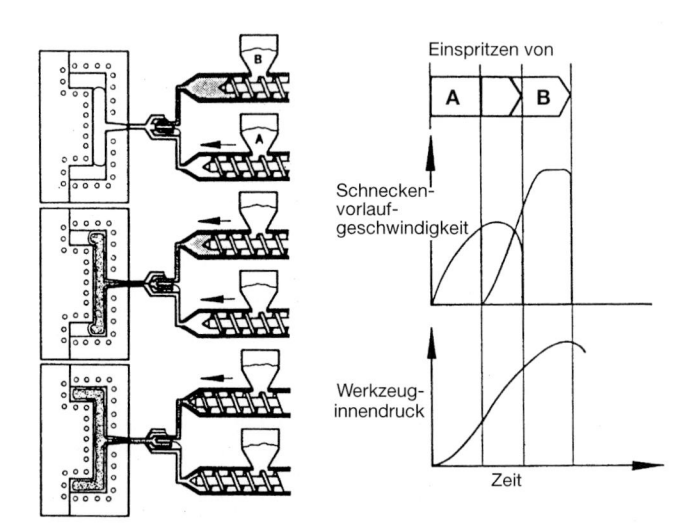

Bild 1-142 Prinzip des Sandwich-Spritzgießens (Werkbild: Battenfeld) [72]
Schritt 1: Einspritzen des Hautmaterials, Schritt 2: kurzzeitiges Einspritzen von Haut- und Kernmaterials, Schritt 3: Einspritzen des Kernmaterials, Schritt 4: Düsenspül- und Nachdruckphase mit dem Hautmaterial

Tabelle 1-9 Materialkombinationen und besondere Eigenschaften beim Sandwichverfahren [76]

Hautmaterial	Kernmaterial	Eigenschaftsvorteile
kompakt	geschäumt	gute Oberflächen ohne Einfallstellen
Farbe 1	Farbe 2 oder Naturmaterial	Einsparung von Batch
unverstärkt	verstärkt	gute Oberfläche bei hoher Steifigkeit
verstärkt	unverstärkt	hohe Biegesteifigkeit bei reduzierten Rohstoffkosten
weich	hart	Integration von Funktionen: gute Haptik bei hoher Steifigkeit
unverstärkt	elektrisch, leitfähig	gute Oberfläche bei gleichzeitiger Abschirmwirkung
leitfähig	leitfähig, unverstärkt	besonders hohe Abschirmungswerte
Neuware	Recycling	hochwertige Oberfläche bei Nutzung von Recyclingware, Kostenvorteil
unverstärkt	Barriereeigenschaften	Reduzierung der Permeabilität
unverstärkt	Gas	vgl. Ausführung zu GIT

(Haut: mod. PP, Kern: mod. PP-GF), Fernsehgehäuse (Haut: PS-HI, Kern: PS schlagzäh geschäumt), Gartenstuhl (Haut: mineralisch verstärktes PP, Kern: PP geschäumt), Schwert für Surfboard (Haut: PP, Kern: PP geschäumt), Tischplatte (Haut: ASA, Kern: SAN geschäumt), Sanitärartikel, z. B. Toilettensitz (Haut: ABS, Kern: SAN geschäumt), Tischkreissäge (Haut: PS, Kern: PS geschäumt), Schraubdeckel Motorölflasche (Haut: PE-HD, Kern: PE-HD Rezyklat).

Wegen der möglichen Eigenschaftskombinationen ist dieses Verfahren nach wie vor interessant und lässt insbesondere durch Verwendung von Recycling-Kunststoffen im Kern gute Zukunftschancen erwarten.

Sandwichspritzgießen mit einem Einspritzaggregat

Beim normalen Sandwichverfahren sind zwei Spritzeinheiten in Huckepack oder L-Anordnung üblich. Eine von Ferromatic-Milacron unter dem Begriff *Monosandwich-Verfahren* propagierte Variante kommt gemäß Bild 1-143 mit einem Spritzaggregat und einem billigeren Nebenextruder aus [77].

Für das Monosandwich-Verfahren gilt folgender Prozessablauf: Zunächst wird das Umschaltventil so eingestellt, dass mithilfe des Nebenextruders das Hautmaterial in den Plastifizierzylinder eindosiert werden kann. Dabei wird die Schnecke des Standard-Aggregats zurückgedrückt. Nach Erreichen des notwendigen Volumens an Hautmaterial plastifiziert die Standardschnecke in einem zweiten Schritt das Kernmaterial. Zum Einspritzen wird das Ventil umgeschaltet und die Schmelze kann vom Plastifizierzylinder in die Kavität geleitet werden. Gegenüber dem Standardkonzept mit zwei kompletten gesteuerten Einspritzaggregaten gestaltet sich die Bedienung dieser Maschine wesentlich einfacher. Die Einstellung des Einspritzvorgangs kann ohne spezielles 2 K-Prozesswissen analog zu einer Einkomponenten Standardmaschine erfolgen.

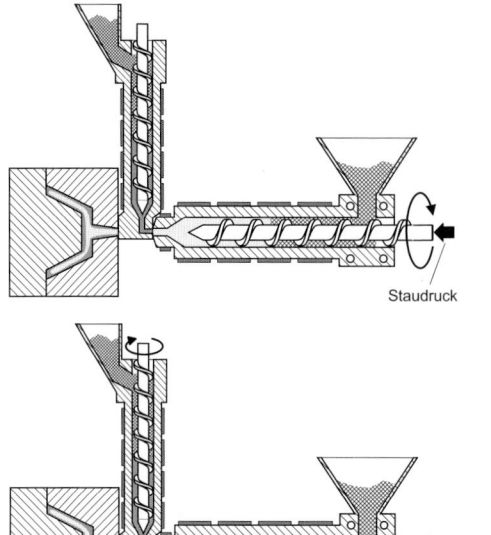

Plastifizierphase 1:
Plastifizierung der Kernkomponenten mit dem Spritzaggregat.

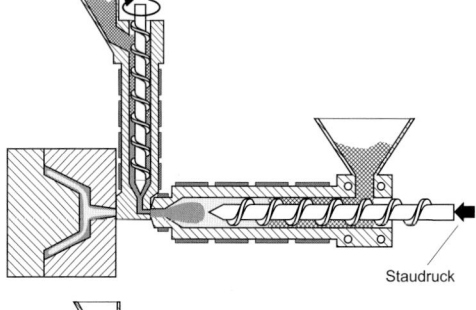

Plastifizierphase 2:
Der „Nebenextruder" fördert die Hautkomponente in den Schneckenvorraum des Spritzaggregates. Der Staudruck wird am Spritzaggregat eingestellt.

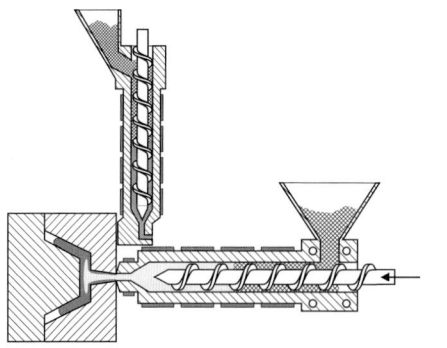

Füllvorgang:
Der Nebenextruder ist zurückgefahren. Der Füllvorgang erfolgt mit dem Spritzaggregat.

Bild 1-143   „Mono-Sandwich"-Verfahren: (Ferromatik–Milacron) [77]

1.11.1.5 Marmorieren

Unter Marmorieren versteht man die Herstellung von Kunststoffformteilen aus verschiedenfarbigen Kunststoffen (gleicher oder verschiedener Polymere), deren Farbeindruck marmorähnlich, wolkig oder schlierig ist, d. h. es liegt eine ungleichmäßige Farbverteilung vor. Daneben gibt es auch die Variante einer regelmäßigen schubweisen Farbverteilung. Ziel und Zweck dieses Verfahrens ist im Wesentlichen eine spezielle Optik.

Eine ungleichmäßige Farbverteilung ist bei Verarbeitung verschiedenfarbiger Granulate auf einer Kolbenmaschine erreichbar, d. h. man nützt hierbei die schlechte Vermischung aus (Bild 1-144). Eine reproduzierbare Farbverteilung wird bei zwei Spritzeinheiten durch taktweises Öffnen und Schließen jeweils eines Schmelzekanals während des Füllvorgangs erreicht (*Intervall-Spritzgießen* nach Arburg [74]).

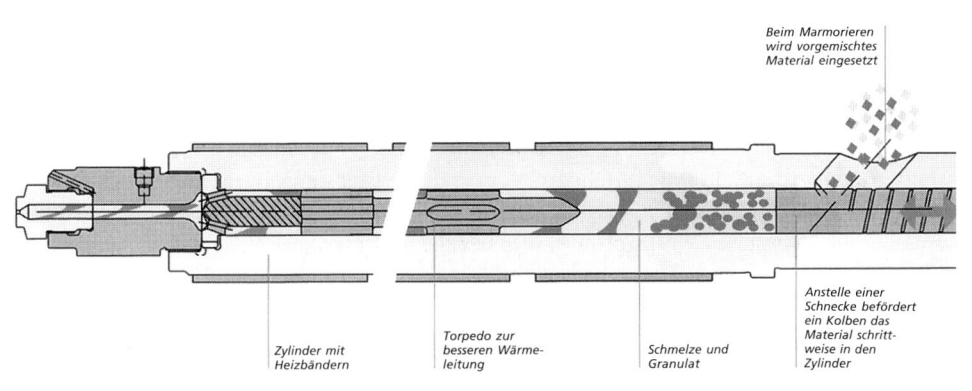

Bild 1-144   Marmorier-Plastifiziereinheit (Arburg)

Bisher wurden fast ausschließlich Sanitär- und Kosmetikartikel (Deckel, Dosen, Becher, Zahnbürsten, Spiegel etc.) und Skibindungen aus marmoriertem POM hergestellt.

1.11.1.6 Biinjektion

Hierunter versteht man das gleichzeitige Einspritzen gleicher, meist aber verschiedener Materialien an verschiedenen Einspritzstellen, im Gegensatz zum Sandwich-Spritzgießen, bei welchem über eine Düse angespritzt wird, und im Gegensatz zum Über- oder Aneinanderspritzen, bei dem zwar an verschiedenen Stellen, aber nacheinander eingespritzt wird. Durch das gleichzeitige Einspritzen entsteht immer eine Bindenaht, die aber nicht so scharf abgegrenzt ist, wie beim Aneinanderspritzen. Um die Lage der Bindenaht (Materialtrennung) vorherzusagen ist eine Füllstudie oder eine Füllsimulation erforderlich. Die Werkzeugtechnik ist wesentlich einfacher (Standardwerkzeug) als beim Verbindungsspritzgießen und die Zykluszeit kürzer. Es können dieselben Vorteile der Material-Eigenschaftskombination erreicht werden wie beim Über- oder Aneinanderspritzen, z. B. Hart/Weich-Kombination. Die Bindenahtschwächung ist geringer als beim Aneinanderspritzen Der Nachteil liegt in der unscharfen Materialabgrenzung, was z. B. bei einer Rückleuchte nicht zulässig ist. Bisher sind nur wenige Anwendungen bekannt geworden.

1.11.2   Gegentaktspritzgießen

1.11.2.1 Gegentaktspritzgießen mit zwei Werkstoffen

Dieses Verfahren ist mit derselben Ausrüstung (zwei Spritzeinheiten) wie bei der Biinjektion, jedoch mit zusätzlichem Steueraufwand realisierbar. Es sind zwei untereinander „verträgliche" Werkstoffe zu verwenden. Durch die Kombination verschiedener Materialschichten in mehreren Lagen sind interessante neue Formteileigenschaftsbilder möglich, z. B. Dämpfungseigenschaften. Das Sandwichspritzgießen ermöglicht ähnliche Eigenschaftskombinationen, aber nur mit Haut- und Kernmaterial und nicht mit so ausgeprägter Orientierung.

1.11.2.2 Gegentaktspritzgießen mit einem Werkstoff

Die Schmelze wird durch zwei Spritzeinheiten oder eine Spezialdüse hin- und hergeschoben. Dadurch sollen Bindenähte durch Materialüberlappung verwischt und Molekülorientierungen auch in weiter innen liegenden Schichten und damit erhöhte mechanische Eigenschaften erzeugt werden. Eine besondere Notwendigkeit für die Anwendung dieser Technik ergab sich bei LCP (Liquid Crystal-Polymeren), weil die ausgeprägte Schwäche der Bindenähte den Einsatz dieses Werkstoffes häufig infrage stellte.

1.11.3 Fluidinjektionsverfahren

Bei den Fluidinjektionsverfahren werden Gase oder Flüssigkeiten, den Sandwichverfahren ähnlich, in die plastische Seele des Spritzlings injiziert. Der prinzipielle Unterschied ist jedoch der, dass die Fluide lediglich Verarbeitungshilfsmittel sind.

1.11.3.1 Gasinjektionstechnik

Bei der *Gasinjektionstechnik (GIT)*, auch *Gasinnendruck-Prozess (GIP)* oder *Gasinnendruckverfahren (GID)* genannt, wird ein inertes Gas unter Druck in die plastische Seele des Spritzlings injiziert.

Verfahrensablauf

Wie beim Zweikomponenten-Spritzgießen ist auch beim Gasinjektionsverfahren der Formfüllvorgang zweigeteilt: Zunächst wird die Kavität mit einem Polymer vorgefüllt (Bild 1-145). Dabei bildet sich an den kalten Kavitätswänden eine eingefrorene Randschicht aus, während die Seele noch schmelzeförmig ist. Nach einer gewissen Verzögerungszeit wird danach unter hohem Druck (100 bis 400 bar) stehendes Inertgas in den bereits vorgefüllten Bereich der Kavität eingeleitet, welches sich dann in der Polymermasse ausbreitet und Hohlkanäle ausformt. Dabei wird Masse aus der plastischen Seele verdrängt. Über die Verzögerungszeit lässt sich das Eindringverhalten der Gasblase maßgeblich beeinflussen. Dünnwandige Formteilbereiche sollten schon so weit abgekühlt sein, dass die Gasblase hier nicht mehr eindringen kann. Ansonsten könnte der sog. Fingereffekt auftreten. Unter Fingereffekt versteht man das fingerartige Ausbrechen des Gases aus den Gaskanälen in die dünnwandige Nachbarschaft, die kompakt d.h. ohne Hohlräume bleiben soll. Größere Verzögerungszeiten wirken diesem Effekt entgegen, sie verursachen aber eine starke Ausbildung von Umschaltmarkierungen, die aus Einfriervorgängen an der Fließfront während der Schmelzestagnation resultieren. Vor dem Entformen ist die Gasblase zu entspannen, damit das Formteil nicht platzt. Für die Formteileigenschaften ist besonders die Restwanddicke entscheidend. Die Einstellparameter der Spritzgießmaschine beeinflussen die Restwanddicke wenig, während Geometrie, Materialeigenschaften und Füllstoffanteile diese erheblich verändern können [79].

Verfahrensvarianten

Bild 1-145 gibt einen Überblick über die Verfahrensvarianten. Die Vor- und Nachteile der einzelnen Varianten sind in [78] einander gegenübergestellt.

1.11 Sonderverfahren

Standard-GID

A Einspritzen
B Gaseinleitungensfase
C Gasnachdruckfase
D Gasrückführung bzw. Druckentlastung
E Entformung

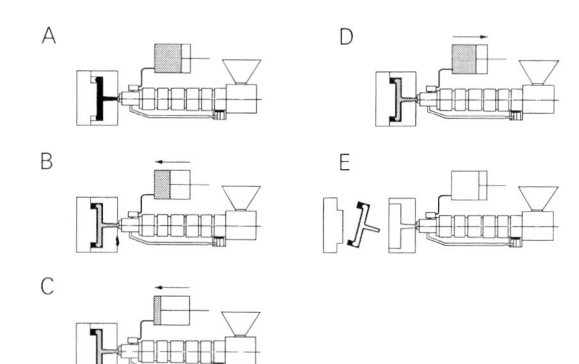

Masserückdrückverfahren

A Vollständige Füllung und Massenachdruck
B Gaseinleitungensfase
C Gasnachdruck
D Gasrückführung bzw. Druckentlastung
E Entformung

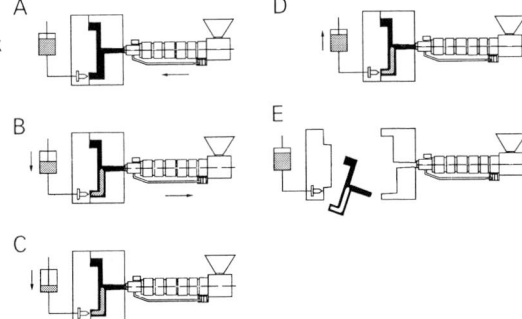

Verdrängung in Nebenkavität

A Einspritzen und Massenachdruck
B Öffnen der Nebenkavität + Gaseinleitung
C Verschließen der Nebenkavität + Kompressionsphase
D Druckentlastung bzw. Gasrückführung
E Entformen

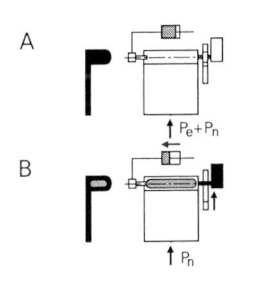

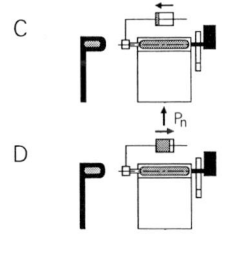

Kernrückzugverfahren

A Einspritzen (kompl.) und Massenachdruck
B Massenachdruck + Gaseinleitung
C Massenachdruck + Kompressionsphase
D Druckentlastung bzw. Gasrückführung

Bild 1-145
Verfahrensvarianten der Gasinjektionstechnik [78]

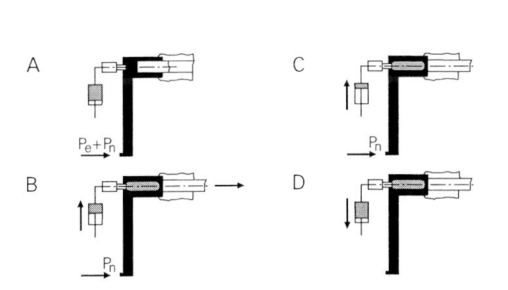

Grundsätzliche Vor- und Nachteile

Die Vorteile des Verfahrens beruhen auf der Möglichkeit mit dem Gas überschüssiges Material zu entfernen und von innen nachzudrücken. Beim traditionellen Kompaktspritzguss wird der Nachdruck zur Verdichtung der abkühlenden Schmelze lokal an einem oder mehreren Anschnitten aufgebracht. Der dort angewendete Druck muss ausreichen, um die Masse an der entferntesten Stelle akzeptabel zu verdichten. Der große Druckverlust längs des Fließwegs führt beim Kompaktspritzguss zu ungleichmäßiger Verdichtung der Masse und dadurch zu Spannungen, die Verzug verursachen. Beim Gasinnendruckverfahren wird das Verdichtungsproblem ganz anders gelöst. Durch das Netzwerk der Gaskanäle wirkt der Druck ungemindert und großflächig vor Ort und drückt die Schmelze auf kurze Distanz gegen die Werkzeugwand. Deshalb sind sehr viel geringere Drücke ausreichend. Allerdings gelten außerhalb der Reichweite des Gases die Gesetze des Kompaktspritzgusses. Es ist deshalb wichtig, dass der Gaskanal exponierte Stellen, wie z. B. Augen erreicht oder dass diese nach den Gesetzen des Kompaktspritzgusses gestaltet werden.

Vorteile:

- Freiere Gestaltungsmöglichkeiten, Kombination von dicken und dünnen Wanddickenbereichen, hohe Stabilität bei geringem Gewicht des Formteils durch Hohlprofile
- Materialersparnis und Verringerung der Kühlzeit
- Vermeidung von Einfallstellen
- Reduzierung von Verzug
- Schließkraftreduzierung

Typische Probleme:

- Geplante Gasdurchdringung wird nicht erreicht; Optimierung durch Simulation wird empfohlen
- Fingereffekt, das Gas tritt fingerartig aus den Gaskanälen in dünnwandige Bereiche (Bild 1-146)
- Oberflächenfehler durch Umschaltmarkierungen [80]
- Labiles Prozessverhalten, d. h. unterschiedliche Form der Gasblase von Zyklus zu Zyklus
- Zusätzlicher apparativer Aufwand (Gasbeladungseinrichtungen)

Anwendungsbeispiele

In Bild 1-147 sind je ein Beispiel für drei typische Anwendungsbereiche dargestellt.

1.11 Sonderverfahren   175

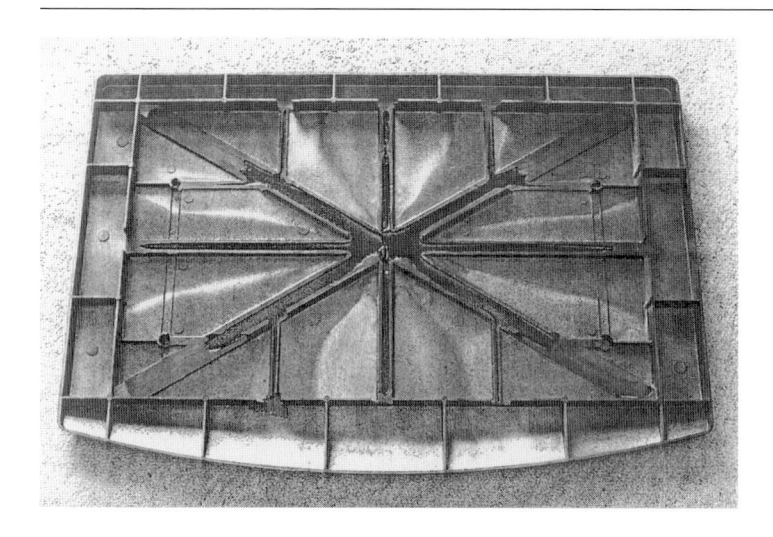

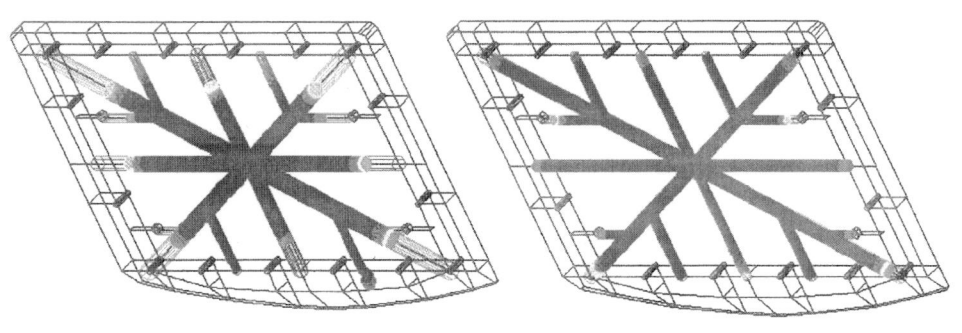

Bild 1-146 Beispiel für unvollständige Gasdurchdringung und Fingereffekt; das Gegenteil der geplanten Vorteile wurde erreicht (Rippen aufgefräst)
Links unten: unvollständige Gasdurchdringung in der Simulation, rechts unten: durch Rippenoptimierung weitgehende Gasdurchdringung (nach Moldflow)

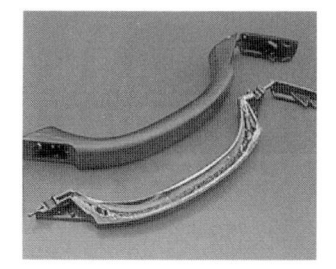

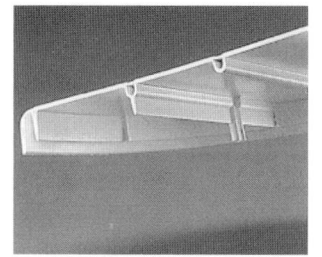

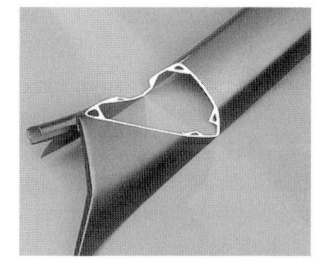

Bild 1-147 Beispiele für drei Gruppen von GID-Teilen
Links: aushöhlen von dickwandigen, stabförmigen Formteilen (Foto: Battenfeld), mitte: verzugsarme Versteifung von plattenförmigen Formteilen (Foto: Battenfeld), rechts: Versteifung von Rändern beliebiger 3D-Teile (Foto: Möllerplast)

Gasversorgung

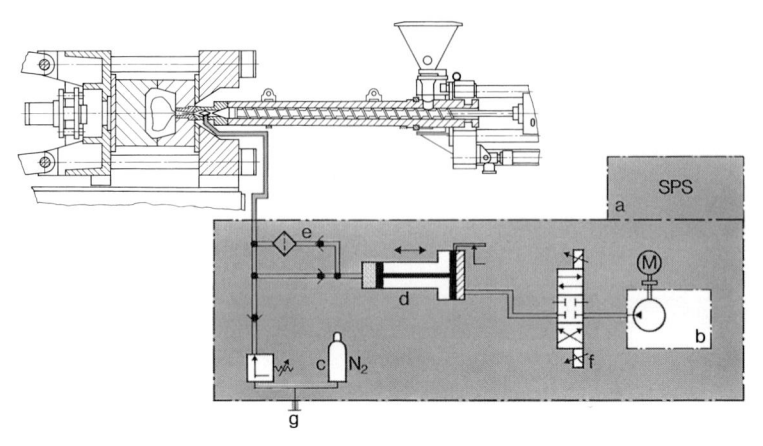

Bild 1-148   Gasversorgung mit Kolben-Druckübersetzer (Mannesmann Demag, Cinpres-Verfahren) a speicherprogrammierbare Steuerung, b Hydraulikstation, c Stickstoffversorgung, d Druckübersetzer, e Stickstoffrückführung, f Proportionalventil, g Anschluss für weitere Stickstoff-Versorgung

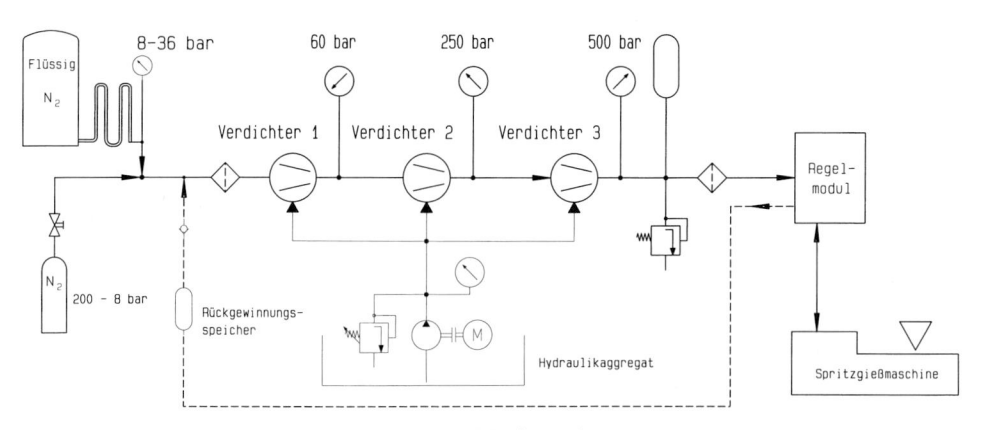

Bild 1-149   Gasversorgung mit Kompressoren (Maximator)

Die Gasversorgungseinheiten arbeiten nach zwei Prinzipien. In Bild 1-148 wird eine Kolbeninjektionseinheit gezeigt. Die Gasmenge kann hier sehr gut dosiert werden. Allerdings kann der Hydraulikkolben der Gasexpansion nicht folgen, sodass beim Öffnen der Gasinjektionsnadel mit relativ starkem Druckabfall gerechnet werden muss. Steuerungstechnisch entzieht sich die Gasbefüllung des Formteils jeder Kontrolle, da das Gas schneller expandiert als eine hydraulische Stellglied einzugreifen vermag. Jeder Steuerungsaufwand an dieser Stelle ist infolgedessen unnütz [5]. Die in Bild 1-149 gezeigte Verdichterstation arbeitet mehrstufig und erreicht dadurch einen maximalen Gasdruck von 500 bar.

1.11.3.2 Gashinterdrucktechnik

1997 von Fa. Battenfeld als „Airmould Contour" vorgestellt und patentiert, verspricht das Verfahren eine Verbesserung der Oberflächenkontur flächiger Teile, ohne dass Hohlräume nötig sind. Der Gasdruck wird nach volumetrischer Füllung über spezielle, im Werkzeug integrierte „Einspritzbausteine" auf der Rückseite des Teiles aufgebracht (Bild 1-150). Die maschinentechnischen Voraussetzungen für das Gashinterdruckverfahren sind gleich wie bei der klassischen GIT- Technik.

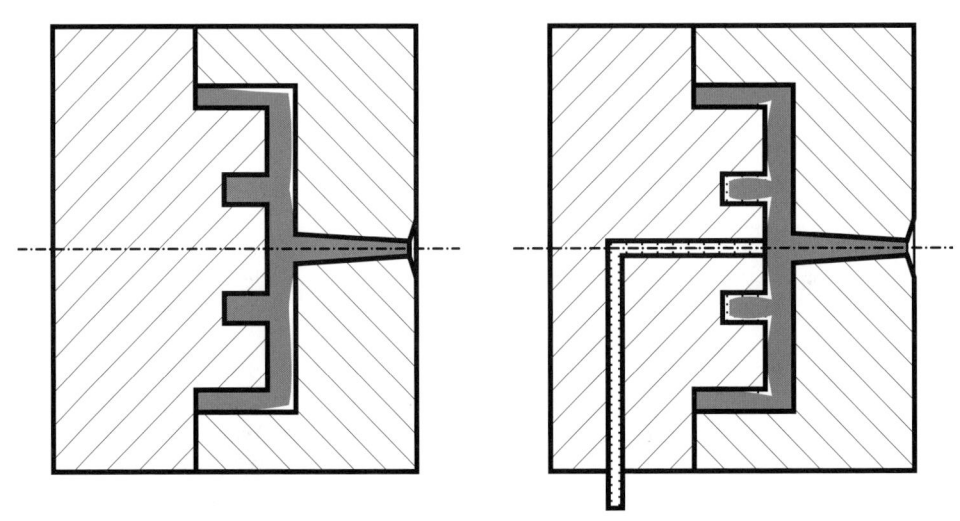

Bild 1-150 Prinzip der Gashinterdrucktechnik
Links: Spritzgießen ohne Gasdruck, rechts: mit Gashinterdruck zur Vermeidung von Einfallstellen auf der Sichtseite des Formteils

1.11.3.3 Wasserinjektionstechnik

Mit der Wasserinjektionstechnik (WIT) wurde am IKV, Aachen, eine alte Idee realisiert, Flüssigkeit in die plastische Seele zu injizieren [81]. Durch Injektion und anschließendem Verdampfen einer geringen Menge Flüssigkeit (flüssiger Stickstoff, CO_2, Alkohol oder Wasser) können nach dem Wirkungsprinzip der GIT Hohlräume erzeugt werden. Die kondensierten Flüssigkeiten verbleiben anschließend entweder im Bauteil oder müssen entfernt werden. Durch die Flüssigkeitsverdampfung sind zwar kürzere Kühlzeiten denkbar, jedoch findet die Verdampfung hauptsächlich im Injektionsbereich statt.

Im Gegensatz zu den genannten Verfahren wird die Wasserinjektion (WIT) so durchgeführt, dass der Hohlraum nicht durch die Verdampfung des Wassers ausgebildet wird, sondern dass das Wasser die Schmelze in Form eines Kolbens verdrängt. Erst durch diese Prozessführung werden die Vorteile des flüssigen Prozessmediums wirksam. Die Verfahrenstechnik entspricht im Prinzip der Gasinnendrucktechnik. Vor- und Nachteile der WIT:

Vorteile:

- größere Bauteildimensionen bei dünneren Restwanddicken realisierbar
- kürzere Kühlzeiten
- keine Maßnahmen zur Schaumvermeidung nötig
- preisgünstiges Prozessmedium
- geringe Anlagenkosten

Nachteile:

- Maßnahmen zum Entfernen des Wassers und zur Spritzwasservermeidung
- korrosionsarme Werkzeugstähle oder Aluminium
- zum Teil größere Injektionsöffnungen als bei der GIT notwendig (Optik, Funktion)
- auf dickwandige, stabförmige Formteile beschränkt

1.11.4 Hinterspritztechnik

In der Hinterspritztechnik (HST) (Übersicht in Bild 1-151) werden jede Art von Dekormaterialien (Folien, thermogeformte Folien, Gewebe, Dekorstoffe etc.) im Spritzgießwerkzeug hinterspritzt. Die neue Technik steht im Wettbewerb zu Press-, Klebe- und Drucktechniken, Laserbeschriftung, Lackierverfahren, Heißprägen sowie zum Mehrfarbenspritzguss.

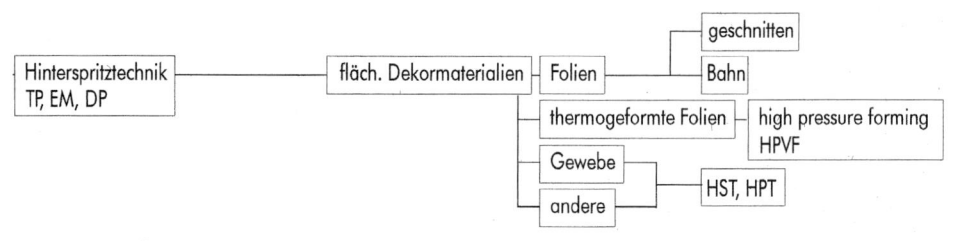

Bild 1-151   Übersicht über die Hinterspritzvarianten [72]
TP Thermoplast, EM Elastomer, DP Duroplast, HST Hinterspritztechnik, HPT Hinterpresstechnik

1.11.4.1 Hinterspritzen von Kunststoff-Folien oder Papier

Beim Folienhinterspritzen sind drei Verfahrensvarianten zu unterscheiden. Hinterspritzen von

- bedruckten Endlos-Prägefolien (IMD: In-Mold-Decoration, Bild 1-152 und Bild 153),
- bedruckten und ausgestanzten Folien (IML: In-Mold-Labeling) und
- bedruckten, thermogeformten und gestanzten Folien (IMD-3D/F: Insert-Molding).

In-Mold-Decoration (IMD)

Bei diesem Verfahren (Bild 1-152) wird die IMD-Folie in die Transportrolle des Positioniergeräts (1) eingelegt, zwischen zwei Druckwalzenpaaren (2) vertikal durch das Spritzgießwerkzeug transportiert und schließlich durch den Vorschubmotor (3) aufgewickelt. Durch das Einspritzen der Kunststoffmasse verbinden sich die übertragenen Lackschichten der IMD-Folie mit dem plastifizierten Kunststoff. Die Dekoration wird nur an der Stelle

1.11 Sonderverfahren 179

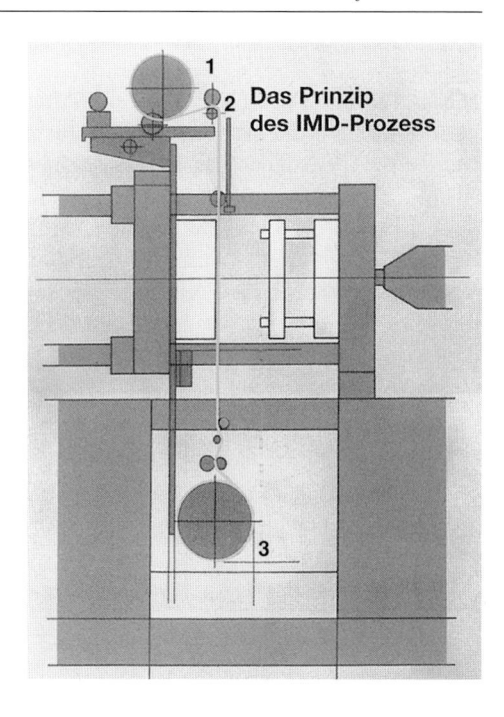

Bild 1-152
Prinzip des IMD-Verfahrens [82]

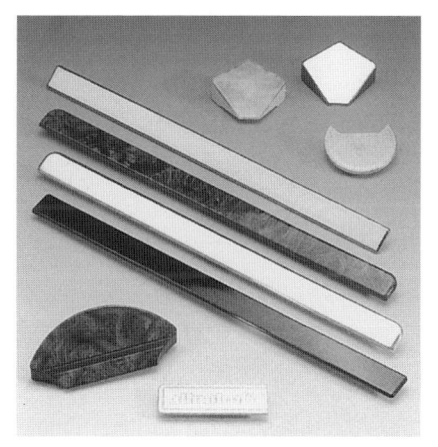

Bild 1-153   Beispiele für IMD-Teile [82]

übertragen, an der sie mit dem heißen Kunststoff in Berührung kommt, ohne jegliches Ausstanzen der Folie. Nach dem Abkühlen und Öffnen des Werkzeugs wird das fertig dekorierte Spritzgussteil vom Folienträger automatisch abgelöst, und die Folie kann durch den Folienvorschub für den nächsten Spritzgießvorgang in Bereitschaft gebracht werden. Bild 1-153 zeigt einige Anwendungsbeispiele dieser Verfahrenstechnik.

In-Mold-Labelling (IML)

Dieses Verfahren (Bild 1-154) ist eine Alternative zum direkten Bedrucken oder Bekleben von Spritzgussartikeln. Folien von 60 bis 100 µm Dicke aus OPP, PS, PET, PC oder PE werden im UV-Bogenoffset-Druckverfahren bedruckt, gestanzt und gestapelt. Vom Stapel ist eine präzise Vereinzelung und Zuführung über Schienen oder Handling ins Werkzeug erforderlich, wo der Label mit Vakuum, Stiften oder elektrostatisch fixiert wird. Dann wird hinterspritzt, wobei der Anschnitt häufig auf der Label-Rückseite liegt. Es gibt aber auch Varianten, bei denen die Folie ein Anspritz-Loch aufweist und der Anschnitt auf der anderen Seite angeordnet ist. Dadurch wird die Folie durch den Schmelzestrahl weniger beschädigt.

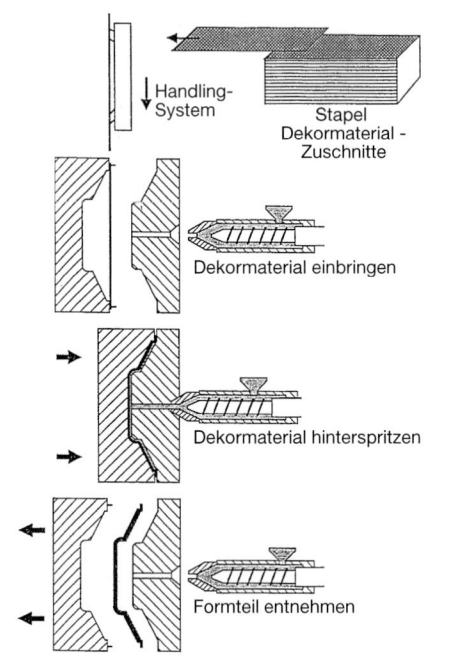

Bild 1-154
Schema des In-Mold-Labelling

Insert-Technik

Die Entwicklung von Kunststoffteilen vorwiegend im Automobilbereich verlangt immer mehr die Dekoration von ausgeprägt dreidimensional geformten Artikeln wie z.B. Armlehnen, Zierblenden in den Türen und Schalttafeln sowie im Konsolenbereich, um den Innenraum dekorativ aufzuwerten. Als Ergänzung zur In-Mold-Dekoration bietet die Insert-Technik (Bild 1-155), auch IMD-3D/F genannt, durch größere Verformbarkeit der Beschichtungsfolie erweiterte Möglichkeiten bei der Herstellung dekorativer 3D Kunststoffteile. So genannte VCL-(Vacuum-Formable-) Laminates – ABS-Folien von 200 bis 500 µm Dicke [82], fertig mit der Dekorschicht versehen – sind zum Thermoformen geeignet. Da beim Thermoformen kein gleichmäßige Verformung eintritt, wurde von Bayer ein Hochdruckverformverfahren (HDVF) entwickelt, bei welchem die aufgedruckte Information positionsgenau und verzerrungsfrei erhalten bleibt bzw. die gleichmäßige Verformung durch

1.11 Sonderverfahren 181

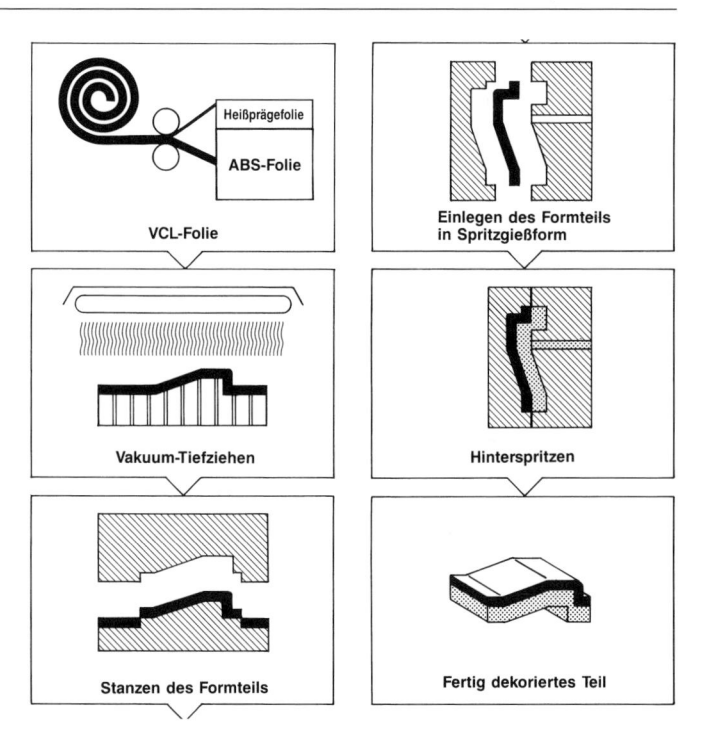

Bild 1-155
Schema des IMD-Insert-
Verfahrens [82]

Zerrdruck ausgeglichen wird. Dieses Verfahren verformt unterhalb der Glastemperatur Tg mit Preßluft von 50 bis 300 bar schlagartig [83]. Die vorgeformte Folie wird dann in die Spritzgießform eingelegt und hinterspritzt.

Produktbeispiele:

Bei dem in Bild 1-156 dargestellten *Kühlergrill* kommt eine von vorne mit Farbe und mit einer PVDF-Schutzschicht bedruckte ABS-Folie zum Einsatz, die mit ABS hinterspritzt wird. Hauptmotiv für die Nutzung der IMD-Technologie ist der Wegfall der Lackierung mit den teuren Abdeckmasken und die Möglichkeit, sehr schnell auf andere Wagenfarben um-

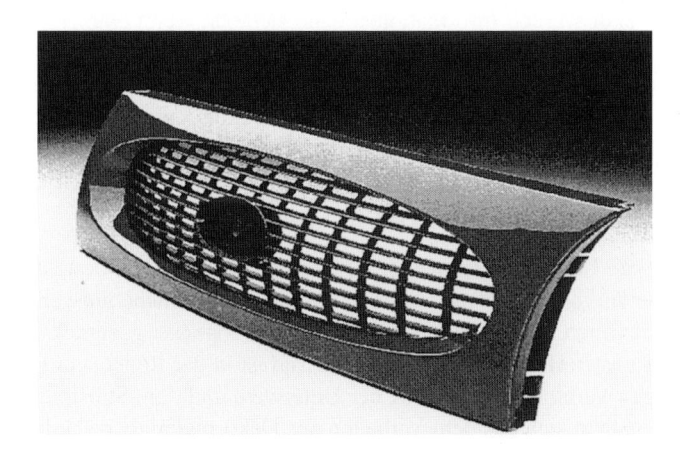

Bild 1-156
Ford-Kühlergrill

182 *Spritzgießen von Thermoplasten*

Bild 1-157
Heizungs- und Lüftungsblende (BMW)

Rückseitig bedruckte PC-Folie laminiert mit zweiter Folienlage. Die laminierte Folie wird mit Hochdruck verformt und dann hinterspritzt.

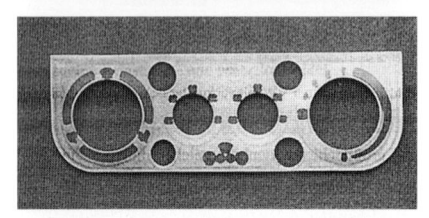

Folienaufbau flächig hinterspritzt mit transparentem PC

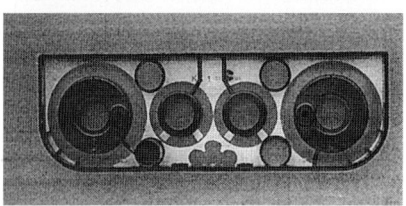

Umlaufender Rand- und Topfbereich nachträglich hinterspritzt mit ABS bzw. ABS+PC-Blend (schwarz)

stellen zu können. Das Verfahren ist außerdem umweltfreundlich, weil keine nachfolgende Lackierung benötigt wird. Auch das Recycling stellt kein Problem dar, da sowohl das Folienträgermaterial als auch der hinterspritzte Kunststoff ABS ist.

Ein Beispiel für funktionale Oberflächen ist die in Bild 1-157 gezeigte, im „Insert Molding"-Verfahren hergestellte Heizungs- und Lüftungsblende. Neben einem abgestimmten Dekor werden Informationen dann sichtbar, wenn eine Hinterleuchtung zugeschaltet wird, wobei das hinterspritzte transparente PC die Lichtleitung und -verteilung übernimmt. Die Vorteile eines solchen Systems wie Wirtschaftlichkeit durch Integration, optimale Haftung der Komponenten, abriebgeschütztes Dekor, Farbklarheit, variable Fertigung (Designwechsel) und Tiefenwirkung liegen auf der Hand.

1.11.4.2 Hinterspritzen von Textilien

Eine besondere Notwendigkeit für Dekorschichten besteht bei faserverstärkten Strukturteilen, die von Natur aus eine unschöne Oberfläche aufweisen. Für das Hinterspritzen von Textilien (Bild 1-158) sind alle Thermoplaste geeignet. Die Haftung zwischen diesen Kunststoffen und dem Dekormaterial ist in der Regel sehr gut, da sie auf der formschlüssigen Verbindung zwischen der Unterware und dem Substrat beruht. Die Herausforderungen ergeben sich aus dem Verhalten des Dekormaterials gegenüber der strömenden Kunststoffschmelze durch die Kombination von Druck, Schmelzetemperatur, Wandschubspannung und Werkzeugtemperatur.

Aufbau der Textilschicht

Der typische Aufbau einer solchen Textilschicht (Bild 1-158) besteht aus
- Oberware
- Schaumschicht
- Unterware

Die *Oberware* stellt die sichtbare Dekorationsschicht dar und dient der Erzielung der Optik und der Haptik (subjektives Griffgefühl). Neben den optischen und haptischen Eigenschaften muss das Obermaterial eine ausreichende Beständigkeit gegen thermische und mechanische Belastung während des Prozesses und im späteren Einsatz aufweisen. Polyesterfasern bilden durch ihre thermische Beständigkeit und ihre mechanischen Eigenschaften eine geeignete Grundlage für textile Dekormaterialien. Als Oberware werden außerdem Leder, (Schaum-) Folien aus PVC sowie Textilien aus PET, PA, PP und Naturfasern eingesetzt. Durch verschiedene Arten der Körperbindung lassen sich die mechanischen Eigenschaften der Textilien an die Gegebenheiten einer zu hinterspritzenden bzw. zu hinterpressenden Geometrie anpassen. So zeigen gewebte Textilien eine wesentlich geringere Dehnbarkeit als gewirkte Textilien. Üblicherweise hat die Oberware eine Dicke von 2 bis 4 mm.

Die *Schaumschicht* dient im Hinblick auf die Prozessbelastungen als thermischer Isolator gegen die Schmelze. Weiterhin dient sie der Erzielung des Softtouch-Effekts. Die Dicke der aus PUR, PET, PP oder PVC hergestellten Schaumschichten, liegen zwischen 1 und 3 mm.

Die *Unterware* dient wiederum der thermischen Isolation und ermöglicht darüber hinaus, über ihre definierte eigene Dehnfähigkeit, eine Stabilisierung des Dekors gegen Faltenbildung. Die Unterware muss zudem so beschaffen sein, dass sich die Schmelze in dieser Schicht „verkrallen" kann und eine so mechanische Verbindung zwischen Träger- und Dekormaterial geschaffen werden kann. Als Unterware kommen Vliese, Gestricke, Gewirke und Filz zum Einsatz. Die Dicke der Unterware liegt zwischen 0,5 und 1 mm.

Die einzelnen Schichten des Dekormaterials werden durch Flammkaschierprozesse miteinander verbunden. Das Anpassen an die Erfordernisse der Hinterspritz- und der Hinterpresstechnik führt zu aufwändigen und damit teueren Dekormaterialien und kann den Kostenvorteil der Verfahren teilweise aufzehren.

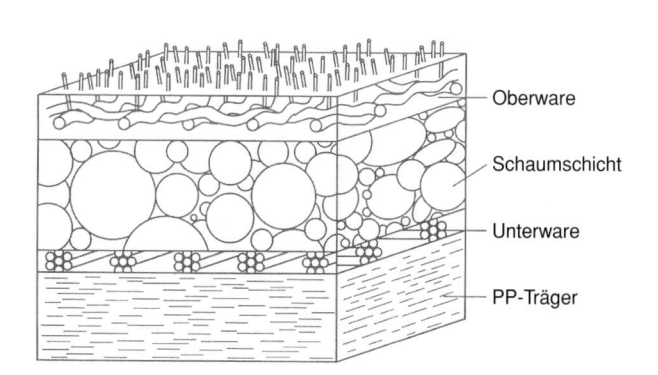

Bild 1-158
Querschnitt durch ein textilhinterspritztes Formteil [85]

184 *Spritzgießen von Thermoplasten*

Damit bei diesem Verfahren die ins Werkzeug fließende Schmelze das Gewebe nicht durchdringt oder beschädigt (Bild 1-159), schaumhinterlegte Dekore nicht zu stark zusammendrückt oder faltet, bei höheren Floren den „Bügeleffekt" vermeidet, ist das Werkzeug mit möglichst geringen Drücken und Schubspannungen zu füllen. Beim Hinterspritzen von Textilien oder Geweben wird deshalb auch von „Niederdrucktechnik" gesprochen. Bild 1-160 zeigt die Druckbereiche der verschiedenen Verfahren.

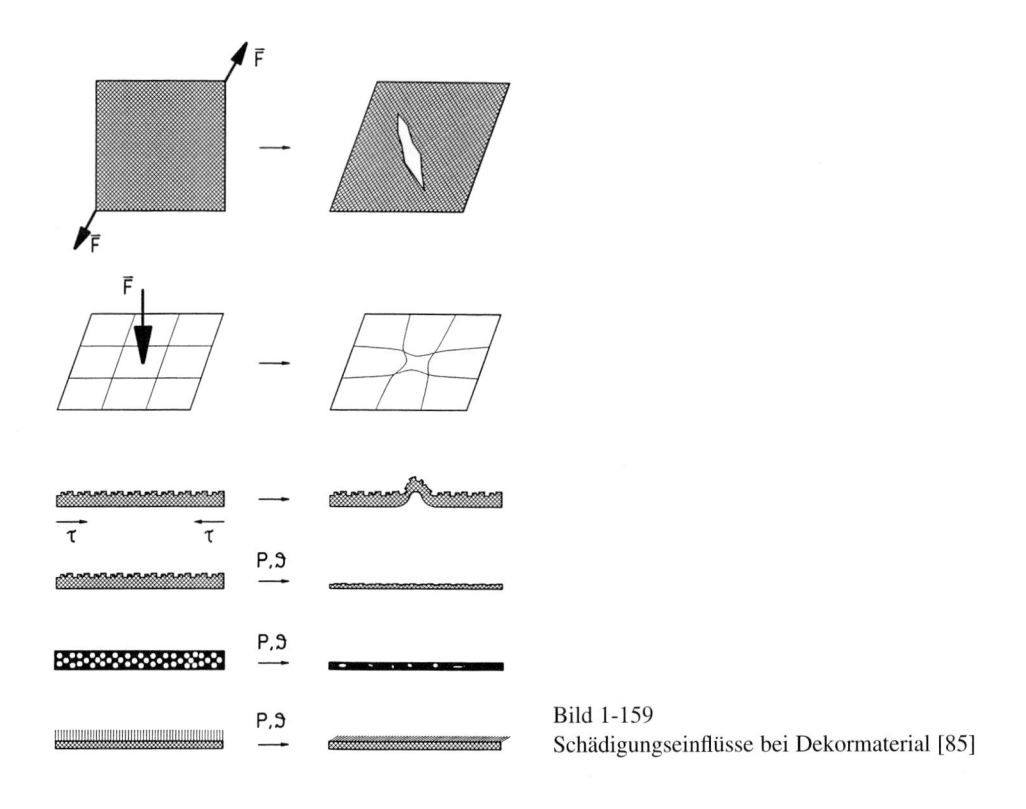

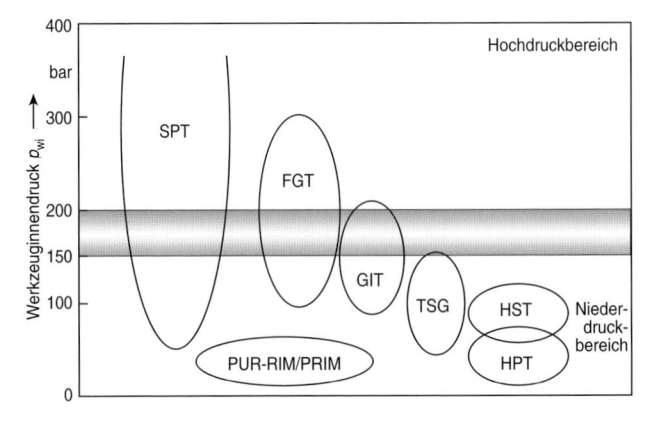

Bild 1-159
Schädigungseinflüsse bei Dekormaterial [85]

Bild 1-160
Werkzeuginnendrücke verschiedener Verfahren [84]

SPT: Spritztechnik,
FGT: Fließgießtechnik
(Intrusionsverfahren)
GIT: Gasinnendrucktechnik
TSG: Thermoplastschaumguss
HST: Hinterspritztechnik
HPT: Hinterpresstechnik

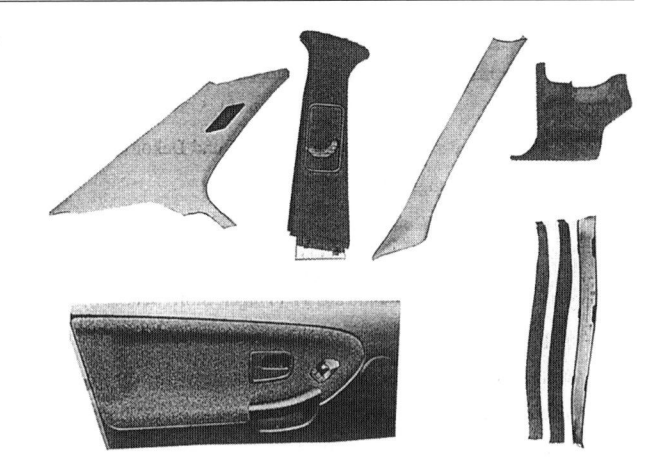

Bild 1-161
Typische hinterspritzte Innenverkleidungsteile
Werkbild: MAGNA

Dies wird durch eine Optimierung des Einspritzgeschwindigkeitsprofils, eine Minimierung der Viskosität, eine möglichst hohe Werkzeugtemperatur, Spritzprägen und kurze Fließwege (mehrere Anspritzpunkte) erreicht. Bei mehreren Anspritzpunkten ist eine Kaskadenschaltung mit Heißkanaldüsen von Vorteil (keine Faltenbildung). Ferner wird ohne Nachdruck gespritzt. Dabei wird die Schließkraft so gering eingestellt, dass das Werkzeug beim Einspritzen ein wenig öffnet und danach beim Abkühlen die wirkende Schließkraft die Schwindung ausgleicht. Hierfür ist ein Tauchkantenwerkzeug (1 bis 3 mm Tauchkante) erforderlich. Eine Werkzeuginnendruckmessung ist zweckmäßig.

Typische Anwendungen sind A-, B-, C- und D-Säulenverkleidungen, Türverkleidungseinsätze, Klappen, Abdeckungen und sonstige kleinere Innenverkleidungsteile im Fahrzeugbau (Bild 1-161).

1.11.4.3 Wirtschaftlichkeit der Hinterspritztechniken

Innovative Ideen und daraus resultierende Fertigungsverfahren können sich nur dann durchsetzen, wenn sich technisch bessere Produkte und/oder niedrigere Kosten realisieren lassen. Die Vorteile der Produktfamilien, die im Hinterspritzverfahren hergestellt werden, liegen in

- weniger Fertigungsschritten und damit automatisch besserer Qualität und niedrigeren Kosten
- der Vermeidung von Haftungsproblemen zwischen Trägerwerkstoff und Dekor bei wechselnden klimatischen Bedingungen
- der Möglichkeit preiswertere Rohstoffen wie PP einsetzen zu können, die sonst nur durch eine aufwendige Oberflächenbehandlung klebekaschiert werden könnten
- der Verwendung von Rezyklat
- in einem direkt rezyklierbaren Gesamtverbund aus PP (Träger, Stoff, Schaum)
- einem besseres Foggingverhalten
- dem Wegfall von (zum Teil lösungsmittelhaltigen) Klebstoffen
- den geringeren Ausschuß- und Nacharbeitskosten

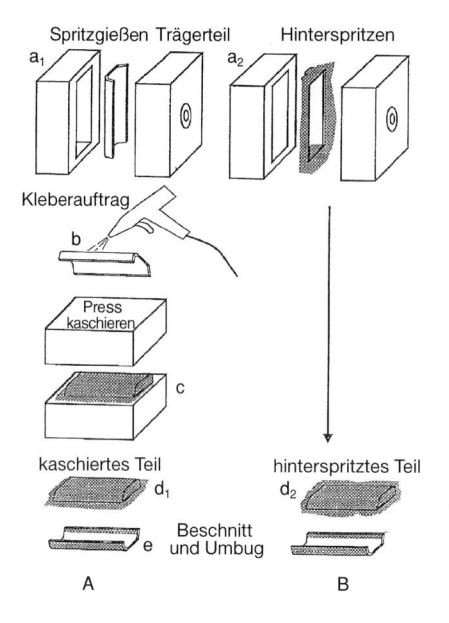

Bild 1-162
Vergleich der Arbeitsschritte beim Presskaschieren (A) und beim Hinterspritzen (B) (Werkzeichnung: Dynamit Nobel)
a_1 Spritzgießen, a_2 Hinterspritzen, b Kleberauftrag, c Presskaschieren, d_1 kaschiertes Formteil, d_2 hinterspritztes Formteil, e Beschnitt und Umbug

- den geringeren Gesamtwerkzeugkosten
- den geringeren Änderungskosten durch weniger Formen und deshalb geringeren Abstimmungsaufwand.

Die Verringerung der Fertigungsschritte beim Hinterspritzen im Vergleich zum Kaschieren wird aus Bild 1-162 deutlich. Allerdings sind die für das Kaschieren geeigneten Dekormaterialien meist preisgünstiger als Materialien für das Hinterspritzen. Dennoch ergibt sich ein bauteilspezifisches Einsparpotenzial zwischen 10 und 20 %, in Sonderfällen bis zu 30 %.

1.11.5 Kaskadenspritzgießen

Bei der von Incoe eingeführten Kaskadensteuerung, wird die Kavität nicht wie beim konventionellen Spritzgießen gleichzeitig über alle Anschnittpunkte gefüllt, sondern Stück für Stück von einer Düse beginnend. Dabei ist zunächst beispielsweise zuerst die mittlere Heiß-

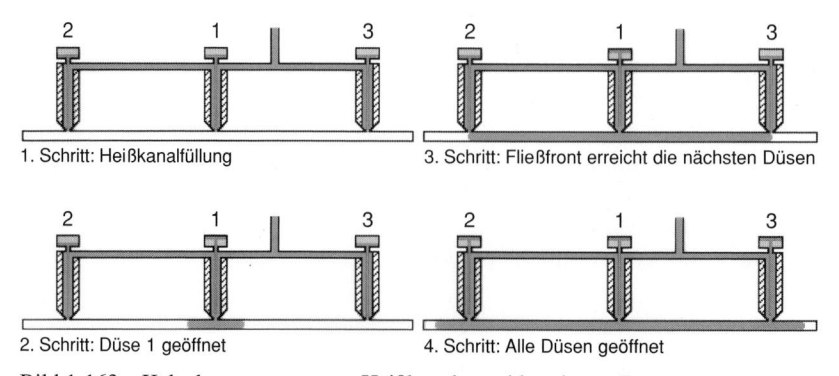

1. Schritt: Heißkanalfüllung

3. Schritt: Fließfront erreicht die nächsten Düsen

2. Schritt: Düse 1 geöffnet

4. Schritt: Alle Düsen geöffnet

Bild 1-163   Kakadensteuerung von Heißkanalverschlussdüsen (Incoe)

kanaldüse geöffnet (Bild 1-163). Die Schmelze kann zunächst nur über diese in die Kavität gelangen. Erst wenn die Schmelzefront die benachbarte Düse erreicht hat, wird diese geöffnet, wobei gleichzeitig die erste Düse schließt, damit die Fließfrontgeschwindigkeit annähernd gleich bleibt. Auf diese Art können die sonst unvermeidliche Bindenähte zwischen zwei Anbindungen vermieden und Druckverluste verringert werden. Für den Fall, dass mit Nachdruck gearbeitet werden soll, lassen sich zum Ende des Einspritzvorgangs alle Heißkanaldüsen erneut öffnen. Bei fast allen Dekormaterialien wird das durch den Massefluss vor der Fließfront verschobene Dekormaterial an den Bindenahtstellen derart angehäuft, dass eine optische und haptische Beeinträchtigung zurückbleibt. Dies äußert sich in einer lokalen Dunkelstelle gegenüber den davor gedehnten hellen Bereichen oder in Form von leicht gewelltem Dekor. Um diesen Effekt zu reduzieren oder sogar völlig aufzuheben, ist eine Kaskadensteuerung der Heißkanaldüsen ideal.

1.11.6 Herstellung von Schaltungsträgern (MID)

Die Bezeichnung *MID* steht für *Molded Interconnection Devices*, einer neuen Gruppe von Spritzgussteilen, die mittelfristig konventionelle zweidimensionale Platinen ersetzen könnten [91]. Das wesentliche Merkmal dieser Teile ist die Verbindung einer Leiterbahn oder eines Leiterbahnsystems mit einem Kunststoffträger. Entscheidender Vorteil der MID-Technik ist die Integration von elektrischen und mechanischen Funktionen in dreidimensionalen Strukturen. Konkurrierende Verfahren zur Herstellung von MID-Formteilen sind in Tabelle 1-10 zusammengestellt.

Tabelle 1-10 Vor- und Nachteile verschiedener Spritzgießverfahren zur Herstellung von Schaltungsträgern [91]

	Heißprägen	Folienhinterspritzen	2K-Spritzgießen
Gestaltungsfreiheit	gering (zweidimensional)	mäßig	sehr groß (dreidimensional)
Flexibilität bei Layoutänderungen	sehr groß	groß	gering
Investitionskosten	gering	mäßig	hoch

Die geometrisch vielseitigste Variante, die das Aufbringen von komplexen dreidimensionalen Leiterbahnen auf beiden Seiten des Spritzgussteils zulässt, ist das Mehrkomponentenspritzgießen. So lassen sich bereits Versteifungen und Verbindungselemente in das Spritzgussteil integrieren oder das gesamte umgebende Gehäuse inklusive Montagehilfen fertigen (Bild 1-164).

Die Zweikomponenten-MID Technik verbindet zwei Kunststoffe miteinander, von denen einer metallisierbar sein muss. Meist wird zunächst aus dem metallisierbaren Kunststoff ein Träger mit aufgesetzten Leiterbahnen spritzgegossen, der anschließend mit der zweiten Komponente oberflächig umspritzt und galvanisch metallisiert wird (Bild 1-165).

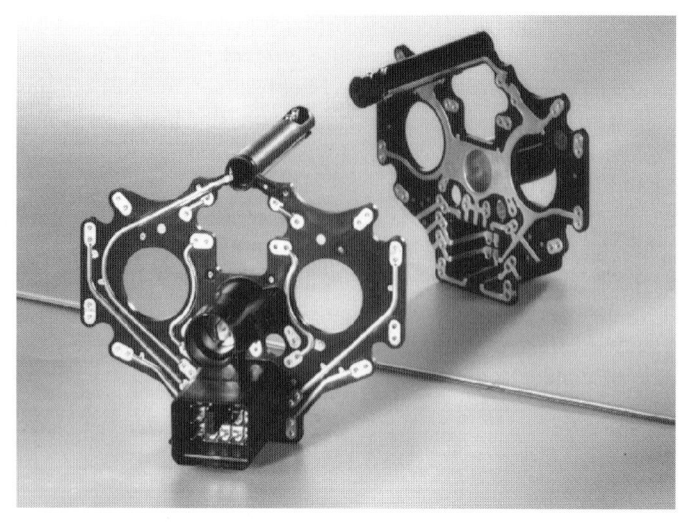

Bild 1-164 Integration von Elektronik und Mechanik durch die Zweikomponenten-3D-MID-Technik
Foto: Inotech GmbH, und Bayer AG

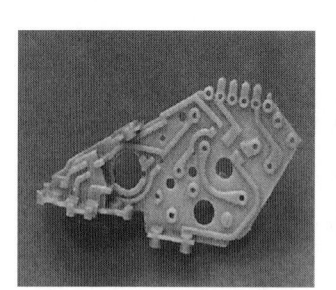

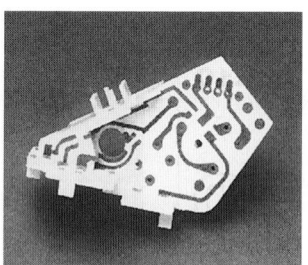

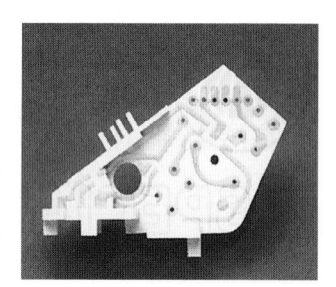

Bild 1-165 Trägerplatte für einen Joystick in Zweikomponenten-3D-MID-Technik; erster Schuss aus metallisierbarem PES (links), Überspritzen mit PS/PC/ABS (Mitte) und Galvanisieren der Leitungen (rechts) [91]

1.11.7 Spritzen von Hybridteilen

Unter Hybridteilen sollen Kombinationsteile verstanden werden, deren Bestandteile dem Wortsinn entsprechend von unterschiedlicher Herkunft sind. Die Unterschiede können durch verschiedene Werkstoffe oder Herstellverfahren bedingt sein (Bild 1-166).

1.11.7.1 Umspritzen von Einlegeteilen

Unter dieser Technik wird das separate Einlegen von meist kleinen Funktionsteilen aus den verschiedensten Werkstoffen in ein Spritzgießwerkzeug verstanden, die dann in einem Spritzgießvorgang weitgehend mit Kunststoff (Thermoplast, Elastomer oder Duroplast) umspritzt werden. Bei Metalleinlegeteilen wird von der Inserttechnik oder im Sonderfall von der Kernschmelztechnik gesprochen.

Insert-Technik

Die Metalleinlegeteile (meist Funktionsteile z.B. Stahlwelle für Zahnrad Bild 1-167) müssen sehr maßgenau (Toleranz < 0,05 mm) gefertigt werden, da andernfalls Einlegeprobleme oder Überspritzungen auftreten Die Einlegeteile können manuell oder mittels Handlinggeräte eingelegt werden und müssen dabei im Werkzeug durch Stecken, Schnappen oder magnetisch fixiert werden. Wegen Schwindungsspannungen kann es vorteilhaft sein, die Einlegeteile vorzuwärmen Die Vorteile des Verfahrens beziehen sich weitgehend auf die Fertigteileigenschaften, z.B. präzise Metallgewinde elektrische Leitfähigkeit von Kontakten, Versteifungen etc. Nachfolgende Arbeitsgänge, z.B. Ultraschallschweißen oder Montage, entfallen. Bei richtiger Konstruktion sind die Metallteile im Allgemeinen unlösbar fest mit dem Kunststoff verbunden. Wegen des leichteren Einlegens und Fixierens sind Maschinen mit vertikaler Schließeinheit mit Rund- oder Schiebetisch oder C-Rahmen von Vorteil.

Nachteilig ist der Einlegeaufwand, das kompliziertere Werkzeug und die längere Zykluszeit. Daher ist der Kostenaufwand für jeden Einzelfall im Vergleich zu nachträglichen Fügemöglichkeiten (z.B. Ultraschallschweißen) zu ermitteln.

Die Zahl der Anwendungen der Inserttechnik ist groß: Gewindeinserts, Muttern, elektrische Kontakte, Zündverteilerbauteile, Drähte, Kabel, Düsen, Versteifungsbleche, Lagerbuchsen,

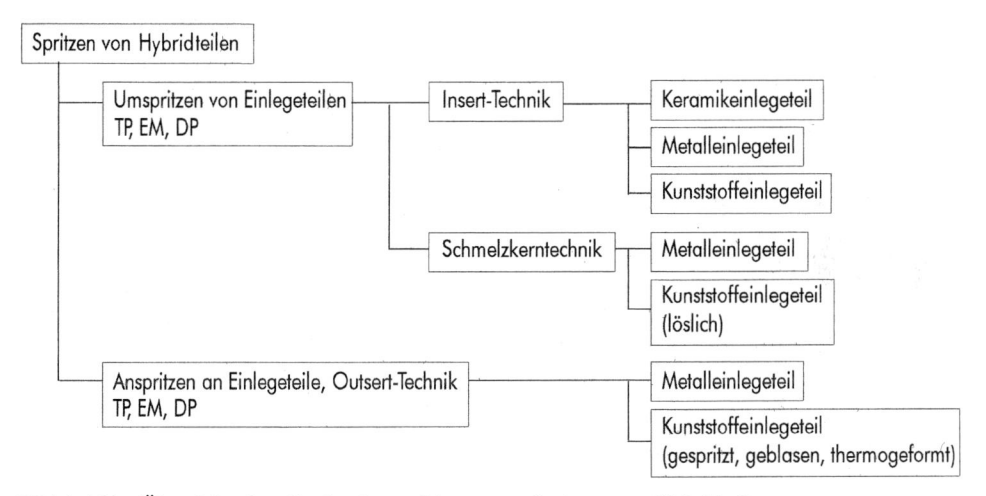

Bild 1-166 Übersicht über die Sonderverfahren zum Spritzen von Hybridteilen
TP Thermoplast, EM Elastomer, DP Duroplast

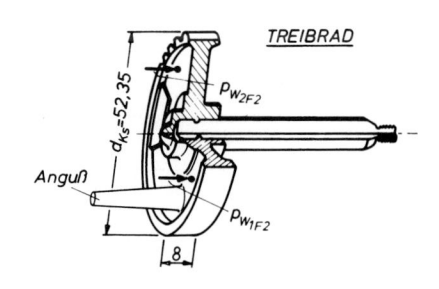

Bild 1-167
Zahnrad mit eingelegter Achse

Schlüsselgriffe, Schraubendrehergriffe, Achsen, Scherengriffe, Siebeinfassungen, Kugellager, Laufrollen etc.

Schmelzkerntechnik

Die Schmelzkerntechnik (Bild 1-168) stellt eine Sonderform des Umspritzens von Einlegeteilen dar. Sie konkurriert mit dem Extrusionsblasformen, der Gasinnendruck- und der Halbschalentechnik. Bei der Herstellung von Spritzgussteilen mit verlorenen Kernen ist dieser zunächst aus schmelzbaren Stoffen durch Druckgießen, Gießen o. ä. Verfahren herzustellen. Schmelzbare Kerne werden bisher aus niedrigschmelzenden Zinn-Wismut-Legierungen (BiSn, Schmelzpunkt 137 °C) gegossen. Die Besonderheit dieser Legierung ist ihr geringer Schwund. Das Ausschmelzen erfolgt bei 160 °C bis 180 °C im Ölbad, in aliphatischem Alkohol, in modifiziertem Polyglkolether oder im Laugenbad. Nach dem Ausschmelzen ist das Formteil zu waschen, um es von Resten des Aufschmelzmediums zu reinigen.

Vorteile der Schmelzkerntechnik sind die freie Bauteilgestaltung auch komplexer Geometrien, hohe Oberflächenqualität, einfache Werkzeugkonstruktion, nahtfreie Innenkontur, und eine hohe Innendruckbelastbarkeit der Formteile. Nachteilig sind vor allem die aufwändigen Fertigungseinrichtungen (Kerngießmaschine, Kerngießwerkzeug, Handlingsgerät, Spritzgießmaschine, Spritzgießwerkzeug, Ausschmelzbad, Waschanlage) und dadurch

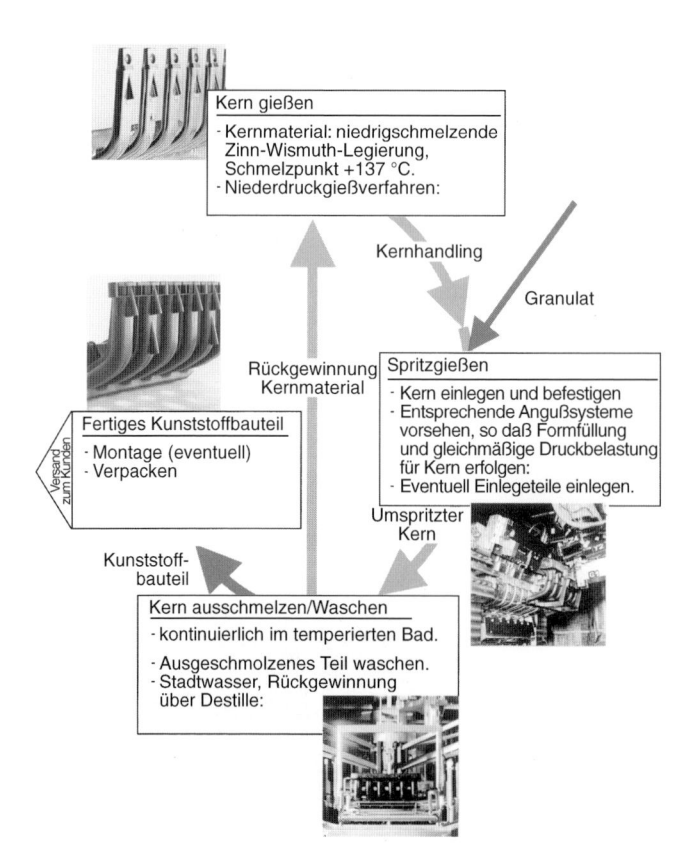

Bild 1-168
Schema der Schmelzkerntechnik [86]

1.11 Sonderverfahren

Komplexität der Formteile →

	Formteile ohne Hinterschnitt	Formteile mit Hinterschnitt	dickwandige Formteile	Formteile mit Innenkonturen	Formteile mit maßgenauen Innenkonturen	mit Dichtigkeitsfunktionen der Innenkonturen
Konventionelles Spritzgießen	++		+			
Konventionelles Spritzgießen mit Kernen		++	+			
Gasinjektionstechnik			++	++		
2-Komponentenspritzgießen				++		
Mehrschalenspritzgießen				++	++	
Schmelzkerntechnik				+	++	++

Anlagenaufwand ↓

Bild 1-169
Herstellverfahren für offenen Innenkonturen [87]

bedingt hohe Stückkosten, lange Entwicklungszeiten, teures Kernmaterial und die Gefahr der Verunreinigung durch Schwermetalle. Bisher wurden überwiegend Saugrohre aber auch Krümmer, Doppelrohre, Ölkanäle, Kühlmittelsammler, Thermostatdeckel, Kühlwasserdoppelleitungen, Armaturen, Herzkammern und Pumpengehäuse, meist aus PA66-GF35 nach diesem Verfahren hergestellt. Bild 1-169 zeigt eine Übersicht über weitere Verfahren zu Herstellung von offenen Innenkonturen.

1.11.7.2 Anspritzen an Einlegeteile

Outsert-Technik

Bei diesem Verfahren wird eine Metallplatine mit Dickentoleranzen von z. B. 1 ± 0,02 mm und ausgestanzten Durchbrüchen in ein Spritzgießwerkzeug eingelegt. Dort werden Funktionselemente meist aus POM (Schnapper, Führungen, Biegefedern, Achsen, Säulen zum Einbringen gewindeschneidender Schrauben, drehbewegliche Stelltriebe etc.) unlösbar aufgespritzt (Bild 1-170).

Vorteile dieser Technologie:
- im Vergleich zur Voll-Metallösung um 75 % geringere Fertigunskosten
- im Vergleich zu Kunstoffeinzelteilen mit Montage auf der Platine 40 % geringere Kosten
- im Vergleich zur Voll-Kunststoffkonstruktion sehr viel kleinere Wärmedehnung
- Betriebstoleranz bei z. B. Temperaturschwankungen von −20 °C bis 80 °C: Vollkunststoff: 118 mm + 1,028/−0,554; Outsert-Formteil: 118 mm + 0,096/−0,070 [88].

192 *Spritzgießen von Thermoplasten*

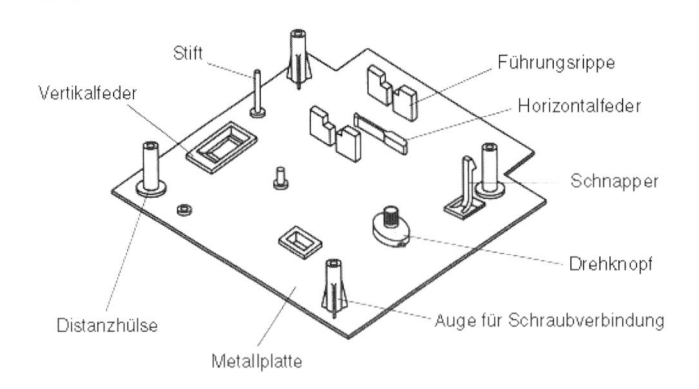

Bild 1-170
Möglichkeiten der Outsert-Technik [6]

Die Konstruktionsrichtlinien sind [89] zu entnehmen. Die Vorteile dieser Technik kommen insbesondere bei Bauteilen mit Abmessungen > 150 mm zum Tragen. Bisherige Anwendungen sind Schlitten und Rahmen von Nadeldruckern, Messwerkchassis, Laufwerke von Auto-Cassettenrecordern, Tonkopf-Trägerteile, Chassis von Video-Recordern, Nähmaschinenteile usw.

1.11.7.3 Hybride Strukturbauteile

Die von Bayer [90] entwickelte Hybridtechnik für den Metall-Kunststoff-Verbund (Bild 1-171) wurde für Einsatzgebiete mit extrem hohen mechanischen Beanspruchungen entwickelt. Ein tiefgezogenes und gelochtes Stahlblech wird in ein Spritzgießwerkzeug eingelegt und mit einem modifizierten PA6-GF 30 umspritzt. Durch die optimierte Krafteinleitung in der Hybridkonstruktion wird die Leistungsfähigkeit der dünnwandigen Stahlstrukturen merklich erhöht und die Neigung zum Versagen durch Beulen und Knicken stark

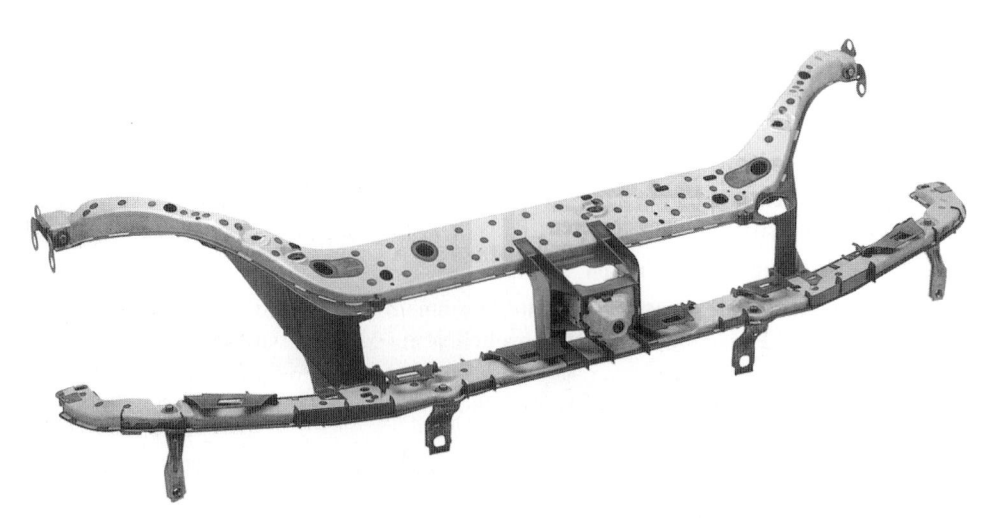

Bild 1-171   Hybridstruktur eines Ford-Frontends [102] Hersteller: Dynamit Nobel Kunststoff

verringert. Gleichzeitig ergibt sich im Vergleich zur reinen Stahlkonstruktion eine deutliche Gewichtsreduzierung und ein hoher Grad an Funktionsintegration. Kunststoff und Stahl ergänzen sich zu folgendem interessanten Eigenschaftsprofil:
- hohe Belastbarkeit
- hohe Energieabsorbtion im Crash
- höchstes Integrationspotential
- geringes Gewicht
- Längenausdehnung wie bei Stahl.

Was einfach und wirtschaftlich zusammengefügt wird, lässt sich ebenso einfach wieder separieren und recyceln. In einem einzigen Arbeitsgang und in wenigen Sekunden zerkleinert eine Hammermühle die Verbundteile. Siebe und Magnetabscheider trennen die beiden Werkstoffe zuverlässig und sortenrein. Die wiedergewonnenen Werkstoffe können aufbereitet werden und direkt in den Produktionskreislauf zurückfließen.

Montagespritzguss von hybriden Strukturbauteilen (In-Mold-Assembling: IMA)

Nicht immer ist es zweckmäßig, den Blecheinleger aus einem Stück zu fertigen. Die Reduzierung von Abfall und die Vermeidung von Toleranzproblemen lassen das Einlegen einzelner Blechteile in das Spritzgießwerkzeug sinnvoll erscheinen. Das Fügen der Blechteile kann dann durch Umspritzen vorgefertigter Verbindungsstellen oder durch im Werkzeug integrierte Durchsetz-Füge-Stempel (Clinchen) ausgeführt werden. Da dadurch Schweißoperationen entfallen können, reduziert sich der Werkzeug und Montageaufwand erheblich (Bild 1-172).

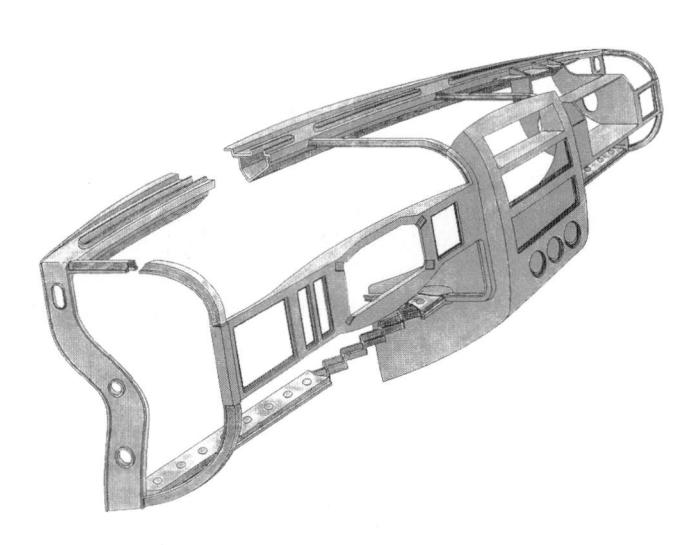

Bild 1-172
Beispiel für In-Mold-Assembling [90]

1.11.8 Reduzierte Wanddicken und Mikrospritzguss

1.11.8.1 Dünnwandtechnik

Beim Bestrebungen die Wanddicken von Kunststoffbauteilen zu reduzieren, stehen drei Ursachen im Vordergrund: Kostenreduzierung (Bild 1-173), Miniaturisierung und Gewichtsreduzierung. Die Verkürzung der Zykluszeit ist dabei ein erfreulicher Nebenaspekt.

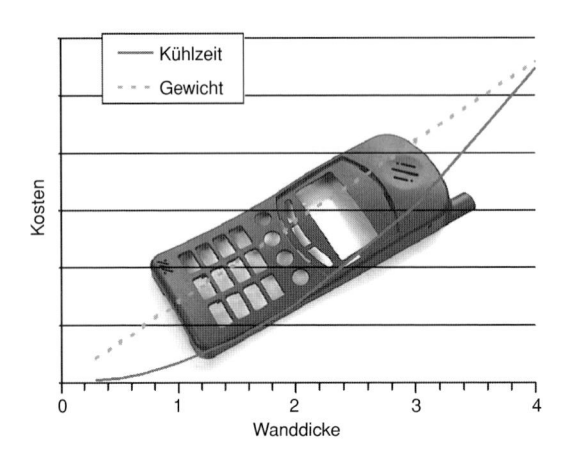

Bild 1-173
Produkt und Zusammenhang zwischen Wanddicke und Kosten [92]

Besonders deutlich wird die Entwicklung nach [92] beim Vergleich eines Mobiltelefongehäuses von heute mit jenem von vor 10 Jahren. Die Wanddicke wurde von 1,8 mm auf weniger als 0,8 mm reduziert. Ein weiteres Beispiel ist die Entwicklung im Bereich der optischen Speichermedien. Die Steigerung der Speicherkapazität bei der heute in der Markteinführung befindlichen Digital Versatile Disc (DVD) wird durch das Zusammenfügen von zwei 0,6 mm dicken Scheiben erreicht. Weitere Beispiele sind Verpackungsteile aus PE, PP, PS mit Wanddicken ab ca. 0,2 mm und einem Fließweg/Wanddicken-Verhältnis von bis zu 500.

Voraussetzungen:

- Formmasse: Extrem gute Fließfähigkeit und Entformbarkeit; wegen häufig erforderlicher Mehrfachanspritzung hohe Bindenahtfestigkeit.
- Maschine: Hohe Plastifizierleistung, Einspritzdrucke bis 3500 bar, schneller Druckaufbau, hohe Einspritzleistungen von über 100 kW, steife Schließeinheit, Parallelfunktionen und Spritzprägeeinrichtung.
- Werkzeug: Besonders verformungsarm; bei der Herstellung von schlanken Bechern, Tablettenrohren und Kartuschen führen schon geringe Durchbiegungen von Werkzeug und Formplatten zu einem erheblichen Kernversatz und somit zu einem frühzeitigen Werkzeugverschleiß.
- Produktabhängig: Möglichkeit zum Spritzprägen oder partiellen Prägen.

1.11.8.2 Herstellung von Chipkarten

Nach [93] werden die Chips, Memory Chips oder Microcontroller auf Metall-Leadframes (Metallträgerstreifen) aufgebracht, gebondet (mit Kontakten versehen) und verkapselt (links in Bild 1-174) und anschließend in Leadframe-Magazinen gestapelt. Vor dem eigent-

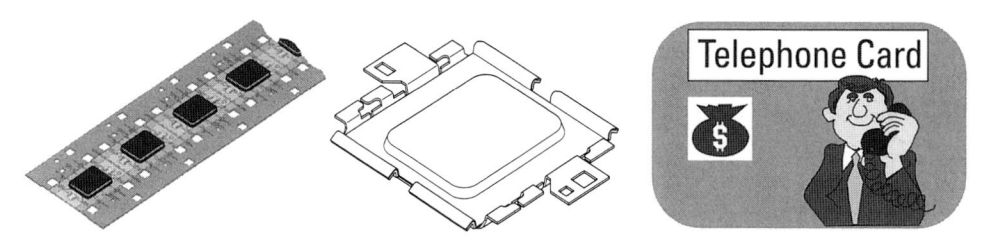

Bild 1-174   Schritte der Chipkartenherstellung [93]

lichen Spritzgießen wird das elektronische Modul ausgestanzt und getestet. Um zu gewährleisten, dass sich das Modul während des Spritzvorgangs nicht bewegt, muss es geformt werden (Bild 1-174, Mitte). Die Form ist so gewählt, dass mechanische Belastungen aufgefangen werden können. Vor dem Spritzgießverfahren muss sichergestellt werden, dass keine elektrisch fehlerhaften Komponenten verwendet werden. Deshalb wird das Modul „in-line" geprüft. Der Handler ist mit einer vollautomatischen Prüfstation ausgerüstet. Bei den Etiketten handelt es sich üblicherweise um vorgedruckte ABS-Etiketten mit einer Dicke von ca. 100 µm (Bild rechts). Bei der Produktion werden die elektronischen Module und die Etiketten (Vorder- und Rückseite) so ins Spritzgießwerkzeug geladen, dass die drei Komponenten während des Spritzgießprozesses in Position gehalten werden können. Das Werkzeug wird geschlossen und die Komponenten hinterspritzt. Das Spritzgießwerkzeug weist normalerweise vier Kavitäten auf, d. h. pro Zyklus werden zwei Kartenpaare hergestellt.

1.11.8.3 Spritzgießen von optischen Datenträgern

Einteilung optischer Datenträger

Tabelle 1-11 gibt einen Überblick über Geometrie und Einsatzbereiche optischer Datenträger.

Tabelle 1-11   Überblick über optische Datenträger [94]

Kriterium	Compact Disc (CD)	Mini Disc (MD)	Digital Versatile Disc (DVD)
Durchmesser	120 mm	64 mm	120 mm
Dicke	1,2 mm	in Kassette integriert	2 Scheiben à 0,6 mm
Speicherkapazität	680 Megabytes	135 Megabytes	4,7–18 Gigabytes
Einsatzbereiche	• Musik mit hoher Wiedergabequalität • Filme mässiger Wiedergabequalität bis max. 79 Minuten Spielzeit • Computerdaten und Videospiele	• Musik mit hoher Wiedergabequalität bis max. 74 Minuten Spielzeit • Computerdaten	• Filme mit höchster Bild-/Tonqualität und diversen Zusatz-Optionen • Computerdaten und Videospiele • Musik mit höchster Wiedergabequalität

Datenstruktur auf optischen Datenträgern

Eine CD von einer Stunde Spieldauer enthält rund 15 Milliarden digitale Informationen „0" oder „1". All diese Bits werden auf der Disc durch Vertiefungen, so genannte Pits, und ebene Flächen dargestellt (Bild 1-175). Die Pits bilden auf der Compact Disc eine spiralförmige Datenspur, die im Gegensatz zur Rille einer Analogplatte von innen nach außen ausgelesen wird. Diesen schmalen Pit-Pfad liest ein gebündelter Laserstrahl: Fällt der Strahl auf ein Pit, dann wird er absorbiert. Trifft der Strahl auf eine glatte Fläche, so wird er reflektiert. So werden aus den mechanischen Formen einer CD digitale Daten („0"–„1") gewonnen.

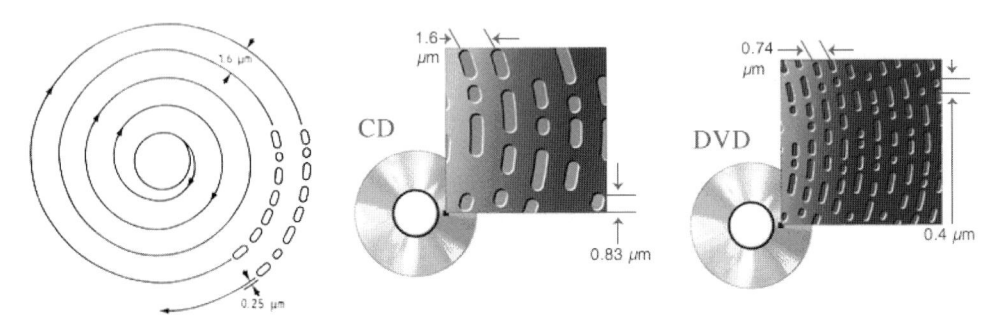

Bild 1-175   Pit-Struktur auf optischen Datenträgern

Herstellung optischer Datenträger

Die Herstellung erfolgt in fünf prinzipiellen Schritten: Mastering – Galvanisieren – Spritzgießen – Metallisieren – Lackieren (Bild 1-176). Die Master bestehen aus Photoresist beschichtetem Glas. Ein Laserstrahl schießt (belichtet) ein Muster von Pits – die digitalisierte Tonspur – in das Photoresist. Die belichteten Teile werden weggeätzt (entwickelt), um die endgültige Pit-Struktur zu bilden. Der Master wird abschließend mit Silber beschichtet.

Die Galvanik repliziert den Master in einem Nickelbad; es entsteht das erste Negativ, der „Vater". Diverse Positive, also „Mütter", werden angefertigt, um „Söhne" herzustellen, die als Stamper in die Spritzgießwerkzeuge eingebaut werden. In Form der „Söhne" kann der „Vater" beliebig vervielfältigt werden.

Nach dem Spritzgießen werden die Rohlinge metallisiert. Im Vakuum wird auf der Seite mit der Pit-Struktur eine reflektierende Schicht aus z. B. Al aufgebracht. Danach wird auf die Aluminiumschicht ein Schutzlack aufgetropft, durch Schleudern verteilt und mit UV ausgehärtet.

Anforderungen an die Spritzgießfertigung

Das einwandfreie Funktionieren aller optischen Datenträger, insbesondere aber der hochverdichteten DVD, ist abhängig von der Qualität des Hochfrequenz-Signals, d. h. von der Abbildung der Oberflächenstruktur des Werkzeugs, von einer ausgezeichneten Oberflächenbeschaffenheit der CD, von einer perfekten Doppelbrechung, die von der inneren Struktur und dem Spannungszustand beeinflusst wird, sowie von der Dicke und damit der

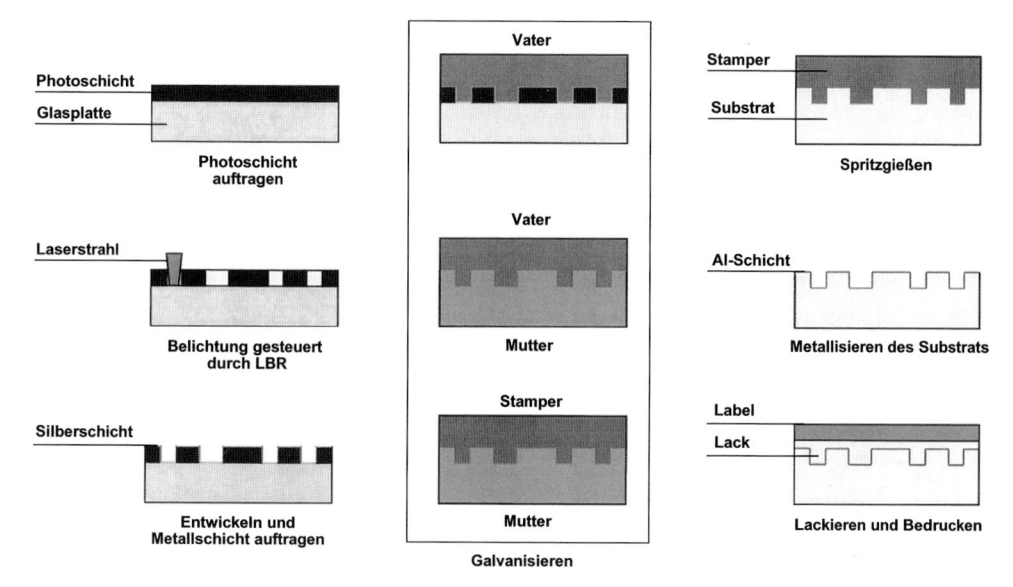

Bild 1-176   Herstellung von optischen Datenträgern (Bayer)

Fokussierung des Lasers. Überdies stellen optische Datenträger hohe Anforderungen an die Konzentrizität der Informationsspur, die Parallelität ihrer Ober- und Unterseite sowie an die Planität der Disc und die Pit- bzw. Groove-Ausformung. Alle diese Faktoren werden durch die Güte des Spritzgießprozesses direkt beeinflusst. Dabei ist insbesondere bezüglich der Oberflächenbeschaffenheit zu beachten, dass sich die Anforderungen im Nanometerbereich bewegen. Da jedoch auch alle übrigen Kriterien sehr enge Toleranzbänder einhalten müssen, sind eine einwandfreie Reproduzierbarkeit und Langzeitstabilität des Prozesses erforderlich.

Zusätzlich zur Replikationsanlage beeinflussen jedoch auch diverse externe Parameter die Qualität der hergestellten Discs, wie z.B. Viskosität, Feuchtigkeit und Beschaffenheit des Materials, Umgebungstemperatur, Abrieb, Abnutzung und die Luftreinheit. Die Pit-Spuren auf der Compact Disc sind kaum größer als der hundertste Teil des menschlichen Haares. Werden sie verstopft oder abgedeckt, versagt die Tonwiedergabe. Deshalb unterliegen alle Schritte des Prozesses höchsten Anforderungen an die Sauberkeit (Reinraumbedingungen).

In Anbetracht der Massenproduktion besteht das primäre Ziel darin, eine kurze Zykluszeit bei hoher Qualität zu erzielen. Der auf Spezialmaschinen realisierbare Produktionsausstoß von 21 000 bis 24 000 Discs/Tag soll weiter gesteigert werden. Es werden Zykluszeiten von unter 3,0 s angestrebt. Werkzeugseitig wird die Direktanspritzung mit Heißkanal, eine Verbesserung der Prägetechnik und ein automatisches Stamperwechselsystem entwickelt.

1.11.8.4 Abformen von Mikrostrukturen

Eine wichtige Zukunftstechnologie ist die Mikrosystemtechnik. Ihr wird ein ähnliches wirtschaftliches Wachstum vorausgesagt, wie es bei der Mikroelektronik bereits eingetreten ist. Man versteht darunter Herstellung, Montage und Einsatz kleinster optischer und mechanischer Bauteile, die zusammen mit mikroelektronischen Komponenten zu kompletten Systemen verknüpft werden. Bild 1-177 gibt eine Übersicht über mögliche Produkte und Märkte.

Aufgabe der Kunststoffverarbeitung ist es, dreidimensionale Mikrostrukturen wirtschaftlich abzuformen (Bild 1-178). Diese Strukturen sind normalerweise Teilbereiche von Gehäusen oder von Hilfskonstruktionen wie z. B. Trägerplatten. Durch solche makroskopischen Be-

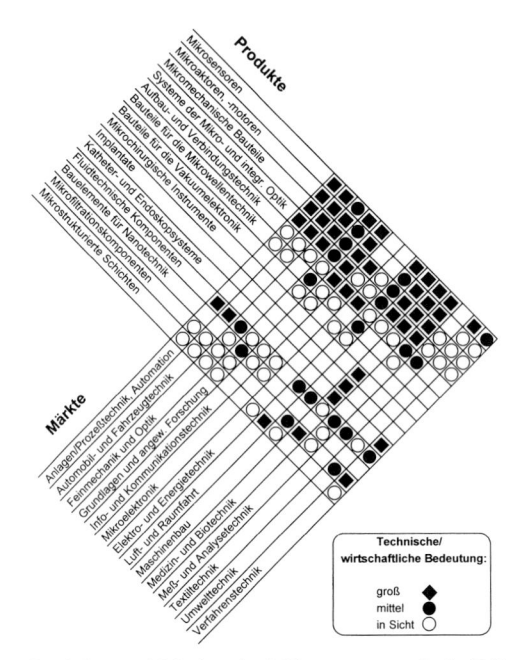

Bild 1-177 Produkte und Märkte der Mikrosystemtechnik [95]

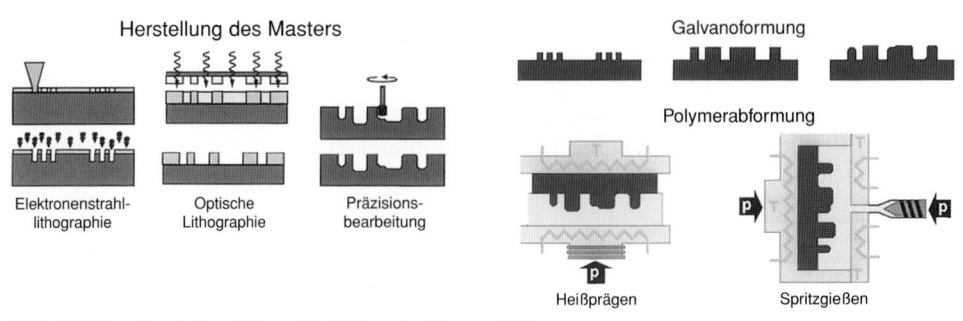

Bild 1-178 Herstellverfahren für Mikrostrukturen [96]

reiche werden Mikrostrukturen handhabbar. Mikrostrukturierte Bauteile sind daher nicht in jedem Fall zwangsläufig Mini-Formteile mit extrem geringen Schussgewichten. Die Strukturen selbst sind jedoch so klein, dass sie mit bloßem Auge nicht mehr sichtbar sind. Zunächst wurde der Bereich der µm erobert [95], dann gelang es einer Forschergruppe um Kaiser [96] in den Nano-Bereich vorzustoßen. Als besonders aussichtsreiches Verfahren für die Herstellung von Mikrostrukturen gilt das LIGA-Verfahren, das eine Prozessfolge aus *Li*thographie, *G*alvanoformung der Werkzeugstruktur und *A*bformung mit Kunststoffen im Spritzgießverfahren ist. Zur systematischen Untersuchung der Abformbarkeit werden Waben-, Stab- oder Kreuzstrukturen verwendet. Als Maßzahl dient das Aspektverhältnis (maximale Höhe zur minimalen Breite der Struktur). Ein Beispiel ist in Bild 1-179 dargestellt.

Besonderheiten des Spritzgießprozesses bei der Abformung von Mikrostrukturen [97]

Bei der *Masseaufbereitung*, wie z. B. der Förderung und der Trocknung, ist den hohen Sauberkeitanforderungen Rechnung zu tragen. Dies gilt vor allem auch für Materialwechsel, denn auch unaufgeschmolzene Partikel eines Fremdmaterials kann die Mikrostrukturen der Formeinsätze beschädigen oder auch verschmutzen.

Zu den Besonderheiten beim Spritzgießen von Mikrostrukturen zählt die *Evakuierung der Kavität* vor dem Einspritzen. Abgesehen von einer nicht vollständigen Befüllung der Mikrokavitäten bei unzureichendem Vakuum besteht darüber hinaus immer die Gefahr, dass aufgrund des wirkenden Spritzdrucks die eingeschlossene, komprimierte Luft zum Dieseleffekt und damit zu einer irreversiblen Verschmutzung des Formeinsatzes führt.

Zur Herstellung von Mikrostrukturen mit hohen Aspektverhältnissen muss oft bei bedeutend höheren *Formtemperaturen* als allgemein üblich eingespritzt werden. Die Werkzeugtemperaturen beim Einspritzen liegen bis zu 40 °C über der Glasübergangstemperatur bei amorphen, und nahe der Kristallitschmelztemperatur bei teilkristallinen Kunststoffen. Das bedeutet das Werkzeug vor dem Einspritzen aufzuheizen und dann wieder unter die material- und mikrostrukturspezifische Entformungstemperatur abzukühlen (Variothermverfahren).

Die *Kontrolle der Mikrostrukturen* an den Formteilen erfolgt mit geeigneten Mikroskopen,

Bild 1-179
Durch Spritzgießen hergestellte Mikro-Wabenstruktur aus Polymethylmethacrylat (PMMA) im Vergleich zu den Rillen einer konventionellen Schallplatte, Lochdurchmesser der Waben ca. 140 µm, Wanddicke ca. 60 µm, Strukturhöhe ca. 700 µm; der Dezimalpunkt bei der Bezeichnung „R 344.7" in der Mitte der Schriftfeldes rechts hat im maßstäblichen Größenvergleich in etwa die Länge eines Pits (6 bis 8 µm) einer Musik-CD. Die Höhe der Pits von 0,1 µm ist hier nicht mehr darstellbar
Quelle: MicroParts GmbH, Dortmund

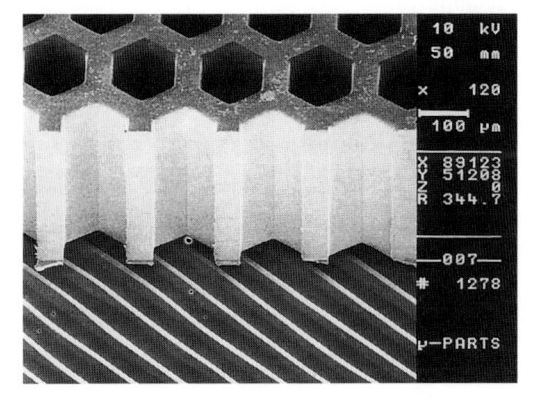

die Prüfung der Formeinsätze vor ihrer Verwendung im Allgemeinen mit einem Rasterelektronenmikroskop. Auf dem Markt sind automatisch arbeitende Bildverarbeitungssysteme verfügbar, die eine 100%-Kontrolle der Teile bei der Serienproduktion erlauben.

1.11.8.5 Mikroformteile

Unter Mikroformteilen versteht man Teile mit Gewichten im mg-Bereich (Bild 1-180 und Bild 1-181). Bei derartig kleinen Gewichten stößt man an die Grenzen herkömmlicher Maschinentechnik, die man zunächst durch überdimensionierte Angüsse zu überwinden trachtete. Inzwischen sind jedoch Spezialmaschinen auf dem Markt, die in Abschnitt 3.21.4 „Mikrospritzgießmaschinen" behandelt werden [125, 126].

Bild 1-180   Mikrozahnräder aus POM für die Uhrenindustrie. Formteilgewicht: 0,0008 g (Battenfeld, Kottingbrunn)

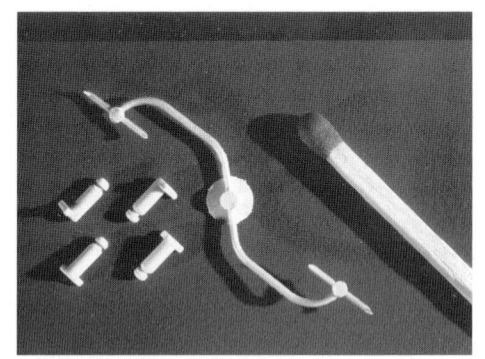

Bild 1-181   Stößel aus LCP mit Anguss Schussgewicht: 0,109 g

1.11.9 Pulverspritzgießen

Die Technologie des Spritzgießens von Pulverwerkstoffen (*PIM: Powder Injection Molding*) [74, 101] wird zunehmend eingesetzt, um komplexe Formteile aus Keramik- oder Metallpulver herzustellen. Das Pulverspritzgießen konkurriert mit den traditionellen Formgebungsverfahren auf diesem Gebiet wie z.B. dem Feinguss und dem axial- oder isostatischen Pressen.

1.11.9.1 Produkte

Einsatzgebiete für den Pulverspritzguss sind Fahrzeugbau, Werkzeugindustrie, Magnetherstellung, Textilindustrie, Hochleistungskeramik, Feinmechanik, Medizintechnik sowie die Porzellanindustrie (Bild 1-182).

1.11 Sonderverfahren 201

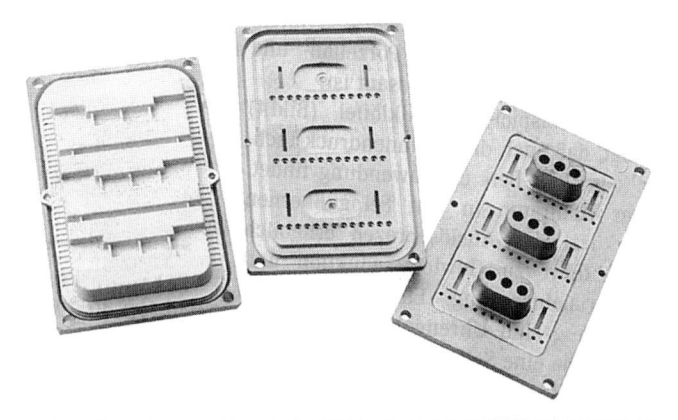

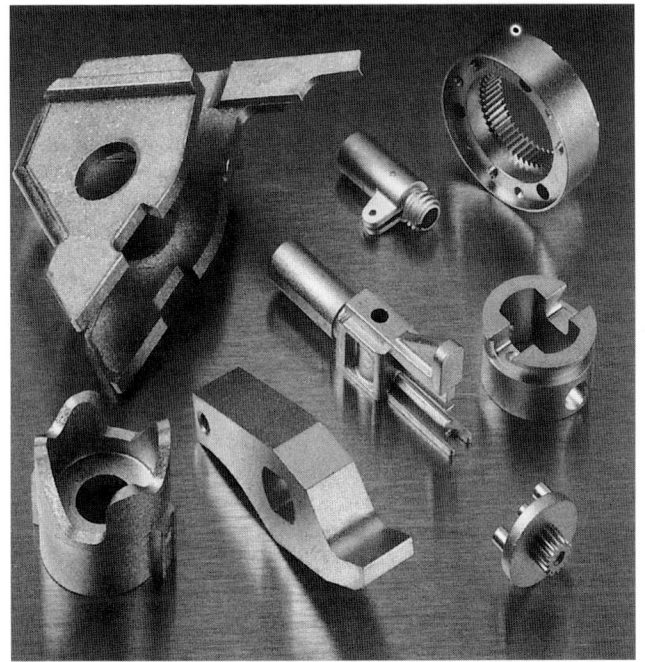

Bild 1-182
PIM-Bodenplatten aus FeNi$_2$
(oben [100]) und MIM-Teile
(unten Parmaco AG, CH)

1.11.9.2 Herstellverfahren

Als Grundmaterial dient ein beliebiges Metallpulver, das mit einem polymeren, thermoplastischen Bindematerial vermischt, extrudiert und zu Granulat verarbeitet wird. Im Spritzgießverfahren werden anschließend so genannte „Grünlinge" hergestellt, denen in einem Folgeprozess der gesamte Kunststoffanteil entzogen wird. Nachher sind die Teile – inzwischen „Braunlinge" genannt – äußerst brüchig und werden nur noch durch die Adhäsionskräfte des Metallpulvers zusammengehalten. Ihre notwendige Stabilität erhalten sie im Sinter-Ofen, wo die einzelnen Pulverpartikel angeschmolzen und miteinander verbunden werden. Metallteile, die besonders engen Toleranzen unterliegen, werden anschließend noch einem Kalibrierverfahren unterzogen (Bild 1-183).

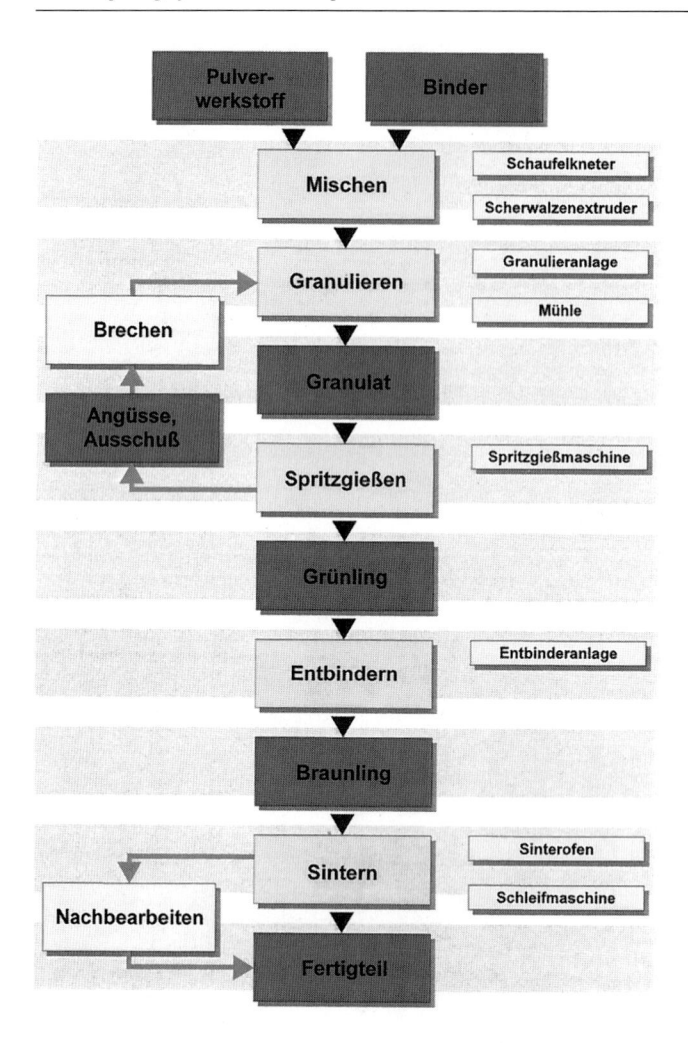

Bild 1-183
PIM-Verarbeitungsschritte und Einrichtungen [100]

1.11.9.3 Materialien

Prinzipiell können alle in Pulverform erhältlichen Materialien, mit dem entsprechenden Binder gemischt, auf Spritzgießmaschinen verarbeitet werden. Neben der traditionellen Oxidkeramik sind z. B. auch Metalle (*MIM: Metal Injection Molding*), Carbide und Nitride einsetzbar.

1.11.10 Magnesiumspritzgießen

Die Nachfrage nach immer leichteren Produkten (Bild 1-184) bei hoher Festigkeit, Temperaturbeständigkeit und guter elektromagnetischer Abschirmung macht in Konkurrenz zum Kunststoff Magnesium-Legierungen interessant. Formteile aus diesem Material können durch Magnesiumspritzgießen (*Thixomolding*) hergestellt werden [103, 104]. Dieses neue Verfahren ist in Japan besonders weit fortgeschritten und in den Händen von Spritzgießern.

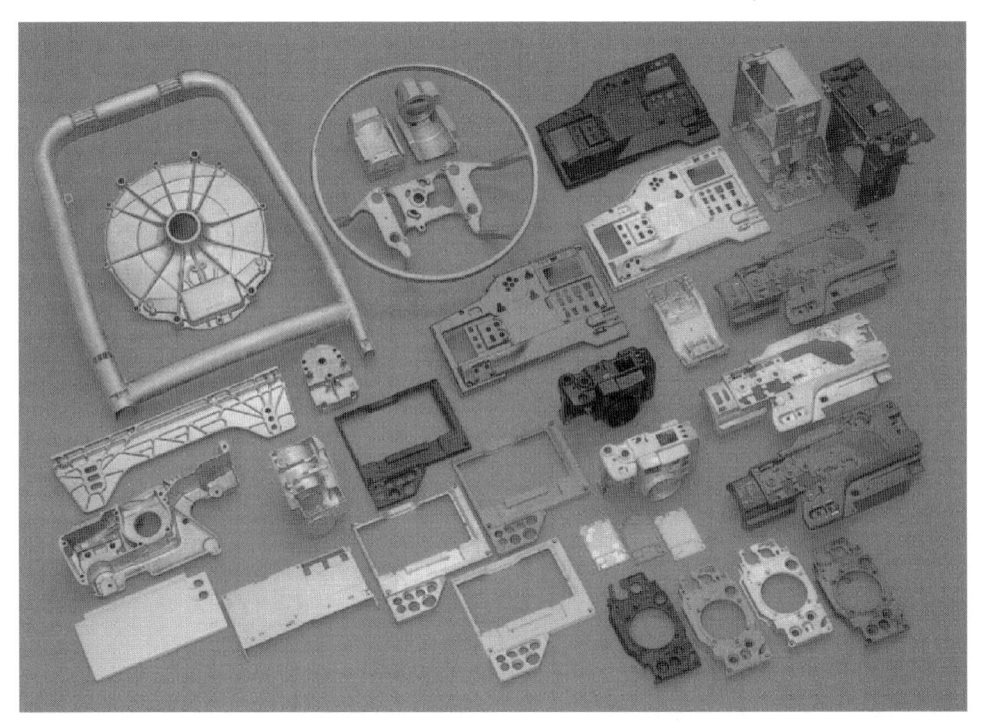

Bild 1-184   Im Magnesium-Spritzgießverfahren hergestellte Formteile [103]

Das Magnesiumspritzgießen unterscheidet sich grundlegend vom Pulvermetallspritzgießen. Thixomolding ist ein einstufiger Prozess, bei dem eine Metallschmelze ohne polymere Komponente verarbeitet wird. Das Verfahren zeigt Ähnlichkeiten aber auch Unterschiede im Vergleich zum Thermoplast-Spritzgießen. Eine Thixomolding-Maschine kann man sich prinzipiell als Kombination von Spritzgießmaschine und Druckgießmaschine vorstellen. Das Spritzaggregat und seine Komponenten ähneln denen von Thermoplast-Spritzgießmaschinen, der hydraulische Antrieb für den Einspritzvorgang (Schuss) ist eher wie bei einer Druckgießmaschine ausgelegt.

1.11.11 Thermoplast-Schaumguss (TSG)

Bereits in den 60er Jahre wurden Verfahren zur Herstellung von Strukturschaumteilen aus thermoplastischen Kunststoffen entwickelt. Bei diesen Verfahren entstanden 4 bis 20 mm dicke Formteile mit einer mehr oder minder kompakten Außenhaut und einem geschlossenzelligen geschäumten Kern.

1.11.11.1 Grundlegende Vor- und Nachteile

Für Anwendungen ist die mögliche Material- und Gewichtseinsparung oder die Steifigkeitserhöhung bei gleichem Formteilgewicht besonders interessant. Verfahrenstechnisch sind der niedrige Druck, die geringe Scherung und die Möglichkeit, dickwandige Bereiche wirtschaftlich und ohne Einfallstellen zu formen, von Bedeutung.

Der klassische Thermoplastschaumguss hat die wirtschaftlichen Erwartungen nicht erfüllt. Ein großes Handicap ist die unschöne, holzmaßerungsartige Oberflächenstruktur, deren Vermeidung oder nachträgliche Veredelung aufwändig ist.

1.11.11.2 Verfahrenstechnik

Beim klassischen Thermoplast-Schaumguss (TSG) werden überwiegend chemische Treibmittel verwendet. Chemische Treibmittel sind Substanzen, die sich unter Wärmeeinwirkung zersetzen und dabei gasförmige Zersetzungsprodukte abgeben, die den Schäumvorgang bewirken. Solche Treibmittelrezepturen enthalten Beschleuniger (z. B. Metalloxide auch Kicker genannt), die die Reaktionsgeschwindigkeit für die Treibmittelzersetzung steuern, und Zellregulatoren, die die Zellstruktur beeinflussen. Für die Verabeitung stehen fertige Kunststoffcompounds mit Treibmittel oder Treibmittelkonzentrate als Masterbatch für die Zudosierung bei der Verarbeitung zur Verfügung.

Das mit Treibmittel vermischte Granulat wird wie üblich im Zylinder aufgeschmolzen, muss aber unter Druck gehalten werden, damit die Schmelze nicht vorzeitig im Zylinder aufschäumt. Dazu ist eine extern steuerbare Verschlussdüse erforderlich. Das Einspritzen muss aus den gleichen Gründen mit extrem hoher Geschwindigkeit erfolgen. Der Formhohlraum wird nur teilweise gefüllt, die Restfüllung und der Nachdruck wird durch die Expansion des Treibmittels bewirkt. Da chemische Treibmittel nur Schäumdrücke bis zu 30 bar aufbringen, ist das Verfahren hinsichtlich Wanddicke, überwindbarer Fließwege und der Ausformung komplexerer Formteilgeometrien eingeschränkt.

Die unschöne Oberfläche entsteht dadurch, dass die entstehenden Schaumzellen an der Werkzeugwand zerrieben werden. Verhindert man beim Einströmen der Schmelze durch Gegendruck von etwa 40 bar *(Gasgegendruckverfahren)*, die Zellbildung, so kann eine glatte Oberfläche erzielt werden. Naheliegend ist die Anwendung beim Hinterspritzen oder als Kernmaterial beim Sandwichspritzen, da die Haut von anderen Materialien gebildet wird.

1.11.11.3 Neue Wege

Bei der patentrechtlich geschützten Mikroschaumtechnologie (MuCell-Verfahren) von Trexel Inc., Woburn/USA wird die Schaumbildung physikalisch durch in der Schmelze gelöste Gase erreicht [105]. Damit ist es möglich, eine über den Fließweg gleichmäßig verteilte, feine Zellstruktur im Formteilinneren zu erzeugen. Die Zellgröße liegt abhängig vom verschäumten Kunststoff und der Anwendung zwischen 0,005 und 0,05 mm. Nur durch Vergrößerung in einem Rasterelektronenmikroskop wird die feine und gleichmäßig verteilte Zellstruktur sichtbar. Die fließfähigkeitsverbessernde Wirkung der gelösten Gase eröffnet neue Anwendungsbereiche auch im Bereich geringerer Wanddicken von bis zu 1 mm.

1.11.12 Spritzprägen

Spritzprägen ist eine Kombination von Spritzgieß- und Pressverfahren. Nach Beendigung der weitgehenden Teilfüllung des leicht geöffneten Werkzeugs erfolgen die restliche Füllung und der „Nachdruck" durch einen Pressvorgang mit dem gesamten oder mit Teilen des Werkzeugs. Durch das Einspritzen in das leicht geöffnete Werkzeug ist die Wanddicke beim Füllen größer. Geringere Fülldrucke und weniger Scherung sind die erwünschten Folgen.

1.11 Sonderverfahren 205

Besonders wichtig ist jedoch die gleichmäßige und hohe Verdichtung durch das Prägen. Die bessere Verdichung der Masse und der geringere Orientierungszustand führen im Vergleich zum Standard-Spritzgießverfahren zu deutlich geringerem Verzug der Formteile. Aus diesem Grunde ist das Spritzprägen im Bereich der Duroplaste seit Jahrzehnten weit verbreitet. Die Erfahrungen mit Thermoplasten waren zunächst nicht so positiv, da die Gefahr besteht, dass die durch Abkühlung enstandene Haut stark verstreckt und dadurch hoch orientiert und sehr spannungsrissanfällig wird. Erst in neuerer Zeit erlebt das Verfahren auch im Bereich der Thermoplaste eine Renaissance, da z. B. durch das Hinterspritzen von Folien und Geweben aber auch im Bereich des Mikrospritzgusses neue Akzente gesetzt werden. Mit oszillierendem Stempel sollen in Japan Wanddicken bis 0,1 mm und spannungsarme Teile erreicht werden.

Das Spritzprägen erfordert meist ein Tauchkantenwerkzeug und eine sehr feinfühlige, präzise Steuerung der Schließbewegung.

1.11.13 Spritzblasen

Das Spritzblasen ist in Konkurrenz zum Extrusionsblasformen ein Verfahren zur Herstellung von Hohlkörpern, meist Flaschen. Die Formgebung erfolgt zweistufig. Die erste Stufe besteht im Spritzgießen eines Vorformlings, die zweite Stufe umfasst das Blasformen und Abkühlen im nachgeschalteten Blaswerkzeug. Beim Spritzstreckblasen wird der Spritzling zusätzlich durch einen Dorn längsverstreckt (Bild 1-185). Das Spritzblasen weist im Vergleich zum Extrusionsblasformen eine Reihe von Vorzügen auf:

- Abfallfreie Fertigung von im Hals- und Bodenbereich nahtlosen Hohlkörpern mit hoher Oberflächenqualität

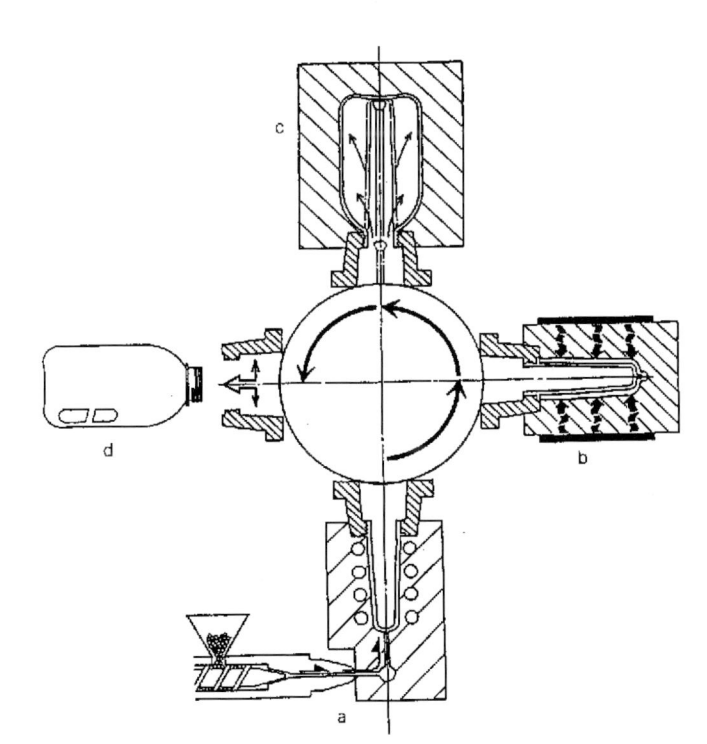

Bild 1-185
Spritzstreckblasen
(Werkbild Nissei)
a Spritzen, b erwärmen,
c strecken mit Dorn und
blasen, d entformen

- Hohe Maßhaltigkeit der Behälter in Bezug auf Mündung, Umfangs- und Längenmaße.
- Gleichmäßige Wanddicken, d. h. keine unerwünschten Masseanhäufungen und Dünnstellen.
- Minimale Gewichts- und Volumentoleranzen
- Verbesserte mechanische Eigenschaften der Hohlkörper durch biaxiales Recken im elastischen Zustandsbereich insbesondere beim Spritzstreckblasen

Diesen Vorzügen stehen Beschränkungen hinsichtlich Gestaltung der Hohlkörper sowie der Rohstoffwahl gegenüber.

1.11.14 Intrusion

Das Intrusionsverfahren wird gelegentlich zur Herstellung dickwandiger und schwerer Formteile eingesetzt. Es erlaubt die Herstellung von Teilen mit einem Volumen, das größer ist als das theoretische Hubvolumen der Maschine. Es bedingt einen speziellen Programmablauf beim Plastifizieren/Einspritzen und genügenden Angussquerschnitt, da der verfügbare Einspritzdruck während der Vorfüllung begrenzt ist. Verfahrensschritte:

1. Plastifizierung während Kühlzeit
2. Vorfüllung durch Extrusion (Schnecke bleibt hinten)
3. Restfüllung und Verdichtung durch Vorfahren der Schnecke
4. Nachdruck etc.

2 Spritzgießen vernetzender Polymere

Zu den „vernetzenden Polymeren" werden diejenigen Kunststoffe und Kautschukarten gezählt, bei denen sich die einzelnen Moleküle während der Verarbeitung durch eine chemische Reaktion verbinden und eine räumlich vernetzte Struktur bilden.

2.1 Zur Entwicklungsgeschichte

Die Entwicklungsgeschichte venetzender Polymere geht zurück bis ins Mittelalter, wenngleich man die chemischen Prozesse nicht erklären konnte. Hier soll der industrielle Werdegang kurz skizziert werden.

2.1.1 Entwicklung der Duroplaste und ihrer Verarbeitung

Um das Jahr 1900 begann die Produktion von duroplastischen Polymeren aus Kasein (aus Käse gewonnen) und Formaldehyd. Es ließen sich daraus durch mechanische Bearbeitung kleinere Formteile wie Messerhefte, Schachfiguren, Knöpfe, Pfeifenmundstücke usw. fertigen. Durch Pressen wurden auch Bürstenrücken, Haarnadeln und Schmuckgegenstände hergestellt. Damals galten Formteile aus Kunstharzen offenbar mehr als solche aus natürlichen Stoffen wie Horn, Bernstein oder Elfenbein. In den Jahren 1905 bis 1910, viele Jahre bevor die Thermoplaste eine industrielle Bedeutung erlangten, suchte und fand der Chemiker L.H. Baekeland den einzig richtigen und bis heute genutzten Weg vollsynthetische Phenol-Formaldehyd-Harze unter Hitze und Druck zu Formteilen auszuhärten. Phenolharz-Formmassen wurden lange Zeit ausschließlich im Pressverfahren verarbeitet und haben hauptsächlich in der Elektroindustrie weite Verbreitung gefunden (Schaltergehäuse, Telefonapparate, Radiogehäuse Bild 2-1, Photoapparat usw.).

Bild 2-1
Historische Radiogehäuse, eine populäre Anwendung der „Bakelite" (Bakelite AG)

In den 20er und 30er Jahren wurden die Aminoplaste (Harnstoff- und Melaminharzkunststoffe) entwickelt. Auch sie wurden vorwiegend im Heißpressverfahren verarbeitet und ermöglichten dank ihrer Lichtechtheit die Herstellung von weißen und farbigen Formteilen. Damit erweiterte sich der Anwendungsbereich der Duroplaste auf Haushaltgegenstände, die höheren Anforderungen an die Ästhetik genügen mussten.

Die heute sehr wichtigen Epoxid- und Polyesterharze wurden während des zweiten Weltkrieges erforscht, jedoch erst in den folgenden Jahren in größeren Mengen produziert. In dieser Zeit wurden auch die Verarbeitungsverfahren intensiv weiterentwickelt. Dank Vorwärmverfahren (HF-Öfen oder Schneckenvorplastifizierung) und Transferspritzpressen konnten die vorher oft sehr langen Zykluszeiten verkürzt werden. Der Einsatz von Pulverpressautomaten reduzierte den Personalbedarf. Nach 1960 gelang der Durchbruch des Spritzgießverfahrens. Durch verbesserte Fließeigenschaften und thermische Beständigkeit der Formmassen und Fortschritten in der Maschinentechnik gelang es, vernetzende Polymere plastisch in die geschlossenen Form einzuspritzen, wodurch sich dank einer nochmals drastisch reduzierten Zykluszeit die Fertigungskosten für Formteile reduzierten. Pionier auf diesem Gebiet war die japanische Firma Meiki. Das Spritzgießen verdrängte deshalb weitgehend das Pressen und Spritzpressen von Formteilen.

In den Folgejahren wurden die Duroplaste in vielen Anwendungen durch Thermoplaste substituiert. Andererseits konnten und können Duroplastteile Metalldruckguss-, Keramik-, Glas und Blechteile speziell im Automobilbau ersetzen. In den 90er Jahren erlebte die Presstechnik für großflächige Autoteile eine Renaissance. Bild 2-2 zeigt großflächige Formteile, bei denen der Duroplast-Spritzguss erneut zumindest teilweise die Presstechnik ablöst.

Bild 2-2
Heckklappe Citroën BX
aus BMC Spritzguss

2.1.2 Kautschukgeschichte[1]

1839	Charles Goodyear und Thomas machen die wichtigste Entdeckung für die Kautschukverwertung: Mit Schwefel vermischter Kautschuk verwandelt sich bei einer bestimmten Hitzeeinwirkung in einen völlig neuen Stoff, nämlich Gummi. Sie hatten die Heißvulkanisation entdeckt.
1894–1896	Erste brauchbare demontierbare Luftreifen für Automobile (Michelin, Dunlop, Goodrich).
1929–1930	Entwicklung von SBR-, NBR- und CR-Synthesekautschuk (Bock, Konrad, Tschunkur, Carothers).
1942–1949	Erfindung des äußerst kälteflexiblen und hochtemperaturbeständigen Siliconkautschuks, Entwicklung des besonders wärmebeständigen und resistenten Fluorkautschuks (FPM) bei DuPont und des öl- und wärmebeständigen Acrylatkautschuks (ACM) bei Goodrich.
1950–2000	Die Entwicklung ist vor allem durch stetige Zunahme des Kautschukverbrauchs und des Anteils der Synthesekautschuke am Gesamtverbrauch gekennzeichnet. In zunehmendem Maße werden die Möglichkeiten genutzt, Synthesekautschuke für ganz bestimmte Anwendungsbereiche unter Hervorhebung gewünschter Eigenschaften quasi „nach Maß" herzustellen.

2.2 Struktur und Eigenschaften von Polymeren

In Bild 2-3 sind einfachste Vorstellungen der molekularen Struktur von Polymeren wiedergegeben. Diese genügen jedoch um grundlegende Eigenschafte der gezeigten Stoffgruppen plausibel zu machen.

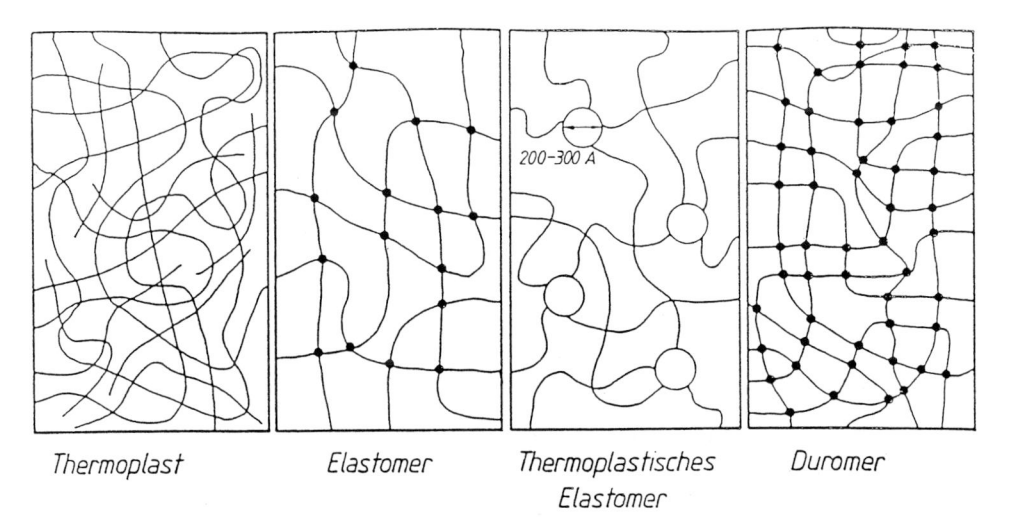

Bild 2-3 Modelle der Molekülanordnungen

Thermoplast — *Elastomer* — *Thermoplastisches Elastomer* — *Duromer*

---
[1] Einzelheiten sind [109] zu entnehmen

Thermoplaste

Man stellt sich den amorphen Molekülverbund wattebauschartig vor. Die Moleküle sind verschlauft und verfilzt, aber nur durch Sekundär-Kräfte verbunden. Thermoplaste mit regelmäßiger Molekülstruktur können partiell kristallisiern (s. Abschnitt 1.8.8). Der Verbund kann wiederholbar thermisch gelockert werden.

Eigenschaften: Wiederholt schmelzbar, anlösbar, geringe Temperaturbeständigkeit, geringe Steifigkeit, Kriechneigung aber zäh.

Elastomere

Elastomere sind solche Stoffe, bei denen die Makromoleküle durch wenige chemische Querverbindungen dreidimensional, weitmaschig vernetzt sind.

Eigenschaften: Die weitmaschige Fixierung der Kettenmoleküle lässt bei nicht zu hohen Kräften hohe reversible Verformungen zu. Aufgrund ihrer chemischen Vernetzungsstruktur sind Elastomere weder löslich noch schmelzbar und nur in geringem Ausmaß quellbar.

Thermoplastische Elastomere

Thermoplastische Elastomere (TPE) weisen im Festzustand die Eigenschaften von Elastomeren auf. In der Wärme sind sie jedoch schmelzbar wie Thermoplaste und wie diese formbar. Die TPE erfordern keine Vernetzungszeit, deshalb sind die Verarbeitungszyklen wesentlich kürzer als bei Kautschuken und Produktionsrückstände sind wieder verwertbar. Ihre Eigenschaften lassen sich durch die thermolabile physikalische Vernetzungsstruktur erklären. Diese entsteht dadurch, dass die Fadenmoleküle nicht wie bei den Elastomeren durch chemische Bindungen sondern durch starke physikalische zwischenmolekulare Kräfte miteinander verknüpft sind (Kreise in Bild 2-3). Solche Verbindungsarten können durch Energiezufuhr aufgelöst werden. Bei normalen und leicht erhöhten Temperaturen ($\leq 70\,°C$) verhalten sie sich wie Elastomere.

Duroplaste

Bei Duroplasten (auch Duromere genannt) sind die Fadenmoleküle ebenfalls wie bei Elastomeren durch chemische Bindungen miteinander vernetzt. Die Anzahl der Knotenpunkte ist jedoch wesentlich höher, d. h. das Netz ist gewebeartig engmaschig. Aus der engmaschigen Vernetzungsstruktur erklärt sich die höhere Steifigkeit, die geringere Verformbarkeit, aber auch die Sprödigkeit. Aufgrund ihrer chemischen Vernetzungsstruktur sind Duromere weder löslich noch schmelzbar und nur in geringem Ausmaß quellbar. Sie sind hart, haben eine hohe Wärmeformbeständigkeit und kriechen wenig.

2.3 Duroplaste

2.3.1 Typisierung der Formmassen

Um bei der Vielzahl der Kombinationsmöglichkeiten von Harzen und Füllstoffen eine gewisse Systematik zu schaffen, wurde der überwiegende Teil der im Handel befindlichen Formmassen typisiert (DIN 7708, DIN 16911 und DIN 16912). Da sich die Eigenschaften einer Formmasse nach Füllstoff und Harz richten, beinhaltet die Typenummer nicht nur Harzart und Füllstoffe, sondern auch das Eigenschaftsbild. Eine typisierte Formmasse hat deshalb garantierte Mindesteigenschaften, die von Materialprüfanstalten überwacht werden. Bei den Phenolharzmassen ist die Typisierung am weitesten gediehen. Hier werden zusätzlich zur Typenummer vier weitere Kennzahlen angegeben.

Z. B. Formmasse Typ 31-1449 DIN 7708

      31: Phenoplast mit Holzmehl gefüllt

       1: Harzbasis Phenol

       4: 40% Harzgehalt

     49: Farbnr. hier grau-schwarz

In Tabelle 2-1 wird für einige wichtige Harze und Füllstoffe eine Übersicht über die Typisierung gegeben. Die Festigkeit der angeführten Massen steigt von links nach rechts bzw. von oben nach unten, entsprechend der Preis.

Tabelle 2-1 Übersicht über einige Duroplasttypen, Kurzzeichen sowie Füll- und Verstärkungsstoffe

Füll-/Verstärkungsstoffe	Phenolharz PF	Aminoplaste		Polyesterharz UP	Epoxidharz EP
		Harnstoffharz UF	Melaminharz MF		
Körnig					
Gesteinsmehl	11	–	155	–	–
Holzmehl	31	131	150	–	–
Faserig					
Zellulose	51	132	152	–	–
Textil	71	–	153	–	–
Gespinst					
Textil	74	–	154	–	–
Gewebe	77	–	–	–	–
Glasfasern					
kurz	–	–		802 + Gesteinsmehl	871
lang	–	–		801	872

2.3.2 Phenolharz-Formmassen (PF)

Phenolharze werden durch Kondensationsreaktionen zwischen Phenol oder ähnlichen Verbindungen (Kresole, Xylenole, Bisphenole) und Aldehyden (hauptsächlich Formaldehyd) gewonnen. Die Polykondensation erfolgt in wässeriger Lösung in verschiedenen Stufen, wobei die Harze je nach Vernetzungsstufe noch wasserlöslich oder schmelzbar sind. Wichtige Zwischenstufen der Reaktion sind die Resole (Molmasse bis ca. 600) und Novolake (Molmasse bis ca. 1000). Diese Verbindungen haben eine Schmelztemperatur von ca. 50 bis 110 °C. Phenolharz-Formmassen auf der Basis von Novolaken sind heißhärtend. Resole können durch Zugabe weitere Reaktionskomponenten wie z. B. Hexamethylenteramin auch kalt gehärtet werden Die Vernetzungsreaktion im Werkzeug bei ca. 150 °C ist wie bei der Harzbildung eine Polykondensation. Charakteristisch für diesen Reaktionstyp ist die Abspaltung von Wasser. Zusammen mit eventuell überschüssigem Ammoniak oder Formaldehyd hat der entstehende Wasserdampf einen erheblichen Einfluss auf die Verarbeitung und die Formteileigenschaften. Phenolharze wie auch alle anderen duroplastischen Harze sind als reine Harze für meisten Anwendungen ungeeignet, da sie stark schwinden, spröde und lichtempfindlich sind. Sie werden mit verschiedenen Zusatzstoffen vermischt, die ihnen Formstabilität, Härte, mechanische Festigkeit, eine gewisse Zähigkeit sowie günstige Verarbeitungseigenschaften verleihen.

Der Harzanteil beträgt ca. 20 bis 50%. Als Füll- und Verstärkungsstoffe werden

- Holzmehl/Holzschnitzel,
- pulverförmige Mineralstoffe,
- Zellstoff,
- Glimmerschuppen,
- Textil-, Polymer- und Glasfasern verwendet.

Wegen ihrer Lichtempfindlichkeit müssen Phenolharze dunkel eingefärbt werden. Sie werden meist schwarz angeboten, sind aber auch in dunklen Rot-, Grün- und Brauntönen erhältlich. Die Formmassen enthalten ca. 2% Farbpigmente. Die fertig konfektionierten Formmassen können bei Temperaturen unter 20 °C jahrelang gelagert werden, ohne Schaden zu nehmen. Sie enthalten je nach Lagerung und Luftfeuchtigkeit ca. 1 bis 3% Wasser bzw. flüchtige Bestandteile. Der Wassergehalt erhöht die Fließfähigkeit der Schmelze beim Spritzgießen, eine Vortrocknung der Massen vor der Verarbeitung ist deshalb nicht nötig. Von den verschiedenen Phenolharzmassen hat der mit Holzmehl gefüllte DIN Typ 31 weitaus die größte Verbreitung gefunden. Diese Masse ist kostengünstig und einfach zu verarbeiten. Bessere mechanische Eigenschaften und eine Temperaturbeständigkeit bis 250 °C bieten mineralstoffgefüllte Massen, allerdings bei höherem spezifischen Gewicht.

Bild 2-4   Schützteile aus Phenolharz-Formmasse mit Tunnelanguss

Phenolharz-Formteile zeichnen sich hauptsächlich durch thermische Beständigkeit, günstigen Preis und gute elektrische Isolationseigenschaften aus. Dazu gehört die extreme Lichtbogen- und Durchschlagfestigkeit. Phenolharzteile weisen zudem eine gute Korrosionsbeständigkeit auch. gegen Heißwasser auf. Phenoplaste werden hauptsächlich in der Elektroindustrie und der Automobil-Zulieferindustrie eingesetzt. Typische Anwendung sind Geräte- und Schützgehäuse (Bild 2-4), Kontaktträger, Lampenfassungen und -gehäuse, Schalter, Klemmen, Elektromotorkollektoren, Pfannen- und Topfgriffe, Automobil-Zündverteiler, Aschenbecher, Kühlwasser- Pumpengehäuse, Bremskolben, Bremskraftverstärkerkolben usw.

2.3.3 Harnstoffharz-Formmassen (UF)

Die Harnstoffharze zählen zusammen mit den Melaminharzen zu den Aminoplasten und werden ähnlich wie Phenolharze, jedoch durch Kondensation von Harnstoff mit Formaldehyd, hergestellt. Da die Harnstoffharze weniger gut schmelzbar sind, werden sie bei der Herstellung von Formmassen in wässeriger Lösung mit den Füllstoffen und Additiven vermischt; die Masse wird anschließend getrocknet und granuliert. Als Füllstoffe können verschiedene organische und anorganische Stoffe dienen. In der Praxis wird aber fast ausschließlich Zellstoff verwendet (DIN Typ 131). Typische Zusammensetzungen in Gewichtsprozenten:

- 50 bis 60 % Harnstoffharz
- 30 bis 40 % Zellulose
- 5 bis 8 % Wasser
- 1 bis 5 % Farbstoffe, Gleitmittel, Katalysatoren
- 0 bis 10 % Weichmacher

Harnstoffharze sind lichtunempfindlich und können deshalb in beliebigen Farben hergestellt werden. Harnstoffharz-Formteile sind kostengünstig, kratzfest und haben eine höhere Kriechstromfestigkeit als solche aus Phenolharzmassen. Die Verarbeitung im Spritzgießverfahren ist problematisch. Bei langer Härtezeit können die Formteile durch Übervernet-

Bild 2-5
Spritzgegossene Elektroarmaturen aus
Harnstoffharz-Formmasse, mit Anguss

zung spröde werden, was zu Rissen im Anschnittbereich führen kann. Harnstoffharz-Formmassen werden hauptsächlich eingesetzt für Elektroarmaturen (Bild 2-5), Haushaltgeräte und Schraubverschlüsse von Kosmetikflaschen.

2.3.4 Melaminharz-Formmassen (MF)

(Arten: MF = Melamin – Formaldehyd; MP / MPF = Melamin – Phenol – Formaldehyd)

Die Herstellung und Zusammensetzung der Melaminharz-Formmassen ist analog derjenigen von Phenolharz-Formmassen, das heißt die Melaminharze werden trocken mit den Füllstoffen vermischt und anschließend granuliert. Als Füllstoff dient Zellstoff (DIN Typ 152) oder Holzmehl (DIN Typ 150). Wie die Harnstoffharze sind auch die Melaminharze lichtbeständig, was eine beliebige Einfärbung der Formmassen ermöglicht.

Melaminharz-Formteile haben eine sehr gute, kratzfeste Oberflächenqualität. Nachteilig ist jedoch die große Verarbeitungsschwindung und der gegenüber Phenolharzmassen höhere Preis. Einige Melaminharz-Formmassen sind physiologisch unbedenklich und werden zu Essgeschirr verarbeitet („Ornamingeschirr"). Gegenüber thermoplastischen Produkten weist Melaminharzgeschirr dank der besseren Kratzfestigkeit eine viel längere Lebensdauer auf. Vereinzelt werden Melaminharzmassen in der Elektroindustrie (Bild 2-6) für Teile im Sichtbereich eingesetzt, da sie eine bessere Kriechstrombeständigkeit haben als Phenoplaste.

Die in den 50er Jahren entwickelten Melamin-Phenolharz-Formmassen vereinigen die Vorteile (und z.T. auch die Nachteile) der Phenol- und Melaminharzmassen und haben in der Elektroindustrie einige Anwendungen gefunden für Gehäuseteile. Bekannt sind die Typen 180 (Holzmehl), 181 (Zellstoff) und 182 (Holzmehl und Mineralmehl).

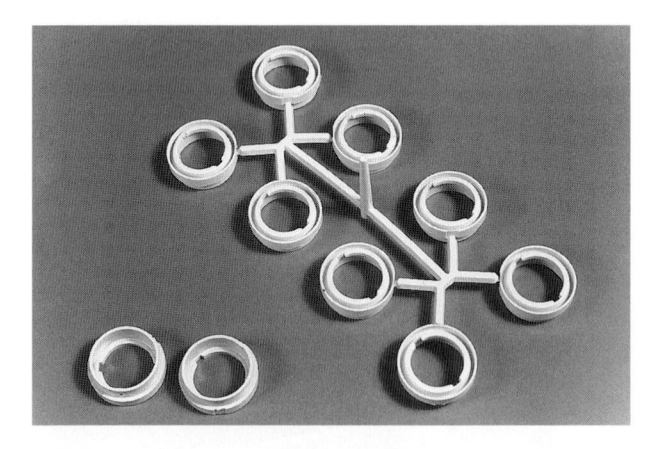

Bild 2-6
Lampenfassungsteile aus Melaminharz-Formmasse

2.3.5 Epoxidharz-Formmassen (EP)

Epoxidharze gehören zu den Reaktionsharzen. Kettenförmige Moleküle zweier Typen polymerisieren unter Temperatureinfluss (ev. Katalysatoren) zu vernetzten Großmolekülen. Dabei werden keine flüchtigen Substanzen abgespalten, d.h. es entstehen keine Gase, die

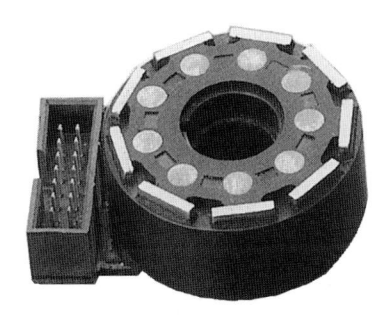

Bild 2-7
Magnetspule, mit Epoxidharz umspritzt

im Formteil Blasen bilden können. Epoxidharze können als Zweikomponenten-Gießharze, auch ohne Füllstoffe, verarbeitet werden. In Spritzgießmassen sind die beiden Reaktionskomponenten fest und bereits vermischt, können aber im ungeschmolzenen Zustand praktisch nicht reagieren. Epoxidharz-Formmassen sind nur beschränkt lagerfähig (ca. 3 Monate bei 10 °C). Als Füllstoffe werden anorganische Materialien verwendet: Kreide, Quarzmehl, Talk, Glasfasern usw. Dadurch sind die Massen bei der Verarbeitung sehr abrasiv.

Epoxidharz-Formmassen bieten hervorragende Eigenschaften, insbesondere Chemikalienbeständigkeit, mechanische Festigkeit, sowie Kriechstrom- und Lichtbogenbeständigkeit, sind aber erheblich teurer als Phenolharz-Formmassen. Für den Spritzgießprozess eignen sie sich gut, denn sie weisen in der Plastifizierphase eine hohe Viskosität, im Formnest aber ein gutes Fließverhalten auf. Epoxidharz-Formmassen werden vorwiegend in der Elektroindustrie für hochwertige Teile verwendet, z.T. auch zum Umspritzen von Metallteilen (Bild 2-7). Sie sind nur in dunkler, meist gesteinsgrauer Farbe erhältlich.

2.3.6 Diallylphthalat-Formmassen

Diallylphthalate (DAP = Diallylphthalat, DAIP = Diallylmetaphthalat) sind Polymerisationsharze, die chemisch mit den Polyesterharzen verwandt sind und keine Kondensationsprodukte bilden. Diallylphthalat-Formmassen weisen eine hervorragende elektrische Isola-

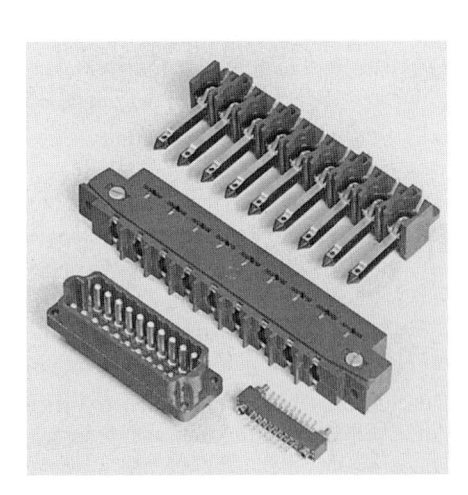

Bild 2-8
DAP-Spritzgussteile

tionseigenschaften und gute chemische Beständigkeit auf, auch bei extremen Temperaturen. Sie sind mineralstoff- und glasfasergefüllt und finden in der Elektroindustrie Anwendung für kleinere und hoch beanspruchte Teile, z. B. Miniaturstecker (Bild 2-8) und kleinere Gehäuse für Flugzeug- und Militärgeräte. DAP-Formmassen können in beliebigen Farben eingefärbt werden. Im Vergleich zu Epoxidharzen sind sie spröder und von geringerer Festigkeit. DAP-Formmassen sind heute in Europa kaum mehr erhältlich, wegen des hohen Preises haben sie wenig Verbreitung erfahren. In den USA werden sie nach wie vor eingesetzt.

2.3.7 Feuchtpolyesterharz-Formmassen

Die wirtschaftliche Bedeutung der Feuchtpolyester-Formmassen hat seit ca. 1980 stark zugenommen. Dies ist darauf zurückzuführen, dass auf dem Gebiet der Massenentwicklung wie auch bei den Verarbeitungsverfahren große Fortschritte erzielt worden sind, was verschiedene neue Anwendungen, hauptsächlich durch die Substitution von Keramik, Metallen und Glas ermöglichte. Basis der duroplastischen Polyesterharz-Formmassen sind ungesättigte Polyesterverbindungen. Diese sind verwandt, aber nicht zu verwechseln mit den chemisch gesättigten, thermoplastischen Polyestern (PET, PBT). Ungesättigte Polyester sind Mischkondensate von gesättigten und ungesättigten Dicarbonsäuren mit zweiwertigen Alkoholen. Für die Herstellung von Feuchtpolyester-Formmassen werden diese in einer polymerisierbaren, flüssigen Vinylverbindung, meist Styrol, gelöst. Die Vernetzungsreaktion ist eine reine Polymerisation, bei der keine Nebenprodukte entstehen. Sie wird durch einen Peroxidkatalysator ausgelöst, der erst oberhalb einer bestimmten Temperatur (ca. 80 °C) wirksam wird. Polyesterharz-Formmassen werden fast ausschließlich anorganisch gefüllt. Typische Zusammensetzung:

  20 bis 35 % Polyesterharz und Styrol
   1 bis 2 % Härter (organische Peroxide)
  15 bis 30 % Glasfasern, Länge 12–50 mm
  40 bis 50 % Füllstoffe (Kreide, Aluminiumhydroxid, Kaolin)
   1 bis 2 % Eindickungsmittel (z. B. MgO, CaO)
   1 bis 2 % Gleitmittel / Trennmittel
   0 bis 2 % Farbpigmente

Die Eindickungsmittel dienen dazu, die Massen besser hantierbar zu machen und eine Entmischung bei der Lagerung zu verhindern. Die Glasfasern dienen zur Verbesserung der Festigkeitseigenschaften. Vereinzelt werden auch synthetische Fasern beigemischt (Aramid, Polyester). Feuchtpolyester-Formmassen haben folgende Vorteile:

- geringe Verarbeitungsschwindung,
- keine Nachschwindung,
- ausgezeichnete elektrische Isolationseigenschaften,
- gute Festigkeitseigenschaften,
- sehr gute Wärme- Formstabilität,
- relativ kostengünstig,
- gute Oberflächenqualität,
- verschiedene Farben möglich.

Durch Zumischung verschiedener thermoplastischer Kunststoffpartikel kann das Schwindungsverhalten beim Verarbeiten beeinflusst werden (PMMA, PVAC u. a. in Styrol gelöst). Diese sogenannten „low profile"- oder „Nullschwund"-Massen sind so optimiert, dass die

Schwindung des duroplastischen Materials beim Aushärten durch das Quellen der thermoplastischen Additive kompensiert wird.

Gängige Bezeichnungen für Feuchtpolyester sind:

BMC   Bulk Moulding Compound (Eindickung chemisch)

DMC   Dough Moulding Compound = Teig-Spritzwerkstoff (Eindickung durch erhöhten Füllstoffgehalt)

Typen 801 und 803 nach DIN 16911

Häufig werden genannte Formmassen wegen des typischen Aussehens als „Sauerkrautmassen" bezeichnet. Die Herstellung der Massen erfolgt in Mischern / Knetern. Die Massen sind, wenn sie den Mischer verlassen, noch einigermaßen schüttfähig und weich. Sie werden z. T. durch Strangextrusion zu kompakten Klumpen von ca. 10 bis 20 kg Gewicht vorverdichtet und für den Transport luftdicht in Polyethylensäcke verpackt, um die Verdunstung des Styrols zu verhindern.

Feuchtpolyester-Formmassen sind nur beschränkt lagerfähig und aufwendig zu verarbeiten, da die Zuführung der teigigen und zähen Masseklumpen in die Spritzgiessmaschine einen grossen technischen Aufwand bedingt.

Sie werden in der Elektroindustrie für Gehäuse aller Größen verwendet. Zunehmende Bedeutung haben sie auch in der Automobilindustrie, wo sie für Scheinwerferreflektoren (Bild 2-9), Karosserie- und Motorenteile eingesetzt werden. Für Haushaltgeräte kommen Typen zum Einsatz, die eine optimale Oberflächenqualität ermöglichen (z. B. für Teile von Toastern, Mikrowellengeschirr).

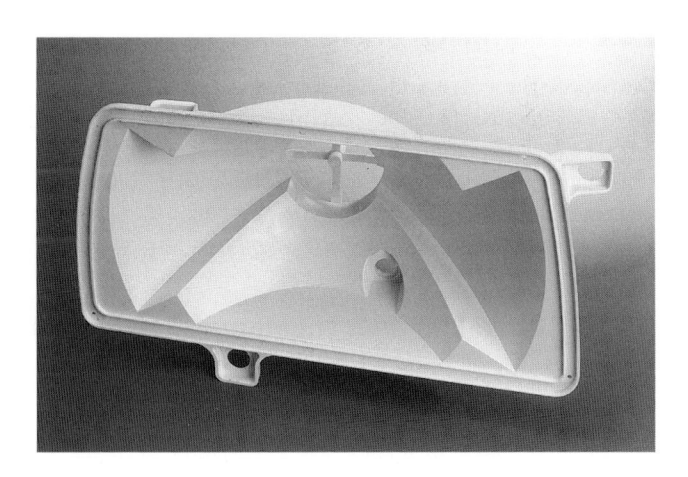

Bild 2-9
Automobil-Scheinwerferreflektor aus „Low Profile"-DMC

2.3.8   Trockenpolyesterharz-Formmassen (GMC)

Auch die „Trockenpolyester" (Bezeichnung: *GMC* = Granulated Moulding Compound) gehören zu den „ungesättigten Polyestern". Die Chemie der Trockenpolyester ist ähnlich derjenigen der Feuchtpolyester. Das monomere Lösungsmittel Styrol wird durch nichtflüchtige Verbindungen ersetzt, z. B. Diallylphthalat. Dadurch können im Trockenmischverfahren

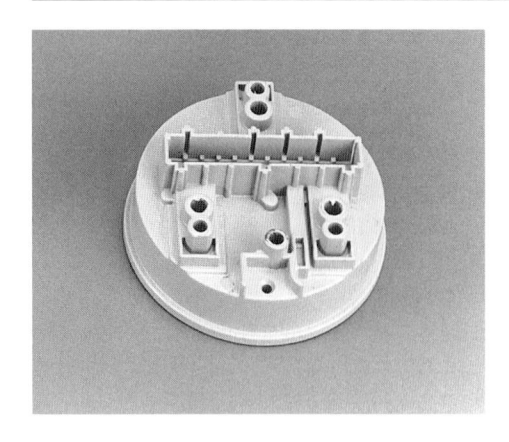

Bild 2-10
Schalterteil aus Trockenpolyester-Formmasse

granulierte Massen hergestellt werden. Auch Trockenpolyestermassen sind fast vorwiegend anorganisch gefüllt. Sie sind einfacher zu verarbeiten als Feuchtpolyester-Formmassen, haben aber den Nachteil, dass die Faserlänge auf ca. 2 mm beschränkt ist und die Festigkeitskennwerte der Formteile deshalb geringer sind. „Nullschwund"-Einstellungen sind nicht möglich. Gängige Massen sind die Typen 802 und 804 nach DIN 16911, beide mit Glasfasern und Mineralmehl gefüllt. Trockenpolyesterharz-Formmassen werden für kleinere Teile in der Elektrotechnik und Elektronik eingesetzt (Bild 2-10). Sie zeichnen sich durch eine kurze Härtezeit und eine günstige Lichtbogenbeständigkeit aus.

2.3.9 Polyimid-Formmassen

Duroplastische Polyimide sind die temperaturbeständigsten Kunststoffe, die im Spritzgießverfahren verarbeitbar sind. Auch bei Temperaturen über 250 °C weisen sie noch beachtliche Festigkeits- und Isolationseigenschaften auf. Polyimid-Formmassen sind mineralstoff- und glasfaserverstärkt. Die sehr teuren Formmassen werden nur für hochbeanspruchte technische Teile eingesetzt, die hohen Temperaturen ausgesetzt sind, wie z. B. für Komponenten von Flugzeugtriebwerken und Lenkwaffen.

2.3.10 Übersicht über wichtige Materialdaten

Tabelle 2.2 gibt eine Übersicht über wichtige Materialdaten. Die Festigkeitswerte beziehen sich auf gepresste Normprüfstäbe. An Spritzgussteilen sind sie normalerweise geringer. Klar ersichtlich ist, dass die klassischen Kondensationsharze bezüglich der elektrischen Isolationswerte gegenüber den Polymerisationsharzen weniger gute Kennwerte aufweisen, dafür aber deutlich billiger sind. Glasfasern als Füllstoffe ergeben gute mechanische Kennwerte, unabhängig vom Harztyp. Polymerisationsharze weisen günstige Schwindungswerte auf.

Tabelle 2-2 Zusammenstellung von Duroplasten und Eigenschaften

Masse	Füllstoff	Dichte [g/cm³]	Verarbeitungs-Schwindung [%]	Nach-schwingung [%]	Biegefestig-keit [N/mm²]	Spezfischer Widerstand [Ωcm]	Max. Dauer-temperatur [°C]	Martens-temperatur [°C]	ca. Preis (PFTyp31 = 1)
PF Typ 31	Holzmehl	1,4	1,1–1,7	0,2–0,4	70–90	> 10^{10}	120	125–150	1
PF Hochtemp.	Glas/Mineral-fasern	2,1	0,5–0,8	0–0,2	90–110	> 10^{11}	150	170–200	2
UF Typ 131	Zellstoff	1,5	1,0–1,5	0,9–1,1	80–100	> 10^{11}	70	100–110	1–1,5
MF Typ 152	Zellstoff	1,5	1,3–1,7	0,8–1,5	80–100	> 10^{10}	80	120–140	2
MP Typ 182	Holzmehl + Mineralmehl	1,6	1,1–1,5	0,8–1,4	70–90	> 10^{10}	100	120–140	2–3
Epoxid	Mineralmehl, Glasfasern	2,0	0,5–0,8	0,01	100–160	10^{14}–10^{15}	110–170		3–5
DAP	Mineralmehl	1,7–1,95	0,1–0,6	0–0,05	80	> 10^{14}	160–190	180	8–10
Silikon	Quarzmehl, Glasfasern	1,9–2	0,1–0,5	0,01–0,05	60	> 10^{14}	250		20
UP-DMC	Mineralmehl, Glasfasern	1,6–1,9	0–0,3	0–0,15	60–100	10^{12}–10^{14}	120–150	200	2–3
UP Granulat	Mineralmehl, Glasfasern	2,0	0,4–0,8	0–0,1	55–80	> 10^{12}	160	140–170	2–3
Polyimid	Mineralmehl, Glasfasern	1,7–2	0,05–0,2	0	240	> 10^{15}	250		20

2.4 Elastomere

Elastomere entstehen durch Vernetzung (Vulkanisation) von Kautschuk unter Verwendung von Vernetzungsmitteln (Schwefel, Peroxide). Als Ausgangsstoff dienen Naturkautschuke oder aber synthetische Kautschuke. Der Ausgangsstoff wird als Kautschuk, der fertige, vernetzte Werkstoff als Vulkanisat oder Gummi (engl. Rubber) bezeichnet.

2.4.1 Kautschuk

Kautschuk ist ein unvernetztes Polymer mit vorwiegend plastischen Eigenschaften. Erst nach einer Vernetzung erhält die Kautschukmischung ihre gummielastischen und mechani-

Tabelle 2-3 Die wichtigsten Kautschukarten und ihre genormten Kurzzeichen

Chemischer Name des Basis-Polymers	Kurzbezeichnung nach		
	ISO 1629	ASTM D 1418	DIN 7728
M-Klasse			
• Chlorpolyethylen-Kautschuk	CM	CM	
• Chlorsulphonyl-Polyethylen-Kautschuk	CSM	CSM	
• Ethylen-Prpoylen-Kautschuk	EPM	EPM	EP
• Ethylen-Propylen-Dien-Kautschuk	EPDM	EPDM	
• Fluor-Kautschuk	FPM	FKM	
• Polyacrylat-Kautschuk	ACM	ACM	AC
O-Klasse			
• Epichlorhydrin-Kautschuk	CO	CO	
• Epichlorhydrin-Copolymer-Kautschuk	ECO	ECO	
• Propylenoxid-Copolymer-Kautschuk	GPO	GPO	
R-Klasse			
• Brombutyl-Kautschuk	BIIR	BIIR	
• Butadien-Kautschuk	BR	BR	
• Chlorbutyl-Kautschuk	CIIR	CIIR	
• Chloropren-Kautschuk	CR	CR	CR
• Isobuten-Isopren-Kautschuk (Butyl-Kautschuk)	IIR	IIR	IIR
• Isopren-Kautschuk	IR	IR	
• Naturkautschuk (Poly-cis-Isopren)	NR	NR	NR
• Nitril-Butadien-Kautschuk	NBR	NBR	NBR
• Styrol-Butadien-Kautschuk	SBR	SBR	SBR
Q-Klasse			
• Fluor-Silicon-Kautschuk	MFQ	FVQM	FS
• Phenyl-Methyl-Silicon-Kautschuk	MPQ	PMQ	
• Phenyl-Methyl-Vinyl-Silicon-Kautschuk	MPVQ	PMBQ	
• Methyl-Silicon-Kautschuk	MQ	MQ	
• Vinyl-Methyl-Silicon-Kautschuk	MVQ	VMQ	SI
U-Klasse			
• Polyurethane			PUR
• Polyester-Uretane	AU	AU	
• Polyethylen-Uretane	EU	EU	

schen Eigenschaften, wie z. B. Härte, Reißfestigkeit, Reißdehnung. Die Bezeichnung der Kautschuke gemäß der chemischen Nomenklatur hätte zur Folge, dass viele Kautschuknamen zu lang und unübersichtlich würden. Einen Überblick über die genormten Bezeichnungen gibt Tabelle 2-3.

2.4.2 Gummi

Gummi ist der umgangssprachliche Begriff für Elastomere, also für weitmaschig dreidimensional vernetzte Polymere, deren Ausgangsstoff Kautschuk ist. Der hochelastische Zustand der vernetzten Produkte wird als Gummielastizität bezeichnet. Im Gegensatz zur Kautschukelastizität ist die Elastizität der Gummiwerkstoffe stabil, d. h. bis zu ihrer Zersetzungstemperatur vorhanden. Der Grund liegt darin, dass bei Gummi die Elastizität durch ein dreidimensionales weitmaschiges Netzwerk von chemischen Brückenbindungen zwischen einzelnen Makromolekülen hervorgerufen wird, während sie bei Kautschuk infolge der starken Verknäuelung einzelner nicht miteinander verbundener Makromoleküle entsteht. Reine Elastizität wird in der Praxis jedoch nie erreicht, ein Rest Plastizität – je nach Polymer, Vernetzungsgrad und Mischungsaufbau – bleibt erhalten, sodass nach einer verformenden Krafteinwirkung immer eine bleibende Verformung zurückbleibt. Dies wird als Druckverformungsrest bezeichnet, einer wichtigen Größe zur Charakterisierung von Vulkanisaten.

Gummi ist heute ein aus mehreren Komponenten zusammengesetzter Werkstoff. Die Variationsmöglichkeit der Eigenschaften des Endprodukts Gummi durch den Basiskautschuk war durch steigende Verbraucherwünsche bald erschöpft. Die Forderung nach immer spezifischeren Gummiwerkstoffen brachte eine Vielzahl von Zusatzwerkstoffen auf den Markt, die jeder für sich die Eigenschaft des Gummiwerkstoffs verändern. Sie werden im allgemeinen vor der Vulkanisation in den Kautschuk gemischt.

Dazu gehören:

- *Vulkanisationsbeschleuniger*, durch die die Vulkanisationszeit deutlich verkürzt wird. Die deutlich kürzere Vulkanisationszeit schont den Kautschuk, damit werden die Vulkanisateigenschaften verbessert.
- *Vulkanisationsverzögerer*, sie verhindern ein frühzeitiges Einsetzen der Vulkanisation (Anvulkanisation), wodurch eine Verarbeitung nicht mehr möglich wäre.
- *Verstärkende Füllstoffe*, wie z. B. Ruß und feinteilige Kieselsäure, die die Reiß- und Abriebfestigkeit wesentlich erhöhen.
- *Inaktive Füllstoffe*, wie z. B. Kaolin, Kreide, Talkum und Lithopone, die im wesentlichen den Kautschuk strecken (d. h. das Endprodukt verbilligen) und gleichzeitig die Härte erhöhen, ohne dass sie die Festigkeit wesentlich beeinflussen.
- *Alterungsschutzmittel*, die dazu beitragen, den Gummi gegen Alterung zu schützen, beispielsweise gegen die schädlichen Einflüsse der Oxidation durch Wärme, Licht und Ozoneinwirkung.
- *Weichmacher*, um beispielsweise die Härte der Vulkanisate zu erniedrigen oder ihre Flexibilität in der Kälte zu verbessern.
- *Treibmittel*, um Schwammgummi herzustellen.
- *Sonstige Zusatzstoffe*, wie z. B. Harze, Klebrigmacher, Flammschutzmittel, Farbpigmente, geruchsverbessernde Mittel, Streckmittelöle, Haftmittel, Regenerate, Konservierungsmittel und viele andere.

222 Spritzgießen vernetzender Polymere

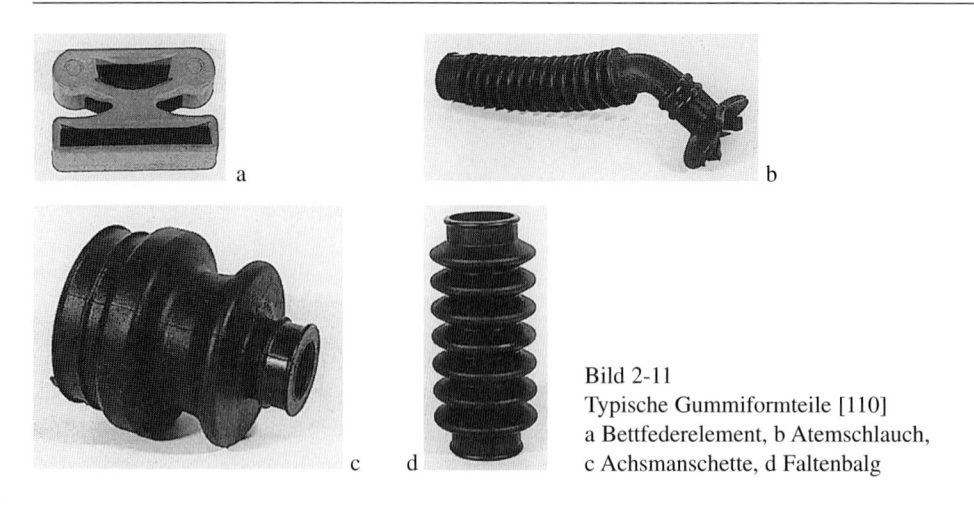

Bild 2-11
Typische Gummiformteile [110]
a Bettfederelement, b Atemschlauch,
c Achsmanschette, d Faltenbalg

Die Aufzählung spiegelt nur einen kleinen Ausschnitt wieder. Heute gibt es Tausende derartige Stoffe, aus denen man wählen kann. Im Durchschnitt besteht eine Mischung von Kautschuk aus 10 bis 20 Komponenten. Die Beeinflussung der Vulkanisateigenschaften durch den Mischungsaufbau ist eines der hervorstechendsten Merkmale der Kautschuktechnologie. In Bild 2-11 sind einige typische Gummiformteile dargestellt.

2.4.3 Silikone

Kennzeichnend für alle Arten von Silikonen ist ihr chemisch und physiologisch inertes Verhalten und ihre von sehr tiefen bis sehr hohen Temperaturen kaum veränderten physikalischen Eigenschaften. Hinzu kommen gute elektrische Eigenschaften sowie ihr wasserabweisendes und für die Anwendung als Trenn-, Gleit- und Schmiermittel wichtiges antiadhäsives Verhalten. Bild 2-12 gibt einen Überblick über die Silikone. In abgewandelten Spritzgießverfahren werden die HTV- und LSR-Silikone verarbeitet.

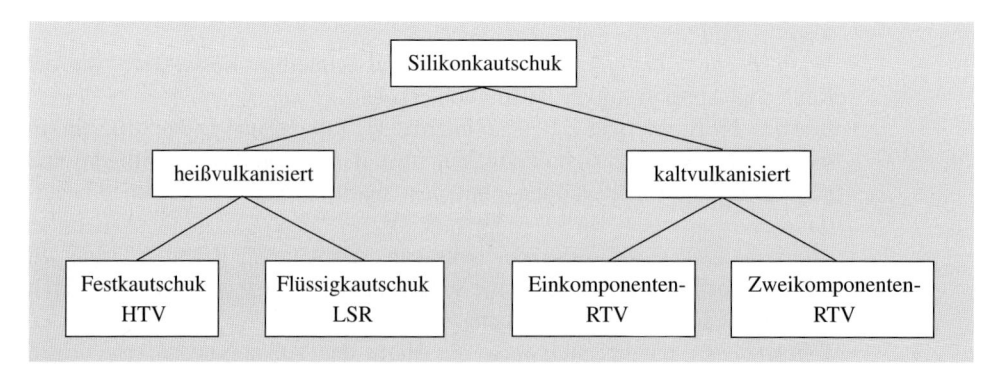

Bild 2-12 Einteilung der Silikonkautschuke
HTV Hochtemperaturvernetzend = HVSR High Viscosity Silicone Rubber; pastöse bis plastisch feste Rohkautschukmischungen, LSR Liquid Silicone Rubber; pump- und gießbare Ausgangsstoffe, RTV Raumtemperaturvernetzend

2.4.4 HTV-Silikonformmassen

HTV-Silikonkautschuke sind in ihrer Ausgangskonsistenz pastös bis plastisch fest. Sie werden mit den üblichen Kautschukverarbeitungsmaschinen verarbeitet. Problematisch ist das Einzugsverhalten beim Spritzgießen. Da viele Mischungen klebrig und weich sind, ist das bei der Kautschukverarbeitung übliche Einziehen von Streifen und Rundschnüren nicht möglich. Die Ausgangsstoffe werden zu Blöcken oder sogenannten Puppen vorkonfektioniert und durch Stopfeinrichtungen der Schnecke zugeführt. In der Stopfeinrichtung wird der Block in einen Zylinder eingefüllt und durch einen Kolben zur Schnecke gepreßt. Die Verarbeitung mit einem Stopfer ist ein diskontinuierlicher Prozess. Abhängig vom Schussgewicht und Stopfervolumen muss nach einer gewissen Zeit der Stopfer geöffnet, neu befüllt, geschlossen und entlüftet werden. Dies führt zu einer Unterbrechung des Produktionsprozesses. Produktbeispiele sind Hochspannungsisolatoren verschiedenster Art.

2.4.5 Flüssigsilikonkautschuke LSR

Flüssigsilikonkautschuke (LSR Liquid Silicone Rubber) sind Zweikomponenten-Silikonkautschuke, die vom Rohstoffhersteller gebrauchsfertig in 20-1- oder 200-1-Gebinden geliefert werden. Die Viskosität von LSR variiert von leicht gießbar bis pastös. Die Zuführung zur Schnecke erfolgt mit Pumpen und statischen Mischern.

Flüssige Silikonkautschuke werden zur Herstellung von Formteilen im Spritzgießverfahren und auch als Beschichtungsmaterial verwendet. Die Produktpalette reicht von Kleinteilen für die Automobilindustrie und den Maschinenbau, wie z. B. Dichtungen, über Isolationselemente in Steckverbindungen für Elektronik und Elektrotechnik bis zu Babysaugern und dem Einsatz für sterilisierbare Teile in der Medizintechnik (Bild 2-13).

Bild 2-13
Formteile aus 2-Komponenten-
Flüssigsilikon-Elastomer

2.5 Verfahrenstechnik

2.5.1 Grundlegende Unterschiede zum Spritzgießen von Thermoplasten

Im Vergleich zu Thermoplasten erschweren folgende Besonderheiten das Spritzgießen reagierender Massen:

- *Einfluss der Zeit*
  Im Gegensatz zu den Thermoplasten, die nur eine Phasenänderung (Aufschmelzen und Erstarren) durchmachen, erfahren vernetzende Polymere während ihrer Verarbeitung zu Formteilen ein Veränderung ihrer chemischen Struktur. Die chemische Veränderung bzw. Vernetzungsreaktion bringt eine zusätzliche Dimension in den Verarbeitungsprozess, nämlich die Zeit. Die Formmasse, einmal aufgeschmolzen, verändert sich unter dem Einfluss der Zeit ständig, auch wenn ihre Temperatur konstant bleibt. Kann der Spritzgießprozess nicht innerhalb einer bestimmten Zeit abgeschlossen werden, ist die Masse nicht mehr verarbeitbar.
- *Aufbereitung und Chargenschwankungen*
  Die Aufbereitung der Massen mit vielen Zusatzstoffen reicht bis in die Verarbeitung und ist kaum reproduzierbar. Chargenschwankungen sind die Folge.
- *Darbietungsformen*
  Die Granulatform der Thermoplaste ist für die Schneckenplastifizierung optimal. Bei reagierenden Massen reichen die Darbietungsformen von körnigem Haufwerk über Schnitzelmassen bis zur klebrigen Konsistenz, was das Einziehen und die Plastifizierung in Schneckenmaschinen erschwert.
- *Gratbildung*
  Thermoplastschmelzen bilden beim Kontakt mit dem kälteren Werkzeug eine Haut, die kleine Spalten und Fugen unter 0,02 bis 0,04 mm im Werkzeug abdichtet. Deshalb ist die Gratbildung bei sauber abgestimmten Werkzeugen kein Problem. Reagierende Massen werden dagegen beim Kontakt mit den heißen Werkzeugen besonders dünnflüssig und dringen in kleinste Spalte ein. Ein gratfreies Spritzgießen von reagierenden Massen ist eine langgehegte Utopie. Die Entfernung der Grate und Schwimmhäute macht vielfach einen zusätzlichen Arbeitsgang erforderlich.
- *Rückstandbildung*
  Durch die Eindringfähigkeit in kleinste Spalte entstehen in den Werkzeugen Rückstände, die durch durch Pressluft, Bürsten oder andere Einrichtungen entfernt werden müssen. Die Rückstände verschmutzen Werkzeuge und Produktionsräume.
- *Verschleiß*
  Mineralische Füllstoffe, wie sie bei Duroplasten eingesetzt werden, verschleißen Plastifizieereinheiten und Werkzeuge. Zusätzlich kann chemische Korrosion auftreten.
- *Entformungsschwierigkeiten*
  Durch hohe Reibungskoeffizienten und Restdrücke sind insbesondere Elastomere schwer entformbar. Entformung mit den bei Thermoplasten üblichen Auswerferelementen, wie z. B. Auswerfern sind nur bedingt möglich. Wenn

Auswerferstifte eingesetzt werden, müssen diese ziehen anstatt zu drücken, damit sich z. B. Rippen nicht in der Kavität verkeilen.
- *Heiße Werkzeuge, heiße Formteile*
Die hohen Werkzeugtemperaturen von 160 bis 180 °C machen Wartungs- oder Reparaturarbeiten an den Werkzeugen unter Produktionsbedingungen unmöglich. Da die Formteile im Werkzeug nicht gekühlt sondern aufgeheizt werden, entsprechen die Entformungstemperaturen etwa den hohen Werkzeugtemperaturen.
- *Lagerung*
Auf die Aufbereitung folgt in der Regel eine Zwischenlagerung, die einerseits die Massen „reifen" lässt, andererseits insbesondere bei erhöhten Temperaturen schon teilweise vernetzend wirkt. Die Massen sind nur beschränkt lagerfähig.

2.5.2 Aufbereitung der Formmassen

Der Verfahrensweg von den Rohstoffen bis zum fertigen Formteil ist bei den reagierenden Massen eine komplizierte Aneinanderreihung von chemischen-physikalischen Arbeitsschritten, in der die Aufbereitung neben der Formgebung eine besondere Rolle spielt.

2.5.2.1 Aufbereitung von duroplastischen Formmassen

Die Herstellung härtbarer Formmassen erfolgt entweder nach dem „Schmelzflussverfahren", wenn von Festharzen ausgegangen wird, oder nach dem „Flüssigharzverfahren", wenn von flüssigen Harzen oder Harzlösungen ausgegangen werden kann oder muss. Welches Verfahren jeweils eingesetzt wird, hängt nicht nur vom Aggregatzustand des Harzes, sondern auch von den einzusetzenden Füllstoffen ab. Langfaserstoffe werden z. B. nass imprägniert, da sie durch den Mischer beschädigt würden. Die entsprechenden Formmassen sind nicht rieselfähig und schwierig zu verarbeiten.

Nach dem Schmelzflussverfahren (Bild 2-14) werden die Hauptmengen härtbarer Formmassen hergestellt. Wegen der hohen Scherkräfte ist es nur für kurzfasrige oder elastische Verstärkerstoffe geeignet. Beim Schmelzflussverfahren wird aus gemahlenem Festharz, Füllstoffen, Farbstoffen, Gleit- und Trennmitteln und sonstigen Zusätzen in Mischern ein sogenanntes Vorgemenge hergestellt. Auf geheizten Walzen oder Schneckenknetern wird dieses Vorgemenge dann diskontinuierlich oder kontinuierlich weiterverarbeitet. Dabei schmilzt das Harz auf, imprägniert den Füllstoff und wird, falls es sich um Polykondensationsmassen handelt, auch weiter kondensiert. Die dabei entstandenen Produkte, auf Walzen hergestellt Felle genannt, werden abgekühlt. Dabei werden sie spröde, können so gemahlen werden und bilden schließlich die fertigen härtbaren Formmassen. Durch sorgfältige Abstimmung von Temperatur und Zeit gelingt es beim Schmelzflussverfahren das Fließ- und Härtungsverhalten von Pheno- und Aminoplasten weitgehend auf die Anforderungen des Verarbeiters abzustimmen.

Infolge der Sprödigkeit der abgekühlten Formmassen entstehen beim Mahlen hohe Staubanteile (bis zu 30%). Früher wurden die gemahlenen Formmassen mit dem Staubgehalt ausgeliefert. Da heute auf Grund der automatischen Verarbeitungsmethoden an die Rieselfähigkeit der härtbaren Formmassen viel höhere Anforderungen gestellt werden, sind die Formmassenhersteller gezwungen, die Staubanteile auszusieben und sie wieder den Vorgemengen zuzusetzen.

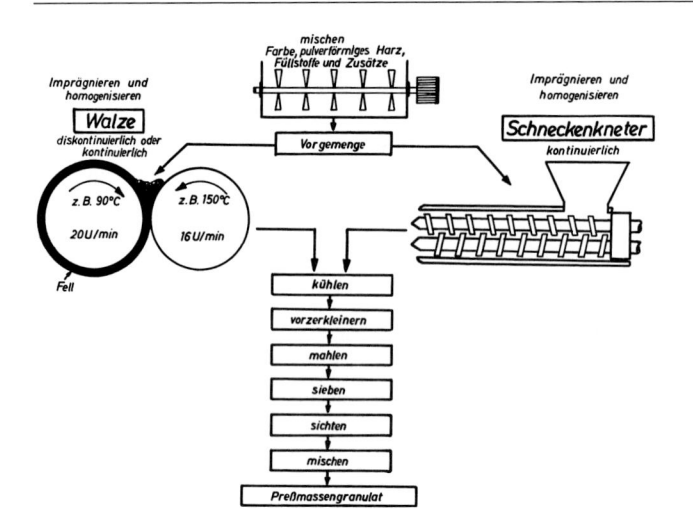

Bild 2-14
Schmelzflussverfahren [111]

2.5.2.2 Aufbereitung von Kautschuk

Wie bereits dargestellt besteht der verarbeitungsfähige Kautschuk aus seinem Basispolymer und vielen anderen, eigenschaftsbestimmenden Zusatzstoffen. Aufgabe der Aufbereitung ist es den Kautschuk und dessen Zusatzstoffe zu homogenisieren. Der Herstellungsablauf ist in Bild 2-15 dargestellt. Für jede Mischung existiert eine Rezepturvorschrift. Es werden alle notwendigen Bestandteile genauestens abgewogen und in ihrer vorgeschriebenen Reihenfolge zeitlich dem Mischvorgang zugeführt. Die Mischungen werden in einem Innenmischer „vermischt" und homogenisiert. Die Verweilzeit der Masse beträgt bei modernen Anlagen nur wenige Minuten. Dem Innenmischer nachgeschaltet ist ein Walzwerk, das die Gummicharge zu Fellen formt. Auf der Walze erfährt die Mischung eine weitere Homogenisierung und Entgasung. Diesen sehr energiereichen Prozess, in dem der sehr schlecht wärmeleitende Kautschuk, auf eine beachtliche Temperatur von bis zu 120 °C erhitzt wird, folgt die Abkühlung der Mischung auf Raumtemperatur. Dies geschieht in einer speziellen Gummifell-Kühlanlage, welche die Felle gleichzeitig automatisch stapelt und schneidet.

Bei der Herstellung der Rohmischung kann es aus den verschiedensten Gründen zu Qualitätsschwankungen nacheinander gefertigter Mischungsfelle kommen. Diese Streuungen können entscheidende Auswirkungen auf den sich anschließenden Formgebungsprozess und auch auf die Endprodukteigenschaft haben. Die Ursachen reichen vom Unregelmäßigkeiten beim Mischprozess bis zu Qualitätsschwankungen der Rohstoffe, vorwiegend bei Naturkautschuk. Die Mischung wird deshalb vor dem Formgebungsprozess einer eingehenden Qualitätsprüfung unterzogen. Nur bei Einhaltung der vorgegebenen Sollwertvorschriften wird das Mischungsfell für weitere Verarbeitungsschritte freigegeben. Der in Bild 2-15 gezeichnete Strainer hat die Aufgabe, Verunreinigungen wie ein Sieb aus der Mischung zu filtrieren.

2.5 Verfahrenstechnik   227

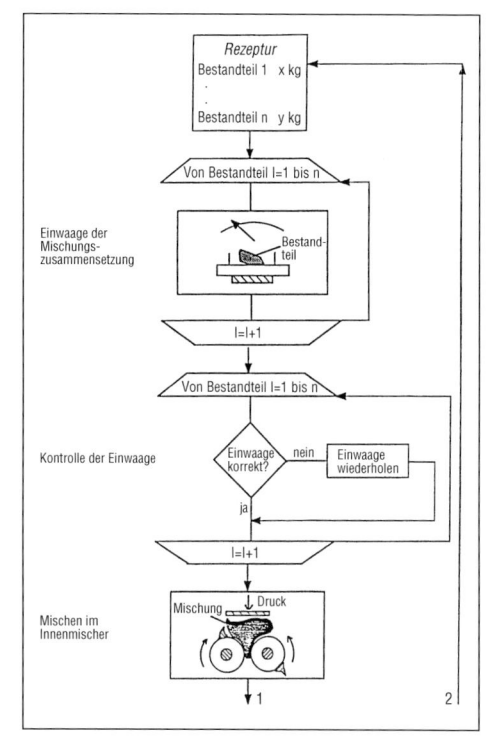

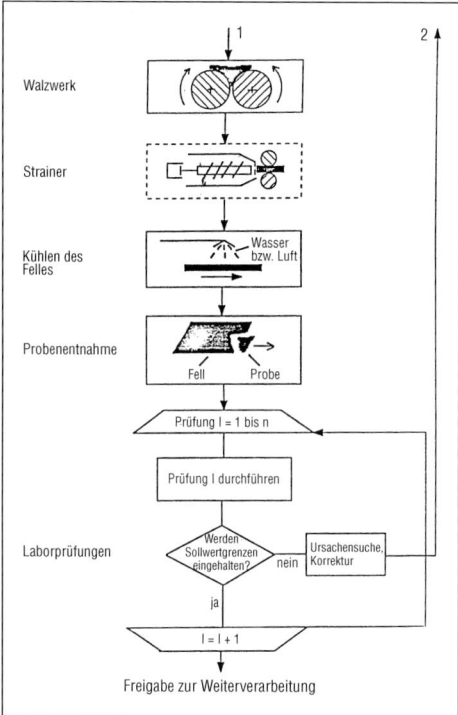

Bild 2-15   Aufbereitung von Kautschuk (Fa. Freudenberg)

2.5.3 Darbietungsformen

In Bild 2-16 sind typische Darbietungsformen reagierender Massen zusammengestellt. Nur die rieselfähigen Massen können der Schnecke ohne besondere Maßnahmen zugeführt werden. Bei allen anderen Darbietungsformen sind, wie in Kapitel „Maschinen" behandelt, Rührwerke, Stopfeinrichtungen oder Bandeinzugsvorrichtungen erforderlich. Zur Brückenbildung (Bild 2-17) kommt es, wenn die Körner form- oder reibschlüssig einer Römerbrücke ähnlich das Nachrieseln unter Eigengewicht verhindern.

Rieselfähig Typ 31, Phenolharz mit Holzmehl

Begrenzt rieselfähig mit Neigung zur Brückenbildung Typ 52, Phenolharz mit Zellstoff

Nicht rieselfähig Typ 74, Phenolharz mit Gewebeschnitzeln

Bild 2-16   Darbietungsformen vernetzender Formmassen *(Fortsetzung nächste Seite)*

Pulverförmig, Melamin   Kittartig, Typ 803   Bandförmig, Kautschuke
Feuchtpolyester mit langen
Glasfasern

Bild 2-16   Darbietungsformen vernetzender Formmassen *(Fortsetzung)*

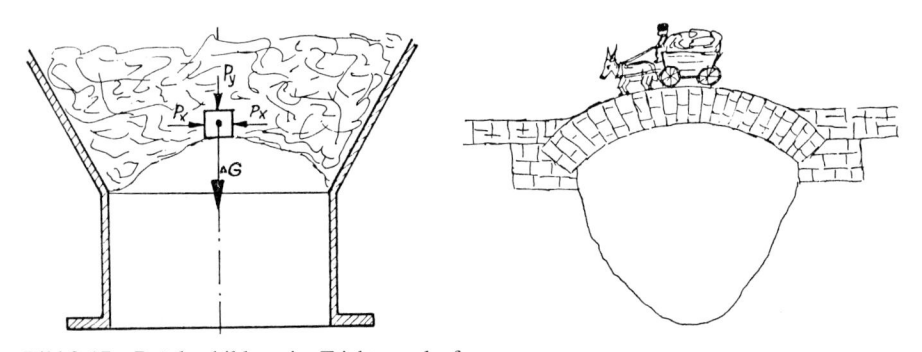

Bild 2-17   Brückenbildung im Trichterauslauf

2.5.4   Fließ-/Vernetzungsverhalten

2.5.4.1   Viskositätsverlauf bei der Verarbeitung

Feste Formmassen müssen bei der Verarbeitung zunächst plastifiziert werden. Da die darin enthaltenen Polymere noch nicht vernetzt sind, verhalten sie sich zunächst wie Thermoplaste, d. h. die Viskosität nimmt mit zunehmender Erwärmung ab (Kurve A, Bild 2-18). Die Schmelztemperatur liegt im Bereich von ca. 70 bis 110 °C. Bei diesen Temperaturen beginnt allerdings auch die chemische Vernetzungsreaktion, die sich aber erst im heißen Werkzeug (Temperaturen von 140 bis 200 °C) mit hoher Geschwindigkeit vollzieht. Die Vernetzung bewirkt einen Viskositätsanstieg (Kurve B). Die Überlagerung beider Tendenzen ergibt den tatsächlichen Viskositätsverlauf.

In Bild 2-19 ist der Verlauf des G-Moduls als Maß für die Vernetzung dargestellt. Zu kurze wie auch zu lange Vernetzungszeiten schaden der Formteilqualität. Bei kurzen Zeiten bleibt die Vernetzung unvollständig und bei zu langen Zeiten im heißen Werkzeug kommt es zu einer sogenannten Reversion der Vernetzung; molekulare Bindungen werden thermisch gesprengt.

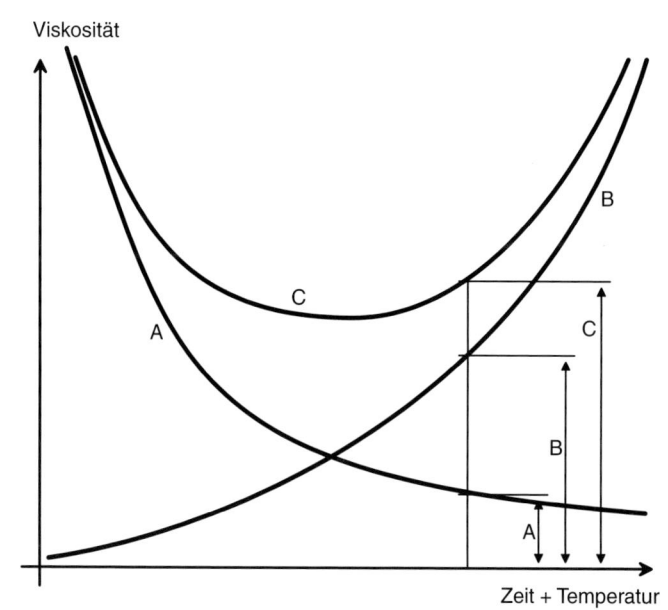

Bild 2-18
Visikositätsverlauf bei konstanter Energiezufuhr
A thermoplastisches Verhalten des unvernetzten Materials,
B Viskositätsanstieg durch die Vernetzung,
C tatsächliche Viskosität, Überlagerung von A und B

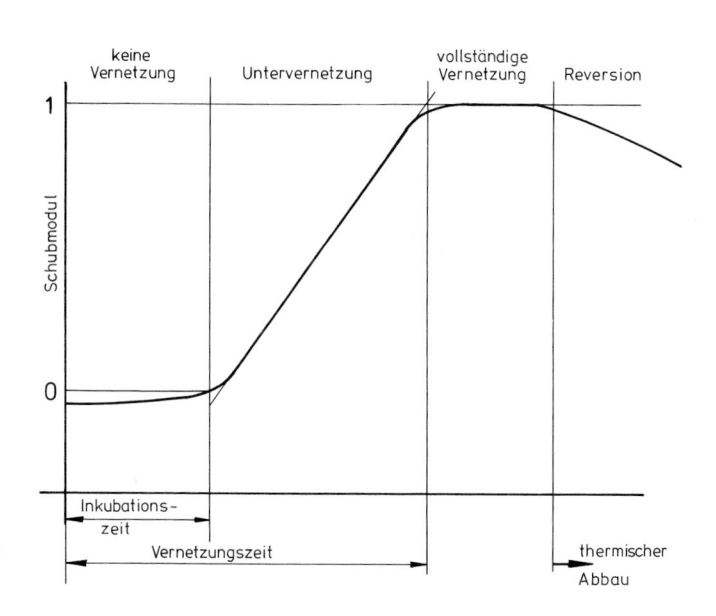

Bild 2-19
Schubmodul in Abhängigkeit von der Verweilzeit im heißen Werkzeug

2.5.4.2 Steuerung des Fließ-/Vernetzungsverhaltens

Das Fließ-/Vernetzungsverhalten kann durch die Ausgangsstoffe, die Aufbereitung und Verarbeitungsparameter gesteuert werden. Als Beispiel wird in Bild 2-20 der Kondensationsverlauf von Phenolharz-Formmassen betrachtet. Man erkennt, dass die Polykondensation in

230 *Spritzgießen vernetzender Polymere*

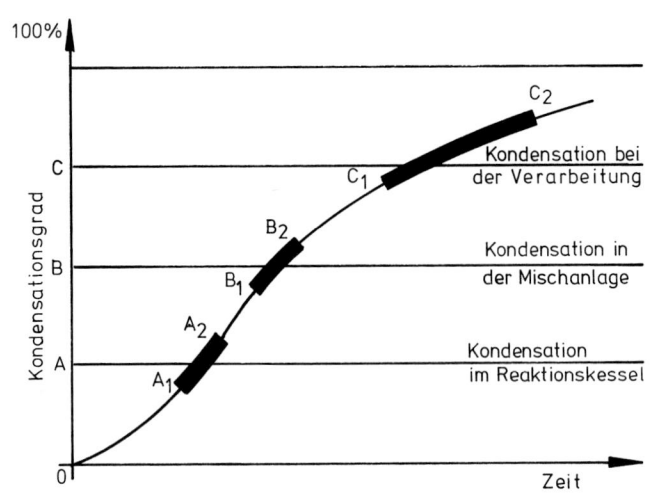

Bild 2-20 Kondensationsverlauf der Phenolharz-Formmassen in Abhängigkeit vom Verfahrensschritt

0–A Kondensation im Reaktionskessel (A_1: niedrig kondensiertes Harz, A_2: hochkondensiertes Harz),

A–B Kondensation bei der Aufbereitung (B_1: weichfließende Masse, B_2: hartfließende Masse),

B–C Kondensation bei der Verarbeitung (C_1: Untervernetzung, C_2: Übervernetzung (Reversion).

drei Stufen abläuft, die jeweils Variationsmöglichkeiten bieten. Die Phenolharzmasse kann dem Verarbeiter härter oder weicher geliefert werden.

Wie aus Bild 2-21 hervorgeht, wird die erreichbare Fließstrecke und der Temperaturspielraum umso größer, je weicher die Masse ist. Allerdings nehmen Aushärtezeit und Quali-

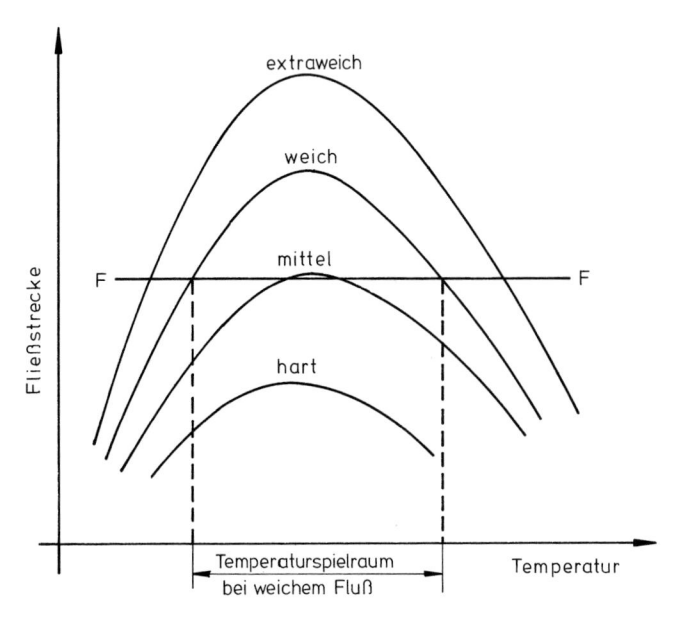

Bild 2-21
Fließverhalten in Abhängigkeit vom Vorkondensationsgrad

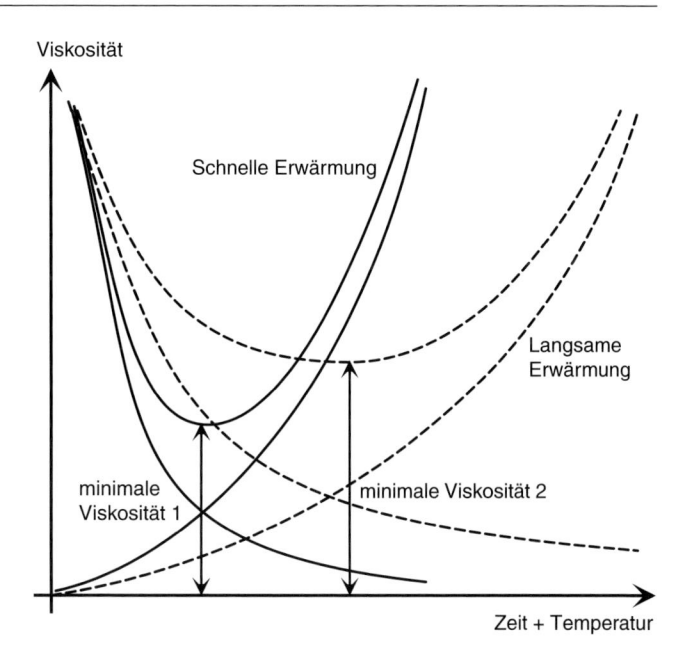

Bild 2-22
Viskositätsverlauf bei unterschiedlicher, konstanter Energiezufuhr

tätsprobleme in der gleichen Reihenfolge zu. Der Verarbeiter wird deshalb versuchen die Formmasse so hart zu wählen, dass er sein Werkzeug gerade noch sicher füllen kann.

Verarbeitungsparameter sind Temperaturen, Zeit, Schneckendrehzahl, Einspritzgeschwindigkeit und Drucke. Typische Werte sind in Tabelle 2-4 zusammengestellt. In Bild 2-22 ist das Fließ-/Härtungsverhalten in Abhängigkeit von der Werkzeugtemperatur zu sehen. Bei hoher Werkzeugtemperatur, d.h. schneller Erwärmung ist das Viskositätsminimum tiefer und die Verarbeitungszeit kürzer als bei niedriger.

2.5.5 Temperaturführung

Die Temperaturführung erfolgt bei vernetzenden Formmassen umgekehrt wie bei Thermoplasten (Bild 2-23). Die Zylindertemperatur ist niedrig und die Werkzeugtemperatur hoch, damit die Masse erst im Werkzeug reagiert. In beiden Fällen wird die Viskosität durch die Plastifizierung herabgesetzt. Sie bleibt bei vernetzenden Massen aber höher als bei Thermoplasten, um erst beim Kontakt mit der heißen Werkzeugwand ihr Minimum zu erreichen. Im Werkzeug gehen beide Stoffgruppen in den festen Aggregatzustand über, wenn auch aus unterschiedlichen Gründen. Thermoplaste erstarren physikalisch durch Abkühlung, reagierende Massen durch die chemische Vernetzung. In Tabelle 2-4 sind typische Temperatureinstellwerte für reagierende Massen zusammengestellt.

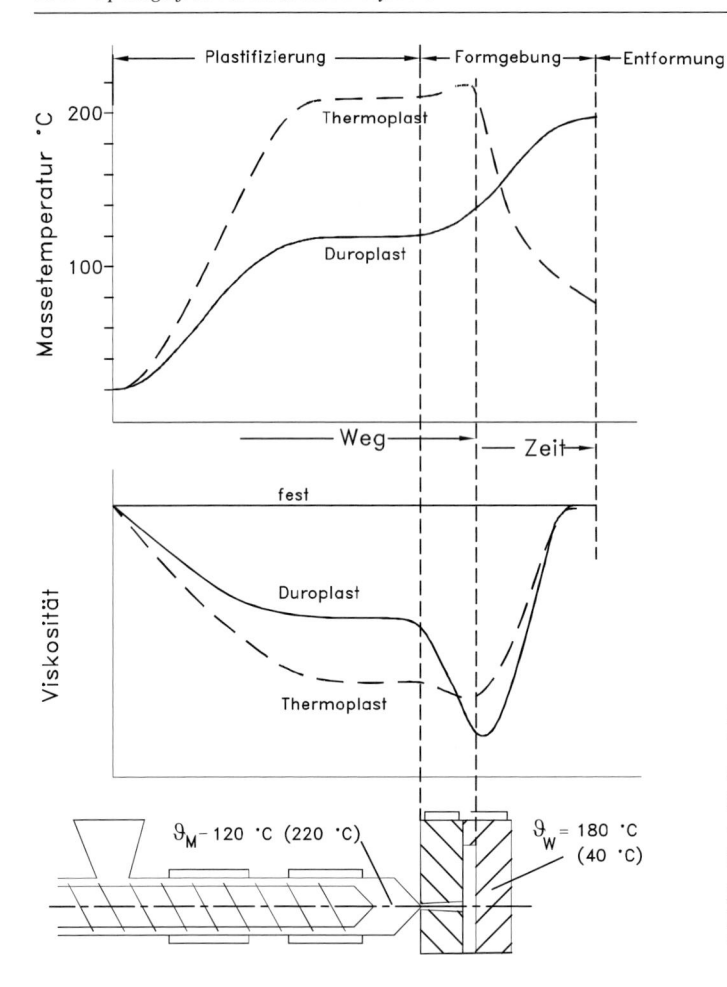

Bild 2-23
Temperaturführung und mittlere Viskosität bei der Spritzgussverarbeitung von reagierenden Massen im Vergleich zu Thermoplasten (schematisch); Klammerwerte gelten für Thermoplaste wie z.B. PS

Tabelle 2-4 Typische Verarbeitungsparameter vernetzender Polymere

Massetyp	Zylinder-temperatur [°C]	Düsen-temperatur [°C]	Werkzeug-temperatur [°C]	Schnecken-drehzahl [U/min]	Mittlerer Werkzeug-innendruck [bar]
Phenolharz	60–90	80–130	160–190	40–100	300–400
Harnstoffharz	60–90	90–110	120–160	60–120	300–400
Melaminharz	80–95	100–120	130–180	100–150	300–400
Epoxidharz	50–60	60–80	160–190	80–120	300–400
DAP	60–80	70–100	150–180	80–150	300–400
DMC	20–50	20–70	160–190	20–50	100–300
Trockenpolyester	40–70	60–80	160–190	40–100	300–400
Polyimid	40–80	80–120	200–270	30–50	300–400
Elastomere	60–90	100–120	160–200	50–150	300–400
Zweikomponenten Silikon-Elastomere	10–30	10–30	150–210	50–150	100–200

2.5.6 Besonderheiten der Plastifizierung

Da die Viskosität der Massen höher ist als bei Thermoplasten, wird die Wärme fast ausschließlich durch Scherung eingebracht. Man muss dafür sorgen, dass nicht zu viel Reibungswärme entsteht und überschüssige Wärme durch eine Flüssigkeitstemperierung des Zylinders abgeführt werden kann. Duroplastschnecken haben deshalb eine geringe Kompression und Länge, die Drehzahl ist klein, das Antriebsdrehmoment dagegen hoch. Die Masse wird erst in den vorderen Schneckengängen plastisch, der größte Teil der Schnecke ist mit kompaktiertem Feststoff gefüllt. Dadurch ist es möglich und üblich, Duroplaste ohne

Tabelle 2-5 Hinweise zur Einstellung der Plastifizierung von Duroplasten

Temperaturführung im Plastifizierzylinder	• Die Temperatur im Einzugsgehäuse muss so tief sein, dass die Masse rieselfähig bleibt, ca. 50 °C. • Die Masse darf bei der Plastifizierung nur soweit erwärmt werden, dass sie bei Betriebsunterbrüchen von einigen Minuten nicht aushärtet (die Reinigung von Schnecken und Rückströmsperren kann im vernetzten Zustand sehr aufwendig sein, hingegen lässt sich schwachvernetztes Material bei entfernter Düse problemlos durch Drehen der Schnecke ausspindeln!). • Eine Erhöhung der Massetemperatur bedingt neben der Erhöhung der Zylindertemperatur meist auch eine Erhöhung des Staudrucks. Bei hoher Zylindertemperatur und geringem Staudruck wird die Masse ungenügend erwärmt und plastifiziert, am Formteil erkennbar an grobkörnigen Einschlüssen. Hohe Massetemperaturen ergeben eine höhere Schwindung (Verzug) der Formteile, eine kurze Zykluszeit, einen geringen Verschleiß an Schnecke und Zylinder und eine geringere Beschädigung von Verstärkungsfasern. • Zu hohe Schmelzetemperatur führt zu starker Gasentwicklung und ist daran erkennbar, dass der Massestrahl beim Ausspritzen ins Freie unter starker Dampfbildung aufreißt (Bild 2-24). Bild 2-24 Ausspritzen ins Freie mit normaler (oben) und überhöhter Schmelzetemperatur (unten)
Schneckendrehzahl	Für die Plastifizierung steht genügend Zeit zur Verfügung, da die Härtezeit bei Duroplasten lang ist. Verfahrenstechnisch bringen geringe Drehzahlen Vorteile. Bei höherer Drehzahl ist ein höherer Staudruck notwendig, um die Masse richtig zu entlüften und zu verdichten. In der Praxis wird oft zeitlich verzögert plastifiziert, d. h. nicht unmittelbar nach Nachdruckende, um die Aufenthaltenszeit der flüssigen Masse im Zylinder (bzw. die Vorreaktion) zu reduzieren. Eine Erhöhung der Zylindertemperatur bewirkt nicht immer eine Erhöhung der Massetemperatur (Bild 2-25). Bei hoher Wandtemperatur sinkt der Reibungswiderstand und damit der Wärmeübergang zwischen Masse und Wand.

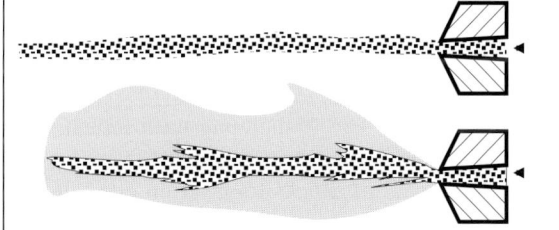

Tabelle 2-5 *Fortsetzung*

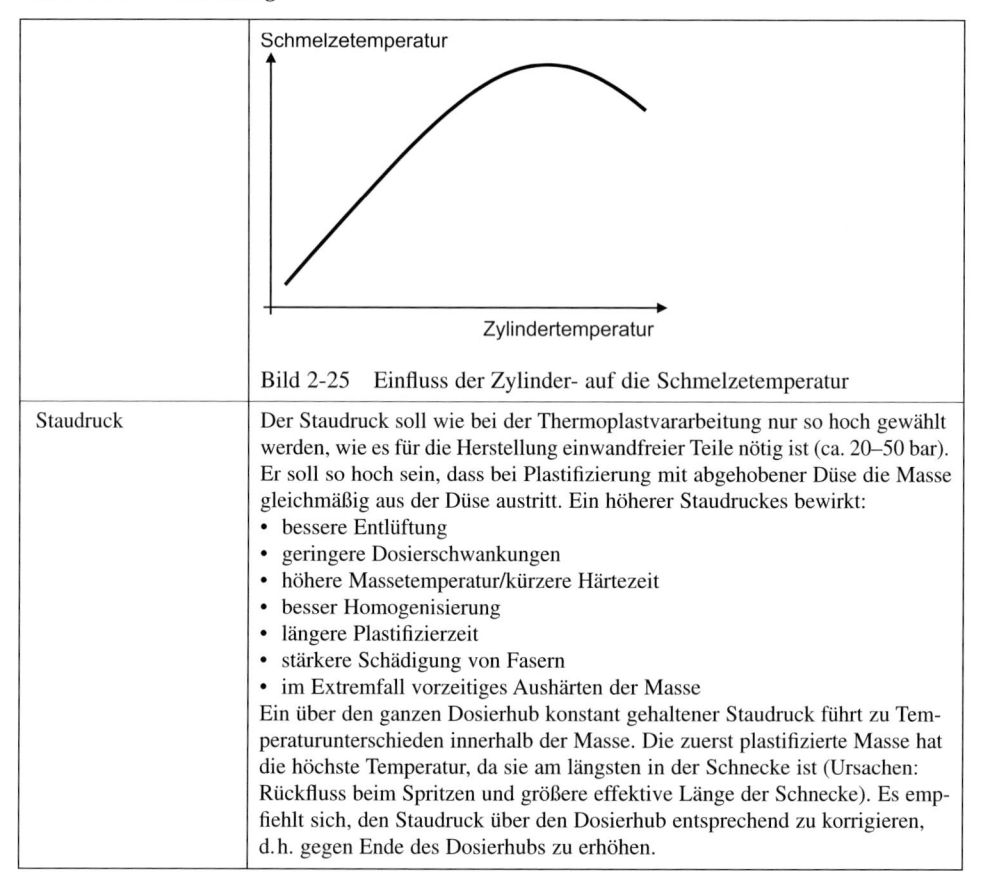

	Graph: Schmelzetemperatur vs. Zylindertemperatur, zeigt einen ansteigenden Verlauf mit Maximum **Bild 2-25** Einfluss der Zylinder- auf die Schmelzetemperatur
Staudruck	Der Staudruck soll wie bei der Thermoplastvararbeitung nur so hoch gewählt werden, wie es für die Herstellung einwandfreier Teile nötig ist (ca. 20–50 bar). Er soll so hoch sein, dass bei Plastifizierung mit abgehobener Düse die Masse gleichmäßig aus der Düse austritt. Ein höherer Staudruckes bewirkt: • bessere Entlüftung • geringere Dosierschwankungen • höhere Massetemperatur/kürzere Härtezeit • besser Homogenisierung • längere Plastifizierzeit • stärkere Schädigung von Fasern • im Extremfall vorzeitiges Aushärten der Masse Ein über den ganzen Dosierhub konstant gehaltener Staudruck führt zu Temperaturunterschieden innerhalb der Masse. Die zuerst plastifizierte Masse hat die höchste Temperatur, da sie am längsten in der Schnecke ist (Ursachen: Rückfluss beim Spritzen und größere effektive Länge der Schnecke). Es empfiehlt sich, den Staudruck über den Dosierhub entsprechend zu korrigieren, d.h. gegen Ende des Dosierhubs zu erhöhen.

Rückströmsperre zu verarbeiten. Die Abdichtung nach hinten wird beim Einspritzen von der Masse selbst übernommen. Der Ausbringungsfaktor liegt bei ca. 0.8, ist allerdings über den Spritzhub nicht ganz konstant. Rückströmsperren ermöglichen eine genauere Dosierung, sind aber nur für wenige Massetypen einsetzbar. Tabelle 2-5 enthält Hinweise zur Einstellung des Plastifiziervorgangs.

2.5.7 Einspritzphase

Um eine schnelle Vernetzung und ein gutes Fliessverhalten zu erreichen, ist die Masse beim Einspritzen durch Friktionsenergie möglichst auf die Temperatur des Werkzeugs zu bringen. Gemäß Gleichung 1-24 wird Druck in Reibungswärme umgewandelt. Daraus folgt, dass die Temperaturerhöhung umso höher wird, je größer der Spritzdruck gewählt wird.

Das Fließverhalten der Duroplaste unterscheidet sich grundsätzlich von dem thermoplastischer Massen. Dies liegt am hohen Füllstoffgehalt und daran, dass die Masse beim Eintritt in die Form durch die Spritzenergie und die Berührung mit der heißen Formoberfläche niedrigviskos wird. Bei Thermoplasten bildet sich zwischen erstarrten Randschichten eine

| Thermoplast | Duroplast |

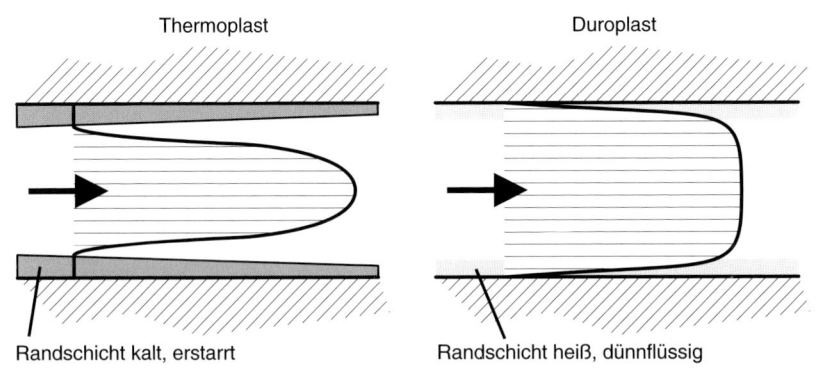

Randschicht kalt, erstarrt   Randschicht heiß, dünnflüssig

Bild 2-26   Geschwindigkeitsprofile im Werkzeug

Scherströmung aus. Duroplastische Formmassen strömen in Form einer Blockströmung mit niedrigviskosen Randschichten. Die Block- oder Propfenströmung ist mit der Bewegung eines Korks im Flaschenhals vergleichbar (Bild 2-26).

Die Fließfront ist meist aufgerissen und zerklüftet. Erst unter einem gewissen Druck wird das Material porenfrei verdichtet (Bild 2-27). Dies kann je nach Druckverteilung schon während dem Füllvorgang in einigem Abstand von der Fließfront oder erst nach der volumetrischen Füllung auftreten. Der Druckaufbau nach der volumetrischen Füllung kann nur bei einem leichten Masseüberschuss erfolgen, der andererseits zur Gratbildung führt. Über die Dosierung bewegt man sich zwischen Porositäten und Gratbildung. Voraussetzung für ein gratarmes Spritzen ist deshalb eine präzise Dosierung. Bei kleinen Anschnitten, falscher Richtungsgebung, großen Formkavitäten ohne Hindernisse kommt es zur Freistahlbildung und somit zu einem kaum reproduzierbaren Füllvorgang (Bild 2-28).

Bild 2-27
Füllverhalten im Werkzeug;
die Schmelze an der Fließfront ist porös;
erst bei Erreichen eines bestimmten Drucks
wird sie verdichtet; das zuerst eingespritzte
Material wird im Gegensatz zu Thermoplasten zum Fließwegende verdrängt

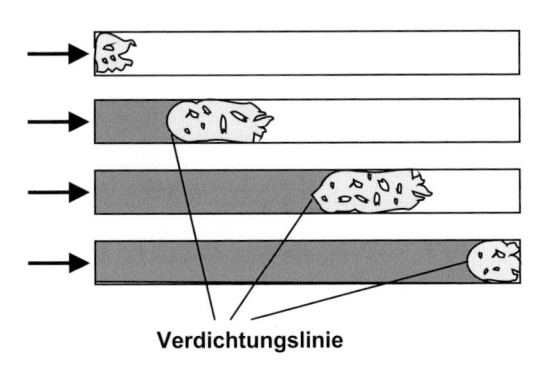

Verdichtungslinie

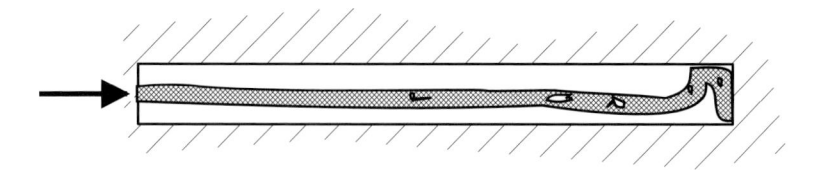

Bild 2-28   Freistrahlbildung; der Strahl ist porös und aufgebrochen

2.5.8 Nachdruck

Bei reagierenden Massen wird meist ohne Massepolster gespritzt, weil dieses vernetzen würde. Der Antriebskolben der Schnecke fährt mechanisch auf Anschlag. Die Umschaltung von Spritzen auf Nachdruck erfolgt wegabhängig, Der Nachdruck ist von untergeordneter Bedeutung, er verhindert nur den Rückfluss in die Maschinendüse. Für die Bestimmung der minimalen Nachdruckzeit wird die Einspritzdüse unmittelbar nach Nachdruckende zurückgefahren und kontrolliert, ob noch Masse aus der Angussöffnung des Werkzeugs austritt.

Bei thermisch unempfindlichen Massen (Phenolharze, Trockenpolyester u. a.) kann auch mit Massepolster gearbeitet werden. Dadurch wird eine Druckdosierung möglich, die genauer ist als die volumetrische Dosierung ohne Massepolster und dadurch zur einer Minimierung der Gratbildung beitragen kann. Aber auch in diesem Fall lässt sich die Formteilqualität durch das Nachdruckprofil wenig beeinflussen.

2.5.9 Heiz-/Kühlzeit

Heiz- oder Kühlzeit sind die wesentlichen Anteile der Zykluszeit und deshalb für die Wirtschaftlichkeit von entscheidender Bedeutung. Während bei Thermoplasten die Wärmeleitung zur kälteren Werkzeugwand die Kühlzeit im Wesentlichen bestimmt, ist es bei der Heiz- oder Aushärtezeit die chemische Reaktion. Daraus ergeben sich unterschiedliche Gewichte der Einflussgrößen. Bei Thermoplasten sind Wanddicke und Werkzeugtemperatur die wichtigsten Parameter, während bei reagierenden Massen die Massetemperatur die größte Rolle spielt.

In Bild 2-29 sind Kühl-, bzw. Härtezeit in Abhängigkeit von der Wanddicke dargestellt. Die Kühlzeit der Thermoplaste erhöht sich nach Gleichung 1-31 quadratisch mit der Wanddicke, die Härtezeit nur linear, da durch die exotherme Reaktion Wärme im Inneren entsteht. Daraus gewinnt man die Erkenntnis, dass ab einer bestimmten Wanddicke, im Bild ab etwa 5 mm, die Härtezeit kürzer wird, d. h. vernetzte Formteile unter diesem Aspekt wirtschaftlicher zu fertigen sind.

In Bild 2-30 sind Härte- bzw. Heizzeit in Abhängigkeit von Masse- und Werkzeugtemperatur aufgetragen. Man sieht den großen Einfluss der Massetemperatur und den vergleichsweise geringen der Werkzeugtemperatur. Deshalb und weil die anwendbaren Temperaturen des Werkzeugs und der Masse im Schneckenvorraum begrenzt sind, muss versucht werden, die Masse beim Durchströmen von Düse und Anguss aufzuheizen, indem kleine Maschinendüsen oder enge Angüsse gewählt werden. Dadurch wird mehr Druckenergie in Reibungswärme umgesetzt. Durch den erhöhten Druckbedarf wird allerdings der zur Füllung der Kavität verfügbare Druck reduziert und die Rückströmung in der Schnecke erhöht, wodurch das Volumen der herstellbaren Teile sinkt. Um diese Nachteile zu vermeiden, wird

2.5 Verfahrenstechnik 237

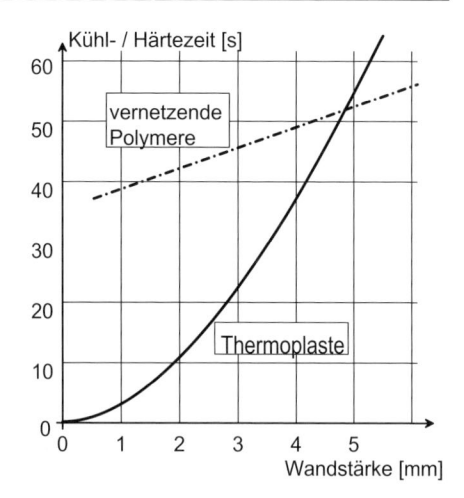

Bild 2-29
Kühl- und Härtezeit in Abhängigkeit von der Wanddicke

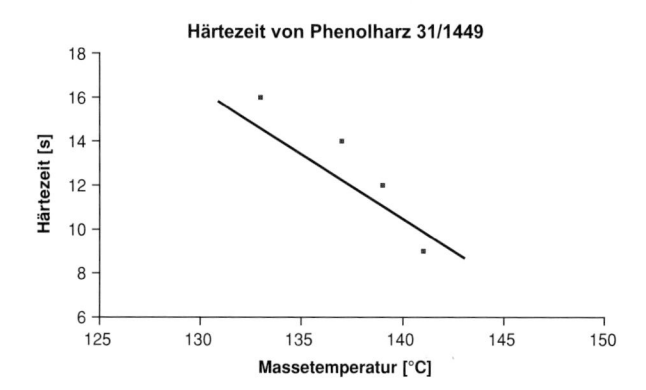

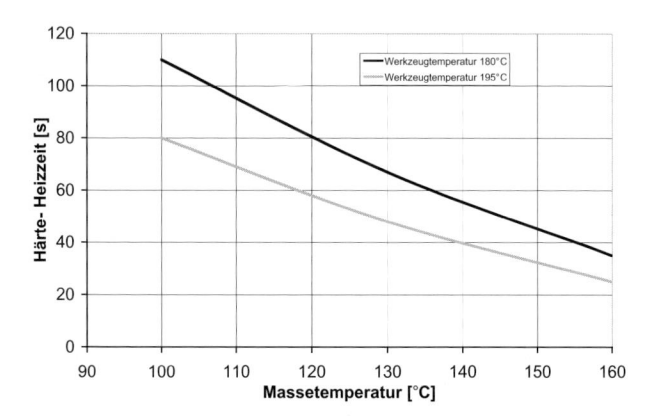

Bild 2-30 Härtezeit (Duromere) [113] und Heizzeit (Gummi) [114] in Abhängigkeit von Masse- und Werkzeugtemperatur

beim „Hot-cone-Verfahren" durch ein beheiztes Angusssystem (Bild 2-31) zusätzliche Wärme eingebracht [112].

238 Spritzgießen vernetzender Polymere

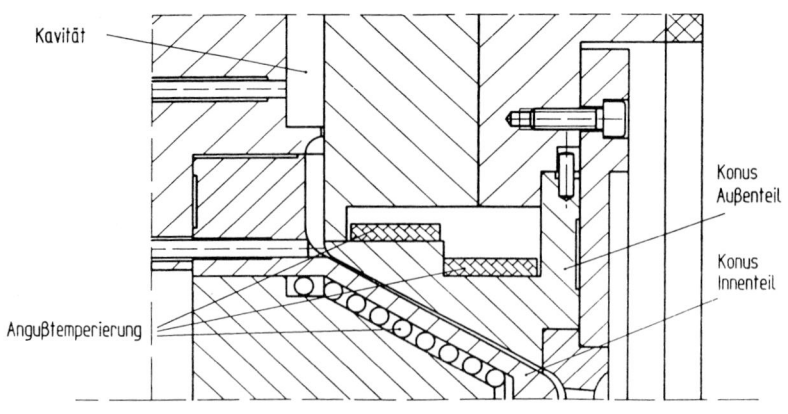

Bild 2-31   Hot-Cone-Angusssystem [112]

2.5.10   Forminnendruckverlauf bei reagierenden Formmassen

Solange die Massen beim Einströmen in das Werkzeug nicht wesentlich vernetzen, gelten die im Abschnitt 1.7.1.1 für Thermoplaste gemachten Ausführungen. Durch den Temperaturanstieg nach der Füllung steigt der Druck an (Bild 2-32). Gegenläufig wirkt die Volumenreduzierende Vernetzungsreaktion. Diese reicht jedoch in der Regel nicht aus, um den Druck vor der Öffnung des Werkzeugs abzubauen, wie dies bei Thermoplasten durch die Aküühlung der Fall ist. Man öffnet das Werkzeug, wie Bild 2-33 und Bild 2-34 beweisen,

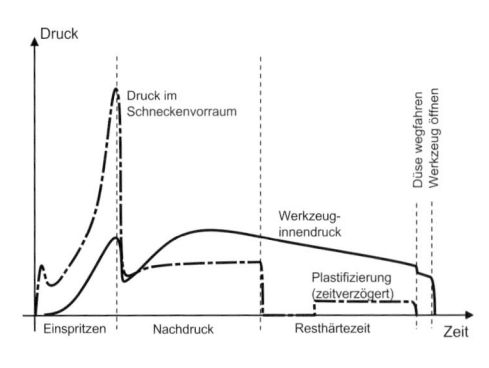

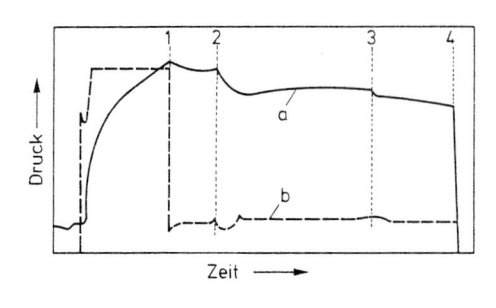

Bild 2-32
Typische Druckverläufe beim Spritzgießen von Duroplaste:
Nach der Füllung ergibt der Kontakt mit der heißen Werkzeugwand sowie die Reaktionswärme eine Wärmedehnung und Erhöhung des Werkzeuginnendrucks. Der Nachdruck im Schneckenvorraum muss dabei das Rückfließen verhindern. Trotz der nachfolgenden Reaktionsschwindung erfolgt die Entformung oft noch unter Restdruck. Die Plastifizierung erfolgt zur Minimierung der Vorreaktion spätestmöglich.

Bild 2-33
Gemessene Druckverläufe für eine Phenolharzmasse, Typ 31; Formteil: Tellerförmige Scheibe [128]
a Werkzeuginnendruck,
b Hydraulikdruck,
1 Nachdruckende,
2 Ende der Plastifizierung,
3 Abfahren der Düse,
4 Öffnen des Werkzeugs

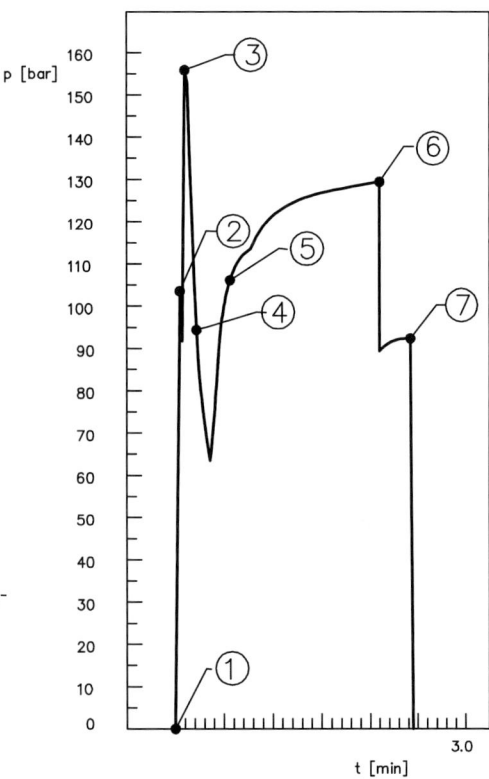

Bild 2-34
Gemessener Forminnendruckverlauf in einem
Prüfkörperwerkzeug; Formteil: Zugstab aus
EPDM-Kautschuk
1 Beginn des Füllvorgangs
2 Umschaltung auf zweite Einspritzgeschwindigkeit
3 Ende Einspritzvorgang, Massepolster = 0
4 Druckausgleich durch absinkende Viskosität
5 Druckanstieg durch Erwärmung
6 Nachdruck wird abgeschaltet, Düse entlastet
7 Ende Heizzeit, Öffnen des Werkzeugs

häufig unter Restdruck, was zum Teil die Entformungsschwierigkeiten bei derartigen Materialien erklärt.

2.5.11 Entlüften/Evakuieren der Werkzeuge

Je nach Massetyp müssen zusätzlich zu der im Werkzeug eingeschlossenen Luft auch noch gasförmige Monomere und Reaktionsgase entweichen. Mangelhafte Entlüftung führt zu Poren und Verbrennungen am Formteil (Dieseleffekt). Es gibt verfahrenstechnische und werkzeugtechnische Möglichkeiten der Entlüftung. Gute Resultate bringt ein in die Maschinensteuerung integriertes „Entlüftungsprogramm" (Bild 2-35). Der Einspritzvorgang wird, nachdem die Kavität zu 80 bis 90 % gefüllt ist, unterbrochen, die Form nochmals kurz um einige Zehntelmillimeter geöffnet. Erst nach einer vorgegebenen Entlüftungszeit wird die Form endgültig geschlossen und die Restmasse eingespritzt. Einen ähnlichen Effekt bringt das sogenannte „Gegendruckverfahren". Die Form steht dabei während des Einspritzens unter stark reduzierter Schließkraft, sodass die Gase gut über die Trennebene entweichen können. Parallel mit der Verdichtung der Masse wird auch die Schließkraft aufgebaut.

Eine weitere Verbesserung der Entlüftung kann durch Evakuierung des gesamten Werkzeugs schon vor und während des Füllvorgangs erreicht werden. Dazu muss die Austoßerseite des Werkzeugs kastenartig nach außen abgedichtet werden.

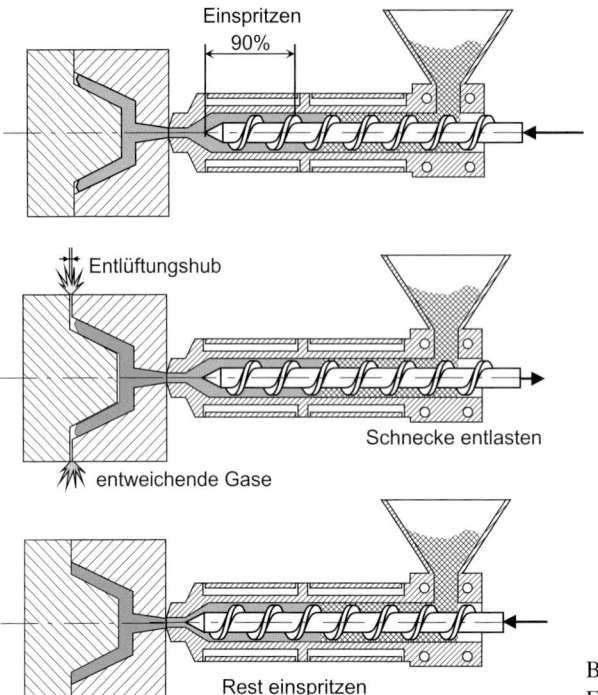

Bild 2-35
Funktion des Entlüftungsprogramms

2.5.12 Spritzprägen von Duroplasten

Das in Abschnitt 1.11.10 bereits angesprochene *Spritzprägeverfahren* ist eine Kombination von Press- und Spritzgießverfahren und vereinigt Vorteile dieser beiden Techniken (Bild 2-36). Die Masse wird in das Werkzeug eingespritzt, bevor es ganz geschlossen ist (Prägespalt 1 bis 10 mm) und dann „geprägt". Da der Fließvorgang gegenüber dem Spritzgießen verändert ist, ergeben sich eine andere Füllstofforientierung und normalerweise günstigere Festigkeitseigenschaften. Der Verdichtungsdruck ist gleichmäßiger, was die Schwindung und den Verzug gegenüber dem Spritzgießverfahren reduziert. Vorteilhaft ist zudem die Reduzierung der Bindenähte im Formteil (Aussparungen im Formteil werden erst beim Prägen erzeugt). Wichtige Einstellungen beim Spritzprägen sind Prägespalt, Prägezeitpunkt und Prägegeschwindigkeit. Allgemein gültige Regeln für deren Festlegung gibt es nicht. Zu schnelles Prägen kann zu Lufteinschlüssen im Formteil führen, ein zu großer Prägespalt zu exzentrischer Formfüllung (Einfluss der Schwerkraft). Der Nachdruck dient einzig dazu, den Rückfluss in die Maschinendüse zu vermeiden. Auch beim Spritzprägen gibt es die Möglichkeit eines Entlüftungsvorgangs: Nach einem „Vorprägen" wird die Form nochmals leicht geöffnet und die Masse erst dann voll verdichtet.

Beim Gegendruckverfahren von Battenfeld (Bild 2-37) wird ein Gegendruckkolben während des Füllvorganges durch den Werkzeuginnendruck zurückgedrängt. Während der Füllung herrscht dadurch ein gleichbleibender Druck im Werkzeug, was zur Verringerung des Verzugs beiträgt.

2.5 Verfahrenstechnik 241

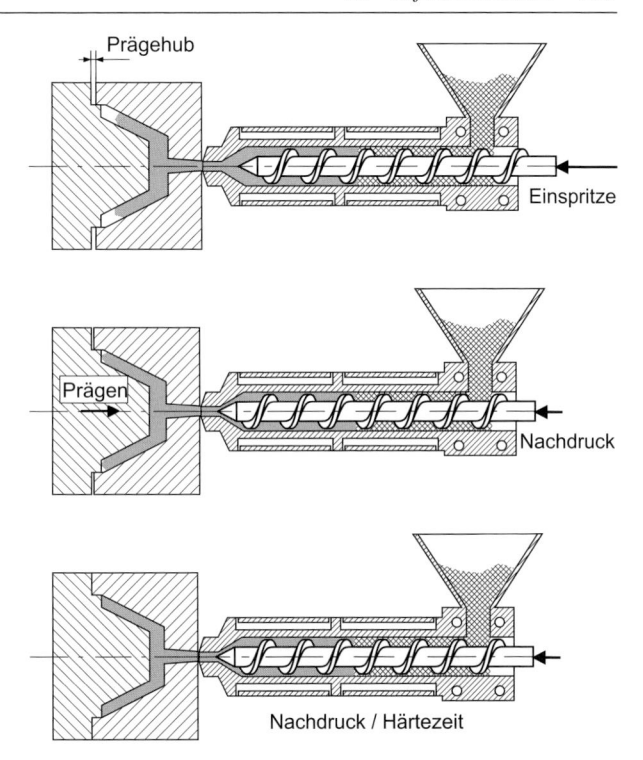

Bild 2-36
Verfahrensprinzip: Spritzprägen

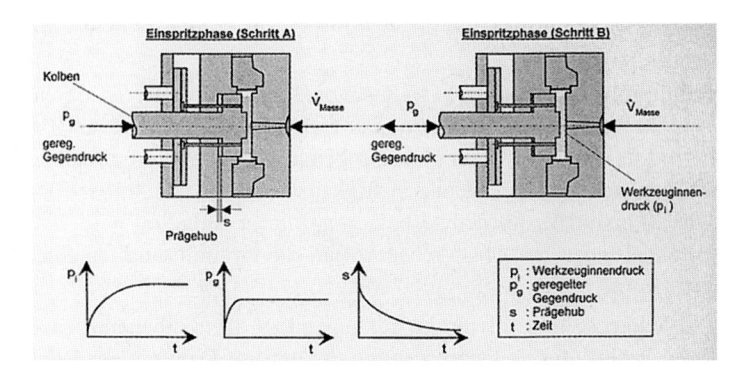

Bild 2-37
Gegendruckverfahren
(Battenfeld)

Beim „PIC"-Verfahren (Fahr-Bucher) wird partiell geprägt (Bild 2-38). Das Prägen wird bei geschlossenem Werkzeug durch einen separaten Stempel nach Abschluss des Füllvorganges erreicht. Die Formteildicke ist durch die Stempelhubbegrenzung gegeben. Im gezeigten Beispiel wird zudem der Anschnitt durch den Prägehub abgetrennt.

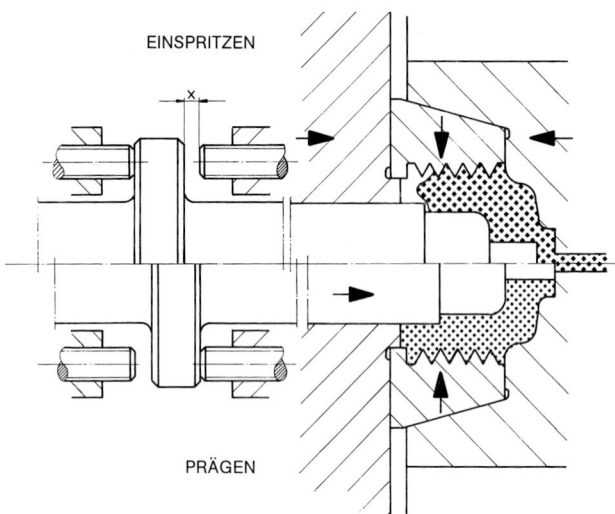

Bild 2-38
„PIC"-Verfahren (Fahr-Bucher)

2.5.13 Feuchtpolyesterverarbeitung

Feuchtpolyestermassen (GMC, DMC) sind bereits im Anlieferungszustand plastisch und mit Glasfasern von mindestens 12 mm Länge verstärkt. Dadurch verhalten sie sich beim Verarbeiten anders als granulierte Formmassen. Für die Feuchtpolyesterverarbeitung werden heute Schnecken- und Kolbenspritzaggregate verwendet. Beiden gemeinsam ist die sogenannte „Stopfvorrichtung", eine Presse zum Einbringen der Masse in die Schnecke bzw. den Spritzzylinder.

Hauptproblem beim Spritzgießen von Feuchtpolyester ist der durch die Faserzerstörung und die Bildung von Büscheln oder Strängen insbesondere an Bindenähten bedingte Abfall der Festigkeit. Gegenüber Normproben, die im Pressverfahren hergestellt sind, ergeben sich bei Schneckenplastifizierung Festigkeitseinbußen von 40 bis 70%, bei Kolbeneinspritzung von 20 bis 40%. An der Verbesserung dieser Situation wird seit Jahren gearbeitet, wobei Veränderungen der Masserezeptur und die Optimierung der Schnecken-, Düsen- und Angussgeometrie im Vordergrund stehen.

Die Schneckenplastifizierung hat gegenüber der Kolbeneinspritzung den Vorteil einer besseren Entlüftung und Vorwärmung der Masse. Dadurch ergeben sich bessere Oberflächen und kürzere Zykluszeiten. Allgemein darf kein hoher Spritzdruck aufgebracht werden, damit die Verstärkungsfasern nicht zerstört werden. Deshalb bleibt die Temperatur der Masse beim Eintritt in die Form gering (50 bis 80 °C). Zwar entstehen bei der Polyesterverarbeitung keine Reaktionsgase, die Verdampfung von monomerem Styrol führt aber ebenfalls zum Problem der Werkzeugentlüftung. Zudem ist Styrol toxisch und unangenehm riechend. Wie Bild 2-39 zeigt, ist bei zu geringem Stopfdruck der Plastifizierstrom unbefriedigend und die Glasfaserschädigung hoch. Bei extrem hohem Stopfdruck kann die Masse durch die Schnecke gepresst werden, ohne dass diese sich dreht.

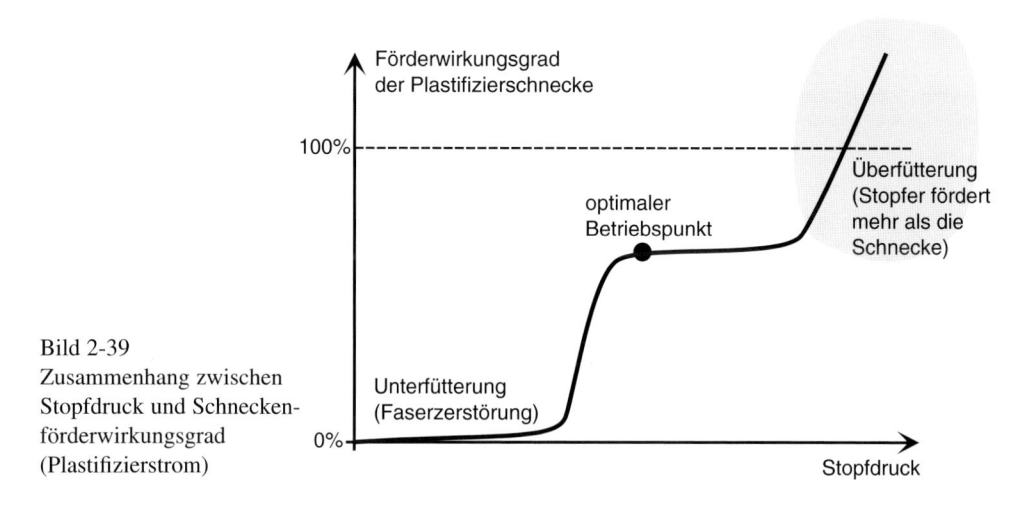

Bild 2-39
Zusammenhang zwischen Stopfdruck und Schneckenförderwirkungsgrad (Plastifizierstrom)

2.5.14 Faserorientierungen, Schwindung und Verzug bei Duroplasten

Beim Pfropfenfluss wird nur ein kleiner Bereich an der Formteiloberfläche gescheert, deshalb werden die Fasern auch nur dort wie bei den Thermoplasten in Scherrichtung oder biaxial ausgerichtet. Überwiegend ist der Einfluss der Dehnströmung im Inneren, welche die Fasern quer zur Strömungsrichtung dreht. Die Orientierung der Füllstoffe ist wesentlich von der Geometrie der Kavität abhängig. Bei konvergenter Strömung (Querschnittsverengung) werden die Füllstoffe in Fließrichtung orientiert, bei divergenter Strömung (Querschnittserweiterung) stellen sie sich quer (Bild 2-40).

Die Schwindung in Faserrichtung ist wie bei den Thermoplasten wesentlich kleiner als quer dazu. Bei einer Viertelscheibe ist deshalb die Tangential-Schwindung kleiner als die radiale (Bild 2-41). Setzt man vier Viertel zu einer ganzen Scheibe zusammen, so erkennt man warum Scheiben gerne radial reißen.

Analog zu den Thermoplasten wird der Verzug aber auch durch ungleichmäßige Erstarrung beeinflusst. Allerdings schwindet bei einer asymmetrischen Beheizung umgekehrt wie bei Thermoplasten die kältere Seite mehr (Bild 2-42). Das Verzugsbild eines schachtelförmigen Formteils stimmt mit dem von Thermoplasten überein, aber die Ecken verziehen sich hier, weil die Temperatur innen niedriger ist als außen (Bild 2-43).

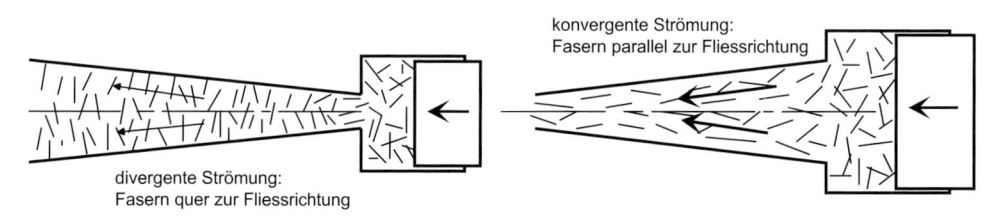

Bild 2-40 Füllstofforientierungen bei Duroplasten; divergente Strömung: Ausrichtung der Fasern quer zur Strömungsrichtung; konvergente Strömung: Faserausrichtung in Fließrichtung

244 *Spritzgießen vernetzender Polymere*

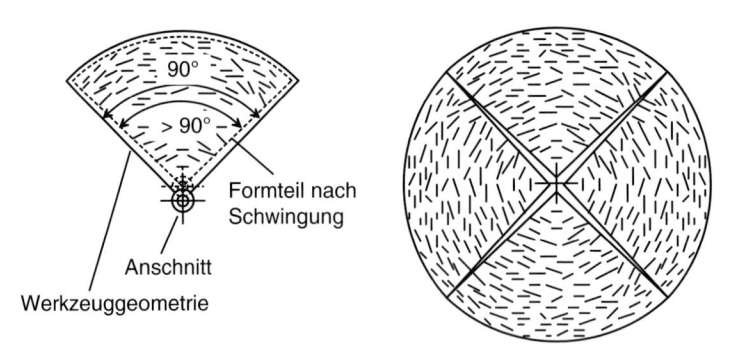

Bild 2-41 Schwindungsverhalten einer Scheibe auf Grund der Tangential-Orientierungen

Ende Füllen

Die heissere Seite erstarrt und schwindet. Die kältere Seite ist noch plastisch

Die kältere Seite erstarrt und schwindet >> "Bimetalleffekt"

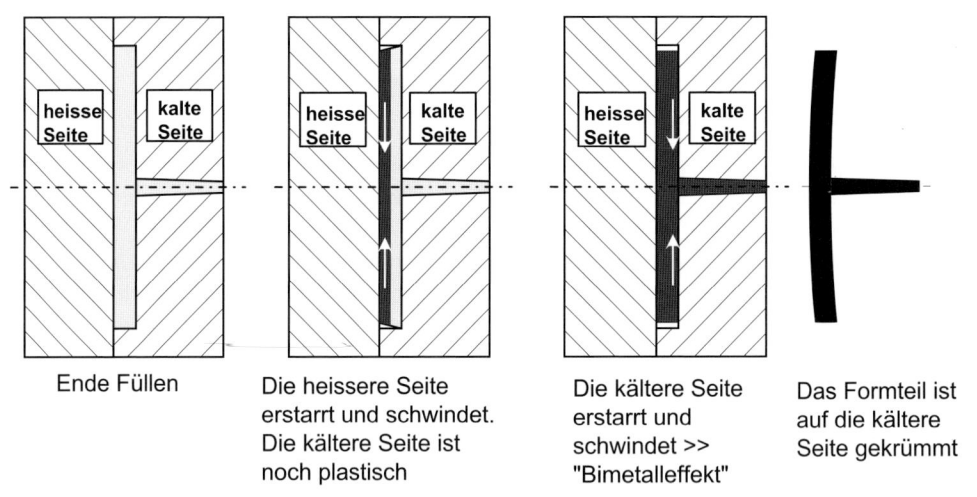

Das Formteil ist auf die kältere Seite gekrümmt

Bild 2-42 Verzug durch asymmetrische Temperierung

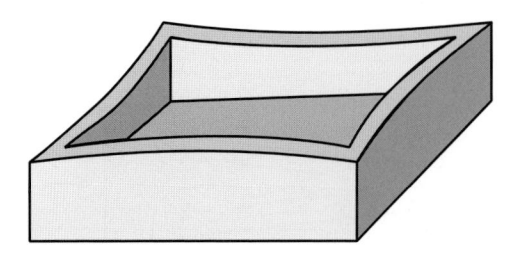

Bild 2-43
Typischer Verzug eines schachtelförmigen Formteils aus duroplastischem Werkstoff; Ursache: Kerntemperatur in den Ecken als Matrizentemperatur

2.5.15 Typische Verarbeitungsprobleme bei Duroplasten und Gegenmaßnahmen

Tabelle 2-6 gibt einen Überblick über typische Verarbeitungsprobleme, in der Praxis auftretende Spritzfehler und Beseitigungsmöglichkeiten.

Tabelle 2-6 Verarbeitungsprobleme und Beseitigungsmöglichkeiten bei Duroplasten

Teile unvollständig gefüllt	• Dosierhub vergrößern
	• Spritzdruck erhöhen
	• Nachdruck/Nachdruckzeit erhöhen
	• Masse besser plastifizieren (höhere Temperatur, größerer Staudruck, verzögert plastifizieren)
	• Angussquerschnitt vergrößern
	• weichere Masse verwenden
Formteile am Fließwegende porös und/oder schwarz	• Entlüftung verbessern mit Entlüftungsprogramm oder Änderungen am Werkzeug
	• Spritzdruck erhöhen
	• Langsamer einspritzen
	• Werkzeugtemperatur senken
Einfallstellen im Formteil	• Dosierhub vergrößern
	• Nachdruck und Nachdruckzeit erhöhen
Starker Verzug	• Härtezeit verändern
	• Werkzeugtemperaturen korrigieren, ev. Werkzeughälften unterschiedlich temperieren
	• Schneller einspritzen
	• Spritzprägen
	• Masse mit höherem Füllstoffanteil verwenden
	• Füllstofforientierung überprüfen, ev. korrigieren durch Änderung des Anschnitts
	• Abkaltlehren einsetzen
	• Falls Verzug durch Entformung entsteht: Politur verbessern, mehr Auswerfer anbringen, Entformungsschräge vergrößern
Sichtbare Bindenähte	• Schneller einspritzen
	• Werkzeugtemperatur senken
	• Anschnitt(e) verändern
	• Langsamer reagierende Masse
Blasen auf der Oberfläche	• Härtezeit erhöhen
	• Zylindertemperaturen erhöhen
	• Masse zu feucht >> trocknen
Zu starke Schwindung	• Einspritzdruck und Nachdruck erhöhen
	• Massetyp ändern
Formteilgewicht unregelmäßig	• Staudruck erhöhen
	• Plastifizierschnecke prüfen bzgl. Verschleiß
	• Materialzufuhr überprüfen ev. Rührwerk im Trichter, bei DMC Stopfdruck erhöhen, Einzugsöffnung vergrößern
	• Rückströmsperre oder Rückdrehsperre einsetzen
	• Spritzdruck erhöhen

Tabelle 2-6 Fortsetzung

Starke Gratbildung	• Dosierhub reduzieren • Spritz- und Nachdruck reduzieren • Schließkraft erhöhen • Werkzeugtrennebene überprüfen, nacharbeiten • Sicherstellen, dass Schwimmhäute/Grate bei jedem Zyklus vollständig entfernt werden (Ausblasen, Bürsten etc.)
Oberfläche matt und fleckig	• Schneller einspritzen • Spritzdruck und Nachdruck erhöhen • Entlüftung verbessern • Massetyp ändern
Risse nach dem Abkalten (bei Aminoplasten)	• Anschnittlage/-art ändern • Spritzprägeverfahren • Nachdruck verändern
Formteilfestigkeit ungenügend	• Verdichtung verbessern (Spritz- und Nachdruck erhöhen) • Rückströmsperre verwenden • Anguss ändern, um Füllstofforientierung zu verbessern • Masse mit höherem Füllstoffgehalt • Härtezeit verlängern • Spritzprägeverfahren einsetzen
Angussstange reißt ab, bleibt im Werkzeug hängen	• Entformungsschräge und Politur der Angussbuchse verbessern • Entformungshilfe mit Hinterschnitt anbringen oder verbessern
Formteil bleibt auf falscher Formhälfte hängen	• Entformungsschräge und Politur verbessern • Werkzeugtemperaturen ändern (ev. beide Formhälften unterschiedlich) • Beidseitig Auswerfer anbringen • Masse mit geänderter Schwindung einsetzen • Rückhalterillen anbringen
Formteile werden beim Entformen beschädigt	• Härtezeit verlängern • Entformungsschräge/Politur verbessern • Öffnungsgeschwindigkeit reduzieren • Auswerferzahl vergrößern
Schwimmhaut/Grat wird nicht entformt	• Ausblasen (z.B. Luftdüsen am Anstreifer) • Bürstvorrichtungen (Elastomere)
Schnecke läuft beim Plastifizieren nicht zurück	• Materialzufuhr und -einzug überprüfen • Schnecke/Rückströmsperre reinigen (ausgehärtetes Material!) • Staudruck reduzieren
Zykluszeit zu lang	• Spritzgeschwindigkeit erhöhen • Spritzzylindertemperatur erhöhen • Werkzeugtemperatur erhöhen • Schneller reagierende Masse

2.6 Herstellverfahren für Gummiformteile

Es gibt drei grundsätzlich unterschiedliche Verfahren und zwei Kombinationen der Grundverfahren zur Herstellung von Gummiformteilen. In der Gummibranche sind die englischen Bezeichnungen üblich.

- CM-Verfahren (Compression Molding = Pressen)
- TM-Verfahren (Transfer Molding = Spritzpressen)
- IM-Verfahren (Injection Molding = Spritzgießen)
- ITM-Verfahren (Injection Transfer Molding = Spritzpressen mit Schneckenvorplastifizierung)
- ICM-Verfahren (Injection Compression Molding = Spritzprägen)

Mit Ausnahme der ITM-Variante sind alle Verfahren auch aus der Duroplastverarbeitung bekannt. Dort hat sich die Verarbeitung vom Pressen über das Spritzpressen zum Spritzgießen entwickelt. In der Gummibranche hat das Spritzpressen mit oder ohne Vorplastifizierung im Gegensatz zur Duroplastverarbeitung noch eine große Bedeutung.

3 Die Thermoplast-Spritzgießmaschine

3.1 Geschichtliches

1925	Hermann Buchholz baut 1921 eine handbetriebene Maschine. Die amerikanische Grotelite Company und die deutsche Firma Gebrüder Eckert & Ziegler (Bild 3-1) bringen die ersten produktionstauglichen Spritzgießmaschinen in den Handel.
1930er	In den 30er Jahren kommen die ersten automatischen Maschinen auf den Markt. Sie sind pneumatisch oder hydraulisch angetrieben und haben meist einen Kniehebelformschluss. Der Durchbruch der Spritzgießtechnik kam aber erst nach dem zweiten Weltkrieg.
1956	Hans Beck entwickelt bei BASF eine Maschine mit neuartiger Plastifizierung – die Schneckenspritzgießmaschine. Die ersten Maschinen dieser Art werden in Nürnberg im Ankerwerk, heute Demag Ergotech, gebaut. Auch die heutigen modernen Spritzgießmaschinen sind nach dem Beckschen Prinzip gebaut.
1960er	Die Schneckenspritzgießmaschine wird so weiter entwickelt, dass auch Elastomere (Kautschuk) und spritzgießfähige Duroplastmassen verarbeitet werden können.
1970er	Verbesserungen der Steuerungstechnik bis zum Mikroprozessor.

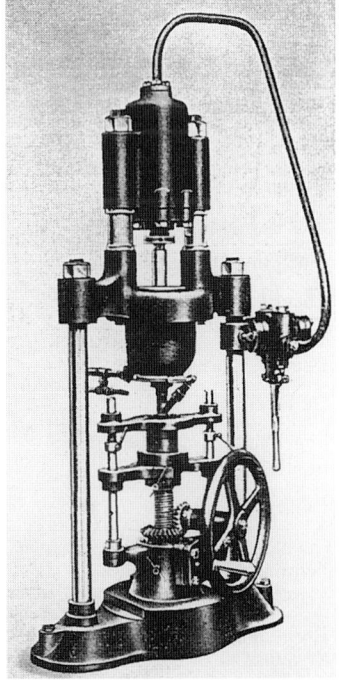

Bild 3-1
Historische Spritzgießmaschinen
Links eine handgetriebene Maschine von Gebr. Eckert, 1922, rechts eine pneumatisch betätigte Spritzgießmaschine, Gebr. Eckert, 1924/25, Formschluss: Handbetätigte Spindelpresse

250 Die Thermoplast-Spritzgießmaschine

1980er Elektrohydraulik: Servohydraulik und Proportionaltechnik bis zur Bildschirmsteuerung; Einstellbarkeit vom Datenträger.

1990er Sonderverfahren; elektrisch angetriebene Maschinen; holmlose und Zweiplatten-Schließeinheiten.

3.2 Zur wirtschaftlichen Bedeutung

3.2.1 Markt

Das Marktvolumen für Spritzgießmaschinen (inkl. Maschinen für vernetzende Polymere) wird heute auf ca. 9 Mia. DM pro Jahr geschätzt. Dies entspricht ca. 50000 Maschinen unterschiedlicher Größe. Davon entfällt ca. ein Drittel auf Westeuropa. Die Lebensdauer einer Spritzgießmaschine beträgt 10 bis 25 Jahre. Man kann also davon ausgehen, dass heute weltweit die Größenordnung von einer Million Maschinen im Einsatz steht.

3.2.2 Angebot

Wichtige in Westeuropa tätige Hersteller sind in Tabelle 3-1 zusammengefasst. Daneben gibt es noch einige große Hersteller, die primär im fernen Osten und Nordamerika tätig sind sowie weltweit Dutzende weitere Betriebe, die überwiegend regional oder in Marktnischen operieren.

Tabelle 3-1 Einige grössere Hersteller von Thermoplast-Spritzgießmaschinen, die in Westeuropa verkaufsaktiv sind (Stand Sommer 2001, ohne Anspruch auf Vollständigkeit)

Firma	Domizil	Bemerkungen
Arburg GmbH & Co	D-72286 Lossburg	
Battenfeld Spritzgießtechnik GmbH	D-58527 Meinerzhagen	Werke in Deutschland, Österreich, Brasilien, Indien
Billion S.A.	F-01104 Oyonnax	
B.M.B. S.p.A.	I-25125 Brescia	
B.M. Biraghi S.p.A.	I-20052 Monza	
Chen Hsong Machinery Company Ltd.	Tai Po, N.T. Hong Kong	
Demag Ergotech GmbH	D-90563 Schwaig	
Dr. Boy GmbH	D-53577 Neustadt	
Engel Vertriebsgesellschaft m.b.H.	A-4311 Schwertberg	Werke in Österreich, USA und Canada
Fanuc Ltd	Minamitsuru-gun, Yamanashi Prefecture, 401-0597, Japan	
Ferromatik-Milacron Maschinenbau GmbH	D-79364 Malterdingen	Zur Milacron Inc. (USA) gehörend
Husky Injection Molding Systems Ltd	Bolton, Ontario, L7E 5S5, Canada	Werke in Canada und Luxembourg

Tabelle 3-1 *Fortsetzung*

Firma	Domizil	Bemerkungen
Krauss Maffei Kunststofftechnik GmbH	D-80997 München	
Construcciones Margarit S.L.	E-08918 Badalona (Barcelona)	Zur JSW-Gruppe (Japan) gehörend
Milacron Inc.	Batavia, OH 45103, USA	
MIR S.p.A.	I-25125 Brescia	
Negri Bossi S.p.A.	I-20093 Cologno Monzese	
Netstal-Maschinen AG	CH-8752 Näfels	
Nissei Plastic Industrial Co. Ltd	J-Nagano-Ken 389-06, Japan	
OiMA S.p.A.	I-31040 Signoressa di Trevignano	
Remu S.p.A.	I-25010 Ponte S. Marco	
Sandretto Industrie S.p.A.	I-10097 Collegno	
Stork Plastic Machinery B.V.	NL-7550 AD Hengelo	
Sumitomo SHI Plastics Machinery Ltd	Tokyo, Japan	
Toshiba Machine Comany Ltd	Tokyo 104-8141, Japan	
Toyo Machinery & Metal Co. Ltd	J-Akashi, Hyogo, Japan	

3.3 Normen

3.3.1 EUROMAP

Praktisch alle europäischen Spritzgießmaschinenhersteller sind Mitglied von EUROMAP. (EUROMAP: Europäisches Komitee der Hersteller von Kunststoff- und Gummimaschinen)

EUROMAP hat Standards geschaffen, die eine Klassifizierung der Maschinen ermöglichen und Begriffe und Ausführungsdetails normieren. Obwohl die EUROMAP-Standards nicht verbindlich sind, haben sie heute in- und außerhalb Europas eine gute Akzeptanz. Folgende EUROMAP-Standards betreffen Spritzgießmaschinen:

1	Beschreibung von Spritzgießmaschinen
2/3	Bemaßung der Schließeinheit und Werkzeuganschlussmaße von Spritzgießmaschinen
4	Ermittlung der verfügbaren Einspritzleistung von Spritzgießmaschinen
5	Verfahren zur Ermittlung wesentlicher Produktionsdaten einer Spritzgießmaschine
6	Ermittlung der Trockenlaufzeit von Spritzgießmaschinen
7	Ermittlung der maximalen Schließkraft von Spritzgießmaschinen
8	Ermittlung der Nennöffnungskraft von Spritzgießmaschinen
9	Prüfung der Parallelität der Aufspannplatten von Spritzgießmaschinen
10	Prüfung von Spritzgießmaschinen – allgemeine Prüfregeln
11	Automatic Mould Clamping on Injection Moulding Machines – Mechanical Interface

12	Spritzgießmaschinen: Schnittstelle für Handlingsgeräte
13	Spritzgießmaschinen: Steuerungsschnittstelle für Kernzüge
14	Spritzgießmaschinen: Steuerungsschnittstelle für Heißkanäle und Werkzeugtemperiersysteme
15	Protokoll für die Kommunikation zwischen Spritzgießmaschinen und einem Leitrechner
16	Spritzgießmaschinen: Schnittstelle für die Steuerung von Peripheriegeräten (z. B. Fördergeräte)
17	Spritzgießmaschinen: Steuerungsschnittstelle für intelligente Peripheriegeräte (Datenschnittstelle)

3.3.2 Andere Normen

Von Bedeutung sind in Europa u. a. noch folgende Normen und Vorschriften:

DIN EN 201   Sicherheitstechnische Anforderungen für Konstruktion und Bau von Spritzgießmaschinen für Kunststoff und Gummi. Diese Vorschrift wird heute in ganz Europa anerkannt.

DIN 24450   Maschinen zum Verarbeiten von Kunststoffen und Kautschuk, Begriffe.

VBG 7 ac   Unfallverhütungsvorschriften für Deutschland.

In den USA gibt es die SPI-Standards (SPI: Society of Plastic Industry), die insbesondere bezüglich der Werkzeuganschlussmaße erheblich von den europäischen Normen abweichen (Inch-Abmessungen, Gewinde u. a.).

3.3.3 Klassifizierung der Maschinen

Die wichtigsten Kennzeichen der Spritzgießmaschine sind in EUROMAP 1 beschrieben:
- *Schließkraft*, genauer die Zuhaltekraft, begrenzt die maximal mögliche Druckkraft im Werkzeug,
- *Lage der Schließeinheit* (horizontal bzw. vertikal),
- *Hubvolumen* bestimmt das maximal mögliche Volumen der Formteile (bezogen auf einen Referenzspritzdruck von 1000 bar).

Eine Maschine mit einer Schließkraft von 1500 kN (150 t), mit horizontaler Schließeinheit und einem (theoretischen!) Einspritz-Hubvolumen von 500 cm^3 bei einem Einspritzdruck von 1000 bar erhält die Bezeichnung: *1500 H-500*.

Eine vertikale Maschine gleicher Schließkraft mit einem Einspritz-Hubvolumen von 200 cm^3 bei 1800 bar hat die Bezeichnung: *1500 V-360* (beim Referenzdruck von 1000 Bar würde die Maschine ein um den Faktor 1,8 größeres Hubvolumen erbringen (1800/1000 = 1,8). Deshalb ist das Norm-Hubvolumen = 1,8 × 200 cm^3 = 360 cm^3. In der Praxis kann das theoretische Hubvolumen nie erreicht werden. Je nach Bauart und Zustand (Verschleiß) des Spritzaggregats und Kunststofftyp kann mit einer Nutzung von 70 bis 95 % gerechnet werden.

EUROMAP 2/3 definiert die wichtigsten Abmessungen der Schließeinheit. Besonders zu beachten sind die Einbaumaße für das Werkzeug, die letztlich oft den Ausschlag geben für die Verwendbarkeit einer Maschine für eine bestimmte Anwendung. Gewindelochbilder und die Lage der Auswerferbohrungen in den Werkzeugaufspannplatten sind normiert.

3.4 Maschinenaufbau

Eine Schneckenspritzgießmaschine der üblichen Bauart zeigt Bild 3-2. Die Maschine besteht aus mehreren Einzelaggregaten. Auf dem stabilen Maschinenbett ist die meist liegend angeordnete Schließeinheit befestigt. Die Schließeinheit stellt eine horizontale Presse dar. Die Säulen, die die Kräfte während der Schließperiode aufnehmen, werden bei Spritzgießmaschinen Holme genannt. Die vier Holme sind an ihren Enden mittels Muttern an der Endplatte bzw. an der festen Werkzeugaufspannplatte befestigt. Zwischen diesen beiden Platten ist auf den Holmen in horizontaler Richtung die bewegliche Werkzeugaufspannplatte verschiebbar gelagert. Die feste Aufspannplatte nimmt die Werkzeugmatrize, die bewegliche Aufspannplatte die Werkzeugpatrize auf. Dazu sind auf beiden Platten entweder Gewindelöcher oder T-Nuten vorgesehen, die nach Euromap in sinnvoller Form in den Platten eingebracht sind. Wie später gezeigt wird, sind in jüngster Zeit gerade die Schließeinheiten in Wandlung begriffen. So gibt es auch holmlose und 2-Plattenschließeinheiten. Im Maschinenbett unter der Schließeinheit sind die zum Maschinenbetrieb notwendigen Rohrleitungen für den Öl-, Wasser- und Lufttransport verlegt, die von hier aus den einzelnen Verbrauchern des Schließaggregates zugeführt werden.

Im rechten Teil von Bild 3-2 ist – ebenfalls auf einem Maschinenbett gelagert – das Spritz- oder Platifizieraggregat angeordnet. Dabei muss das Spritzaggregat auf einer solchen Höhe liegen, dass die in horizontaler Richtung verschiebbare Düse genau durch das Zentrum der festen Werkzeugaufspannplatte an die Angussbüchse des Werkzeugs herangefahren werden kann.

Im Maschinenbett unter dem Spritzaggregat sind die Maschinenantriebselemente untergebracht. Zu diesen Antriebsorganen gehören bei hydraulisch angetriebenen Maschinen Elektromotor, Hydraulikpumpe, Filter und Ölkühler. Ferner nimmt das Maschinenbett noch den Öltank und einige Stellglieder für den Ölkreislauf auf.

Bei großen Spritzgießmaschinen können Einspritzeinheit und Werkzeugschließeinheit voneinander getrennt werden. Die Verbindung wird durch Bolzen und Schrauben hergestellt. Bei kleineren Maschinen ruhen Spritz- und Schließaggregat auf einem gemeinsamen Maschinenbett. Eine Trennung beider Einheiten ist dann selbstverständlich nicht möglich.

Elektrische Steuerorgane und Temperaturregler werden bei großen Maschinen in einem gesondert aufgestellten Schaltschrank untergebracht. Bei kleinen Maschinen werden diese Steuerungselemente von einem Schaltkasten im Maschinenbett aufgenommen.

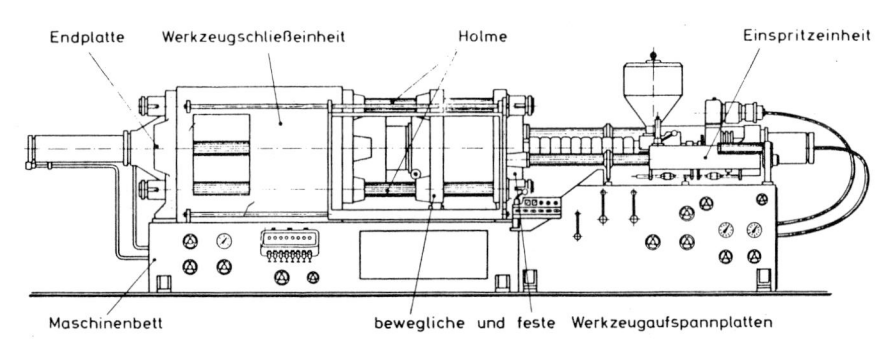

Bild 3-2 Aufbau einer Spritzgießmaschine

3.5 Plastifizier- und Spritzaggregat

In der Bild 3-3 ist ein Schnitt durch ein Spritzaggregat dargestellt, dessen Schneckenkolben durch einen Hydraulikmotor rotatorisch angetrieben wird. Dieses Spritzaggregat ist aus einer Vielzahl von Einzelteilen zusammengebaut. Die wichtigsten sollen nachfolgend erklärt werden.

In Bild 3-3 erkennen wir zunächst den Schneckenkolben 1 mit der eingeschraubten Schneckenspitze 2 und der Rückströmsperre 3. Nach vorne hin schließt der Massezylinder 4 durch den Abschlussdeckel 5 und die Düse 6 ab. Der Massezylinder 4 trägt die Heizbänder 7. Das Spritzaggregat ist in vorgeschobener Stellung gezeichnet, bei der die Düse 6 um

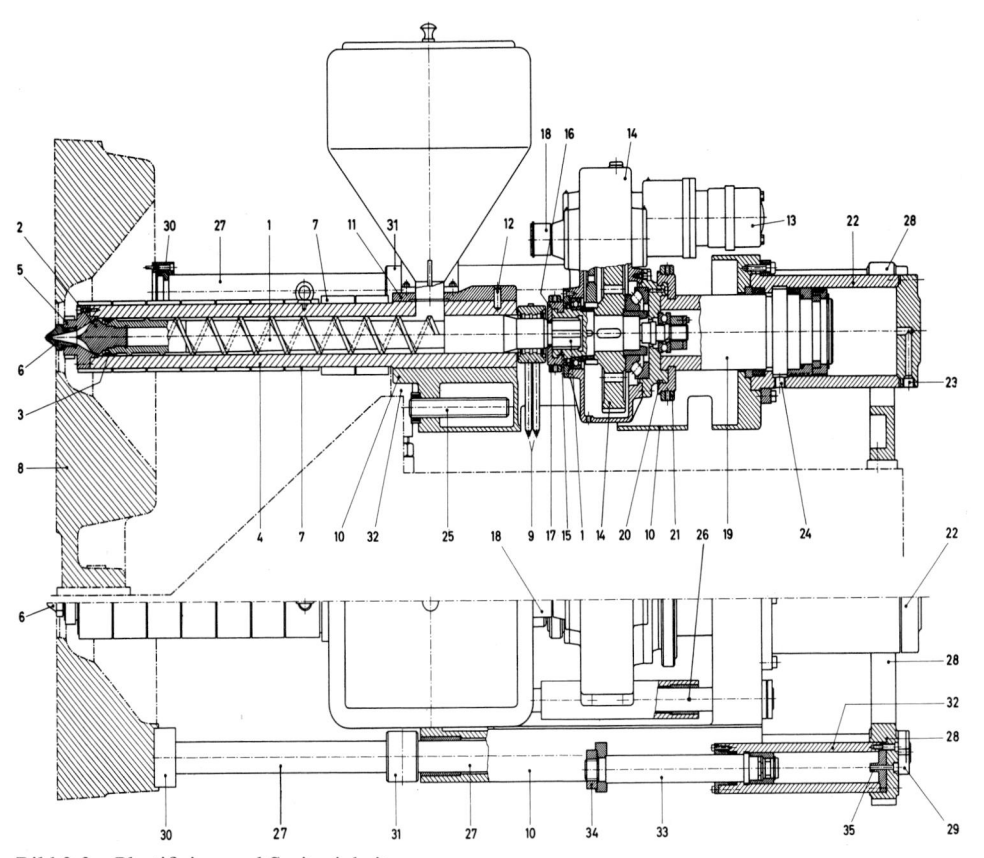

Bild 3-3 Plastifizier- und Spritzeinheit
1 Schneckenkolben, 2 Schneckenspitze, 3 Rückstromsperre, 4 Massezylinder, 5 Abschlussdeckel, 6 Düse, 7 Heizbänder, 8 rechte Werkzeugaufspannplatte, 9 Kühlmittelzufuhr (selten), 10 Schlitten, 11 Aufnahmestück, 12 Zylinderstift, 13 Ölmotor, 14 Getriebe, 15 Vielkeilbuchse, 16 geteilter Ring, 17 Überwurfring, 18 Drehzahlmesser, 19 Antriebskolben für Axialbewegung, 20 geteilter Ring, 21 Überwurfring, 22 Zylinder für Axialbewegung, 23, 24 Zu- und Ablauf für Hydrauliköl, 25 Anschlagbolzen, 26 Gleitholme für Einspritzen, 27 Führungsholme für Aggregatbewegung, 28 Stützplatte, 29 Holmmutter, 30 Überwurfring, 31 Holmabstützung, 32 Vorschubzylinder-Aggregat, 33 Vorschubkolben des Aggregats, 34 Kolbenmutter, 35 dornartiger Fortsatz

eine gewisse Strecke über die rechte Werkzeugaufspannplatte 8 hinausragt. Der Massezylinder 4 ist im Schlitten 10 gelagert und wird in einem Aufnahmestock 11 durch Schrauben festgehalten. Gegen Verdrehung ist er durch einen Zylinderstift 12 gesichert.

Die Schnecke wird durch den Ölmotor 13 über ein Getriebe 14 angetrieben. Die Keilwelle der Schnecke ist in einer Vielkeilbuchse 15 des Getriebes gelagert. Gegen axiale Verschiebung in der Vielkeilbuchse ist sie durch einen geteilten Ring 16 und einen Überwurfring 17 gesichert. Am Getriebe ist der Drehzahlmesser 18 angebracht.

Der Antriebskolben für die Axialbewegung 19 bildet ebenfalls durch einen geteilten Ring 20 und einen Überwurfring 21 mit dem Getriebe 14 eine starre Verbindung. Schnecke, Getriebe und Antriebskolben sind also miteinander verbunden. Beim Einspritzen wird der Kolben über die Zuleitung 23 mit Öl beaufschlagt. Bei der aktiven Dekompression der Schmelze nach dem Plastifizieren wird die Schnecke axialen zurückgezogen. Das Öl wird dann über die Bohrung 24 zugeleitet.

Alles, was sich beim Einspritzen und Plastifizieren bewegt, die Einheit von Schnecke 1, Getriebe 14 und Druckkolben 19 ist auf Gleitholmen 26 gelagert. Der Schlitten für das Abheben und Anlegen des Aggregats 10 ist auf Führungsholmen 27 in axialer Richtung verschiebbar gelagert. Die Führungsholme 27 sind auf der Stützplatte 28 durch eine Holmmutter 29 und an der Werkzeugaufspannplatte 8 durch eine Schraubverbindung mit Überwurfring 30 befestigt. Damit sich durch das Gewicht des Schlittens 10 die Führungsholme 27 nicht durchbiegen, ist eine Holmabstützung 31 vorgesehen, die im Maschinenunterbau verankert ist. Der Schlitten 10 kann über den Vorschubzylinder 32, der in der Stützplatte 28 verankert ist, axial bewegt werden. Dazu ist der Vorschubkolben 33 mit dem Schlitten 10 über die Kolbenmutter 34 fest verbunden.

3.6 Massezylinder

Der Massezylinder der Schneckenmaschine ist ein einfaches zylindrisches Rohr. Die Zylinder werden meist aus einem Nitrierstahl hergestellt und wegen der hohen Verschleißbelastung oberflächengehärtet. Die Nitriertiefe liegt bei etwa 0,2 mm. Bei der Nitrierung wird eine Härte von etwa 800 bis 900 HV (Vickershärte) erreicht. Die Zylinderbohrung hat die im Maschinenbau übliche Toleranz H 7. Die Passung ist in jedem Fall eine Spielpassung, wobei die Lage des Toleranzfeldes der Schnecke, also die Qualitätszahl, zwischen 8 und 10 liegt. Damit die Oberfläche der Heizzylinderbohrung glatt ist, wird sie gehont.

3.6.1 Beheizung des Massezylinders

Die Beheizung des Massezylinders, das heißt die äußere Beheizung, erfolgt bei Thermoplastmaschinen ausnahmslos durch elektrische Energie. Der Massezylinder wird in mehrere Heizzonen aufgeteilt. Jede Heizzone wird durch ein oder mehrere Heizmanschetten auf Temperatur gebracht. Die installierte Heizleistung ist abhängig von dem zu verarbeitenden Material, das heißt von der spezifischen Wärme des Kunststoffs, von der Durchsatzmenge und von der Energieumsetzung durch die Schnecke. Auch die Verfahrenstechnik spielt dabei für die Heizleistung eine große Rolle. So hängt zum Beispiel die benötigte Heizleistung in sehr starkem Maße vom Staudruck ab. Je höher der Staudruck, desto weniger Energie wird durch Wärmezufuhr über die äußeren Heizelemente zugeführt werden müssen.

Alle diese Umstände lassen eine exakte Angabe einer optimalen Heizleistung nicht zu. Die installierte Heizleistung von Massezylindern liegt bei kleineren Maschinen bei 3,2 bis 4,0 W/cm² bezogen auf die äußerer Oberfläche des Massezylinders. Bei größeren Maschinen wird, bedingt durch die weiteren Wege für den Wärmetransport, in der Rohrwandung und im Kunststoff eine höhere Flächenbelastung nötig.

Die installierte Heizleistung wird während des Betriebs bei weitem nicht benötigt. Vielmehr dient sie in erster Linie zum Aufwärmen des Massezylinders, des Kunststoffs und der Schnecke beim Anfahren. Hier wird sie deshalb voll in Anspruch genommen, weil im Interesse der Wirtschaftlichkeit eine möglichst kurze Aufheizzeit der Maschine verlangt wird. Während des Betriebs führen die Heizelemente lediglich die Wärmemenge zu, die durch die Schnecke nicht in das Material eingebracht wird.

Die Heizelemente beruhen auf dem Prinzip der elektrischen Widerstandsheizung. Sie sind als Heizband ausgeführt und werden durch Spannschrauben fest auf den Massezylinder aufgezogen. Besondere Beachtung muss dabei einem möglichst engen Kontakt zwischen Massezylinder und Heizband geschenkt werden. Liegt das Heizband nicht fest auf dem Zylinder auf, so erreicht einmal der Massezylinder nicht seine vorgesehene Temperatur und zum anderen erwärmt sich das Heizelement derart, dass es zerstört wird.

Die über die Schnecke zugeführte Wärmeenergie wird verlustlos in das Material eingebracht. Hingegen haben Heizbänder einen sehr schlechten Wirkungsgrad, weil die Wärme nur einseitig zum Zylinder hin abgeführt wird. Die Verluste durch Abstrahlung, Leitung und Konvektion sind beträchtlich und können unter besonders schlechten Bedingungen bis zu 60 % betragen. Daher hat man die Heizbänder mit einem Wärmeschutzmantel versehen, der aus einem dünnen Aluminiumblech besteht und in etwa 1 cm Abstand das Heizelement konzentrisch umspannt. Der Wärmeschutzmantel trägt im Innern gewellte, glänzende Wärmereflektoren, die den Wärmeverlust durch Strahlung erheblich mindern.

3.6.2 Temperaturmessung

Bei der Temperaturmessung der einzelnen Heizzonen des Massezylinders (Bild 3-4) geht es darum, eine möglichst genaue Aussage über den Temperaturzustand des Kunststoffs zu erhalten. Physikalisch interessiert die Masse- und nicht die Zylindertemperatur. Da die direkte Messung der Massetemperatur nicht durchführbar ist, wird die Temperaturmessstelle im Zylinder so nahe wie an die Kunststoffmasse gebracht. Aus Gründen der Materialfestigkeit ist dieser Annäherung jedoch eine Grenze gesetzt.

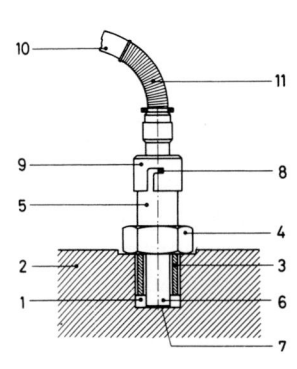

Bild 3-4
Anordnung eines Temperaturmessfühlers am Zylinder
1 Sackbohrung, 2 Massezylinder, 3 Rohr, 4 Einschraubmutter, 5 Rohrverlängerung, 6 Thermofühler, 7 Messfläche, 8/9 Bajonettverschluss, 10 Messleitung, 11 Feder

Will man die genaue Temperatur an der Messstelle ermitteln, so ist dafür Sorge zu tragen, dass der Thermofühler in der Sackbohrung fest auf seine Unterlage, das heißt auf die Zylinderwand, gedrückt wird. Verschmutzungen oder zwischen Messfühler und Unterlage vorhandene Luft verfälschen die Temperaturmessung. Dabei wird im Messgerät auf Grund der schlechten Wärmeübertragung an der Messstelle eine zu niedrige Temperatur ermittelt. Als Folge davon wird eine höhere Wärmeenergie zugeführt, die eine Materialzersetzung im Massezylinder bewirkt.

3.6.3 Einzugstasche

Der Öffnung im Zylinder wird bei der Spritzgießmaschine meist wenig Bedeutung beigemessen, obwohl aus der Extrusion bekannt ist, dass ein deutlicher Einfluss der Geometrie der Einfüllöffnung vorliegt. Die Öffnung sollte 1 D bis 2 D lang sein und, wenn möglich, auf der Seite entgegen der Drehrichtung der Schnecke diese teilweise abdecken. Diese seitliche Abdeckung erhöht den Füllgrad der Schneckengänge. Vereinzelt sind Zylinder, die meist eine rechteckige Einfüllöffnung haben, seitlich von dieser Öffnung ausgehend in Drehrichtung mit einer Ausbuchtung (Einzugstasche) versehen.

3.6.4 Zylinderkopf

Der Zylinderkopf wird als Bestandteil des Zylinders angesehen. Die Verbindung dieser beiden Elemente ist von einiger Bedeutung. Der Anschluss und die Überführungskontur zur Düse sollen so strömungsgünstig gestaltet sein, dass Materialablagerungen in diesem Bereich vermieden werden. Außerdem müssen die Anlageflächen auch beim möglichen Höchstdruck dicht aneinandergefügt bleiben. Eine weiterverbreitete gute Lösung ist in Bild 3-5 gezeigt. Durch Anziehen der Schrauben kann eine Flächenpressung bis 400 N/mm² erzeugt werden, die ein Eindringen von Kunststoff verhindert.

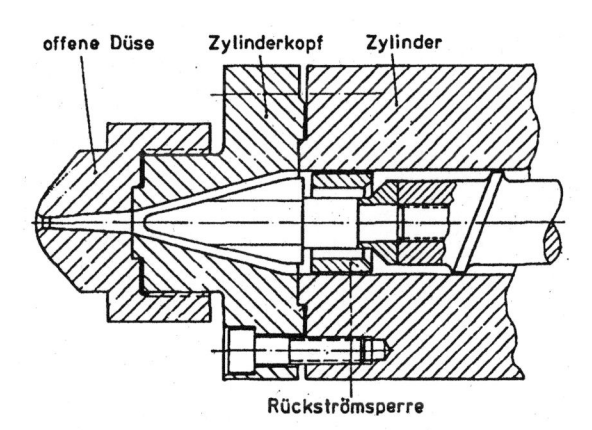

Bild 3-5 Zylinderkopf

3.6.5 Düsen

Die Düse des Spritzaggregats hat die Aufgaben

- den Strömungskanals vom Innendurchmesser des Zylinders auf den viel kleineren Eingangsdurchmesser der Angussbüchse des Werkzeugs zu verjüngen,

- beim Einspritzen, Nachdrücken und Plastifizieren den Übergang zum Werkzeug abzudichten,
- zu verhindern, dass nach dem Abheben Schmelze aus der Düse quillt,
- den schmelzflüssigen Inhalt der Düse ohne Fadenbildung vom erstarrenden Anguss zu trennen,
- die Schmelze ohne Rückstandbildung und große Druckverluste in das Werkzeug zu leiten.

Man unterscheidet zwischen offenen Düsen und Verschlussdüsen. Die Verschlussdüsen werden weiter unterteilt in Schiebedüsen und Nadelverschlussdüsen. Welche Düsenausführung zur Anwendung kommt, wird in erster Linie durch das zu verspritzende Material und die Möglichkeiten mit anliegender oder abehobener Düse zu plastifizieren bestimmt. Die Art und die Größe des Spritzgussteils sowie seine Form und die Angussart spielen für die Wahl der Düse nur eine untergeordnete Rolle. Tabelle 3-2 gibt einen Überblick über die je nach Formmasse anwendbaren Düsentypen.

3.6.5.1 Offene Düse

Die am weitesten verbreitete Düse ist die offene Düse (Bild 3-6). Man erkennt, wie sich der Kanal zunächst verjüngt, um kurz vor der Mündung in einen Gegenkonus überzugehen. Dies ist die Sollbruchstelle an der sich der erstarrende Anguss vom schmelzflüssigen Inhalt der Düse trennen soll. Die offene Düse ist die verfahrenstechnisch günstigste Lösung, da sie durch die kurze Baulänge wenig Druckverluste hervorruft und keine Rückstände bildet. Sie sollte immer dann verwendet werden, wenn im abgehobenen Zustand keine Schmelze austritt und keine Fadenbildung auftritt. Dies ist naturgemäß bei zähen Schmelzen der Fall. Voraussetzung für ihre Verwendbarkeit ist auch, dass die Düse erst nach Beendigung der Plastizierung vom Werkzeug abgefahren werden kann. Häufig wird übersehen, dass bei nicht oder langsam erstarrenden Angüssen der Staudruck als Nachdruck in der Kavität wirken kann.

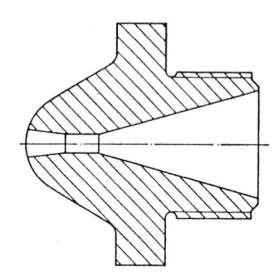

Bild 3-6 Offene Düse

3.6.5.2 Verschlussdüsen

Um das Heraustropfen von Schmelze und das Fadenziehen zu vermeiden oder um mit abgehobener Düse dosieren zu können, werden Verschlussdüsen verwendet. Diese kann man in zwei Arten unterteilen, in die im Prozessverlauf zwangsweise betätigten und die fremd gesteuerten.

Bild 3-7 zeigt eine sogenannte Schieberverschlussdüse, die durch die Düsenanpresskraft geöffnet und durch den Druck der Schmelze beim Abfahren des Aggregats wieder geschlossen wird. Diese Verschlussdüse ist einfach und robust ist aber für thermisch empfindliche

3.6 Massezylinder 259

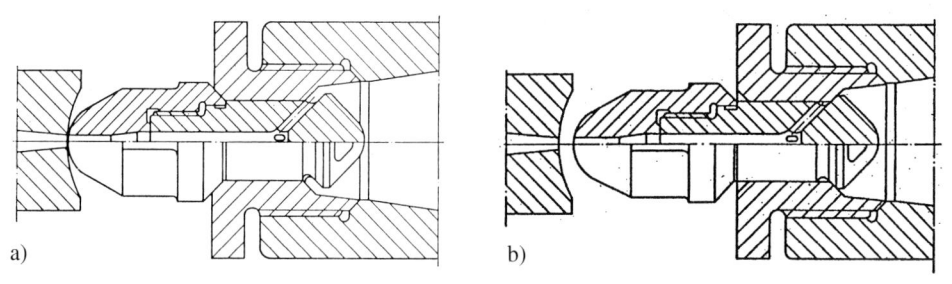

a) b)

Bild 3-7 Schiebeverschlussdüse
a am Werkzeug anliegend und geöffnet, b vom Werkzeug abgehoben und geschlossen

Materialien ungeeignet. Im Falle einer Zersetzungsreaktion könnte sich der entstehende Druck nicht abbauen.

Die in Bild 3-8 gezeigte Düse ist eine Nadelverschlussdüse mit innenliegender Nadel. Diese Nadel wird durch eine außenliegende Feder gegen die innere Düsenöffnung gepresst. Der beim Einspritzen erzeugte Druck muss so groß sein, dass er die Federkraft überwindet. Gegenüber der Schiebeverschlussdüse, die nur einen dem Querschnitt und der Länge entsprechenden Druckverlust bewirkt, ist hier zusätzlich der Federdruck zu überwinden. Letzterer bewirkt eine zusätzliche Scherung des Materials und eine entsprechende Dissipation in Wärme. Dies kann deutliche Nachteile haben. Ein Vorteil ist jedoch, dass sich die Düse bei einer Zersetzungsreaktion automatisch öffnen kann.

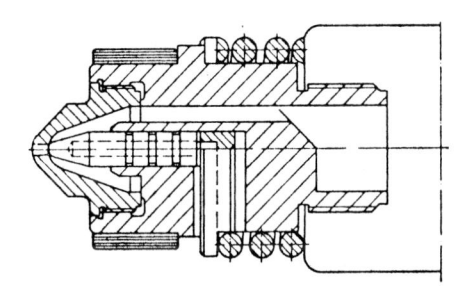

Bild 3-8 Federbetätigte Nadelverschlussdüse (Bauart: Fuchslocher)

Soll diese Scherwirkung vermieden werden, so können Nadelverschlussdüsen mit fremdgesteuerter Nadel verwendet werden. Bild 3-9 zeigt eine fremdgesteuerte Verschlussdüse mit innenliegender Nadel. Diese Konstruktion setzt einen Torpedo im Schneckenvorraum zur Halterung der Nadel voraus. Bei entsprechender Angussgestaltung kann der Verschluss direkt an die Kavität gelegt und die Nadel zusätzlich zum Einebnen des Anschnitts benutzt werden (1fach-Becherwerkzeuge).

Tabelle 3-2 gibt einen Überblick über die Anwendbarkeit der verschiedenen Düsen.

260 Die Thermoplast-Spritzgießmaschine

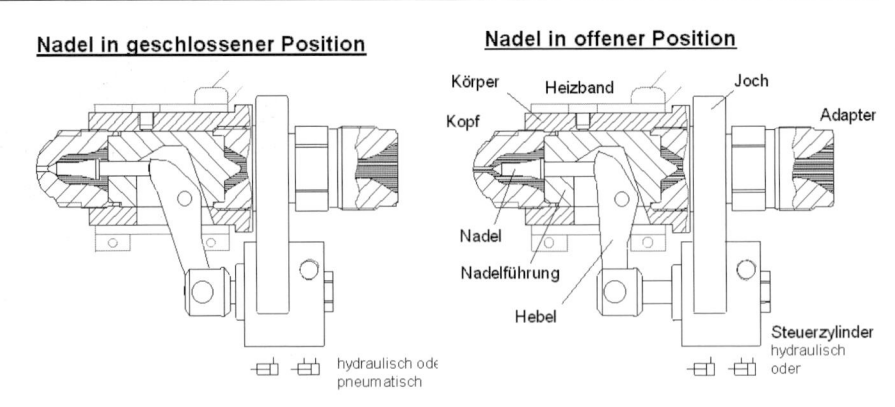

Nadel in geschlossener Position   **Nadel in offener Position**

Bild 3-9   Fremdgesteuerte Nadelverschlussdüse (System: Herzog)

Tabelle 3-2   Anwendbarkeit der verschiedenen Düsenarten in Abhängigkeit von der Formmasse

Düsentyp	Kunststoff																
	ABS	CA	CAB	PA	PBTP	PETP	PC	PE	PMMA	POM	PP	PPO	PVC	SAN	TSG³	D⁴	E⁵
Offene Düse	●	●	●	○	○	○	●	●	●	●	●	●	●	●	−	●	●
Schiebe-verschluss-düse¹	○	○	○	○	○	○	○	●	○	○	●	○	−	○	−	−	−
Nadel-verschluss-düse feder-belastet²	○	○	○	○	○	○	○	○	○	○	○	○	−	○	○	−	−
Nadel-verschluss-düse hydraulisch gesteuert	○	○	○	●	●	●	○	○	○	○	○	○	−	○	●	−	−

● empfohlen,   ○ möglich,   − nicht geeignet
1 fließtechnische Nachteile, schlecht temperierbar; 2 Drosselventil, hohe Scherbeanspruchung des Kunststoffs;
3 Thermoplastschaumguss; 4 Duroplaste; 5 Elastomere

3.6.6 Sonderdüsen

Filterdüsen haben ein integriertes Filterelement mit dem Fremdkörper (z. B. Metallpartikel) ausgeschieden werden können (Bild 3-10). Dies kann die Voraussetzung für den störungsfreien Betrieb von Heißkanalwerkzeugen mit kleinen innenbeheizten Anschnitten sein, die durch solche Partikel verstopfen. Filterdüsen kommen oft bei der Verarbeitung von Mahlgut zum Einsatz. Der Druckverlust liegt im gereinigten Zustand unter 10% des Gesamtdruckverlusts.

Mischdüsen werden eingesetzt, wenn die Schmelze intensiv durchmischt werden muss (verteilen von Farbstoffen oder Additiven). Sie haben integrierte statische Mischelemente.

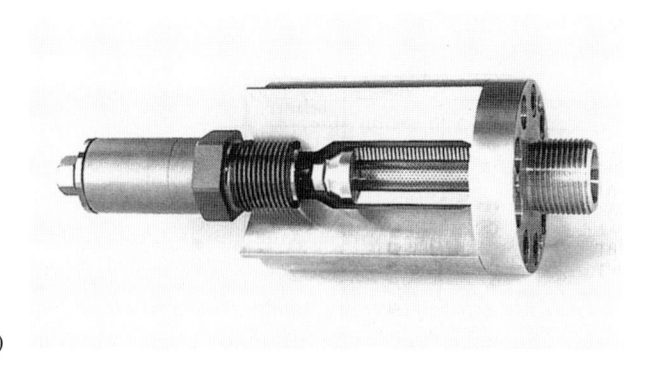

Bild 3-10
Schmelzefilterdüse für Partikel
größer 0,5 bzw. 1 mm (Incoe, [5])

3.6.7 Ankoppelung der Düse an das Werkzeug

Der sauberen Ankoppelung der Maschinendüse an das Werkzeug kommt eine häufig unterschätzte Bedeutung zu. Ist die Koppelung nicht dicht, so schiebt sich von Schuss zu Schuss immer mehr Masse über die Düse, was zur Verunreinigungen führt, aber auch die Düsentemperatur und dadurch die Druckübertragung ins Werkzeug ändert. Die Düse wird meist vor dem Einspritzvorgang an die Angussbuchse des Spritzgießwerkzeugs angelegt und stellt dort eine kraftschlüssige Verbindung her. Ein Vorschlag für standardisierte Düsenanschlussmaße ist in Euromap 2 zu finden. In Bild 3-11 sind die verschiedenen Ankoppelungsmöglichkeiten der Düsen an das Werkzeug dargestellt. Man beachte, dass bei den Varianten a bis c der Durchmesser des Düsenmunds immer etwas kleiner sein muss als derje-

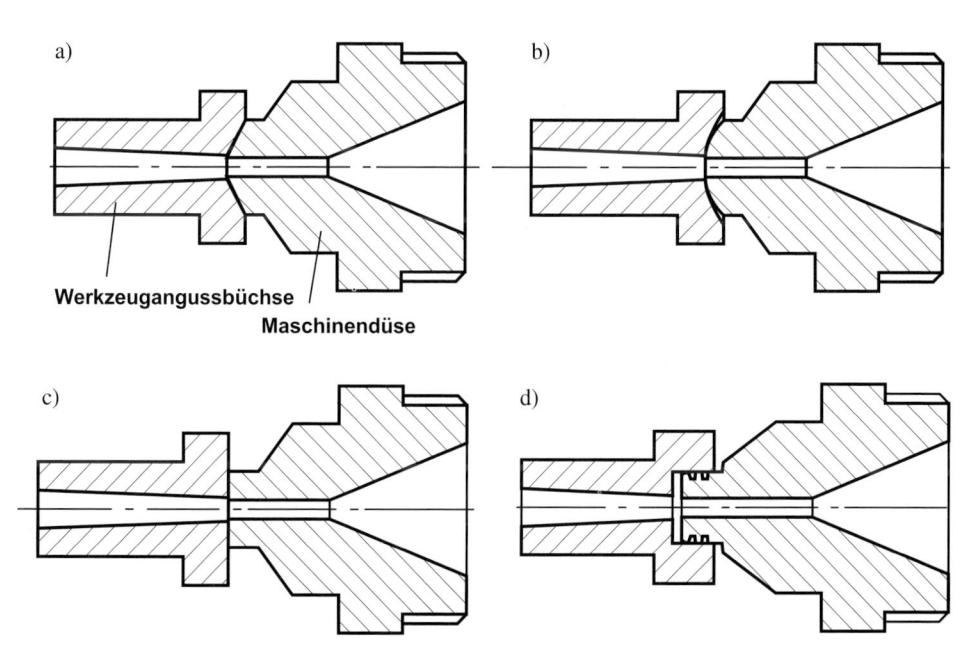

Bild 3-11 Ankoppelungsmöglichkeiten der Düsen an die Angussbuchse des Werkzeugs
a Konusdüse, b Radiusdüse, c Flachdüse, d Tauchdüse

nige der Angussbüchse, damit keine Hinterschneidung entsteht und die Angüsse sicher entformt werden können.

Konusdüsen sind kostengünstig und bewirken eine Selbstzentrierung des Spritzaggregats. Sie werden am häufigsten eingesetzt.

Bei der *Radiusdüse* ist der Kalottendurchmesser der Angussbüchse größer als der Düsendurchmesser der Düse. Dadurch entsteht eine Linienberührung mit hoher Dichtwirkung.

Flachdüsen sind billig und unempfindlich gegen schlechtes Fluchten von Werkzeug und Spritzaggregat.

Tauchdüsen ermöglichen ein axiales Verschieben des Spritzaggregats, ohne dass die Abdichtung unterbrochen wird. Sie sind ideal für Heißkanalwerkzeuge. Da bei Heißkanalwerkzeugen die Angussbüchse beheizt ist, kann auf die thermische Trennung durch Abheben des Aggregats verzichtet werden. Mit der Tauchdüse kann im Heißkanalsystem durch Zurückfahren des Spritzaggregats eine Druckentlastung bewirkt werden.

3.6.8 Beheizung und Messeinrichtungen

Wegen der starken Wärmeverluste durch den Kontakt mit dem kalten Werkzeug und die Umgebungsluft müssen Maschinendüsen normalerweise beheizt und separat geregelt werden. Heizbänder und Temperaturfühler für die Düsentemperatur können jedoch für das Eintauchen in die Werkzeugaufspannplatte und das Werkzeug hinderlich sein. Es sind deshalb Spezialdüsen auf dem Markt, die einen reduzierten Außendurchmesser aufweisen:

- schlanke Düsen mit Spezialheizbändern,
- Wärmeleitdüsen mit Kupferkernen (Unitemp u. a.),
- Wärmeleitdüsen mit flüssigkeitsgefüllten Wärmeleitpatronen, (Kona u. a.).

Gelegentlich werden Massetemperatur- und Drucksensoren in die Düsen eingebaut. Die Druckmessung erfolgt meist indirekt durch Dehnungsmessungen im Düsenkörper (Fa. Kistler), um eine Beschädigung der Fühler unter den extremen Bedingungen im Düsenbereich zu schützen. Für Temperaturfühler ist dies schwieriger, da diese mitten im Schmelzestrom angebracht werden sollten, um brauchbare Werte zu liefern. Es sind schwertartige Einbauten mit integrierten Thermoelementen erforderlich. Alternativ sind Infrarot-Messgeräte erhältlich, die durch Quarzfenster wirksam sind.

3.7 Schnecken und Zubehör

Die Schnecke ist das wichtigste Element der Plastifiziereinheit. Ihrer konstruktiven Ausbildung muss besondere Beachtung geschenkt werden, da mit ihr der Kunststoff in eine spritzfähige, homogen aufgeschlossene Masse übergeführt werden soll. Da alle Spritzgießmassen verschiedene chemische und physikalische Eigenschaften haben und sich jede Spritzgießmasse während der Überführung in den Schmelzezustand anders verhält, erfordert jeder Kunststoff genau genommen ein speziell auf ihn zugeschnittenes Schneckenprofil, wenn er unter optimalen Bedingungen verarbeitet werden soll. In der Praxis hat es sich jedoch gezeigt, dass man für die meisten Kunststoffe mit einer Schnecke auskommt. Man muss sich jedoch darüber klar sein, dass mit dieser Einheits- oder Universalschnecke nicht immer optimale Ergebnisse erzielt werden können.

3.7.1 Standardschnecke

Die heute am meisten gebräuchliche Schneckenform ist in Bild 3-12 wiedergegeben. Man erkennt, dass der Teil der Schnecke, der das Gangprofil trägt, in drei Zonen aufgeteilt ist, die als Einzugszone Ll, Kompressionszone L2 und Metering- oder Ausstoßzone L3 bezeichnet werden. Die Zonenaufteilung der Schnecke entspricht den verschiedenen Aufgaben, die die Schnecke innerhalb der jeweiligen Abschnitte zu erfüllen hat. Die Einzugszone Ll hat die Aufgabe, das aus dem Trichter in die Schneckengänge fallende Material aufzunehmen. Dabei wird die Masse bereits in Grenzen verdichtet und vorgewärmt. Die Länge der Einzugszone beträgt etwa 0,5 L. Der Anteil dieser Zone an der gesamten Länge ist damit relativ hoch. Er wird aber benötig, damit bei tiefgeschnittener Schnecke im Einzugsbereich der Kunststoff die nötige Wärmemenge aufnehmen kann, wenn er in der Kompressionszone L2 plastifiziert werden soll.

Der optimale Steigungswinkel ist von dem zu verarbeitenden Kunststoff und dessen Korngröße abhängig. Bei granulatförmigen Kunststoffen hat sich ein Steigungswinkel von etwa 18 bis 24° als günstig erwiesen. Bei Pulver wird ein größerer Steigungswinkel von etwa 30° gewählt. Je kleiner der Steigungswinkel, desto höher werden Druck und Temperatur bereits am Ende der Einzugszone. Andererseits wird die Plastizierleistung kleiner. Der einmal gewählte Steigungswinkel wird über die gesamte profilierte Länge beibehalten. Die Stegbreite b' ist auf Festigkeit und Verschleißverhalten abgestimmt. Der Winkel an der vorderen Stegflanke zur Schneckenachse beträgt 90°. Die Kunststoffmasse stützt sich sozusagen an dieser rechtwinkligen Flanke ab und kann so weniger gut über den Schneckensteg geleitet werden. Die hintere Stegflanke ist unter einen Winkel von etwa 20 bis 30° senkrecht zur Schneckenachse abgeschrägt. Die Abschrägung kommt dem Materialfluss der Festigkeit

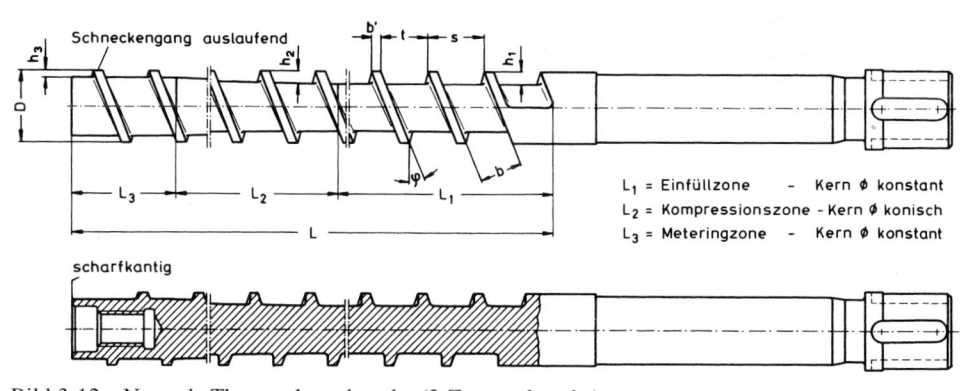

Bild 3-12   Normale Thermoplastschnecke (3-Zonenschnecke)

D	Schneckendurchmesser	
L	profilierte Schneckenlänge	16 bis 20 D
Ll	Einzugszone	0,5 L
L2	Kompressionszone	0,3 L
L3	Metering- oder Ausstoßzone	0,2 L
S	Schneckensteigung	0,8 bis 1 D
h1	Gangtiefe in der Einzugszone	ca. 0,1 D
h3	Gangtiefe in der Meteringzone	ca. 0,05 D
b'	Stegbreite	ca. 0,1 D

des Steges zugute, weil der Steg im Bereich des Übergangs in den Schneckenkörper die höchste Beanspruchung erfährt.

Die Gangtiefe hl ist so bestimmt, dass die Granulatkörner in einer bestimmten Schichtdicke den Schneckenkanal ausfüllen und eine gute Plastizierleistung erzielt wird. In jedem Falle ist aber dafür Sorge zu tragen, dass der verbliebene Schneckenkern das installierte Schneckendrehmoment übertragen kann.

Die Kompressionszone hat die Aufgabe, das aus der Einzugszone kommende Material aus dem festen Zustand in den thermoplastischen Zustand zu überführen. Am Anfang dieser Zone liegt noch unaufgeschlossener Kunststoff als Granulat neben bereits verflüssigter Masse vor. Am Zonenende ist der Kunststoff völlig in die thermoplastische Phase übergeführt. Die Kompressionszone L2 ist dadurch gekennzeichnet, dass das Volumen in den Gängen abnimmt. Die Volumenabnahme wird durch eine stetige Vergrößerung des Schneckenkerndurchmessers erreicht. Dabei nimmt die Gangtiefe innerhalb der Kompressionszone von der Gangtiefe in der Einfüllzone hl auf die Gangtiefe der Meteringzone h3 ab. Man bezeichnet das Verhältnis von hl : h3 als Kompressionsverhältnis. Es liegt bei Schnecken für die Thermoplastverarbeitung bei ungefähr 2 bis 2,5. Durch die Kompression wird der Kunststoff in den Schneckengängen verdichtet. Dabei wird die mit dem Material in die Schnecke eingeführte Luft und der eventuell entstandene Wasserdampf sowie Restmonomere, soweit nicht in der Schmelze gelöst, nach hinten aus den Schneckengängen verdrängt. Unterstützt wird dieser Vorgang durch den Staudruck, der sich über die Schneckengänge im Kunststoff fortpflanzt. Durch die Druckerhöhung in der Kompressionszone findet eine Intensivierung der Wärmeübertragung statt. Mit höherem Massedruck kommen die Masseteilchen enger mit der wärmeübertragenden Zylinderwand in Berührung und die Scherung wird intensiver. Allerdings wird die Wärmeerzeugung durch Scherung zum Teil wieder dadurch abgeschwächt, dass die Viskosität in diesem Schneckenbereich stark absinkt. Durch die Abnahme der Gangtiefe wird auch eine Verringerung der Schichtdicke im Schneckenkanal erreicht, wodurch die Wärmübertragungsfläche vergrößert wird. Die Kompressionszone soll so ausgebildet sein, dass die Masse plastifiziert und kompakt ohne Luft- und Gaseinschlüsse von der nachfolgenden Meteringzone aufgenommen werden kann.

An die Kompressionszone schließt sich die Meteringzone mit einer Länge von ungefähr 0,2 L an. Die Gangtiefe h3 bleibt in diesem Schneckenabschnitt konstant. Aufgabe der Meteringzone ist es, das bereits aufgeschmolzene Material zu homogenisieren und gleichmäßig zu erwärmen. Dabei wird die Schmelze unter konstantem Druck in den Raum vor die Schneckenspitze gefördert. Druckaufbau, Materialscherung und Temperaturausgleich durch die äußere Beheizung werden desto größer, je geringer die Gangtiefe h3 ist.

Für den Fördervorgang ist die Reibung zwischen Kunststoff und Schneckenoberfläche einerseits und Kunststoff und Zylinderinnenwandung andererseits von ausschlaggebender Wichtigkeit. Diese Reibungsverhältnisse haben in der Einzugszone eine besondere Bedeutung. In den beiden folgenden Zonen nimmt die Bedeutung ab, weil die Masse dann bereits unter einem gewissen Förderdruck steht. Eine Materialförderung durch die Schnecke kann nur dann zustande kommen, wenn die Reibung zwischen Kunststoff und Zylinderwand größer ist als zwischen Kunststoff und Schneckenoberfläche. Sind diese Reibungsverhältnisse nicht gegeben, so setzt sich das Material in den Schneckengängen fest und rotiert ohne Förderung mit der umlaufenden Schnecke. Je tiefer die Temperatur der Metalloberfläche ist, desto größer ist meist auch die Reibung zwischen Kunststoff und Metall. Daher wird auch die Einzugszone im Bereich der Materialzuführung gekühlt und die Zylindertemperatur

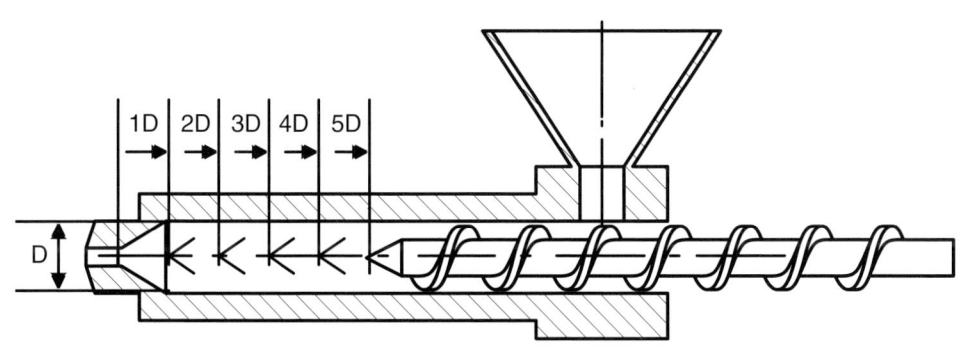

Bild 3-13 Nutzbare- und mögliche Dosierwege (nach Bayer)
1–3D optimaler Bereich, < 1D und > 5D ungünstig

über dem Abschnitt der Einfüllzone niedriggehalten. Förderwirksame, genutete Einzugszonen, die das Rotieren des Materials reduzieren, haben sich beim Spritzgießen wegen des großen Losbrechmoments in jedem Zyklus nicht bewährt.

Zu Anfang der Plastizierphase befindet sich die Schnecke in der vordersten Stellung. Beim Plastifizieren verschiebt sie sich unter dem Förderdruck nach hinten, bis das für den nächsten Schuss erforderliche Volumen bereitsteht. Während der Plastifizierung nimmt somit die wirksame Schneckenlänge stetig ab. Das kann nicht ohne Einfluss auf die Qualität und Leistung der Plastifizierung bleiben. Tatsächlich hat sich in der Praxis gezeigt, dass die Plastizierleistung bei etwa 60 % des möglichen Schneckenhubs ein Maximum hat. In Bild 3-13 sind empfehlenswerte Dosierwege dargestellt

Schnecken werden mit Hilfe von Wirbelvorrichtungen hergestellt oder gefräst. Ein Wirbelaggregat ist ein auf einer Drehbank montiertes Bearbeitungsgerät, das die zu fertigende Schnecke spanabhebend durch einen Drehstahl bearbeitet.

Sofern keine speziellen Ansprüche an das Verschleißverhalten vorliegen, werden Schnecken aus Nitrierstahl und auf 800 bis 900 HV bei einer Nitriertiefe von etwa 0,2 mm gehärtet. Nach dem Härten werden sie geschliffen, poliert und gerichtet.

3.7.2 Schnecken für spezielle Thermoplaste

Nur in den Fällen, in denen eine Schnecke ausschließlich einen einzigen Thermoplast verarbeiten soll, sind Sondergeometrien üblich. So nimmt man relativ flach geschnittene Schnecken, d. h. geringe Gangtiefe und Kompression, für die Verarbeitung von PA, PBT, PET und POM, während Schnecken für CA und CAB ggf. entgegengesetzt modifiziert werden können.

Während Weich-PVC üblicherweise mit Standard-Spritzgießschnecken verarbeitet werden kann, muss man im allgemeinen für Hart-PVC Spezialschnecken verwenden. Die Längenaufteilung bleibt wie dargestellt; die Gesamtlänge und die Gangtiefen ändern sich jedoch. Es ist für die PVC-Verarbeitung üblich, Schnecken und Schneckenspitzen – gelegentlich auch Zylinder und Zylinderkopf – mit einem korrosionsfestem Oberflächenschutz zu versehen.

3.7.3 Barriereschnecken

Barriereschnecken, Bild 3-14, sind in der Kompressionszone mit einem zusätzlichen Gewinde-Steg versehen, der die Schmelze bis auf einen kleinen Spalt vom Restgranulat trennt. Das Restgranulat wird über den Barrieresteg gedrückt und damit das vollständige Aufschmelzen erzwungen. Dies bringt bei verschiedenen Materialien einen verbesserten Plastifizierstrom und eine bessere Schmelzequalität.

Hochleistungsschnecken Bild 3-15 werden für die Verarbeitung von Polyolefinen bei kurzen Zykluszeiten und Einfärbung auf der Maschine eingesetzt. Die spezielle Geometrie mit Mischelementen stellt das vollständige Aufschmelzen und eine homogene Einfärbung bei hoher Ausstoßleistung sicher.

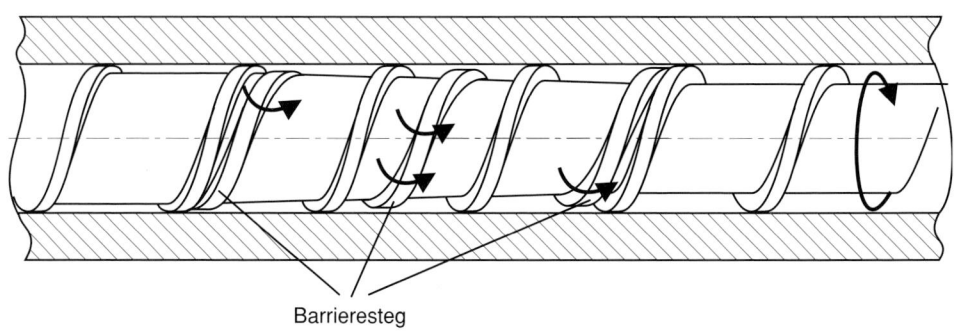

Bild 3-14 Barriereschnecke

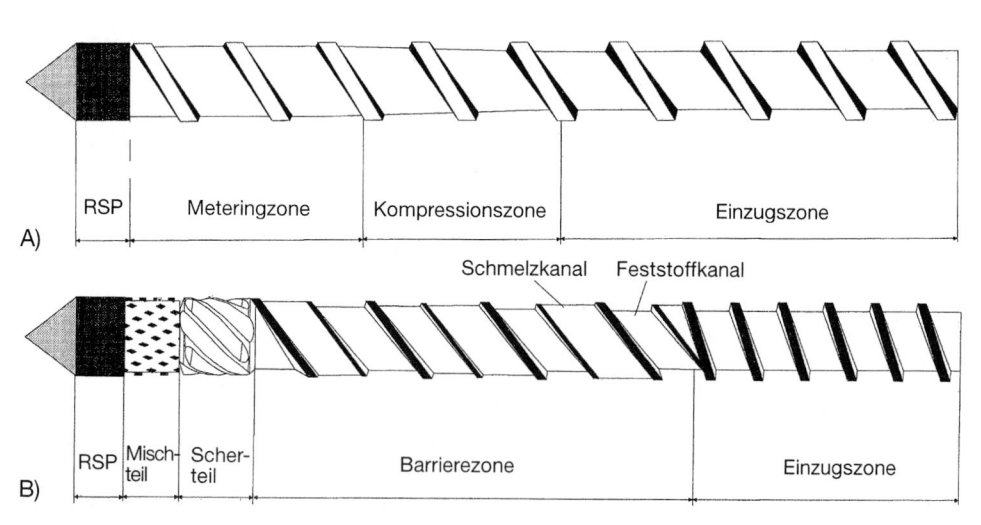

Bild 3-15 Vergleich einer modernen Hochleistungsschnecke (B) mit einer Dreizonenschnecke [46] RSP Rückströmsperre

3.7.4 Entgasungsschnecken

In den 70er Jahren wurden die „Entgasungsschnecken" (Bild 3-16) entwickelt, die den Vorteil haben, dass auch hygroskopische Kunststoffe ohne Vortrocknung verarbeitet werden können. Die Entgasungsschnecke besteht im Prinzip aus zwei Schnecken auf einer Welle. Im Bereich der Dekompressionszone, zwischen den beiden Schneckengewinden, hat der Plastifizierzylinder eine Öffnung nach außen, über die unerwünschte Gase entweichen können. Die Entgasungsschnecke erfordert einige technische Änderungen an der Maschine, u. a. einen längeren Zylinder und zusätzliche Heizzonen. In der Praxis hat sich das Entgasungsspritzgießen nur in wenigen Fällen bewährt, da die entsprechende Ausrüstung teuer, nicht universell und schwer zu optimieren ist.

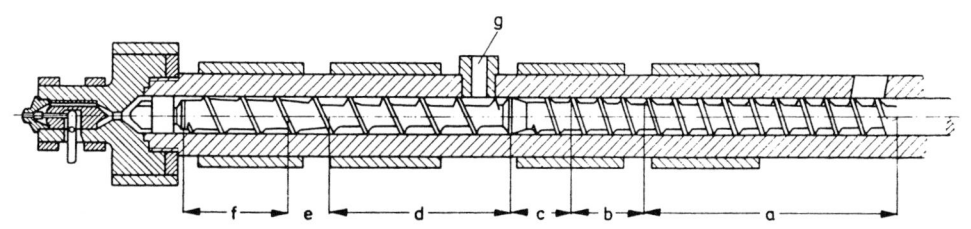

Bild 3-16 Entgasungsplastifiziereinheit
a Einzugszone, b, e Kompressionszone, c, f Ausstoßzone, d Entgasungszone, g Entgasungsöffnung

3.7.5 Schneckenspitzen

Im Bereich der Schneckenspitze, die den vorderen Abschluss der Schnecke darstellt, treten beim Einspritzvorgang die höchsten Drücke auf. Es ist deswegen verfahrenstechnisch sinnvoll, durch ein sperrendes Element den Masserückfluss – insbesondere in der Einspritz- und Nachdruckphase – in die rückwärtigen Schneckengänge zu verhindern. Die konstruktiv einfachste Lösung besteht nach [5] darin, den Durchmesser einer aufgeschraubten Spitze größer zu machen als den Kerndurchmesser der Schnecke an ihrem vorderen Ende (Bild 3-17 glatter Kopf). Im engen Spalt zur Zylinderinnenwand entsteht ein Druckaufbau, der den Rückfluss hemmt. Mit solchen Spitzen ist eine besonders kunststoffschonende Verarbeitung möglich. Der Spitzenwinkel liegt etwa zwischen 60 und 90°. Eine vollständige Sperrwirkung erzielt man jedoch nur, wenn Rückströmsperren mit gegeneinander beweglichen Dichtelementen verwendet werden.

Weichmacherfreies PVC verlangt eine offene Gestaltung der Schneckenspitze. Diese sollte jedoch ein gutes Abströmen der PVC-Schmelze fördern und ein Rückströmen in der Einspritz- und Nachdruckphase hemmen. Bild 3-17, unten zeigt eine Lösung, die sich bewährt hat. Förderwirksame Stege und Spiralwendeln verhindern Ablagerungen und hemmen beim Einspritzen das Rückströmen. Solche Schneckenspitzen sollten ebenso wie die Schnecken selbst einen Korrosionsschutz haben. Dieser kann durch eine Chrom oder Nickelschicht erzielt werden. Es eignen sich auch Spitzen aus hochlegiertem Stahl.

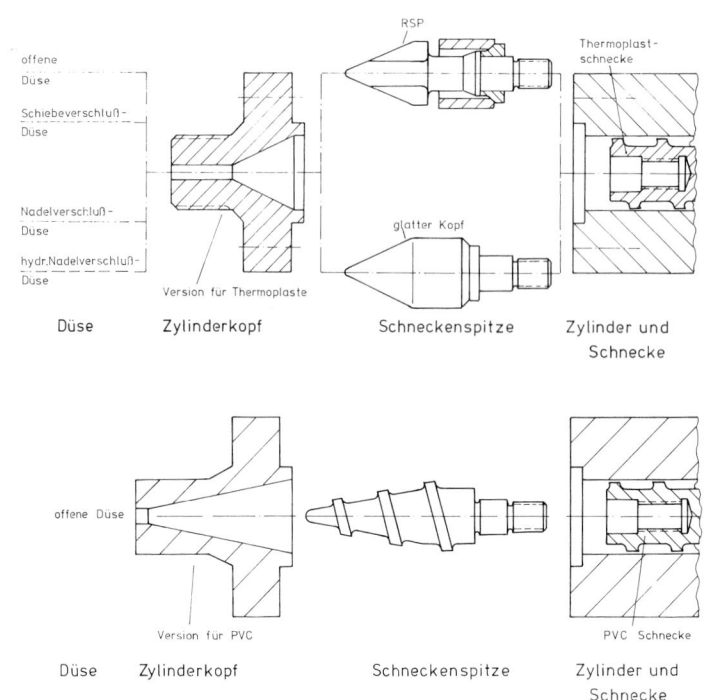

Bild 3-17 Schneckenspitzen [5]

3.7.6 Rückströmsperren

Eine Rückströmsperre ist nach DIN 24450 ein Konstruktionselement am vorderen Teil der Schnecke, welches das Rückströmen plastifizierter Formmassen beim Einspritzen und Nachdrücken verhindert. Diese Aufgabe kann sie am besten erfüllen, wenn sie infolge enger Strömungsquerschnitte einen hohen Druckverlust erzeugt und infolgedessen schnell schließt. Da die Strömungsquerschnitte in der Dosierphase von Schmelze passiert werden müssen, entsteht auch während dieser Zeit ein Druckverlust in umgekehrter Richtung. Gegen diesen und den Staudruck muss die Schnecke fördern. Ist der Druckaufbau in den Strömungsquerschnitten groß, so beeinträchtigt er die Plastifizierleistung und schädigt unter Umständen den Kunststoff. Im allgemeinen sollen Rückströmsperren so ausgelegt werden, dass der freie Strömungsquerschnitt nicht kleiner als etwa 80% der freien Ringspaltfläche am Schneckenende ist.

Bild 3-18 zeigt eine prinzipielle Darstellung der am weitesten verbreiteten Ring-Rückströmsperre. Sie besteht aus drei Teilen: der Spitze, die mit ihrem Gewindeschaft die Einschraubmöglichkeit in die Schnecke bietet, dem Druckring und dem axial beweglichen Sperrring. In der sperrenden Stellung liegen Sperrring und Druckring auf einer gegen die Achse um 45 bis 60° geneigten Kegelfläche dichtend aneinander. In der Dosierstellung stützt sich der Sperring auf 3 bis 6 Stegen ab, die flügelförmig auf der Spitze angebracht sind. Die Pressung ist dort beim Plastifizieren hoch, so dass der Sperrring besonders dort häufig verschleißt. Solange dieser Verschleiß nicht überhand nimmt, ist es wenig sinnvoll, diesen Ring verschleißfester herzustellen, da dann die Spitze der schwächere Partner und als Verschleißteil zu teuer ist.

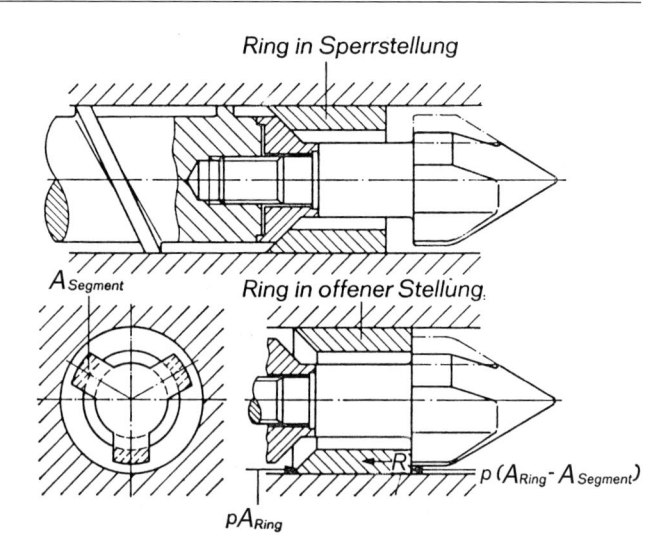

Bild 3-18
Ringrückströmsperre

Bedingung für das Öffnen der Rückströmsperre:

$$p \cdot A_{Ring} > p_v (A_{Ring} - A_{Segment})$$

3.8 Schneckenantrieb

3.8.1 Ausführungsformen

Grundsätzlich benötigt die Schnecke einen rotatorischen Antrieb für den Plastifiziervorgang und einen axialen zum Einspritzen. Bild 3-19 zeigt übliche Ausführungen. Die heute bei

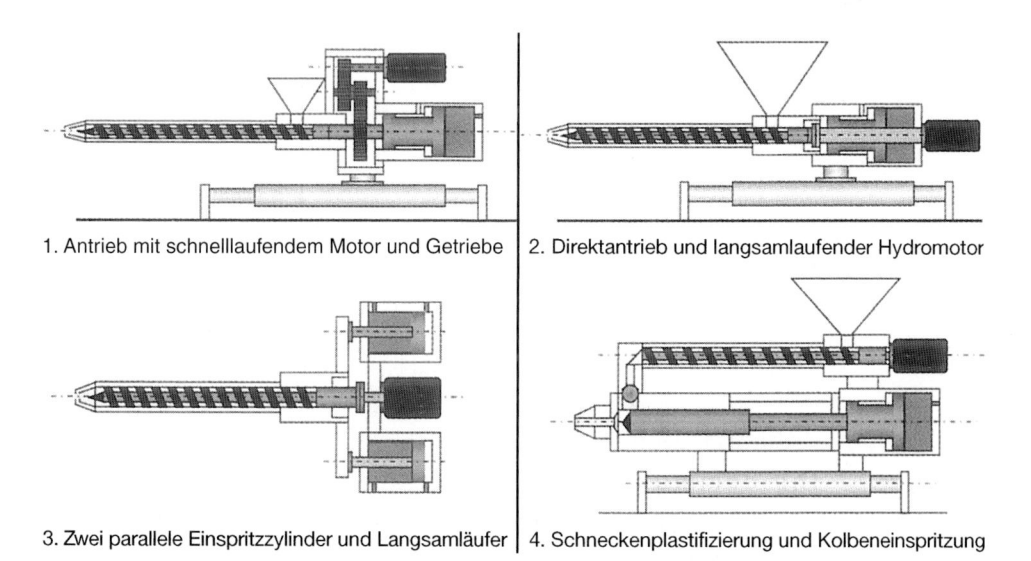

1. Antrieb mit schnelllaufendem Motor und Getriebe
2. Direktantrieb und langsamlaufender Hydromotor
3. Zwei parallele Einspritzzylinder und Langsamläufer
4. Schneckenplastifizierung und Kolbeneinspritzung

Bild 3-19 Ausführungsformen von Schneckenantrieben [46]

Kleinmaschinen weit verbreitete Lösung [46] verwendet für das Einspritzen zwei Hydraulikzylinder, die durch ihre parallele Anordnung zum Hydromotor oder zum Schneckenzylinder die Maschine sehr kurz bauen. Als Rotationsantrieb treibt ein langsamlaufender Hydromotor direkt die Schnecke an. Damit wird die für das Plastifizieren zu beschleunigende und wieder abzubremsende Masse minimiert aber bewegliche Masse ist beim Einspritzen groß (Bild 3-19 [3]).

3.8.2 Axialantrieb

Bei hydraulischen Spritzgießmaschinen wird die Schnecke während des Einspritzvorgangs durch einen oder zwei Kolben angetrieben. Die nach links gerichtete Antriebskraft ergibt sich aus der Kolbenfläche A_K und dem Hydraulikdruck p_H (Bild 3-20). An der Schneckenspitze entsteht eine entgegengestzte Kraft $p_{Sv} \cdot A_{Sv.}$. Wenn man weitere Kräfte durch Haften oder Leckströmungen ausschließt, ergibt sich aus der Gleichgewichtsbedingung an der Schnecke;

$$p_H \cdot A_K = p_{Sv} \cdot A_{Sv} \quad \text{und nach } p_{Sv} \text{ aufgelöst:} \quad p_{Sv} = A_K/A_{Sv} \cdot p_H$$

mit p_{Sv} theoretischer Massedruck im Schneckenvorraum = spezifischer Einspritzdruck, p_H Hydraulikdruck, A_K Kolbenfläche, A_{Sv} Fläche des Innendurchmessers des Zylinders bzw. des Außendurchmessers der Schnecke.

Da die Kolbenfläche größer ist als die Querschnittsfläche der Schnecke ergibt sich eine Druckübersetzung im Verhältnis der Flächen. Da man für Spritzgießmaschinen Zylinder-, Schneckengarnituren mit unterschiedlichen Durchmessern kaufen kann, ist dieses Verhältnis variabel – je kleiner die Schnecke desto größer die Übersetzung. Bei den üblichen mittleren Garnituren liegt das Verhältnis bei etwa 10.

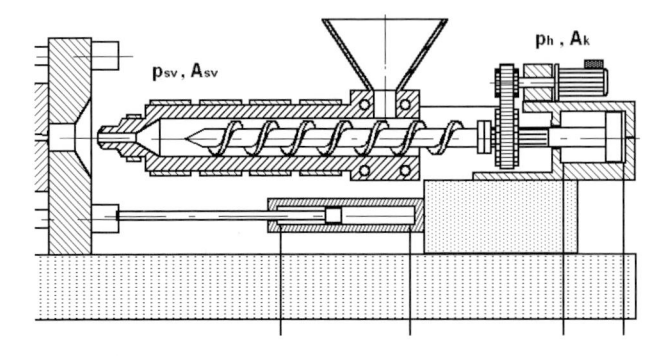

Bild 3-20
Axialer und rotatorischer Schneckenantrieb
p_H Hydraulikdruck,
p_{Sv} theoretischer Massedruck im Schneckenvorraum,
A_K Kolbenfläche,
A_{Sv} Schneckenfläche

3.8.3 Rotatorischer Schneckenantrieb

Die zum Plastifizieren notwendige Energie wird zu einem erheblichen Teil (typische Größenordnungen: 60% bei Thermoplasten, 90% bei Duroplasten) als Reibungswärme vom Schneckenantrieb über die Schnecke in den Kunststoff eingeleitet. Dies führt dazu, dass der Dosiervorgang ein relativ großer Energieverbraucher ist. Der Antrieb muss entsprechend solide sein, da er außerdem noch einer vergleichsweise starken Anfahrbeanspruchung ausgesetzt ist.

Man unterscheidet beim rotatorischen Schneckenantrieb nach Art und nach Lage des Antriebs:

- elektromotorischen Antrieb mit Untersetzungsgetriebe oder Schneckengetriebe,
- hydraulischen Antrieb mit Untersetzungsgetriebe oder Schneckengetriebe,
- direkthydraulischen Antrieb.

Zwei Positionen bieten sich für diese Antriebe an. Ein Platz zwischen Hydraulikkolben und Schnecke oder das durchtauchende Ende der Schnecke auf der äußeren Seite des Aggregates (Bild 3-19).

3.8.3.1 Elektromotorischer Schneckenantrieb

Während bisher der elektromotorische Antrieb großen Spritzgießmaschinen (über 15 000 kN Schließkraft) vorbehalten war, setzt er sich neuerdings als einfache Lösung für den Parallelbetrieb auch bei kleineren Maschinen durch. Asynchron-Drehstrommotoren mit Frequenzsteuerung oder Drehstrom-Servomotoren mit Regelung von Drehzahl und Drehmoment ersetzen in Kombination mit Zahnriemen oder Getriebe den Hydromotor. E-Motoren haben ein großes Anfahrmoment. Die Schnecken kleinerer bis mittlerer Durchmesser müssen deshalb gegen Abdrehen besonders gesichert werden. Möglichkeiten dazu sind Kaltstartsperren oder Drehmomentbegrenzungen.

Vorteile des elektromotorischen Antriebs:

- Guter energetischer Wirkungsgrad. Der E-Motor reduziert den Energieverbrauch während des Plastifizierens um ca. 25 bis 60 %. Dies kann zu einer Verbesserung des Gesamtwirkungsgrads von 10 bis 25 % oder mehr führen.
- Konstant bleibende Drehzahlstufen. Dies bewirkt ein sehr gutes Reproduzierverhalten.
- Zuverlässigkeit.

3.8.3.2 Hydromotorischer Schneckenantrieb

Die Vorteile des Hydromotors gegenüber dem elektromotorischen Antrieb sind:

- Stetige Verstellbarkeit der Drehzahl; bei elektrischen Servomotoren ebenfalls möglich.
- Drehmomentbegrenzung durch Druckbegrenzung (Sicherheit gegen Abdrehen der Schnecke).
- Die relativ große Linearität des Drehmoments, abhängig von der Drehzahl.
- Infolge geringen Trägheitsmoments schneller Start und schnelles Bremsen (Dosiergenauigkeit).
- Niedriges Leistungsgewicht, günstig beim Beschleunigen der bewegten Massen beim Einspritzen und beim Abbremsen.

In Tabelle 3-3 sind übliche Motorenarten zusammengestellt. Heute werden fast nur noch langsam laufende Hydromotoren eingesetzt.

272 Die Thermoplast-Spritzgießmaschine

Tabelle 3-3 Einteilung von Hydromotoren für den Schneckenantrieb an Spritzgießmaschinen

Motorart	Drehzahlbereich [min^{-1}]	Verdränger-Prinzip
Langsamläufer	1 bis 150	Radialkolbenmotor Flügelzellenmotor Zahnringmotor
Mittelläufer	10 bis 750	Rollflügelmotor Flügelzellenmotor Zahnringmotor
Schnellläufer	300 bis 3000	Axialkolbenmotor Flügelzellenmotor Sperrschiebermotor

3.9 Führung und Betätigung des Aggregats

Bei allen Spritzaggregaten muss die präzise Ausrichtung auf die Angussbüchsenmitte möglich sein. Ein weiterer wichtiger Aspekt ist die Schwenkbarkeit des Aggregats, um einen freien Zugang beim Ziehen der Schnecke zu haben. In Bild 3-21 sind einige Möglichkeiten zusammengestellt.

Bei Maschinen zwischen 300 und 10000 kN Schließkraft bevorzugt der Maschinenbau die Säulen- oder Schlittenführung auf dem Maschinenbett, über 10000 kN Schließkraft ausschließlich die Schlittenführung (Bilder 3-21a, b, c). Wegen des großen Gewichts der Spritzeinheiten großer Maschinen ist man gezwungen, die Schlittenführung (Bild 3-21c) zu wählen. Der Schlitten stützt sich auf nachstellbaren Gleitschuhen ab.

Der Aggregathub zum Aufsetzen und zum Abheben der Düse kann durch eine Kolben-Zylinder-Konstruktion in Verbindung mit den Fahrsäulen gelöst werden (Bild 3-21a). Vor-

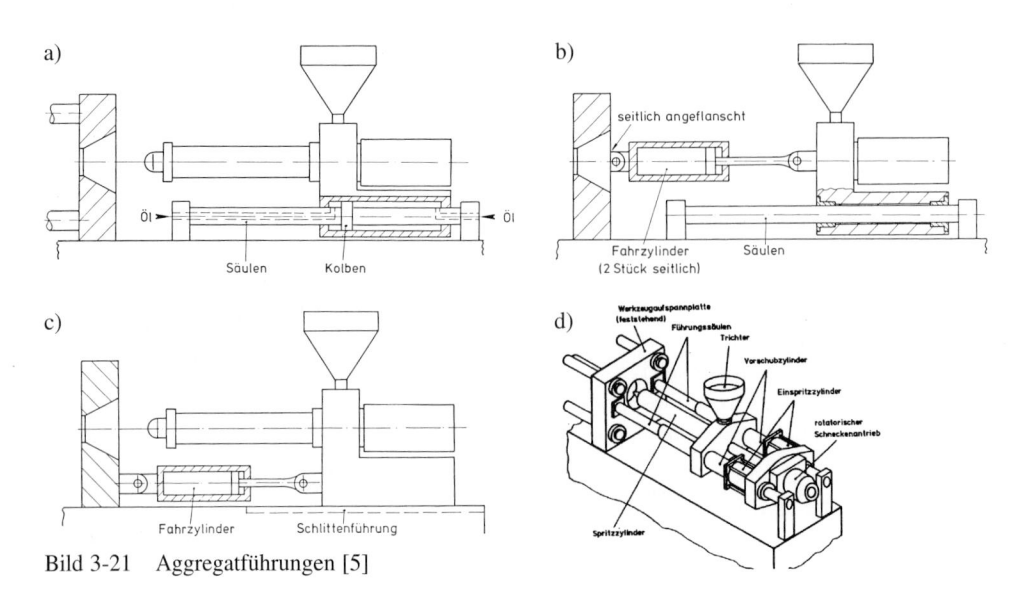

Bild 3-21 Aggregatführungen [5]

zugsweise wird jedoch ein Fahrzylinder zwischen Werkzeugaufspannplatte und Spritzaggregat über oder unter der Maschinenbettoberfläche angebracht.

Günstiger sind zwei achsparallele und in Ebene mit dem Spritzzylinder angebrachte Fahrzylinder, da sie keine Hebelwirkung erzeugen und deshalb eine zentrische Positionierung zwischen Düse umd Angussbuchse bewirken (Bild 3-21b). Bei der in (Bild 3-21d) dargestellten Lösung liegen Führungssäulen und Zylinder in einer Ebene. Es entsteht keine exzentrische Kraft, die Düsenverschleiß oder ein Durchbiegen des Zylinders bewirken könnte. Die Säulen können auch mit einem Kolben versehen werden, über dem Hydraulikzylinder laufen.

Bei kleinen bis mittleren Maschinen findet man häufig eine Führung auf achsparallelen Säulen.

3.10 Andere Spritz- und Plastifiziereinheiten

3.10.1 Kolbenplastifizieraggregat

Bis zum Jahr 1955 war die Kolbenspritzgießmaschine (Bild 3-22) die Standardmaschine für das Spritzgießen. Das Aufschmelzen erfolgt durch Beheizung von außen. Beim Einspritzen kommt zusätzliche Schererwärmung hinzu. Es fehlt jedoch die Mischwirkung der Schnecke, deshalb wird durch Einbauten, wie z.B. einem Torpedo, eine zweiseitige Wärmezufuhr und eine Homogenisierung der Schmelze angestrebt. Das Kolbenprinzip hat jedoch heute nur noch bei sehr kleinen Maschinen eine Bedeutung, Schnecken mit Durchmessern unter 12 mm sind aus Gründen der mechanischen Festigkeit sehr problematisch, da trotzdem Gangtiefen von ca. 3 mm nötig sind. Die Schmelzequalität und Dosiergenauigkeit von Kolbenplastifizieraggregaten ist schlechter als die der Schneckenaggregate.

Bild 3-22
Kolbenplastifizierung
1 Materialtrichter,
2 Einspritzkolben,
3 Einspritzzylinder,
4 Heizband,
5 beheiztes Torpedo,
6 Düse

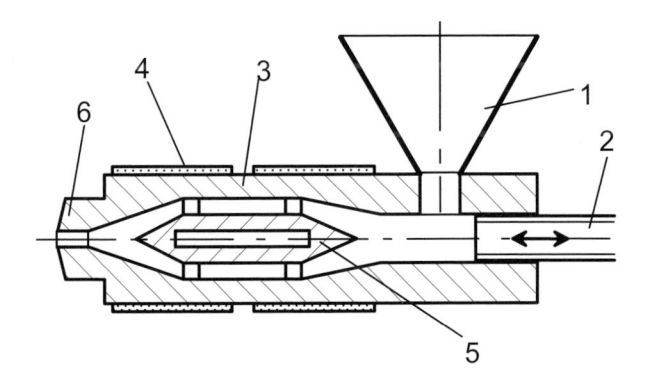

3.10.2 Schneckenvorplastifizierung mit Kolbeneinspritzung

Historische Bedeutung hat das Prinzip der *Schneckenvorplastifizierung mit Kolbeneinspritzung* (auch als Zweistufen-Spritzaggregat bezeichnet) (Bild 3-23). Diese mechanisch aufwendige, aber antriebstechnisch einfachere Konstruktion (s. auch 3.8.1) findet jedoch neuerdings wieder mehr Anwendungen:

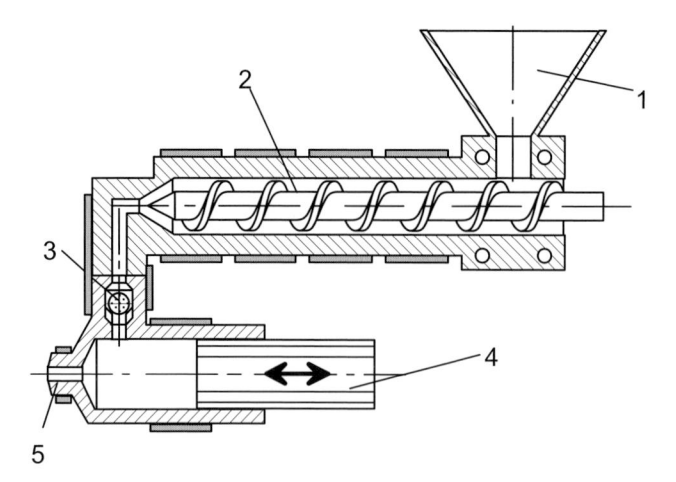

Bild 3-23
Schneckenvorplastifizierung
mit Einspritzkolben
1 Materialtrichter,
2 Plastifizierschnecke,
3 Rückschlagventil,
4 Einspritzkolben,
5 Düse

- Wenn hohe Durchsatzleistungen und eine gute Qualität der Schmelze gefordert sind. Die Schnecke kann je nach Konstruktion während des ganzen Zyklus drehen. Typische Anwendung: Herstellung von PET-Flaschenvorformlinge (Husky, Netstal u. a.).
- Für Kleinstmaschinen. Vorteile: homogene Plastifizierung und hohe Dosiergenauigkeit bei kleinsten Schussgewichten (Battenfeld, Ferromatik, Boy usw.).
- Für technische Formteile höchster Qualität. Der japanische Maschinenhersteller Nissei hat 1997 eine neue Maschinenreihe in dieser Bauart vorgestellt (Markenbezeichnung „Triplemelt").

Je nach Bauart arbeitet die Schnecke als Extruder (der Staudruck wird am Kolben aufgebracht) oder wie ein Schneckenspritzaggragat (der Staudruck wird an der Schnecke aufgebracht und der Kolbenzylinder wird durch Vorfahren der Schnecke gefüllt). Ein Rückschlagventil verhindert das Rückströmen der Schmelze in den Schneckenbereich beim Einspritzen in das Werkzeug.

3.11 Leistungsdaten der Spritzaggregate

Die wichtigsten Leistungsdaten der Spritzeinheit betreffen Hubvolumen, Arbeitsvermögen, Einspritzstrom, verfügbare Einspritzleistung und Plastifizierstrom.

3.11.1 Hubvolumen, Schussgewicht

Das Hubvolumen ist das Produkt aus dem Dosierweg und der wirksamen Fläche des Spritzkolbens (DIN 24450). Es stellt eine rechnerische Größe dar und ist ungefähr 10 % größer als das maximale Spritzgussteilvolumen.

$$\text{Theoretisches Hubvolumen} = \frac{\pi}{4} \cdot \text{Zylinderdurchmesser}^2 \cdot \text{Schneckenhub}$$

Das maximal mögliche Schussgewicht errechnet sich etwa wie folgt:

$$G_{max,\ Schussgewicht} = k \cdot Hubvolumen_{max} \cdot \text{Dichte des Kunststoffs}$$

Der Korrekturfaktor k, der zwischen 0,7 und 0,8 liegen soll, berücksichtigt, dass das maximal mögliche Hubvolumen nicht ausgenutzt werden soll.

3.11.2 Einspritzleistung

An Stelle der Einspritzleistung sind in den Katalogen der Maschinenhersteller normalerweise folgende Daten zu finden:
- maximaler Spritzdruck,
- maximale Spritzgeschwindigkeit.

Die Einspritzleistung ergibt sich nach der Formel:

$$\text{Leistung} = \frac{\pi}{4} \cdot \text{Zylinderdurchmesser}^2 \cdot \text{Druck} \cdot \frac{\text{Weg}}{\text{Zeit}}$$

Gemäß EUROMAP 4 wird die Spritzleistung im mittleren Abschnitt des verfügbaren Hubes gemessen, wobei ohne Material gefahren wird und die entsprechende Last durch eine Drossel in der Hydraulikleitung simuliert wird (Bild 3-24).

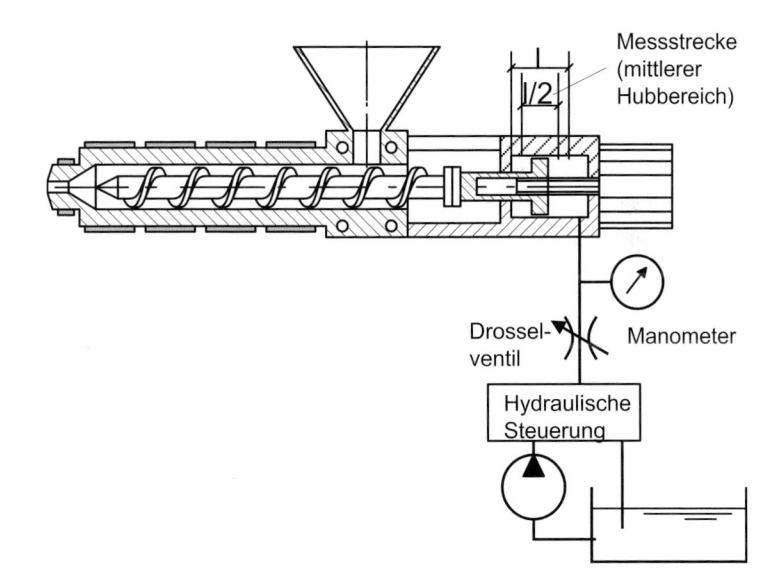

Bild 3-24
Messanordnung zur
Bestimmung der
Einspritzleistung
(EUROMAP 4)

3.11.3 Einspritzstrom

Der *Einspritzstrom* ist gemäß EUROMAP 5 die Masse des Spritzlings (Schussgewicht) geteilt durch die Einspritzzeit (g/s).

3.11.4 Plastifizierstrom

Während der Einspritzstrom eine Leistungskennzahl für den Einspritzvorgang ist, kennzeichnet der Plastifizierstrom das Leistungsvermögen während der Plastfizierphase. Er wird von der Schneckengeometrie, der Schneckendrehzahl, dem Staudruck, der Geometrie der Rückströmsperre und vom Dosierweg beeinflusst.

Der *Plastifizierstrom* ist gemäss EUROMAP 5 die Masse des Spritzlings (Schussgewicht) geteilt durch die Plastifizierzeit (g/s).

3.11.5 Plastifizierleistung

Unter der Plastifizierleistung wird auch der im Dauerbetrieb über das Werkzeug erreichbare Materialdurchsatz verstanden.

Die *Plastifizierleistung* ist definiert als Masse des Spritzlings (Schussgewicht) geteilt durch die Zykluszeit (kg/h).

3.12 Verschleiß

Der Verschleiß spielt beim Spritzgießen eine wichtige Rolle. Er ist stark abhängig vom Kunststofftyp und speziell von den Füllstoffen und Additiven. Man unterscheidet zwischen verschiedenen Verschleißarten, die nachfolgend beschrieben werden.

3.12.1 Abrasiver Verschleiß

Unter abrasivem Verschleiß versteht man den mechanischen Abtrag der Werkstoffoberfläche durch darüber gleitende Partikel. Abrasiver Verschleiß tritt vorrangig bei Kunststoffen auf, die Füllstoffe oder andere partikelförmige Zusätze enthalten, z. B.:

- Verstärkungsstoffe wie Glasfasern, Glaskugeln, Mineralfasern, Kohlenstofffasern usw.,
- Füllstoffe wie Mineralmehl, Kreide, Talk, Ruß,

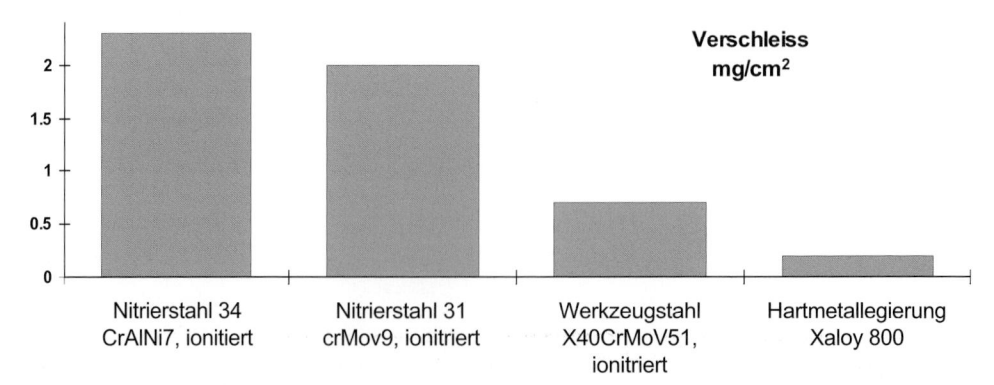

Bild 3-25 Verschleiß verschiedener metallischer Werkstoffe bei Beanspruchung durch PA 66, 35 % mit GF (Messwerte DKI Darmstadt); der Verschleiß kann am einfachsten durch Gewichtskontrolle der beanspruchten Teile, z. B. Düsen, bestimmt werden

- Farbpigmente wie Metalloxide,
- Funktionszusatzstoffe (z. B. flammhemmende Zusätze).

Der Verschleiß ist allerdings nicht nur vom Werkstoff (Bild 3-25), der Oberfläche und der Art der abrasiven Partikel, sondern auch den Eigenschaften des Polymers abhängig. So benetzen z. B. die Kunststoffe PE, PS, PP, PC, ABS und PMMA die Zusatzstoffe sehr gut und ergeben so einen geringen Verschleiß, wogegen Kunststoffe wie PA, POM, PBT und andere mit gleichen Füllstoffen zu viel höherem Verschleiß führen.

3.12.2 Adhäsiver Verschleiß

Adhäsiver Verschleiß tritt auf, wenn die Haftkräfte zwischen den Oberflächen der Verschleißpartner gleich groß oder größer werden als die Bindungskräfte innerhalb eines Verschleißpartners. Beispiel: Verarbeitung von PC, PSU. Die sehr hohen Adhäsionskräfte insbesondere beim Abkühlen können zum allmählichen Ablösen der Nitrierschichten auf der Schnecke führen. Abgesehen von der Schädigung der Schnecke erscheinen die abgelösten Partikel als schwarze Punkte im Formteil und führen dadurch bei transparenten oder hell eingefärbten Formteilen zu Ausschuss.

3.12.3 Kavitation

Kavitationsschäden können auftreten, wenn sich in der Kunststoffschmelze Gas- oder Wasserdampfbläschen bilden, die unter Druckeinwirkung kollabieren.

3.12.4 Korrosion

Korrosion tritt auf, wenn durch ungenügendes Vortrocknen des Kunststoffs oder örtliche Überhitzung während der Plastifizierung in der Schmelze aggressive Medien entstehen. In Verbindung mit Abrasion kann die Korrosion verheerende Folgen haben und Plastifizierschnecken innerhalb von Tagen zerstören.

3.12.5 „Fressen"

Wenn zwei Metalloberflächen unter hoher Flächenpressung übereinder gleiten, kann es je nach Reibungsverhältnisse zu partiellen Reibverschweißungen kommen, die wieder auseinandergerissen die markanten Fressspuren hinterlassen.

3.12.6 Verschleißschutz

Alle auf dem Markt erhältlichen Plastifizierausrüstungen sind auf den mit dem Kunststoff in Berührung kommenden Oberflächen verschleißgeschützt. Ungehärtete Oberflächen würden innerhalb kürzester Zeit zum „Fressen" führen. Das gängigste Verschleißschutzverfahren ist die Nitrierung. Die aus einem Nitrierstahl (relativ billiger Vergütungsstahl) gefertigten Teile werden im Schmelzbad, Gasstrom oder in einer Ionisierungskammer mit stickstoffhaltigen Substanzen behandelt und erhalten so eine sehr harte, aber nur ca. 0,2 bis 0,6 mm dicke Hartschicht. Vorteil der Nitrierhärtung ist die Möglichkeit der Reparatur durch Aufschweißen. Wenn heute von *verschleißfesten Plastifizierausrüstungen* gesprochen wird, sind Teile gemeint, die eine erheblich längere Standzeit erreichen als solche aus Nitrierstahl, z. B.:

- Schnecken, Rückströmsperren und Düsen aus durchgehärteten Werkzeugstählen mit 12 % Cr, ca. 60 HRC, ev. zusätzlich ionitrierte Oberfläche.
- Schnecken und Rückströmsperren mit aufgeschweißter Hartmetall-Panzerung der Schneckenstege.
- Schnecken aus Hartmetall.
- Plastifizierzylinder mit Innenpanzerung durch Hartmetallausschleuderung oder eingesetzte Büchsen aus Hartmetall oder Werkzeugstahl.

Auf dem Gebiet des Verschleißschutzes gibt es zudem eine riesige Auswahl von Verfahren zum Aufbringen extrem harter, aber z. T. extrem dünner Schichten, z. B.:

- PVD- Beschichtung mit Titannitrid (wenige μm dick, goldene Farbe),
- Borierung,
- Hartverchromen,
- Ionenimplantierung,
- Laserschweißen.

Solche Schichten haben nur dann einen Nutzen, wenn das darunterliegende Material schon sehr hart ist, sonst bricht die Schutzschicht bei Belastung wie eine Eierschale. Interessante Entwicklungen zeichnen sich durch neue Werkstoffe im Bereich der technischen Keramik und der Hartmetalle ab. Es werden bereits Plastifizierschnecken aus massivem Hartmetall und Rückströmsperren mit Keramikbeschichtung angeboten. Die Verschleißbeständigkeit solcher Teile ist um ein Mehrfaches höher als bei Teilen aus Werkzeugstählen, bei allerdings höherer Sprödbruchanfälligkeit.

Weitere Einzelheiten zum kunststoffbedingten Verschleiß an Spritzgießmaschinen sind in Kapitel 5 zu finden.

3.13 Schließeinheit

Die Aufgabe der Schließeinheit nach [5]: „Die Schließeinheit einer Spritzgießmaschine nimmt das Spritzgießwerkzeug auf. Sie führt die zum Schließen, Zuhalten und Öffnen notwendigen Bewegungen durch und erzeugt die zum Zuhalten und Öffnen notwendigen Kräfte."

Die Entwicklung der Schließeinheiten hat seit etwa 1990 eine erstaunliche Aktualität gewonnen. Holmlose Schließeinheiten, 2-Plattenschließeinheiten oder Parabolplatten geben davon Zeugnis.

3.13.1 Funktionen

Die Schließeinheit muss folgende Funktionen wahrnehmen:

- präzise, parallele und koaxiale Fixierung und Führung der beiden Werkzeughälften,
- schnelle Schließbewegung bis zur Berührung der beiden Werkzeughälften,
- sanftes Anfahren der Position „Werkzeug geschlossen" (Vermeiden von Schäden am Werkzeug beim Zufahren),

- Aufbau der Schließkraft,
- Halten der Schließkraft während des Spritzvorgangs,
- Druckentlastung nach Abschluss der Kühlzeit,
- langsame Öffnungsbewegung bis zur Trennung der Werkzeughälften,
- schnelle Öffnungsbewegung,
- genaues Anhalten in Stellung „Werkzeug offen" (wichtig bei Teilentnahme durch Handlinggeräte),
- Zusatzfunktionen wie Auswerfer, Kernzüge etc.

Die Schließeinheit besteht aus (DIN 24450):
- düsenseitiger (fester) Werkzeugaufspannplatte,
- auswerferseitiger (beweglicher) Werkzeugaufspannplatte,
- Führungssäulen (Holmen), falls vorhanden,
- Schließ- und Zuhaltesystem.

Bauarten:
Man unterscheidet drei grundsätzlich unterschiedliche Bauarten:
- Mechanische Zuhaltung (auch formschlüssige Verriegelung)
- Hydraulische Zuhaltung (auch kraftschlüssige Verriegelung)
- Mechanisch-hydraulische Zuhaltung (kraftschlüssige Verriegelung).

Unter Zuhaltung ist dabei die Art der beim Einspritzen und Nachdrücken wirksamen Einrichtung zum Zuhalten des Werkzeugs zu verstehen.

3.13.2 Mechanische Zuhaltung (Formschlüssige Verriegelung)

Praktisch alle heute gebauten Spritzgießmaschinen mit formschlüssiger Schließeinheit arbeiten nach dem *Kniehebelprinzip*.

3.13.2.1 Kinematik

Die natürliche Kinematik von Kniehebeln kommt den Anforderungen einer Schließeinheit entgegen (Bild 3-26). Kennzeichnend sind:
- sanftes Anfahren, Bewegungsablauf mit hoher Maximalgeschwindigkeit und Abbremsung bei Formschluss,
- hohe Schließkraft am Ende des Schließvorgangs mit kleiner Antriebskraft,
- Möglichkeit der Verriegelung durch Bewegung über den Totpunkt.

280 Die Thermoplast-Spritzgießmaschine

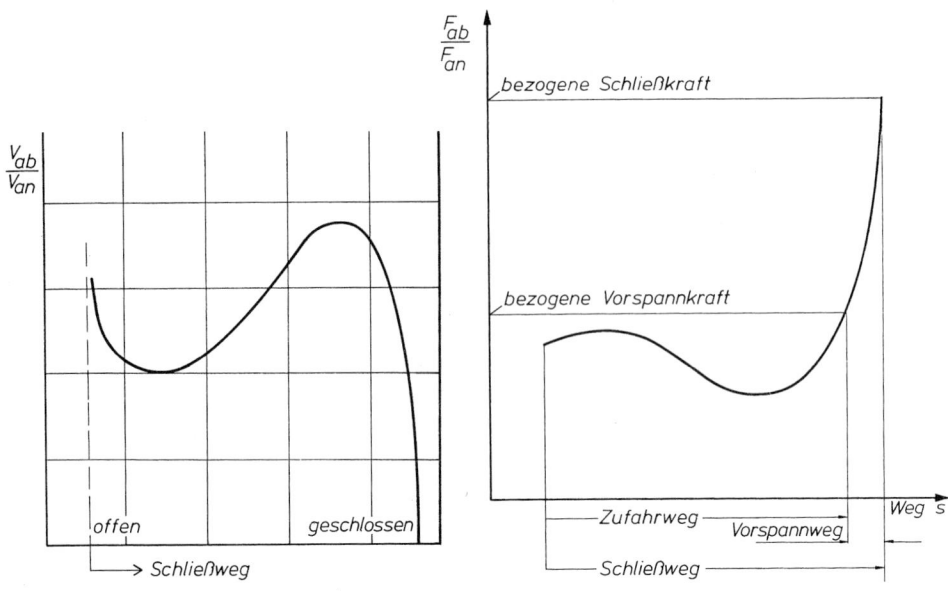

Bild 3-26 Kraft- und Geschwindigkeitsübersetzung eines Doppelkniehebels

3.13.2.2 Bauarten

Die billigste Bauart des Kniehebels ist der Einfachkniehebel (Bild 3-17). Sie wird fast nur für Kleinmaschinen eingesetzt. Der Antrieb erfolgt am Kniegelenk durch einen Hydraulikzylinder. Der Einfachkniehebel ermöglicht keine optimale Parallelführung der beweglichen Werkzeugaufspannplatte und erfordert einen oben oder unten liegenden Antriebszylinder, was bezüglich des Platzbedarfs nicht günstig ist. Außerdem ist der mittige Bereich nicht für die Ausstoßerbetätigung und -kupplung frei.

In Bild 3-28 sind die Kräfte an einem symmetrischen Einfachkniehebel dargestellt. Man erkennt auch aus Gleichung (3-1), dass die Schließkraft mit abnehmendem Winkel α größer wird und theoretisch, ohne Berücksichtigung der Elastizität des Systems, gegen Unendlich strebt. Aus der Kräftezerlegung folgt:

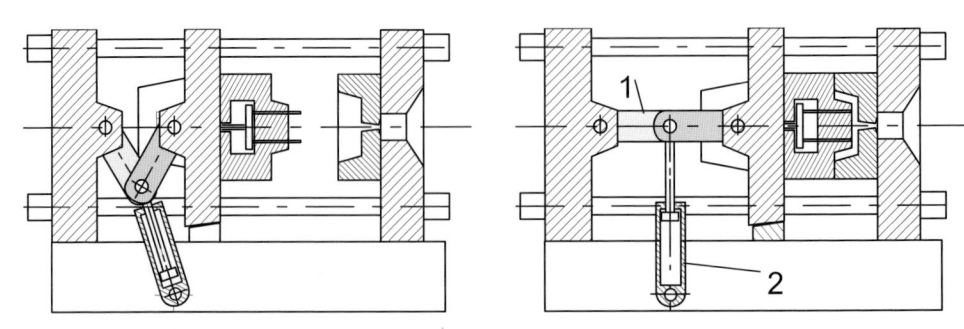

Bild 3-27 Einfachkniehebelsystem
1 Kniehebel, 2 Schließzylinder

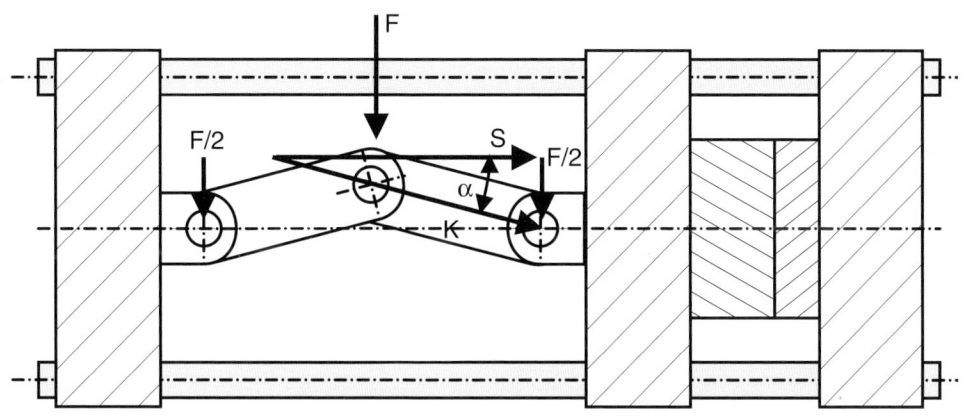

Bild 3-28 Kräfte an einem symmetrischen Einfachkniehebel
F Kraft des Schließzylinders, S Schließkraft, K Kraft im Kniehebel, α Winkel des Kniehebels

$$\frac{F}{2 \cdot S} = \operatorname{tg} \alpha \quad \text{und} \quad S = \frac{F}{2 \cdot \operatorname{tg} \alpha} \tag{3-1}$$

Heute werden fast ausschließlich Doppelkniehebelsysteme eingesetzt (Bild 3-29 und 3-30). Der Doppelkniehebel bringt einen günstigen Bewegungsverlauf und Parallelität der Werkzeugaufspannplatte durch die Abstützung in allen vier Ecken.

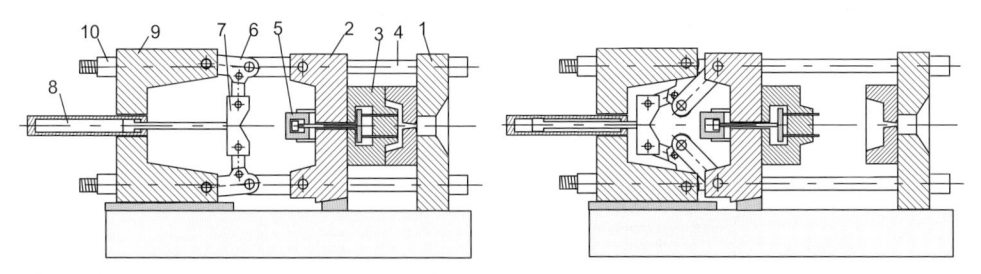

Bild 3-29 5-Punkt-Doppelkniehebelschließeinheit
1 feste Werkzeugaufspannplatte, 2 bewegliche Werkzeugaufspannplatte, 3 Werkzeug, 4 Säulen, 5 Auswerferantrieb, 6 Kniehebel, 7 Kreuzkopf, 8 Schließzylinder, 9 Jochplatte, 10 Säulenmutter zur Werkzeugeinbauhöhenverstellung

282 Die Thermoplast-Spritzgießmaschine

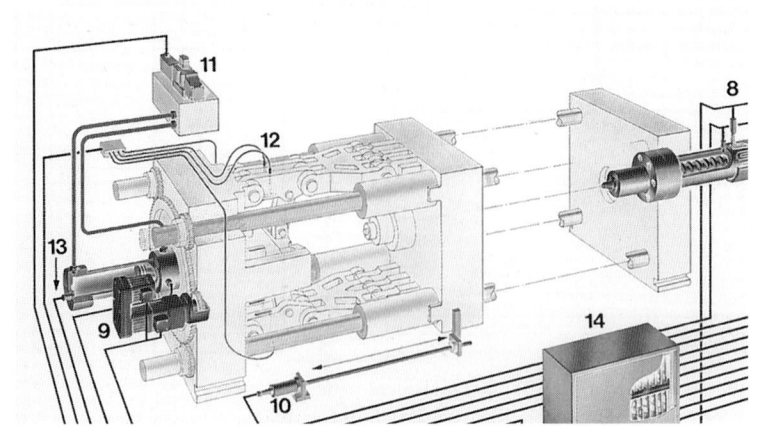

Bild 3-30 Doppelkniehebelschließsystem Netstal Synergy-Maschine
9 Motor zur Einstellung der Werkzeugeinbauhöhe und und zur Schließkraftregelung, 10 Ultraschallwegmessung des Schließ- und Öffnungshubs, 11 Servoventil am Schließzylinder, 12 Schließkraftmessaufnehmer, 13 Druckaufnehmer für Werkzeugsicherung, 14 Steuer- und Leistungselektronik

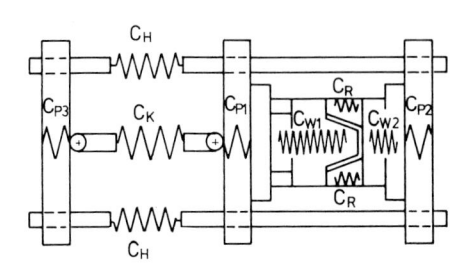

Bild 3-31
Federersatzbilder einer mechanischen Schließeinheit

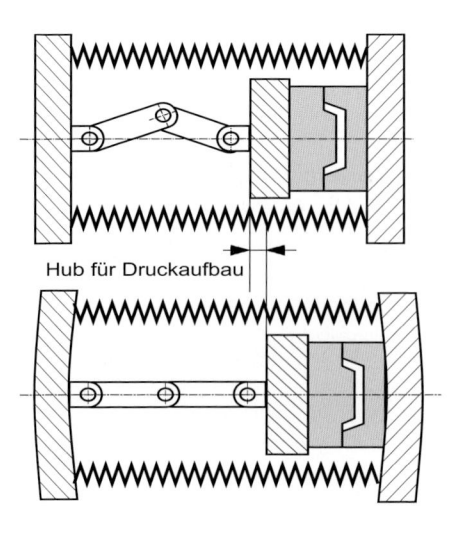

Bild 3-32
Verformung von Werkzeug und Schließeinheit beim Übergang des Kniehebels in Strecklage

3.13.2.3 Schließ- und Zuhaltekraft bei mechanischen Schließeinheiten

Schließ- und Zuhaltekraft entstehen bei der mechanischen Schließeinheiten durch Verspannen zweier Federsysteme (Bild 3-31 und 3-32). Bei der Einstellung wird die Endplatte (C_{P3} in Bild 3-31) soweit nach rechts verschoben, dass der Kniehebel beim Zusammentreffen

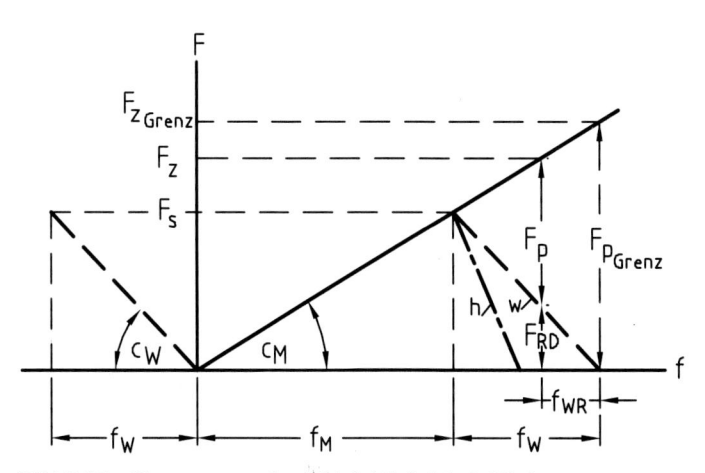

Bild 3-33 Verspannungschaubild Schließeinheit-Werkzeug
f_M Verformung der Maschine unter Einwirkung der Schließkraft,
f_W Verformung des Werkzeugs unter Einwirkung der Schließkraft,
f_{WR} Rückfedernde Verformung des Werkzeugs unter Werkzeuginnendruck,
F_S Schließkraft; entsteht durch die Verformungen von Maschine und Werkzeug beim Schließen.
F_p Druckkraft; entsteht durch den Werkzeuginnendruck und versucht das Werkzeug zu öffnen. Rückfedernde Bereiche des Werkzeugs wirken schließend.
F_Z Formzuhaltekraft; durch die Druckkraft wird die Maschine zusätzlich belastet und das Werkzeug in der Trennebene entlastet.
F_{RD} Restdichtkraft; durch die Druckkraft wird die Pressung in den Dichtflächen des Werkzeugs reduziert.
$F_{Z\text{-Grenz}}$ Maximale Formzuhaltekraft; sie besteht dann, wenn sich die Werkzeughälften unter Forminnendruck gerade noch berühren. Wird die Druckkraft F_p größer als $F_{p_{Grenz}}$ dann tritt Überspritzen ein und der Druck kann sich nicht weiter erhöhen.
c_M Federkonstante der Maschine,
c_W Federkonstante der rückfedernden Bereiche des Werkzeugs,
h   steifes Werkzeug; bei einem steifen Werkzeug mit geringer Rückfederung tritt ein Überspritzen schon bei geringerer Druckkraft ein als bei einem weichen. Die Maschine wird weniger belastet.
w   weiches Werkzeug

der beiden Werkzeughälften noch nicht ganz gestreckt ist. Beim vollständigen Strecken des Kniehebels entstehen Kräfte, weil Schließeinheit und Werkzeug gegeneinander verspannt werden. Verformungen und Kräfte lassen sich analog zu Schraubenverbindungen (s. Literatur zu „Maschinenelemente") in einem sog. Verspannungsschaubild (Bild 3-33) darstellen.

Die Kniehebel-Schließeinheit kann die vorgewählte Schließkraft nicht an beliebigen Positionen sondern nur bei gestrecktem Kniehebel aufbringen.

Insbesondere durch Wärmedehnungen von Säulen, Werkzeug und Kniehebelsystem kann die Schließkraft im Dauerbetrieb schwanken. Wo hohe Anforderungen an die Konstanz der Schließkraft gestellt werden, ist eine Schließkraftregelung erforderlich. Diese mißt die effektive Schließkraft mittels Dehnungsmessungen an den Säulen oder am Kniehebelsystem und korrigiert die Werkzeugeinbauhöhe so, dass die Schließkraft immer im zulässigen Toleranzfeld liegt. Bei Abweichungen vom Sollwert wird in den folgenden Zyklen so korrigiert, dass der Mittelwerte einiger Zyklen den Sollwert wieder erreicht.

3.13.3 Hydraulische Schließeinheiten (Kraftschlüssige Schließsysteme)

3.13.3.1 Vollhydraulische Schließeinheiten

Vollhydraulische Schließsysteme (Bild 3-34) bringen die ganze Schließkraft über direkt wirkende Hydraulikzylinder auf. Dazu sind Hydraulikzylinder beträchtlichen Durchmessers nötig (für eine Maschine mit 10000 kN Schließkraft und 200 bar Betriebsdruck ein Kolbendurchmesser von ca. 800 mm). Eine schnelle Bewegung der Werkzeugaufspannplatte mit dem Hauptzylinder ist aus energetischen Gründen nicht sinnvoll. Abgesehen von Kleinstmaschinen weisen deshalb alle vollhydraulischen Schließeinheiten einen zweistufigen Formschluss auf:

- Schnellgangzylinder mit geringem Querschnitt,
- Hauptzylinder mit Bypass- oder Ansaugventilen.

Im Gegensatz zur mechanischen Schließeinheit kann bei einer vollhydraulischen Maschinen die Schließkraft in jeder Stellung der Werkzeugaufspannplatte erbracht werden, was für Sonderfunktionen, wie z.B. Spritzprägen, von Bedeutung ist. Die Schließkraft ist nur vom

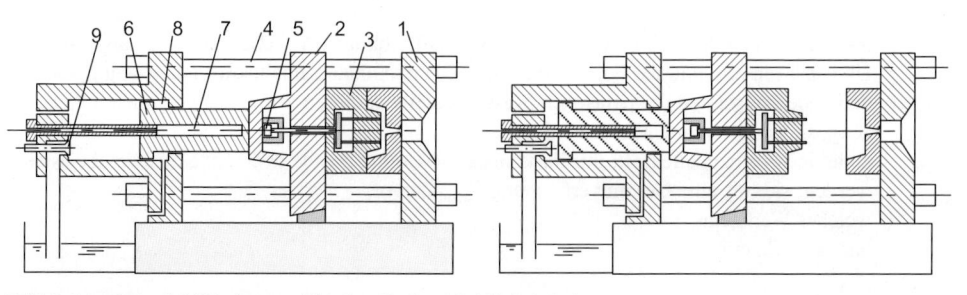

Bild 3-34 Prinzipbild einer vollhydraulischen Schließeinheit
1 feste Werkzeugaufspannplatte, 2 bewegliche Werkzeugaufspannplatte, 3 Werkzeug, 4 Holme (Säulen), 5 Auswerferantrieb, 6 Schließkolben, 7 Schnellaufzylinder, 8 Ring-Zylinderfläche für Werkzeugöffnung, 9 Ansaugventil

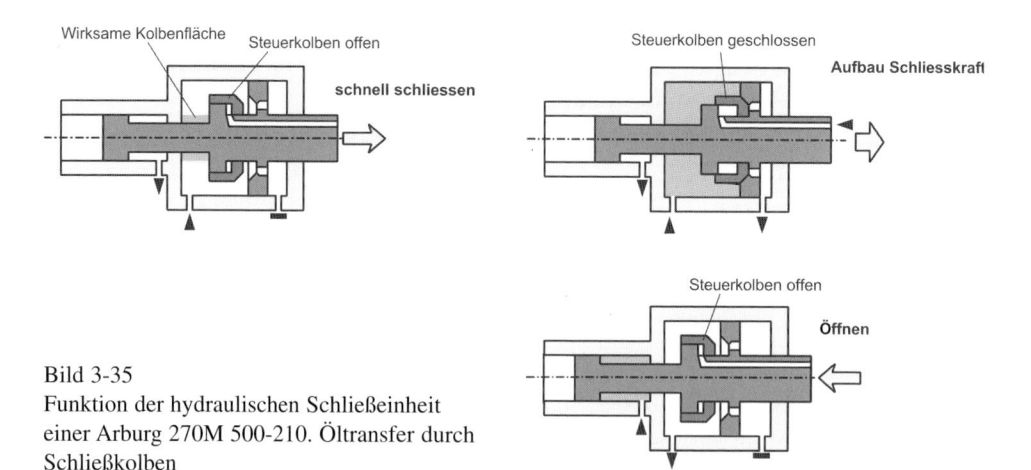

Bild 3-35
Funktion der hydraulischen Schließeinheit einer Arburg 270M 500-210. Öltransfer durch Schließkolben

Hydraulikdruck abhängig und somit einfach einstell- und reproduzierbar. Eine Höhenverstellung entfällt. Nachteilig bei den vollhydraulischen Schließeinheiten ist das Umpumpen großer Ölmengen im Hauptzylinder bei schnellem Verfahren des Werkzeugs und der damit verbundene Energieverbrauch.

Arburg beschreitet deshalb bei der in Bild 3-35 dargestellten hydraulischen Schließeinheit einen anderen Weg, um die großen Ölmengen wirtschaftlich von einer Seite des Schließkolbens auf die andere zu bringen. Man erkennt in der Darstellung, dass es im Kolben selbst Öffnungen gibt, die den Durchfluss des Öls auf kurzem Weg von einer Seite des Kolbens auf die andere ermöglichen. Diese Öffnungen können zum Aufbau der Schließkraft mit einem Steuerkolben geschlossen werden, damit die gesamte Kolbenfläche wirksam wird. Beim Zufahren trägt dagegen nur die in Bild 3-35a dunkel gezeichnete Ringfläche zur Kraft nach rechts bei.

3.13.3.2 Schließ- und Zuhaltekraft bei hydraulischen Schließeinheiten

Die Schließkraft kann bei diesen Systemen sehr einfach und präzise auf einen gewünschten Wert eingestellt werden. Dazu ist lediglich die Einstellung des Hydraulikdrucks vorzunehmen. Die auf diese Weise eingestellte Schließkraft bleibt auch während der Zuhaltephase konstant (Bild 3-36a) wenn der Druck mittels Druckbegrenzungsventil gehalten wird. Es steht allerdings keine Zuhaltereserve zur Verfügung. Schließkraft und Zuhaltekraft haben den gleichen Wert. Eine Überlastung des Schließsystems ist völlig ausgeschlossen. Energetisch günstiger ist es, die Ölsäule nach dem Aufbau der Schließkraft mit einem Rückschlagventil abzusperren. Die Charakteristik des Kräftespiels ändert sich. Die Zuhaltekraft kann sich gegenüber der Schließkraft vergrößern, allerdings sehr viel weniger als bei einer mechanischen Verriegelung. Bild 3-36b zeigt, dass die Zuhaltekraft entlang der Federkennlinie des Gesamtsystems steigt.

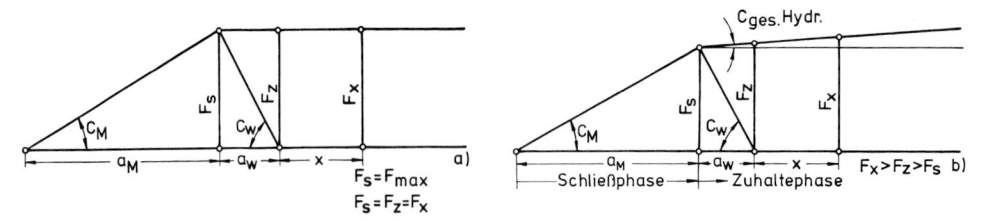

Bild 3-36 Kraft-Verformungsdiagramm für hydraulische Schließeinheiten
a Schließkraft durch Druckbegrenzungsventil gesteuert, b Schließzylinder hydraulisch eingespannt

3.13.3.3 Hydraulische Schließeinheit mit mechanischer Verriegelung

Bei hydraulischen Schließsystemen mit mechanischer Verriegelung (Bild 3-37) wird während der Schnellgangbewegung der Hauptzylinder entkuppelt. Dadurch lässt sich die bewegliche Werkzeugaufspannplatte mit minimaler Kraft bewegen und ein Ansaugen bzw. Umpumpen von Öl entfällt. Der Hauptkolben hat nur einen minimalen Hub. Bei den Schließsystemen mit mechanischer Verriegelung muss – wie bei den formschlüssigen – Systemen die Werkzeugeinbauhöhe angepasst werden (z. B. durch Verstellen der Höhe des Druckstößels oder der Säulenlänge).

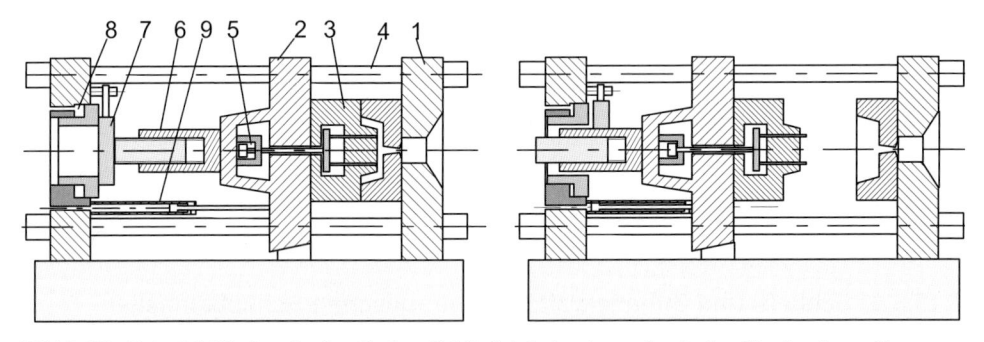

Bild 3-37 Prinzipbild einer hydraulischen Schließeinheit mit mechanischer Verriegelung, Bauart: Battenfeld
1 feste Werkzeugaufspannplatte, 2 bewegliche Werkzeugaufspannplatte, 3 Werkzeug, 4 Säulen, 5 Auswerferantrieb, 6 Stößel (Höhe verstellbar für Anpassung an Werkzeughöhe), 7 Schwenkplatte für mechanische Verriegelung, 8 Kurzhub-Schließzylinder (Ringspalt), 9 Schnellaufzylinder

3.13.4 Zwei-Plattenschließeinheit

3.13.4.1 Prinzip

Wenn man die vorausgehenden Schließeinheiten betrachtet, stellt man fest, dass sie aus drei Platten bestehen. Die linke Platte dient zur Abstützung des Kniehebels oder des Hydraulikzylinders damit diese auf die bewegliche, mittlere Platte drücken können. Die bewegliche Platte kann jedoch auch, wie Bild 3-38 zeigt, durch Ziehen mittels Säulen betätigt werden. Dadurch entfällt die Abstützplatte, die Schließeinheit wird kürzer und billiger. Verkürzend

3.13 Schließeinheit

und die Zugänglichkeit verbessernd wirkt auch das Lösen der Säulen beim Öffnen des Werkzeugs. Beim Schließen werden die Säulen dann durch eine Art Bajonettverschluss wieder mit der Platte verriegelt. Die Schließkolben erzeugen durch Ziehen an den Säulen die Schließ- und Zuhaltekraft.

3.13.4.2 Bauarten

In Bild 3-38 und 3-39 sind verschiedene konstruktive Lösungen von Zwei-Plattenschließeinheiten dargestellt. Vor- und Nachteile sind in Tabelle 3-4 aufgeführt. Den in Bild 3-38 gezeigten Lösungen ist gemeinsam, dass die Funktionen Fahrbewegung, Verriegelung und Zuhaltekraft getrennt sind. Die relativ kurzen Säulen ergeben eine sehr hohe Steifigkeit.

Eine weitere Ausführung (Bild 3-39) kommt ohne Verriegelung aus. Die Säulen werden als Kolbenstangen ausgebildet, die in – mit dem Spritzaggregat verschachtelte – Zylinder eintauchen. Nachteilig ist die schlechtere Zugänglichkeit der Düse.

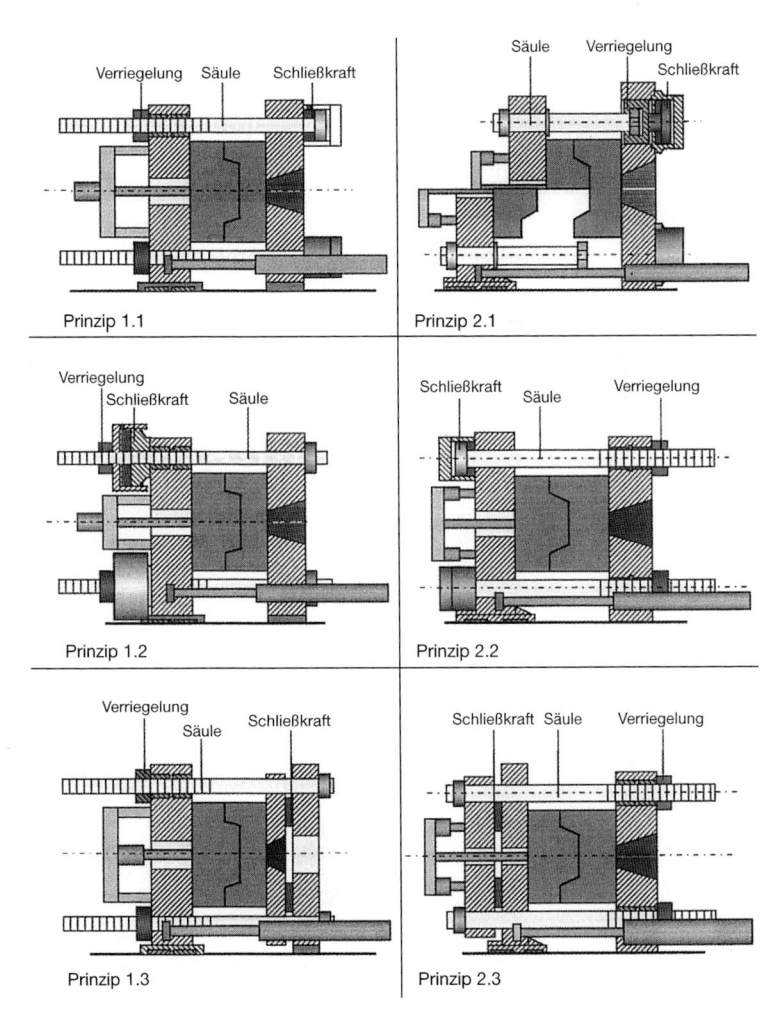

Bild 3-38
Bauformen von Zweiplattenschließeinheiten [46]

Tabelle 3-4 Vergleich der Bauformen (Bild 3-38) von Zwei-Plattenschließeinheiten [46]

Säulen oder Zuganker		an FAP feststehend	mit BAP mitfahrend
Verriegelung		an BAP	an FAP
Schließkraftaufbau durch Hydrozylinder an den Säulenenden an:	FAP	Vorteil: geringere bewegte Massen, kein zusätzliches Kippmoment auf BAP, gute Zugänglichkeit zur Düse, einfacher Aufbau von getrennten Funktionen: Verriegeln + Schließkraft Nachteil: keine fest verankerten Säulen 1.1	Vorteil: bei ausfahrbaren Säulen und Verschluss in FAP sehr kurze Bauweise, gute Zugänglichkeit zur Düse Nachteil: keine zusätzliche Führung, größere bewegte Massen, Kippmoment auf BAP 2.1
	BAP	Vorteil: feststehende Säulen, in FAP verankert, geringe bewegte Massen, bei abgestützten Säulen zusätzliche Führung der BAP Nachteil: aufwendiges Bauteil für Kombination Verriegeln + Schließkraft mitfahrende Hydraulikelemente 1.2	Vorteil: einfacher Aufbau von getrennten Funktionen: Verriegeln und Schließkraft Nachteil: größere bewegte Massen, eingeschränkte Zugänglichkeit zur Düse, zusätzliches Kippmoment auf BAP 2.2
durch einen oder mehrere Kurzhubzylinder, zentral angeordnet in Sandwichplatte in:	FAP	Vorteil: feststehende Säulen, in FAP verankert, zentrale Krafteinleitung in FAP, geringe bewegte Massen bei abgestützten Säulen zusätzliche Führung der BAP, kein zusätzliches Kippmoment der BAP Nachteil: aufwendige Sandwichplatte, weniger flexibel für Sonderlösungen, wie z. B. Zwei-Komponenten in Parallelstellung 1.3	Vorteil: geringe Durchbiegung der BAP 2.3 Nachteil: aufwendige Sandwichplatte
	BAP	zur Zeit nicht realisiert	Vorteil: zentrale Krafteinleitung in BAP Nachteil: größere bewegte Massen, eingeschränkte Zugänglichkeit zur Düse, zusätzliches Kippmoment auf BAP, aufwendige Sandwichplatte

FAP: Feste Aufspannplatte
BAP: Bewegliche Aufspannplatte

Trotz des eindeutigen Trends, im Mittel- und Großmaschinenbereich auf Zwei-Plattenschließeinheiten überzugehen, wird es auch weiterhin konstruktive Lösungen geben, die nur mit drei Platten realisierbar sind. Grundsätzlich gilt dies für alle Kniehebelmaschinen (vollelektrische) und alle holmlosen.

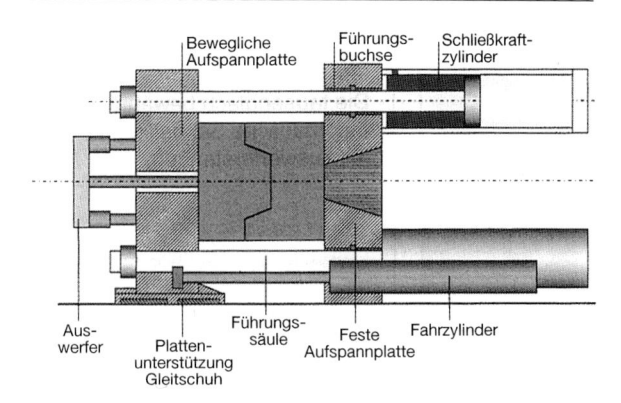

Bild 3-39
Zweiplattenschließeinheit mit als Kolbenstange ausgebildeten Säulen
[46]

3.13.5 Holmlose Schließeinheiten

Die ersten holmlosen Schließeinheiten („Free Space-Maschinen") sind 1989 von der Firma Engel auf den Markt gebracht worden. Vorteile:
- geringe Kosten,
- hervorragende Zugänglichkeit mit sperrigen Werkzeugen und zur Formteilentnahme,
- große Aufspannfläche,
- Plattensteifigkeit ohne kissenförmige Verformung unter Schließkraft.

Diese offensichtlichen Vorteile und der Markterfolg des Konzepts haben dazu geführt, dass auf der K'95 weitere technische Lösungen für säulenlose Spritzgießmaschinen vorgestellt wurden. Grundsätzlich wird analog zum Pressenbau zwischen einem C-Rahmen und einem H-Rahmen unterschieden (Bild 3-40). Wie aus Bild 3-41 hervorgeht, wird bei der konventionellen Bauart mit Holmen die Schließeinheit symmetrisch belastet. Daraus ergibt sich prinzipiell die wichtige Planparallelität der Werkzeughälften. Bei der holmlosen Bauart biegt sich dagegen der Ständer unter der Biegebeanspruchung einseitig auf, so dass die Parallelität der Werkzeugaufspannplatten mit geeigneten Maßnahmen sichergestellt werden muss.

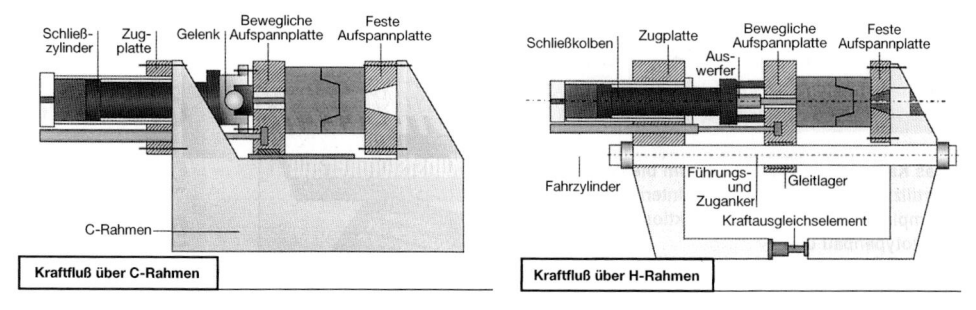

Bild 3-40 Holmlose Schließeinheiten mit C- und H-Rahmen

290 Die Thermoplast-Spritzgießmaschine

Kraftfluss

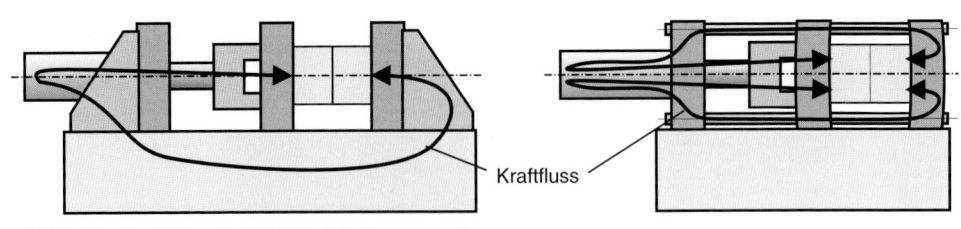

Bild 3-41   Kraftfluss in Schließeinheiten unter Last

3.13.5.1 C-Rahmen

Bei der Engel-Schließeinheit (Bild 3-42) bewirken eine Rückstellfeder und ein mechanischer Anschlag Parallelität der Platten bei offener Maschine. Beim Aufbau der Schließkraft kompensiert das elastische „Gelenk" die Deformation des Ständers und die bewegliche Aufspannplatte kann von den Führungen abheben, damit vom Werkzeug keine Querkräfte aufgenommen werden müssen. Durch eine mit Finite Elemente-Berechnungen optimierte Ständerkonstruktion wird bei HPM verhindert, dass sich die Platten der Schließeinheit unter Last schräg stellen. Die feste Aufspannplatte wird über Druckstabbolzen am Ständer abgestützt (Bild 3-43).

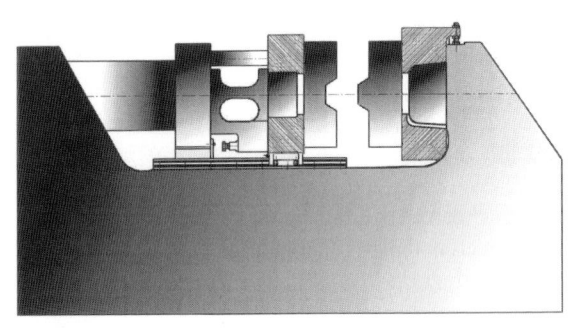

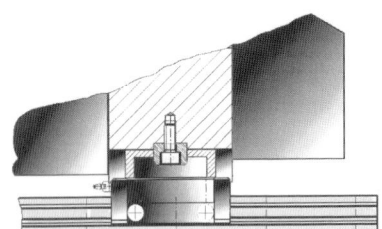

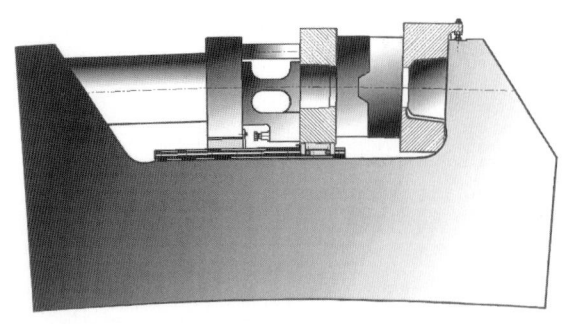

Bild 3-42
Verformungskompensation der
Fa. Engel

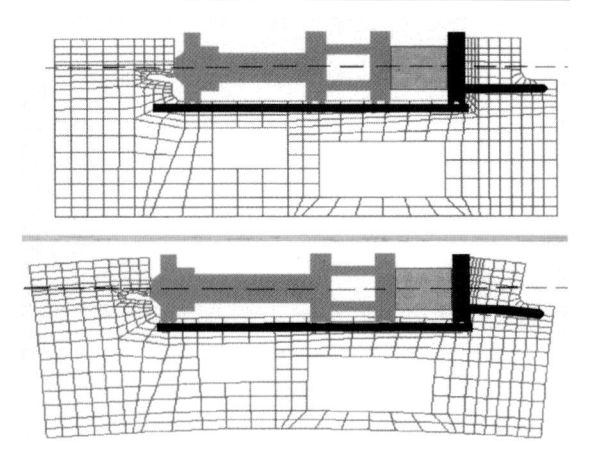

Bild 3-43
Holmlose Schliesseinheit Bauart HPM
(Bild: HPM)

3.13.5.2 H-Rahmen

Beim H-Rahmen (Bild 3-44) mit hydraulischer Kompensation wirkt im Maschinenfuß ein hydraulischer Kompensationszylinder einer einseitigen Aufspreizung entgegen. Parallel zum Schließkraftaufbau wird dieser Zylinder mit Druck beaufschlagt und erzeugt die notwendige Kompensationskraft. Die als Säulen ausgelegten Zuganker nehmen die Kräfte auf und dienen als optimale Plattenführung (Bild 3-40). Einer auch hier auftretenden kleinen Aufspreizung der Werkzeugaufspannplatten wird durch die Auslegung der Plattenaufnahmen entgegengewirkt.

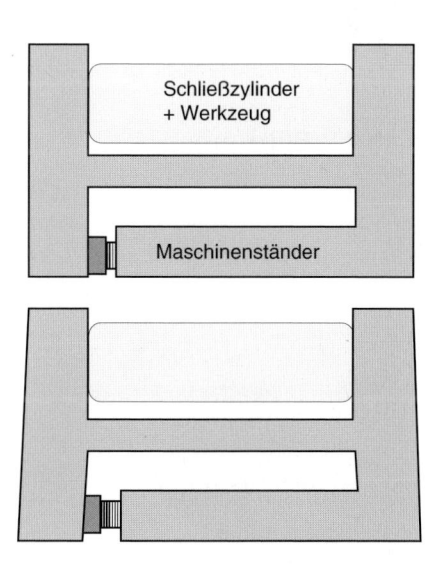

Bild 3-44
Kompensation der Schrägstellung beim H-Rahmen

3.13.6 Verformungsverhalten von Aufspannplatten

Eine saubere Ausrichtung (Planparallelität, Achsentreue) und geringe Verformung der Aufspannplatten ist für die Funktion der Werkzeuge und die Formteilqualität außerordentlich wichtig. In Bild 3-47 wird gezeigt, wie sich die Krafteinleitung auf die Verformung von Aufspannplatten und Werkzeug auswirkt. Grundsätzlich werden die Werkzeugaufspannplatten so dimensioniert, dass die maximale Durchbiegung je nach Maschinengröße im Bereich 0,05–0,3 mm liegt. Konstruktionen mit einem zentralen Hauptzylinder haben den Vorteil einer zentralen Krafteinleitung auf die bewegliche Werkzeugaufspannplatte und damit bei gleicher Plattenstärke geringeren Deformationen des Werkzeugs.

Ein interessantes Plattendesign (Bild 3-45) wurde von der Fa. HPM auf der K98 vorgestellt. Durch die 2-teilige Verformbarkeit soll die Aufspannfläche trotz Krafteinleitung „außen" ohne Durchbiegung bleiben.

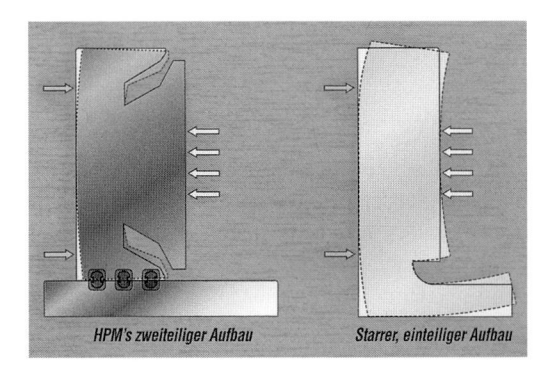

Bild 3-45   Konstruktive Möglichkeit zur Minimierung der Plattendurchbiegung im Aufspannbereich der Werkzeuge
Links: „Parabolic"-Platte, Mitte: konventionelle Platte, rechts: FEM-Berechnung zeigt: Durchbiegung der Aufspannfläche einheitlich gering

3.13.7   Führungen

Die Dimensionierung der Säulen ist nicht nur für die Zugbelastung unter Schließkraft wichtig. Durch das Eigengewicht von Platte und Werkzeug biegen sich die Säulen durch, was einen negativen Einfluss auf den Werkzeugverschleiß hat. Viele Maschinen im mittleren und oberen Schließkraftbereich weisen deshalb Abstützungen der beweglichen Platte auf dem

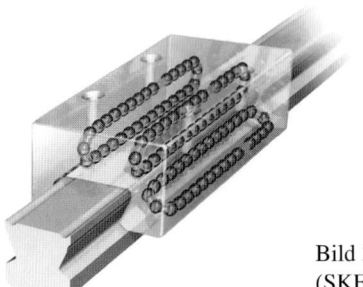

Bild 3-46   Linearwälzlager für die Führung von Aufspannplatten (SKF)

Ständer auf. Zunehmend werden für Führungen von Schließ- und Spritzeinheit Linearwälzlager mit Kugelumlauf verwendet.

3.13.8 Vergleich der Schließysteme

3.13.8.1 Schließ- und Zuhaltekraft

Ein wichtiger Vorteil der formschlüssigen Schließsysteme ist die hohe Steifigkeit. Während der Einspritz- und Nachdruckphase werden die Werkzeugaufspannplatten durch den Werkzeuginnendruck auseinandergedrückt. Eine steife Schließeinheit lässt dies nur in sehr geringem Maße zu, wobei die Schließkraft um etwa 10 bis 15 % auf die bereits definierte Zuhaltekraft ansteigt (Bild 3-33). Dieser Anstieg ergibt gegenüber der hydraulischen Schließeinheit gleicher nominaler Größe eine Zuhaltekraftreserve der genannten Größenordnung. Die Mechanik der Schließeinheit muss für die Zuhaltekraft ausgelegt sein und nicht nur für die Schließkraft.

Bei kraftschlüssigen Schließeinheiten ist die Schließkraft bzw. Zuhaltekraft nur vom Druck im Hydraulikzylinder abhängig. Ist das Öl im Zylinder während des Füllvorgangs eingesperrt (Rückschlagventil), so steigt die Zuhaltekraft ebenfalls über die Schließkraft, allerdings wegen der hohen Elastizität der Ölsäule erheblich weniger als bei einer Kniehebelmaschine. Ist der Druck im Schließzylinder hingegen druckgesteuert, bleibt die Schließkraft während des ganzen Füllvorgangs erhalten (Bild 3-36).

3.13.8.2 Trockenlaufzeiten

Bei Kniehebelmaschinen lassen sich wirtschaftlicher kurze Trockenlaufzeiten erreichen. Gründe für die kurzen Trockenlaufzeiten sind:
- kein Zeitverlust bei Umschaltung von Schnellgang auf Druckaufbau,
- höhere Maximalgeschwindigkeit,
- wegen Steifigkeit des Systems kürzerer Druckaufbau.

3.13.8.3 Krafteinleitung und Plattenverformungen

Die kraftschlüssigen Schließsysteme (allerdings nur die Konstruktionen mit einem zentralen Hauptzylinder) haben den Vorteil einer zentralen Krafteinleitung auf die bewegliche Werkzeugaufspannplatte und damit bei gleicher Plattenstärke einer geringeren Deformation des Werkzeugs. Grundsätzlich werden die Werkzeugaufspannplatten so dimensioniert, dass die maximale Durchbiegung je nach Maschinengröße im Bereich 0,05–0,3 mm liegt.

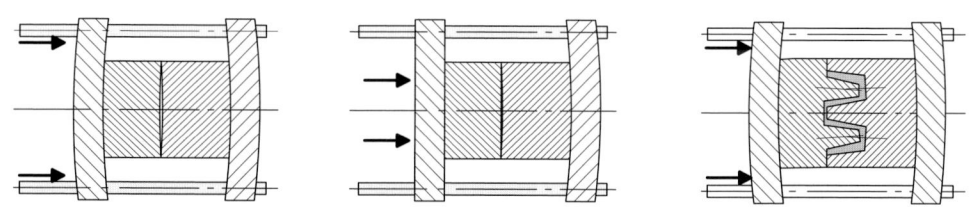

Bild 3-47 Deformationen von Aufspannplatten und Einfluss auf Werkzeug
Links: Abstützung außen (z.B. Doppelkniehebel, 2-Plattenschließeinheit), Mitte: Abstützung zentrisch (z.B. hydraulische Schließeinheit), rechts: Kernversatz durch Plattenbiegung

3.13.8.4 Gesamtvergleich

Die Praxis hat gezeigt, dass alle beschriebenen Schließysteme eine Existenzberechtigung haben und bei optimaler Auslegung auch für einen weiten Anwendungsbereich eingesetzt werden können (Tabelle 3-5). Kniehebelsysteme sind speziell zu empfehlen für die Pro-

Tabelle 3-5   Vergleichsmerkmale von Schließeinheiten

	Kniehebel	Voll-hydraulisch	Holmlos, voll-hydraulisch	Hydro-mechanisch	Hydro-mechanisch, 2-Platten
Kraft-einleitung	Ecken der Aufspannplatten	meist zentral	zentral	je nach Bauart zentral oder dezentral	dezentral
Plattendurch-biegung (bei gleicher Dicke)	größer	geringer	geringer	abhängig von Bauart	größer
Werkzeug-höhenverstel-lung	Verstellung der Säulenlänge	nicht nötig	nicht nötig	bei vielen Konstruktionen ist eine mechanische Verstellung nötig, z.B. Verstellung Stößel-länge	abhängig von Konstruktion, meist nicht nötig
Maximale Zuhaltekraft (% der Schließ-kraft)	ca. 120%	100 bis 110%	100 bis 110%	100 bis 110%	100 bis 110%
Bewegungs-ablauf	schnell, harmonisch	langsamer, nur mit aufwendiger Steuerung harmonisch	langsamer, nur mit aufwendiger Steuerung harmonisch	langsamer, nur mit aufwendiger Steuerung harmonisch	langsamer, nur mit aufwendiger Steuerung harmonisch
Schließkraft-konstanz	nur mit Schließ-kraftregelung gut	gut	gut	gut	gut
Eignung für vollelektri-schen Antrieb	ja	nein	nein	für Hybridantrieb	für Hybridantrieb
Vorteile	Energieverbrauch	einfacher Werkzeugwechsel	sehr einfacher Werkzeugwechsel	kostengünstig geringer Energieverbrauch	Platzbedarf gering, Energieverbrauch
Nachteile	aufwendige Schmierung	Energieverbrauch	Platzbedarf	Zykluszeit	Zykluszeit
Typische Anwendungen	schnelllaufende Maschinen mitlerer Größe, Dauerläufer	kleine bis mittlere Maschinen	kleinere und mittlere Maschinen, sperrige Werkzeuge, häufige Wechsel	Großmaschinen	Großmaschinen

duktion dünnwandiger Formteile (schnelle Zyklen) großer Serien. Vollhydraulische Maschinen bringen Vorteile bei häufigem Werkzeugwechsel. Hydromechanische Systeme eignen sich optimal für Grossmaschinen.

3.13.9 Werkzeugsicherung

Spritzgießwerkzeuge sind sehr teure Einzelanfertigungen und müssen deshalb sorgfältig gegen mechanische Schäden geschützt werden. Falls beim Schließen des Werkzeugs Fremdkörper bzw. nicht entformte Formteile im Bereich der Trennebene oder der Formkavitäten verbleiben, kann dies zu erheblichen Schäden führen. Spritzgießmaschinen sind deshalb mit einer sogenannten Werkzeugsicherung ausgerüstet. Die einfachste Form der Werkzeugsicherung ist eine einstellbare Druckbegrenzung im (Schnellgang-) Schließzylinder. In der Endphase des Schließvorgangs kann der Anwender die Schließkraft so gering einstellen, dass bei Auftreten eines Widerstands die Bewegung gebremst und nach Überschreiten einer gewissen Zeit rückgängig gemacht wird (passive Werkzeugsicherung). Es werden auch Systeme zur aktiven Werkzeugsicherung angeboten: Durch Überwachung des Hydraulikdrucks während der Schließbewegung oder der Schrägstellung der Werkzeugaufspannplatten (Hindernisse im Werkzeug liegen praktisch immer exzentrisch!) kann eine Unregelmäßigkeit erkannt und ein Entlastungshub eingeleitet werden. Die Werkzeugsicherung kann zusätzlich mit peripheren Geräten verbessert werden, die bereits vor Beginn des Schließvorgangs reagieren (z. B. optische Überwachung der Entformung oder Ausfallwaage).

3.13.10 Auswerfer

Die Spritzgießwerkzeuge werden üblicherweise so konzipiert, dass die Formteile beim Öffnen auf der beweglichen Seite verbleiben. Wenn das Werkzeug geöffnet ist (evtl. schon parallel mit dem Öffnungsvorgang), müssen die Formteile aus dem Werkzeug gestoßen werden. Dazu dienen Auswerfersysteme. Alle heute auf dem Markt erhältlichen Spritzgießmaschinen sind mit einem integrierten Auswerfersystem auf der beweglichen Werkzeugaufspannplatte ausgerüstet Es besteht in der Regel aus einer zentralen Auswerferkupplung oder einer hinter der Aufspannplatte angebrachten Auswerferplatte, an der das Auswerfersystem des Werkzeuges befestigt werden kann. Der Antrieb erfolgt über einen zentralen oder zwei seitliche Hydraulikzylinder.

3.14 Maschinenständer

3.14.1 Aufgaben des Ständers

Der Maschinenständer (Bild 3-48) hat folgende Aufgaben:
- Tragen der Schließeinheit und des Spritzaggregates auf einer günstigen Bedienungshöhe,
- Übertragen von horizontalen Massenkräften auf den Boden, die durch das Abbremsen oder Beschleunigen bewegter Massen entstehen,
- Gestell für die Unterbringung und Befestigung des Antriebs, von Schutzeinrichtungen und diversen Baugruppen,
- oft ist der Hydrauliköltank in den Ständer integriert.

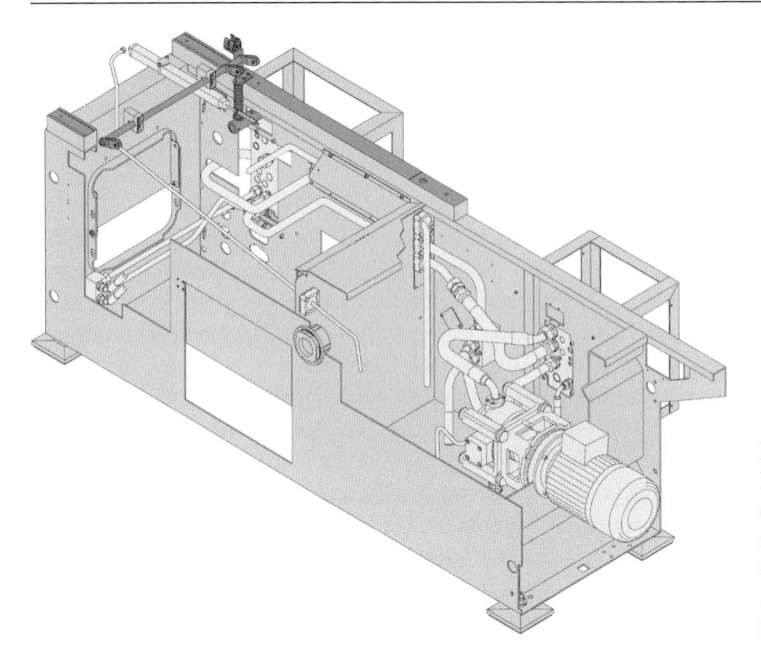

Bild 3-48
Maschinenständer einer Spritzgießmaschine (Arburg)
Schwarz: bearbeitete Auflageflächen der Schließeinheit

3.14.2 Ausführung

Bei Maschinen bis ca. 5000 kN Schließkraft ist der Ständer meistens einteilig, bei größeren Maschinen kann er zur Vereinfachung des Transports zwischen Schließeinheit und Spritzaggregat getrennt werden. Die Ständer werden meist nicht am Boden festgeschraubt, sondern auf Gummi-Schwingelementen abgestützt. Sie werden als Schweißkonstruktionen ausgeführt. Auflageflächen und Gleitbahnen auf der Oberseite müssen mechanisch bearbeitet werden. Die Ständer sollten so gestaltet werden, dass unter dem Werkzeugraum ein möglichst großer Ausfallschacht offen bleibt und die Anbringung von Förderbändern nach drei Seiten ermöglicht wird. Bei kleineren Maschinen wird die Steuerung häufig direkt am Ständer angebracht. Dies spart Stellfläche, aber die Elektronik wird den Erschütterungen der Maschine ausgesetzt. Am Ständer werden zahlreiche Hilfseinrichtungen befestigt wie z. B. Zentralschmieranlagen für Kniehebel, Elektroverteilerkästen, Kabelkanäle, Steckdosen für Zusatzheizungen, Peripheriegeräte, Ausfallschächte und Rutschen für die Formteile, Wasserdurchflussregler und Schaugläser für die Werkzeugkühlung.

3.15   Sicherheitseinrichtungen

3.15.1   Notwendigkeit

Wie leider zahlreiche Unfälle – häufig Abquetschungen von Gliedern – beweisen, sind Spritzgießmaschinen, wenn sie nicht mit entsprechenden Schutzvorrichtungen versehen sind, gefährliche Maschinen. Besonders gefährlich sind die Schließeinheit und der Bereich vor der Düse. Die Anforderungen an die Sicherheitseinrichtungen sind in Normen detailliert beschrieben (EN 201). Wichtigste Forderungen sind:

- Der Zugriff in die Schließeinheit muss von allen Seiten verwehrt sein. Wenn die Schutzvorrichtungen für den Werkzeugwechsel oder die Wartung geöffnet sind, muss jede Bewegung der Schließeinheit verhindert sein.
- Der Zugriff im Bereich der Düse muss durch entsprechende Vorrichtungen versperrt werden. Bei schwenkbaren Spritzaggregaten darf es nicht möglich sein, dass im ausgeschwenktem Zustand mit hoher Geschwindigkeit ausgespritzt werden kann.
- Heiße Maschinenteile wie z. B. der Zylinder sind vor Berührung zu schützen.

Die besten Sicherheitsvorkehrungen helfen jedoch nicht, wenn sie z. B. beim Einrichten von Werkzeugen unwirksam gemacht werden.

3.15.2 Verschalungen

Um den Zugriff in gefährdete Bereich zu verhindern, werden die Maschinen mehr oder weniger verschalt. Verschalungen dienen aber auch zur Geräuschdämmung und nicht zuletzt der Optik. Der Grad der Verschalungen ist modischen Schwankungen unterworfen. Viel Verschalung verschlechtert die Zugänglichkeit für Rüst- und Wartungsarbeiten, verbessert aber das Design. Der Trend geht aktuell in Richtung Vollverschalung der Maschinen (Bild 3-49). Gründe dafür sind auch die ständig zunehmenden Risiken bezüglich der Produktehaftung.

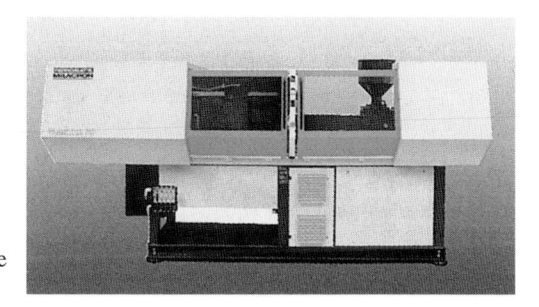

Bild 3-49
Vollverschalte, elektrische Spritzgießmaschine der Firma Ferromatik-Milacron

3.15.3 Steuerungstechnische und hydraulische Sicherheitseinrichtungen

Die Schließeinheit muss mit Vorrichtungen versehen sein, die Bewegungen der Werkzeugaufspannplatte bei offenen Schutzvorrichtungen zuverlässig verhindern. Primär geschieht dies durch die Maschinensteuerung. Ein zweites, unabhängiges Sicherheitssystem ist die hydraulische Schließsicherung. Durch die Schutztür wird formschlüssig ein Hydraulikventil betätigt, das den Schließzylinder auf Tank schaltet. In einzelnen Ländern (z. B. USA) ist zudem noch ein drittes, direkt mechanisch betätigtes System gefordert, die mechanische Schließsicherung. Dabei fährt bei offener Schutzeinrichtung zwangsgesteuert ein mechanischer Schieber in die Schließeinheit und verhindert deren Zufahren.

298   *Die Thermoplast-Spritzgießmaschine*

3.16   Hydraulische Antriebe

Nachdem im Zeitraum 1960 bis 1990 vor allem die Steuerungstechnik die Spritzgießmaschinen revolutioniert hat, begann in den 90er Jahren ein Umbruch der Antriebstechnik. Bis zu den Energiekrisen war der Energieverbrauch von Spritzgießmaschinen, aber auch deren Lärmemissionen, ein untergeordnetes Thema. Durch die Energiekrisen aber auch durch die Vorstellung der ersten vollelektrisch angetriebenen Spritzgießmaschine im Jahre 1984 hat sich dies geändert. Dank des Konkurrenzdrucks durch die elektrischen Antriebe wurden in den vergangenen Jahren auch bei hydraulischen Antrieben erhebliche Fortschritte gemacht.

Hydraulische Antriebe dominieren im Spritzgießmaschinenbau noch immer deutlich. Früher wurde auch Wasser als Hydraulikflüssigkeit eingesetzt, heute nur noch Öl. Gründe für das Verschwinden der Wasserhydraulik sind schlechte Schmiereigenschaften und Korrosion. Heute kommen spezielle Hydrauliköle zum Einsatz, die in DIN 51524 bzw. VDMA 24318 normiert sind.

Die wichtigsten Vorteile hydraulischer Antriebe:

- hohe Leistungsdichte der Antriebselemente,
- Betriebssicherheit und hohe Verfügbarkeit,
- kostengünstige Linearantriebe für hohe Kräfte,
- Möglichkeit der Energiespeicherung für Leistungsspitzen (durch Akkumulatoren),
- einfache und kostengünstige Verstellung der Geschwindigkeit,
- einfache und kostengünstige Einstellung der maximalen Kräfte und Drehmomente über Druckbegrenzung,
- Zusatzantriebe können sehr einfach und billig realisiert werden.

3.16.1   Grundlagen

Basis für die Kraft- und Energieübertragung in hydraulischen Antrieben ist der hydrostatische Druck. Man spricht deshalb auch von hydrostatischen Antrieben. Das Öl in der Hydraulikleitung kann als „Schubstange" von der Pumpe zum Hydrozylinder oder Ölmotor veranschaulicht werden.

3.16.1.1   Hydraulikkreislauf

Steuerung der Bewegungsrichtung

Die Pumpe saugt Flüssigkeit aus dem Tank an und verdrängt sie in das nachfolgende Leitungssystem mit den verschiedenen Geräten, bis zu einem Zylinder oder Hydromotor. Ob der Kolben im Zylinder ein- oder ausfährt, wird mit Wegeventilen gesteuert. In Bild 3-50 fließt die Flüssigkeit vom Leistungsanschluss P zur A-Seite des Kolbens. Beim Ausfahren des Kolbens wird die Flüssigkeit aus der B-Seite des Zylinders verdrängt und zurück zum Tank geschoben. Durch Verschieben des Steuerkolbens im Wegeventil nach links kann die Fließrichtung des Öls vertauscht werden. Der Kolben fährt ein.

Bild 3-50
  Hydraulikkreislauf [49]
  Links: gegenständlich, rechts:
  symbolischer Schaltplan
  1 Zylinder oder Hydromotor,
    Energieverbraucher,
  2 Drosselrückschlagventil,
    beim Einfahren des Kolbens
    Umgehung der Drossel,
  3 4/2-Wegeventil, steuert
    Ölrichtung,
  4 Rücklaufleitung,
  5 Manometer,
  6 Hydrospeicher, speichert
    Druckenergie,
  7 Druckleitung,
  8 Rückschlagventil,
  9 Druckventil, hier Druck-
    begrenzungsventil, steuert
    und begrenzt Druck,
  10 Pumpe, Stromquelle,
  11 Filter,
  12 Saugleitung,
  13 Bypassleitung,
  14 Tank: Flüssigkeitsreservoir

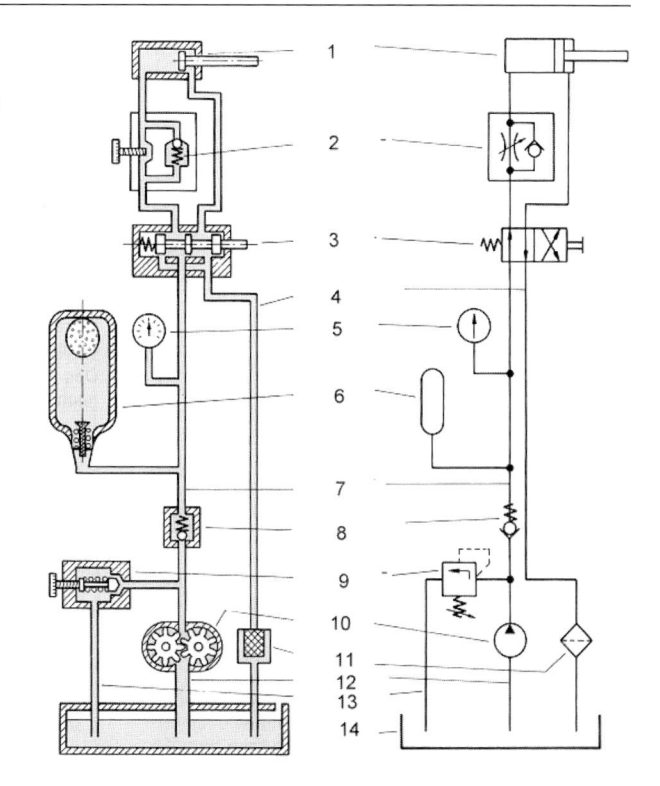

Druck-, (Kraft)-steuerung

Hydraulikpumpen sind keine Druck- sondern Stromquellen. Würde die Pumpe ins Freie fördern, so entstünde praktisch kein Druck. Druck wird durch Widerstände aufgebaut, die sich dem Ölstrom entgegenstellen. Beispiele: Heben von Lasten, Fließwiderstände von Werkzeugen, Masseträgheit bei Anlaufvorgängen, Leitungs- und Ventilwiderstände. Dieser Zusammenhang wird am einfachsten durch das Ohmsche Gesetz der Elektrizitätslehre beschrieben, das auch auf die Hydraulik angewendet werden kann.

$$U = \sum R \cdot I \qquad \text{Ohmsches Gesetz der Elektrizitätslehre} \qquad (3\text{-}2)$$

$$(\Delta)p = \sum W_h \cdot \dot{V} \qquad \text{Ohmsches Gesetz der Hydraulik} \qquad (3\text{-}3)$$

mit W_h: hydraulische Widerstände.

Zum Schutze von Verbrauchern und Pumpe muss der sich aufbauende Druck begrenzt werden. Hierzu dienen Druckventile, meist Druckbegrenzungsventile. Eine Feder als mechanische Kraft drückt hier einen Kegel auf einen Sitz. Der in der Leitung herrschende Druck wirkt auf die Kegelfläche. Nach der bereits bekannten Gleichung $F = p \cdot A$ öffnet der Kegel, wenn die Kraft aus Druck·Fläche größer wird als die Federkraft. Der Druck steigt jetzt nicht weiter an.

Geschwindigkeitssteuerung

Neben Druck oder Kraft muss auch die Geschwindigkeit einer Last einstellbar sein. Zur Steuerung der Geschwindigkeit dienen Stromventile, im einfachsten Falle Drosseln. Sie funktionieren wie ein Wasserhahn. Wird das Ventil im Bild geschlossen, so steigt der Widerstand bis ein Teil des von der Pumpe geförderten Öls über das Druckbegrenzungsventil zum Tank abfließt. Bei diesem „Stromteilungsprinzip" geht viel Energie verloren, deshalb werden heute häufig Konstantpumpen durch Verstellpumpen ersetzt, bei denen der Förderstrom der Verbrauchergeschwindigkeit angepasst werden kann.

3.16.1.2 Sinnbilder für hydraulische Bauelemente und Schaltpläne

Zur knappen und übersichtlichen Darstellung hydraulischer Anlagen in sog. Schaltplänen wurde eine Symbolik entwickelt, die in DIN ISO 1219 genormt wurde. Einige im Schaltplänen von Spritzgießmaschinen häufig vorkommende Symbole sind in Tabelle 3-6 zusammengestellt.

Tabelle 3-6   Für Spritzgießmaschinen wichtige Hydrauliksymbole

Symbole	Bezeichnungen und Erklärungen
Leitungen/Verbindungen	
———	Arbeitsleitung, Rücklaufleitung
- - - - -	Steuerleitung
⌣	Flexible Schlauchleitung
+	Rohrleitungsverbindung
✛	Gekreuzte Rohrleitungen, nicht verbunden
=	Mechanische Verbindung
Schnellkupplungen	
→><←	Verbunden ohne Sperrventile
→⊙ ⊙←	Gekuppelt mit mech. geöffnetem Sperrventil
Sperrventile	
—⋀⋀◯—	Rückschlagventil (Sitzventil mit federbelasteter Kugel)
B ◯ A ⌐ - - X	Entsperrbares Rückschlagventil (gestrichelt: Steuerleitung für Entsperrung)
Druckventile	
┌─┬P │ │ ↗ └─┘ T	Druckbegrenzungsventile Ein Druckbegrenzungsventil steuert den Druck auf der Eingangsseite des Ventils. Es ist im unbetätigten Zustand geschlossen, deshalb wird der Pfeil neben die Leitungen gezeichnet. Der Steuerdruck von der Zulaufseite verschiebt den Pfeil nach rechts gegen die Federkraft bis Durchlaß entsteht. Das Druckbegrenzungsventil liegt immer in einer Abzweigung von der Arbeitsleitung zum Tank.

Tabelle 3-6 *Fortsetzung*

		Druckreduzierventil Im Gegensatz zum Druckbegrenzungsventil steuert das Druckreduzierventil den Druck auf der Ausgangsseite. Es liegt in der Arbeitsleitung. Der Pfeil im Symbol verbindet die Leitungen. Steigt der Druck auf der Ausgangsseite so wirkt dies schließend. Im Symbol drückt die Steuerleitung den Pfeil von der verbindenden Position weg.
Stromventile		
		Drosselventile Handverstellbares Ventil
Stromregelventile		
		Der Durchfluss ist im Arbeitsbereich unabhängig von der Druckdifferenz
Wegeventile		
		4/3-Wegeventil (Beispiel: elektrisch betätigt, federzentriert)
Proportional-/Servoventile		
		Proportional-Druckbegrenzungsventil
		4/3-Wege-Proportionalventil/Servoventil Die doppelte Berandung bedeutet stetige Verstellbarkeit
Betätigungen		
		Federn
		Elektrisch
		Druck
Hydropumpen, -Motoren		
		Konstantpumpe
		Verstellpumpe, druckgeregelt
		Motor
Zylinder (Linearmotor)		
		Zylinder mit einseitiger Kolbenstange (Differentialzylinder)
		Gleichlaufzylinder

Tabelle 3-6 Fortsetzung

Speicher	
	Speicher
Zubehör	
	Filter
	Wärmetauscher
	Manometer

3.16.2 Elemente der Hydraulik

3.16.2.1 Hydropumpen und -motoren

Hydropumpen und -motoren sind hydrostatische Maschinen, da Kräfte, Momente und Energie mit Hilfe des hydrostatischen Drucks übertragen werden. Im Gegensatz dazu wird z. B. bei Turbinen die Strömungsenergie von Wasser oder Gas genutzt. Der Vorteil hydrostatischer Maschinen ist der hohe Betriebsdruck. Da die Flüssigkeit bei Hydropumpen durch sich öffnende und schließende Volumina angesaugt und verdrängt wird, spricht man auch von Verdrängermaschinen. Je nachdem, ob diese Volumina (z. B. Hub des Kolbens im Zylinder) konstant oder verstellbar sind, unterscheidet man

- Konstantpumpen bzw.-motoren und
- Verstellpumpen oder „Regelpumpen" bzw. Motoren.

In ihrem Aufbau unterscheiden sich die Hydromotoren nur wenig von den Pumpen. Bis auf die ventilgesteuerten können die Pumpen meist auch als Motoren laufen.

Der Druckölbedarf der Spritzgießmaschine schwankt über den Maschinenzyklus sehr stark. Dies stellt, sofern ein vernünftiger Wirkungsgrad vorausgesetzt wird, hohe Anforderungen an die Pumpen. In der Praxis werden heute folgende *Pumpensysteme* verwendet:

- Systeme mit mehreren Pumpen konstanter Fördermengen, die nach Bedarf zugeschaltet werden,
- Pumpe mit variabler Fördermenge,
- Pumpe mit konstanter Fördermenge, die ein mit einem Druckölspeicher gepuffertes Konstantdrucknetz speist,
- Kombinationen obiger Bauarten.

Die Tabelle 3-7 und 3-8 geben einen Überblick über Pumpen, Motoren und ihre Funktion.

Tabelle 3-7   Übliche Konstant-Pumpen/-Motoren

Konstant-Pumpen/-Motoren	Funktionsbeschreibung
	Innenzahnradpumpe (Truninger, Rexroth) *1 Gehäuse* *2 Innenzahnrad* *3 Außenrad* *4 Füllstück* Bei der Bewegung eines Zahns des Innenrads 2 aus der Lücke des Außenrads, Bezugslinie 2, öffnet sich ein Volumen, in das der Atmosphärendruck das Öl einschiebt. Die Pumpe „saugt" an. Links oben im Bild tauchen die Zähne wieder in die Lücken ein und schließen Volumina. Das in den Zahnlücken befindliche Öl wird verdrängt.
	Flügelzellenpumpe *1 Gehäuse* *2 Antriebswelle* *3 Rotor* *4 Zellenflügel* Radial bewegliche Flügel werden durch Fliehkraft (Druck) an den Stator gedrückt. Ein Flügelpaar bildet mit Rotor und Stator eine Transportkammer, die sich öffnet und schließt.
	Sperrschieberpumpe Ähnlich Flügelzellenpumpe, aber Sperrschieber am Stator
	Radialkolbenmotor (Calzoni-Rexroth)

304 Die Thermoplast-Spritzgießmaschine

Tabelle 3-8   Übliche Verstell-Pumpen und Motoren

Verstell- oder Regelpumpen	Funktionsbeschreibung
	Flügelzellen-Verstellpumpe [48] *1 Verstellbarer Anschlag* *2 Kolben zur Verstellung der Exzentrizität* *3 Rückstellfeder* *4 Verschiebarer Statorring* Die Exzentrizität des Statorrings ergibt die Fördermenge. Bei zentrischer Position geht die Fördermenge gegen Null. Der Rotor wird zum „Rührer". 3 Betätigung des Verstellkolbens. Diese kann am einfachsten durch eine Feder aber auch durch verschiedene Ventile, hier einem Mengenregler erfolgen.
	Lansamlaufender Zahnringmotor *(Orbit-Motor, Danfoss)* *1 Gehäuse* *2 Abtriebswelle/Verteilerventil* *3 Kardanwelle* *4 Zahnradsatz* *5 Rolle*
	Axialkolben-Verstellpumpe, Schrägscheibenprinzip *(Rexroth)* *1 Antriebswelle* *2 Zylinderblock* *3 Gleitschuhe* *4 Kolben* *5 Schrägscheibe* *6 Steuerspiegel* Der Hub der Kolben und damit die Förderleistung kann durch Verstellung von α (Schrägscheibenwinkel) variiert werden.
	Axialkolben-Verstellpumpe, Schrägachsenprinzip [48] *1 Steuerlinse* *2 Stellkolben zum Schwenken der Zylindertrommel* *4 Steuerventil zur Betätigung de Stellkolbens 2* *5 Zylindertrommel, schwenkbar* *6 Kolben, der Hub wird durch die Schräge der Achse verstellt*

Tabelle 3-8 *Fortsetzung*

Verstell- oder Regelpumpen	Funktionsbeschreibung
	Radialkolben-Verstellpumpe (Bosch), innenbeaufschlagt 1 Antriebswelle 2 Kupplung 3 Zylinderstern 4 Steuerzapfen für die Ölzu- und Abfuhr 5 Hubring mit Radialkolben und Gleitschuhen 6, 7 Stellkolben zur Einstellung der Exzentrizität des Hubringes Der Kolbenhub entspricht dem doppelten Wert der Exzentrizität des Hubringes

Bewertung der Pumpen

Flügelzellenpumpen sind schlecht abdichtbar und deshalb bei akzeptablem Wirkungsgrad nur bis ca. 200 bar einsetzbar. Für höhere Drücke werden mehrstufige Zahnradpumpen oder Kolbenpumpen verwendet. Flügelzellen – und Sperrschieberpumpen sind kostengünstiger als Zahnradpumpen, haben aber einen geringeren Wirkungsgrad. Den höchsten Wirkungsgrad, aber auch die höchste Geräuschentwicklung, haben Kolbenpumpen.

Die gebräuchlichsten *Pumpen mit variabler Fördermenge* sind Flügelzellen- und Kolbenpumpen. Obwohl Energieeinsparungen erzielt werden können, gibt es auch Gründe, die gegen eine Verwendung sprechen:

- große Regelpumpen sind sehr kostspielig,
- große Regelpumpen weisen ein hohes Lärmniveau auf
- nur für Einkreissysteme geeignet (rein sequenzieller Bewegungsablauf),
- Trägheit bei Fördervolumenverstellung.

Dennoch geht der Trend auch bei Großmaschinen zu druck- und förderstromgeregelten Pumpen.

3.16.2.2 Hydrozylinder (Linearmotor)

Hydrozylinder (Tabelle 3-9) haben die Aufgabe, translatorische Bewegungen auszuführen und dabei Kräfte zu übertragen. Die maximale Zylinderkraft ist von der wirksamen Fläche und dem maximal zulässigen Betriebsdruck abhängig. In Tabelle 3-9 sind drei Zylinderarten dargestellt, die bei Spritzgießmaschinen angewendet werden.

Tabelle 3-9 Bei Spritzgießmaschine eingesetzte Zylinderarten

Verstell- oder Regelpumpen	Funktionsbeschreibung
(Abbildung A)	*Tauchkolben oder Plungerzylinder* Diese Zylinder können nur in einer Richtung eine Kraft abgeben
(Abbildung A, B)	*Zylinder mit einseitiger Kolbenstange (Differentialzylinder)* Zweiseitig wirkender Zylinder mit unterschiedlichen, effektiven Flächen auf den beiden Seiten des Kolbens
(Abbildung A, B)	*Zylinder mit beidseitiger Kolbenstange (Gleichgangzylinder)* Gleiche effektive Flächen, deshalb Geschwindigkeit und Kräfte in beiden Richtungen gleich.
(Abbildung mit Positionen 1–8)	*Endlagendämpfung* [48] 1 Zylinderboden, 2 Zylinderrohr, 3 Kolben, 4 konischen Dämpfungsbüchse Fährt der Kolben mit der Dämpfungsbüchse in die Bohrung im Zylinderboden, so wird der Hauptausgang des Öls allmählich verschlossen. Jetzt muss die Flüssigkeit aus dem Kolbenraum über die Bohrung 6 und das einstellbare Drosselventil 7 abfließen. An dem Drosselventil kann die Dämpfungswirkung reguliert werden. Ein kleinerer Querschnitt am Drosselventil bedingt stärkere Dämpfung

Insbesondere die Schließeinheit einer Spritzgießmaschine bewegt große Massen mit hoher Geschwindigkeit. Die Endlagendämpfung bewirkt, dass die Bewegung trotz hoher Geschwindigkeit weich verläuft. Die kinetische Energien der bewegten Massen wird in Wärmeenergie umgewandelt.

3.16.2.3 Sperrventile

Sperrventile haben die Aufgabe, den Ölfluss nach Bedarf in einer Richtung zu sperren, in der anderen jedoch freien Durchfluss zu gewähren. Die wichtigsten Vertreter dieser Kategorie sind Rückschlagventile, entsperrbare Rückschlagventile und 2/2-Wege-Einbauventile (Logikelemente oder Cartridges) (Tabelle 3-10). Rückschlagventile werden bei Spritzgießmaschinen oft paarweise zum Einspannen von Hydraulikzylindern eingesetzt.

Tabelle 3-10 Sperrventile [49]

Abbildung	Beschreibung
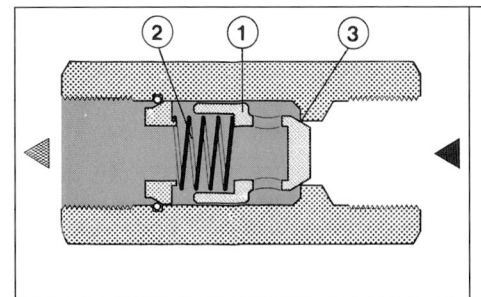	*Rückschlagventil [48]* Das Schnittbild zeigt ein einfaches Rückschlagventil bei dem das Schließelement ein Kegel 1 ist und durch die Feder 2, auf den Sitz 3 im Gehäuse gedrückt wird. Beim Durchströmen des Ventils in Richtung der Dreieckspitze hebt der Kegel durch den Flüssigkeitsdruck vom Sitz ab und gibt den Durchfluss frei. In Gegenrichtung drücken Feder und Flüssigkeit den Kegel auf den Sitz und sperren die Verbindung.
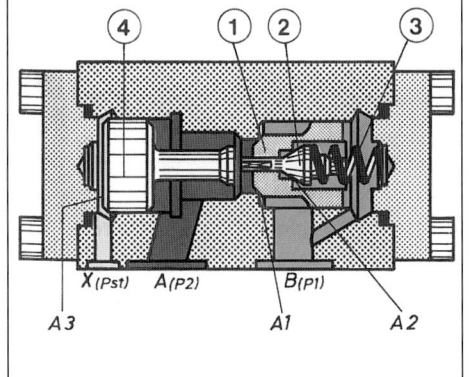	*Entsperrbares Rückschlagventil [48]* In Richtung A nach B ist freier Durchfluss, von B nach A wird der Hauptkegel 1 mit Vorsteuerkegel 2 zusätzlich zur Feder 3 durch den Systemdruck auf dem Sitz gehalten. Durch Druckbeaufschlagung am Steueranschluss X verschiebt sich der Steuerkolben 4 nach rechts. Dabei wird zuerst der Vorsteuerkegel 2 und dann der Hauptkegel 1 vom Sitz gedrückt. Jetzt kann das Ventil auch von B nach A durchströmt werden. Durch den Vorsteuerkolben erfolgt ein gedämpftes Entspannen der unter Druck stehenden Flüssigkeit. Dadurch entstehen keine Schaltschläge.
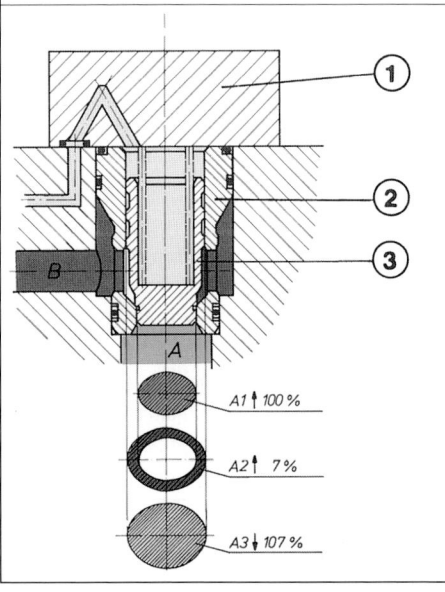	*Cartridge-Ventile [48]* Diese Ventile können je nach Druckverhältnissen von Anschluss A (unten) nach Anschluss B oder umgekehrt von B nach A durchströmt werden. Sie werden zur Schaltung größerer Ölströme eingesetzt und bedingen ein kleines Wegeventil als Vorsteuerventil, da sie hydraulisch betätigt werden

3.16.2.4 Druckventile

Druckventile (Tabelle 3-11) werden zur Druckbegrenzung, Druckabsicherung, Druckreduzierung und auch für druckabhängige Schaltvorgänge benötigt. Bei Spritzgießmaschinen werden meist Druckbegrenzungsventile eingesetzt.

Tabelle 3-11   Druckventile [49]

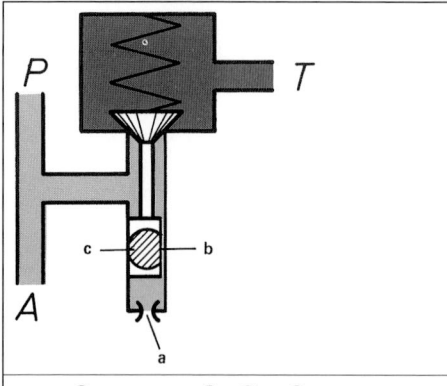	*Druckbegrenzungsventil schematisch [48]* Ein Schließelement wird von einer Feder mit einer bestimmten Kraft auf den Sitz gedrückt. Der Druck im System wirkt auf die untere Fläche des Schließelements. Übersteigt die Druckkraft die Federkraft, verschiebt sich das Element gegen die Feder und öffnet die Verbindung zum Tank. Der Druck kann nicht weiter ansteigen. Dynamisch gesehen handelt es sich um ein Feder-Masse-System, das in Bewegung gesetzt Schwingungen ausführt. Diese Schwingungen wirken sich auch auf den Druck aus und müssen durch eine Dämpfung (Spalt b oder Düse a) beseitigt werden.
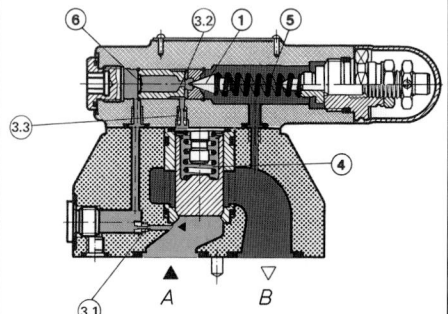	*Vorgesteuertes Druckbegrenzungsventil [48]* Erreicht der Systemdruck den am Vorsteuerventil eingestellten Wert, fließt über die Düse und den Vorsteuerkegel 1 Flüssigkeit zum Tank. Dadurch entsteht ein Druckgefälle zwischen der Unter- und Oberseite des Hauptkolbens. Übersteigt die Kraft aus Druckgefälle x Kolbenfläche die Federkraft 4, verschiebt sich der Hauptkolben nach oben und lässt Flüssigkeit von A zum Tank B abfließen.
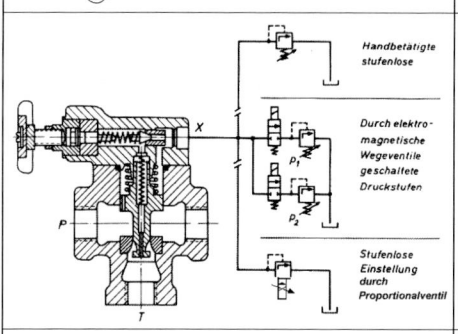	*Vorsteuerungsmöglichkeiten für Druckbegrenzungsventile*
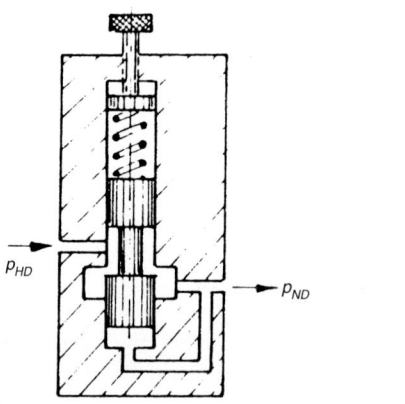	*Druckminder- oder Reduzierventil* Soll in einem Teil eines Hydraulikkreislaufs ein geringerer aber konstanter Sekundärdruck (ND) herrschen, so kann man dies mit Reduzierventilen erreichen. Die gewünschte Druckreduzierung lässt sich dabei über veränderliche Federvorspannungen erreichen. Je höher die Federspannungen desto höher der Sekundärdruck. Will der Niederdruck ND ansteigen, so bewegt sich der Steuerschieber nach oben und verringert den Durchflussquerschnit von HD nach ND, um dadurch den Anstieg zu verhindern.

3.16.2.5 Stromventile

Stromventile (Tabelle 3-12) dienen zur stufenlosen Steuerung der Bewegungsgeschwindigkeit von Verbrauchern. Durch Querschnittsveränderung kann der Strömungswiderstand der Ventile verstellt werden. Aus den Durchflussbeziehungen geht hervor, dass der Volumen-

Tabelle 3-12 Stromventile [49]

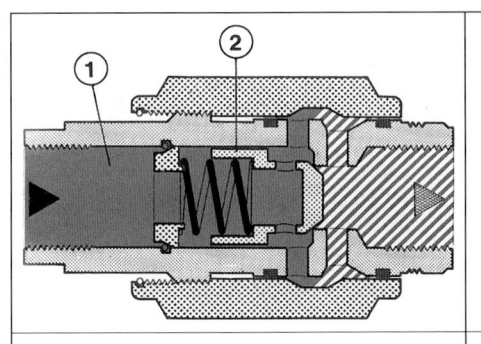

	Drosselrückschlagventil [48] Die Flüssigkeit gelangt in Drosselrichtung auf die Rückseite 1 des Ventilkegels 2. Der Kegel des Rückschlagventils wird auf den Sitz gedrückt. Die Drosselung erfolgt im außenliegenden von einer verstellbaren Hülse und dem Ventilinneren gebildeten Ringspalt. In Gegenrichtung (von rechts nach links) wirkt der Flüssigkeitsstrom auf die Stirnfläche des Rückschlagventils. Der Kegel wird vom Sitz abgehoben. Die Flüssigkeit strömt ungedrosselt durch das Ventil.
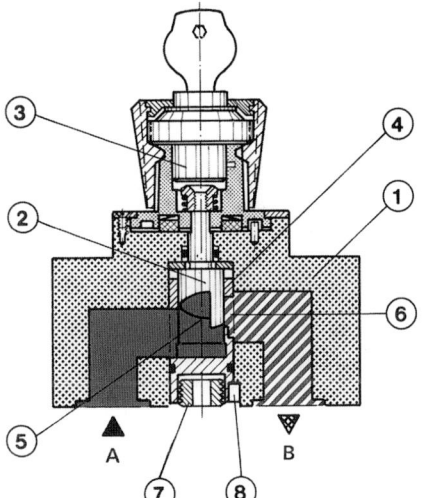	*Feindrossel [48]* Bei der Feindrossel wird eine feine Einstellbarkeit und Verringerung des Volumenstroms durch eine blendenartige Drosselstelle erreicht. In dem Gehäuse 1 sind Kurvenbolzen 2, Einstellelement 3 mit Skala und Blendenbüchse 4 untergebracht. Die Drosseleinstellung erfolgt durch Drehen des Kurvenbolzens, der mit dem Stellknopf gekoppelt ist. Der Durchflussquerschnitt wird von der Stellung des Kurvenbolzens, d. h. von der Position der Kurve 5 vor dem Blendenfenster 6 bestimmt.
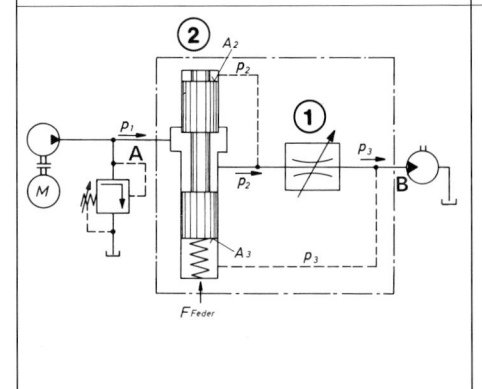	*Prinzip des Stromregelventils [48]* Beim Stromregelventil ist der Durchfluss innerhalb Grenzen unabhängig vom veränderlichen Gegendruck. Dies bedeutet beim Spritzgießen, dass z. B. die Schneckenvorlaufgeschwindigkeit trotz zunehmendem Gegendruck durch das sich füllenden Werkzeug konstant bleibt. Diese Regelfunktion wird durch die Druckwaage 2 erreicht, die $p_2 - p_3$ an der Drossel konstant hält, indem die Durchflussöffnung zwischen p_1 und p_2 in dem Maße öffnet wie der Widerstand des Verbrauchers ansteigt. Schlägt der Regelkolben wie gezeichnet an, ist die Regelfunktion beendet und das Stromregelventil verhält sich wie eine Drossel.

strom von der Druckdifferenz am Ventil aber auch von der Viskosität d.h. von der Öltemperatur abhängt. Durchflussbeziehung für die Laminardrossel (Hagen-Poiseuille):

$$\dot{V} = \frac{\pi \cdot R^4}{8 \cdot \eta \cdot L} (p_1 - p_2) \qquad \dot{V} = \frac{1}{W_H} \cdot \Delta p \qquad (3\text{-}4)$$

3.16.2.6 Wegeventile

Mit einem Wegeventil (Tabelle 3-13) werden Start, Stop sowie die Fließrichtung des Druckmediums gesteuert und damit die Bewegungsrichtung oder Haltepositionen eines Verbrauchers (Zylinder oder Hydromotor) bestimmt.

Tabelle 3-13   Vorgesteuertes 4/3-Wegeventil [48]

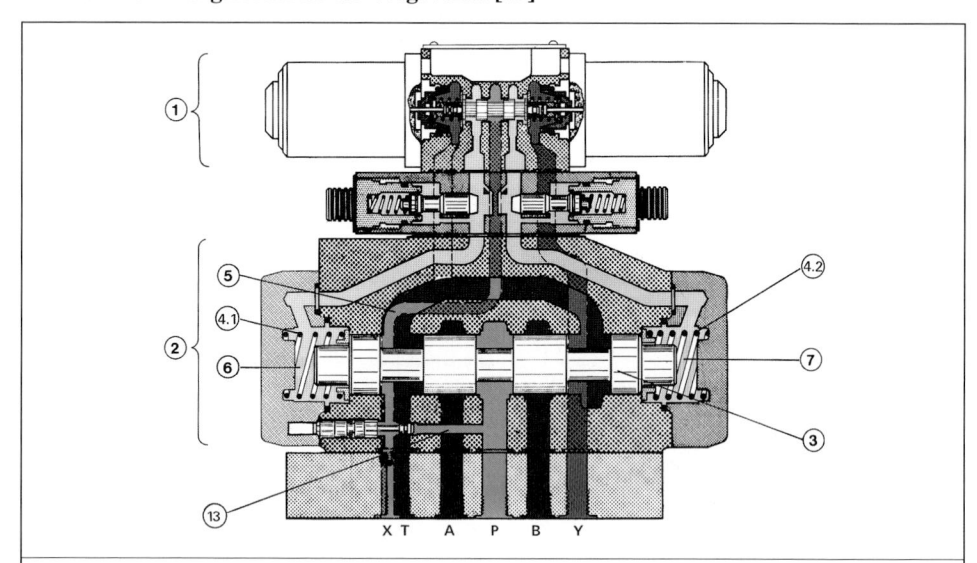

Wegeventil, elektrohydraulisch betätigt, federzentriert

Das Ventil besteht aus einem Hauptventil 2 und dem Vorsteuerventil 1. Dazwischen erkennt man Rückschlagventile als Sicherheitsventile gegen Überlast. Das Vorsteuerventil wird mit zwei Elektromagneten direkt betätigt. Die Magnete ziehen nicht sondern drücken den Schieberkolben des Vorsteuerventils nach links oder rechts.

Der Hauptsteuerkolben 3 wie auch der Vorsteuerkolben wird bei der federzentrierten Ausführung durch die Federn 4 in der Mittelstellung gehalten. Die beiden Federräume 7 sind dabei in der Ausgangsstellung über das Vorsteuerventil drucklos mit dem Tank verbunden.

Das Vorsteuerventil wird über die Steuerleitung 5 mit Steuerflüssigkeit versorgt. Betätigt man nun am Vorsteuerventil z.B. den rechten Magneten, bewegt dieser den Vorsteuerkolben nach links. Der linke Federraum 6 wird dadurch mit dem Steuerdruck beaufschlagt, der rechte Federraum 7 bleibt zum Tank entlastet. Der Steuerdruck wirkt auf die linke Fläche des Hauptkolbens und verschiebt ihn gegen die Feder 4.2 nach rechts, bis er am Deckel anliegt. Im Hauptventil werden damit die Anschlüsse P mit B und A mit T verbunden. Bei Abschalten des Magneten geht das Vorsteuerventil wieder in die Mittelstellung, Federraum 6 wird wieder zum Tank entlastet. Die Feder 4.2 kann jetzt den Hauptkolben nach links schieben, bis er am Federteller der Feder 4.1 anliegt. Der Kolben befindet sich in der Mittelstellung (Ausgangsstellung). Die Steuerflüssigkeit aus dem Federraum 6 wird über das Vorsteuerventil in den y-Kanal verdrängt.

Die Wegeventile kann man von ihrer Bauart her in zwei Gruppen unterteilen:
- Wege-Sitzventile und
- Wege-Schieberventile.

Sie können jeweils direkt betätigt oder indirekt betätigt, vorgesteuert sein. Ob ein Wegeventil direkt oder indirekt betätigt ist, hängt hauptsächlich von der Größe der erforderlichen Betätigungskraft und damit von der Baugröße (Nenngröße) des Ventils ab.

Die Wege-Sitzventile unterscheiden sich grundsätzlich von den Wege-Schieberventilen durch die Eigenschaft der leckölfreien Absperrung, die bei Schieberventilen aufgrund des erforderlichen Passungsspiels zwischen Kolben und Gehäuse nicht zu erreichen ist.

3.16.2.7 Proportionalventile

Mit *Proportionalventilen* können Drücke und Durchflussmengen ferngesteuert und stufenlos verstellt werden. Man nennt sie Proportionalventile, weil das hydraulische Ausgangssignal proportional zum elektrischen Eingangssignal sein soll (in der Praxis ergeben sich allerdings erhebliche Abweichungen). Die Verstellung des Ventils bzw. des Vorsteuerventils erfolgt über Proportionalmagnete. Wichtige Qualitätsmerkmale von Proportionalventilen sind:
- Linearität,
- Hysterese,
- Wiederholgenauigkeit,
- dynamisches Verhalten (benötigte Zeit für 0 bis 100% Hub, Frequenzgang).

Druckproportionalventile entsprechen im Prinzip Druckbegrenzungsventilen. Die Einstellung des Grenzdrucks erfolgt jedoch mit einem Proportionalmagneten.

Tabelle 3-14   Wege-Proportionalventil

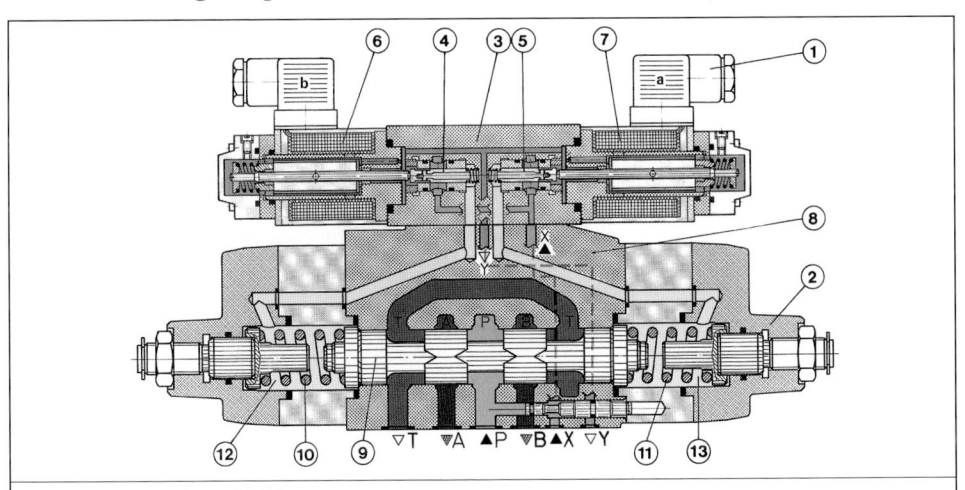

Wege-Proportionalventil [48]

Das Vorsteuerventil ist ein Druckregelventil mit Proportionalmagnet. Damit kann im Gegensatz zum normalen Wegeventil der Steuerkolben des Hauptventils stetig verfahren werden.

Proportionalventile für anspruchsvolle Aufgaben sind lagegeregelt, d.h. der Hauptsteuerkolben ist mit einem Wegmesssystem ausgerüstet und ein Regler gewährleistet, dass er immer exakt in der dem Sollwert entsprechenden Lage ist.

Tabelle 3-15   Servoventil und Steuermotor mit hydraulischer Verstärkung

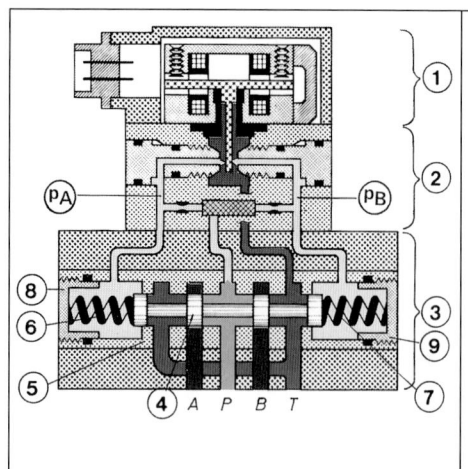

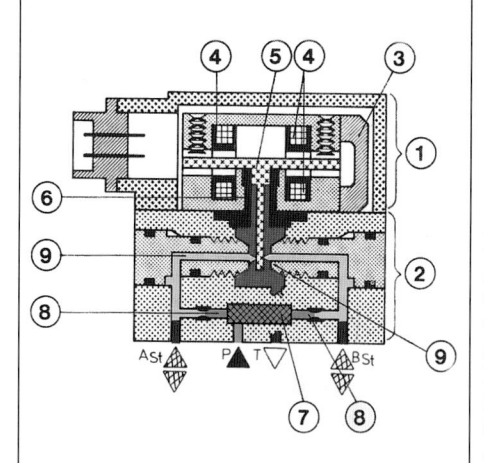

Servoventil [48]

1 Steuermotor: Umwandlung von Strom I in Weg s der Prallplatte.
2 Hydraulischer Verstärker: Umwandlung von Weg s in Druckdifferenz Δp
3 Zweite Stufe: Umwandlung von Druckdifferenz Δp in Volumenstrom

Der Steuermotor 1 (mit Permanentmagnet 3, Steuerspulen 4 und Anker mit Prallplatte 5) wandelt ein kleines Stromsignal in eine proportionale Bewegung der Prallplatte um. Der Anker und die Prallplatte sind ein Teil, welches an einem dünnwandigen, elastischen Rohr 6 federnd befestigt ist. Durch ein Stromsignal werden die Steuerspulen erregt und der Anker gegen die Federkraft des Rohres ausgelenkt. Das Moment auf das Rohr und damit die Auslenkung der Prallplatte ist dem Betrag des Steuerstroms proportional. Die Umsetzung der Auslenkung der Prallplatte in eine hydraulische Größe erfolgt im hydraulischen Verstärker 2. Als hydraulischer Verstärker wird hier das Düsen-Prallplattensystem verwendet. Bei diesem System wird ständig beidseitig durch kleine Düsen Öl gegen die Prallplatte gespritzt. Lenkt man nun durch ein Steuersignal die Prallplatte nach links aus, dann verringert sich der Abstand zur Düse und der Druck steigt an der Düse und im Federraum 6, gleichzeitig sinkt der Druck im Federraum 7. Die Druckdifferenz verschiebt den Steuerkolben 4 soweit gegen die Feder 7 nach rechts, bis die Kräfte auf beiden Seiten des Kolbens wieder im Gleichgewicht stehen. Der Kolben hat seine Position erreicht. Mit größer werdender Druckdifferenz, d.h. größerem Eingangssignal, bewegt sich der Steuerkolben weiter in die eine bzw. andere Richtung. Je größer der Kolbenhub, umso größer der Öffnungsquerschnitt von P nach A oder B, umso größer der Durchfluss und umso größer die Verbrauchergeschwindigkeit.

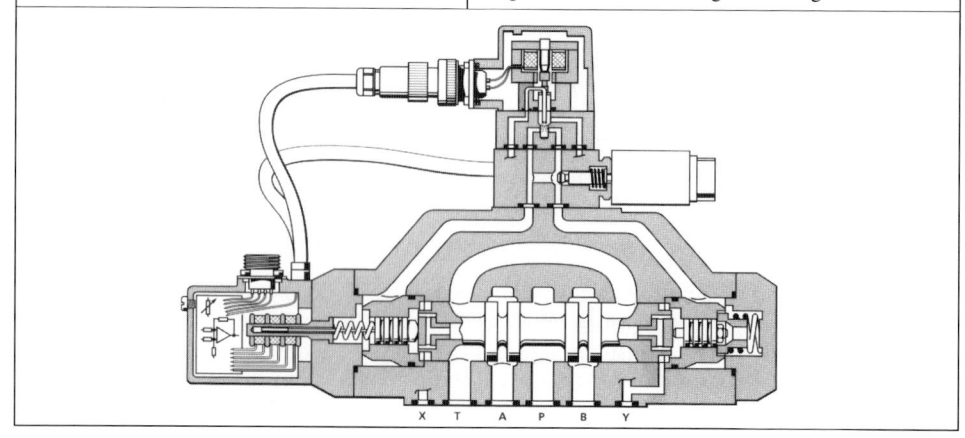

Tabelle 3-15 *Fortsetzung*

4/3-Wege-Servoventil (Moog)
Oben: Magnet für Betätigung Jet-Pipe   *Mitte:*   Sicherheitsabschaltung   *Unten:*   Hauptstufe links: Positionsweggeber Hauptstufe und Positionsregler
Failsafe: Siehe Zwischenplatte zwischen Vorsteuerung und Ventil. Mit einem zusätzlichen Magneten kann das Ventil bei Störungen in eine definierte Position gebracht werden.
Das Jet-Pipe-Prinzip hat in den letzten Jahren das Düse-Prallplatte-Prinzip teilweise ersetzt, da der Steuerölverbrauch geringer ist. Die Düse wird über einen Magneten (Torque-Motor) so bewegt, dass sie die eine oder andere Steuerleitung stärker druckbeaufschlagt.

Bei *Wege-Proportionalventilen* (Tabelle 3-14) werden Bewegungsrichtung und Geschwindigkeit mit einem Ventil gesteuert. Sie umfassen also die Funktionen von Wege- und Mengenventilen. Auch bei Proportional-Wegeventilen ist der Durchfluss abhängig von der Druckdifferenz am Ventil. Wenn eine präzise Geschwindigkeitssteuerung bei unterschiedlichen Lastfällen nötig ist, setzt man Druckwaagen (Lastkompensationsschaltungen) ein, die einen konstanten Druckdifferenz am Ventil gewährleisten.

3.16.2.8 Servoventile

Servoventile (Tabelle 3-15) sind besonders präzise und reaktionsschnelle Proportionalventile. Sie werden in elektrohydraulischen Regelsystemen eingesetzt, Proportionalventile werden bei Steuerungen bevorzugt. Unterschiede zu den Proportional-Wegeventilen bestehen in der Bauart der Vorsteuerstufe (Düsen-Prallplattensysteme oder Jetpipe anstatt Proportionalmagnete). Servoventile sind teurer und verschmutzungsempfindlicher als Proportionalventile normaler Bauart. Zudem haben sie auch im Stillstand einen erheblichen Druckölbedarf für die Vorsteuerung.

3.16.2.9 Hydrospeicher

Aufgabe eines Hydrospeichers ist Druckenergie in Form eines Flüssigkeitsvolumens aufzunehmen und bei Bedarf wieder abzugeben. Man kann folgende Funktionen definieren:

- Druckflüssigkeitsreservoir,
- Notaggregat,
- Abbau von Druckspitzen,
- Dämpfung von Pulsationen,
- Rückgewinnung von Bremsenergie.

In Bild 3-51 sind die Prinzipien der verschiedenen Speicherarten dargestellt.

Bild 3-51
Bauarten von Hydrospeichern [48]
1 Gewichtsspeicher,
2 Federspeicher,
3 Kolbenspeicher,
4 Blasenspeicher,
5 Membranspeicher

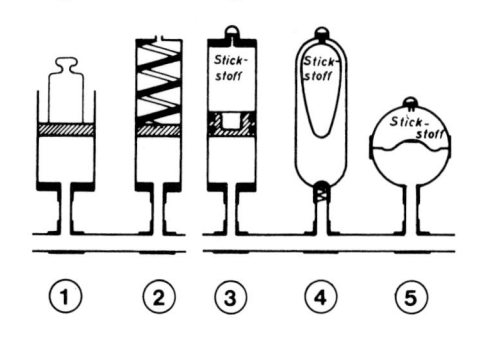

3.16.2.10 Verkettung

Es gibt nur wenige Elemente in der Hydraulik, die direkt in das Rohrleitungssystem eingebaut werden. In den meisten Anwendungsbereichen werden die Ventile direkt oder über gebohrte Platten verkettet (Bild 3-52).

Bild 3-52
Höhenverkettung, aufgebaut auf einer
Anschlussplatte für Längsverkettung [48]

3.16.2.11 Ölversorgungssystem

Das *Ölversorgungssystem* besteht aus dem Ölreservoir, dem Ölkühler und den Ölfiltern.

Das *Ölreservoir* dient als Ausgleichsbecken (die Menge des im Antriebssystem vorhandenen Öls schwankt ständig) und Beruhigungszone (Absetzen von Verunreinigungen, Abscheiden von Luftblasen). Üblicherweise enthält der Öltank ungefähr soviel Öl, wie das Antriebssystem in 3 bis 5 min umwälzt. Das Ölreservoir ist mit einer Wartungsöffnung und Anzeigegeräten für das Ölniveau und die Öltemperatur ausgestattet. Der Tankentlüftungsstutzen ist mit einem Filter versehen, der verhindert, dass beim Schwanken des Ölniveaus Verunreinigungen mit der Umgebungsluft in den Tank gelangen können. Je nach Konstruktion erfolgt das Aufwärmen des Hydrauliköls nach längeren Stillständen mittels elektrischer Heizstäbe, Heizmotoren oder mit den Pumpen. Unterdruckschalter verhindern den direkten Anlauf der Maschine im kalten Zustand.

Der *Ölkühler* muss diejenige Energie aus dem System abführen, die durch Wirkungsgradverluste produziert wird (Größenordnung 50 % der vom Pumpenantrieb aufgenommenen Leistung). Üblicherweise wird das Öl mittels Wasser gekühlt, vereinzelt auch durch Luft. Für die Kühlung durch Wasser werden Rohrbündel-, Rippenrohr- oder Plattenkühler verwendet, die im Ölrücklauf oder in einem separaten Kühl-/Filterkreislauf angeordnet sind. Die Öltemperatur wird mittels Thermostaten über den Kühlwasserdurchfluss geregelt.

Der *Ölfilter* hat die Aufgabe, Verunreinigungen aus dem Öl zu entfernen. Die Verunreinigungen können unterschieden werden in:

- Primärverunreinigungen, die durch die Fertigung der Maschine oder über das Öl in das System gelangen (Metallspäne, Schweißperlen, Schleifmittel, Putzfäden, Staub etc.),

- Sekundärverunreinigungen durch Abrieb/Verschleiß während des Betriebs. Verunreinigungen des Öls führen zu:
- Verstopfen von Düsen, Blenden,
- Klemmen von Ventilkolben usw.,
- Verschleiß an Geräten (Abrasion).

Je nach Art der Geräte machen deren Hersteller Angaben über die maximal zulässige Ölverschmutzung beziehungsweise die maximal zulässige Größe der Schmutzpartikel. Bei Pumpen, Zylindern und einfachen Ventilen liegt die maximal zulässige Partikelgröße bei ca. 40 µm, bei Servoventilen bei 10 bis 20 µm. Die Eigenschaften der Ölfilter werden nach der Rückhalterate beurteilt:

- Nominelle Filterfeinheit: 98% der Teilchen der angegebenen Größe werden zurückgehalten (d.h. es können auch vereinzelte größere Teile passieren),
- Absolute Filterfeinheit: gibt den Durchmesser des größten Teiles an, das den Filter durchlaufen kann (= maximale Porenöffnung).

Bei Spritzgießmaschinen werden heute Filter mit einer absoluten Feinheit von ca. 10 µm eingesetzt. Die Filtereinsätze bestehen aus imprägniertem Papier und können nicht regeneriert werden. Der Verschmutzungszustand der Filter wird mittels Messung des Druckabfalls erfasst. Je nach Konstruktion sind die Filter in der Ansaugleitung der Pumpe, nach der Pumpe (Druckfilter) oder in einem separaten Kreislauf angeordnet.

3.16.3 Prinzipielle Steuer-, Regelkonzepte für Druck- und Volumenstrom

Digitale Hydrauliksteuerungen (Bild 3-53) basieren auf Stromreglern und Druckzuschaltventilen, die auf feste Werte (jeweils im Verhältnis 1 : 2 : 4 : 8 : 16 : 32 etc.) eingestellt sind und mittels Wegeventilen nach Bedarf so zusammengeschaltet werden, dass die gewünschten Sollwerte erreicht werden. Digitale Hydrauliksteuerungen wurden durch die Proportionaltechnik verdrängt. Sie sind bei Neumaschinen kaum mehr anzutreffen, in der Praxis aber noch verbreitet.

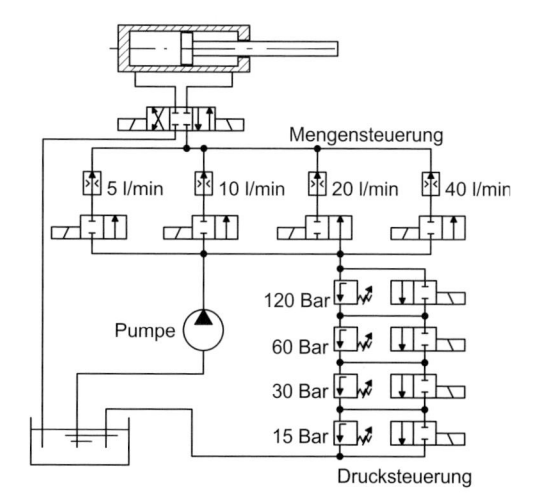

Bild 3-53
Prinzip der digitalen Druck- und Mengensteuerung
Mit je 4 Stufen lassen sich je 16 Einstellwerte realisieren (Beispiel: Druck von 0 bis 225 bar, Volumenstrom von 0 bis 75 l/min.)

Vorteile digitaler Steuerungen:

- sehr robust und betriebssicher,
- hysteresefrei,
- gute Linearität.

Nachteile:

- nur stufenweise Veränderung des Istwerts möglich,
- nicht geeignet zum Aufbau geschlossener Regelkreise.

Die *Proportionaltechnik* (Bild 3-54) emöglicht, wie im Abschnitt 3.16.2.7 schon ausgeführt, neben der Richtungswahl die elektrische, stufenlose Steuerung von Geschwindigkeit und Druck.

Vorteile von Proportionalsteuerungen:

- stufenlose Einstellung,
- Geschwindigkeits-, Druckprofile möglich.

Nachteile:

- Istwert/Sollwertübereinstimmung nicht sehr gut, wegen Nichtlinearität und Hysterese der Ventile,
- aufwendige Optimierung und Abstimmung.

Es liegt in der Natur von Steuerungen, dass Veränderungen im System oder Störgrößen nicht kompensiert werden können. Ihr Vorteil ist jedoch eine stabile Arbeitsweise. Sowohl bei proportionalen wie bei digitalen hydraulischen Steuerungen ist eine genaue Einhaltung der Sollwerte und eine exakte Reproduktion des Bewegungsablaufs von Zyklus zu Zyklus nicht gewährleistet, was die Qualität der Formteile beeinflussen kann. Ursache der Ungenauigkeiten sind die Systeme selbst, aber auch Störgrößen wie Änderungen der Ölviskosität, der Netzspannung, der Reibungswiderstände, der Umgebungstemperatur oder Verschleiß.

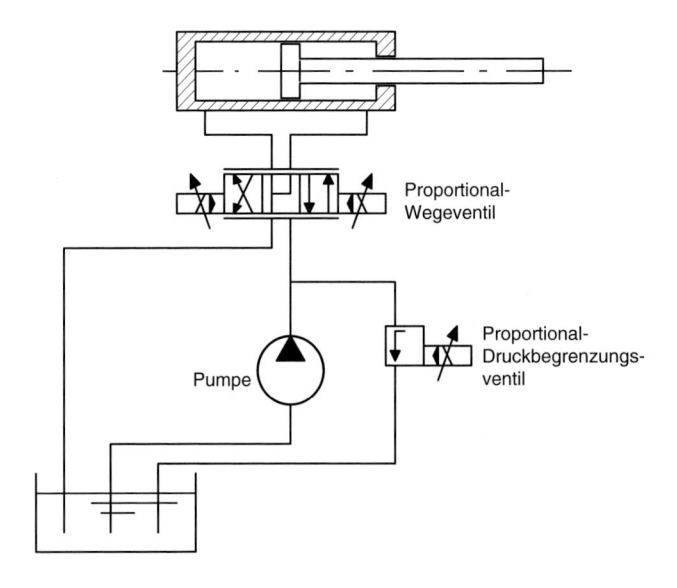

Bild 3-54
Prinzip proportionaler Steuerungen

3.16 Hydraulische Antriebe 317

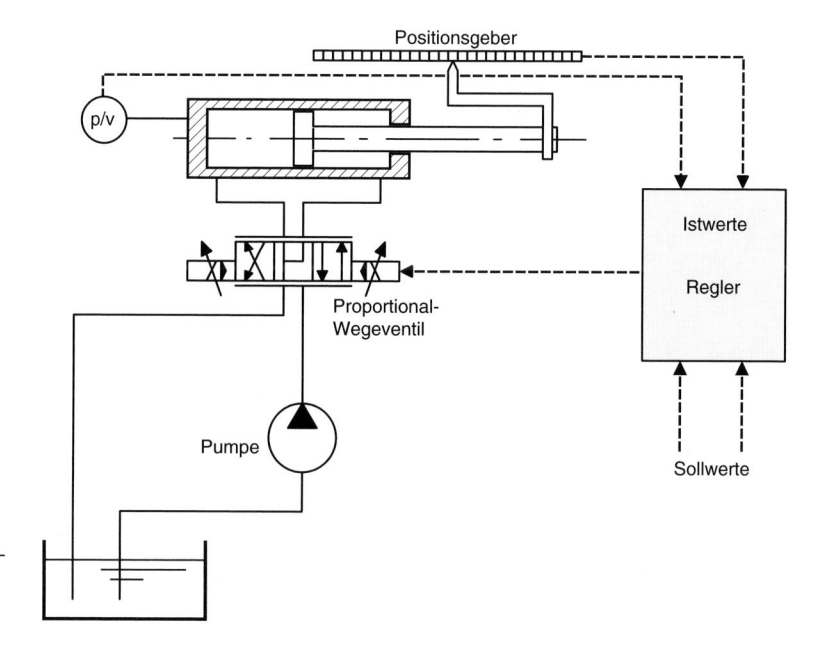

Bild 3-55
Prinzip eines geregelten, servohydraulischen Antriebs

Eine genauere Übereinstimmung von Soll- und Istwerten und damit auch eine verbesserte Prozessqualität kann zumindest prinzipiell mit *geschlossenen Regelkreisen* erreicht werden (Bild 3-55 und 3-56). Dabei wird der Istwert der Geschwindigkeit oder des Druckes vom elektronischen Regler ständig mit dem Sollwert verglichen und das Stellsignal auf das Ventil entsprechend angepaßt. Voraussetzung ist allerdings eine stabile Arbeitsweise, was bei Regelungen keinesfalls selbstverständlich ist, denn es handelt sich um schwingfähige Systeme. Für elektrohydraulische Regelkreise werden reaktionsschnelle, präzise Servo- oder Proportionalventile benötigt (0–100 % Hub in ca. 30 ms).

Bild 3-56
Sycap-Regelsystem von Netstal

1. Servoregelventil Einspritzkolben
2. Servoregelventil Oelmotor
3. Wegmess-System Schnecke
4. Geschwindigkeitsaufnehmer
5. Pulsgeber Drehzahl Schnecke
6. Druckaufnehmer Einspritzzylinder
7. Regler Geschwindigkeit
8. Regler Nachdruck
9. Regler Staudruck
10. Regler Drehzahl
11. Programmeinheit und Steuerung

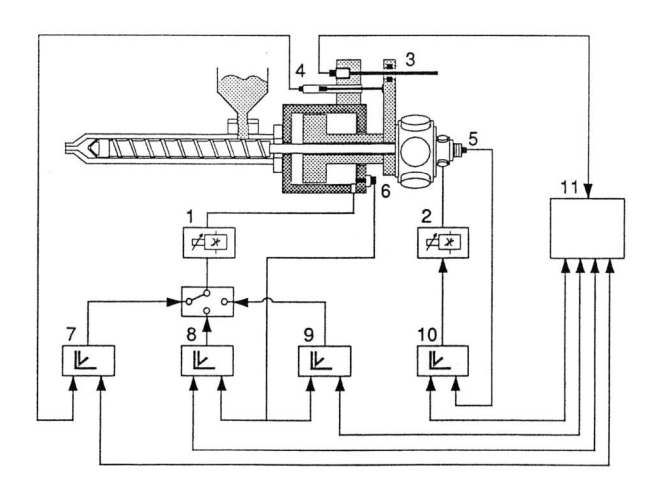

Die *Vorteile der elektrohydraulischen Regelantriebe* entsprechen der Proportionaltechnik, hinzu kommt aber eine

- Hervorragende Kurz- und Langzeit-Reproduzierbarkeit der Istwerte.

Nachteile:

- hohe Kosten,
- größere Störungsanfälligkeit, aufwendige Regleroptimierung,
- schwingungsfähig, d.h. nur bei optimaler Abstimmung des Reglers auf die Regelstrecke wird die mögliche Präzision erreicht.

3.16.4 Hydraulische Verbraucher einer Spritzgießmaschine

Bild 3-57 gibt eine Übersicht über die anzutreibenden Aggregate einer Spritzgießmaschine. Im Folgenden werden grundsätzliche Lösungsmöglichkeiten dargestellt.

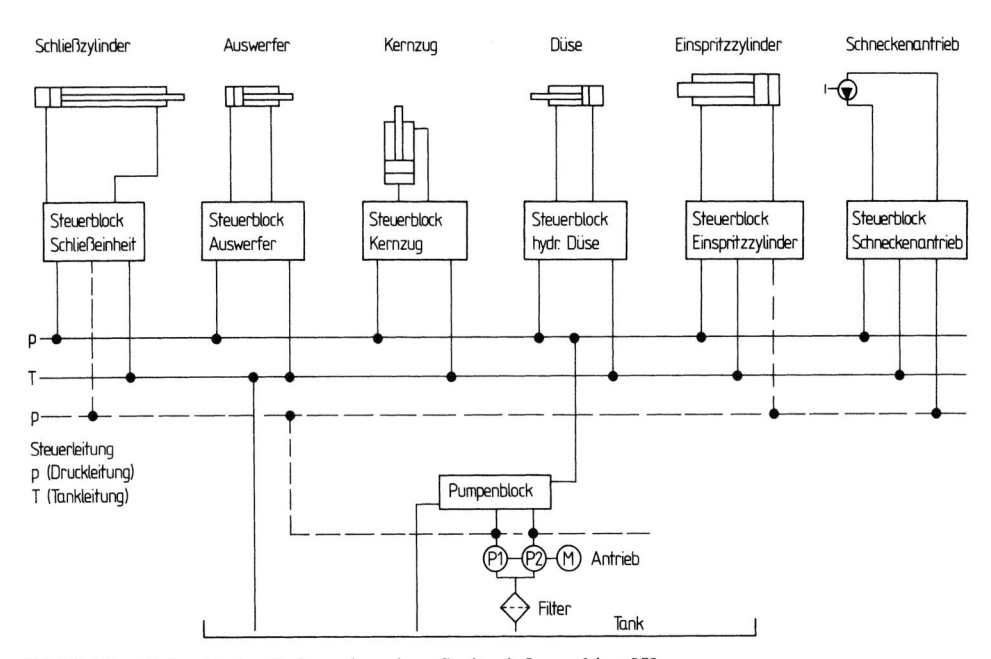

Bild 3-57   Hydraulische Verbraucher einer Spritzgießmaschine [5]

3.16.5 Antriebsysteme mit zentraler Druck- und Mengensteuerung

3.16.5.1 Einkreissysteme

Bei einem zentralen Antrieb werden alle Verbraucher von einer zentralen Druck- und Mengensteuerung versorgt (Bild 3-58). Diese Antriebskonzeption ist hauptsächlich bei kleineren Maschinen verbreitet. Varianten B und C verbrauchen im Vergleich mit Variante A und anderen hydraulischen Antrieben weniger Energie und finden deshalb zur Zeit eine breite Anwendung.

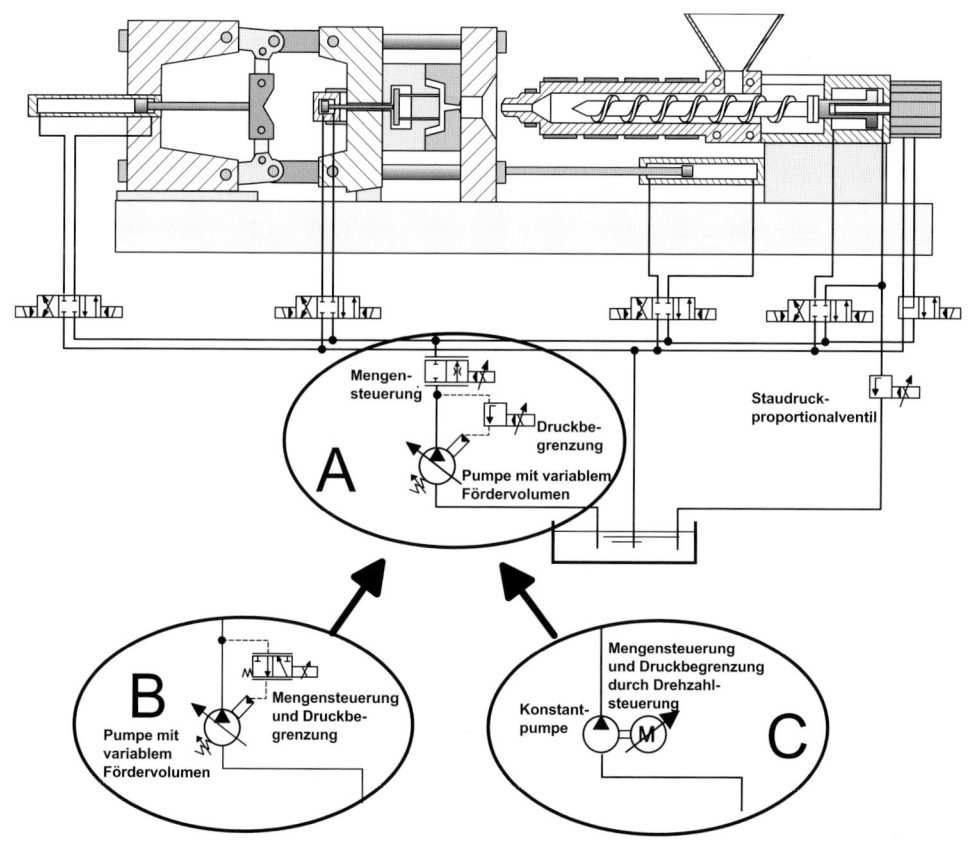

Bild 3-58 Zentrale Druck- und Mengensteuerunng: Prinzipschemata von Einkreissystemen mit einer Pumpe
A Mengensteuerung durch Proportionalventile im Hauptstrom, B Mengensteuerung durch Verstellung der Pumpenfördermenge, C Mengensteuerung durch Verstellung der Drehzahl einer Konstantpumpe

Vorteile:
- geringe Kosten,
- bei alle Maschinenfunktionen kann Geschwindigkeit und Druck beliebig gewählt werden.

Nachteile:
- nur sequentieller Bewegungsablauf möglich, keine Parallelbewegungen,
- geregelte Funktionen nur bedingt möglich.

3.16.5.2 Zweikreissysteme

Die Nachteile des Einkreissystems lassen sich mit Mehrkreis-Systemen (zusätzliche Pumpen oder Akkumulatoren) beheben, was sich allerdings verteuernd auswirkt. Die zweite Pumpe gestattet Parallelfunktionen. In Bild 3-59 das Halten der Schließkraft und die Betätigung von Kernzügen.

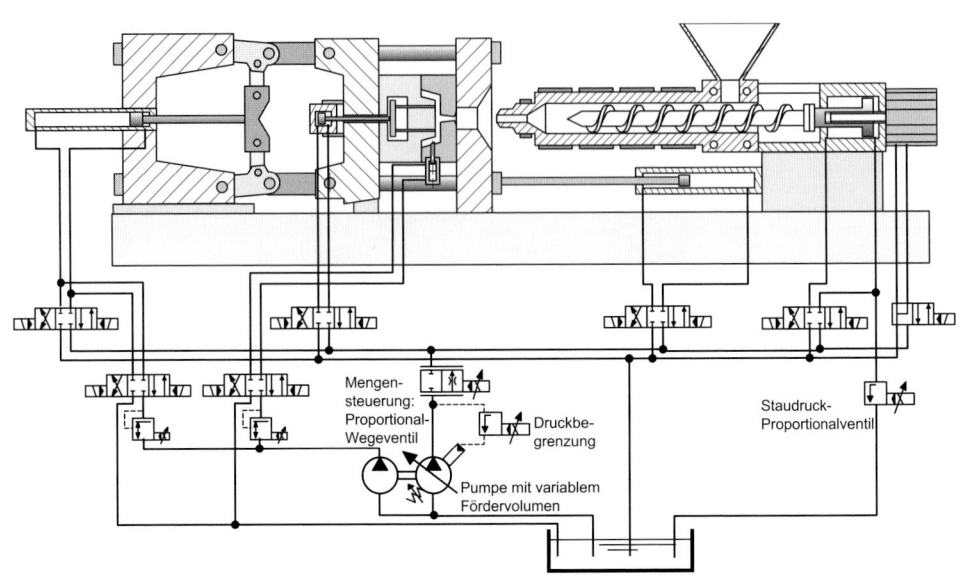

Bild 3-59 Zentrale Druck- und Mengensteuerung: Prinzipschema eines Zweikreissystems mit zwei Pumpen

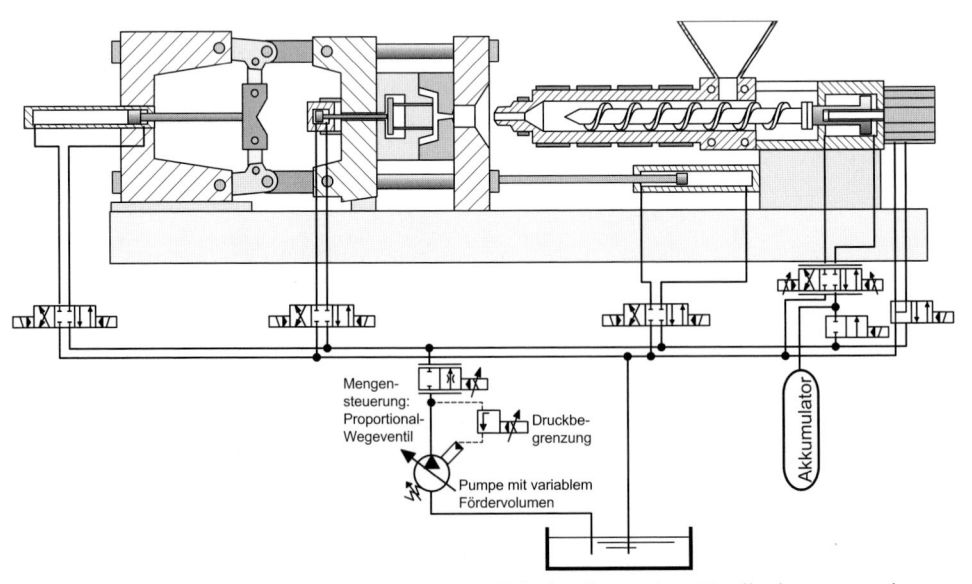

Bild 3-60 Zentrale Druck- und Mengensteuerung: Prinzipschema eines Zweikreissystems mit Pumpe und Akkumulator

Der Akkumulator und ein separates Proportionalventil in Bild 3-60 ermöglicht eine unabhängige Einspritzfunktion und zusätzlich eine hohe Leistungsspitze beim Einspritzen. Die Aufladung des Akkus muss während der Kühl- oder Pausenzeit erfolgen

3.16.6 Dezentrale Druck- und Mengensteuerung

Bei dezentralen Systemen (Bild 3-61 und 3-62) hat jeder Verbraucher seine eigene Druck- und Mengensteuerung.

Vorteile:
- beliebige Parallelbewegungen möglich, sofern Antriebsleistung genügt,
- Möglichkeit zur Realisierung geschlossener Regelkreise für Druck oder Geschwindigkeit an beliebigen Verbrauchern.

Nachteile:
- aufwendige Technik, hohe Kosten,
- hoher Energieverbrauch, wenn für alle Funktionen Öl mit dem Nenndruck eingesetzt wird.

Der Energieverbrauch wird umso günstiger je mehr die Maschine gefordert wird, d.h. je mehr sich die Verbraucherdrücke dem Akkudruck nähern. Der Energieverbrauch wird erheblich reduziert, wenn der Öldruck, wie z.B. beim Schneckenantrieb in Bild 3-62, den Verbraucherdruck angepaßt wird.

Wie Bild 3-60 zeigt, findet man auch Kombinationen von zentralen und dezentralen Steuerungen, z.B. die zentrale Steuerung/ Regelung der Einspritzfunktionen über ein Proportional-/Servoventil bei zentraler Steuerung aller übrigen Funktionen.

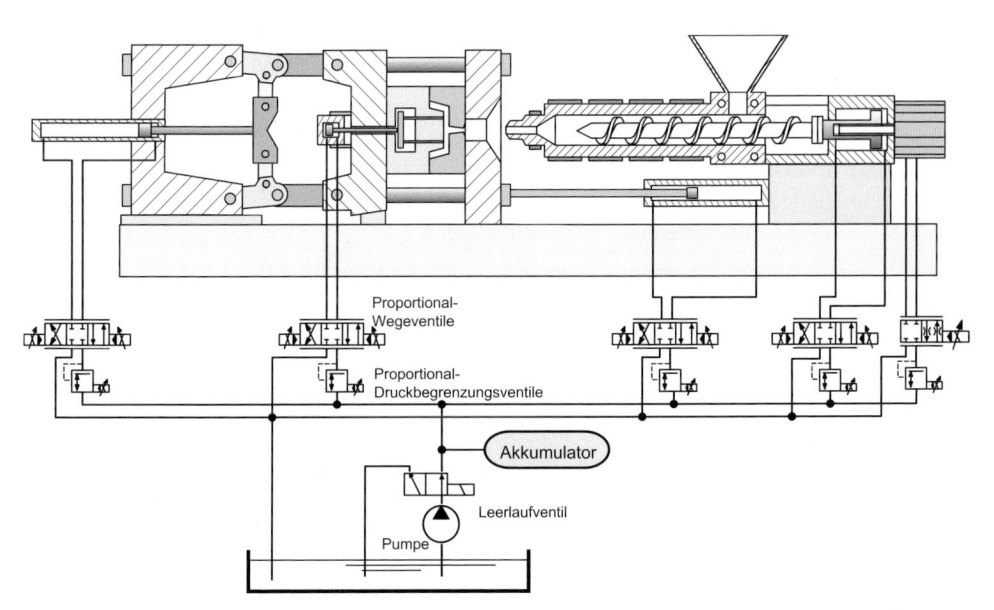

Bild 3-61 Dezentrale Druck- und Mengensteuerung in Kombination mit akkumulatorgepufferter Konstantdruck-Ölversorgung

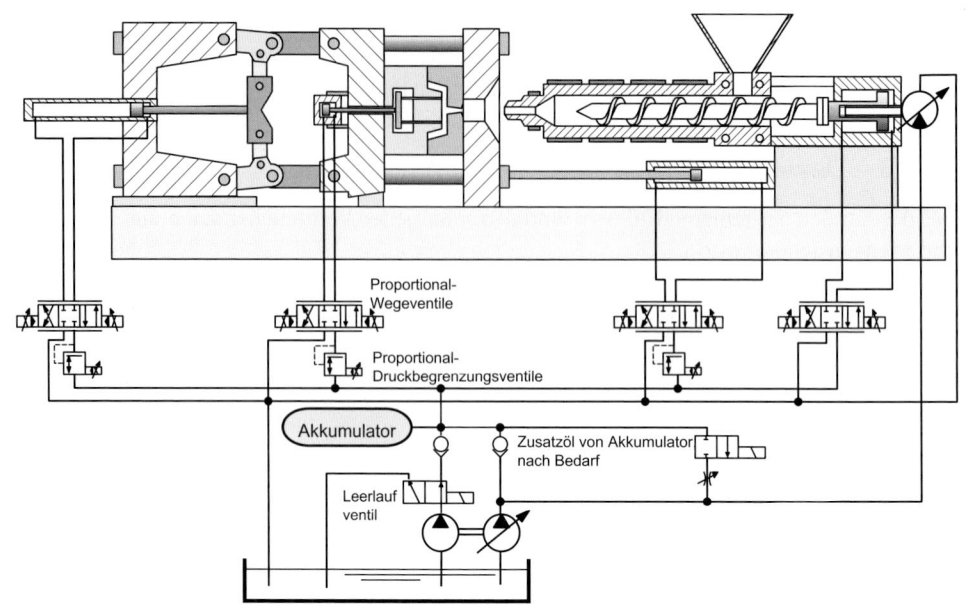

Bild 3-62 Dezentrale Druck- und Mengensteuerung. Schneckenantrieb mit Regelpumpe und Regelmotor; beide Pumpen können zum Laden des Akkus eingesetzt werden (Netstal Synergy-Reihe)

3.17 Elektrische Direktantriebe[1]

Hydraulische Antriebe haben prinzipielle Nachteile, die auch mit fortschrittlichster Technik nicht auszumerzen sind:

- Ölleckagen können nicht restlos vermieden werden,
- der Gesamtwirkungsgrad ist wegen der mehrfachen Energiewandlung schlecht,
- die Optimierung hydraulischer Systeme ist arbeitsaufwendig,
- hohe Lärmentwicklung,
- lange Aufwärmzeiten nach Stillständen.

Es wird deshalb schon seit langem an technischen Lösungen für elektrische Direktantriebe gearbeitet [50–54]. Für Drehantriebe (Schnecke) ist dies auch problemlos möglich. Schon vor vielen Jahren wurden Schneckenantriebe mit konventionellen Drehstrommotoren (Käfiganker-, Asynchronmaschinen) gebaut, allerdings waren diese Antriebe träge und ungenau. Für Linearantriebe hingegen konnte bis vor wenigen Jahren keine befriedigende Lösung gefunden werden. Heute jedoch sind Servomotoren mit hoher Leistungsdichte, Präzision und geringer Trägheit verfügbar, die sich für den Antrieb von Spritzgießmaschinen eignen.

---

[1] Dieser Abschnitt wurde im Rahmen eines virtuellen Seminars von Studenten des 5. Semesters 1999 der FH Würzburg mit Unterstützung von Herrn Plank, Fa. Ferromatik-Milacron, erarbeitet.

3.17.1 Servomotoren

Hochdynamische Prozesse verlangen nach eigens darauf abgestimmten Antrieben. Überall dort, wo es auf außerordentliche Präzision, Schnelligkeit und Zuverlässigkeit ankommt, sind AC-Synchro-Servomotoren (Bild 3-63) die passende Antriebslösung. Sie sind besonders als Stellglieder für Positionsregelungen geeignet.

Die Motoren sind permanentmagnet-erregte Drehstrommotoren. Gegenüber bürstenbehafteten Gleichstrommotoren sind die Funktionen von Stator und Rotor vertauscht. Anstelle des mechanischen Kommutators tritt die elektronische Kommutierung. Der Rotor hat keine Wicklung sondern ist mit Selten-Erd-Magnetmaterial aufgebaut. Er folgt lastunabhängig in starrer magnetischer Kopplung dem in der Ständerwicklung rotierenden Drehfeld. Für die elektronische Kommutierung, Drehzahlerfassung und Positionierung wird ein Resolver eingesetzt. Die Resolver-Signale werden von dem dazugehörigen Servoverstärker verarbeitet. Die Motorcharakteristik entspricht der herkömmlicher fremderregter Gleichstrommotoren.

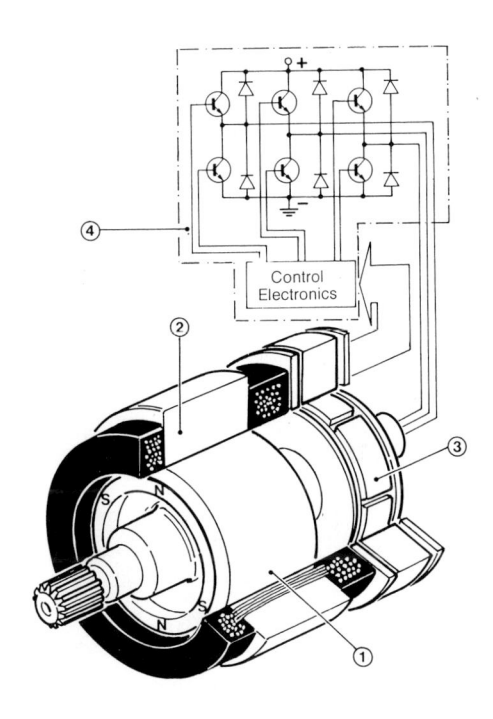

Bild 3-63
AC Synchro-Servomotor
1 Rotor, Selten-Erde-Magnetmaterial,
2 Stator mit Ständerwicklung,
3 Resolver: erfasst mit 4000 Signale pro Umdrehung die Rotorstellung,
4 Steuerungselektronik

3.17.2 Umsetzung der Drehbewegung in translatorische Bewegungen

Da eine Spritzgießmaschine vor allem translatorische Bewegungen ausführt, muss die Drehbewegung der Elektromotoren in lineare Bewegungen umgewandelt werden. Hierfür gibt es drei grundsätzliche mechanische Möglichkeiten:

- Spindelantrieb,
- Zahnstangen-Getriebe,
- Kurbelantrieb.

324   Die Thermoplast-Spritzgießmaschine

Beim Spindelantrieb (Bild 3-64) kann über die Gewindesteigung und Leistungs- bzw. Drehzahl-Werte des Motors eine Linearbewegung mit konstanter Geschwindigkeit und Kraft über den gesamten Verfahrweg erzeugt werden. Dieses Prinzip wird bei Fanuc für alle Linearbewegungen benutzt.

Der Zahnstangenantrieb (Bild 3-65) hat im Vergleich zur Spindel folgende Vor- und Nachteile:

- schneller,
- keine Punkt-, sondern Linienbelastung,
- steifer,
- teurer, mehr Einzelteile.

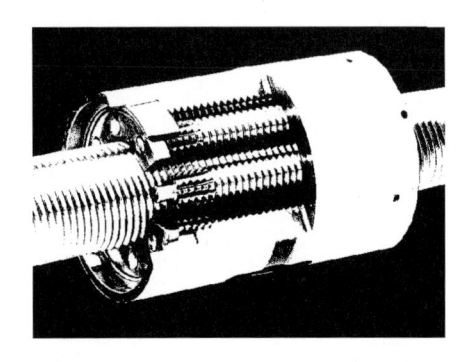

Bild 3-64
Rollenspindelantriebe z.B. für Auswerferbetätigung
[50]

Bild 3-65
Zahnstangengetriebe z.B. für die Kniehebel-Kreuzkopfbewegung [50]

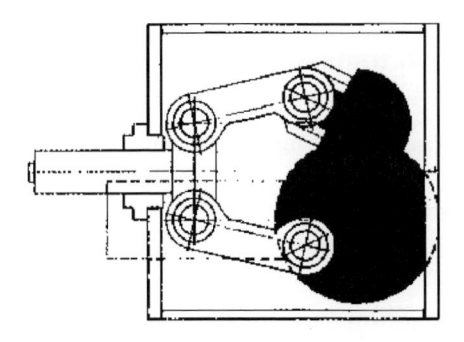

Bild 3-66
Prinzip Kurbeltrieb [50]

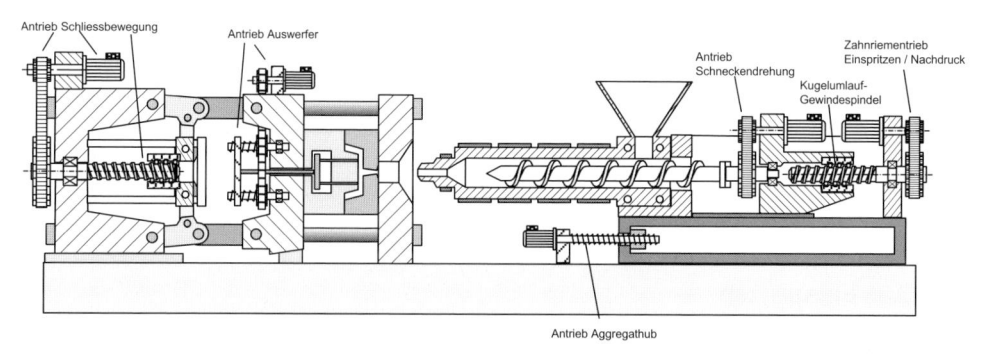

Bild 3-67   Prinzipieller Aufbau einer Spritzgießmaschine mit vollelektrischem Antrieb (Fanuc)

Der Kurbelantrieb (Bild 3-66) ermöglicht geometriebedingt, je nach Stellung der Kurbel, Bewegungen mit hohen Kräften oder hohen Geschwindigkeiten. Diese Nichtlinearität entspricht den verfahrenstechnischen Anforderungen beim Einspritzen (erst hohe Geschwindigkeit dann hohe Kraft) und beim Entformen (erst hohe Kraft, dann hohe Geschwindigkeit).

Die Spindel-, Zahnstangen oder Kurbelantriebe sind vollmechanische Antriebe, bei denen die Anzahl der Umdrehungen des Elektromotors eine definierte Lageänderung in Achsrichtung ergibt. Die Geschwindigkeitsregelung erfolgt über die Einstellung der Motordrehzahl.

3.17.3 Antriebseinheiten einer vollelektrischen Spritzgießmaschine

Wie aus Bild 3-67 hervorgeht, wird für jede Linear- und Rotationsbewegung ein eigener Motor benötigt. Diese Motoren laufen allerdings nur dann, wenn sie benötigt werden. Die Gesamtleistung ist die Summe der Nennleistungen aller Motoren und der installierten Heizleistung. Aus diesem Grund liegt der Nennwert der Anschlussleistung ungefähr doppelt so hoch, wie bei vergleichbaren hydraulischen Maschinen. Im Folgenden werden die einzelnen Antriebseinheiten am Beispiel der Elektra-Maschinen von Ferromatik-Milacron kurz erläutert.

3.17.3.1 Schneckenrotation

Ein Servo-Motor treibt über Zahnriemen und Zahnrad teilweise mit Untersetzungsgetriebe die Schnecke an. Die Regelung des Staudrucks wie auch des Einspritz- und Nachdrucks erfolgt über das Drehmoment des Motors auf die Schnecke. Es besteht eine Korrelation zwischen Drehmoment am Servomotor und der Druck- bzw. Kraftmessung an der Kraftmessdose im Schneckengrund. Beim Maschinenstart wird diese Korrelation verwendet und der Servomotor sowie die Kraftmessdose kalibriert. Die Regelung der Drehmomente wird über die Stromstärke realisiert.

3.17.3.2 Bewegung des Spritzaggregats

Zur Schonung des Spritzgießwerkzeugs und für die saubere Abdichtung der Düse am Werkzeug ist eine genau kontrollierte Anfahrgeschwindigkeit und Anlagekraft notwendig. Bei dieser Bewegung wurde bei der Elektra-Maschine auf das Prinzip der Kugelumlaufspindel zurückgegriffen. Die Bewegung läuft geregelt mit Maximalgeschwindigkeit ab. Der Zielpunkt kann dank geregelter Bremsrampe präzise ohne Stoß angefahren werden. Um die Düsenanlegekraft variieren zu können, wird bei Fanuc ein sehr kurzhubiges Tellerfederpaket vorgespannt, mit dem sich allerdings nur verhätnismäßig niedrige Anpreßkräfte realisieren lassen. Eine weitere Alternative ist ein pneumatisch/hydraulischer Aggregatbewegungs-Mechanismus, der von normalen Betriebsdruckluft betätigt werden kann.

3.17.3.3 Einspritzen

Die Einspritzbewegung wurde mittels Kurbeltrieb (Bild 3-66) realisiert, welcher nur etwa eine Drittelumdrehung ausführt. Die Kinematik kommt dem zunehmenden Druckbedarf beim Einspritzen entgegen. So werden die höchsten Einspritzdrücke im Polsterbereich erreicht. Während der eigentlichen Einspritzphase stehen zwar nur niedrigere Drücke zur Verfügung, dafür ist aber die mögliche Einspritzgeschwindigkeit hoch. Der Einsteller bleibt dank einer geregelten Linearisierung der Kurbelfunktion von der beschriebenen Nichtlinearität des Antriebs unbelastet. Die Geschwindigkeitsregelung erfolgt über die Einstellung der Motordrehzahl. Dem Rechner ist über die Stellung des Motorenrotors die Achsposition bekannt und er kann die Motordrehzahl entsprechend anpassen. Dagegen ist die Druckregelung bei einer vollelektrischen Spritzgießmaschine aufwendiger. Man verwendet das Motordrehmoment, Kraftmessdosen, Druckaufnehmer im Schneckenvorraum oder Dehnungsmessmittel. Die Druckmessung beim Einspritzen der Schmelze erfolgt bei Elektra über eine Dehnmessmethode am Schneckenschaft als Maß für den Druck. Wenn der Druck zu gering ist, wird er über eine entsprechende Wegzustellung erhöht. Die Schmelze, einer Feder vergleichbar, wird dadurch stärker gespannt. Sinngemäß gilt gleiches bei einer Druckentlastung; die Schnecke wird in diesem Fall aktiv zurückgezogen.

3.17.3.4 Schließeinheit

Bei vollelektrischen Spritzgießmaschinen kommt für den Formschluss nur der Kniehebel in Frage (Bild 3-68). Die Gründe liegen in der Umsetzung der elektrischen Leistung in die Schließkraft und in der Krafteinleitung in die Aufspannplatte. Je nach Auslegung der Kniegelenkgeometrie sind Kraftübersetzungen bis zu einem Faktor 50 möglich. Basierend auf einer Patentanmeldung von Vickers, Trinova/USA, erfolgt der Antrieb des Gelenkkopfs bei der Elektra-Maschine mittels eines doppelten Zahnstangengetriebes mit vorgeschaltetem zweistufigem Stirnradsatz. Die Wahl dieses Konzepts hat den Vorteil, dass von der technischen Seite praktisch keine Einschränkung bezüglich der Schließ- und Öffnungsgeschwindigkeit besteht.

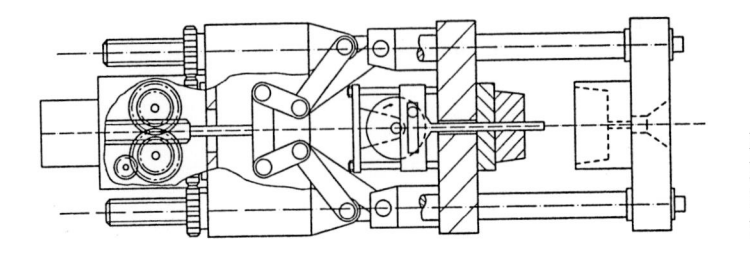

Bild 3-68
Mittels Zahnstange und Kurbelschieber angetriebene Schließseite [51]

Die hohe Dynamik erlaubt neben der geringen Trockenlaufzeit auch eine sehr präzise Werkzeugsicherung selbst bei hoher Bewegungsgeschwindigkeit des Werkzeugs. Bei der elektrischen Spritzgießmaschine wird der Werkzeug-Sicherungsdruck über eine Kraftmessdose im Kreuzkopf des Vierpunkt-Kniehebels ermittelt.

3.17.3.5 Auswerfer

Zur elektromotorischen Betätigung von Auswerfern werden Spindeln oder Kurbelschieber eingesetzt.

Bei der Auswerferbetätigung mit Rollenspindel wird eine axial ortsfeste Mutter über einen Zahnriemen durch einen Servomotor rotatorisch angetrieben. Dadurch wird die zugehörige nichtrotierende Spindel axial bewegt. Durch dieses Verfahren kann man eine sehr hohe Weggenauigkeit, aber gleichzeitig auch eine hohe Geschwindigkeit erreichen. Aus der Erkenntnis heraus, dass eine nennenswerte Auswerferkraft praktisch nur bei den ersten Millimetern Fahrweg gebraucht wird und nach dem Losreißen des Spritzlings auf einen Bruchteil der Losreißkraft abfällt, werden Auswerfer aber auch mittels Kurbelschieber angetrieben. Der maximale Auswerferweg beträgt dabei das Doppelte des Kurbelradius.

3.17.3.6 Kernzüge

Kernzüge sind normalerweise keine Bestandteile der elektrischen Maschinen. Die Betätigung erfolgt meist mit hydraulischen Beistellaggregaten.

3.17.4 Vergleich mit hydraulischen Antrieben

Ein objektiver Vergleich der Antriebskonzepte ist schwierig, weil die Eigenschaften einer Maschine stark von der individuellen Auslegung abhängen und weil sich die Hydraulik im Wettstreit mit den vollelektrischen Maschinen erheblich weiterentwickelt. Robers kommt nach vergleichenden Untersuchungen am IKV in [51] zum Ergebnis, dass vollelektrische Maschinen geringere Werte für Energieverbrauch und Geräuschemission aufweisen als hydraulische Maschinen, während ein antriebssystembedingter Unterschied im Reproduziergenauigkeitsverhalten nicht nachweisbar war.

3.17.4.1 Vorteile

- Umweltfreundlichkeit
    + niedriger Energieverbrauch
        – hoher Wirkungsgrad bei der Energiewandlung in mechanische Arbeit
        – Motoren arbeiten rein bedarfsorientiert
        – Wegfall von Leerlaufverlusten
    + niedrige Geräuschemission
    + kein Hydrauliköl
    + kein Kühlwasser
    + besondere Eignung für Reinraum-Bedingungen
- Dynamik
    + keine verzögernde Ölkompression
- Wartungsaufwand

328 Die Thermoplast-Spritzgießmaschine

+ keine Leckstellen – keine Reinigungskosten
+ keine Öl- oder Filterkosten

3.17.4.2 Nachteile

- Anschaffungspreis: Wesentlich höher, insbesondere bei Kleinmaschinen,
- Betätigungen für Kernzüge, Düsenverschluss oder Schnellspanneinrichtungen nur mit Zusatzaggregaten lösbar,
- größere installierte Leistung,
- geringere Leistungsspitzen als hydraulisch mit Akkumulator angetriebene Maschinen,
- begrenzter Formöffnungsweg.

3.18 Hybridantriebe

Ein Paradebeispiel für eine Hybridmaschine, d. h. für eine Maschine mit verschiedenartigen Antrieben ist in Bild 3-69 dargestellt. Das Ziel ist für jede Antriebsachse die optimale Antriebstechnologie einzusetzen [129, 130].

Das *Dosieren bzw. Plastifizieren* ist eine rotatorische Bewegung mit hohem Energiebedarf. Hier bietet sich ein elektrischer Motor an. Er besitzt einen deutlich höheren Wirkungsgrad als ein Ölmotor und spart dadurch im Vergleich zu diesem bis zu 40 % Energie ein.

Für das *Einspritzen* wird, gerade bei Hochleistungsmaschinen, eine kurzzeitige und von anderen Bewegungen unabhängig abrufbare hohe Leistung benötigt. Geschwindigkeiten von 1000 mm/s in Verbindung mit einer hohen Beschleunigung sind nach [130] nur mit einer Speicherhydraulik zu erreichen.

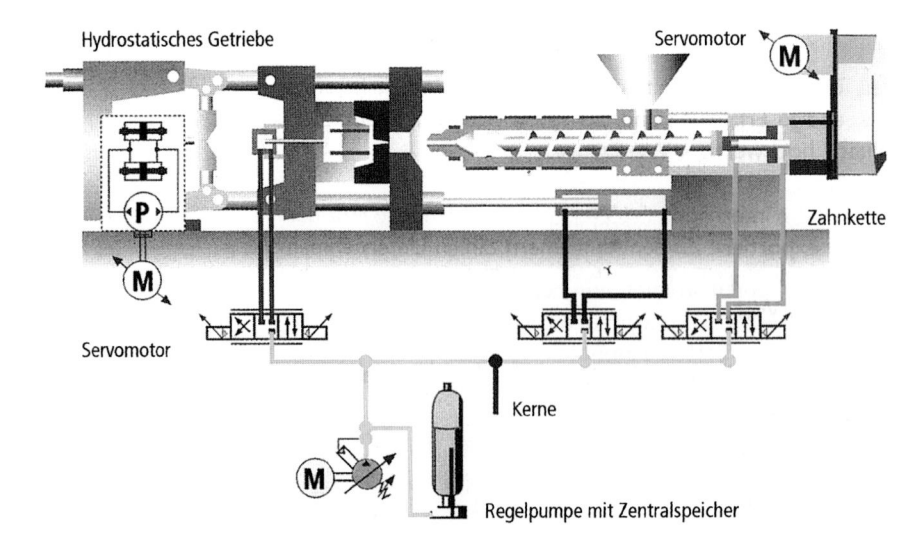

Bild 3-69 Antrieb der Baureihe Ergotech Elexis-S, Fa. Demag Ergotech [130]

Das *Öffnen und Schließen* des Werkzeugs wird bei dieser gezeigten Maschine über ein dezentrales, elektrisch angetriebenes hydrostatisches Getriebe gelöst, das auch in der Lage ist, die kinetische Energie des abzubremsenden Werkzeugs für die Plastifizierung zurückzugewinnen.

Die drei *Nebenbewegungen* von Spritzggregat, Auswerfer und Kernzügen sind lineare Bewegungen, die nicht parallel zu einander ausgeführt werden müssen und keinen wesentlichen Einfluss auf den Energieverbrauch haben. Sie sind daher hydraulische einfach und kostengünstig zu realisieren.

3.19 Zum Energieverbrauch von Spritzgießmaschinen

Mit Bild 3-70 soll zunächst an Hand verschiedener Beispiele gezeigt werden, welche Arbeiten mit einer kWh verrichtet werden können.

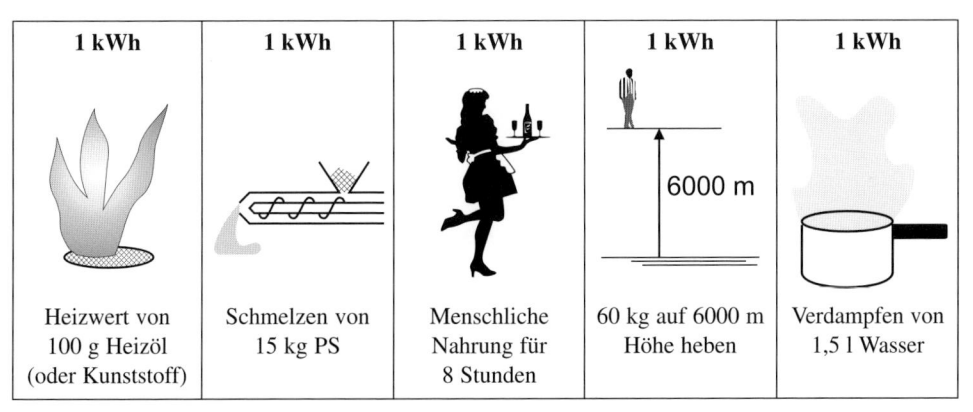

1 kWh	1 kWh	1 kWh	1 kWh	1 kWh
Heizwert von 100 g Heizöl (oder Kunststoff)	Schmelzen von 15 kg PS	Menschliche Nahrung für 8 Stunden	60 kg auf 6000 m Höhe heben	Verdampfen von 1,5 l Wasser

Bild 3-70   Veranschaulichung des Energieverbrauchs von 1 kWh

3.19.1 Energieverbrauch während des Zyklus

Aus Bild 3-71 erkennt man, dass der Plastifiziervorgang insgesamt die größte Leistung benötigt. Kurzeitige Leistungsspitzen treten beim Aufbau der Schließkraft und beim Einspritzen auf.

330 Die Thermoplast-Spritzgießmaschine

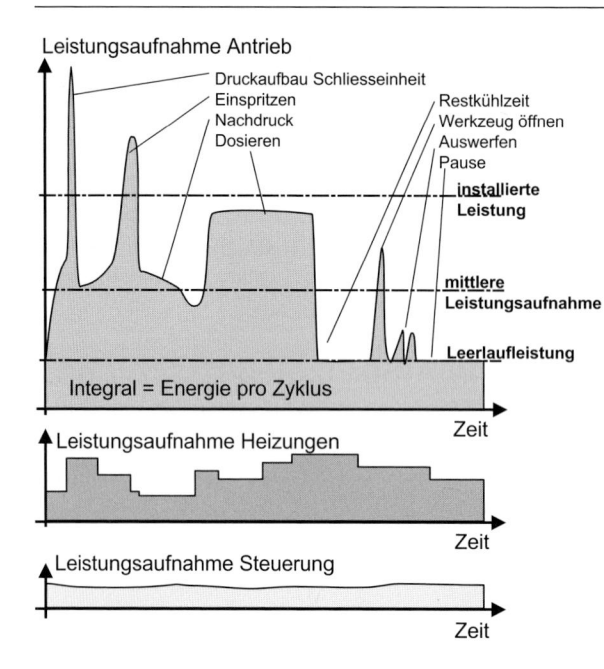

Bild 3-71
Typischer Energieverbrauch einer hydraulisch angetriebenen Spritzgießmaschine ohne Speicher während des Spritzzyklus

3.19.2 Aufteilung der installierten Leistung

Die Aufteilung der installierten und zugeführten Energie kann anschaulich in sog. Sankey-Diagrammen (Bild 3-72) dargestellt werden. Man erkennt, dass unter normalen Bedingungen weniger als die Hälfte der installierten Leistung benötigt wird:

Die aufgenommene Energie dient primär dem Aufschmelzen des Kunststoffs, damit dieser formbar wird. Sekundär erwärmt sich das Hydrauliköl durch die Druckverluste im Antrieb. Beide Anteile werden noch in der Maschine weitgehend an das Kühlwasser und die Umge-

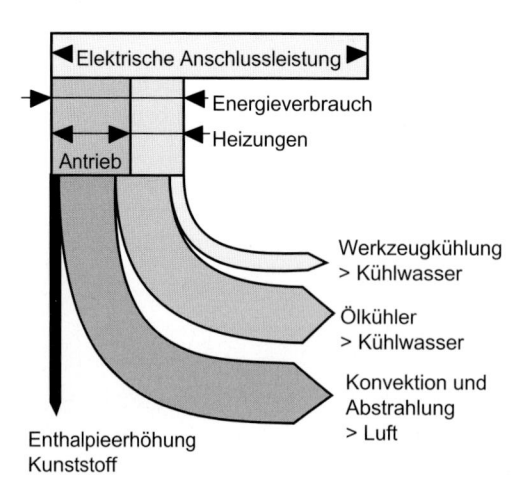

Bild 3-72
Energieflussdiagramm einer Spritzgießmaschine

bungsluft abgeführt. Nur ein kleiner Rest, die Enthalpiedifferenz zwischen Entformungs- und Raumtemperatur, verlässt die Maschine mit den Formteilen, um dann außerhalb der Maschine konvektiv an die Umgebungsluft überzugehen.

3.19.3 Spezifischer Energieverbrauch

Beim Vergleich der Wirtschaftlichkeit verschiedener Maschinen, Maschineneinstellungen oder Verfahren ist es sinnvoll, den *spezifischen* Energieverbrauch zu beurteilen. Der spezifische Energieverbrauch einer Spritzgießmaschine ist definiert als Energieverbrauch pro kg verarbeitetem Material [kWh/kg].

Theoretisch müsste ein spezifischer Energieverbrauch von ca. 0,1 kWh/kg möglich sein. Werte von 0,4 kWh/kg mit hydraulisch angetriebenen und 0,2 kWh/kg mit elektrisch angetriebenen Maschinen sind heute unter günstigen Umständen erreichbar. In der Praxis liegt der Verbrauch allerdings oft 2 bis 3 mal höher. Dies ist nicht nur durch die Technik bedingt, sondern durch eine meist ungenügende Ausnutzung der Maschinenleistung (zu kleine Schussgewichte bezogen auf die Möglichkeiten der Maschinen).

3.19.4 Energiekosten

3.19.4.1 Einflussgrößen

Der Energieverbrauch einer Spritzgießmaschine ist primär abhängig von:
- den Eigenschaften des verarbeiteten Kunststoffs, dem Wirkungsgrad des Maschinenantriebs,
- der Wärmeisolation von Plastifizierzylinder und Heisskanälen,
- der Auslastung der Maschine,
- der Steifigkeit der Maschine.

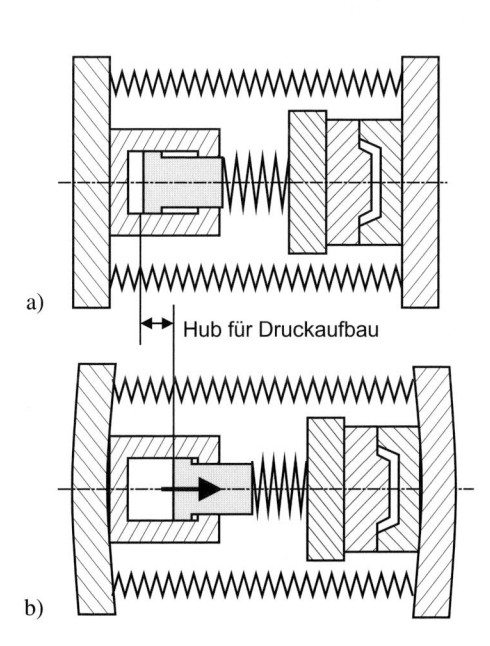

Bild 3-73
Verformungen der Schließeinheit durch die Schließkraft
a) Steife Schließeinheit
b) Weiche Schließeinheit

332 *Die Thermoplast-Spritzgießmaschine*

Beim Aufbau der Schließkraft wird Energie in die elastische Verformung der Schließeinheit gesteckt, die prinzipiell zurückgewonnen werden kann. Die Energie entspricht dem Integral der Kraft über den Hub. Sie kann durch die Konstruktion beeinflusst werden: Bei steifen Konstruktionen ist der Dehnhub geringer. Dadurch reduziert sich natürlich auch die Zykluszeit.

Der Einfluss der Steifigkeit wird mit Hilfe von Bild 3-73 erklärt.

3.19.4.2 Preis der KWh

Der mit dem Elektrizitätswerk auszuhandelnde kW-Preis für eine kWh beträgt bei Industrietarifen etwa 0.10 Euro. Er hängt ab:

- vom *elektrischem Anschlusswert* der Maschinen. Dieser ist für die Auslegung der Absicherung und des Anschlusskabels wichtig, kann aber auch einen Einfluss auf den Tarif des Elektrizitätswerkes haben (Bezugsspitzen!),
- von den *Verbrauchsspitzen* des ganzen Betriebs (je nach Liefervereinbarungen mit dem Elektrizitätswerk),
- vom *Leistungsfaktor (cos φ)*, d.h. dem Blindleistungsanteil. Wenn dieser einen gewissen Wert überschreitet, können Zusatztarife fällig werden (ist in den Liefervereinbarungen mit den Elektrizitätswerken festzulegen).

$$S = \sqrt{3} \cdot U \cdot I \qquad (3\text{-}15)$$

$$N = S \cdot \cos \varphi = \sqrt{3} \cdot U \cdot I \cos \varphi \qquad (3\text{-}16)$$

mit S Scheinleistung [KW], N Energieverbrauch (Wirkleistung) [KW], U Spannung [V], I Strom (pro Phase, bei symmetrischer Belastung), φ Phasenverschiebung.

3.19.5 Anteil an den Fertigungskosten

Der Anteil der Energiekosten an den gesamten Herstellkosten ist, wie das Kreisdiagramm (Bild 3-74) zeigt, gering. Dies erklärt, warum die Anstrengungen zur Energierückgewinnung bescheiden sind, obwohl grundsätzliche Möglichkeiten bestehen. Der Wärmeinhalt der Luft des Fertigungsraums ist nur im Winter nützlich. Er ersetzt ohne zusätzlich Maßnahmen weitgehend die Heizung. Interessanter ist die Wärme des Kühlwassers. Mit Wär-

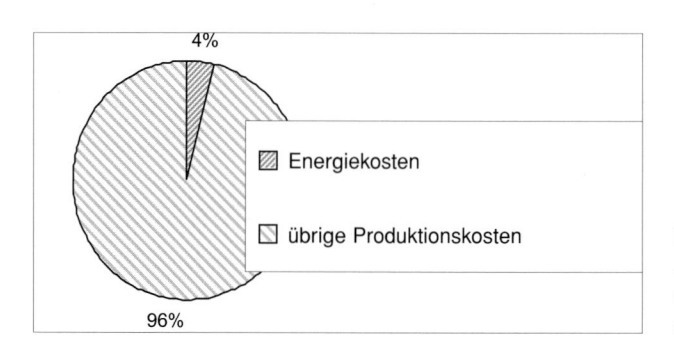

Bild 3-74
Anteil der Energiekosten an den gesamten Herstellkosten (ca. 3 bis 5%!)

metauscher und Wärmepumpe sollte sich zumindest das Brauchwasser wirtschaftlich erwärmen lassen.

3.19.6 Energieverbrauchsmessung

Mit Zangen-Amperemetern kann der momentane Strom einer Phase gemessen werden. Da die drei Phasen unterschiedlich belastet sein können, der Strom sich ständig ändert und der Leistungsfaktor nicht erfasst werden kann, sind diese Geräte zur Messung des Energieverbrauchs nicht geeignet. Brauchbar sind Drehstrom-Zähler (Wirkleistungszähler), wie sie von den Elektrizitätswerken installiert werden. Sie integrieren den Verbrauch. Bei regelmäßiger Ablesung des aktuellen Totals kann der Verbrauch berechnet werden. Meist ist aber nicht an jeder Maschine ein solches Gerät angebaut.

Auf dem Markt sind Spezial-Energieverbrauchsmessgeräte verschiedener Bauart, mit denen man Strom und Spannung in allen drei Phasen sowie die Phasenverschiebung messen kann. Daraus wird die Wirk- und Blindleistung berechnet und angezeigt. Je nach Ausführung der Geräte kann der Energieverbrauch auch mit hoher zeitlicher Auflösung dargestellt werden, so dass die Verbrauchsschwankungen über den Maschinenzyklus analysiert werden können. Für die Installation von solchen Geräten ist Fachpersonal erforderlich. Das Messschema ist in Bild 3-75 dargestellt.

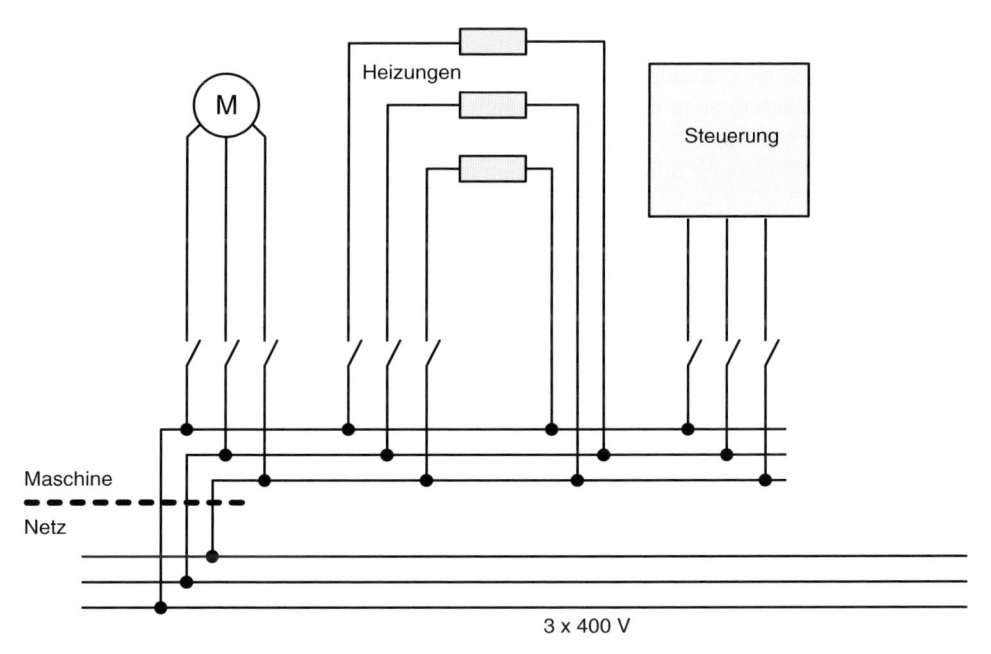

Bild 3-75 Leistungsmessschema für eine Spritzgießmaschine; der Gesamtverbrauch muss an den drei Phasen des Netzanschlusses gemessen werden

3.20 Die Maschinensteuerung

Bis ca. 1970 bestanden die Maschinensteuerungen aus Schützen, Zeitrelais und analogen Temperaturreglern. Die Wahl verschiedener Programmabläufe erfolgte über Schalter, die Einstellung der Zeiten, Geschwindigkeiten, Drucke und Temperaturen direkt an den jeweiligen Stellgliedern. Änderungen und Erweiterungen des Programmablaufs machten neue Schaltelemente und Verdrahtungen erforderlich. Dann wurden die Schaltrelais zum Teil durch diskrete elektronische Schaltelemente ersetzt, die zuverlässiger und schneller waren. Mittels Dekadenschaltern konnten auch verschiedene Sollwerte ferngesteuert (anstatt an Hydraulik-Handventilen) eingestellt werden. Inzwischen sind Mikroprozessorsteuerungen Stand der Technik

3.20.1 Aufgaben der Maschinensteuerung

Die Aufgaben moderner Maschinensteuerungen sind:
- Steuerung des Programmablaufs (Logik) im automatischen und halbautomatischen (Stopp nach jedem Zyklus) Betrieb,
- Steuerung einzelner Funktionen und Bewegungen im „Handbetrieb", über Tasten oder Softkeys, in der Betriebsart „Einrichten" mit minimalen Geschwindigkeiten und reduzierten Sicherheitsverriegelungen,
- Vermeidung von Unfällen und Beschädigungen der Maschine durch geeignete Verriegelungen,
- Regelung von Temperaturen, Drücken, Geschwindigkeiten,
- Mensch – Maschinen – Interface,
- Datenerfassung und Speicherung (Messwerte, Betriebsdaten, Produktionsdaten),
- Datenverkehr mit über – und untergeordneten Systemen.

3.20.2 Steuerungshardware

Basis der Steuerung ist ein geschlossener Schrank (EMV, Schutz vor Magnetfeldern u.a.) mit einem Steuerungsrack und der Stromversorgung (z.B. 24 V Gleichspannung). Bei Kleinstmaschinen ist je nach Bauart die gesamte Steuerungselektronik auf einer einzigen Leiterkarte aufgebaut. Im Normalfall jedoch ist die Steuerungshardware auf diverse Baugruppen (Leiterkarten) verteilt, was eine Anpassung auf verschiedene Bedürfnisse und die modulare Erweiterung erleichtert (Bild 3-76).

Die Steuerungen sind mit mehreren Mikroprozessoren ausgerüstet, die spezielle Aufgaben übernehmen. Neben den Mikroprozessoren, die Steuerungsabläufe steuern, werden Datenspeicher benötigt, in denen die Steuerungsprogramme und aktuelle Maschinendaten gespeichert sind. Steuerungsprogramme werden oft auf EPROM (Erasable Programmable Read Only Memory) gespeichert und sind dadurch gegen versehentliches Löschen gesichert. Sie können aber auch auf Hard Disk oder batteriegepufferten RAM (Random Access Memory) gespeichert werden und sind damit einfacher zu ändern. Aktuelle Maschinendaten werden auf RAM gespeichert.

3.20.2.1 Zentraleinheit

Die *Zentraleinheit (CPU = Central Processing Unit)* steuert die wichtigsten Funktionen der Maschine (Zyklusablauf und Verarbeitung wichtiger numerischer Daten) und koordiniert die Tätigkeit der übrigen Baugruppen. Als CPU finden heute drei alternative Systeme Verwendung:

- *SPS-Systeme* verarbeiten logische Signale, d.h. Daten der Breite 1 Bit. Sie können logische Funktionen sehr schnell ausführen und sind einfach programmierbar. Dafür sind die Möglichkeiten von numerischen Rechenoperatio-

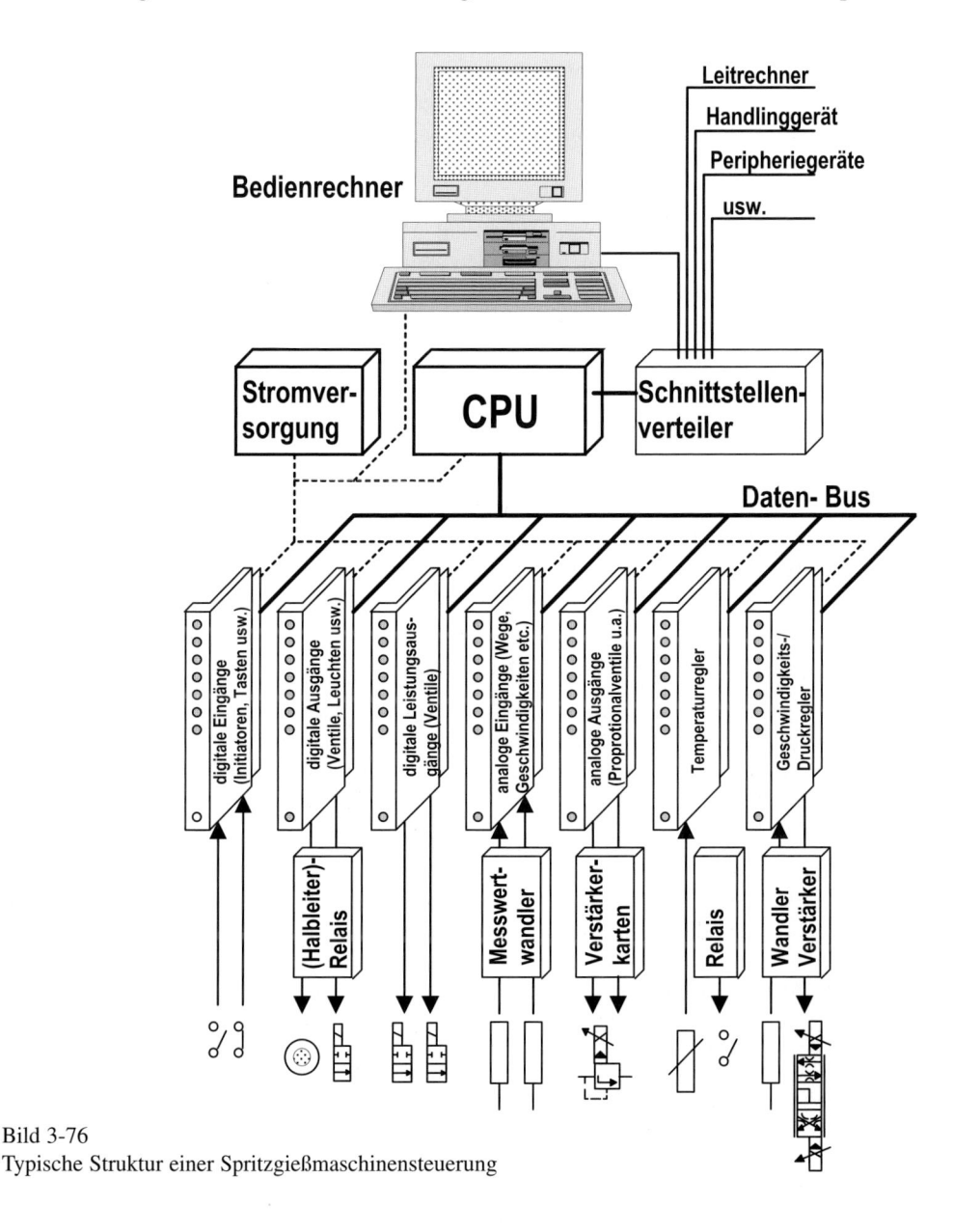

Bild 3-76
Typische Struktur einer Spritzgießmaschinensteuerung

nen beschränkt und deren Programmierung kompliziert. Typischer Vertreter dieser Kategorie ist die Siemens-Simatic-Steuerung, die von diversen Maschinenherstellern eingesetzt wird.

- *Mikroprozessorsysteme* basieren auf Prozessoren, wie sie auch für Personal Computer eingesetzt werden (z. B. Intel Pentium etc.) Diese Prozessoren verarbeiten Daten von 32 Bit Breite und sind deshalb sehr leistungsfähig in der Ausführung numerischer Funktionen und der Datenverarbeitung. Die Programmierung schneller logischer Funktionen ist erheblich aufwendiger.
- *Hochleistungsrechner* (Transputer oder RISC [Reduced Instruction Set Computer]-Prozessoren) nutzen die hohen Rechenleistungen neuartiger, parallel arbeitender Prozessoren. Dies ermöglicht eine höhere Integration (geringerer Platzbedarf) und die Realisierung sehr schneller digitaler Regelsysteme.

Für den Anwender spielt die Art der verwendeten Prozessoren eine geringe Rolle. Wichtig ist, dass die Steuerungsabläufe möglichst schnell und bei jedem Zyklus gleich schnell ablaufen. Die CPU ist über einen Datenbus oder eine serielle Schnittstelle mit dem *Bedienrechner* verbunden, der den Dialog mit dem Maschinenbediener wahrnimmt und das Display ansteuert. Bedienrechner sind oft Personal Computer, als Display kommen Farbmonitoren und Flüssigkristall-Flachdisplays zum Einsatz (monochrom oder farbig). Der Bedienrechner verfügt über ein Datenspeichergerät für das Einlesen von externen Daten und die Datensicherung. Waren dafür lange Jahre Mini-Bandkassetten üblich, dominieren heute Floppy-Disc-Laufwerke.

3.20.2.2 Temperaturregler

Rechnerbaugruppen, die die Plastifizierzylinder- und Werkzeugtemperaturen regeln (je nach Maschinentyp ca. 2 bis 100 Regelkreise). Die Stellsignale der Regler schalten die Heizungsschützen (bzw. Halbleiterrelais), Kühlwasserventile oder in Einzelfällen auch Thyristor-Leistungsschalter (stufenlose Einstellung der Heizleistung).

3.20.2.3 Geschwindigkeits- und Druckregler

Diese Regler stellen die Einhaltung von komplizierten Sollwertprofilen sicher und steuern die Servo- oder Proportionalventile an.

3.20.2.4 Eingangsbaugruppen

Sie wandeln und übertragen Signale (analoge Signale oder logische Signale von Sensoren, Schaltern etc.) in die Steuerung. Als Standardsignalbereiche sind 0–10 V oder 4–20 mA üblich.

3.20.2.5 Ausgangsbaugruppen

Ausgangsbaugruppen geben Befehle der Steuerung an die Maschine weiter (meist 0 bis 10 V für analoge Signale, 24 V für digitale Signale). Die analogen Ausgangssignale von 0 bis 10 V oder 4 bis 20 mA genügen nicht für die direkte Ansteuerung von Proportionalventilen. Verstärkerbaugruppen dienen der Signalverstärkung, haben aber oft noch weitere Funktionen wie die Generierung von Rampensignalen für das stetige Öffnen/Schließen von

Ventilen und Ditherfunktionen (überlagertes Brummsignal zur Verminderung der Hysterese von Proportionalventilen).

3.20.2.6 Messwertverstärker und Wandlerbaugruppen

Verstärker und Wandler werden benötigt, um Sensorsignalen auf Standard-Eingangssignalsignale (0 bis 10 V, 4 bis 20 mA) zu wandeln. Wegsignale werden z. T. digital erfasst und müssen ebenfalls auf ein für die CPU verständlichen Code transformiert werden. Wegmessbaugruppen übernehmen daneben auch die Funktion von Komparatoren: sie geben der CPU eine Meldung, sobald bestimmte, vom Anwender programmierte und von der CPU als Schaltwerte vorgegebene Wegpunkte erreicht sind.

3.20.2.7 Sensoren

Berührungslose oder mechanische *Initiatoren* geben ein digitales Signal, wenn ein bewegliches Teil eine bestimmte Position erreicht hat. (z. B. Schutztüre geschlossen/offen).

Wegmesssysteme geben die aktuelle Position beweglicher Teile an. Im Gegensatz zu Werkzeugmaschinen, wo dies sehr genau nötig ist (Auflösung 1/1000 mm oder höher) genügt bei Spritzgiessmaschinen eine Auflösung von 0,01 bis 0,2 mm, je nach Einsatzzweck. Die Wegmesssysteme werden nach ihrem Messprinzip in Kategorien eingeteilt. Absolute Messsysteme messen immer die absolute Position (auch nach Stromausfällen), wogegen inkrementale Systeme nur relative Positionen angeben und nach Störungen wieder kalibriert werden müssen. Daneben unterscheidet man analoge und digitale Messsysteme. In der Spritzgießtechnik sind von Bedeutung:

- Linearpotentiometer (absolut, analog),
- Ultraschallsysteme (absolut, analog) (Bild 3-77) und
- Inkrementaldrehgeber mit Zahnstangen-/Zahnriemenantrieb (inkremental, digital).

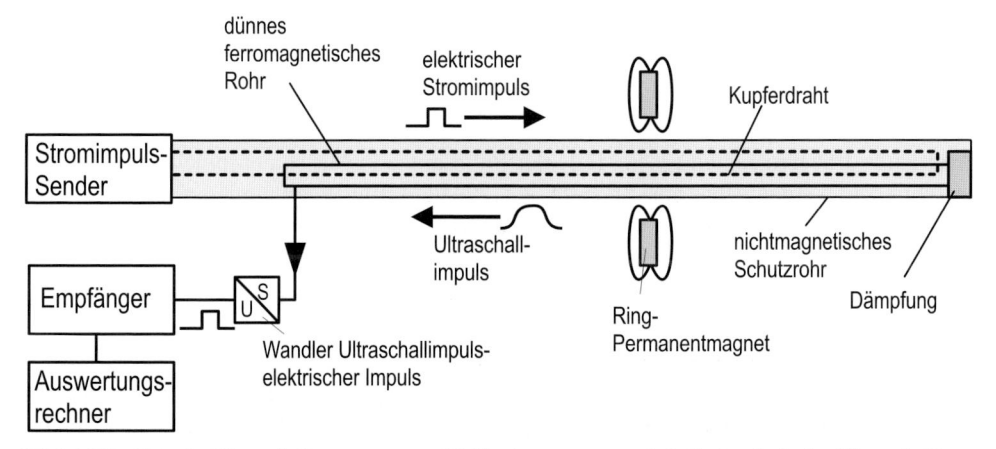

Bild 3-77 Prinzip Ultraschallwegmessung (Philips); gemessen wird die Laufzeit des Ultraschallimpulses vom Ringmagnet zum Wandler; dieser ist proportional zum Weg

Druckmessfühler werden zur Messung des Hydraulikdrucks und des Werkzeuginnendrucks eingesetzt. Sie basieren auf dem Prinzip des Dehnmessstreifens oder des Piezoquarzes.

Als *Temperaturfühler* werden Thermoelemente oder Widerstandsfühler eingesetzt. *Drehzahlgeber* erfassen die Schneckendrehzahl. Verwendet werden Rotationsimpulsgeber oder Resolver.

3.20.2.8 Schnittstellen

Moderne Spritzgießmaschinen können wahlweise mit verschiedenen *Schnittstellen* versehen werden, die der Datenkommunikation oder Koordination mit anderen Geräten dienen. Einige dieser Schnittstellen sind normiert, andere sind herstellerspezifisch. *Handlinggeräteschnittstellen* dienen der Koordination von Maschine und Entnahmegerät. EUROMAP 12 definiert eine Schnittstelle, die über potentialfreie Schaltkontakte eine bilaterale Kommunikation ermöglicht. *Druckerschnittstellen* erlauben den Anschluss handelsüblicher Drucker für die Protokollierung von Einstell-, Maschinen- und Betriebsdaten. *Leitrechnerschnittstellen* werden zur Datenkoordination mit übergeordneten Rechnern verwendet. EUROMAP 15 definiert den Standard einer seriellen Bitbusverbindung. Die Schnittstelle EUROMAP 63 setzt einen neuen Standard, der auch von der amerikanischen SPI unterstützt wird. *Schnittstellen für Temperiersysteme und Heizungen* von Werkzeugen bedienen externe Temperaturregler (EUROMAP 14). Andere Schnittstellen dienen für den Anschluss diverser Geräte wie Werkzeugüberwachungssysteme, Ausfallwaagen etc.

3.20.3 Software

Wie bei Computern üblich wird auch bei der Steuerungssoftware zwischen Betriebssystem und Anwendersoftware unterschieden. Das Betriebssystem gewährleistet die Grundfunktionen des Rechners. Spezialisierte Baugruppen wie z. B. die Temperaturregler haben z. T. nur fest installierte Software.

3.20.3.1 Steuerungssoftware

Bei CPU und Bedienrechner bildet die Anwendersoftware einen wesentlichen Teil der gesamten Software. Im Gegensatz zu Computern ist in Maschinensteuerungen die Software vielfach auf Speicherchips (PROM/ EPROM) gespeichert, muss also nicht ab Disk „gebootet" werden. Dies macht das System unempfindlicher gegen äussere Einflüsse.

Wurden in früheren Jahren grosse Teile der Programme in Maschinensprache (Assembler) geschrieben, werden heute meist höhere, z. T. spezialisierte Programmiersprachen verwendet. Die Programme werden auf Personal Computer oder Programmiergeräten entwickelt, compiliert, zusammengefügt, im Speicher positioniert und getestet (mit Hilfe von Emulatoren, z. T. auf elektronischen Maschinensimulatoren). Dann werden sie auf die Maschinensteuerung überspielt oder auf EPROM- Bausteine kopiert, die dann auf die Steuerungsleiterkarten der Maschine gesteckt werden.

Die *logischen Zyklusabläufe* werden in speicherprogrammierbaren Steuerungen in spezialisierten Sprachen programmiert (Bild 3-78); entweder mit Anweisungslisten, in Kontaktplantechnik oder als Funktionsplan.

Benennung	mnemonische Zeichen	Anweisungsliste (AWL)	Funktionsplan (FUP)	Kontaktplan (KOP)
UND	U	L E01 U E02 = A01	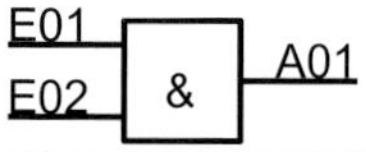 E01 —┐ E02 —┘ & — A01	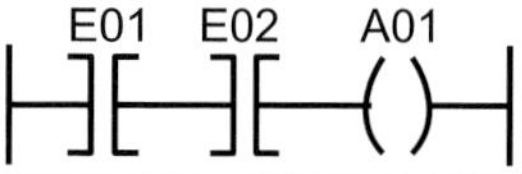 E01 E02 A01 ─┤├──┤├──( )─
ODER	O	L E01 U E02 = A01	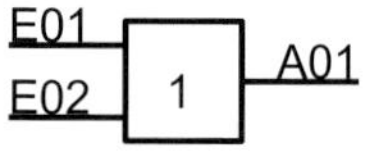 E01 —┐ E02 —┘ 1 — A01	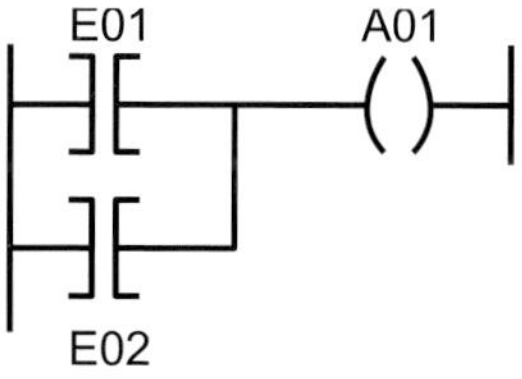 E01 A01 ─┤├──────( )─ ─┤├─ E02

Bild 3-78 Beispiele für die Programmierung von SPS (DIN 19239)

Für Rechnersteuerungen werden Sprachen wie C oder Pascal verwendet. Für die Steuerung zeitkritischer Funktionen wird auch zum Trick der sogenannten „Interrupt-Programme" gegriffen, d. h. das normale Programm wird periodisch (alle paar Millisekunden) unterbrochen, um diese Funktionen zu überwachen.

3.20.3.2 Bedienungsrechnersoftware

Die Bedienungsrechnersoftware ist der am besten sichtbare Teil der ganzen Programme und derjenige, der dem Programmierer den größten Spielraum für die Phantasie gibt. Deshalb gibt es bei den verschiedenen Maschinenherstellern enorme Unterschiede in der Bedienung. Der Bedienungsdialog, wie z. B. in Bild 3-79 dargestellt, ist mit den herkömmlichen Programmiersprachen sehr umständlich zu programmieren. Es werden von den Steuerungsherstellern „Tools" angeboten, mit denen Bildschirmseiten direkt konfiguriert werden können und deren Aussehen während der Programmierung schon sichtbar ist. Neuerdings ist es bei einigen Steuerungen auch möglich, dass der Benutzer der Spritzgießmaschine auf der Steuerung selbst den Zyklusablauf oder die Darstellung von Bildschirmseiten editieren kann (Bild 3-80).

Der Bedienungsdialog lässt sich in die folgenden Abschnitte unterteilen:
- Maschinenübersicht/Zustandsanzeige,
- Programmwahl/Betriebsartenwahl,
- Programmierung der einzelnen Funktionen (z. B. Füllvorgang, Nachdruck etc.),
- Anzeige und Auswertung von Betriebsdaten/Prozessdaten,
- Anzeige und Auswertung von Produktionsdaten,
- Anzeige und Auswertung von Qualitätsdaten,
- Verwaltung Maschineneinstellungs-Datensätze,
- Verkehr mit dem Leitrechner,
- Störungs- und Alarmanzeige,
- Anzeige und Pflege der Maschinenkonfiguration,
- Testfunktionen.

Der Bedienungsdialog umfasst je nach Maschine ca. 10–100 verschiedene Seiten, die über Seitennummern, Direktwahltasten oder Softkeys (ev. Touch-Screen) angewählt werden können.

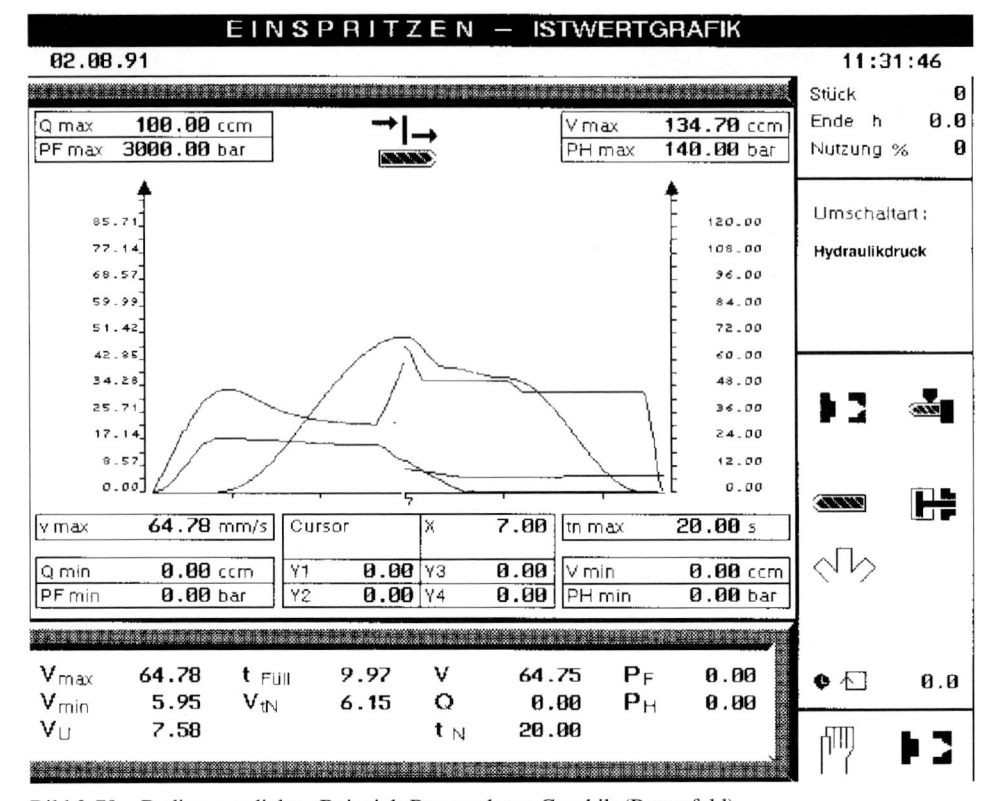

Bild 3-79   Bedienungsdialog, Beispiel: Prozessdaten-Graphik (Battenfeld)

3.20.4 Regler

Regler können in analoger oder digitaler Technik aufgebaut sein. Digitale Regler haben den Vorteil, dass der Regleralgorithmus in Software festgelegt und damit problemlos verändert werden kann. Analoge Hardwareregler müssen durch Abstimmung mittels Potentiometer auf die Regelstrecke angepasst werden. Fortschrittliche digitale Regler sind „intelligent", d. h. sie können sich selbst an die Regelstrecke anpassen, indem sie beim Anfahren des Systems die Messwerte der Regelstrecke analysieren und verwerten (adaptive Regler). Großen Nutzen bringen derartige Regler für die Werkzeugtemperaturregelung, da sich bei jedem Werkzeugwechsel die Regelstrecken ändert.

3.20.5 Prozessregelsysteme

Prozessregelsysteme analysieren Prozessdaten und passen die Maschinensollwerte derart an, dass eine konstante Produktequalität auch bei Änderung der Materialeigenschaften, der Schneckengeometrie, nach Verschleiß etc. möglich sein soll. Als Beispiele seien die Regelung des Einspritz- oder Werkzeuginnendrucks und die Nachdruckumschaltung in Abhängigkeit von Druckgradienten im Werkzeug genannt. Dabei gilt es zu unterscheiden zwischen Systemen, die den aktuellen Zyklus nachregeln und solchen, die „Erfahrungen" bei abgeschlossenen Füllvorgängen für folgende Zyklen verwenden.

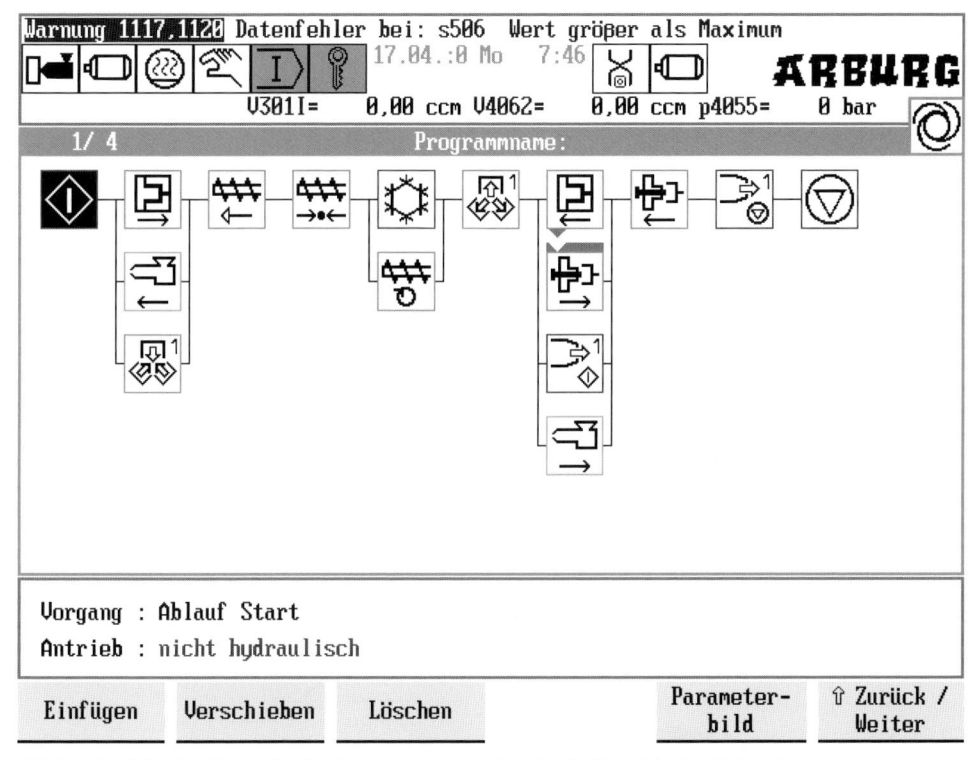

Bild 3-80   Mit Grafikoberfläche frei programmierbare logische Abläufe (Arburg)

3.21 Bauarten von Spritzgießmaschinen

3.21.1 Arbeitsstellungen von Spritzgießmaschinen

Bild 3-81 gibt einen Überblick über die möglichen Arbeitsstellungen der Aggregate einer Spritzgießmaschine, wie diese beim Mehrkomponentenspritzguss, beim Einlegen von Teilen oder für das Einspritzen in die Trennebene erforderlich sein können.

3.21.2 Vertikalmaschinen

Maschinen mit vertikaler Schließeinheit (Bild 3-82) werden eingesetzt, um *Einlegeteile* (meist Metallteile) zu umspritzen. Die Einlegeteile bleiben beim Schließvorgang durch die Schwerkraft am richtigen Ort liegen. Das Einlegen kann automatisch oder von Hand erfolgen. Für das Einlegen und Entformen werden Maschinen mit Schiebe- oder Drehtisch gebaut. Diese ermöglichen den Einsatz der Maschine mit zwei oder mehreren unteren Werkzeughälften, die abwechselnd in der Schließeinheit oder in der Beschickungsposition sind.

342 Die Thermoplast-Spritzgießmaschine

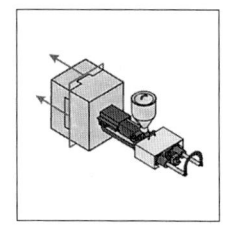

1. Arbeitsstellung

Schließeinheit horizontal
Spritzeinheit horizontal

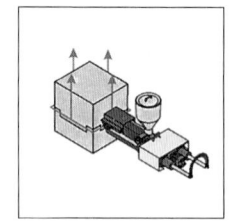

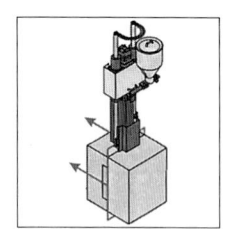

2. Arbeitsstellung

Schließeinheit horizontal
Spritzeinheit vertikal

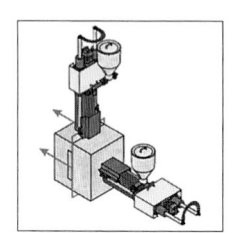

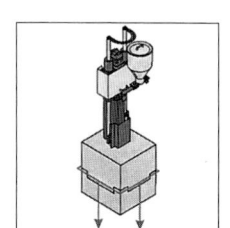

3. Arbeitsstellung

Schließeinheit vertikal
Spritzeinheit vertikal

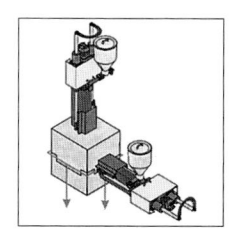

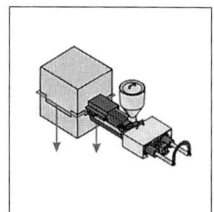

4. Arbeitsstellung

Schließeinheit vertikal von
unten schließend
Spritzeinheit horizontal

5. Arbeitsstellung

Schließeinheit vertikal von
oben schließend
Spritzeinheit horizontal

6. Arbeitsstellung

Schließeinheit horizontal
1. Spritzeinheit horizontal
2. Spritzeinheit vertikal

7. Arbeitsstellung

Schließeinheit vertikal von
unten schließend
1. Spritzeinheit horizontal
2. Spritzeinheit vertikal

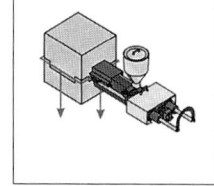

Bild 3-81   Arbeitsstellungen von Spritz- und Schließeinheit [Arburg]

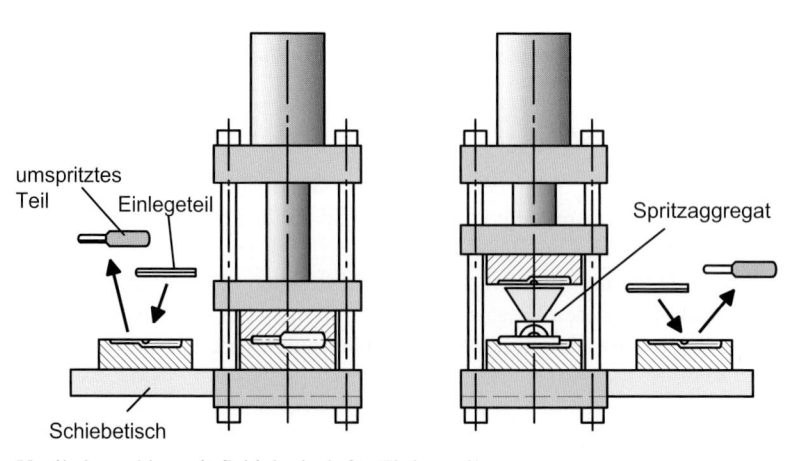

umspritztes Teil   Einlegeteil

Spritzaggregat

Schiebetisch

Bild 3-82   Vertikalmaschine mit Schiebetisch für Einlegeteile

3.21.3 Mehrkomponentenspritzgießmaschinen

Mit Ausnahme vom Marmorier- und Monosandwichverfahrens haben Mehrkomponentenmaschinen für jede Materialart eine eigen Plastifizier- und Spritzeinheit. Die zwei bis fünf Spritzeinheiten können auf vielfältige Weise achsparallel oder im Winkel zueinander angeordnete werden (Beispiele: Bild 3-83). Sie sind meist als komplette Baugruppe, d. h. mit separaten Antrieben für alle Bewegungen, von Standardmaschinen übernommen. Sie können von gleicher oder auch unterschiedlicher Baugröße sein. Die Spritzeinheiten sind voneinander unabhängig beschick-, heiz- und steuerbar. Mit Ausnahme des Sandwichspritzgießens hat jede Komponente eine individuelle Düse, einen separaten Durchbruch in der spritzseitigen Aufspannplatte und ein eigenes Angusssystem. Beim Sandwichverfahren werden dagegen die Schmelzen nacheinander durch dasselbe Angusssystem injiziert, deshalb kommt der Maschinendüse eine besondere Bedeutung zu.

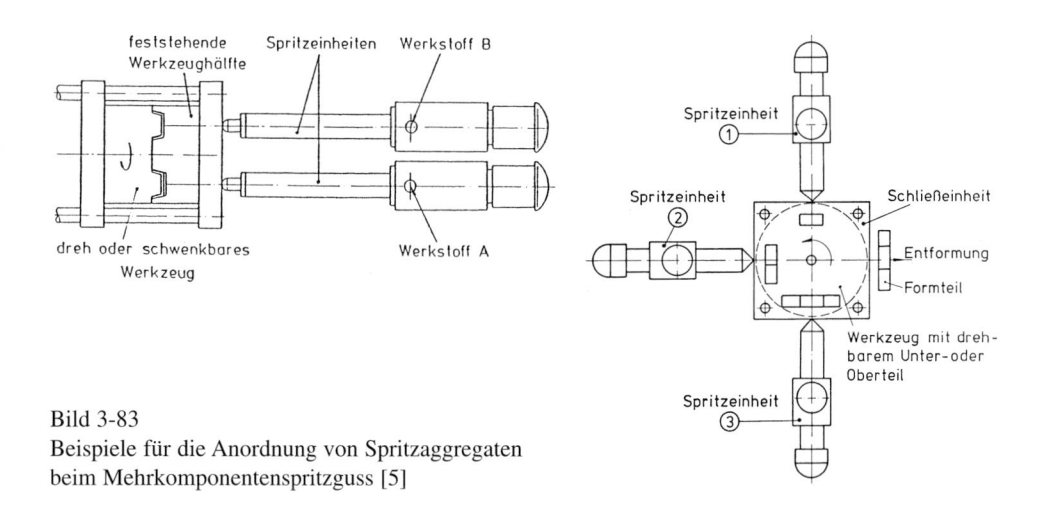

Bild 3-83
Beispiele für die Anordnung von Spritzaggregaten
beim Mehrkomponentenspritzguss [5]

3.21.4 Mikrospritzgießmaschinen

Das Spritzgießen von Mikroformteilen (s. auch Abschnitt 1.11.8.5) mit Teilegewichten unter 100 mg stellt an die Maschinen neue Anforderungen. Insbesondere herkömmliche Plastifizier- und Einspritzeinheiten stoßen an ihre Grenze, denn bei, durch Granulatgröße und Festigkeit bedingten, kleinsten Schneckendurchmesseren von etwa 14 mm sind Verweilzeit und Steuerbarkeit der geringen Wege bei hohen Geschwindigkeiten nicht mehr ausreichend. Hinzu kommen die Probleme des Handlings und der Qualitätüberwachung. Man behilft sich mit überdimensionierten Angüssen, um herkömmlichen Kleinstmaschinen einsetzen zu können. Dies geht zu Lasten der Qualität der Formteile und der Wirtschaftlichkeit.

Seit 1990 sind einige neue Konstruktionen auf dem Markt gekommen (Ferromatic-Milacron, Nissei, Babyplast, Rabit, Butler, Minijector, Dohrmann, Battenfeld, Boy, Ettlinger u. a.). Stellvetretend ist in Bild 3-84 eine Fertigungszelle für das Spritzgießen von Mikroformteilen dargestellt. Die Fertigungszelle enthält neben der eigentlichen Mikrospritzgießmaschine Module für Entnahme, Qualitätsprüfung, Ablage und Verpackung. Die Fertigungszelle ist komplett gekapselt, um Reinraumbedingungen zu gewährleisten.

344 Die Thermoplast-Spritzgießmaschine

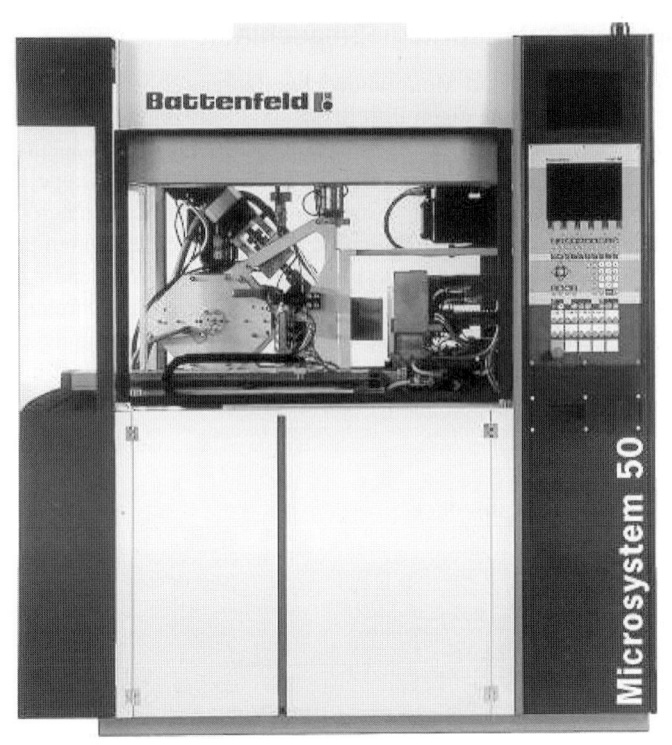

Bild 3-84 Mikrospritzgießsystem (Battenfeld)
Außenabmessungen: 2067 · 1862 · 810 mm

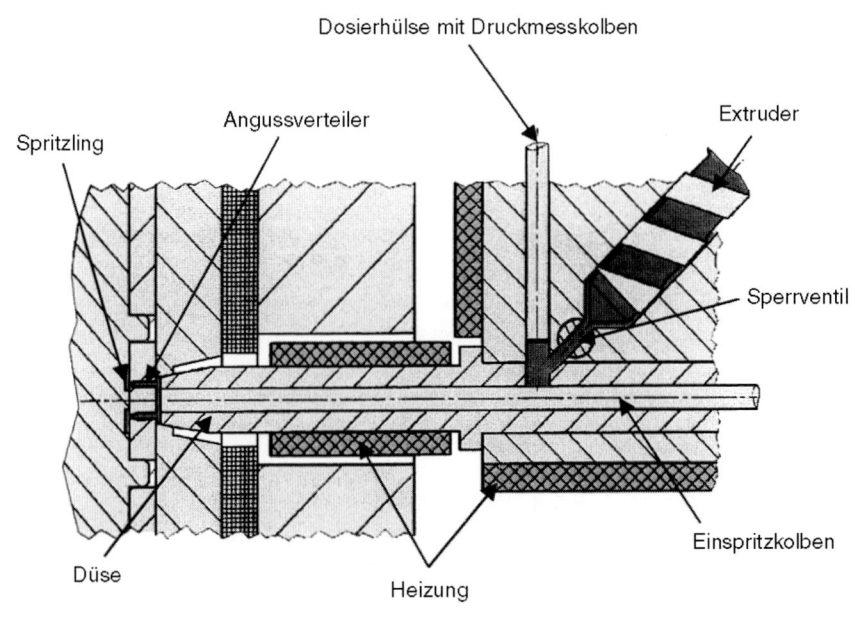

Bild 3-85 Mikroplastifizier- und Einspritzeinheit (Battenfeld)

Das Einspritzmodul (Bild 3-85) weist folgende Merkmale auf:
- Vordosierung, mit der Dosiergenauigkeiten besser 1 mg erreicht werden sollen [125].
- Das Einspritzen der Schmelze bis an die Trennebene der Form mittels Kolben. Dadurch wird ein minimaler Fließweg und geringster Druckverlust der Kunststoffschmelze realisiert.
- Kombination von schnellen Servoantrieben und Mechanik für extrem kurze Umschaltzeiten von 2,5 ms bei 760 mm/s Einspritzgeschwindigkeit [125].

4 Maschinen für die Verarbeitung vernetzender Formmassen

4.1 Duroplastspritzgießmaschinen

Duroplastspritzgießmaschinen unterscheiden sich von Spritzgießmaschinen für Thermoplastmaschinen im Wesentlichen durch die Plastifiziereinheit und die Steuerung. Diverse bekannte Hersteller von Thermoplast-Spritzmaschinen, wie Arburg, Battenfeld, Boy, Demag-Ergotech, Engel, Krauss-Maffei, MB Biraghi, MIR, bieten auch Duroplastmaschinen oder zumindest Duroplastgarnituren an.

4.1.1 Unterschiede von Duroplast- gegenüber Thermoplast-Spritzgießmasschinen

Bedingt durch die im Kapitel 2 ausführlich dargestellten Unterschiede reagierender Massen im Vergleich zu Thermoplasten sind die folgenden verfahrenstechnischen und maschinenbaulichen Maßnahmen notwendig oder vorteilhaft (die Positionsnummern beziehen sich auf Bild 4-1):

- mit Heiz-, Kühlgeräten flüssigkeitstemperierte Zylinder (11, 12, 17, 18, 19),
- Regler für die elektrische Werkzeugbeheizung (2),
- hydraulische Schließeinheit,
- spezielle Plastifizierschnecke (häufig ohne Rückströmsperre, spezielle Geometrie, verschleißfestes Material) (11),
- rückziehbare Schnecke (11, 15),
- hohe Antriebsmomente an der Schnecke, hohe Spritzdrücke, niedrige Schneckendrehzahlen und Einspritzgeschwindigkeiten (14),
- Einzugsvorrichtungen,
- ausschwenkbares Spritzaggregat,
- Einspritzen mit oder ohne Massepolster,
- steife Aufspannplatten,
- Entformungshilfen (10),
- Reinigungshilfen für die Form,
- spezielle Programmabläufe (3),
- erhöhte elektrische Anschlussleistung für die Werkzeugbeheizung.

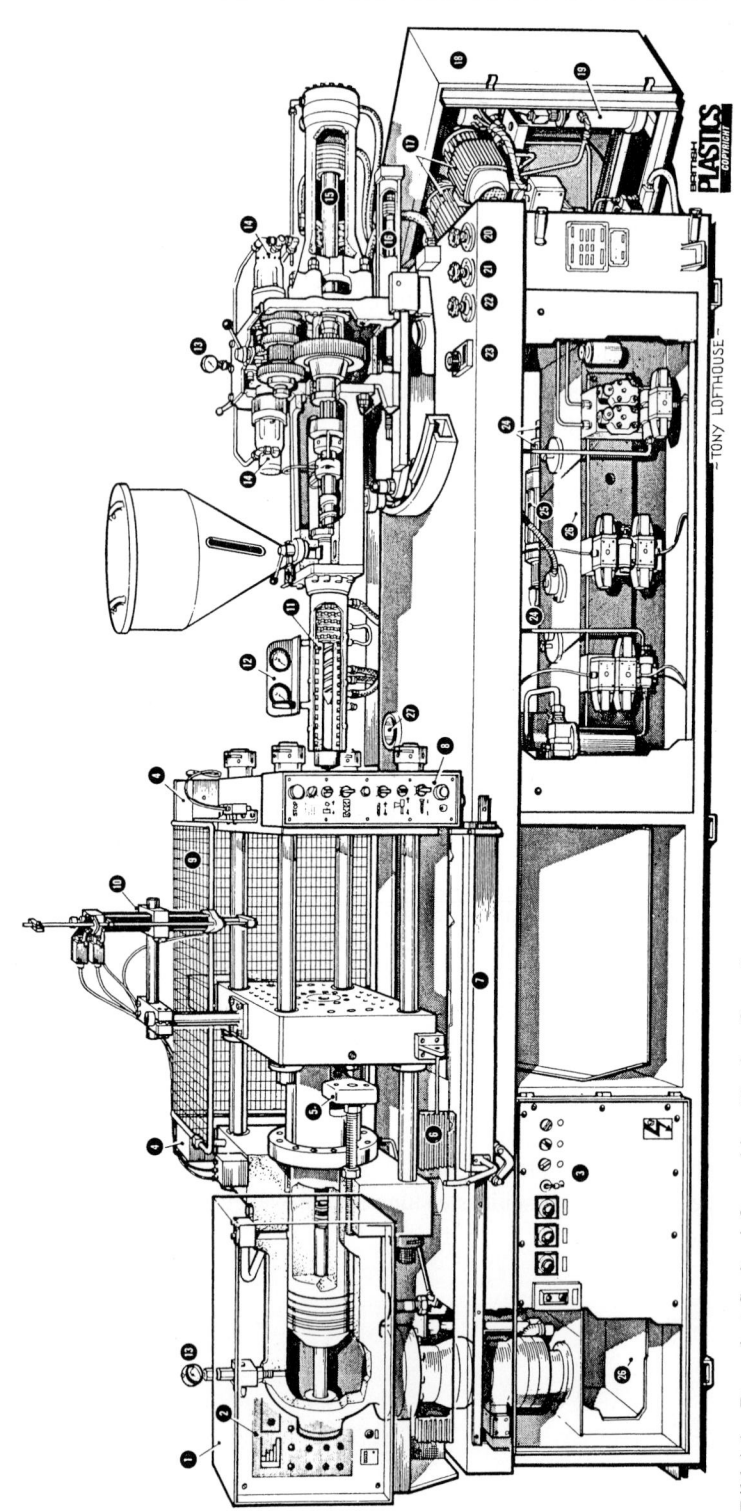

348 *Maschinen für die Verarbeitung vernetzender Formmassen*

Bild 4-1   Duroplast-Spritzgießmaschine (Bucher-Guyer)

4.1.2 Einzugshilfen

Eine moderne Duroplast-Spritzgießmaschine kann mit verschiedenartigen Einzugshilfen ausgerüstet werden (Tabelle 4-1).

Tabelle 4-1 Einzugshilfen für reagierende Formmassen

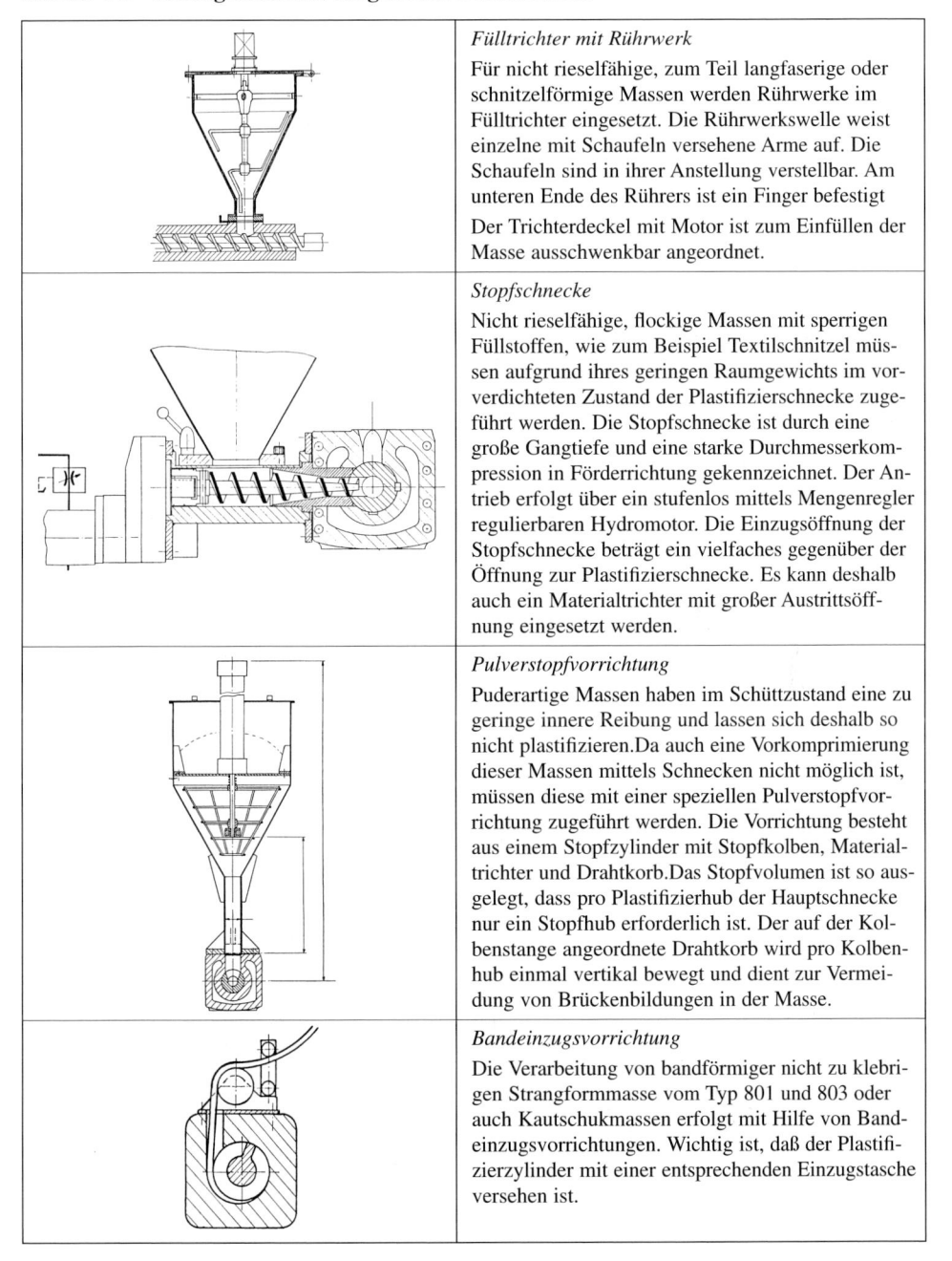

	Fülltrichter mit Rührwerk Für nicht rieselfähige, zum Teil langfaserige oder schnitzelförmige Massen werden Rührwerke im Fülltrichter eingesetzt. Die Rührwerkswelle weist einzelne mit Schaufeln versehene Arme auf. Die Schaufeln sind in ihrer Anstellung verstellbar. Am unteren Ende des Rührers ist ein Finger befestigt Der Trichterdeckel mit Motor ist zum Einfüllen der Masse ausschwenkbar angeordnet.
	Stopfschnecke Nicht rieselfähige, flockige Massen mit sperrigen Füllstoffen, wie zum Beispiel Textilschnitzel müssen aufgrund ihres geringen Raumgewichts im vorverdichteten Zustand der Plastifizierschnecke zugeführt werden. Die Stopfschnecke ist durch eine große Gangtiefe und eine starke Durchmesserkompression in Förderrichtung gekennzeichnet. Der Antrieb erfolgt über ein stufenlos mittels Mengenregler regulierbaren Hydromotor. Die Einzugsöffnung der Stopfschnecke beträgt ein vielfaches gegenüber der Öffnung zur Plastifizierschnecke. Es kann deshalb auch ein Materialtrichter mit großer Austrittsöffnung eingesetzt werden.
	Pulverstopfvorrichtung Puderartige Massen haben im Schüttzustand eine zu geringe innere Reibung und lassen sich deshalb so nicht plastifizieren.Da auch eine Vorkomprimierung dieser Massen mittels Schnecken nicht möglich ist, müssen diese mit einer speziellen Pulverstopfvorrichtung zugeführt werden. Die Vorrichtung besteht aus einem Stopfzylinder mit Stopfkolben, Materialtrichter und Drahtkorb.Das Stopfvolumen ist so ausgelegt, dass pro Plastifizierhub der Hauptschnecke nur ein Stopfhub erforderlich ist. Der auf der Kolbenstange angeordnete Drahtkorb wird pro Kolbenhub einmal vertikal bewegt und dient zur Vermeidung von Brückenbildungen in der Masse.
	Bandeinzugsvorrichtung Die Verarbeitung von bandförmiger nicht zu klebrigen Strangformmasse vom Typ 801 und 803 oder auch Kautschukmassen erfolgt mit Hilfe von Bandeinzugsvorrichtungen. Wichtig ist, daß der Plastifizierzylinder mit einer entsprechenden Einzugstasche versehen ist.

4.1.3 Spritzaggregat

Plastifizierzylinder und Materialeinzugsgehäuse werden zur exakten Temperaturführung mit Druckwassergeräten (Einzelheiten s. Abschnitt 5.5.4.2) temperiert. An diesem Merkmal können Duroplast- und Elastomer-Spritzgießmaschinen am einfachsten erkannt werden. Je nach Massetyp und Einstellung muss Wärme zu- oder abgeführt werden. Üblich sind je nach Maschinengröße zwei bis vier unabhängig regelbare Temperierzonen am Plastifizierzylinder.

Düsen und Plastifizierschnecken müssen einfach ausbaubar sein, da bei Produktionsunterbrechungen die Düse entfernt und bei Aushärtung des Materials im Zylinder (Fehlbedienungen) die ganze Schnecke demontiert werden muss. Bewährt haben sich Spritzaggregate, die sich für den Service seitlich ausschwenken lassen.

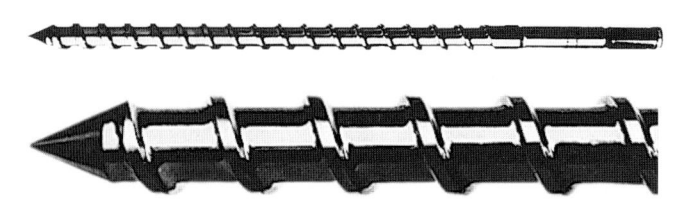

Bild 4-2
Typische Duroplastschnecke

Duroplastschnecken (Bild 4-2) weisen eine sehr geringe Kompression auf (1,0 bis 1,2) und sind etwas kürzer als Thermoplastschnecken, üblich ist ein L/D Verhältnis von ca. 16. Auch Duroplastschnecken werden als Dreizonenschnecken ausgelegt. Die Gangtiefe beträgt ca. 0,1 D.

Für einige Massen sind Spezialschnecken nötig, so zum Beispiel für Epoxidharz-Formmassen (Bild 4-3), die bei starker Beanspruchung durch Friktion oder Druck im Plastifizierzylinder aushärten können.

Bild 4-3
Schnecke für die Verarbeitung von Epoxid-Formmassen, Kompression Null, stumpfe Spitze

Während des Spritzens kann bei den traditionellen Duroplastschnecken ein Teil des plastifizierten Materials durch die Schneckengänge zurückfließen. Mittels Rückströmsperren kann der Rückfluss reduziert werden. Rückströmsperren können allerdings nicht universell verwendet werden. Beim Aushärten von Masse im Bereich der Rückströmsperre (Fehlbedienung) können bei unsachgemäßer Handhabung mechanische Schäden an Spitze, Hülse oder Schnecke auftreten.

Bild 4-4 zeigt eine Rückströmsperre für Duroplaste. Die Aussparungen für das Durchströmen der Schmelze sind an der Hülse. Die Spitze hat keine Nuten und kann somit keine größeren Drehmomente auf den Schaft übertragen, falls die Masse aushärten sollte. Diese Konstruktion ist robuster als die für Thermoplaste übliche Bauart mit Nuten in der Spitze.

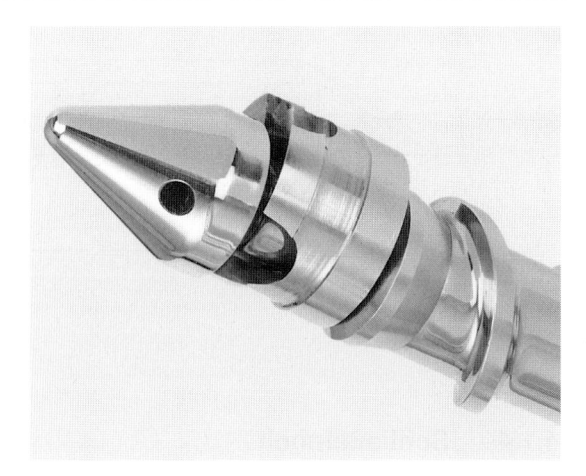

Bild 4-4
Duroplast-Rückströmsperre
(Fahr-Bucher)

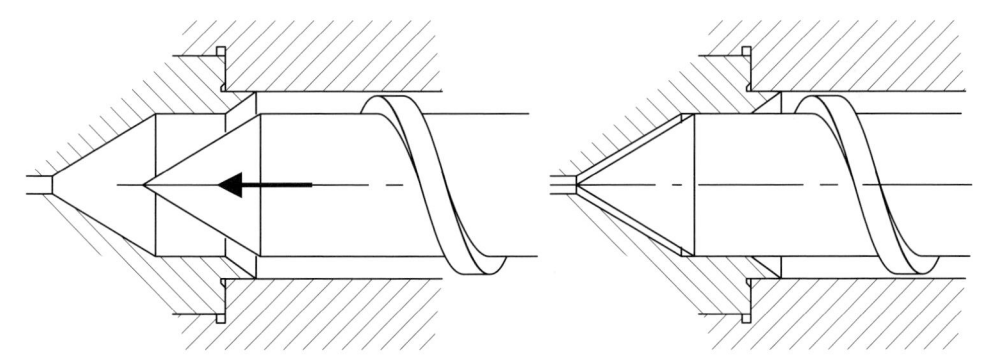

Bild 4-5 Abgestufte Düse und geänderte Schneckenspitze zur Druckerhöhung in der Endphase der Füllung (Fahr-Bucher)

Das Rückfließen von Masse beim Spritzgießen kann mindestens teilweise auch durch Rück*dreh*sperren vermieden werden. Bei dieser Bauart wird die Schnecke während des Einspritzens mechanisch (mittels Bremse oder Freilauf) blockiert, damit sie sich nicht rückwärts drehen kann.

Bei der in Bild 4-5 gezeigten Ausbildung der Schneckenspitze und der Düse kann in der Endphase des Spritzvorgangs der Massedruck stark erhöht und der Materialrückfluss vermieden werden. Diese Schnecke hat sich speziell für das Umspritzen von Einlegeteilen (z.B. Elektromotor-Kollektoren) mit hochgefüllten Phenol- und Melaminphenolmassen bewährt.

Einige Duroplast-Formmassen, insbesondere solche auf Basis von Epoxidharzen, lassen sich nicht mit Massepolster verarbeiten, d.h. im Düsenbereich kann Restmaterial aushärten, wenn der Schneckenvorraum nicht bei jedem Zyklus vollständig entleert wird. In diesem Fall muss die Kontur der Düse derjenigen der Schneckenspitze entsprechen und der Restspalt zwischen Spitze und Düse genau einstellbar sein Das Schnecken-Düsenspiel (Bild 4-6) wird gemessen, indem ein weicher Zinndraht in die Düse geschoben und die Schnecke ganz vorgefahren wird. Die Restdicke des zerquetschten Drahts entspricht dem verbliebenen Spiel.

352 *Maschinen für die Verarbeitung vernetzender Formmassen*

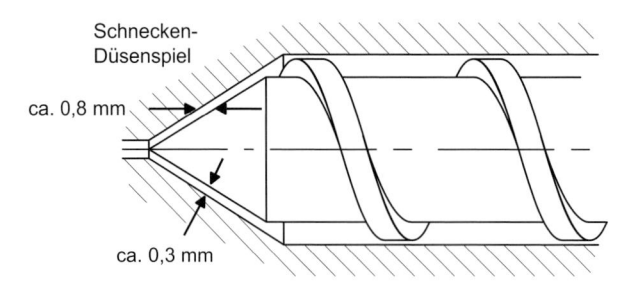

Bild 4-6
Maximales zulässiges Spiel zwischen Schnecke und Düse zur Vermeidung von Ablagerungen

4.1.4 Schließeinheit

Für die Duroplastverarbeitung haben sich vollhydraulische Schließsysteme am besten bewährt. Vorteile vollhydraulischer Schließeinheiten:

- Zentrale Abstützung der Aufspannplatten Hydraulische Schließeinheiten stützen die beweglich Aufspannplatte zentral ab (Bild 4-7). Daraus ergibt sich im Gegensatz zu Kniehebelschließeinheiten, dass beide Werkzeugaufspannplatten sich unter Last auf die gleiche Seite durchbiegen. Dies reduziert die Tendenz zu Gratbildung.
- Die Schließkraft ist unabhängig von der Position der beweglichen Werkzeugaufspannplatte und der Umgebungs- oder Säulentemperatur (heiße Werkzeuge) genau definiert.
- Gute Voraussetzungen für Spritzprägen; Geschwindigkeit und Schließkraft sind nicht vom Hub abhängig.
- Sehr langsame Werkzeugbewegungen sind möglich (langsam Öffnen).
- Einfache und robuste Konstruktion.
- Wichtig für die Herstellung von Qualitätsformteilen ist auch eine stabile Führung der beweglichen Werkzeugaufspannplatte, damit das „Durchhängen" und die Schiefstellung bei exzentrischer Last (Spritzprägen) minimal ist.
- Auch hydraulische Schließeinheiten mit mechanischer Verriegelung eignen sich, sofern der Schliesszylinder einen für das Spritzprägen geeigneten Hub aufweisen (ca. 10 bis 20 mm). Reine Kniehebelmaschinen sind weniger zu empfehlen. Ihr Hauptvorteil, die hohe Geschwindigkeit und der geringe Energieverbrauch bei kurzen Zyklen, ist bei der Verarbeitung vernetzender Polymere von geringem Nutzen, da Zykluszeiten unter 30 s selten sind und die Produktivitätszunahme somit gering ist.
- Wichtig ist eine gute Verschleißfestigkeit von Säulen, Führungen etc., da bei der Verarbeitung mineralstoffhaltiger Massen abrasiver Staub entsteht. Die Maschinensäulen werden dazu induktions-, flammgehärtet oder nitriert.
- Die Öffnungskraft soll mindestens 10% der maximalen Schließkraft betragen. Wegen der Infiltration von Masse in die Auswerferbohrungen sind auch leistungsfähigere Auswerferantriebe als bei Thermoplastmaschinen notwendig (2 bis 4% der Schließkraft).

4.1 Duroplastspritzgießmaschinen   353

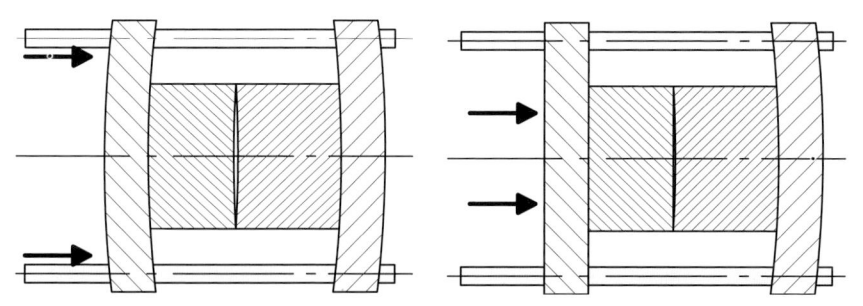

Bild 4-7   Durchbiegung der Werkzeugaufspannplatten bei unterschiedlicher Krafteinleitung
Links: typisch für Kniehebel-Schließeinheiten,
rechts: typisch für vollhydraulische Schließeinheit

4.1.5   Entformungshilfen und Werkzeugreinigungsgeräte

Für das Abstreifen der Spritzteile von den Auswerfern gelangen sogenannte Abstreifer nach Bild 4-8 zum Einsatz. Mit dem gleichen System lassen sich auch Luftdüsen zwischen die Formtrennflächen zum Abblasen von Schwimmhäuten und anderen Rückständen einführen. Zu den Entformungseinrichtung zählen auch noch Greifersysteme und Roboter (Bild 4-9) sowie Abbürstvorrichtungen. Letztere werden für die Entfernung der Spritzgrate oder zur Entformung von Gummi-Spritzteilen eingesetzt.

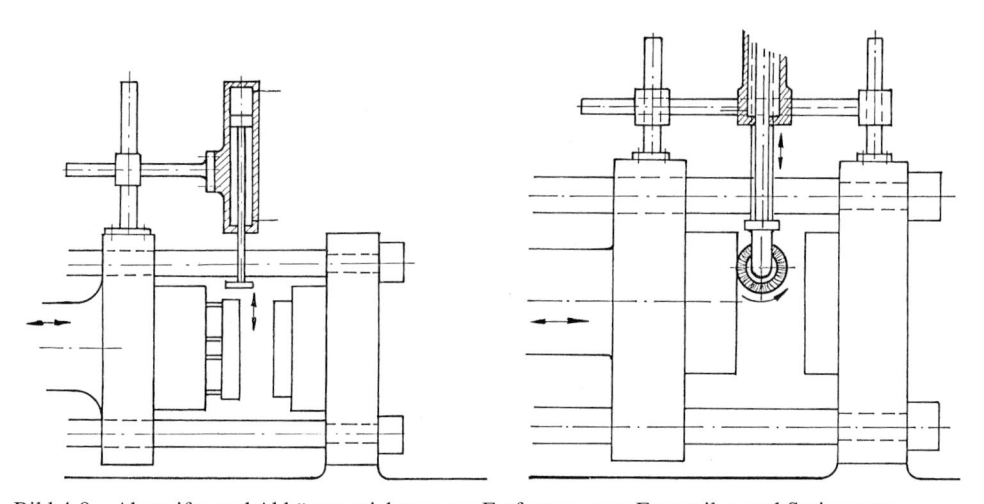

Bild 4-8   Abstreifer und Abbürstvorrichtung zur Entfernung von Formteilen und Spritzgraten

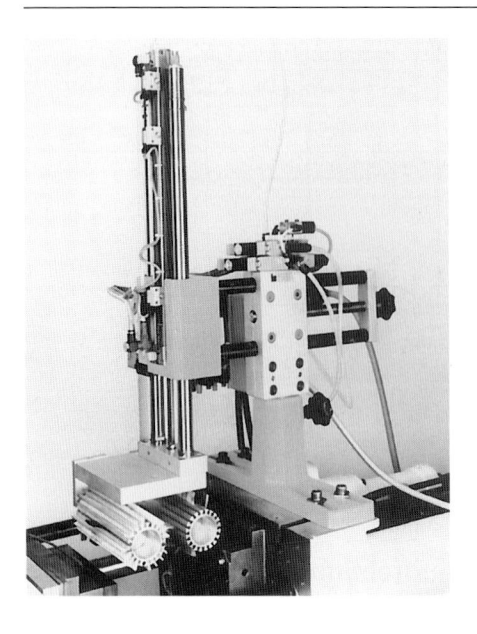

Bild 4-9 Handlinggerät für die Reinigung der Trennebene; neben rotierenden Bürsten verfügt es über Luftdüsen und Düsen für flüssige Reinigungsmittel (Franz Binder GmbH)

4.1.6 Steuerung

Die Hardware der Steuerungen von Duroplast-Spritzgießmaschinen entspricht derjenigen von Thermoplastmaschinen. Stand der Technik sind heute Mikroprozessorsteuerungen mit Bildschirm, Tastatur, Datenspeicher, Drucker- und Leitrechneranschluss. Die Steuerungssoftware umfasst neben den für das Thermoplast-Spritzgießen üblichen Sequenzen diverse Spezialprogrammabläufe. Zu den typischen „Duroplast- Programmen" gehören:

- Spritzprägen,
- Spritzprägen mit Entlüften,
- Spritzprägen mit Dreiplattenwerkzeug,
- Entlüften,
- Ansteuerung von Kaltkanälen (Temperaturregler),
- spezielle Kernzugprogramme (z. B. Einfahren nach dem Spritzen),
- Abstreifer für Entformung und Formausblasen,
- Angussabschlagen (umgekehrter Stangenanguss) mit Abstreifer,
- Abbürsten der Trennebene (Gummiverarbeitung, DMC),
- Vakuumwerkzeugentlüftung,
- Plastifizierverzögerung,
- düsenseitige Auswerfer,
- spezielle Stopfvorrichtungen (Pulver, Teig, Bänder),
- Beschickungsgeräte für nicht rieselfähige Massen.

Die Ausrüstung mit Temperaturreglern ist ähnlich wie bei Thermoplastmaschinen, doch werden Zweipunkt-Heizungsregler für die Form und Dreipunktregler für die Temperierung des Plastifizierzylinders eingesetzt. Bei grösseren Maschinen sind für die Werkzeugheizungen erhebliche Leistungen notwendig, damit die Werkzeug-Aufheizzeit im Rahmen bleibt.

(Für eine Maschine mit 5000 kN Schließkraft ca. 150 kW!) Dies ergibt sehr hohe Anschlussleistungen. Im Normalbetrieb beträgt der Strombedarf der Werkzeugheizungen allerdings nur ca. 10 bis 15 % der Anschlussleistung.

Prozeßregelsysteme gibt es für den Dosierhub und die Einspritzarbeit. Der Dosierhub wird bei diesen Systemen von Schuss zu Schuss in Abhängigkeit von der Formatmung oder vom Werkzeuginnendruck geregelt.

4.1.7 Verschleiß an Spritzgießmaschinen

Die im Folgenden dargestellten Verschleißerscheinungen sind auch bei Thermoplasten zu beobachten allerdings erst nach sehr viel höheren Schusszahlen. Die erhöhte Verschleißwirkung der Duroplaste entsteht zum größten Teil durch abrasive Füll- und Verstärkungsstoffe, wie z. B. Gesteinsmehl, Glimmer, Glasfasern oder Textilschnitzel und chemischen Angriff. Die Verschleißarten und weitere Einzelheiten wurden in Abschnitt 3.12 beschrieben.

4.1.7.1 Verschleißzonen

Verschleiß durch die Formmasse tritt an folgenden Elementen auf: Einzugsöffnung, Schnecke, Zylinder, Düse. In Bild 4-10 sind die typischen Verschleißzonen gekennzeichnet.
Beurteilung der einzelnen Verschleißzonen:

Einzugsbereich: Verhältnismäßig geringer Verschleiß durch Reibung.

Kompressionszone: In dieser Zone erfolgt eine starke Druckaufbau, der in Kombination mit der Scherung und chemischen Substanzen aus der Umwandlung vom festen in den knetartigen Zustand der Masse mittleren bis starken Verschleiß am Schneckenkern und an der Zylinderwandung hervorruft. Der Zylinder wird lokal aufgeweitet. Die zulässige Aufweitung bei einer 40-er Schnecke wird mit 0,5 bis 1 mm angegeben [116].

Ausstoßzone: Die Verschleißwirkung während der Plastifizierung ist bei normalen niedrigen Staudrücken gering. Wesentlich größer ist die Verschleißwirkung beim Einspritzvorgang. In

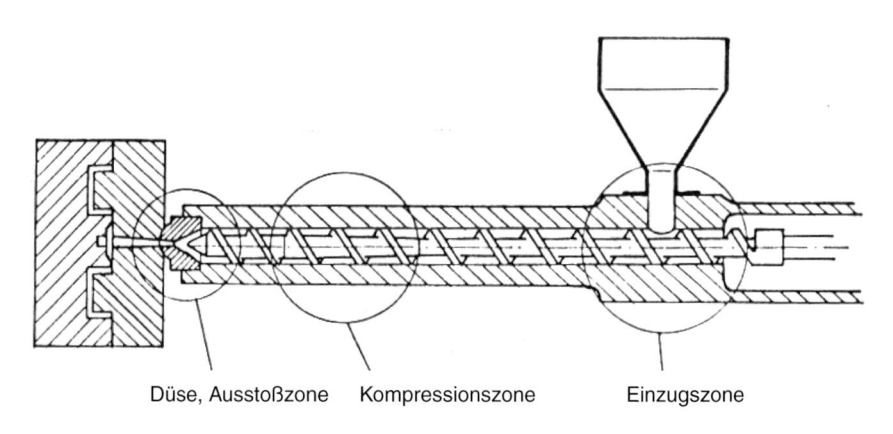

Düse, Ausstoßzone   Kompressionszone   Einzugzone

Bild 4-10   Verschleißzonen der Plastifiziereinheit

den Schneckengängen und über die Schneckenstege erfolgt durch den hohen Druck eine stark scherende Rückströmung.

Maschinendüse: Die Maschinendüsen sind extrem verschleißbeansprucht, da sie zur Erzeugung von Friktionswärme mit hohen Geschwindigkeiten durchströmt werden. Sie müssen zudem dem Spritzdruck bis zu 2500 bar standhalten.

4.1.7.2 Verschleißmindernde Maßnahmen

Schnecke

Duroplastschnecken sind allgemein sehr hohem Verschleiß ausgesetzt. Nitrierstahl-Schnecken eignen sich deshalb kaum, auch wenn sie eine Stellit-Stegpanzerung aufweisen. Aufgrund der durch die hohen Antriebsmomente auftretenden relativ großen örtlichen Dehnungen, reißen die Schichten ein oder bröckeln ab und der Verschleiß setzt sich verstärkt fort. Durchgehärtete Warm- und Kaltarbeitsstähle bieten optimale Eigenschaften, wobei die Härte im Bereich der Spitze um 60 HRC liegen sollte. Die Schwierigkeiten liegen vor allem in der Fertigung und Wärmebehandlung solcher Schnecken. Da die benötigten Drehmomente bei der Duroplastverarbeitung hoch sind, dürfen die Schnecken im Bereich des Antriebsschafts nicht zu hart sein, da sonst erhöhte Bruchgefahr besteht.

Zylinder

Der Zylinder besitzt eine glatte Innenbohrung. Die spezifische Flächenbeanspruchung ist gegenüber den Schneckengängen wesentlich geringer. Man begnügt sich hier als Standardlösung daher meistens mit nitrierten Stählen, wie z. B. 34 Cr Al Ni 7 (WNr. 1. 8550). Eine wesentliche Verschleißreduktion ist durch den Einsatz von innengepanzerten Zylindern möglich (Bimetall-Zylinder). Leider sind die Erstellungskosten relativ hoch, sodass diese Zylinder nur gelegentlich eingesetzt werden können.

Maschinendüse

Hier werden durchwegs durchgehärtete Warmarbeitsstähle oder Schnellarbeitsstähle unter Umständen mit Hartmetalleinsätzen verwendet. Zu beachten ist, dass diese in Anbetracht der hohen Kräfte bei hoher Härte auch eine ausreichende Zähigkeit aufweisen.

4.1.7.3 Verschleißende Wirkung von Duroplastformmassen

Es ist nicht verwunderlich, dass die Verschleißwirkung der duroplastischen Formmassen je nach Füll-, Verstärkungsstoffen und Harztyp unterschiedlich ist (Bild 4-11). Erstaunlich ist allerdings, dass selbst bei typisierten Formmassen verschiedene Chargen des gleichen Lieferanten im Verschleißverhalten deutlich unterschiedlich sein können, wie Messungen des DKI[1] ergaben. Noch größere Unterschiede sind beim Wechsel des Materiallieferanten zu erwarten. Die Erklärung ist, dass der Materialhersteller auch bei typisierten Massen einen erheblichen Spielraum in der Rezeptur hat und auch die Zuschlagstoffe in Art und Qualität schwanken.

---

[1] DKI: Deutsches Kunststoff-Institut, Darmstadt

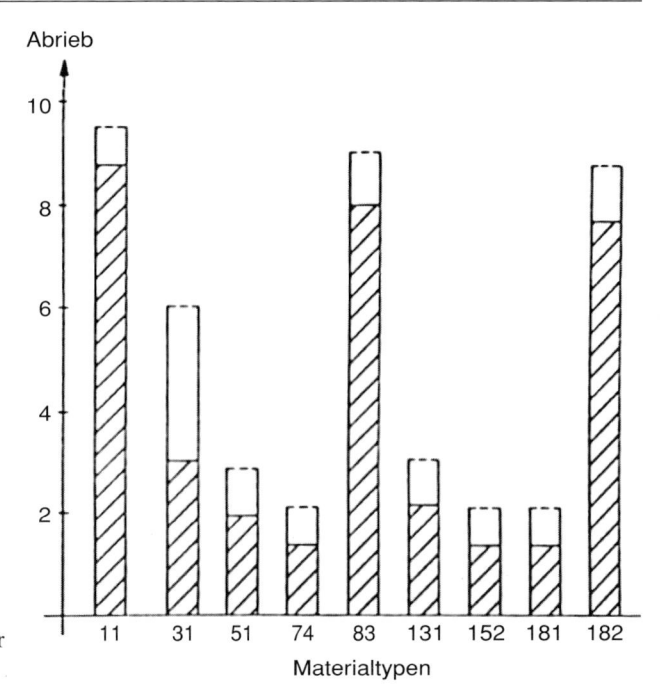

Bild 4-11
Verschleißwirkung verschiedener
Massetypen (DKI, Darmstadt)

4.1.8 Spritzgießmaschinen für die Verarbeitung von Feuchtpolyester (DMC/BMC)

In den letzten Jahren wurden, entsprechend der stark wachsenden Bedeutung der Feuchtpolyester (DMC- oder BMC-Massen, Abschnitt: 2.3.7), diverse neue Maschinen für die Feuchtpolyesterverarbeitung entwickelt. Die Schließkraft von DMC-Maschinen liegt heute zwischen 1000 und 25 000 kN, d.h. für Kleinteile wird DMC kaum verwendet. Die Schussgewichte liegen zwischen 300 g und mehreren kg (Dichte ca. 1.8!).

4.1.8.1 Schließeinheit von DMC-Maschinen

Die maximalen Werkzeuginnendrücke liegen relativ tief (100 bis 300 bar), sodass mit einer vorgegebenen Schließkraft relativ große Teile gespritzt werden können. Deshalb sind die Werkzeugaufspannplatten meistens größer dimensioniert als bei vergleichbaren Thermoplast- oder Duroplastmaschinen.

4.1.8.2 DMC-Spritzaggregate

Erkennungsmerkmal aller DMC-Spritzaggregate ist der sogenannte „Polyesterstopfer" (Prinzip: Bild 4-12). Dieses Gerät wird benötigt, um die Feuchtpolyestermasse in die Einzugsöffnung der Schnecke zu pressen. Die Stopfvorrichtungen eignet sich auch für die Verarbeitung von teigigen Kautschukmischungen, wie z.B. für Silikone. Das Prinzip eines Polyesterstopfers ist sehr einfach, die Tücken stecken im Detail. Die DMC-Massen sind klebrig und verlieren durch die Verdunstung des Lösungsmittels die Fließfähigkeit. Deshalb

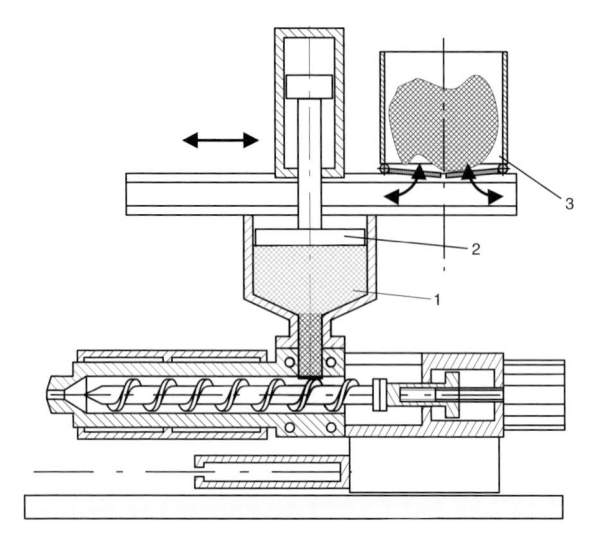

Bild 4-12
Prinzipskizze Polyesterstopfer mit Nachladeautomatik
1 Stopfzylinder,
2 Stopfkolben,
3 Nachladebehälter

müssen Stopfer selbstreinigend oder einfach zu reinigen und zur Minimierung der Verdunstung von Styrol einigermaßen luftdicht sein. Entsprechend den von Masseherstellern angebotenen Gebindeabmessungen liegt der Durchmesser des Stopfzylinders zwischen 200 und 400 mm. Der zum Auspressen der Masse in die Schnecke nötige Massedruck liegt zwischen 20 und 150 bar, wobei die Geometrie des Einzugsgehäuses natürlich eine wesentliche Rolle spielt. Daraus resultiert die Kraft des Stopfkolbens: 200 bis 1000 kN. Damit ein automatischer Betrieb der Spritzgießmaschine möglich ist (keine Unterbrechung beim Nachladen eines Gebindes) sind die meisten Stopfer mit einer Nachladeautomatik ausgerüstet. Der Stopfdruck wird nur während des Plastifizierens und evtl. während des Spritzens aufgebracht und dazwischen abgebaut, um unnötiges Herausdrücken von Masse aus der Düse, am Schneckenschaft oder über den Stopfkolben zu vermeiden. Der Massedruck im Einzugsgehäuse ist abhängig von der Stellung des Stopfkolbens. Es werden deshalb Systeme angeboten, bei denen der Druck über den Stopfhub programmiert werden kann oder im geschlossenen Kreis geregelt ist. Für die automatische Beschickung der Polyesterstopfer werden Lademagazine angeboten, in denen bis zu zwölf Gebinde gelagert werden können. Dies ermöglicht eine Produktionsautonomie von 10 bis 12 Stunden und somit auch „Geisterschichten".

Die Beschickung der Stopfer mit den klebrigen Masseklumpen ist trotz allem umständlich, da für das Auspacken und Laden der Magazine viel Handarbeit nötig ist.

Neuere Entwicklungen (Bild 4-13) ermöglichen die Beschickung von DMC als Schüttgut aus Fässern. Im Fülltrichter ist eine Förderschnecke angebracht, die das Material in den Stopfer transportiert. Diese Bauart ist luftdicht und komfortabel, eignet sich aber wegen ihres Gewichtes und Preises nur für größere Maschinen mit einem Durchsatz von über 50 kg/h. Vermehrt werden auch Geräte ohne Stopfkolben eingesetzt, bei denen der Stopfdruck durch eine Förderschnecke erzeugt wird.

Eine eigentliche Plastifizierung findet bei DMC-Massen nicht statt, da sie bereits im Lieferzustand plastisch sind. Trotzdem bringt die Schneckenplastifizierung Vorteile, da die Masse optimal entlüftet und vorgewärmt wird. Die Schneckenplastifizierung erfolgt mit re-

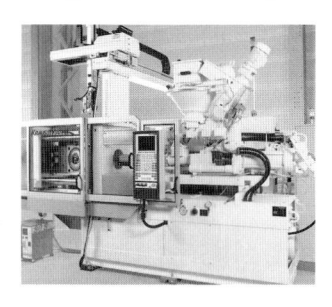

Bild 4-13
DMC-Spritzgießmaschine mit
Polyester-Stopfvorrichtung und
Polyesterzuführgerät (Krauss-
Maffei)

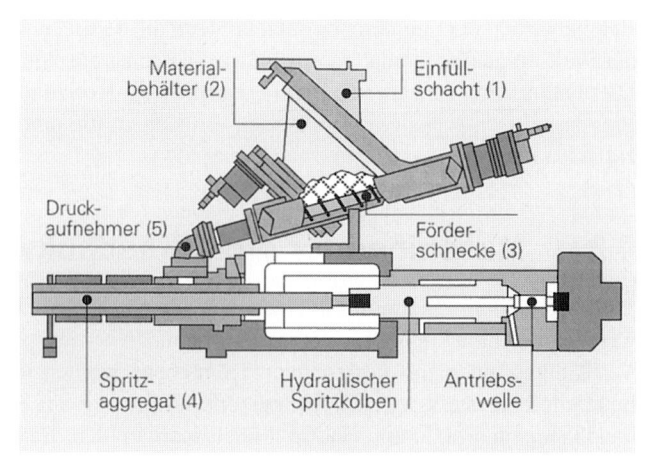

lativ tief geschnittenen Schnecken, meist mit Rückströmsperren. Die Schneckenkompression ist gering oder gleich null. Die Drehzahl (20–60 U/min), das Drehmoment, die Zylindertemperatur (20 bis 50 °C) und der Staudruck sind sehr gering.

DMC wird in der Automobilindustrie für großflächige Karosserieteile verwendet. Dazu wird es entweder auf großen horizontalen Spritzgießmaschinen oder aber auf vertikalen Einheiten mit seitlicher Anspritzung verarbeitet (Bild 4-14). Das Spritzprägeverfahren lässt

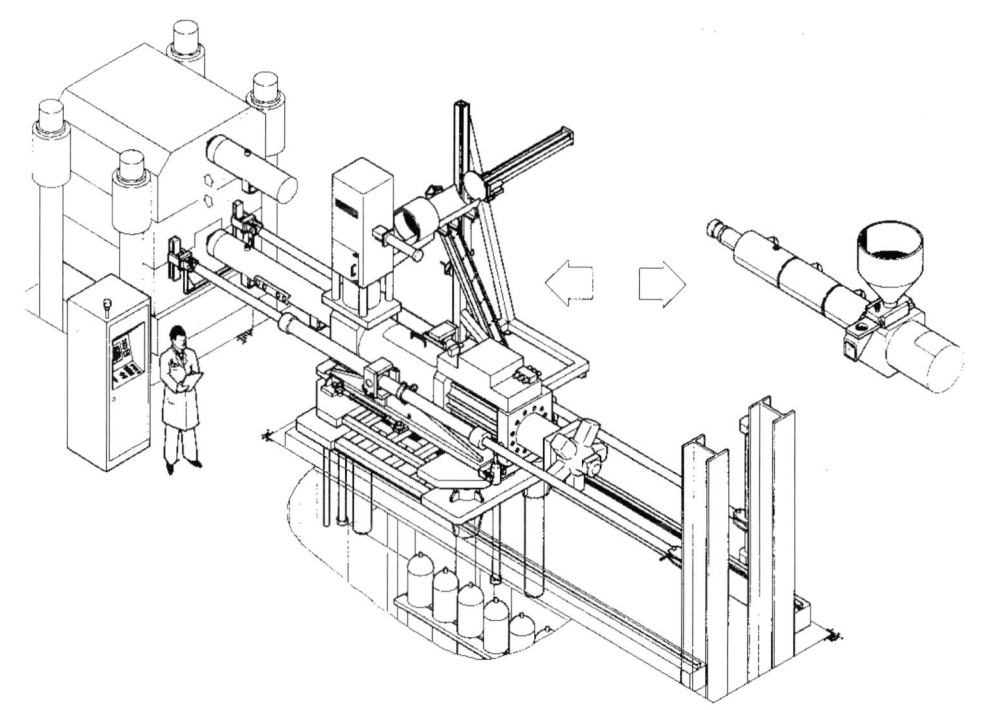

Bild 4-14 Großspritzaggregat für die Herstellung von Automobil-Karosserieteilen aus DMC, kombiniert mit vertikaler Parallellaufpresse (Fahr-Bucher)

sich bei Großteilen nur dann einsetzen, wenn die Schließeinheit eine exakte Parallelführung der Werkzeugaufspannplatten ermöglicht, da sonst die Wanddicke nicht gleichmäßig wird. Dies bedingt den Einsatz von Parallellaufpressen. Horizontale Spritzaggregate für vertikale Pressen müssen höhenverstellbar sein, um sich an die unterschiedliche Werkzeughöhe anzupassen.

4.2 Maschinen für die Kautschukverarbeitung

Während bei der Thermoplastverarbeitung hauptsächlich Horizontalmaschinen eingesetzt werden, findet man in der Kautschukverarbeitung vorwiegend Vertikalmaschinen (Bild 4-15). Vertikalmaschinen mit horizontaler Trennebene werden überall dort eingesetzt, wo Verbundteile hergestellt werden. Einlegeteile lassen sich auf einer horizontalen Fläche besser handhaben und fixieren. Häufig findet man in den Betrieben Thermoplast-Spritzgießmaschinen, die durch den Einsatz einer speziellen Gummi-Plastifiziereinheit zu einer Spritzgießmaschine für Elastomere umgerüstet wurden. Anbieter von Kautschuk-Spritzgießmaschinen sind: Arburg, Boy, Demag Ergotech, Engel, Klöckner Desma*, LWBSteinl*, Maplan*, MIR, Rep* (*: auf Kautschuk spezialisierte Hersteller).

Eine konstruktive Besonderheit in der Spritzgießverarbeitung von Kautschuken stellen die Mehrstationen-Maschinen dar. Hierbei bedient eine Einspritzeinheit mehrere Schließeinheiten (bis ca. 12, Schuhhersteller über 30). Die Maschinen können als Rund- (auch Drehtischmaschine genannt) oder Parallelläufer ausgeführt werden (Bild 4-16). Ihre Anwendung finden Drehtischmaschinen immer dann, wenn große Stückzahlen bei langen Zykluszeiten, wie dies bei der Kautschukverarbeitung der Fall ist, gefordert sind und auch bei der Herstellung von Gummiartikeln mit metallischen Einlegeteilen.

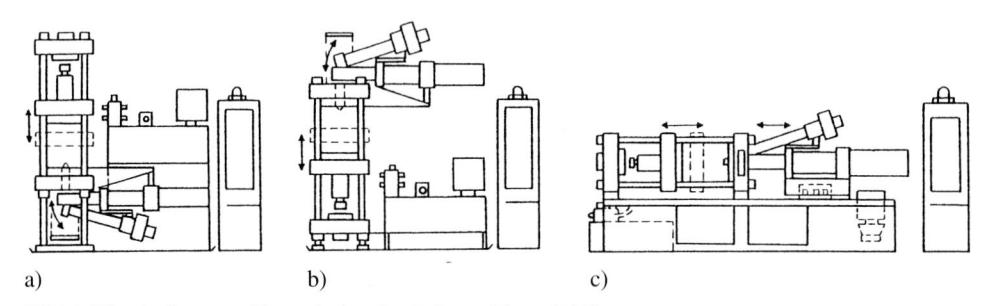

Bild 4-15   Aufbau von Kautschukspritzgießmaschinen [110]
a Vertikalmaschine mit Einspritzung von unten, b Vertikalmaschine mit Einspritzung von oben, c Horizontalmaschine

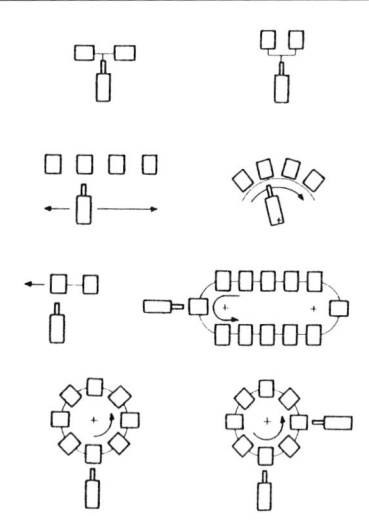

Bild 4-16   Anordnungen bei Mehrstationen-Maschinen

4.2.1   Plastifizier- und Einspritzaggregat

Die konstruktive Ausführung des Einspritzaggregats wird von den einzelnen Maschinenherstellern unterschiedlich gelöst. So teilen einige Hersteller das Platifizieraggregat, abweichend vom Thermoplastspritzguss, in Schnecke und Kolben (Bild 4-17a). Diese Bauform wird als Kolbeninjektions-Spritzgießmaschine mit Schneckenvorplastifizierung bezeichnet. Sie wird zumeist gewählt, wenn große Volumina verspritzt werden sollen. Sie zeichnen sich durch eine hohe Plastifizierleistung aus. Durch die konstruktive Teilung von Schnecke und Kolben ist es möglich, jedes Aggregat entsprechend der Funktionen, die es übernimmt, optimal auszulegen. So wird die Plastifizierleistung von den Dimensionen der Schnecke bestimmt, während Spritzdruck, Schussvolumen und Dosiergenauigkeit eine Funktion der Kolbendimensionen sind. Diese Trennung der Funktionen ist bei der Variante b und c in Bild 4-17 nicht gegeben.

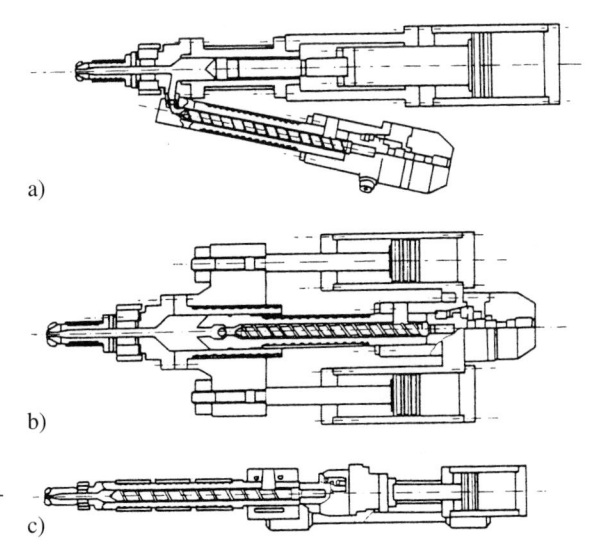

Bild 4-17
Typische Bauarten von Spritzaggregaten für die Kautschukverarbeitung
a Kolbeninjektion mit Schneckenvorplastifizierung, b Schneckenvorplastifizierung und Kolbenspeicherprinzip, c Schneckenkolben-Spritz- und Plastifiziereinheit

Nachteilig beim Verfahren a ist, dass die Schmelze nicht auf geradem Weg in das Werkzeug geführt, sondern in einem sog. Düsenstock umgeleitet wird. Hinzu kommen Rückstandbildung und hohe Druckverluste sowie der Verstoß gegen das „First in-First out"-Postulat, welches besagt, dass die Masse, die zuerst plastifiziert wird, aus Gründen der Verweilzeit und thermischen Homogenität, auch zuerst ausgestoßen werden sollte.

Das Schnecken-Kolben-Aggregat (Bild 4-17c) funktioniert prinzipiell wie die Duroplast- oder Thermoplastmaschine und bedarf deshalb hier keiner weiteren Erklärungen. Eine Abwandlung des zuletzt genannten Verfahrens stellt das Schnecken-Kolben-Aggregat mit Speicher dar (Bild 4-17 b). Hierbei fördert die feststehende Schnecke das Material in einen Speicher. Der Vorteil liegt unter anderem darin, dass während der Plastifizierung die gesamte Schneckenlänge zur Verfügung steht und ein großes Schussvolumen realisiert werden kann. Das Verfahren ist besonders für mittlere und große Schussvolumina geeignet. Nachteilig ist, dass es zwischen Speicherkopf und Zylinder zu Undichtigkeiten kommen kann und die Kolbengröße den Spritzdruck reduziert.

Da das Ausgangsmaterial meist als Streifen anfällt, müssen die Schnecken im Einzugsbereich ausreichend tief geschnitten werden. Das gilt auch für den Einsatz von Granulaten, die je nach Felldicke eine Größe zwischen 4 und 8 mm aufweisen. Rückstromsperren und Verschlussdüsen sind möglich.

Eine interessante Variante, die die Nachteile des Düsenstocks vermeidet, wird von der Firma LWBSteinl angeboten (Bild 4-18). Sie arbeitet in folgenden Schritten:

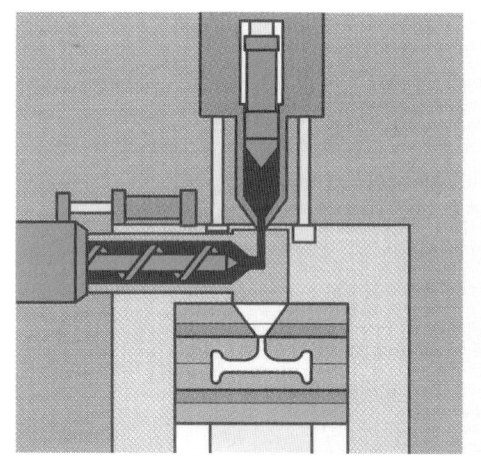

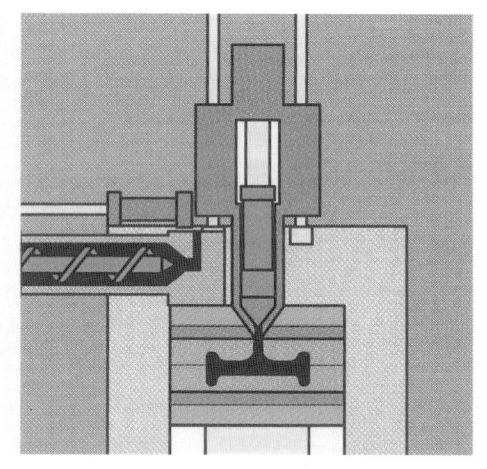

Bild 4-18 Schneckenkolben-Spritzgießen mit Schneckenvorplastifizierung ohne Düsenstock (LWBSteinl)

1. Schritt: Die Schnecke zieht den Gummi ein und plastifiziert ihn. Der an der Schneckenspitze austretende Gummi wird direkt durch die Düse in den Einspritzzylinder gefördert bis das Dosiervolumen erreicht ist. Hierauf folgt ein kurzer Rückhub des Einspritzkolbens zur Mischungsentlastung.
2. Schritt: Der Einspritzzylinder hebt vom Extruder ab.
3. Schritt: Der Extruder verschiebt sich nach hinten.
4. Schritt: Der Einspritzzylinder senkt sich mit der Düse auf die Form.
5. Schritt: Der hydraulische Spritzkolben füllt die Form.
6. Schritt: Ist die Nachdruckzeit abgelaufen, hebt der Einspritzzylinder von der Form ab bis in die oberste Stellung. Der Extruder verschiebt sich nach vorne. Anschließend senkt sich der Einspritzzylinder mit der Düse auf den Extruderausgang. Nun ist die Einspritzeinheit für die nächste Füllung bereit.

4.2.2 Besonderheiten der Schließeinheiten

An die Schließeinheiten für die Kautschukverarbeitung werden ähnliche Anforderungen gestellt wie bei der Duroplastverarbeitung. Es folgen einige Besonderheiten:
- Die vertikalen Schließeinheiten sind so gebaut, dass die Trennebene auf bequemer Arbeitshöhe liegt.
- Mechanische Auswerfer sind nicht vorhanden, da sie für die meisten Anwendungen nicht brauchbar sind.
- Die Einbauhöhe ist gering, da die Werkzeuge keine Auswerfer aufweisen.
- Aus den gleichen Gründen wie bei Duroplastmaschinen kommen meist vollhydraulisch Schließeinheiten zum Einsatz.

4.3 Spritzgießmaschinen für Flüssigsilikonkautschuke

Aus Zweikomponenten-Flüssigsilikon-Elastomeren werden meist kleinere Formteile hergestellt. Es werden dafür Spritzgießmaschinen mit einer Schließkraft von 200 bis 1000 kN und Kolben- oder Schneckenspritzaggregate eingesetzt. Kolbenmaschinen werden für niedrigviskose, hochreaktive und gefüllte Rohstoffe verwendet. Für höherviskose Ausgangsstoffe werden Schneckenmaschinen bevorzugt. Die zwei Komponenten des Flüssigsilikonkautschuks werden aus 200 l-Fässern oder aus 20 l-Hobbocks über hydraulisch oder pneumatisch angetriebene Schöpfkolbenpumpen im Verhältnis 1:1 durch flexible Leitungen zu statischen oder dynamischen Mischer gefördert (Bild 4-19). Zusätzlich können 0,1 bis 6 %

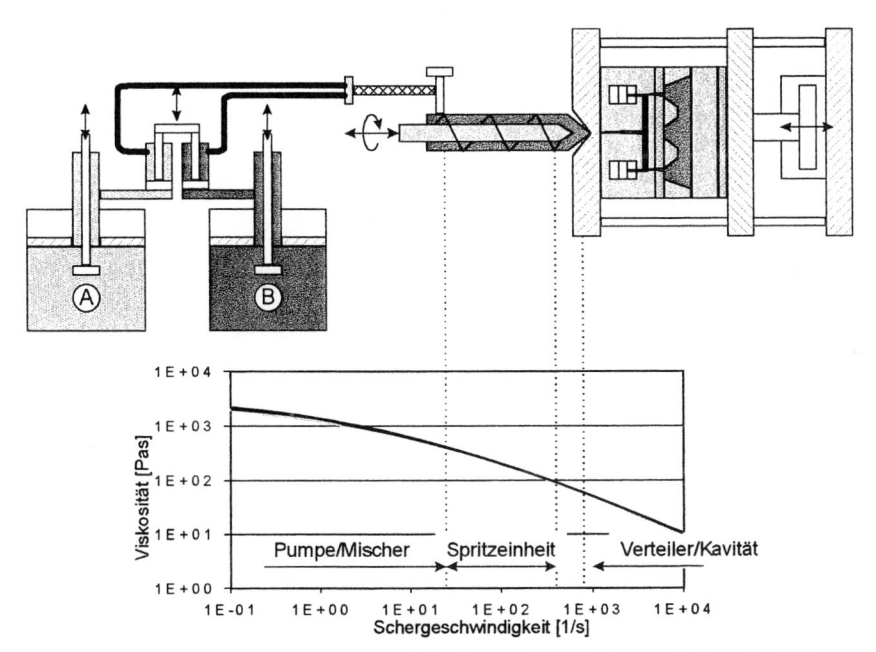

Bild 4-19 Schematischer Aufbau einer LSR-Spritzgießanlage und Viskositätsverhalten des LSR unter Verarbeitungsbedingungen [117]

Farbadditiv zugeführt werden. Im statischen Mischer werden Hauptkomponenten und Additive durch versetzt aneinandergereihte Wendeln gefördert und dadurch homogen vermischt. Der Förderdruck des LSR wird von 150 bis 220 bar auf 30 bis 70 bar reduziert, bevor es in die speziell für Flüssigsilikon-Spritzguss entwickelte Spritzeinheit gelangt. Bei Schneckenspritzaggregaten werden kompressionslose Mischschnecken verwendet. Eine spezielle Rückstromsperre verhindert ein Zurückfließen des im Verhältnis zu thermoplastischen Schmelzen sehr niedrig viskosen Materials.

4.4 Einrichtungen zur Entfernung von Graten und Angüssen

Ein gemeinsames Problem bei der Fertigung von Duroplast- und Gummiformteilen ist die Entfernung von Graten und Schwimmhäuten. Die Entfernung dicker Grate ist häufig nur am Einzelteil manuell durch Stanzen oder mit Hilfe von Entgratungsrobotern (NC-Fräs- und Wasserstrahlanlagen) möglich. Diese Methoden rechnen sich insbesondere bei Kleinteilen kaum. Deshalb muß angestrebt werden, dass Grate und Schwimmhäute so dünn bleiben, dass sie durch Strahlen der Teile in Form von Schüttgut entfernt werden können.

Duroplastteile können in speziellen *Strahlanlagen* ungeordnet in Durchlaufanlagen (Bild 4-20) entgratet werden. Als Strahlmittel eignen sich verschiedene Polyamidgranulate oder gemahlene Steinobstkerne, z.B. Aprikosensteine. Elastomerformteile lassen sich maschinell nur bei sehr tiefen Temperaturen entgraten. Bei Temperaturen um −100 °C wird der Gummi spröde. Die Formteile werden dazu mit flüssigem Stickstoff gekühlt und dann in Trommel-, Vibrations- oder Strahlentgratungsmaschinen von Schwimmhäuten befreit.

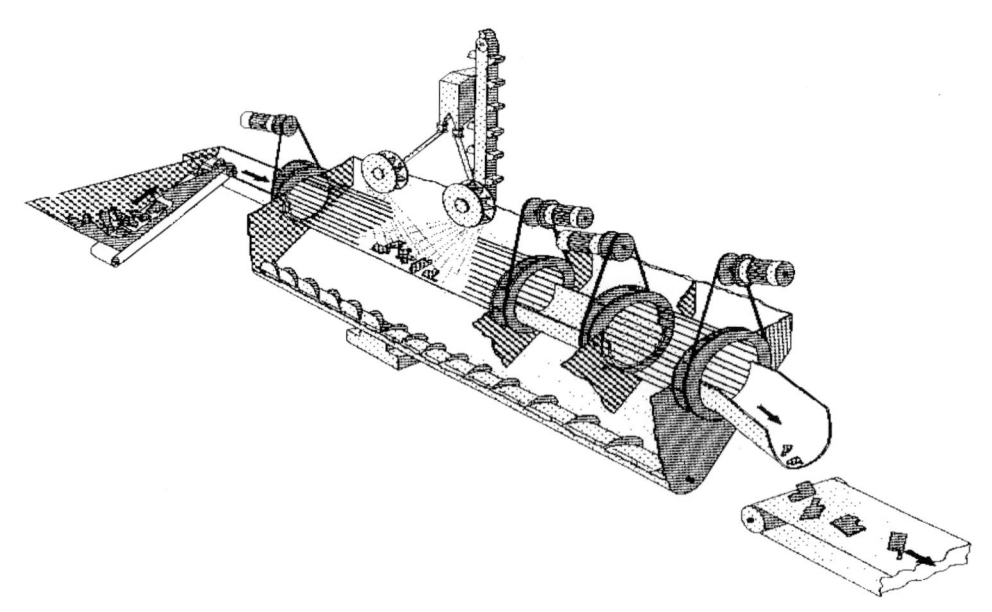

Bild 4-20 Entgratungsanlage (Hunziker); das Strahlmittel wird mit Schleuderrädern aufgebracht, die Formteile in einem rotierenden Gitterkäfig als Schüttgut gefördert

Von großer Bedeutung sind auch *Nachbearbeitungsstationen für das Abfräsen von Angussresten*. Es müssen dafür besonders bei mineralstoffgefüllten Massen verschleißfeste Hartmetallwerkzeuge eingesetzt werden. Auch ist zu beachten, dass der bei der mechanischen Bearbeitung entstehende Staub durch geeignete Anlagen abgesaugt wird. Die Nacharbeitung von Formteilen wird zunehmend automatisiert, wobei verschiedene Vorgänge zusammengefasst werden (Entgraten, Kühlen, mechanische Bearbeitung, Vormontage etc.).

5 Peripheriegeräte – Automation

Jeder Fertigungprozess lässt sich, wie in Bild 5-1 dargestellt in drei Ver- und Entsorgungsbereiche einteilen.

- Die Versorgung mit Material und die Entsorgung der produzierten Teile sowie des beim Fertigungsprozess entstehenden Restmaterials, wie Angüsse, Ausschussteile und Abfall, z.B. aus dem Zylinder abgespritztes Material.
- Die Versorgung mit Betriebsmitteln, wie z.B. Werkzeugen, Vorrichtungen oder Prüfmitteln, die zur Durchführung eines Fertigungsauftrags benötigt werden und danach auch wieder in geeigneter Weise aufbereitet und magaziniert werden müssen. Im weiteren Sinne ist hierunter auch die Bereitstellung von Energie und von Hilfs- und Betriebsstoffen, wie z.B. Kühlwasser zu verstehen.
- Die Bereitstellung aller für den Fertigungsprozess notwendigen Informationen sowie die Rückführung von Informationen aus dem Fertigungsprozess in übergeordnete Systeme, z.B. der Auftragssteuerung oder der Lohnrechnung.

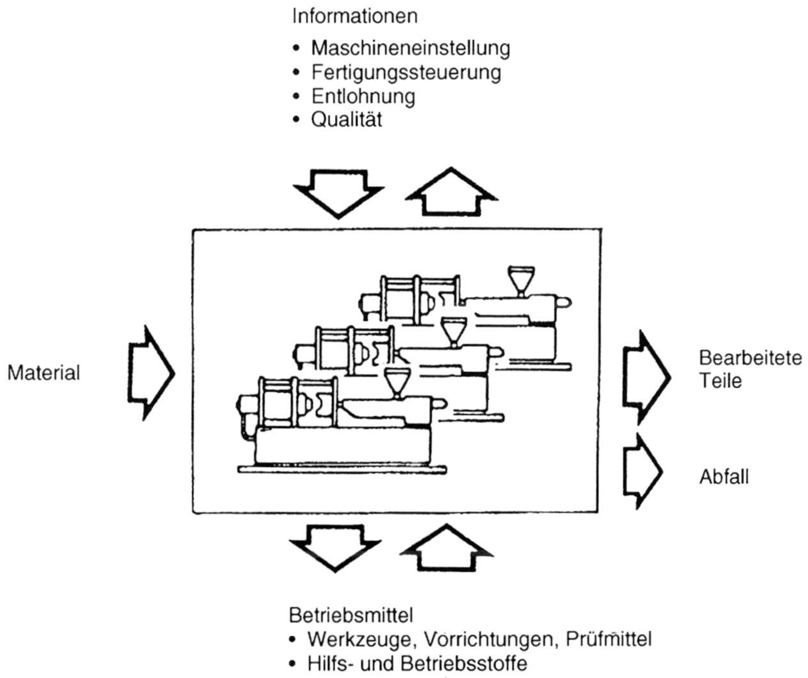

Bild 5-1 Ver- und Entsorgungsbereiche einer Spritzgießfertigung

Tabelle 5-1   Übersicht über Peripheriegeräte

Material	
Rohmaterialförderung	Rohmaterialsilos Granulat-Vortrockengeräte* Granulat-Fördereinrichtungen* Dosieranlagen* Mischer
Materialrezyklierung	Mühlen Sortieranlagen für Rezyklat Extruder/Compounder Metallabscheider
Formteilhandling	Einlegegeräte Entnahmegeräte* Förderbänder* Sortiergeräte* Abkaltlehren Stapelgeräte Verpackungsmaschinen
Geräte für Nacharbeit, Veredelung und Montage der Formteile	Konditionieranlagen für Formteile (Kühlung, Befeuchtung) Geräte für die mechanische Nacharbeit (z. B. Angussabtrennung) Montageautomaten Bedruckungsmaschinen Lackieranlagen Metallisierungsanlagen
Betriebsmittel	
Werkzeuge	
Werkzeugwechsel	Werkzeugschnellspannsysteme* automatische Werkzeugwechselsysteme* Werkzeug-Vorwärmstationen Säulenziehvorrichtungen
Werkzeugtemperierung	Kühlwasserdurchflussregler* Temperiergeräte* Heißkanal-Temperaturregler Kühlwasserrückkühlgeräte (Kühltürme, Kältemaschinen)
Werkzeugsicherung	Lichtschranken Video-/Bildauswertungssysteme Ausfallwaagen Werkzeug-Reinigungsgeräte
Qualitätssicherung	Messgeräte Video-/Bildauswertungssysteme Prozessdatenerfassungssysteme
Klimatisierung	Trockenluftgeräte zur Vermeidung von Kondenswasser (im Werkzeugbereich) Reinraumgeräte Ionisierungsgeräte zur Vermeidung statischer Aufladungen Abluftfilter
Energierückgewinnung	Wärmetauscher Wärmepumpen
Informationen	
PPS/BDE	Leitrechner Maschinenrechner Vernetzung Software

5.1 Geräte im Überblick

Verstärkt durch die Automatisierungsbestrebungen infolge der steigenden Arbeitskosten übersteigt der Wert der Peripheriegeräte häufig den der eigentlichen Spritzgießmaschinen. In Tabelle 5-1 wird eine Übersicht gegeben (die mit * gekennzeichneten Einrichtungen werden im Folgenden näher behandelt).

5.2 Materialversorgung

Eine automatisierte, möglichst zentrale Materialversorgung der Spritzgießmaschinen bringt folgende Vorteile:
- Voraussetzung für die Erschließung zusätzlicher personalfreier Produktionszeiten, sei es in der dritten Schicht, am Wochenende oder nur im Pausendurchlauf.
- Voraussetzung für Großgebinde, die einen günstigeren Materialpreis ermöglichen.
- Kein Materialtransport im Produktionsraum und damit deutlich reduzierte Kosten für Personal und Transporteinrichtungen.
- Mehr produktiv nutzbare Stellfläche im Produktionsraum.
- Mehr Ordnung und Übersicht im Betrieb.
- Deutlich weniger Verwechslungs- und Verschmutzungsprobleme.
- Reduzierte Streuverluste.
- Erheblich reduzierte Unfallgefahr auf Grund des reduzierten Transportverkehrs und der besseren Sauberkeit (Vermeidung des Rollschuheffektes durch verschüttetes Material).

5.2.1 Gebinde und Lagerung

Kunststoffgranulate werden je nach Menge in 25 kg Säcken, in Oktabins, Bigbags oder Tanklastern angeliefert. Oktabins sind achteckige Kartons auf Paletten, die mit Gabelstaplern bewegt werden. Sie beinhalten 1000 kg Material. Die Lagerung erfolgt in den Originalgebinden oder im Falle von Tanklastern durch Umfüllen in Silos. Der Aufwand für das Materialhandling nimmt in der Reihenfolge der genannten Gebinde ab.

5.2.2 Trockner

Unter 1.5.4 wurde die Materialfeuchte und die Trocknungsproblematik bereits behandelt. Hier soll auf die Gerätetechnik eingegangen werden. Trockner können als Beistellgeräte direkt neben der Maschine aufgestellt (Bild 5-2) oder wie in Bild 5-5 dargestellt in eine Förderanlage integriert werden.

In Bild 5-3 ist das Funktionsschema eines Trockenlufttrockners dargestellt und erklärt. Bei der dargestellten Ventilstellung 1 erzeugt das Trockengebläse 4 über das Ventil 3 einen Luftstrom durch die Trocknungszelle 1 und vorbei an der Heizung 7, der als Trockenluftstrom A in den Trocknungstrichter 8 mit der Wärmeisolation 9 eintritt. Nach dem Durchströmen des Materials verlässt der Rückluftstrom B den Trichter; er gelangt über den Luftfilter 10 zurück in das Trockengebläse. Zum Regenerieren der feuchtigkeitsbeladenen Trockenzelle 2 saugt das Regeneriergebläse 5 die Frischluft C an, die – von der Heizung 6

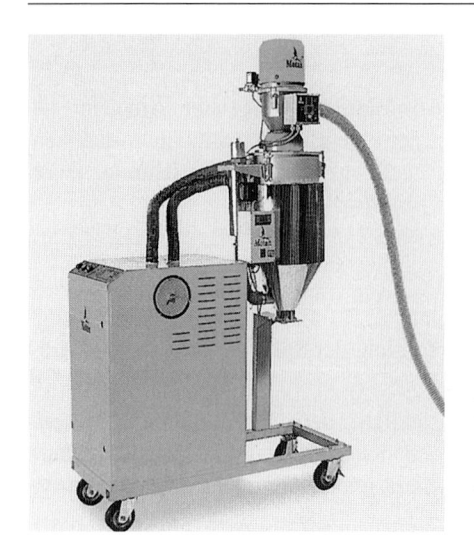

370 *Peripheriegeräte – Automation*

Bild 5-2
Klein-Trockenlufttrockner; das Gerät steht neben dem Steuerschrank der Spritzgießmaschine, die Trocknung erfolgt im Materialtrichter auf der Maschine

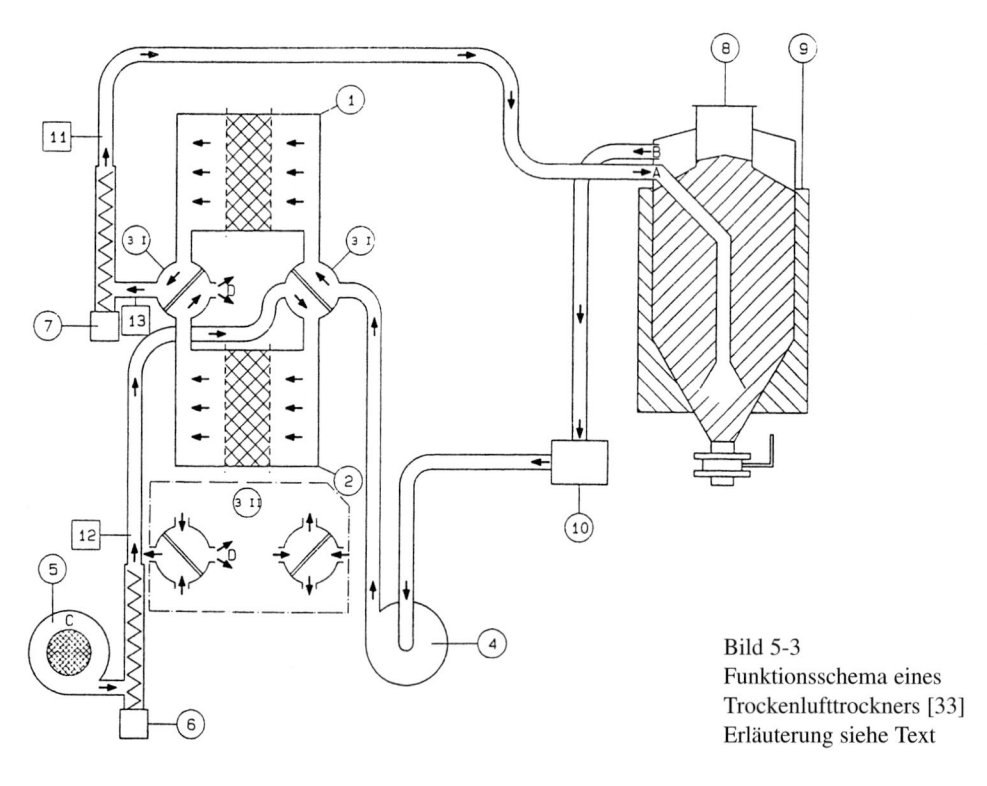

Bild 5-3
Funktionsschema eines Trockenlufttrockners [33]
Erläuterung siehe Text

erwärmt – durch die Trocknungszelle strömt, die dort befindliche Feuchte mitnimmt und als feuchte Abluft D am Ventil 3 austritt. Zur Regelung dienen die Temperaturfühler 11 für das Trocknen und 12 für das Regenerieren. Der Taupunktfühler 13 überwacht die Luftfeuchtigkeit. In der Umschaltstellung II der beiden Ventile 3 sind die Betriebszustände von Zelle 1 und 2 vertauscht.

5.2.3 Fördersysteme

Für das Beschicken von Kunststoffverarbeitungsmaschinen werden heute vorzugsweise Saugfördersysteme eingesetzt. Man unterscheidet zwischen Einzelfördergeräten (Bild 5-4) und zentralen Saugförderanlagen. Einzelfördergeräte mit eigenem Vakuumerzeuger und Abscheidefilter sind Systeme zur Versorgung eines Verbrauchers. Die Automatisierungsmöglichkeiten mit Einzelfördergeräten sind wegen fehlender zentraler Steuerungsintegration oder begrenzter Förderleistung gering. Einzelfördergeräte werden vor allem für das Beschicken von Einzel- bzw. separat aufgestellten Maschinen oder Additiv-Dosierstationen aus Gebinden neben der Verarbeitungsmaschine eingesetzt

In Bild 5-5 ist ein zentrales Saugfördersystem, wie es Stand der Technik ist, dargestellt. Das Prinzip geht aus Bild 5-6 hervor. Das Material wird mit einem Luftstrom, der von einer Vakuumpumpe erzeugt wird, aus dem Absaugkasten des Lagerbehälters pneumatisch zum Abscheider auf der Maschine gefördert. Dort wird das Material mit Hilfe der Zentrifugalkraft (Zyklon) vom Luftstrom getrennt. Die Luft strömt dann noch mit Staubanteilen vermischt vom Abscheider zum Vakuumerzeuger. Der Staub wird noch vor der Vakuumpumpe durch einen Filter abgetrennt. Als Vakuumerzeuger verwendet man Seitenkanalverdichter, Drehkolbengebläse und zunehmend Drehschieberpumpen.

Fördersysteme arbeiten mit Saug- und nicht mit Druckluft, damit bei einer Leckage kein Staub in den Produktionsraum geblasen wird. Bei den Leitungssystemen, sind maschinenbezogene und materialbezogene Leitungen möglich. Dabei gilt die Faustregel:

- maschinenbezogene Leitungen, wenn Anzahl der Materialsorten größer als Anzahl der Maschinen,
- materialbezogene Leitungen, wenn Anzahl der Maschinen größer als Anzahl der Materialsorten.

Maschinenbezogene Leitungssysteme werden häufig auch deshalb bevorzugt, weil durchgehende Leitungen vom zentralen „Materialbahnhof" zu den Maschinen ohne Abzweigungen größtmögliche Sicherheit gegen Materialverschleppungen bieten und die Automatisierung des Materialwechsels ermöglicht wird. An Stelle des manuellen Kupplungsbahnhofs treten dann Drehrohrweichen.

Bild 5-4
Materialfördergerät als Einzel-Aufsatzgerät für den Materialtrichter der Maschine, mit integriertem Sauggebläse, Staubfilter und Niveausonde/ Steuerung (Motan)

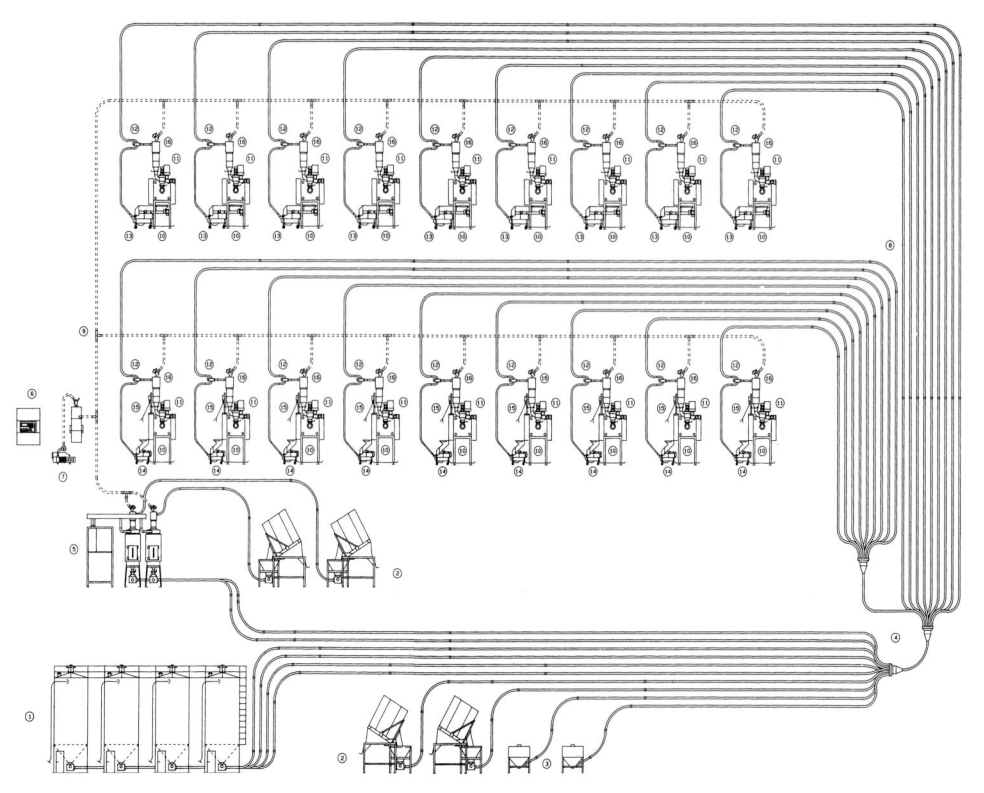

Bild 5-5 Maschinenbezogene, zentrale Materialförderanlage [33, 34]

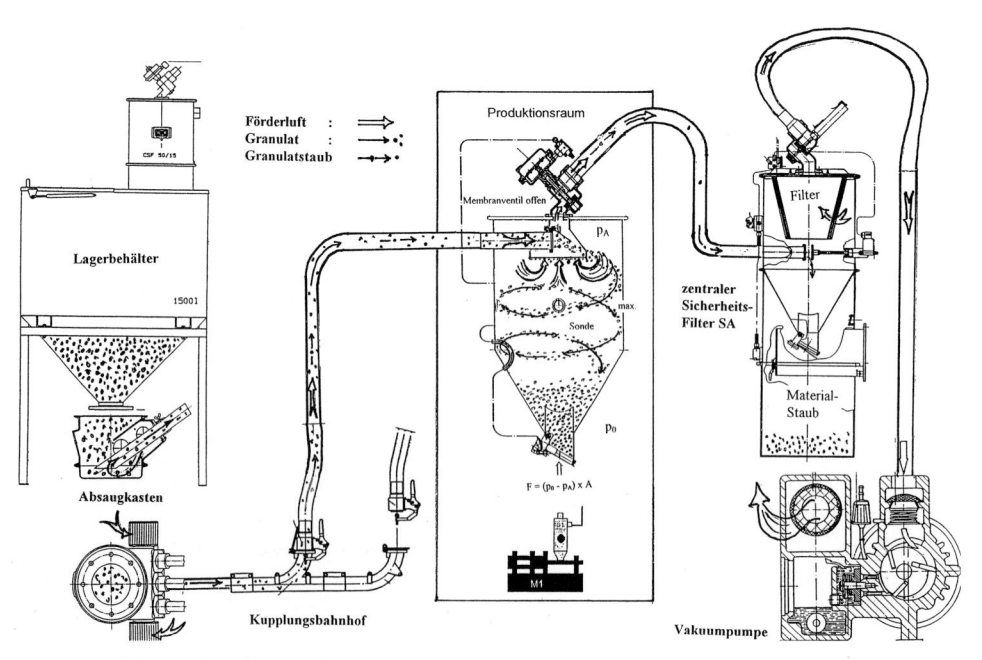

Bild 5-6 Schema Saugförderanlage

5.2.4 Dosierer, Mischer, Einfärbegeräte

Dosier- und Mischautomaten werden zum Einfärben, aber auch zum Aufbereiten von Mischungen aus unterschiedlichen Rohstoffen, Mahlgut und produktspezifischen Additiven eingesetzt. Als Dosierorgane für Feststoffe kommen im Bereich des Spritzgießens hauptsächlich Lochscheiben (Bild 5-7), Dosierschnecken oder zellenradähnliche Einrichtungen zur Anwendung.

Derartige Mischstationen können an Stelle des Trichters auf die Plastifiziereinheiten von Spritzgießmaschinen montiert werden. Das Einfärben auf der Verarbeitungsmaschine erschließt ein erhebliches Einsparpotential, weil sich die Anzahl der Materialien – alle Einfärbungen als Material gerechnet – auf weniger Grundmaterialien reduzieren lassen, die in größeren Mengen gekauft und billiger bevorratet werden können. Hinzu kommt eine größere Flexibilität bei den Einfärbungen.

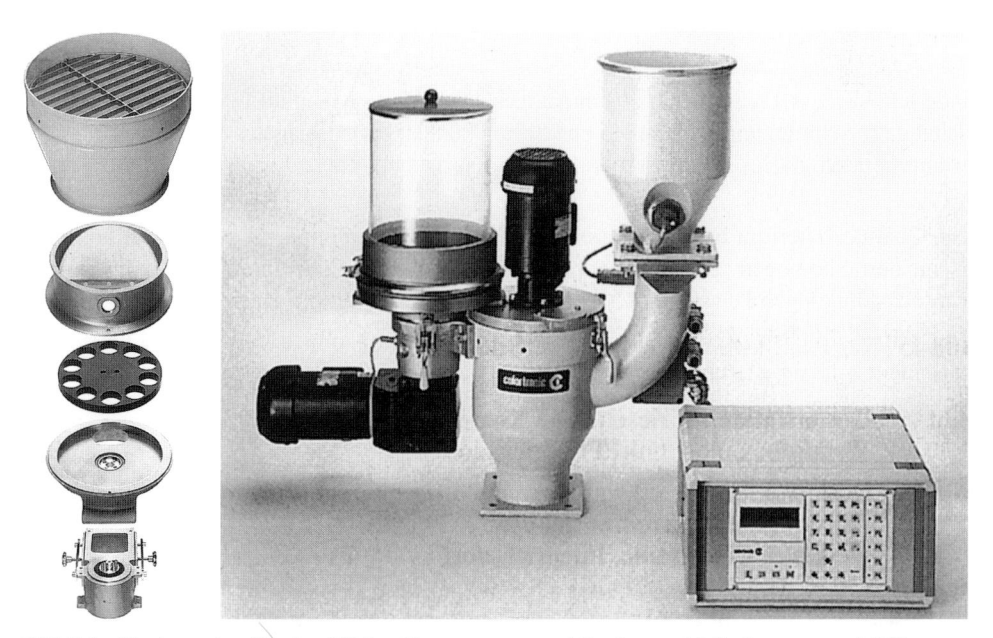

Bild 5-7 Dosierstation für rieselfähige Komponenten und Dosier- und Mischautomat mit Mikroprozessorsteuerung [5]

5.2.5 Angussrecycling

Wie in Abschnitt 1.5.6 bereits festgestellt wurde, sind Angüsse hochwertiges Material. Die Wiederverwertung von Angüssen und Ausschussteilen ist heute gleichermaßen ein ökonomisches und ökologisches Gebot. Die Zerkleinerung an der Maschine und die unmittelbare Mahlgutrückführung bieten dazu die besten Voraussetzungen. Der Einsatz von Zerkleinerungseinrichtungen neben der Produktionsmaschine wurde erst durch die Entwicklung und Einführung langsam laufender kompakter Mühlen (Bild 5-8) mit akzeptabler Schallemission und geringem Reinigungsaufwand bei Material- beziehungsweise Farbenwechsel

Bild 5-8
Langsam laufende Mühle; der Mahlraum ist durch Abschwenken der Abdeckhaube zum Reinigen geöffnet; der Stahlwendeleinzug kann, unter die Maschine geschoben, Angüsse direkt aus dem Werkzeug aufnehmen und dem Mahlraum sicher zuführen (Werksfoto Colortronic).

möglich. Voraussetzung ist ein gleichmäßiges, staubarmes Mahlgut. Verwechslung, Vermischung, Verschmutzung von Farben und Sorten können zuverlässig ausgeschlossen werden, wenn das Mahlgut im geschlossenen Kreislauf zurückgeführt und sofort wieder verarbeitet wird.

Ein Qualitätskriterium ist auch, dass das Mahlgut in exakt definierter Menge und mit dem Neumaterial homogen vermischt verarbeitet wird. Gute Möglichkeiten bieten dafür je nach Einsatzbedingungen Dosier- und Mischautomaten oder Zweikomponentenweichen.

Die wirtschaftlichste Methode ist die direkte Rückführung an der Maschine. In Fällen, wo dies nicht zulässig ist, haben sich Anlagen, wie in Bild 5-9 dargestellt, bewährt. Das Material wird aus den Schneidmühlen in den Materialraum zurückgesaugt und dort als Mischung mit Neuware zur Verfügung gestellt.

Bild 5-9
Blick in das Innere einer Schneidmühle (Werksfoto Getecha)

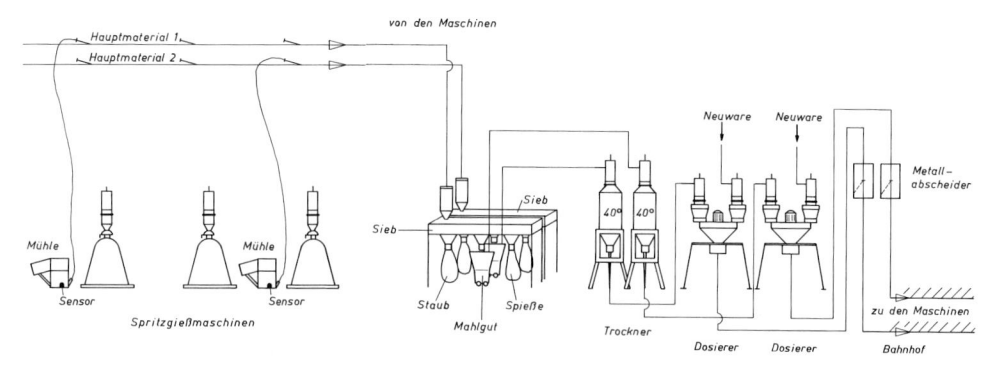

Bild 5-10 Zentrale Wiederverwendung von Mahlgut

5.2.6 Metallabscheider

Es lässt sich nicht vermeiden, dass im Mahlgut, gelegentlich aber auch im Neumaterial, Metallpartikel von den Aufbereitungs- oder Verarbeitungsmaschinen vorkommen. Quellen sind ganz besonders die Rückströmsperren der Spritzgießmaschinen und der Schneidenbereich von Mühlen oder Granuliereinrichtungen. Diese Partikel können insbesondere bei Heißkanalwerkzeugen mit kleinen Anschnitten zu Störungen führen. Deshalb empfiehlt es sich zumindest in solchen Fällen mit Metallabscheidern zu arbeiten. Eine Übersicht gibt Tabelle 5-2; in Bild 5-11 ist ein Gerät für den Aufbau auf dem Materialtrichter und in Bild 5-10 ist die Integrationsmöglichkeit in eine Förderanlage dargestellt.

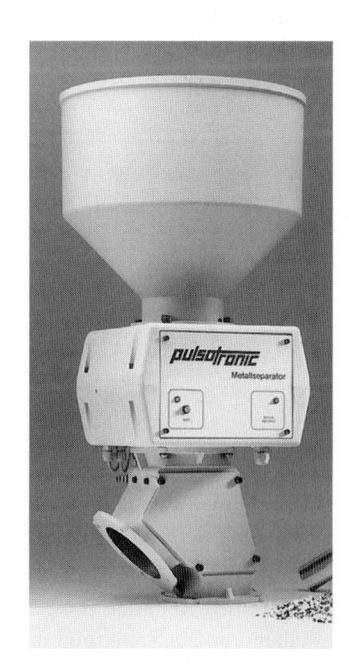

Bild 5-11
Metallseparator für Aufbau auf die Spritzgießmaschine. Das Material wird vom Trichter in die Einzugsöffnung dosiert (Niveausonde im Einzugsgehäuse). In der Mitte der Metalldetektor, darunter die Klappe für das Ausschleusen der Fremdkörper (Pulsotronic)

Tabelle 5-2   Abscheider und Einbaumöglichkeiten

Typ	Anwendung	Einbau
Magnetabscheider	Aussortieren ferromagnetischer Teile (Stahl)	im Materialtrichter der Spritzgießmaschine
Metalldetektoren (induktiv) mit automatisch gesteuerten Austragsschleusen	Aussortieren elektrisch leitender Materialien (Metalle)	in der Förderleitung zum Materialtrichter
Filterdüsen	Alle Feststoffe, auch Nichtmetalle	Im Schneckenvorraum

5.3   Formteilhandling

Bild 5-12 gibt eine Übersicht über die Aufgaben und Geräte der Fertigteilhandhabung.

5.3.1   Manuelle Entnahme

Manuelle Entnahme wird beim Spritzgießen auch heute noch viel zu häufig z. B. für empfindliche Teile und/oder bei kleinen Stückzahlen eingesetzt [36]. Man ist zwar sehr flexibel, aber die Kosten sind hoch. Darüber hinaus bringt der halbautomatische Betrieb der Maschinen schwankende Zykluszeiten und Qualitätsrisiken mit sich. Die manuelle Entnahme von Teilen sollte daher möglichst vermieden werden.

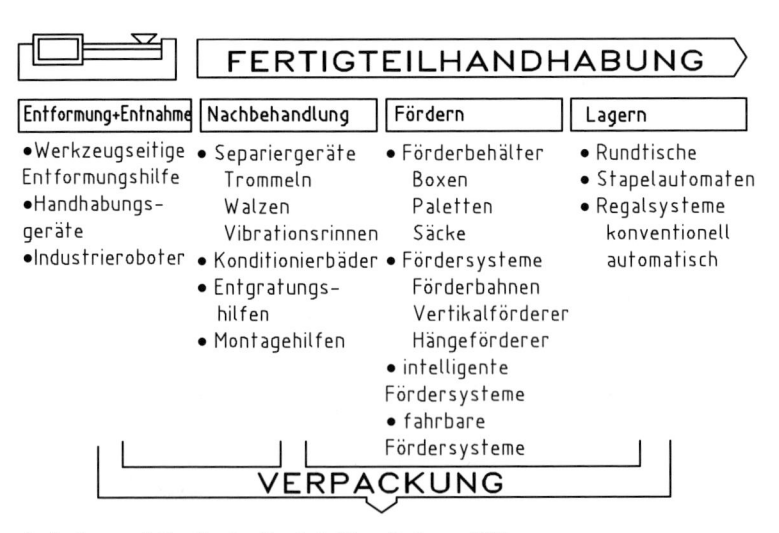

```
                    FERTIGTEILHANDHABUNG

Entformung+Entnahme │ Nachbehandlung   │ Fördern            │ Lagern
• Werkzeugseitige   │ • Separiergeräte │ • Förderbehälter   │ • Rundtische
  Entformungshilfe  │   Trommeln       │   Boxen            │ • Stapelautomaten
• Handhabungs-      │   Walzen         │   Paletten         │ • Regalsysteme
  geräte            │   Vibrationsrinnen│   Säcke           │   konventionell
• Industrieroboter  │ • Konditionierbäder│ • Fördersysteme  │   automatisch
                    │ • Entgratungs-   │   Förderbahnen     │
                    │   hilfen         │   Vertikalförderer │
                    │ • Montagehilfen  │   Hängeförderer    │
                    │                  │ • intelligente     │
                    │                  │   Fördersysteme    │
                    │                  │ • fahrbare         │
                    │                  │   Fördersysteme    │

                              VERPACKUNG
```

Bild 5-12   Aufgaben und Geräte der Fertigteilhandhabung [35]

5.3.2   Fallentnahme/Schüttguthandhabung

Die billigste, einfachste und bewährteste Methode für die Formteilentnahme ist der freie Fall in einen Behälter. Sie ist nur dann sinnvoll, wenn die Teile beim Fall keinen Schaden erleiden und als Schüttgut abtransportiert und weiterverarbeitet werden können. Wenn unter der Maschine nicht genügend Platz ist, werden die Teile mit Förderbändern den Behältern zugeführt. In den Transportweg werden Separiereinrichtungen für Formteile und Angüsse eingebaut (Bild 5-13 und 5-14).

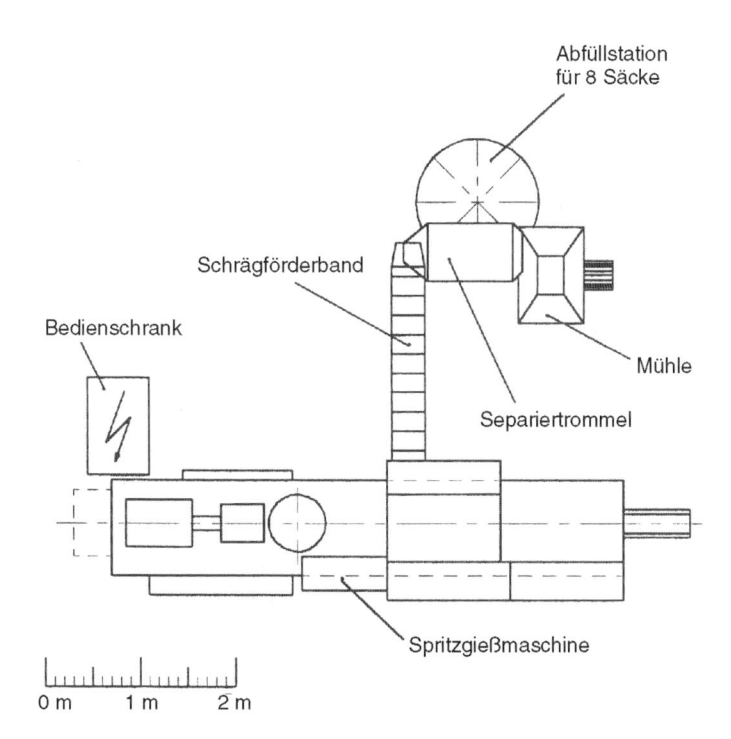

Bild 5-13
Spritzgießmaschine mit
Förder-, Separier- und
Puffereinrichtung

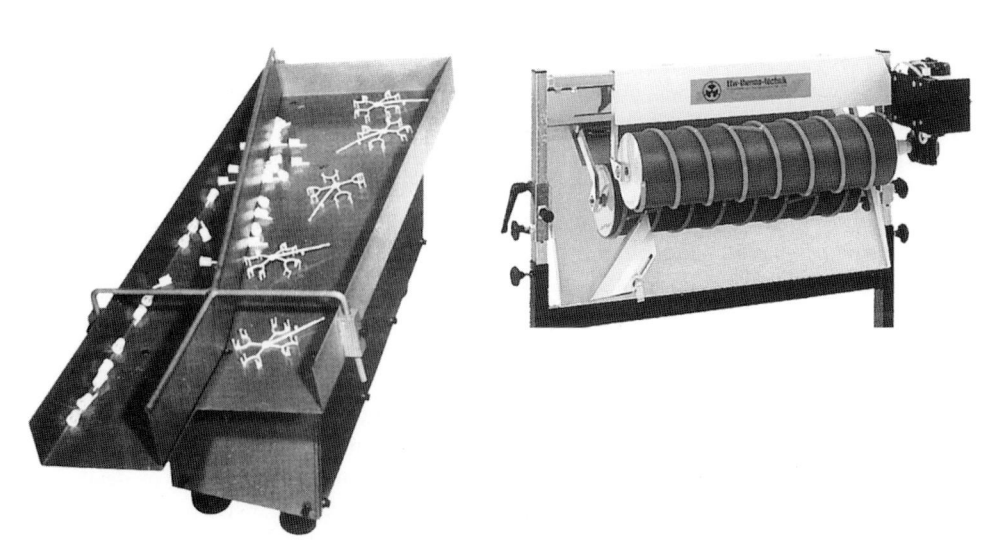

Bild 5-14 Separierschiene und Spiralsortierwalze

5.3.2.1 Pufferung

Eine wesentliche Voraussetzung für Geister- oder bedienungarme Schichten ist die Möglichkeit, die Produktion von zumindest einer Schicht zu puffern. Hierzu haben sich Karussells mit Sackstationen oder Kartonwechsler bewährt (Bild 5-15). Die genaue Füllmenge kann über Schusszähler oder über eine Gewichtskontrolle gesteuert werden.

Bild 5-15
Karussell mit Sackstation zur Pufferung von Schüttgut

5.3.2.2 Vereinzeln und Ausrichten

Wenn Teile zwar fallen können, aber die nachfolgenden Bearbeitungsschritte, wie z. B. Stapeln, Montage, Prägen, Bedrucken, Einzelverpackung, eine bestimmte Ausrichtung der Teile erfordern, so kann man relativ kleine und entsprechend günstig geformte Teile nach dem Entformen und freiem Fallen nachträglich wieder ausrichten. Typische Teile dafür sind z. B. Becher, Blumentöpfe, Kartuschen. Die dafür nötigen Separier- und Sortieranlagen sind aber Spezialanlagen und können nur mit erheblichem Aufwand auf andere Produkte umgestellt werden. Sie eignen sich deshalb nur für Dauerläufer.

5.3.3 Kontrollierter Fall

mit diesem Konzept werden die Nachteile des nachträglichen Wiederausrichtens vermieden. Die Ausrichtung und Lagekontrolle des ausgestoßenen Teiles bleibt erhalten. Die Spritzlinge werden entformt und gleich in Führungsbahnen aufgenommen, in denen sie dann nach unten weggeführt werden. Nachfolgenden Bearbeitungsgängen werden die Teile dann lagerichtig zugeführt.

5.3.4 Handhabungsgeräte und Industrieroboter

Automatische Handhabungssysteme entnehmen die Spritzlinge aus dem Werkzeug und übergeben sie an nachfolgende Verpackungs-, Montage- und Bearbeitungsstationen. Man kann auf diese Art Formteile unterschiedlichster Größe und Gestalt handhaben, und es besteht auch die Möglichkeit, sie als Einlegegeräte für die Bestückung von Werkzeugen mit Einlegeteilen zu benutzen.

Grundsätzlich können in die Maschine integrierte, zwangsgesteuerte und externe Entnahmegerät unterschieden werden. Ein in die Spritzgießmaschine integrierter Entnahmemechanismus, von der Werkzeugschließ- bzw. Werkzeug-Öffnungsbewegung angetrieben (Bild 5-19), bringt keine Zykluszeitverluste mit sich. Entsprechende Entnahmegeräte sind gezielt auf spezielle Produktgruppen zugeschnitten und lassen sich nur aufwendig auf andere Produkte umrüsten. Sie sind aber schnell, sodass sich der Einsatz besonders bei kurzen Zykluszeiten und großen Serien lohnt.

Externe Handlinggeräte haben eigene Antriebe und eigene oder in die Maschinen-Steuerung integrierte Steuerungen und sind mit der Spritzgießmaschine über entsprechende Schnittstellen verbunden. Sie können je nach Bauart nicht nur die Entnahme der Teile verschiedenster Geometrien aus der Form erledigen, sondern darüber hinaus, soweit noch Zeit im Zyklus übrigbleibt, weitere Arbeiten durchführen. Diese Geräte haben eine hohe Positioniergenauigkeit und können auch zum Einlegen von Teilen eingesetzt werden. Obwohl die Geräte mit hohen Geschwindigkeiten arbeiten, ist doch mindestens mit einigen Zehntelsekunden Zyklusaufenthalt bei der Entnahme der Teile aus dem Werkzeug zu rechnen. Diese Zykluszeitverlängerung ist der Hauptnachteil der Geräte. Externe Geräte sind normalerweise flexibel an die verschiedenen Entnahmeaufgaben anpassbar, benötigen aber auf und neben den Maschinen erheblichen Platz, besonders wenn weitere Arbeitsgänge integriert werden. In der Regel machen sich aber die Investitionen in Gerät und Platz nach kurzer Zeit bezahlt.

5.3.4.1 Freiheitsgrade und Achsenbezeichnung

Unter Freiheitsgrad versteht man die Fähigkeit eines Handhabungs- oder Robotersystems, die „Arbeitshand" in einer Raumrichtung frei zu bewegen (Bild 5-16).

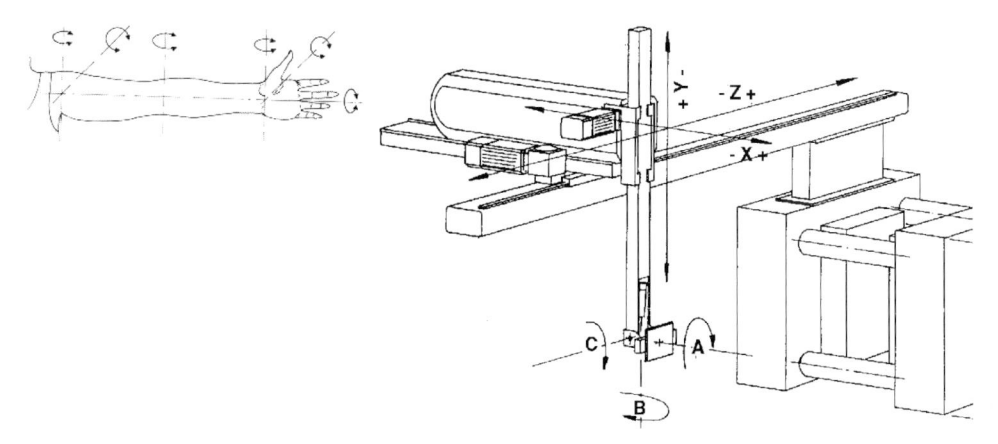

Bild 5-16 Freiheitsgrade und Achsenbezeichnungen bei Handhabungsgeräten

5.3.4.2 Bauarten

Tabelle 5-3 erläutert verschiedene Bauarten und Eigenschaften von Handlingeräten. Zusätzlich zur Y- und Z-Achse sind die meisten Geräte mit einer X-Achse und einem Schwenkantrieb am Greifer für das Ablegen der Formteile ausgerüstet. Einen Überblick über die Antriebsvarianten gibt Tabelle 5-4.

Tabelle 5-3   Überblick über die Bauarten von Handlinggeräten

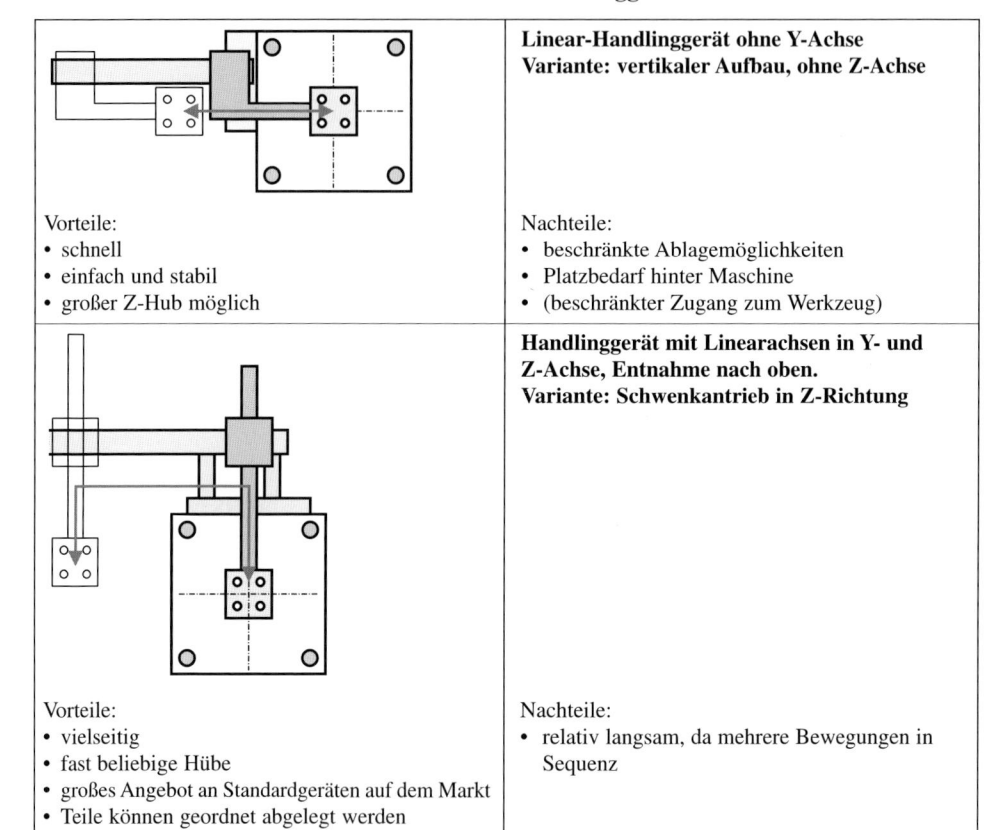

(Abbildung Linear-Handlinggerät)	**Linear-Handlinggerät ohne Y-Achse** **Variante: vertikaler Aufbau, ohne Z-Achse**
Vorteile: • schnell • einfach und stabil • großer Z-Hub möglich	Nachteile: • beschränkte Ablagemöglichkeiten • Platzbedarf hinter Maschine • (beschränkter Zugang zum Werkzeug)
(Abbildung Handlinggerät mit Linearachsen)	**Handlinggerät mit Linearachsen in Y- und Z-Achse, Entnahme nach oben.** **Variante: Schwenkantrieb in Z-Richtung**
Vorteile: • vielseitig • fast beliebige Hübe • großes Angebot an Standardgeräten auf dem Markt • Teile können geordnet abgelegt werden	Nachteile: • relativ langsam, da mehrere Bewegungen in Sequenz
(Abbildung Schwenkarm-Handlinggerät)	**Schwenkarm-Handlinggerät**
Vorteile: • sehr schnell • einfach und robust	Nachteile: • Hub begrenzt • nicht geeignet für geordnete Ablage der Teile >> Zusatzgerät nötig

Tabelle 5-3 *Fortsetzung*

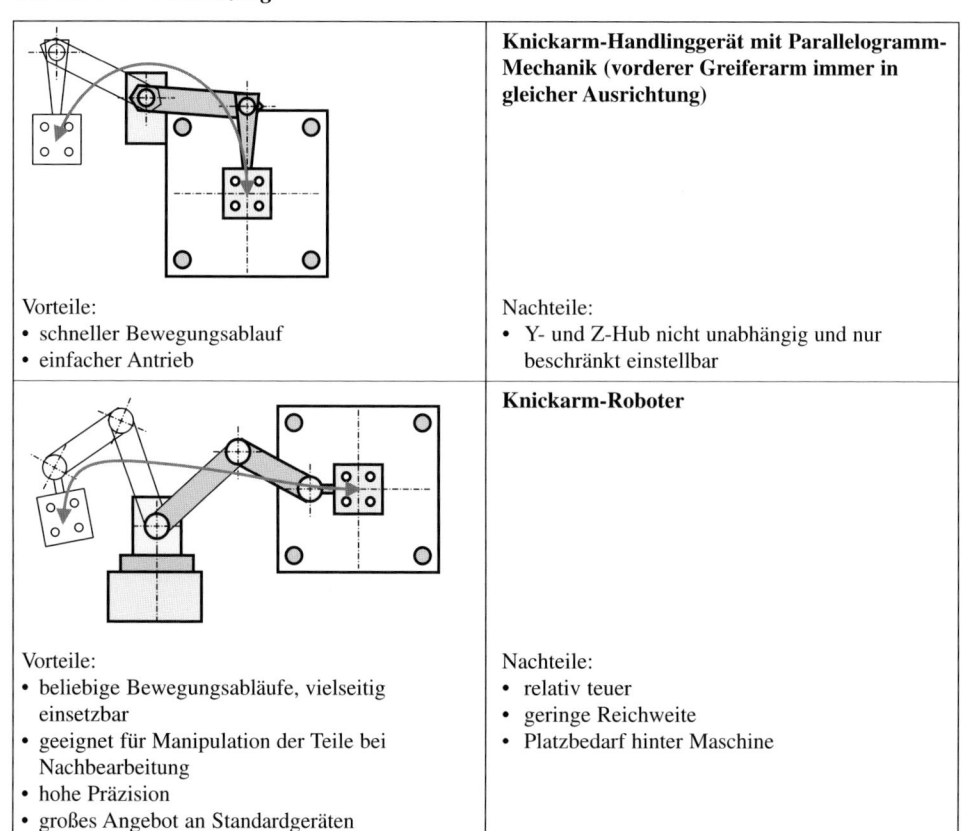

	Knickarm-Handlinggerät mit Parallelogramm-Mechanik (vorderer Greiferarm immer in gleicher Ausrichtung)
Vorteile: • schneller Bewegungsablauf • einfacher Antrieb	Nachteile: • Y- und Z-Hub nicht unabhängig und nur beschränkt einstellbar
	Knickarm-Roboter
Vorteile: • beliebige Bewegungsabläufe, vielseitig einsetzbar • geeignet für Manipulation der Teile bei Nachbearbeitung • hohe Präzision • großes Angebot an Standardgeräten	Nachteile: • relativ teuer • geringe Reichweite • Platzbedarf hinter Maschine

Waren bisher aus Kostengründen die sequenziell gesteuerten, pneumatisch angetriebenen Geräte mit Linearachsen am häufigsten im Einsatz, ist heute ein Trend zu servoelektrisch angetriebenen, CNC-gesteuerten Geräten zu verzeichnen. Vielfach sind *Hybridantriebe* zu finden: z. B. Servomotoren für Hauptachsen, Pneumatik für Greiferantrieb usw.

382 *Peripheriegeräte – Automation*

Tabelle 5-4 Antriebsvarianten

Antriebsart	Vorteile	Nachteile
mechanischer Zwangsantrieb durch die Spritzgießmaschine	• schnell, Parallelbewegung mit Werkzeugöffnung • robust • keine Steuerungsschnittstelle mit Maschine nötig	• beschränkte Hübe • nur eine Hauptbewegungsachse (Y oder Z)
Pneumatik	• kostengünstig • geeignet für Kleingeräte	• präzise Hubbegrenzung nur durch mechanische Anschläge • relativ langsame Bewegungen • geringe Kräfte
Hydraulik	• große Antriebskräfte • Eignung für Großgeräte	• teuer • Gefahr von Ölleckagen über die Maschine
Asynchron-Elektromotoren	• geeignet für größere Hübe	• ohne Endanschläge keine präzisen Endpositionen • weniger schnell als Servoantriebe
elektrische Servomotoren	• schnell • sehr präzise Positions- und Geschwindigkeitsregelung • Parallelbewegungen verschiedener Achsen	• hohe Kosten

5.3.4.3 Gerätebeispiele

In den Bildern 5-17 bis 5-19 sind drei typische Beispiele von Handhabungsgeräten und Robotern gezeigt.

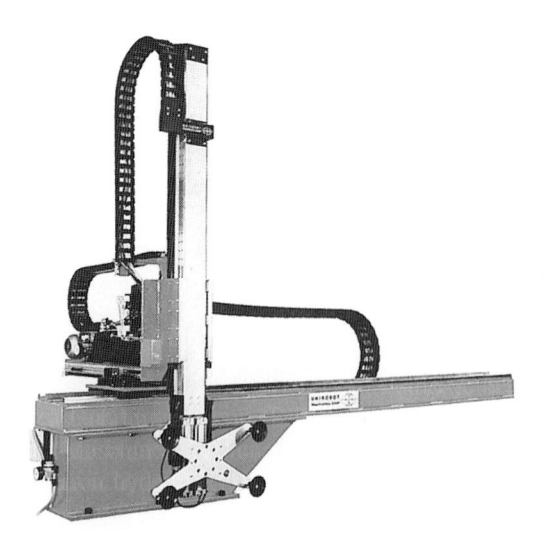

Bild 5-17
CNC-gesteuertes, elektrisch mit Zahnrädern/Zahnstangen angetriebenes Handlinggerät; drei Linearachsen (Unirobot)

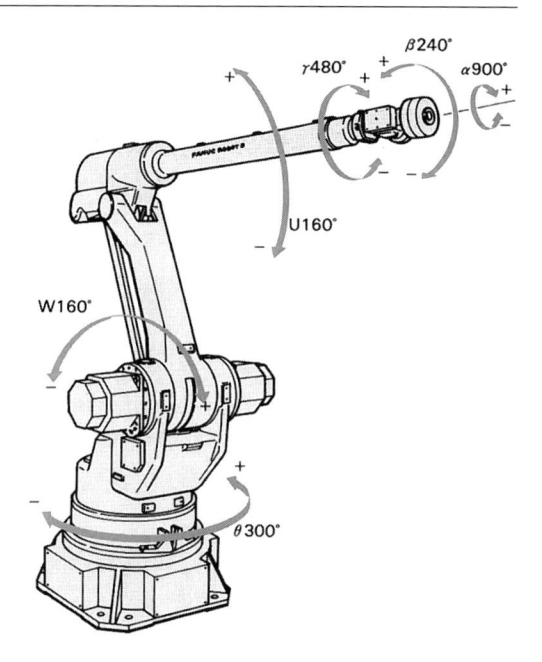

Bild 5-18
6-Achsen-Knickarm-Roboter (Fanuc);
Geräte dieser Art sind universell einsetzbar und erlauben im angegebenen Winkelbereich frei programmierbare Bewegungsbahnen

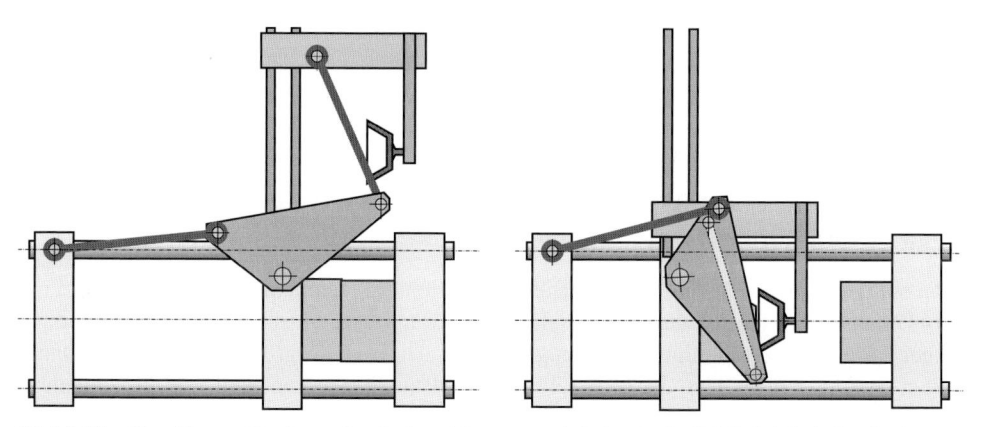

Bild 5-19 Handlinggerät mit mechanischem Zwangsantrieb durch die Schließeinheit der Spritzgiessmaschine

5.3.4.4 Spezifikation von Handlinggeräten

Beim Einsatz von Handhabungsgeräten sind folgende Spezifikationen zu berücksichtigen:
- Transportwege, Hübe, Drehwinkel,
- Gewicht, Geometrie, Temperatur der zu handhabenden Teile bzw. Geräte,
- Art (Sauger/Greifer), Geometrie und Gewicht der Greifer,
- Geschwindigkeit (evtl. Beschleunigungen) der Handhabung bzw. max. Zykluszeiten,
- Schnittstelle zur Spritzgießmaschine (mechanisch und Steuerung),
- Positioniergenauigkeit.

384 Peripheriegeräte – Automation

5.4 Angusshandling

Beim Einsatz von Kaltkanalwerkzeugen müssen die anfallenden Angüsse in das Handlingskonzept eingeplant werden. Bei Zweiplattenwerkzeugen mit erstarrenden Angüssen fallen Teil und Angus gemeinsam und können im Anschluss an ein Förderband, wie bereits dargestellt, voneinander separiert werden. Die Angüsse werden am besten gleich einer Mühle zugeführt oder gesammelt und zentral rezykliert.

Bei Dreiplattenwerkzeugen wird die Trennung von Anguss und Teilen bereits im Werkzeug vorgenommen. Eine Separiereinrichtung ist dann überflüssig. Teile und Angüsse fallen auf getrennte Förderbänder oder die Angüsse werden durch kleinste Handhabungsgeräte sog. Angusspicker sicher entnommen. Bei Angusspickern handelt es sich um kleinste Schwenkarm-Handhabungsgeräte, die auf der festen Formaufspannplatte der Maschine montiert sind und meist von der Schließeinheit der Maschine angetrieben werden.

5.5 Betriebsmittel

5.5.1 Werkzeuge

Werkzeuge zur Formgebung von Kunststoffschmelzen sind die wichtigsten Betriebsmittel des Kunststoffverarbeiters. Der Werkzeugtechnik kommt im Konkurrenzkampf eine entscheidende Bedeutung zu, denn hochwertige Verarbeitungsmaschinen sind auf dem Markt für jedermann erhältlich, wohingegen das spezielle Know-how der Werkzeugtechnik noch beim einzelnen Verarbeiter oder Werkzeugmacher liegt. Wegen der großen Bedeutung der Werkzeugtechnik wird diese in einem eigenen Kapitel (Kapitel 6) behandelt. Hier wird nur auf die Rationalisierungsmöglichkeiten des Werkzeugwechsels eingegangen.

5.5.2 Werkzeugwechselsysteme

Obwohl das Spritzgießen im Dauerbetrieb bei stationären Temperaturverhältnissen am unproblematischsten läuft, zwingen wirtschaftliche Gründe zur „Just in time"-Produktion geringer Losgrößen mit häufigen Werkzeugwechseln. Dadurch vergrößern sich die Stillstandzeiten der Maschinen, denn der größte Teil der Stillstandzeiten von Spritzgießmaschinen ist durch Werkzeugwechsel bedingt. Ein Wechsel mittelgroßer Werkzeuge dauert mit konven-

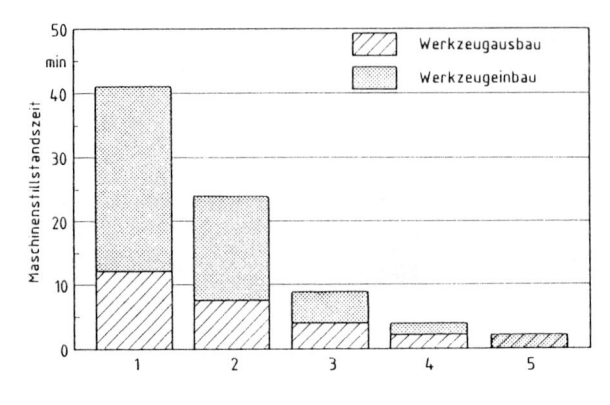

Bild 5-20
Reduzierung der Maschinenstillstandszeit beim Werkzeugwechsel [41]
1 konventioneller Wechsel,
2 Wechsel mit Schnellspannsystem,
3 mit Schnellspannsystem und Schnellkupplungen,
4 mit Schnellspannsystem, Schnellkupplungen und Werkzeugwechsler,
5 vollständig automatischer Wechsel

5.5 Betriebsmittel

Bild 5-21
Ausrüstungskosten einer 2500 kN-Spritzgießmaschine mit verschiedenen Komponenten zur Automatisierung des Werkzeugwechsels [41]
1 Schnellspannsystem,
2 Schnellspannsystem und Schnellkupplungen,
3 Schnellspannsystem, Schnellkupplungen und Werkzeugwechseltisch

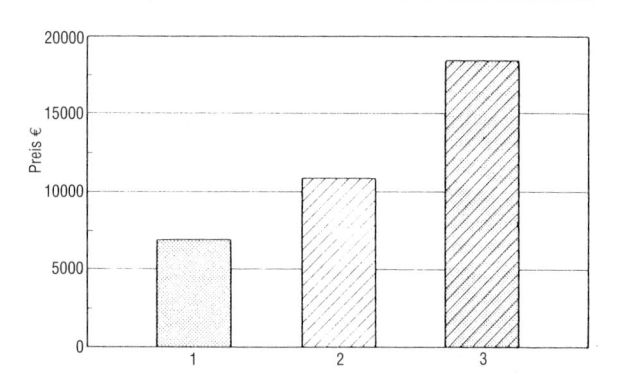

tionellen Mitteln je nach Größe und Komplexität des Werkzeuges ca. 0,5 bis 3 h. Maschinen- und Zubehörlieferanten bieten Hilfseinrichtungen und Systeme an, mit denen der Werkzeugwechsel vereinfacht und beschleunigt werden kann. In Bild 5-20 und 5-21 sind exemplarisch Einsparpotential und Kosten für derartige Rationalisierungsmaßnahmen dargestellt. Man erkennt, dass die größten Einsparungen durch Schnellspannsysteme und Schnellkupplungen erreicht werden. Die letzten Schritte zur Vollautomatisierung bringen verhältnismäßig wenig sind aber besonders teuer. Aus diesem Grund sind in der Praxis normalerweise Teilautomatisierungen anzutreffen (Bild 5-22).

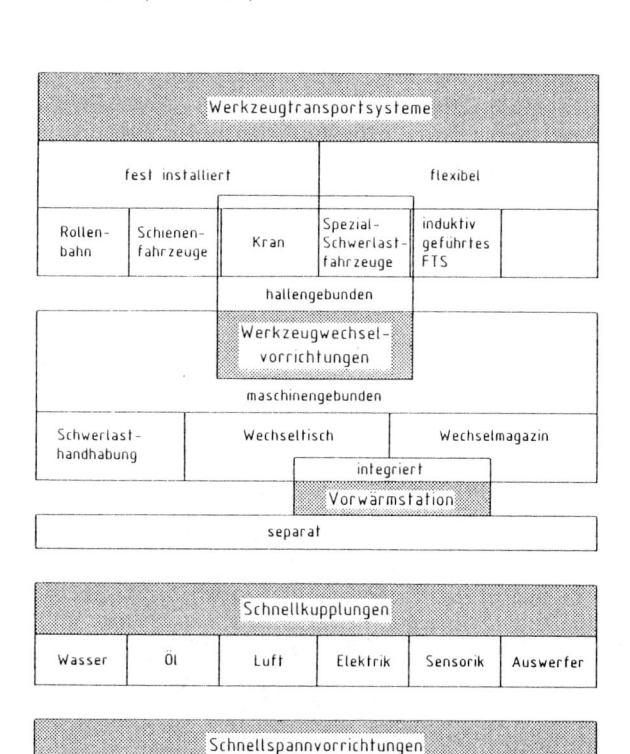

Bild 5-22 Module von Werkzeugwechselsystemen [41]

5.5.2.1 Konventioneller Rüstvorgang

Kostengünstig und zweckmäßig sind Krananlagen: Hallenkrane, Bockkrane (Galgen) und auf die Holme aufsetzbare Aufzüge an einzelnen Maschinen zum Anheben und Einbau der Werkzeuge. Für den Transport werden Flurfahrzeuge (Stapler) eingesetzt. Untersuchungen haben gezeigt, dass durch eine gute Vorbereitung bis zu 40% der Rüstzeit eingespart werden kann. Gute Vorbereitung heißt, dass alle Hilfsmittel und Informationen schon vor dem Stillsetzen und Abspannen des vorausgehenden Werkzeugs parat sein müssen.

5.5.2.2 Schnellspannvorrichtungen

Schnellspannvorrichtungen dienen zum Befestigen der Werkzeuge auf den Werkzeugaufspannplatten. Sie setzen eine Standardisierung der Werkzeuggrundplatten bzw. der Kupplungselemente am Werkzeug voraus. Die Einführung derartiger Systeme ist deshalb eine folgenschwere Entscheidung, da alle bestehenden und künftigen Werkzeuge und Maschinen entsprechend ausgerüstet werden müssen. Eine Normierung der Spannsysteme gibt es zwar auf dem Papier (EUROMAP 11), in der Praxis ist sie aber weitgehend unbekannt. Vielmehr gibt es unzählige Werksstandards, die sich stark unterscheiden. Werkzeugspannsysteme sind meist hydraulisch betätigt. Sie sind so ausgerüstet, dass es auch bei Ausfall der Hydraulikpumpen nicht zu einem „Absturz" des Werkzeugs kommt (z. B. Klemmen mit Selbsthemmung oder durch Federn).

Integrierte Werkzeugspannsysteme (Bild 5-23) sind fest in der Maschine installiert. Sie bedingen Eingriffe in die Maschinenkonstruktion und sind nicht ohne Weiteres nachrüstbar. Ihr Vorteil ist die einfachere Anpassung der Werkzeuge

Adaptive Werkzeugspannsysteme (Bild 5-24) sind auf den Werkzeugaufspannplatten aufgeschraubt und können auch auf bestehenden Spritzgießmaschinen nachgerüstet werden. Die Werkzeuge sind auf standardisierten Aufspannplatten aufgebaut. Beim Werkzeugeinbau

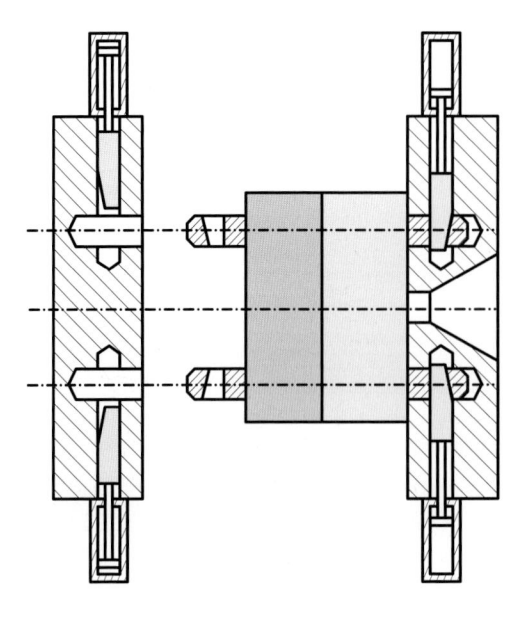

Bild 5-23
Integriertes Werkzeugspannsystem (Engel)

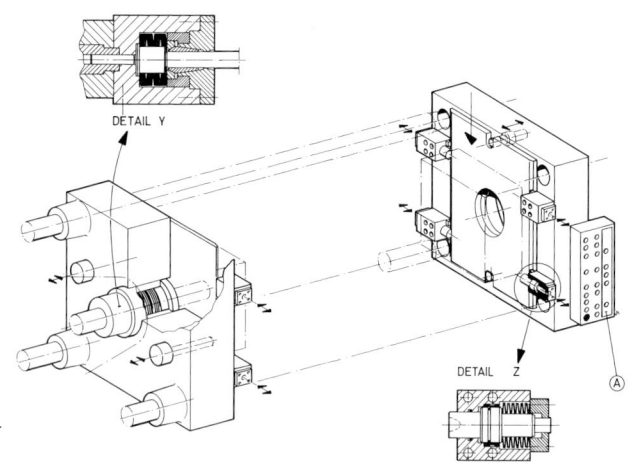

Bild 5-24
Adaptives Werkzeugschnellspannsystem (Netstal)

sind die 2 × 4 Spannpratzen auf den Aufspannplatten mittels Hydraulikzylindern zurückgefahren. Das Werkzeug wird auf den unteren Zentrierbolzen geschoben und der obere Zentrierbolzen eingefahren. Anschließend werden die Spannpratzen auf der festen Aufspannplatte gespannt. Der nächste Schritt ist das Schließen der Schließeinheit und das Spannen auf der beweglichen Seite, einschließlich Auswerfer. Alle Spannelemente werden mit Federn gespannt und hydraulisch entspannt, sodass eine sichere Fixierung auch bei Energieausfall gegeben ist.

Bild 5-25 zeigt ein kostengünstiges, handbetätigtes Schnellspannsystem. Offenbar sind solche einfachen Systeme heute wirtschaftlicher als automatisierte Lösungen, da sie nur einen Bruchteil der Investitionskosten verursachen

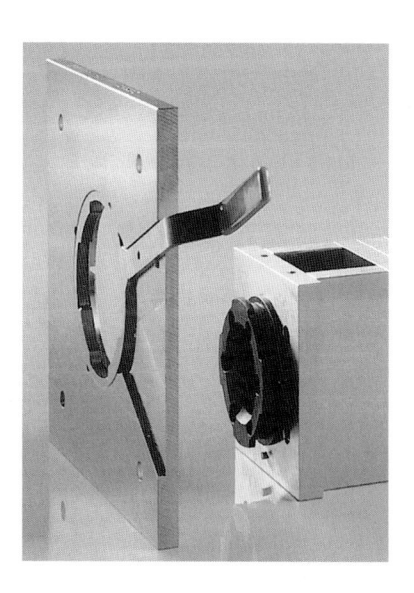

Bild 5-25
Kostengünstiges, handbetätigtes Schnellspannsystem;
Prinzip: Bajonettverschluss (Enerpac)

388 *Peripheriegeräte – Automation*

Neuerdings werden *Magnet-Spannsysteme* angeboten, die elektromagnetisch innerhalb von Sekunden magnetisiert bzw. entmagnetisiert werden können und somit eine sehr bequeme Montage des Werkzeugs ermöglichen. Die Technik ist aus dem Werkzeugmaschinenbereich bekannt. Für die beim Spritzgießen auftretenden hohen Öffnungskräfte sind sehr starke Magnetfelder notwendig (Bild 5-26 bis 5-28).

Für das Spannen der Werkzeuge werden die AlNiCo-Permanentmagnete durch kurze Stromimpulse in den Spulen umgepolt und erzeugen mit den umliegenden NdFeB-Magneten ein hochkonzentriertes Magnetfeld, das auch ohne Stromzufuhr erhalten bleibt, bis die AlNiCo- Magnete wieder umgepolt werden (Bild 5-28).

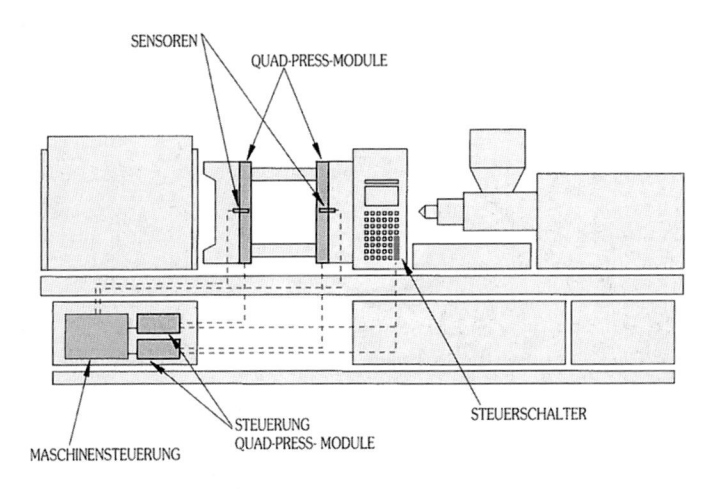

Bild 5-26
Steuerung eines Magnetspannsystems (Technomagnete S.p.A.)

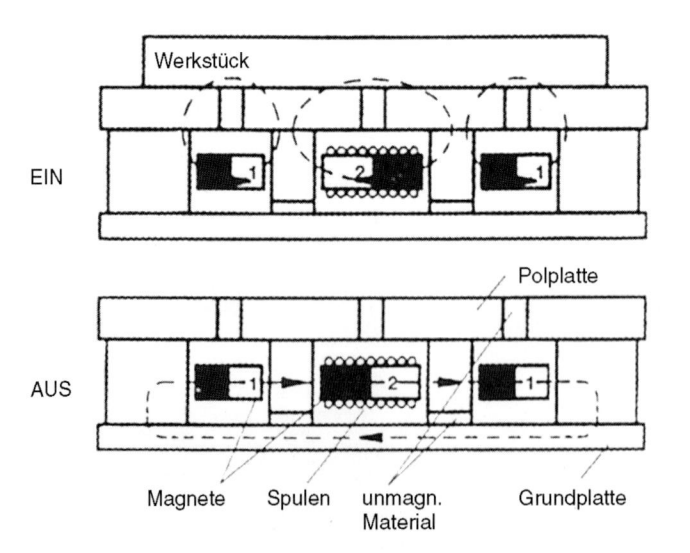

Bild 5-27
Prinzip der Magnetisierung

5.5 Betriebsmittel   389

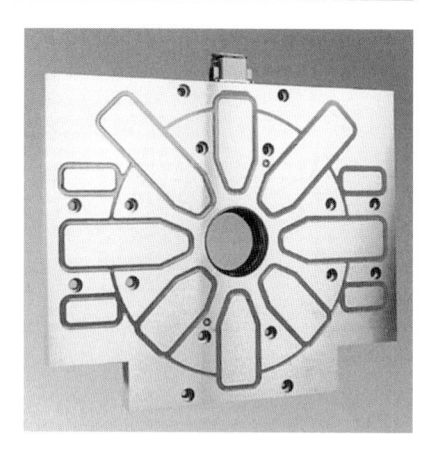

Bild 5-28
Magnet-Werkzeugaufspannplatte (Enerpac)

5.5.2.3 Kupplungen

Nach dem Spannen des Werkzeugs können in einem weiteren Automatisierungsschritt Auswerfer, Kernzüge, Kühlmedium, Energiezufuhr und Sensorik automatisch an das Werkzeug bzw. die Maschine gekuppelt werden. Bild 5-29 zeigt eine in die Maschine integrierte Auswerferkupplung. Die Fixierung der Auswerferstange erfolgt durch ein Spannfutter, das mittels Federn gespannt und hydraulisch geöffnet wird. Ein Beispiel für eine Energieschnellkupplung gibt Bild 5-30.

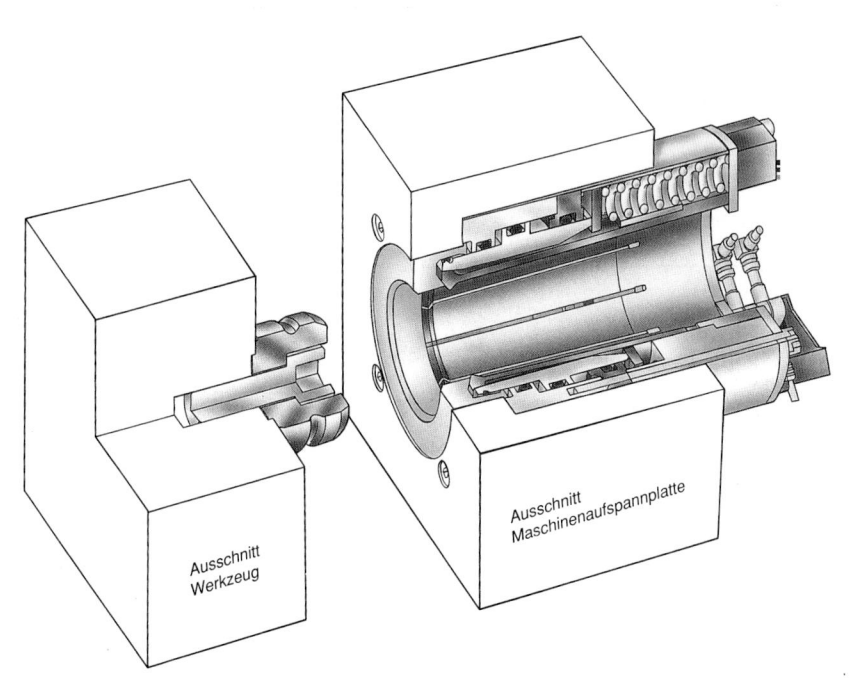

Bild 5-29   Integrierte Auswerferkupplung (Stäubli)

Bild 5-30
Beispiel für eine Energieschnellkupplung (Enerpac)

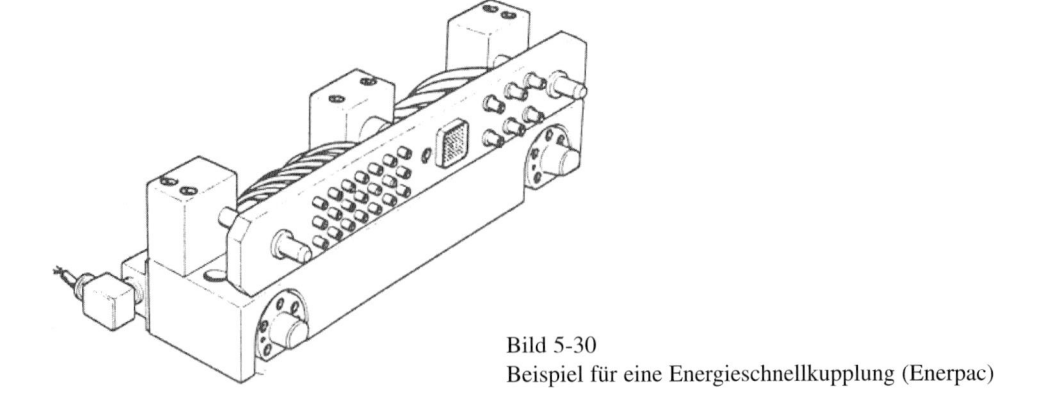

5.5.2.4 Werkzeugschnellwechselsysteme

Werkzeugschnellwechselsysteme umfassen neben den Spannsystemen und Kupplungen auch die Vorrichtungen für den Transport und die Zentrierung der Werkzeuge beim Ein- und Ausbau. Der Werkzeugeinbau erfolgt je nach Bauart von oben oder von der Seite. Der seitliche Einbau (Bild 5-31) ist vorteilhaft, wenn die Hallenhöhe gering ist oder wenn die Werkzeuge sehr schwer sind (Großmaschinen). Er erfordert eine zusätzliche Übergabeeinrichtung mit großem Platzbedarf. Der Einbau von oben erfolgt mit einem Hallenkran oder lokalen Hebezeugen, die ohnehin vorhanden sind und benötigt keinen zusätzlichen Platz. Der vertikale Werkzeugeinbau ermöglicht, wie Bild 5-32 zeigt, auch eine bessere Ausnutzung der Schließeinheit. Dies kann bei vielfach belegten Werkzeugen ein entscheidender Vorteil sein.

In Bild 5-33 ist ein Werkzeugwechsel von oben dargestellt. Das Werkzeg wurde gerade vom Deckenkran auf den Holmen der Maschine abgesetzt. Beim Zufahren der Maschine zentriert sich das Werkzeug konventionell. Spannkeile und Kupplungen werden durch eine

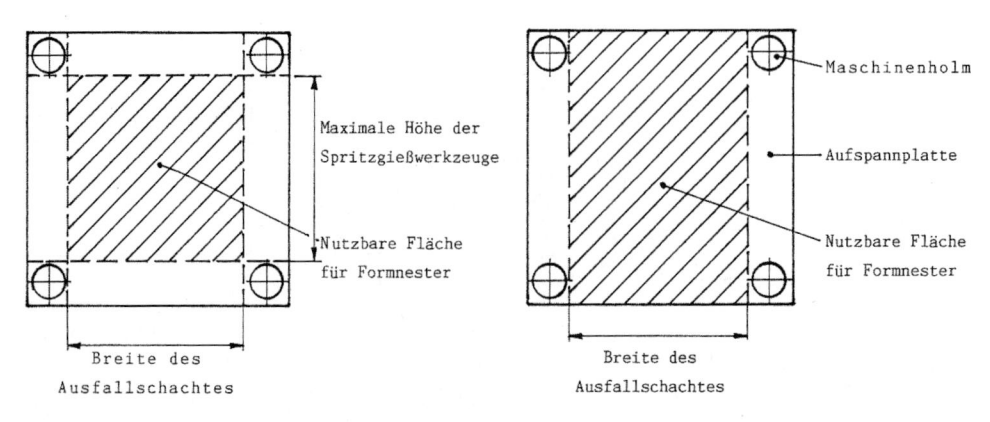

Bild 5-31 Vergleich der nutzbaren Flächen für horizontalen und vertikalen Einbau des Werkzeugs
Links: horizontaler Einbau; rechts: vertikaler Einbau

5.5 Betriebsmittel 391

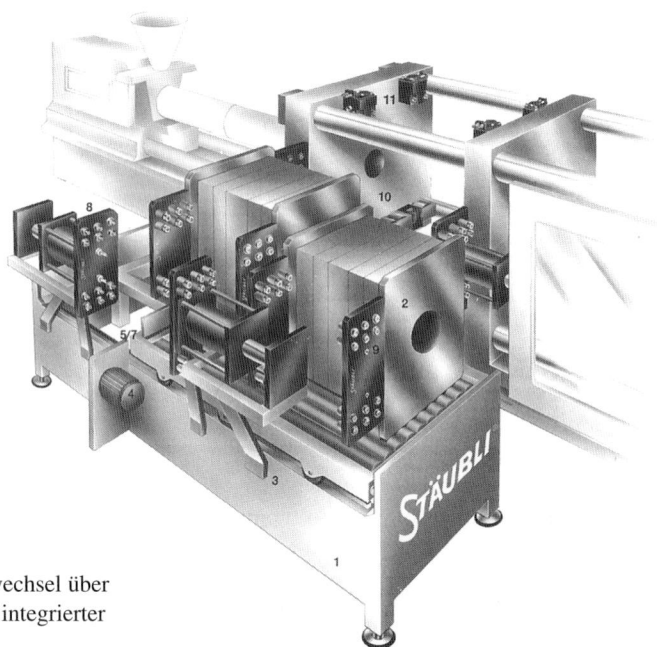

Bild 5-32
Automatisierter Werkzeugwechsel über seitlichen Wechseltisch mit integrierter Vorwärmstation

Bild 5-33
Vertikal auf den Holmen abgesetztes Werkzeug wartet auf das Zufahren der Schließeinheit [42]
1 Greifer
2 Schnellspanner
3 Automatische Kupplungen für Temperiersystem

Taste an der Maschinenkonsole betätigt. Danach wird der am Deckenkran hägende Greifer vom Werkzeug gelöst und die Produktion kann beginnen.

Bei sehr sperrigen Werkzeugen (Kernzüge) kann es nötig sein, dass Maschinensäulen für deren Einbau entfernt werden müssen. Auch diese Funktion lässt sich automatisieren. Einzelne Maschinenhersteller bieten *automatische Säulenziehvorrichtungen* an.

Die Firma Netstal hat bewiesen, dass eine vollautomatische Fabrik einschließlich Werkzeug-, Aggregat- und Materialwechsel technisch funktionsfähig machbar ist. Wegen der hohen Kosten der Vollautomatisierung konnten jedoch bislang nur wenige Anlagen im Markt untergebracht werden.

5.5.3 Zubehör zur Werkzeugsicherung

Spritzgießmaschinen sind mit mehr oder weniger wirksamen Werkzeugsicherungen ausgerüstet. Das Prinzip besteht darin, dass die Schließkraft bis kurz vor Formschluss auf das zur Bewegung nötige beschränkt werden kann. Der Maschinenstop wird aber erst durch verklemmte Formteile ausgelöst, die empfindliche Werkzeugbereiche, wie z. B. dünne Kerne, bereits beschädigen können. Früher, d. h. bei noch offenem Werkzeug, reagieren periphere Geräte, die über eine Steuerungsschnittstelle mit der Maschine verbunden sind. Beispiele sind Ausfallwaagen und Infrarot-Werkzeugsicherungen. Beim Infrarot-Gerät (Bild 5-34) wird geprüft, ob die Formteile bei der Entformung infrarote Lichtschranken durchbrochen haben. Mit *Ausfallwaagen* wird das Gewicht der entformten Teile gewogen und kontrolliert. Die Geräte werden im Ausfallschacht der Maschine oder bei Handlinggeräten neben der Maschine installiert. Ihr Nachteil ist eine mögliche Zyklusverlängerung. Vielfältige Möglichkeiten der Werkzeugüberwachung bietet heute die digitale Verarbeitung von Video-Bildern.

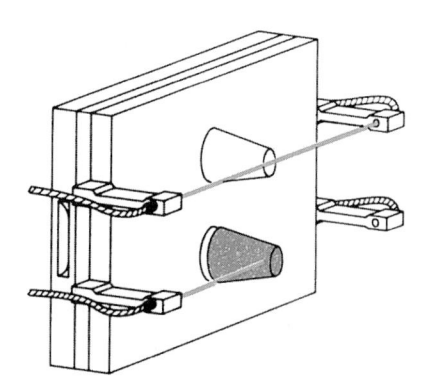

Bild 5-34
Infrarot-Werkzeugsicherung. Die untere Kavität wurde nicht entformt; das Gerät kann dies erkennen, weil der Infrarotstrahl unterbrochen ist (Nickel)

5.5.4 Temperiergeräte

Wie in den Abschnitten 1.7.2.2 und 1.8.2.5 gezeigt, ist die Werkzeugtemperatur eine wichtige Einflussgröße für die Formteilqualität und Fertigungszeit. Spritzgießwerkzeuge sollten deshalb möglichst vor Produktionsbeginn auf eine materialgerechte Betriebstemperatur gebracht und danach auf dieser Temperatur gehalten werden. Typische Temperaturen liegen in folgenden Bereichen:

Thermoplastwerkzeuge: 20 bis 120 °C
Heißkanäle in Thermoplastwerkzeugen: 200 bis 300 °C
Duroplast- und Gummiwerkzeuge: 150 bis 200 °C

Tabelle 5-5 gibt einen Überblick über die Temperiermöglichkeiten in diesen Bereichen.

Tabelle 5-5   Überblick über Temperaturbereiche und Temperiermöglichkeiten

ca. 15 bis 30 °C	ca. 10 bis 90 °C	ca. 25 bis 90 °C	ca. 25 bis 130 °C	ca. 50 bis 220 °C	150 bis 300 °C
Rückkühlung des Temperiermediums mit Sole	Direktkühlung mit Wasser, Durchflusssteuerung	Direktkühlung mit Wasser, Durchflusssteuerung	–	–	–
Kältemaschinen	Temperiergeräte mit offenem Kreislauf	Temperiergeräte mit indirekter Kühlung, geschlossener Kreislauf	Druckwasser-Temperiergeräte	Temperiergeräte mit Wärmeträgeröl	Elektrische Heizung

5.5.4.1   Direkte Wasserkühlung

Die kostengünstigste Version der Werkzeugtemperierung ist die direkte Wasserkühlung (Bild 5-35 und 5-36). Dabei wird die Betriebstemperatur des Werkzeugs erst während der Produktion durch die im verarbeiteten Kunststoff enthaltene Energie erreicht und anschließend die Kühlung durch Betriebswasser gewährleistet. Die einzelnen Temperierkreise werden von Durchflussreglern gespeist. Dies sind Schwebekörper-Durchflussmesser mit Drosselventilen. Eine präzise Temperaturführung ist mit Durchflussreglern allerdings nicht möglich, da Schwankungen des Kühlwasserdrucks und der Kühlwassertemperatur nicht

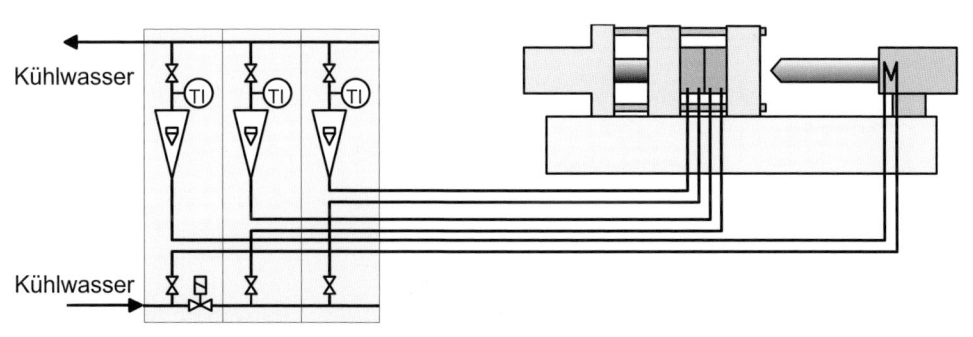

Bild 5-35   Werkzeugkühlung mit einer Wasserbatterie; Schaltventil für die Unterbrechung der Kühlkreise des Werkzeugs bei Betriebsunterbrechungen; die Temperatur wird von Hand durch Verstellung der Nadelventile geregelt; ein Kreislauf wird für die Kühlung des Einzugsgehäuses des Zylinders verwendet

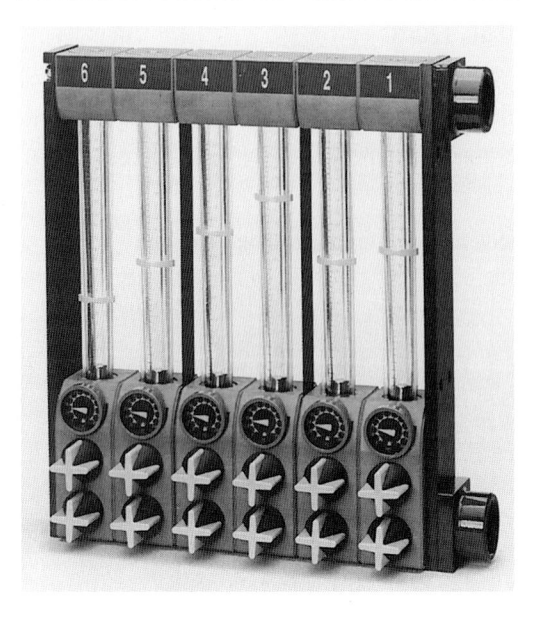

Bild 5-36
Wasserbatterie (Wittmann)

ausgeglichen werden. Außerdem besteht je nach Betriebswasser für die Kühlkanäle im Werkzeug Korrosions- und Verkalkungsgefahr.

Eine interessante Variante der direkten Wasserkühlung ist die sogenannte Impulskühlung (Bild 5-37) [40], bei der das Wasser nicht stetig sondern zeitlich gepulst fließt. Der Vorteil neben den im Vergleich zu Temperiergeräten geringeren Kosten ist, dass mit kaltem Wasser gearbeitet und über die Impulsdauer die Werkzeugtemperatur geregelt werden kann. Der hohe Temperaturgradient verspricht eine gute Wärmeabfuhr.

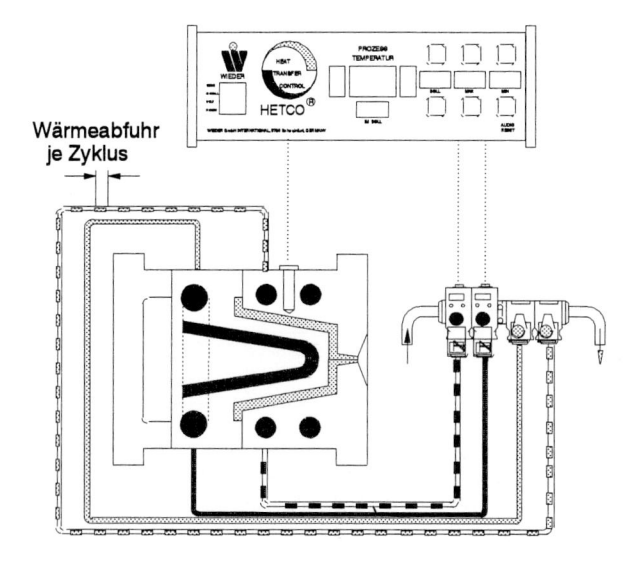

Bild 5-37
Impulskühlung (Hetco)

5.5.4.2 Heiz-/Kühlgeräte

Unter Temperiergeräten oder Heiz-/Kühlgeräten werden Apparate verstanden, welche den angeschlossenen Verbraucher durch Heizen und Umwälzen eines flüssigen Mediums auf Produktionstemperatur bringen und diese durch Heizen oder Kühlen konstant halten. Bild 5-38 erläutert Aufbau und Funktion eines Temperiergeräts.

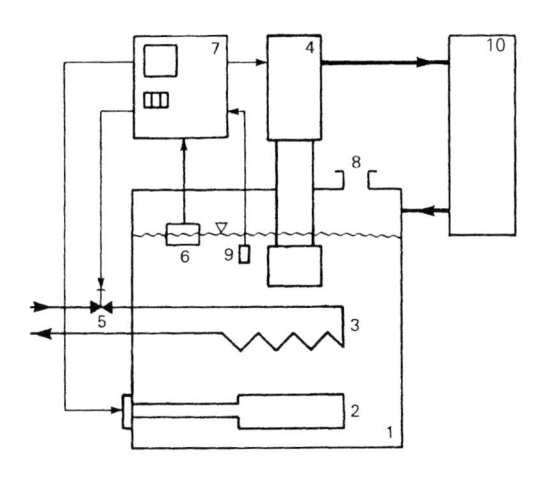

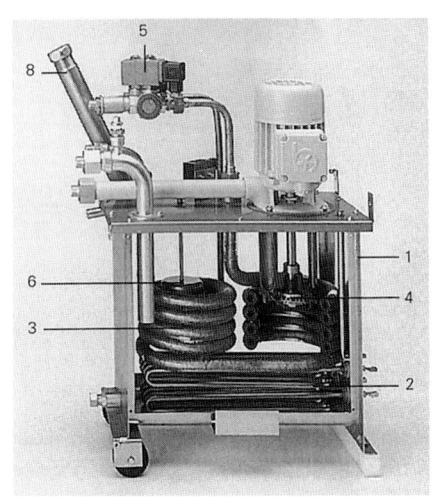

Bild 5-38 Prinzip und Aufbau eines Temperiergeräts [39]
Der Wärmeträger wird im Tank (1) mit eingebautem Kühler (3) und Heizung (2) von der Pumpe (4) durch den Verbraucher (10) gefördert und fließt wieder in den Tank zurück. Der Temperaturfühler (9) misst die Temperatur im Medium und gibt den Wert an den Eingang des Reglers im Steuerteil (7). Der Regler regelt die Temperatur des Wärmeträgers und damit indirekt die Verbrauchertemperatur. Steigt die Verbrauchertemperatur während der Produktion über den am Regler eingestellten Sollwert, öffnet das vom Regler angesteuerte Magnetventil (5) den Kühlwasserkreislauf so lange, bis die Temperatur des Wärmeträgers wieder den Sollwert erreicht hat. Ist die Verbrauchertemperatur zu niedrig, wird analog zum Kühlen die Heizung (2) eingeschaltet. Die Niveauüberwachung erfolgt mit dem Schwimmerschalter (6), die Nachfüllöffnung ist mit (8) bezeichnet.

Kennwerte

Die wichtigsten Kennwerte der Temperiergeräte sind Temperaturbereich, Wärmeträger, Pumpenleistung sowie Heiz- und Kühlleistung. Kritisch sind häufig die Pumpen- und Kühlleistung.

Pumpenleistung

Bei der Pumpenleistung ist besonders zu beachten, dass auf den Prospektangaben der Hersteller die Pumpenleistung häufig ohne Gegendruck angegeben wird. Man erkennt aus Bild 5-39 dass der Förderstrom der üblichen Pumpen stark vom Gegendruck abhängt, der sich durch die Strömungswiderstände des Temperierkreislaufs aufbaut. Es kann leicht sein, dass sich der maximale Förderstrom halbiert. Deshalb sollte man zur Beurteilung der Förderleistung unbedingt Pumpenkennlinien benutzen.

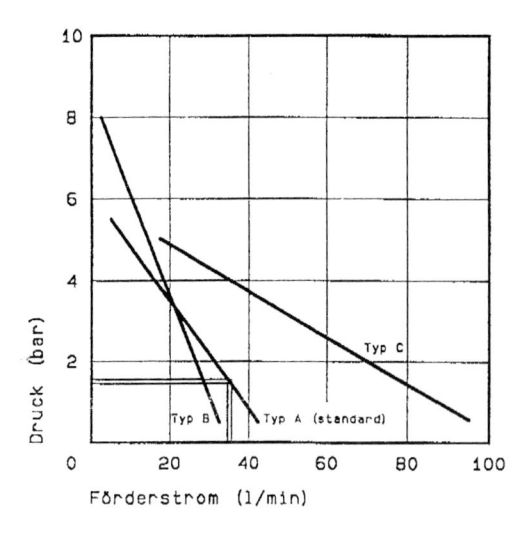

Bild 5-39
Pumpenkennlinien von Temperiergeräten;
Beispiel: Bei Pumpe A würden sich die nominelle Pumpenleistung von 42 l/min bei einem geringen Gegendruck von 1.5 bar auf 35 l/min reduzieren

Kühlleistung

Beim Vergleich der Kühlleistungen von Geräten ist auf die zugrunde liegende Temperaturdifferenz zwischen Vorlauf und Kühlwasser und die Kühlwassermenge zu achten. Die von einem Wärmeaustauscher abgeführte Wärmemenge hängt von der Temperaturdifferenz zwischen beiden Seiten und der Wärmedurchgangszahl ab. Deshalb wird bei gleichem Wärmeaustauscher die Kühlleistung umso größer je höher die Vorlauf- und je tiefer die Kühlwassertemperatur angesetzt wird. Hinzu kommt der Einfluss der Kühlwassermenge auf die Wärmedurchgangszahl.

Temperaturregelung

Meist wird in der Praxis die Werkzeugtemperatur indirekt über die Medientemperatur geregelt. Bei vielen Geräten kann alternativ auf das Temperatursignal von einem Fühler im Werkzeug umgeschaltet werden. Dann wird die Werkzeugtemperatur an der Messstelle zur Regelgröße, was physikalisch sinnvoller ist, denn für Qualität und Zykluszeit ist die Werkzeugtemperatur und nicht die Medientemperatur verantwortlich. Bild 5-40 zeigt einen Vergleich der beiden Regelungsarten. Man erkennt, dass bei der direkten Regelung der Werkzeugtemperatur der gewünschte Sollwert von 70 °C schneller erreicht wird und bei Produktionsunterbrechungen weniger abfällt, insgesamt bei gut funktionierender Regelung deutlich besser eingehalten wird. Wenn in der Praxis trotz der grundsätzlichen Vorteile der direkten Regelung meist die indirekte anzutreffen ist, so liegt dies in der Regelproblematik. Denn bei den unterschiedlichsten Werkzeugen, die temperiert werden müssen, ist es nicht einfach, eine betreuungsarme, stabil arbeitende Regelung zu realisieren. Schwingt die Regelung, so ist sie schlechter als die stabil arbeitende indirekte Regelung.

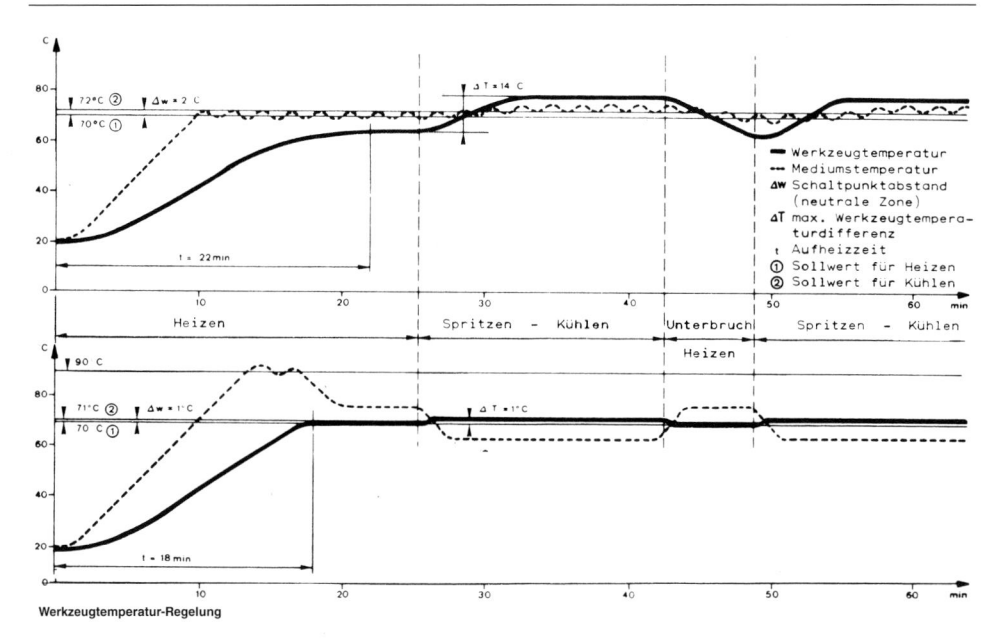

Bild 5-40 Vergleich zwischen indirekter und direkter Werkzeugtemperaturregelung
Oben: Vorlauftemperaturregelung
Unten: Direkte Werkzeugtemperaturregelung

5.5.4.3 Betriebswasser-Kühlsysteme

Für eine effektive Werkzeugkühlung ist auch ein ausreichend kaltes Betriebswasser erforderlich. Die Kühlung kann nach folgenden Methoden erfolgen:

- Kühlung mit Umgebungsluft,
  - Konvektionsprinzip,
  - Verdunstungsprinzip (Kühlturm),
- Kühlung mit Kältemaschinen,
- kombinierte Energiesparsysteme.

In Bild 5-41 ist eine in der Kunststoffindustrie bewährte, energiesparende Anlage nach [39] dargestellt. Die Kühlung von Wärmeträgerflüssigkeiten auf Temperaturen unterhalb der Umgebungs- oder Kühlwassertemperatur ist energieintensiv und deshalb teuer. Der größte Anteil der Energie benötigt der Kältemittelverdichter. Deshalb sollte dieser nach Möglichkeit entlastet werden soll. Dazu wird die Kühlwirkung der Umgebungsluft in das System einbezogen. In der kalten Jahreszeit erfolgt die komplette Kühlung mit Außenluft. Für den Fall, dass über die Umgebungstemperatur die gewünschte Kaltwassertemperatur nicht mehr vollständig erreicht werden kann, wird ein nicht zu unterschätzender Leistungsanteil kostengünstig über den Vorkühler abgeführt. Die Restkühlung erfolgt über die Kompressionskältemaschine, die allerdings nur im Teillastbetrieb arbeitet. Erreicht die Umgebungstemperatur den sog. Umschaltpunkt, wird die komplette Wasserkühlung durch die Kältemaschine abgedeckt.

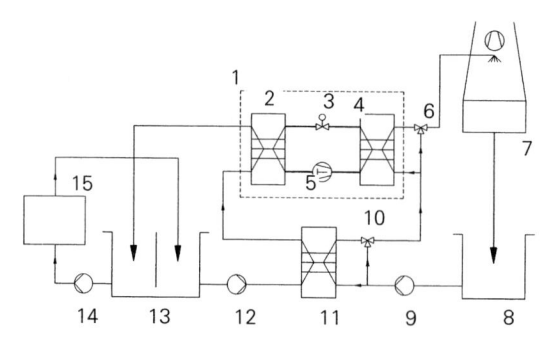

Bild 5-41
Betriebswasserkühlanlage [39]; energiesparende Kombination von Kühlturm und Kältemaschine
1 Kältemaschine, 2 Verdampfer, 3 Expansionsventil, 4 wassergekühlter Verflüssiger, 5 Verdichter, 6 Kühlwasserregler, 7 Kühlturm, 8 Wasserspeicher, 9 Kühlturmpumpe, 10 KühlwasserregIer, 11 Vorkühler (Energiesparwärmetauscher), 12 Sekundärpumpe 13 Wasserspeicher, 14 Primärpumpe, (Anlagenpumpe) 15 Verbraucher

5.5.4.4 Heißkanalregler

Heißkanalregler werden von den Heißkanalherstellern abgestimmt auf ihre Systeme angeboten. Es sind schnelle Regler einzusetzen (Frequenz der Stellgrößenkorrektur mindestens 1 Hz). Auf dem Markt sind Einzelregler und Mikroprozessorregler für mehrere Regelkreise. Moderne Regler sind adaptiv, d. h. die Reglerparameter werden beim ersten Aufheizen automatisch optimiert. Das Aufheizen erfolgt mit einer Haltestufe (Bild 5-42), die dazu dient, die Heizpatronen auszutrocknen (Erhöhung der Lebensdauer). Die Heizelemente werde meist getaktet angesteuert. Stetige Thyristor- Regler sind teurer, bieten aber eine gleichmäßigere Temperaturführung.

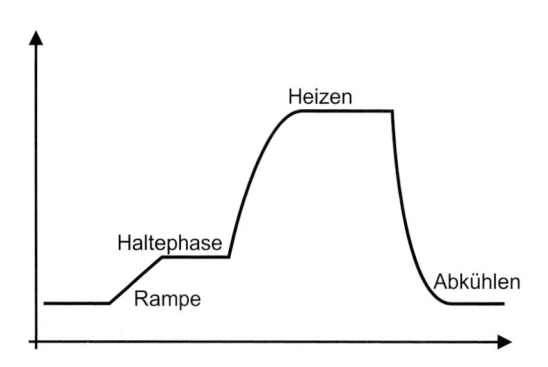

Bild 5-42
Temperatur-Sollwertverlauf eines Heißkanal-Temperaturreglers mit Haltephase für das Trocknen der Heizpatronen

5.5.5 Geräte für die Qualitätssicherung

Zunehmend werden Geräte zur zerstörungsfreien Qualitätsprüfung von Formteilen in die Peripherie von Spritzgießmaschinen integriert, z. B.:

- Geräte zur Prozessdatenüberwachung (heute häufig in die Maschinensteuerung integriert),
- Messmaschinen zur Prüfung der Geometrie,
- Waagen,
- optische Prüfsysteme.

Schlechte Teile lassen sich so mit Ausschussweichen unmittelbar ausscheiden oder rezyklieren.

5.5.6 Reinräume

Statische Ladungen an Kunststoffteilen und/oder Einlegeteilen können den automatischen Produktionsablauf stören oder Staub anziehen. Mit Hilfe von *Ionisierungsgeräten* oder chemischen Antistatika kann die Luft bzw. die Formteiloberfläche elektrisch leitend gemacht werden, was die Probleme entschärft.

An Kunststoffteile für medizinische und optische Anwendungen, Datenträger usw. werden erhöhte Anforderungen bezüglich der Sauberkeit gestellt. Derartige Produkte müssen in sog. Reinräumen gefertigt werden. Das Hauptproblem der Reinraumtechnik ist der Staub, den es zu eliminieren gilt. Größter Staubverursacher ist dabei der Mensch, wobei die Staubpartikel überwiegend kleiner als 0,5 µm sind. Maschinenseitig sind Hydraulikkomponenten, Elektromotoren und die Materialzufuhr Hauptquellen für Verschmutzungen. Es ist möglich, den ganzen Spritzgießbetrieb als Reinraum auszubauen. Oft genügt es jedoch, den Bereich des Werkzeuges und der Formteilentnahme mit *Reinraumgeräten* zu konditionieren.

5.5.6.1 Reinraumklassen

Bild 5-43 gibt einen Überblick über die Definition der verschiedenen Reinraumklassen.

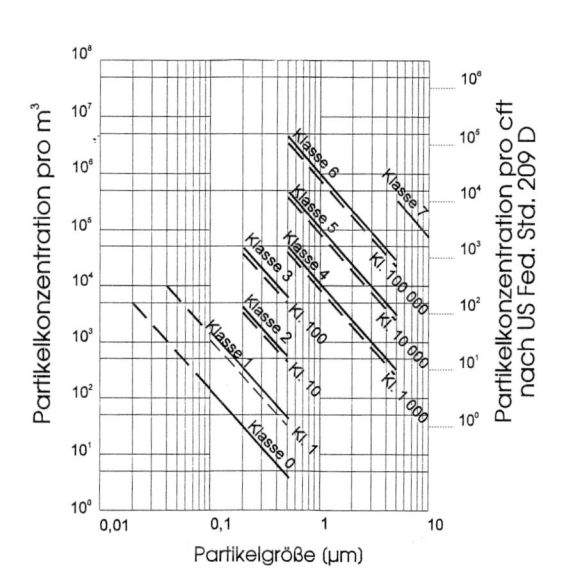

Bild 5-43
Definition der Reinraumklassen nach VDI-Richtlinie 2083 und US Federal Standard 209D

5.5.6.2 Reinraumgeräte

In Bild 5-44 ist das Prinzip eines Laminarströmungs-Reinraumgeräts zu sehen. Als kostengünstige und sehr einfache Lösung bietet sich nach [43] eine sogenannte Filter Fan Unit (FFU) an, die direkt an der Maschinenverkleidung über der Schließeinheit zu montieren ist.

Bild 5-44
Prinzip eines Laminarströmungs-Reinraumgeräts

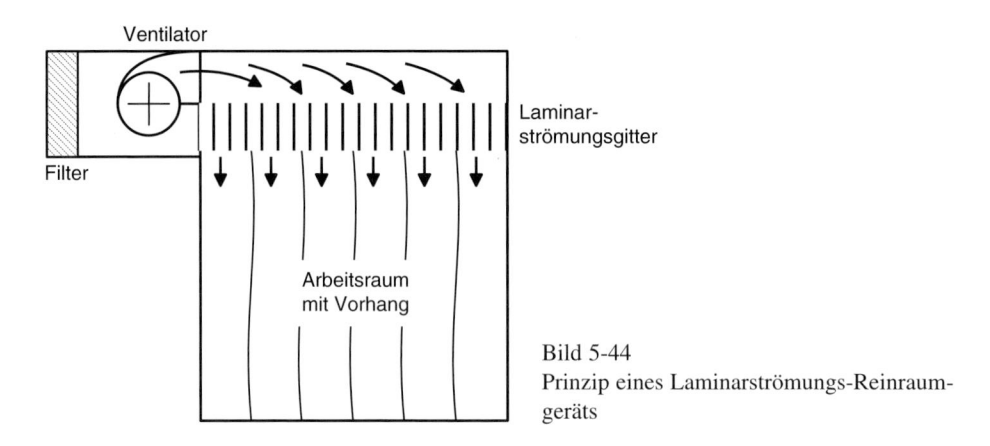

Geeignet ist eine FFU nur bei niedrigen Ansprüchen. Besser ist die Kombination einer FFU mit einem Laminarflowzelt, das die Schließeinheit komplett gegen die Umgebung abschirmt (Bild 5-45). Ideal ist, wenn die Lüfter-/Filteranlage an der Raumdecke angebracht wird und das Zelt von dort bis zum Boden reicht. Die von oben nach unten fließende Luftströmung verhindert die Kontamination von außen nach innen. Gegenüber der Umgebung ist die Reinraumklasse 10000 zu erreichen. Die Formteile können innerhalb des Laminarflowzelts in sauberer Umgebung sofort verpackt oder über ein geschlossenes Fördersystem zur Weiterverarbeitung transportiert werden. Unter größeren Laminarflowzelten, die bereits die komplette Maschine umhüllen, lassen sich auch automatische Entnahmegeräte betreiben.

Reinraumbedingungen lassen sich auch partiell erreichen, indem nur die Schließeinheit in eine Reinraumkabine gestellt wird, der Rest bleibt außerhalb (Bild 5-46). Zum Werkzeugwechsel wird die Maschine hydraulisch auf Rollen angehoben und auf Schienen komplett aus der Reinraumkabine herausgezogen.

Bild 5-45
Die Laminarströmung der Luft in einem Zelt verhindert die Kontamination der Luft in der Produktionsumgebung
[43]

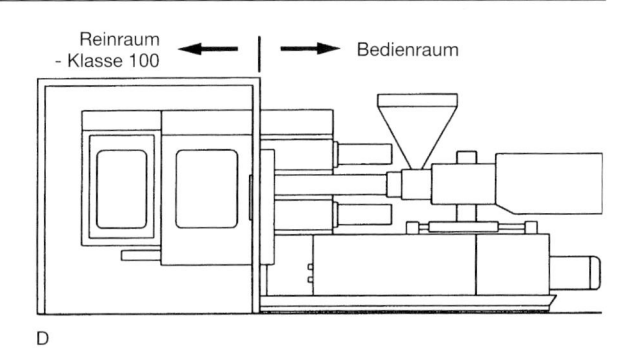

Bild 5-46
Schließeinheit als Reinraum
hermetisch vom Betriebsraum
abgetrennt [44]

5.5.7 Trockenluftgeräte

Trockenluftgeräte werden eingesetzt, um Kondenswasser an kalten Werkzeugen zu vermeiden. Kondenswasser entsteht, wenn die Werkzeug-Oberflächentemperatur unter dem Taupunkt der Umgebungsluft liegt. Dies tritt bei Verwendung von Kaltwasser im Sommer auf und kann zu Korrosion und zu Ausschussproduktion (Feuchtigkeitsschlieren u. a.) führen. Für die Versorgung des Werkzeugbereichs werden spezielle Geräte angeboten, die getrocknete Kaltluft liefern. Wie alle Klimageräte verbrauchen diese viel Energie. Es ist deshalb sinnvoll, die Schließeinheit möglichst vollständig zu verschalen, um das Wegströmen der klimatisierten Luft durch Thermik einzuschränken.

5.6 Automatische Produktionsanlagen

5.6.1 Flexible Fertigungszellen

Eine Fertigungszelle, wie z. B. in Bild 5-47 dargestellt, ist ein kleines autonomes Produktionssystem, in dem Formteile produziert und im Takt der Maschine möglichst bis zur Verpackung konfektioniert werden. Neben automatischer Materialzufuhr und Formteilentnahme umfassen die automatischen Anlagen oft auch Geräte für das Nachbearbeiten, Stapeln, Verpacken und Abtransportieren der Formteile. Typische Nachbearbeitungsvorgänge an Formteilen sind:

- Entfernen von Angüssen,
- Entgraten,
- Qualitätsprüfungen,
- Einsenken von Metallteilen (Ultraschall),
- Veredelungsoperationen wie Bedrucken (Tampondruck), Heißprägen von Dekorfolien, Laserbeschriften,
- Montageoperationen.

Gegenüber einer zentralen Fertigmacherei werden Zeit, Handling- und Lagerkosten eingespart und auch Verschmutzungen der Teile bei Transport und Lagerung vermieden.

Man unterscheidet in der Fabrikautomation Systeme mit harter Automation und solche mit flexibler Automation. *Harte Automation* eignet sich für die Großserienfertigung, d. h. im Wesentlichen für sogenannte „Dauerläufer" oder Formteilfamilien.

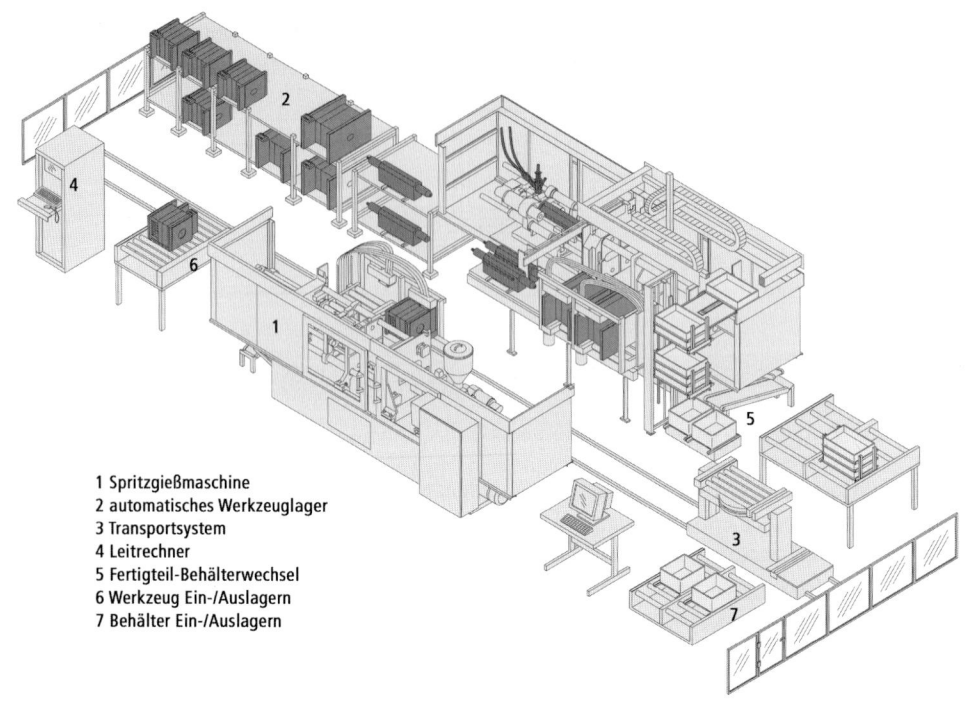

1 Spritzgießmaschine
2 automatisches Werkzeuglager
3 Transportsystem
4 Leitrechner
5 Fertigteil-Behälterwechsel
6 Werkzeug Ein-/Auslagern
7 Behälter Ein-/Auslagern

Bild 5-47   Flexible Fertigungszelle (Arburg)

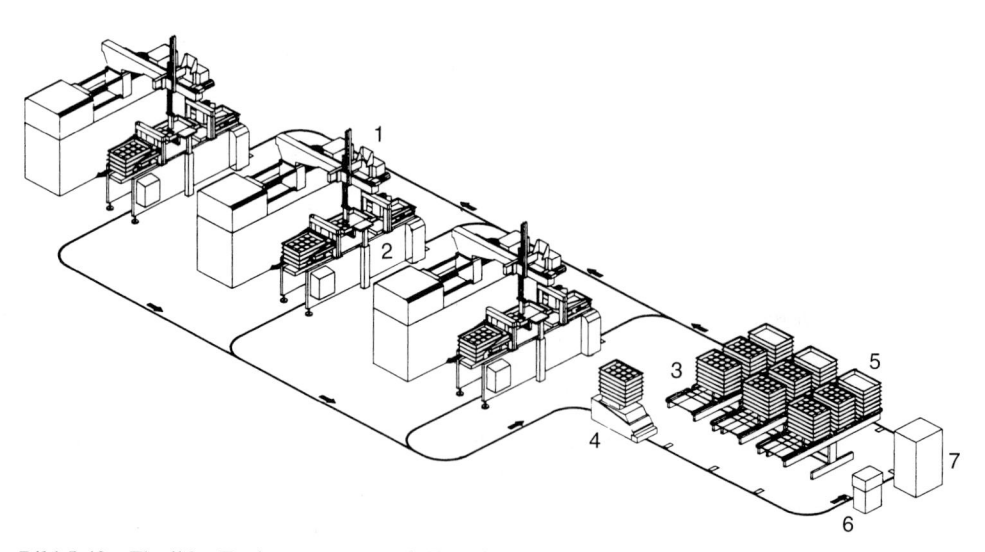

Bild 5-48   Flexibles Fertigungssystem mit Entnahmegeräten und automatischer, geordneter Ablage in Transportbehältern; diese werden von einem Palettenwechsler manipuliert und von einem FTS (fahrerloses Transportsystem) zu einem zentralen Lager gebracht (Piovan)

Flexible Automation ermöglicht den automatischen Produktionswechsel. Der *vollautomatische*, flexible Spritzbetrieb ist, wenn man von einzelnen, eher exotischen Einzelfällen absieht, bisher ein Traum geblieben. Gescheitert ist er nicht an der technischen Realisierbarkeit, sondern an der Wirtschaftlichkeit.

5.6.2 Flexible Fertigungssysteme

Die Verkettung mehrerer flexibler Fertigungszelle wird nach [45] als *flexibles Fertigungssystem* bezeichnet (Bild 5-48).

5.7 Informationsver- und -entsorgung

Die Informationsver- und -entsorgung umfasst die Bereitstellung aller für den Fertigungsprozess notwendigen Informationen sowie die Rückführung von Informationen aus dem Fertigungsprozess in übergeordnete Systeme, z.B. der Auftragssteuerung oder der Lohnrechnung. Bei Informationen von Entsorgung zu sprechen, mag zunächst befremden, da der Begriff Entsorgung immer leicht mit Müll und Abfall verknüpft wird. In diesem Zusammenhang soll jedoch ganz bewusst auf das Problem des Informationsmülls hingewiesen werden. Er entsteht dann, wenn

- Datenbestände nicht gewartet und aktualisiert werden,
- Daten erzeugt, aber nicht weiterverarbeitet werden, weil sie gar nicht benötigt werden,
- Daten erzeugt, aber wegen fehlender Systemkompatibilität nicht weiterverarbeitet werden können und somit erneut aufbereitet und eingegeben werden müssen.

Bild 5-49 und 5-50 geben einen Überblick über die Betriebsdatenarten, die verarbeitet werden müssen.

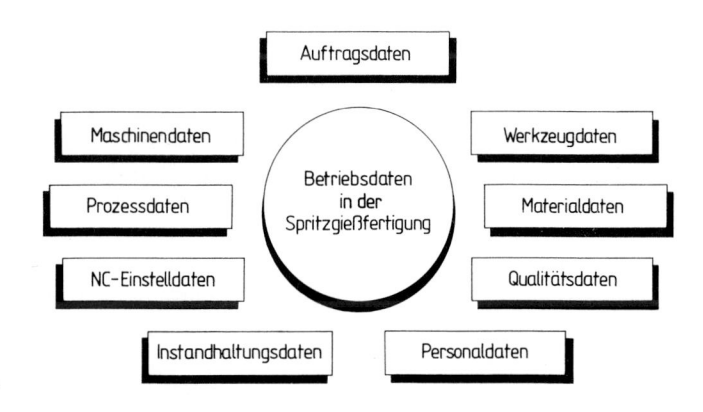

Bild 5-49
Einteilung der Betriebsdaten

Betriebsdaten

Maschinendaten	Prozessdaten	Auftragsdaten
• Maschinenzustände • Maschinenzeiten • Stillstandsgründe •	• Zykluszeit • Temperatur • Druck •	• Auftragsstatus • Auftragsstückzahl • Vorgabezeit •
NC-Einstelldaten	**Qualitätsdaten**	**Personaldaten**
• Dosierzeit • Nachdruckhöhe • Massetemperatur •	• Gewicht • Maß • Ausschussmenge •	• Personalnummer • Entlohnungssystem • Zeitmodell •
Materialdaten	**Werkzeugdaten**	**Instandhaltungsdaten**
• Bestand • Verbrauch • Lagerort •	• Werkzeugnummer • Kavitätenzahl • Lagerort •	• Wartungsintervalle • Laufzeiten •

Erfassung und Verarbeitung

Beispielhafte Funktionen

- Ermittlung der Restlaufzeit
- Maschinenbelegungsplan
- Stillstandserfassung
- Nutzungsgradberechnung
- Führen von Prozessregelkarten
- DNC - Betrieb

Bild 5-50
Betriebsdaten im Einzelnen [47]

5.7.1 Versorgung mit Einstelldaten

Rechnergesteuerte Spritzgießmaschinen ermöglichen reproduzierbare Maschineneinstellungen. Sie benötigen hierzu die Vorgabe von Einstell- und Produktionsdaten, die im Rahmen des Rüstvorgangs manuell oder über einen vorbereiteten Datenträger (Kassette, Diskette) in die Maschinensteuerung eingegeben werden. Die manuelle Dateneingabe ist zeitraubend und fehleranfällig, auch die Eingabe über Datenträger mit dem dazu notwendigen organisatorischen Umfeld zur Erstellung, Bereitstellung, Handhabung und Archivierung der Datenträger entspricht nicht den Anforderungen einer automatisierten Informationsverarbeitung. Die Maschinenhersteller bieten deshalb Leitrechner auf PC-Basis zur zentralen Datenversorgung mehrerer Maschinen an (DNC Direct Numerical Control), die auch für weitergehende Funktionen, wie Werkzeug-, Auftragsverwaltung oder Betriebsdatenerfassung genutzt werden können.

5.7.2 Betriebsdatenerfassung (BDE)

Die Erfassung und Verarbeitung der für Auftragsverwaltung, Auftragsverfolgung und Kostenrechnung erforderlichen Daten der Spritzgießfertigung wird in der Regel unter einem eigenen Rechensystem oder in einem Modul „Betriebsdatenerfassung" (BDE) abgewickelt [38]. Dazu sind aus dem Maschinenbereich fortlaufend technische und organisatorische Datensätze bereitzustellen, so dass jederzeit Transparenz besteht im Hinblick auf die Liefer- und Kostensituation der Spritzgießfertigung. BDE-Systeme erfassen Gruppen von Maschinen, Arbeitsplätzen und Personalstellen mit einer Anzahl verschiedener Dateien:

Auftragsverwaltung mit Informationen über den Auftragsfortschritt,

Maschinendatei mit Zykluszeit, Produktionszeit, Stillstandsbegründungen,

Werkzeugdatei mit Schusszahl, Ausfallzeiten, Reparaturzeiten, Reparaturbegründung, Rüstzeiten,

Personal- und Arbeitsplatzdatei mit Personalzeiten, Pausenzeiten, Ereignisauflistung,

Zuordnungsdateien.

Um alle erforderlichen Daten eingeben zu können, sind entweder separate Arbeitsplatz-Terminals erforderlich oder spezielle Bildschirm-Masken im Bedienterminal der Spritzgießmaschine. Nach Aufrufen des BDE-Menüs werden Einzeldaten angezeigt, die bereits aus der laufenden automatischen Datenerfassung verfügbar sind, und es werden Daten abgefragt, die im Rahmen der Auftragsabwicklung noch über Tastatur einzugeben sind. Dabei handelt es sich insbesondere um die Begründungen für Stillstands- und Ausfallzeiten und um die Eingabe von Ausschuss-Stückzahlen.

Je nach Umfang des Datenerfassungssystems kann im Rückblick auf eine kürzere oder längere Produktionsphase ein genaues Bild der Kapazitätsauslastung und der Liefermöglichkeiten gewonnen werden. Schwachstellen und Engpässe sind unmittelbar erkennbar. Im Dialog mit Produktionsplanungssystemen (PPS) können genauere Prognosen erstellt werden, da ständig aktualisierte Planungsgrundlagen zur Verfügung stehen.

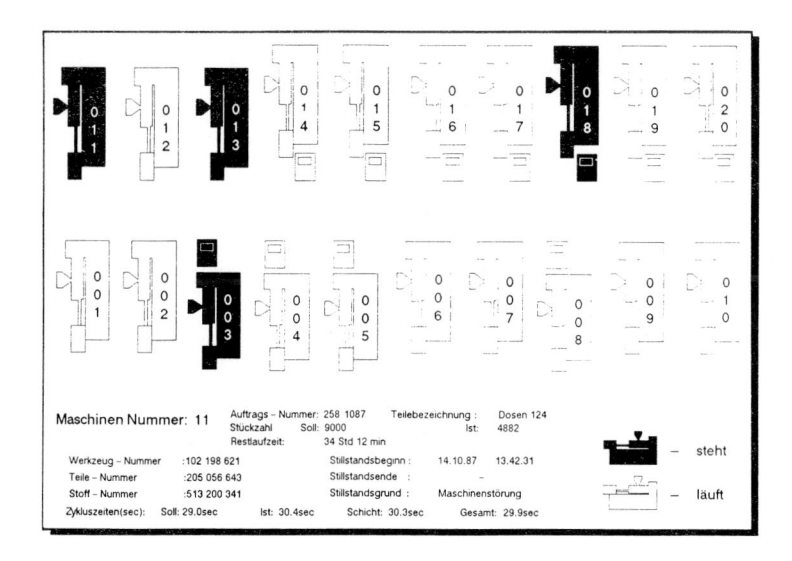

Bild 5-51 Darstellung des Maschinenstatus [45]

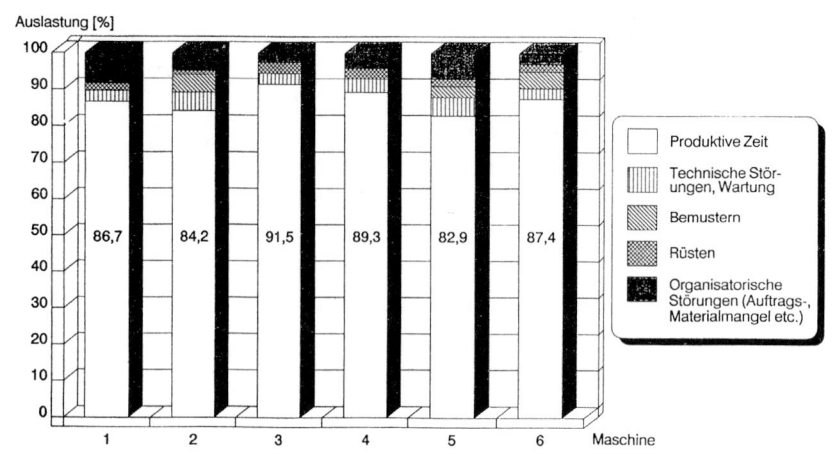

Bild 5-52   Wochenübersicht über die Produktivität [45]

Für die erfassten Betriebsdaten ergeben sich vielfältige Auswertungs- und Darstellungsmöglichkeiten. Beispielsweise können die Maschinendaten Aufschluss geben über den Maschinenstatus (Bild 5-51), die Maschinenlauf- und Stillstandszeiten, Störgründe, Zykluszeiten, Stückzahlen und den Nutzungsgrad der Anlagen (Bild 5-52). Zusätzlich können zu jeder Maschine nähere Informationen über den aktuellen Stand der Auftragserledigung abgerufen werden.

5.7.3   On-line-Qualitätsüberwachung

Von besonderer Bedeutung sind die Prozess- und Qualitätsdaten, da sie einerseits für die Überwachung und Sicherstellung einer qualitätskonstanten Produktion aufbereitet werden müssen und andererseits als Nachweis für die Produzentenhaftung herangezogen werden können. Es gibt allerdings noch keine Normung, wieviele und welche Prozessparameter überwacht werden sollen. Grundsätzlich gibt es die Möglichkeiten, die Qualität direkt über die Eigenschaften der Formteile oder indirekt über Prozessgrößen zu überwachen. Einzelheiten sind Abschnitt 1.9 zu entnehmen.

5.7.4   Computerintegrierte Fertigung (CIM)

Ziel des EDV-Einsatzes muss es sein, Insellösungen zu vermeiden und einen durchgängigen Informationsfluss innerhalb der Produktion zu erreichen. Dieses unter dem Schlagwort „CIM" bekannte Konzept umfasst den integrierten EDV-Einsatz in allen mit der Produktion zusammenhängenden Betriebsbereichen (Bild 5-53).

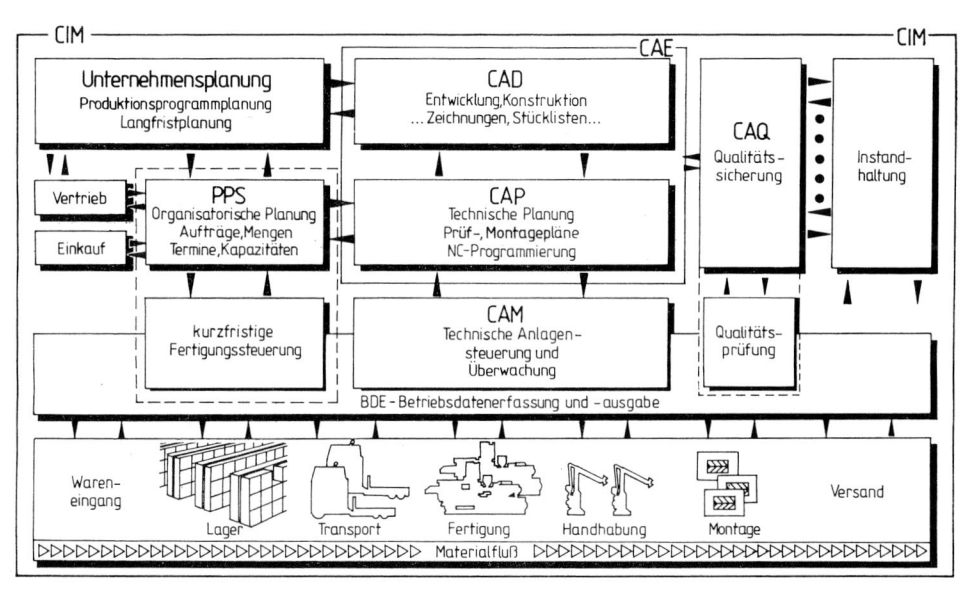

Bild 5-53   Aufgabenbereiche der computerintegrierten Fertigung (CIM) [45]

6 Einführung in die Werkzeugtechnik

Der volkstümlichere Begriff der „Form" wird in der Fachsprache zum „Werkzeug", weil Formen Werkzeuge zur Formgebung von Kunststoffen sind. Ziel dieses Kapitels ist es, Kenntnisse, die beim Umgang mit Werkzeugen erforderlich sind, zu vermitteln. Tiefergehendes Wissen, wie es für die Konstruktion und Fertigung von Werkzeugen nötig ist, kann spezieller Literatur entnommen werden [30, 120].

6.1 Bezeichnungen

Die Terminologie für Spritzgießwerkzeuge wird von den Normen DIN 16750 und 1760 geregelt. In Bild 6-1 ist ein gängiger Normalienaufbau mit den wichtigsten Begriffen zusammengestellt.

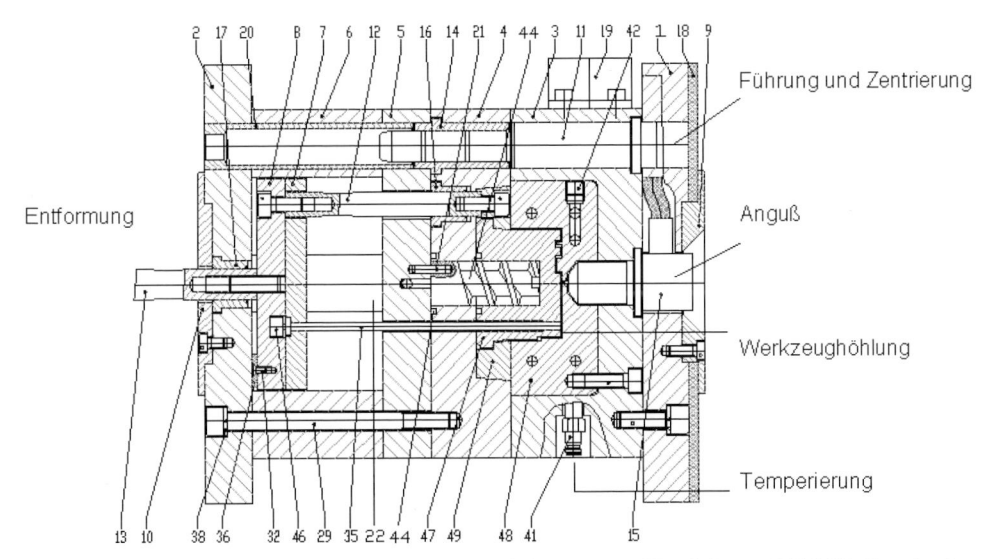

Bild 6-1 Normalienaufbau eines Werkzeugs, Bezeichnungen und Funktionen (HASCO-Spardose)
1 Aufspannplatte feste Seite (FS), 2 Aufspannplatte bewegliche Seite (BS), 3 Formplatte (FS), 4 Formplatte (BS), 5 Zwischenplatte, 6 Leiste, 7 Auswerferplatte, 8 Auswerfergrundplatte, 9 und 10 Zentrierflansche, 11 Führungssäule, 12 und 13 Auswerferbolzen, 14 Führungsbuchse, 15 Heißkanaldüse, 16 und 17 Führungsbuchsen, 18 Isolierplatte, 19 Anschlussgehäuse, 20 Zentrierhülse, 21 Zylinderstift, 22 Stützrolle, 29 Zylinderschraube, 32 Senkschraube, 35 Auswerferstift, 36 Auflagescheibe, 38 Federring, 41 Anschlussnippel, 42 Verschlussstopfen, 43 Spiralkern, 44 O-Ring, 47 Formeinsatz (Kern), 48 Formeinsatz (Gesenk), 49 Abstreifleiste

410 *Einführung in die Werkzeugtechnik*

6.2 Funktion

Die prinzipiellen Aufgaben des Werkzeugs bestehen darin, die Schmelze von der Spritzeinheit aufzunehmen, zu verteilen, auszuformen, in den festen Zustand zu überführen und zu entformen. Durch das Angusssystem strömt die Schmelze quellend in die Werkzeughöhlung (Kavität). Der sich aufbauende Druck formt die Kavität ab und verdichtet die Masse. Durch Abkühlung oder Vernetzungsreaktion erstarrt das Formteil und kann entformt werden. Dazu werden die beiden Werkzeughälften in der Trennebene voneinander entfernt. Die feste Seite bleibt stehen, die beweglich fährt nach links (Bild 6-2). Bei Formteilen mit Hinterschneidungen wird die Werkzeughöhlung zusätzlich durch Schieber, Backen, Ausschraub- oder Faltkerne geöffnet. Bei offenem Werkzeug drücken oder ziehen Auswerfer das Formteil von Kernen.

a) Formteil

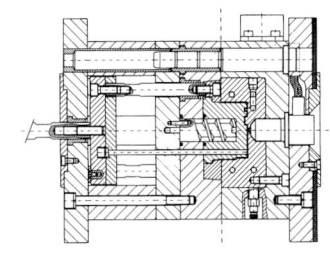

b) geschlossenes Werkzeug, die Schmelze wird über eine beheizte Düse dem Werkzeughohlraum zugeführt

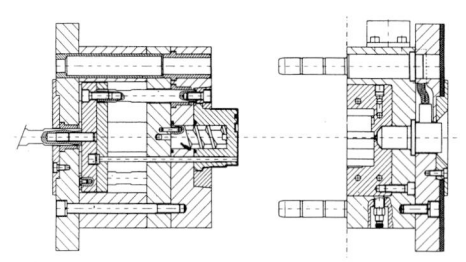

c) in der Trennebene geöffnetes Werkzeug

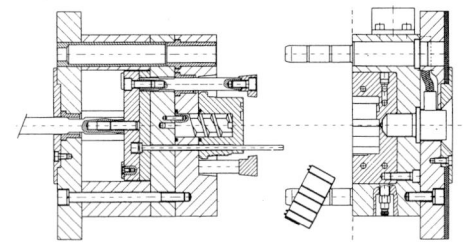

d) Entformen des Formteils durch Abstreifleisten

Bild 6-2 Werkzeugfunktionen bei der Herstellung der Hasco-Spardose

6.3 Anguss

Das Angusssystem hat die Aufgabe die Schmelze von der Maschinendüse unbeschädigt mit der richtigen Temperatur und dem nötigen Druck an der richtigen Stelle der Werkzeughöhlungen zu leiten. Bei umfangreichen Angüssen wird deshalb auch von Schmelzeleitsystem gesprochen.

6.3.1 Bezeichnungen

Am Beispiel von Bild 6-3 sollen die Begriffe zur Beschreibung erstarrender Angüsse definiert werden.

Bild 6-3 Terminologie des Angusses. Bild: Moldflow
Spritzling (= Anguss + Formteile)
1   Angusskegel,
2, 3 Verteiler,
2   Hauptverteiler,
3   Nebenverteiler,
4   Anschnitt,
5   Formteile

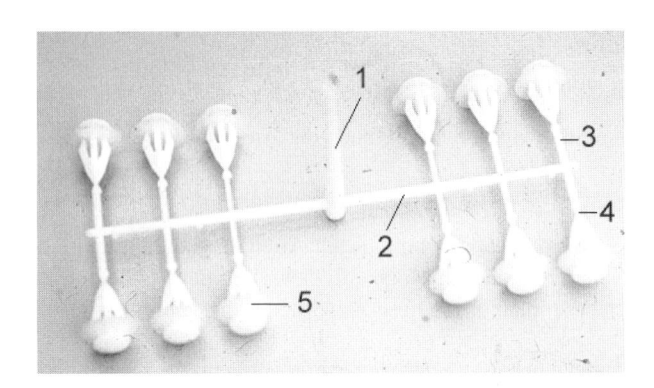

6.3.2 Anforderungen

Ein optimaler Anguss muss folgender Checkliste genügen. Simulationsprogramme können die Daten für die Beurteilung liefern.

- Fülldruck für Anguss- und Formteil kleiner als zulässiger Wert von 800 bis 1000 bar?
- Druckverluste im Anguss unter 400 bar, im Anschnitt unter 50 bar?
- Gleicher Fülldruck auf unterschiedlichen Wegen?
  In Bild 6-3 sind die Nebenverteiler auf kurzen Wegen dünner ausgelegt als auf langen damit sich gleiche Fülldrucke ergeben. Dadurch wird eine gleichzeitige, balancierte Füllung der Kavitäten als Voraussetzung für eine gleichmäßige Teilequalität erreicht.
- Gleichmäßiges Druckgefälle?
  Bei genauer Betrachtung von Bild 6-3 erkennt man, dass sich der Hauptverteiler mit abnehmendem Volumenstrom verjüngt, damit diese Forderung erfüllt wird. Aus Kostengründen wird auf die Einhaltung dieser Regel häufig verzichtet.
- Scherung des Materials unter stoffspezifischen Grenzwerten?
  Eine zu hohe Schergeschwindigkeit schädigt die Formmassen mechanisch
- Ausreichende Nachdruckwirkung?
  Die Erstarrung des Anschnitts darf nicht zu früh erfolgen, damit das Formteil ausreichend verdichtet werden kann.
- Ausgewogenen Entformbarkeit von Anguss und Formteil?
  Ein überdimensionierter Anguss kann die Zykluszeit unnötig verlängern.
- Temperaturerhöhung der Masse unkritisch?
  Eine Temperaturerhöhung von etwa 10 °C der Masse im Anguss durch Reibungswärme ist erwünscht, sie darf jedoch nicht zur thermischen Schädigung führen.

- Angussmaterial minimal?
  Bei konsequenter Anwendung der vorausgehenden Regeln wird diese Forderung automatisch erfüllt.
- Spülung von Heißkanälen ausreichend?
  Gerade bei Kleinteilen können bei schlechter Spülung zu hohe Verweilzeiten entstehen.

6.3.3 Angussarten

Angüsse werden häufig nach der Anschnittart oder der Temperiermethode benannt.

6.3.3.1 Angüsse mit großflächigen Anschnitten

Grundsätzliche Vorteile dieser Angüsse gemäß Tabelle 6-1 sind geringe Druckverluste und Scherung, Quellfluss, günstiger Verlauf der Fließfront, lange Nachdruckwirkung und einfache Handhabung. Diese Angüsse bleiben beim Entformen am Formteil und müssen nach-

Tabelle 6-1 Angussarten mit großflächigen Anschnitten, Bilder [118]

Angussart	Anwendung		
a Stangenanguss			Für temperaturempfindliche, hochviskose Formmassen, Präzisionsteile großer Wanddicke
b Seitlicher Anguss			Wenn Formteil seitlich angespritzt werden soll und für einen Tunnelanguss nicht genügend Platz ist oder ein größerer Anschnittquerschnitt erforderlich ist
c Filmanguss			Bei flächigen Teilen, wie Platten oder Leisten, wenn Bindenähte, die bei mehrfachen Punktanschnitten auftreten, würden nicht zulässig sind
d Schirmanguss			Für rotationssymmetrische Teile mit einseitiger Kernlagerung
e Ringanguss			Für ring- oder hülsenförmige Teile mit beidseitiger Kernlagerung

träglich mechanisch abgetrennt werden. Die Nachbearbeitung ist so teuer, dass ihr Einsatz nur in Frage kommt, wenn die Vorteile unverzichtbar sind. Häufig werden trotzdem die wirtschaftlicheren Punktanschnitte zu Lasten der Qualität eingesetzt.

6.3.3.2 Angüsse mit punktförmigen Anschnitten

Bei punktförmigen Anschnitten (Tabelle 6-2) von meist 0,8 bis 1,2 mm Durchmesser müssen alle Eigenschaften, die bei den großflächigen als Vorteile beschrieben wurden, nachteilig bewertet werden. Besonders gravierend sind die hohe Schergeschwindigkeit und die ge-

Tabelle 6-2 Automatisch trennende, erstarrende Angüsse mit punktförmigen Anschnitten

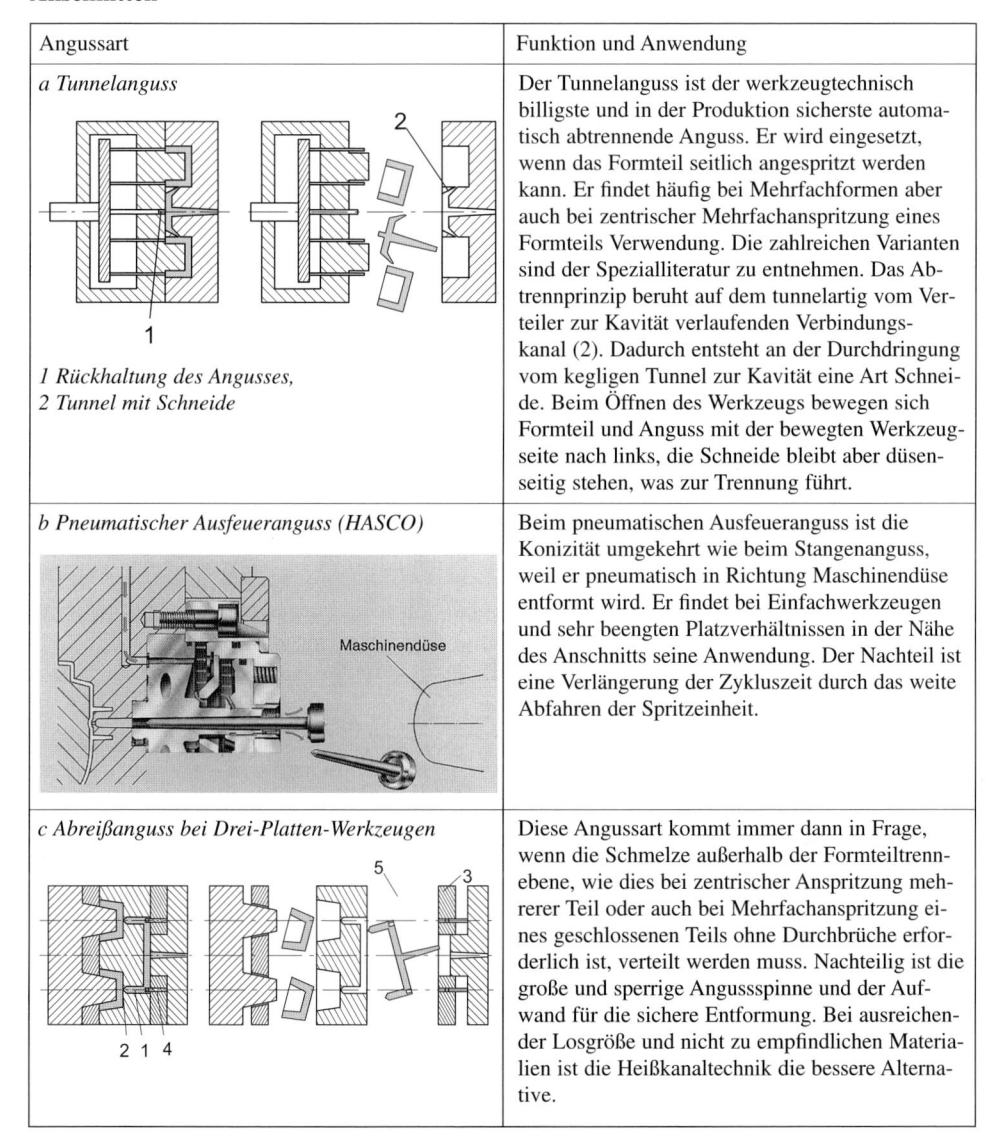

Angussart	Funktion und Anwendung
a Tunnelanguss 1 Rückhaltung des Angusses, 2 Tunnel mit Schneide	Der Tunnelanguss ist der werkzeugtechnisch billigste und in der Produktion sicherste automatisch abtrennende Anguss. Er wird eingesetzt, wenn das Formteil seitlich angespritzt werden kann. Er findet häufig bei Mehrfachformen aber auch bei zentrischer Mehrfachanspritzung eines Formteils Verwendung. Die zahlreichen Varianten sind der Spezialliteratur zu entnehmen. Das Abtrennprinzip beruht auf dem tunnelartig vom Verteiler zur Kavität verlaufenden Verbindungskanal (2). Dadurch entsteht an der Durchdringung vom kegligen Tunnel zur Kavität eine Art Schneide. Beim Öffnen des Werkzeugs bewegen sich Formteil und Anguss mit der bewegten Werkzeugseite nach links, die Schneide bleibt aber düsenseitig stehen, was zur Trennung führt.
b Pneumatischer Ausfeueranguss (HASCO)	Beim pneumatischen Ausfeueranguss ist die Konizität umgekehrt wie beim Stangenanguss, weil er pneumatisch in Richtung Maschinendüse entformt wird. Er findet bei Einfachwerkzeugen und sehr beengten Platzverhältnissen in der Nähe des Anschnitts seine Anwendung. Der Nachteil ist eine Verlängerung der Zykluszeit durch das weite Abfahren der Spritzeinheit.
c Abreißanguss bei Drei-Platten-Werkzeugen	Diese Angussart kommt immer dann in Frage, wenn die Schmelze außerhalb der Formteiltrennebene, wie dies bei zentrischer Anspritzung mehrerer Teil oder auch bei Mehrfachanspritzung eines geschlossenen Teils ohne Durchbrüche erforderlich ist, verteilt werden muss. Nachteilig ist die große und sperrige Angussspinne und der Aufwand für die sichere Entformung. Bei ausreichender Losgröße und nicht zu empfindlichen Materialien ist die Heißkanaltechnik die bessere Alternative.

ringe Nachdruckwirkung insbesondere bei dickwandigen Teilen. Ihr großer wirtschaftlicher Vorteil ist jedoch die bei der Entformung erfolgende automatische Abtrennung vom Teil. Die Trennung erfolgt beim Tunnel durch eine Kombination von Schneiden und Reißen, bei allen anderen durch Reißen. Punktförmige Anschnitte hinterlassen nur geringfügige Markierungen am Teil.

6.3.3.3 Nach der Temperierung benannte Angüsse

Je nach Temperaturführung kann man verschiedene Arten von Angusskanälen unterscheiden: Normale Verteilerkanäle, Heißkanäle, Kaltkanäle (Tabelle 6-3).

Normale Verteilerkanäle

Die normalen Angusskanäle sind unmittelbar in die Werkzeugplatten eingearbeitet. Ihre Temperatur entspricht deshalb der Werkzeugtemperatur. Die im Kanal vorhandene Masse erstarrt nach dem Einspritzvorgang und muss bei jedem Schuss mit dem Formteil entformt werden. Dies gilt sowohl für Thermoplaste wie auch für reagierende Formmassen. Bei letzteren geht das Angussmaterial als Abfall verloren, Thermoplastangüsse können eingemahlen und dem Prozess wieder zugeführt werden.

Heißkanäle

Unter Heißkanälen versteht man separate, beheizte Verteilerkanäle und Düsen in Thermoplastwerkzeugen. Die Temperaturen liegen mit 200 bis 300 °C im Schmelzebereich der Thermoplaste, also wesentlich höher als die üblichen Werkzeugtemperaturen von 20 bis 120 °C. Heißkanäle haben die Aufgabe, die Schmelze ohne Wärmeverluste von der Maschinendüse zu den Anschnitten der Werkzeughohlräume zu führen. Vereinfacht betrachtet kann man sie als Fortsetzung der Maschinendüse bis zu den Formnestern auffassen. Im Gegensatz zu den normalen Verteilerkanälen bleiben die Thermoplaste in den Heißkanälen schmelzflüssig. Der Kanalinhalt braucht deshalb nicht entformt zu werden und steht für den nächsten Schuß zur Verfügung. Ein Grundproblem der Heißkanaltechnik besteht in der thermischen Trennung des heißen Kanals vom kälteren Werkzeug.

Kaltkanal

Das Analogon des Heißkanals in Thermoplastwerkzeugen ist der Kaltkanal oder „cold runner", in Werkzeugen für reagierende Formmassen. Beim Kaltkanal stellt sich das Problem der thermischen Trennung mit umgekehrtem Vorzeichen. Der Kanal muss im heißen Werkzeug von ca. 160 bis 180 °C verhältnismäßig kalt bei etwa 80 bis 120 °C gehalten werden, damit die Formmassen nicht schon im Kanal ausreagieren. Irreführend wird dieser Begriff aber häufig für die „normalen Verteilerkanäle" in Thermoplastwerkzeugen benutzt, da diese im Verhältnis zu Heißkanälen kalt sind. Alle in den vorausgehenden Tabellen dargestellten Angüsse sind im Sinne dieser Definitionen Normalangüsse.

Tabelle 6-3 Nach der Temperierung benannte, selbsttrennende Angüsse mit meist punktförmigen Anschnitten

Angussart		Funktion und Anwendung
a Vorkammeranguss	1 Formteil, 2 Kupferdüse, 3 Angussbüchse, 4 Vorkammer, 5 Spritzzylinder	Beim Vorkammeranguss verhindert die Isolierschicht des Kunststoffs in der Vorkammer in Kombination mit Luftspalten das Abkühlen der Düsenspitze. Er eignet sich für die Direktanspritzung von Formteilen in Einfachwerkzeugen als billige Konkurrenz zu beheizten Düsen und zum pneumatischen Ausfeueranguss. Nur bei Formmassen mit breitem Schmelze-Temperaturbereich empfehlenswert. Teilweise wird er auch als Heißkanaldüse verwendet.
b Isolierkanal	1 Formteiltrennebene, 2 Angusstrennebenen, 3 plastische Seele, 4 Formteile	Dieser Anguss ist mit dem Abreißanguss von Dreiplattenwerkzeugen zu vergleichen. Der Angussquerschnitt wird aber so groß gewählt, dass die Selbstisolation des Kunststoffs ausreicht, um während der Produktion eine plastische Seele aufrechtzuerhalten, durch die ohne Entformung des Angusses immer wieder gespritzt werden kann. Sehr einfacher aber wenig präziser, nicht steuerbarer Vorläufer der Heißkanaltechnik.
c Heißkanal	1 Formteiltrennebene, 2 Formteil, 3 beheizter Verteiler, 4 beheizte Düse	Die Heißkanaltechnik ermöglicht die flexibelste Schmelzeführung in Werkzeugen. Auf Grund des geringen Druckverlusts sind auch große Distanzen zu überbrücken. Sie ist deshalb die Voraussetzung für Großwerkzeuge. Weitere Vorteile, die auch bei anderen Werkzeuggrößen zum tragen kommen sind Ersparnis des Angussmaterials, kürzere Zykluszeiten, Einsparungen an Plastifizierleistung und Zuhaltekraft. Nachteilig sind hohe Werkzeugkosten und der Platzbedarf, der Mess- und Regelaufwand sowie die Störanfälligkeit und die komplexe Bedienung.
d Direktanspritzung mit beheizter Düse	1 Formteil, 2 beheizte Düse	Mit der Heißkanaltechnik kann man Formteile direkt oder indirekt anspritzen. Bei indirekter Anspritzung mündet der Heißkanal in einem erstarrenden Restanguss, was die thermische Trennung vereinfacht, ist aber direkter unmittelbar in die Kavität. Bei zentraler Anspritzung von einfach belegten Werkzeugen entfällt der Heißkanalverteiler, es bleibt nur eine Düse, die direkt zum Teil führt und in Konkurrenz zu den beim Vorkammeranguss genannten Möglichkeiten steht.

6.4 Entlüftung

Werkzeughohlraum und normale Angusskanäle sind vor der Füllung nicht leer sondern mit Luft gefüllt. Diese Luft wird von der einfließenden Schmelze verdrängt. Hinzu kommen Gase und flüchtige Bestandteile aus der Schmelze selbst. Kann die Luft nicht leicht entweichen, baut sich ein Gegendruck auf, der die vollständige Füllung erschwert oder sogar verhindert. Durch die Verdichtung kann die Luft so heiß werden (Dieseleffekt), dass sich die Formmasse lokal zersetzt, was zu Verbrennungen am Teil und zu Belägen und Korrosion am Werkzeug führt. Natürliche Entlüftungswege bietet die Trennebene oder das Passungsspiele von Auswerfern oder Einsätzen.

6.4.1 Gestaltungsmöglichkeiten von Entlüftungen

Die Entlüftung kann durch eine Reihe von Maßnahmen verbessert werden:
- Gröbkörniges Schleifen der Dichtflächen; die Schleifriefen müssen nach außen weisen,
- Entlüftungskanäle schleifen (Bild 6-4),
- Entlüftung über frei geschliffenen Auswerfer,
- Entlüftung über zusätzliche Auswerfer oder Entlüftungsbolzen,
- Entlüftung über Lamellenpakete (Bild 6-5), Sintermetalle,
- Teilung von Einsätzen,
- Entlüftung durch Schieber oder andere bewegliche Teile.

Bewegliche Entlüftungselemente sind auf Grund der selbstreinigenden Wirkung passiven Elementen vorzuziehen, da diese allmählich verstopfen und gereinigt werden müssen. Das Ansetzen von Rückständen kann durch Werkzeugbeschichtungen TiNitrid, Cr vermindert werden.

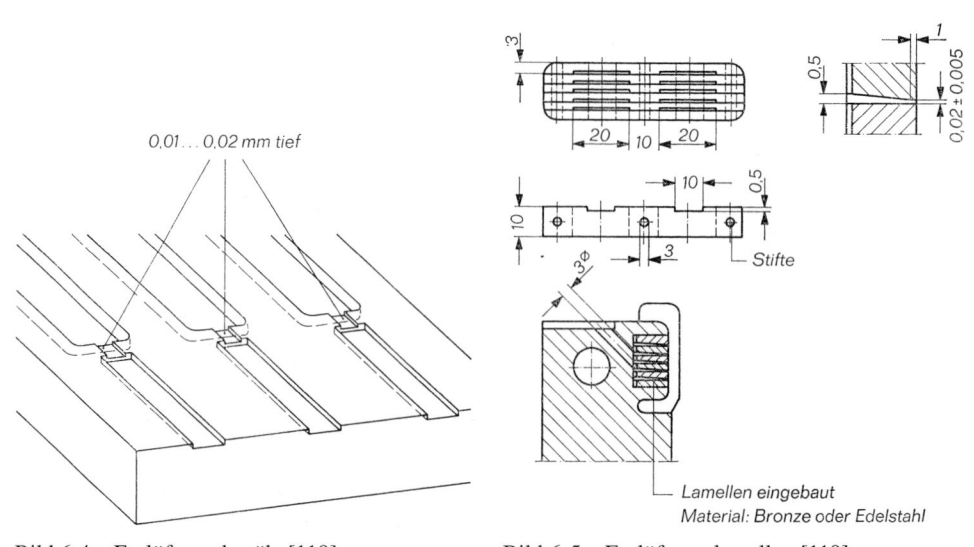

Bild 6-4   Entlüftungskanäle [119]

Bild 6-5   Entlüftungslamellen [119]

6.4.2 Evakuierung

Eine Evakuierung des Werkzeughohlraums kann erwiesenermaßen zu Verbesserung der Füllung beitragen. Dazu muss das Werkzeug abgedichtet werden, was zusätzliche Kosten verursacht. Mit Evakuierung wir vor allem im Duroplast- und Elastomerbereich bei Formteilen mit partiell sehr dünnen Wanddicken gearbeitet.

6.5 Temperierung

Die Erstarrung der Schmelze erfolgt bei Thermoplasten durch eine kontrollierte Abkühlung, bei reagierenden Massen durch Aufheizen. Von der Werkzeugtemperatur hängen, wie in Kapitel 1 dargestellt, die Qualität der Formteile und die Zykluszeit ab. Bei reagierenden Massen muss bei allen Werkzeugen Wärme zugeführt, also geheizt werden. Die Beheizung erfolgt mit elektrischen Elementen wie Heizpatronen und Heizplatten. Bei Thermoplastwerkzeugen ist die Situation nicht eindeutig. Je nach Wärmebilanz muss insgesamt Wärme ab- oder zugeführt werden. Es ist jedoch möglich, dass in ein- und demselben Werkzeug das Temperiermedium z.B. an einem Kern Wärme abführt und an einer anderer Stelle zuführt, also lokal kühlt oder heizt. Man benutzt deshalb den Begriff „Temperierung", da dieser Kühlen und Heizen beinhaltet. Eine Temperierung ist naturgemäß nur mit flüssigen oder gasförmigen Wärmeträgern möglich, da diese automatisch je nach Temperaturverhältnissen Wärme aufnehmen oder abgeben können. Nachfolgend soll nur die Temperierung von Thermoplastwerkzeugen eingehender behandelt werden. Temperiergeräte sind in Kapitel 5 dargestellt.

6.5.1 Anforderungen an die Werkzeugtemperierung

- Die Werkzeugtemperatur soll im Interesse der Wirtschaftlichkeit so tief wie möglich, im Interesse der Qualität so hoch wie nötig sein.
- Die Abkühlung des Spritzlings soll gleichmäßig erfolgen. Das bedeutet bei gleichen Wanddicken gleichmäßige Temperaturen im Werkzeug. Bei unterschiedlichen Wanddicken benötigen dagegen dickere Bereiche tiefere Werkzeugtemperaturen als dünne.
- Zeitliche Konstanz der Werkzeugtemperaturen, wenig Veränderung beim Anfahren oder bei Unterbrechungen. Eine Voraussetzung dafür ist, dass der Unterschied zwischen der Werkzeugtemperatur an der Kavität und der Mediumstemperatur möglichst kleiner als 10 °C ist.
- Niedrige Herstell- und Betriebskosten.

6.5.2 Wärmebilanz

Aus der Wärmebilanz eines Werkzeugs (Bild 6-6) ergibt sich, welche Kühl- oder Heizleistung benötigt wird. Ohne Temperierung würde sich die Temperatur beim Anlaufen eines Werkzeugs so lange erhöhen bis ein Gleichgewichtszustand zwischen zugeführter Kunststoffwärme $\dot{Q}_F$ und der Wärmeabgabe an die Umgebung $\dot{Q}_U$ erreicht ist. Liegt diese „autotherme" Temperatur höher als die gewünschte muss gekühlt sonst geheizt werden.

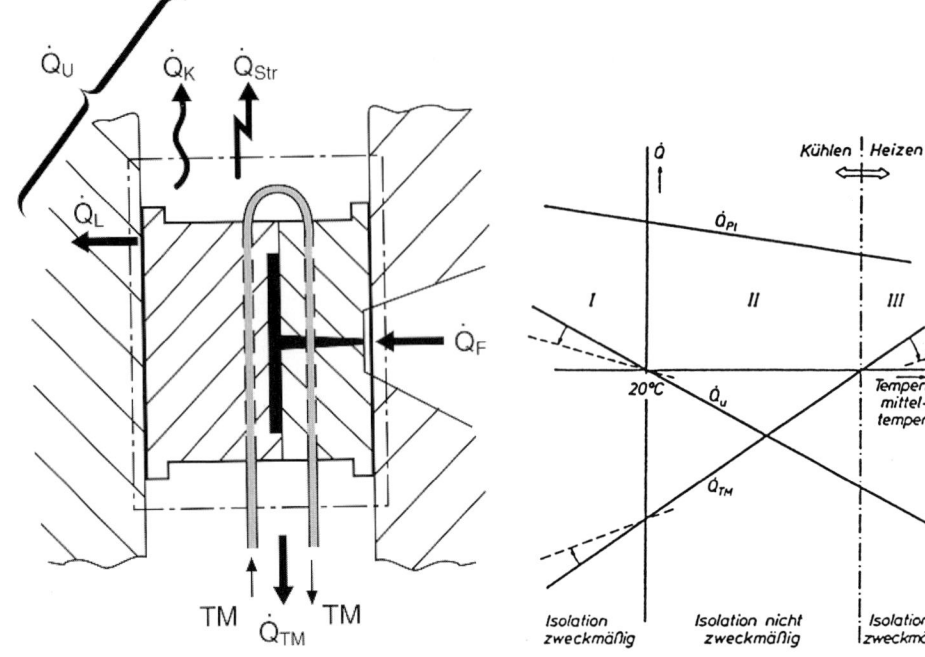

Bild 6-6 Wärmestrombilanz am Spritzgießwerkzeug [10, 13]

Bild 6-7 Arbeitsbereiche der Werkzeugtemperierung [10, 13]

Die Wärmebilanz für das gesamte Werkzeug lautet:

$$\dot{Q}_{TM} = \dot{Q}_F + \dot{Q}_H - \dot{Q}_U \tag{6-1}$$

$$\dot{Q}_U = \dot{Q}_L + \dot{Q}_K - \dot{Q}_{Str} \tag{6-2}$$

mit $\dot{Q}_{TM}$ Wärmestrom, den das Temperiermedium ab- oder zuführt, $\dot{Q}_F$ Wärmestrom, den die heiße Formmasse dem Werkzeug zuführt, $\dot{Q}_H$ zusätzlicher Wärmestrom z.B. durch Heißkanäle, $\dot{Q}_U$ Wärmestrom, an die Umgebung, $\dot{Q}_L$ Wärmestrom, an die Umgebung – durch Wärmeleitung in die Maschine, $\dot{Q}_K$ Wärmestrom, an die Umgebung – durch Konvektion an die Luft, $\dot{Q}_{Str}$ Wärmestrom, an die Umgebung – durch Strahlung.

In dieser Bilanz werden Wärmeströme, die dem Werkzeug zugeführt positiv und abgeführte negativ gezählt. Bei der Verarbeitung von Thermoplasten ist $\dot{Q}_F$ stets positiv, während die mit der Umgebung ausgetauschte Wärme je nach Temperaturniveau des Werkzeugs positiv oder negativ sein kann. Ebenso verhält es sich mit dem Temperiermittelwärmestrom $\dot{Q}_{TM}$ (heizen, kühlen). In Bild 6-7 sind die möglichen Arbeitsbereiche eines Werkzeugs über der Werkzeugtemperatur aufgetragen. Bereich II ist der häufig auftretende normale Kühlbereich, in dem ein Teil der Wärme an die Umgebung abfließt. Isolierplatten würden diesen Anteil verringern und den vom Temperiergeräten abzuführenden Anteil erhöhen. Bei Werkzeugtemperaturen unter Raumtemperatur (Kühlbereich I) fließt aus der Umgebung zusätzliche Wärme in das Werkzeug. Dadurch erhöht sich die erforderliche Kühlleistung. Isolierplatten sind hier günstig, weil sie diesen Anteil verringern. Bei hohen Werkzeugtemperaturen über $\vartheta_{autotherm}$ (Bereich III) muss das Werkzeug beheizt werden, Isolierplatten sind erforderlich, damit die Wärmeverluste an die Umgebung reduziert werden.

6.5.3 Wärmeübergang zum Temperiermedium

Als Temperiermedien kommen je nach Temperaturbereich (Tabelle 5-5) Wasser, Wärmeträgeröle und Kältemischungen aber auch Gase wie CO_2 oder Luft in Frage. Das billigste und effektivste Medium ist Wasser, das aber wegen seiner korrodierenden Wirkung und Ablagerungen im geschlossenen Kreislauf geführt und aufbereitet werden sollte. Gase kommen nur in Sonderfällen zum Einsatz. Wie aus Bild 6-8 hervorgeht ist eine turbulente Strömung Grundvoraussetzung für einen effektiven Wärmeübergang.

Die den Wärmetransport gemäß Gleichung 6-3 beeinflussende Wärmeübergangszahl α nimmt beim Übergang von laminarer zu turbulenter Strömung um ein Zehnerpotenz zu. Kennzahl der Strömungsform ist die Reynoldszahl. Ab einer Reynoldszahl von etwa 2300 stellt sich turbulente Strömung ein. Eine weitere Steigerung der Reynoldszahl erhöht die Wärmeübergangszahl zusätzlich sodass eine Reynoldszahl von etwa 10000 für eine optimale Temperierung gefordert wird. Aus der Definition der Reynoldszahl (Gleichung 6-4) folgt, dass eine entsprechend hohe Strömungsgeschwindigkeit in den Temperierkanälen realisiert werden muss.

$$\dot{Q}_{kTM} = \alpha \cdot A_{KK} (\vartheta_{KK} - \vartheta_{TM}) \tag{6-3}$$

mit $\dot{Q}_{kTM}$ konvektiv an das Temperiermedium übergehender Wärmestrom, α Wärmeübergangszahl, A_{KK} Oberfläche des Kühlkanals, ($\vartheta_{KK} - \vartheta_{TM}$) Temperaturdifferenz zwischen Kühlkanaloberfläche und Temperiermedium.

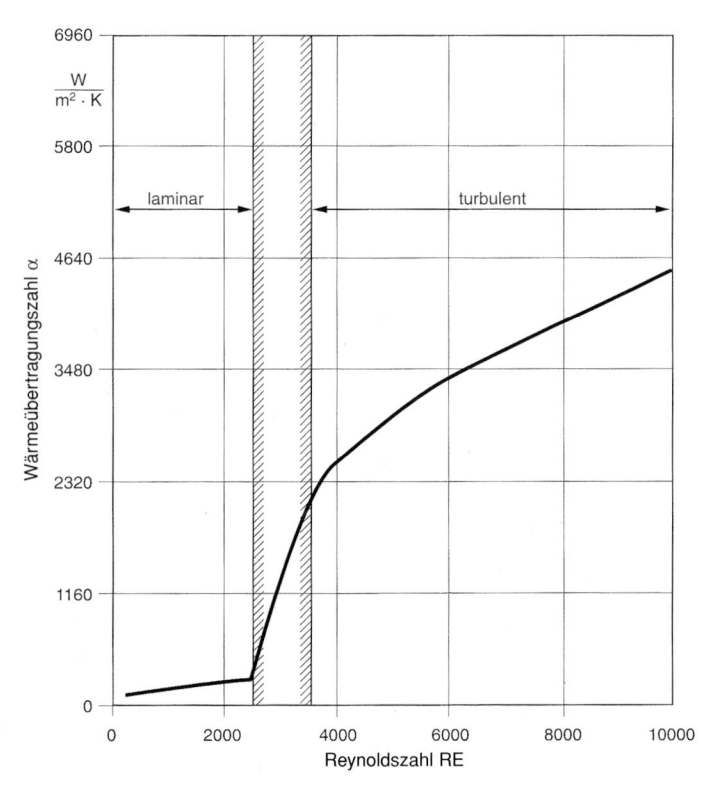

Bild 6-8 Wärmeübergangszahl in Abhängigkeit von der Reynoldszahl

$$\text{Re} = \frac{\rho \cdot w \cdot d_{KK}}{\eta} \tag{6-4}$$

mit Re Reynoldszahl, w Strömungsgeschwindigkeit des Temperiermediums, d_{KK} Kühlkanaldurchmesser, η Viskosität des Temperiermediums.

6.5.4 Temperierkanäle

6.5.4.1 Grundsätzliche Fertigungsmöglichkeiten

Kühlkanäle können spanend durch Bohren, Fräsen und Drehen hergestellt werden. Fräsen und Drehen kommen nur bei eingesetzten Werkzeugteilen in Frage. Bei gegossenen Werkzeugen können Rohre eingebettet werden. Ein freizügiger Verlauf der Kühlkanäle lässt sich durch einen sandwitchartigen Aufbau und Fügen im Lötverfahren erreichen [122].

6.5.4.2 Temperierkanäle in Platten

Die billigste Herstellmethode ist das Bohren von Kühlkanälen. In Bild 6-9 und 6-10 sind einfache Bohrbilder dargestellt. Die Strömungswege werden mit Hilfe von Verschlussstopfen eindeutig festgelegt (Bild 6-10).

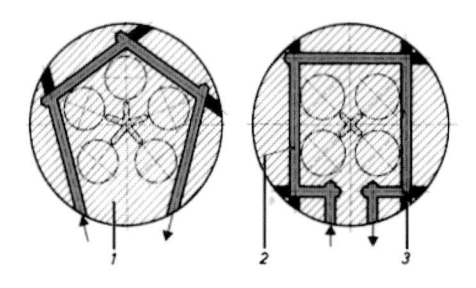

Bild 6-9
Einfache Bohrbilder [120]
1 Formplatte
2 Kühlkanal
3 Verschlussstopfen

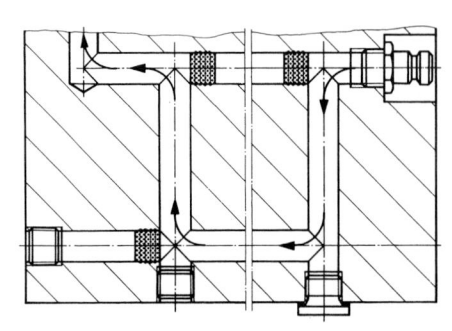

Bild 6-10
Verschlussmöglichkeiten von Bohrungen (Hasco)

6.5.4.3 Temperierkanäle in Kernen

Die Kühlung von Kernen ist besonders wichtig, weil Kerne durch das Aufschwinden des Kunststoffs mehr Wärme aufnehmen als Gesenke und die Wärme sich auf weniger Stahl verteilt. Einige der übliche Möglichkeiten für kleinere Kerne sind in Tabelle 6-4 zusammengestellt.

Tabelle 6-4 Kühlmöglichkeiten von Kernen

Bild Nr.	Kerndurchm./ Breite	Konstruktive Lösung	Bemerkungen
a	≥ 3 mm		Wärmeabfuhr durch Gase (Luft, CO_2)
b	≥ 5 mm		Wärmeabfuhr durch Cu-Stifte oder Wärmeleitrohre
c	≥ 5 mm		Kühlfinger, Medienzufuhr durch Steigrohr oder Injektionsnadel >1 mm Durchmesser bei Kleinsttemperierungen
d	≥ 10 mm		Umlenksteg, „Trennblech", Umlenkkern
e	≥ 20 mm		Kühlwendel

6.5.4.4 Temperierkanäle um Gesenke

Die Kühlung von Gesenken ist im Vergleich zu Kernen unproblematiascher, da mehr Platz zur Verfügung steht und die Zuführung des Mediums von außen erfolgen kann. Bild 6-11 zeigt übliche Möglichkeiten für runde Gesenkeinsätze. Bei rechteckigen Gesenken wird je nach Tiefe des Formteils in einer oder mehreren Etagen um das Gesenk herum gebohrt.

Bild 6-11
Temperierkanäle um runde Gesenkeinsätze; der linke Einsatz ist unten zum Schutze des O-Rings bei der Montage abgesetzt

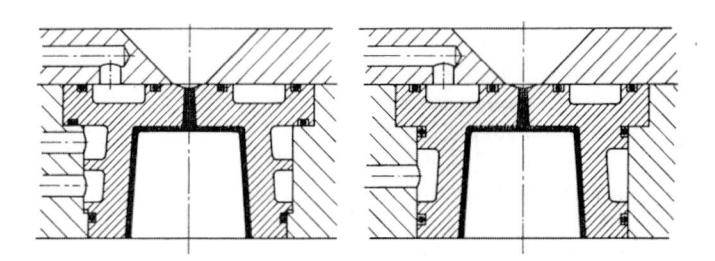

6.5.4.5 Schaltung von Temperierkreisläufen

Temperierkreisläufe können grundsätzlich in Reihe oder parallel geschaltet werden, wie dies in Bild 6-12 für Kernkreisläufe gezeigt wird. Interne Parallelschaltungen haben den Nachteil, dass Zweige verstopfen können, ohne dass dies von außen feststellbar wäre. Aus diesem Grunde ist die Parallelschaltung nur außerhalb des Werkzeugs empfehlenswert, wenn der Durchfluss eines jeden Zweigs über ein Durchflussmengenmesser kontrolliert werden kann. Obwohl Druckverlust und Erwärmung des Mediums bei einer Reihenschaltung im Vergleich zur Parallelschaltung größer sind, sollte aus Sicherheitsgründen im Werkzeug die Reihenschaltung benutzt werden.

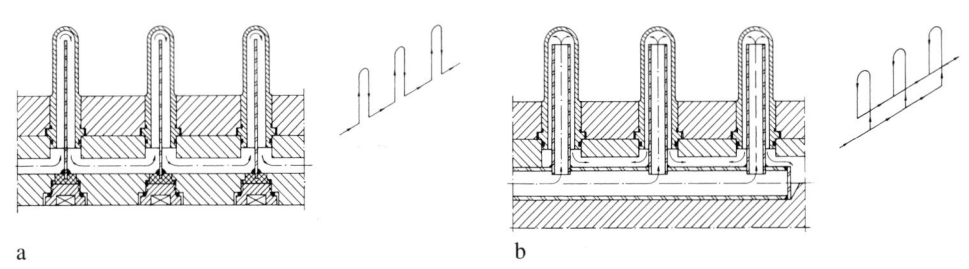

a b
Bild 6-12   Schaltungen von Temperierkreisläufen [30]
a Reihenschaltung, b Parallelschaltung

6.5.4.6 Dichtungen

Zur Abdichtung von Temperiersystemen innerhalb der Formen haben sich O-Ringe bewährt. Gummi-O-Ringe sind auf Resistenz gegen Wasser oder Öl zu prüfen. Teurer aber universell bis 200 °C einsetzbar sind O-Ringe aus Flourkautschuk (Viton). Eine aus falschem Sicherheitsdenken zu große Stauchung des Ringquerschnitts kann zur Ermüdung und vorzeitigem Ausfall führen. Zur rationellen Herstellung von Einbaunuten für O-Ringe sind Ringnut-Senker zu verwenden. Auch für Abdichtungen, die nicht kreisförmig ausgeführt werden können, sind O-Ringe einsetzbar. Die Nutlänge ist der gestreckten Länge des O-Ringes anzupassen und durch Fräsen herzustellen. Da auch Viton-Dichtungen einer Alterung unterliegen, sollten auch diese in den Formen turnusmäßig ausgewechselt werden.

6.5.4.7 Anschlüsse und Zuführungen

In Bild 6-13 sind typische werkzeuginterne Zu- und Abläufe des Temperiermediums zu erkennen. Für die Anschlüsse der Kühl- und Temperiergeräte oder auch von Wasserleitungen werden meist normalisierte Schnellkupplungen eingesetzt, die es auch mit Rückschlagventilen als Verschlusskupplungen gibt. Durch die versenkte Anordnung der Anschlussnippel in den Formplatten sind diese vor Beschädigungen geschützt. Außerdem stören sie so nicht bei Montage und Lagerung der Formen. Zu beachten ist, dass Schnellverschlusskupplungen mit Rückschlagventilen zwar das Auslaufen von Temperiermedien verhindern aber auch einen hohen Strömungswiderstand aufweisen, sodass man keinesfalls mehrere in Reihe schalten sollte. Den unterschiedlichen Temperaturbereichen entsprechend sind mehrere Schlauchausführungen verfügbar. Für Wasserkühlungen und Temperierungen bis ca. 80 °C

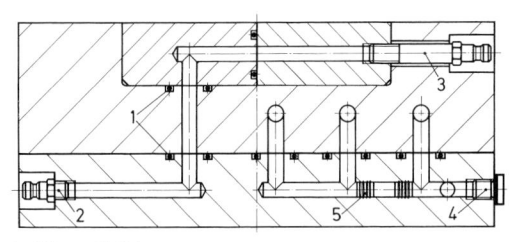

1 Viton-O-Ringe
2 Anschlussnippel
3 Verlängerungsnippel
4 Verschlussschraube
5 Verschlussstopfen

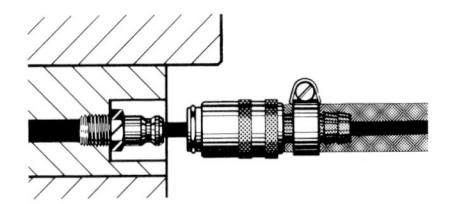

Bild 6-13   Zu- und Ablauf, Nippel, Schnellkupplung und Schlauch [121]

werden PVC-Schläuch mit Gewebeeinlagen verwendet. Ein metallumflochtener Viton-Schlauch ist für höhere Temperaturen einsetzbar, vorzugsweise wird er durch Quetschhülsen mit den entsprechenden Armaturen verbunden. Bei Temperaturen über 200 °C sollte in jedem Falle ein Metallschlauch eingesetzt werden, der mit einer metalldichtenden Verschraubung versehen ist. Kupplungen sind bei diesen Temperaturen nicht mehr zu empfehlen. Wichtig ist, dass die Querschnitte der Armaturen und Schläuche sowie die Bohrungen in den Werkzeugen ausreichend bemessen sind, um den erforderlichen Durchsatz des Temperiermediums zu gewährleisten. Wichtig ist auch, dass die Kreisläufe am Werkzeug gekennzeichnet sind und entsprechend angeschlossen werden, da sich sonst nicht die vom Konstrukteur vorgesehenen Temperaturverhältnisse einstellen können. Für den automatisierten Werkzeugwechsel wurden wie in Abschnitt 5.5 berichtet Multikupplungs-Systeme entwickelt.

6.6   Entformung

Nachdem der Spritzling erstarrt ist, muss er aus dem Werkzeug genommen, d. h. entformt werden. Bei der Entformung sind grundsätzlich zwei Arten von Kräften zu unterscheiden:

- *Öffnungskräfte:* Sie entstehen beim Öffnen des Werkzeugs, wenn sich der Forminnendruck nicht vollständig abbauen konnte und deshalb unter Restdruck entformt wird. Ursachen sind hohe Verdichtung der Masse, zu kurze Kühlzeiten bei Thermoplasten und unzulässige Werkzeugverformungen, die beim Zurückfedern den Spritzling wie ein Schraubstock einklemmen.
- *Entformungskräfte:* Diese kann man in Losbrechkräfte und Ausschubkräfte unterteilen. Sie entstehen durch das Aufschwinden der Formteile auf Kerne aber auch durch Restdruck bevorzugt in dünnen Rippen. Beim Losbrechen sind kleine Hinterschneidungen durch Bearbeitungsriefen oder Strukturierungen des Werkzeugs und die Haftreibung zu überwinden. Bei ausreichender Konizität läuft das Teil schnell frei, die Pressung verkleinert sich und die Kräfte gehen gegen Null.

Oft können Entformungsschwierigkeiten durch eine langsamere Öffnungsbewegung in der Losbrechphase, das Einblasen von Druckluft in die Werkzeugmatrizen oder -kerne, Strichpolitur in Entformungsrichtung oder notfalls durch den Einsatz von Trennmitteln behoben werden. Auch Beschichtungen der Werkzeugeinsätze mit Hartchrom oder Titannitrid können die Entformungskräfte reduzieren.

Die Auswerferbetätigung der Maschine ist auf der beweglichen Seite der Schließeinheit untergebracht, deshalb muss die Werkzeugseite mit dem größeren Entformungswiderstand, in der Regel die Kerne, dort angeordnet werden. Bei beidseitigen Kernen ist nicht immer vorhersehbar, welche Seite mehr Entformungswiderstand verursacht. Deshalb aber auch durch die Prozessführung kann es vorkommen, dass Teile auf der Düsenseite hängen bleiben. In solchen Fällen muss der Spritzling mit Hilfe von künstlichen Hinterschneidungen, sogenannten Rückhalterillen, auf der beweglichen Seite fixiert werden.

6.6.1 Auswerferarten

6.6.1.1 Auswerferstifte

Die populärsten Entformungselemente sind die nach DIN 1530 genormten Auswerferstifte. Eine Auswahl ist in Bild 6-14 dargestellt. Auswerferstifte sind billig und einfach einzubauen. Probleme mit Auswerferstiften können am Teil durch Markierungen, Grate oder Durchstoßen, im Werkzeug durch Knicken, Schwergängigkeit und Fressen entstehen. Zur Vermeidung von Problemen sind die Einbaumerkmale von Bild 6-15 zu beachten. Man sieht, dass die Stifte und Hülsen außer der Führungslänge freigestellt sind, damit sie sich bei unterschiedlichen Temperaturen der Werkzeugplatten oder Fertigungsungenauigkeiten in der Bohrung zentrieren können und kein unnötiger Reibwiderstand auftritt. Ein Nachteil im Vergleich zu Abstreifelementen sind die Einschränkungen, die Auswerferstifte für den Verlauf von Temperierkanälen mit sich bringen.

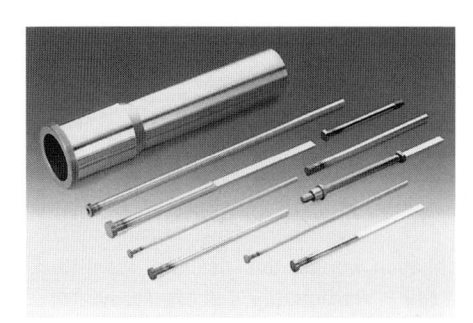

Bild 6-14 Auswerferhülsen und Stifte [Hasco]

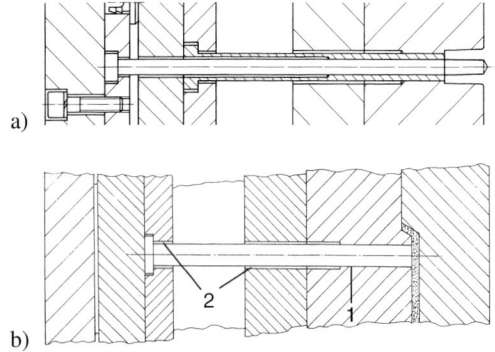

Bild 6-15 Einbau von Auswerferhülsen (a) und Stiften (b) [123]
1 Führungslänge, 2 Freistellungen

6.6.1.2 Abstreifelemente

Unter dem Begriff Abstreifelemente sollen Auswerferhülsen (Bild 6-14 und 6-15a), Abstreifplatten (Bild 6-18), Abstreifleisten (Bild 6-2) und -ringe (Bild 6-16) zusammengefasst werden. Der gemeinsame Vorteil ist, dass die Entformungskraft großflächig über große Bereiche oder den gesamten Rand des Formteils eingeleitet wird. Vorteilhaft ist auch, dass mehr Platz für Kerne oder Temperierkanäle bleibt. Nachteilig ist der größere Fertigungsaufwand. Standard-Anwendung für kleinere Auswerfhülsen sind Augen, die von innen durch einen Kern ausgespart werden (Bild 6-15 a). Auswerferhülsen mit großen Durchmessern neigen infolge Verzug durch die Wärmebehandlung zum Fressen. Abstreifringe oder -platten sind die bessere Alternative.

6.6.1.3 Luftauswerfer

Luftauswerfer sind streng genommen keine Auswerfer, sondern an geeigneten Orten angebrachte Düsen und Schlitze, die über Schaltventile mit Druckluft versorgt werden. Die Druckluft muss ölfrei und sauber sein, um die Teile nicht zu verunreinigen. Luftauswerfer werden hauptsächlich bei Werkzeugen für dünnwandige Teile eingesetzt. In Ergänzung zu mechanischen Auswerfern bringen sie folgende Vorteile:

- Verhinderung der Vakuumbildung hinter den Formteilen. Dadurch kann schneller ausgeworfen werden, ohne die Teile zu beschädigen.
- Schnelleres Ausblasen der Formteile oder Angüsse aus dem Werkzeugbereich nach dem Entformen.
- Verkürzung der Auswerferwege. Nach einem ersten Lösen übernimmt die Luft den Weitertransport (Bild 6-16).

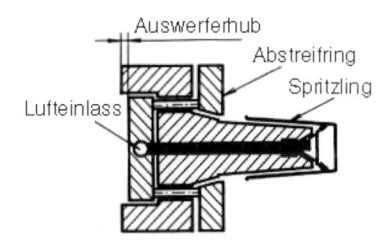

Bild 6-16
Mechanisch-pneumatische Entformung prinzipiell [30]

6.6.1.4 Betätigung von Auswerfern

Meist werden die Auswerfer durch einen mechanischer Anschlag beim Auffahren der Form mit Rückholfeder und Rückdrückstiften beim Schließen oder den hydraulische Auswerfer der Maschine betätigt. Hydraulische Ausstoßer haben den Vorteil, dass Zeitpunkt, Kraft und Geschwindigkeit frei wählbar sind. So können z.B. die Ausstoßer vor dem Schließen des Werkzeugs zurückgefahren und Repetierhübe ausgeführt werden, was notwendig sein kann, wenn Formteile auf den Auswerfern hängen bleiben. Bild 6-17 zeigt die grundsätzlichen Möglichkeiten zur Betätigung von Auswerfern.

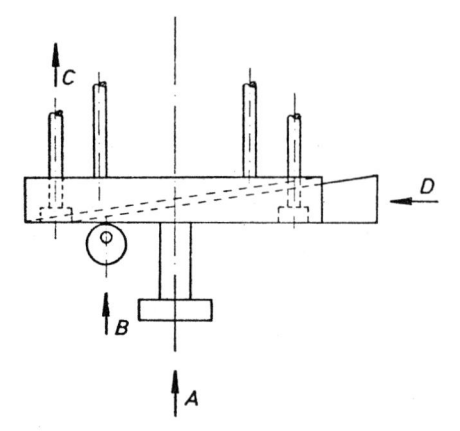

Bild 6-17
Prinzipielle Betätigungsmöglichkeiten von Auswerfern
A mechanischer Anschlag oder hydraulische Betätigung durch Maschine, B Betätigung durch Exzenter, C Betätigung durch Zuganker (Schleppbolzen), D Betätigung durch Keile (z. B. bei sich drehenden Werkzeugen)

6.6.2 Entformung äußerer Hinterschneidungen

Zur Entformung äußere Hinterschneidungen an Formteilen kommen Schieber und Backen zum Einsatz. Die Begriffe sind nicht streng definiert. Immerhin lassen sich zwei Unterscheidungsmerkmale feststellen. Die Bewegungsrichtung von Schiebern ist immer quer zur Werkzeugachse, wohingegen Backen schräg nach außen laufen, d. h. eine Bewegungskomponente quer und eine längs zur Werkzeugachse aufweisen. Backen umfassen in der Regel große Bereiche der Formteilkontur, während Schieber eher partiell wirken.

6.6.2.1 Außenschieber

Den Aufbau eines Werkzeugs für ein Formteil mit äußerer Hinterschneidung – im vorliegenden Falle einen Spulenkörper – zeigt Bild 6-18. Das Werkzeug ist in zwei Ebenen geschnitten, damit alle Schieberfunktionen deutlich werden. Die untere Hälfte des Bilds zeigt den horizontalen Schnitt durch einen Schieber, die Verriegelung und Betätigung, die obere den vertikalen Schnitt durch die Berührebene des Schieberpaares, deshalb ist der Schieber nicht schraffiert. Im Vertikalschnitt ist der Schieberquerschnitt und die Führung durch aufgeschraubte Leisten zu sehen. Das Werkzeug öffnet in der Trennfläche (a). Der Anguss wird mit Hilfe der Hinterschneidung (b) aus der Angussbuchse (c) herausgezogen. Die in der vorderen Gesenkplatte befestigten Schrägbolzen (e) zwingen die Schieber (d) bei der Öffnungsbewegung zur Seitwärtsbewegung. Die Hinterschneidung wird frei. Der Formkörper verbleibt auf dem Kern (f), bis die Anschlagplatte mit den Bolzen (g) die Abstreifplatte (h) nach rechts bewegt und den Formkörper abstreift. Beim Schließen wird die Abstreifplatte von den Federn (j) zurückgeholt. Die Schrägbolzen (e) führen den Schieber (d) wieder in die Ausgangsstellung zurück, wo er durch die Druckstücke (k) verriegelt wird. Anstelle der Schrägbolzen können auch pneumatische oder hydraulische Zylinder die Seitwärtsbewegung der Schieber bewirken.

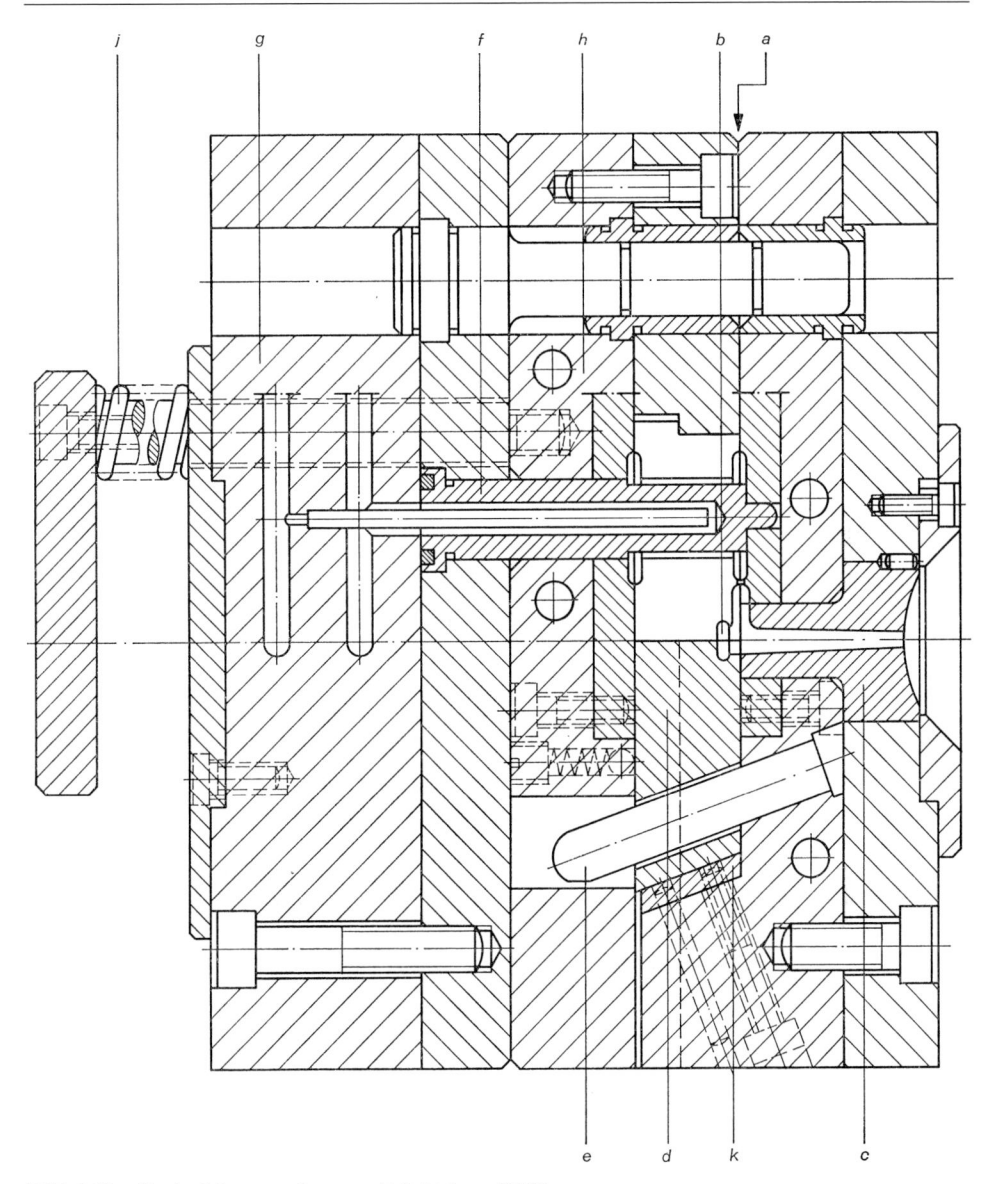

Bild 6-18   Spulenkörperwerkzeug mit Schiebern [119]
a Trennfläche, b Anguss-Hinterschneidung, c Angussbuchse, d Schieber, e Schrägbolzen, f gekühlter Stempel, g Ausdrückbolzen, h Abstreifplatte, j Rückholfedern, k Verriegelungs-Druckstücke

6.6.2.2 Backen

Ein klassisches Beispiel für die Anwendung von Backen sind Flaschenkastenwerkzeuge. In Bild 6-19 ist ein Backenwerkzeug für den sogenannten Euro-Flaschentransportkasten, wiedergegeben. Man erkennt den Heißkanal (a) und die Verschlussdüsen, die das Formnest in den vier Ecken des Bodens anschneiden. Der Balken ist mit hydraulisch gesteuerten Na-

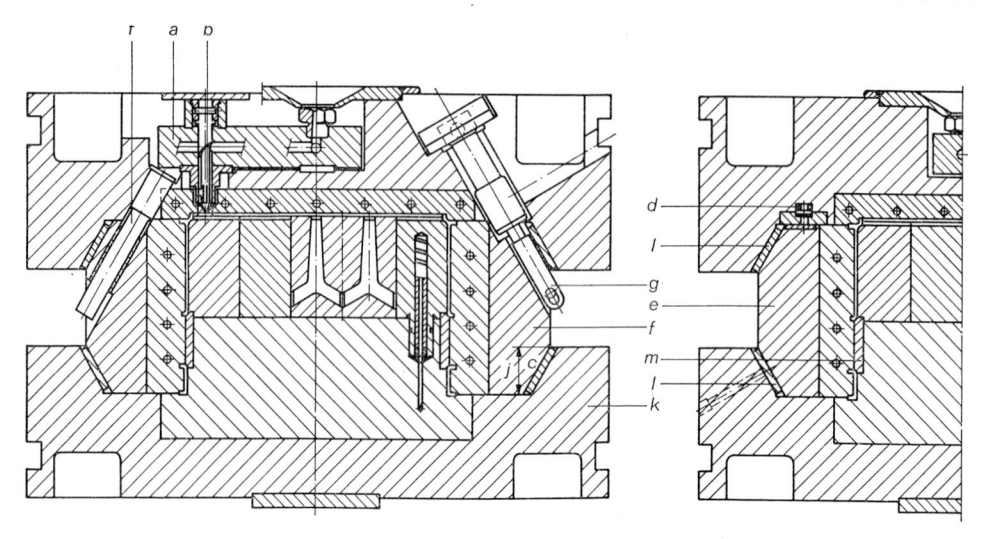

Bild 6-19 Backenwerkzeug für Flaschen-Transportkasten [119]
a Heißkanalverteiler, b Nadelventil, c Trennfläche, d Tellerfedern, e, f Backen, r Schrägbolzen,
g Kolbenstange, k hintere Gesenkplatte, l Gleitplatten, m Kerneinsätze

delventilen (b) ausgerüstet, um ohne Nacharbeit und nahezu markierungsfrei arbeiten zu können. Wenn die hintere Gesenkplatte (k) zu öffnen beginnt, drücken die auf allen vier Seiten des Werkzeugs vorhandenen Tellerfederpakete die vier Backen (e), welche die Seitenflächen des Kastens formen, entlang den Gleitplatten (l) und den Schrägbolzen (f) nach außen. Wenn der Kern mit den Einlagen (m) einen Hub ausgeführt hat, der größer ist als die Höhe (j) der konischen Sitzflächen, dann wird die Kolbenstange (g) des Hydraulikzylinders betätigt und die Backen (e) bewegen sich seitwärts, um die Hinterschneidungen freizugeben. Bei diesen Werkzeugen ist es möglich, bei entsprechender Schaltung der Bewegungsabläufe den Kasten bis in die vorderen Kernpartien mit Hilfe der Backen abzuziehen und mit einer zusätzlichen Vorrichtung vom Kern abzustreifen. Es ist auch möglich, die Backen erst dann öffnen zu lassen, wenn der Kern ganz herausgefahren ist. In diesem Falle muss das Teil von einem Bedienungsmann aus dem Werkzeug entnommen werden.

6.6.3 Entformung innerer Hinterschneidungen

Innere Hinterschneidungen sind grundsätzlich schwieriger zu entformen als äußere, denn im Bereich der meist innen liegenden Kerne herrscht ohnehin Platzmangel. Man hat Schwierigkeiten über die normalen Entformungselemente und Kühlkanälen hinaus noch Schieber oder ähnliches unterzubringen.

6.6.3.1 Innenschieber

Das in Bild 6-20 dargestellte Werkzeug für eine becherförmige Kappe mit Innennocken (a) arbeitet mit Schrägschiebern (b). Wenn der Plastifizierzylinder der Spritzgießmaschine vom Werkzeug abhebt, trennen die Federn (l) die Vorkammerbuchse (f) vom Formteil (g). Dadurch reißt der Anschnitt ab und die Vorkammer wird thermisch vom übrigen, kälteren

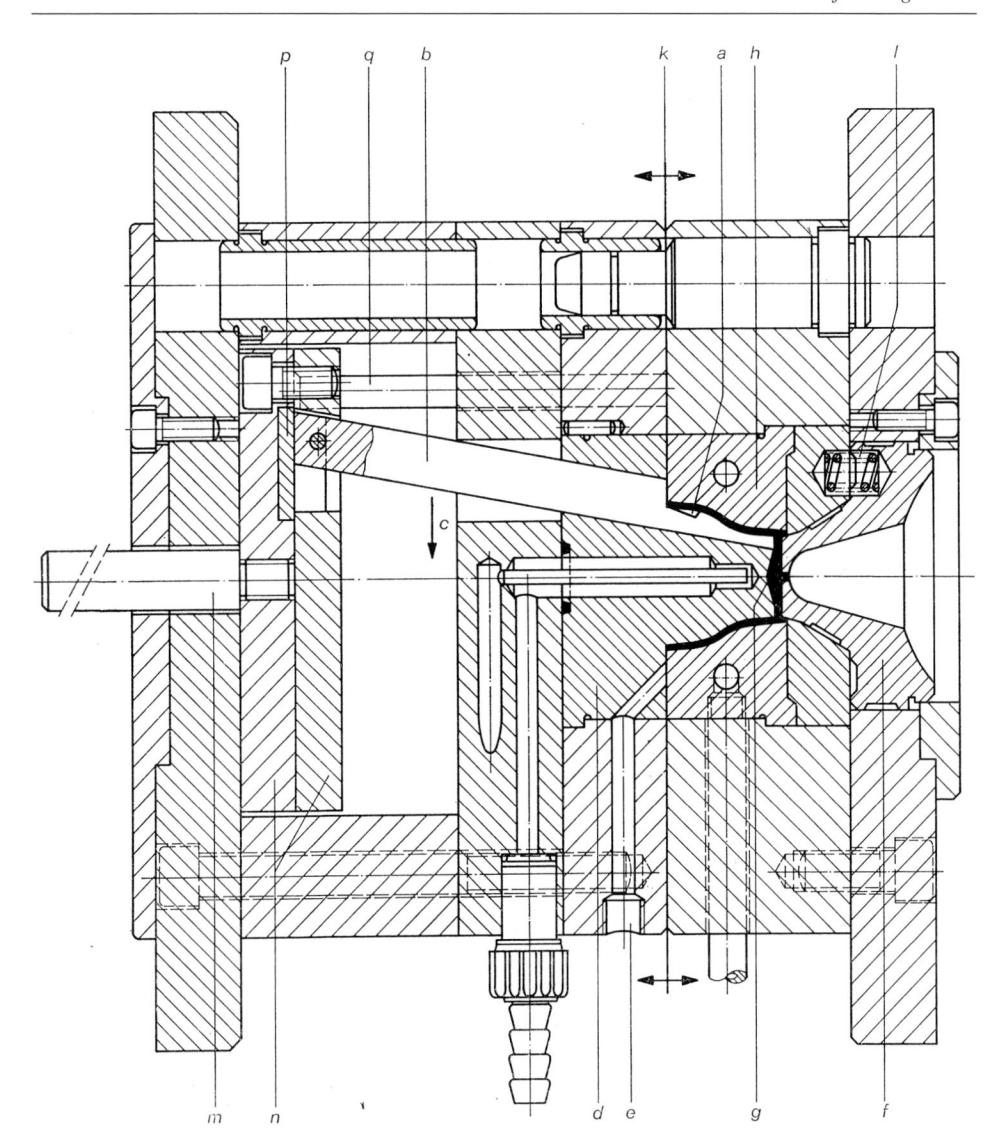

Bild 6-20 Spritzgießwerkzeug mit Innenschieber [119]
a Innennocken, b Schrägschieber, c Bewegungsrichtung, d Kern, e Luftzuführung, f Vorkammerbuchse, g Abdeckkappe, h vorderes Gesenk, k Trennfläche, l Abdrückfeder, m Anschlagbolzen, n Ausdrückplatte, p Gleitplatte, q Rückdrückstift

Werkzeug getrennt. Danach öffnet sich das Werkzeug entlang der Trennfläche (k). Die hintere Werkzeughälfte bewegt sich nach links. Der Anschlagbolzen (m) berührt den Auswerfer der Spritzgießmaschine und die Auswerferplatten (n) bleiben stehen. Der Schieber (b) bewegt sich zwangsläufig in Richtung c. Dabei gleitet er auf der Platte (p). Der Nocken (a) wird freigegeben und das Formteil (g) vom Kern abgehoben. Durch die Bohrung (e) wird Luft zugeführt, die das Spritzgussteil vollständig entformt. Beim Schließen des Werkzeugs führen die Rückdrückstifte (q) die Auswerferplatten mit den Gleitplatten (p) und die Schieber (b) wieder in die Ausgangslage zurück.

6.6.3.2 Ausschraubwerkzeuge

Zu den inneren Hinterschneidungen gehören auch häufig vorkommenden Innengewinde. Wenn die durch Gewindegänge hervorgerufenen Hinterschneidungen so tief sind, dass sie durch Abstreifen nicht mehr entformt werden können, muss entweder mit nach dem Entformen ausschraubbaren Kernen oder mit Ausschraubwerkzeugen gearbeitet werden. Bei Innengewinden kommen auch Faltkerne zum Einsatz. Außengewinde können, wenn die Markierung der Trennung nicht stört, mit Schiebern geformt werden, sonst müssen die Gesenkeinsätze ebenfalls ausgeschraubt werden, was aber selten vorkommt. Bild 6-21 zeigt ein Ausschraubwerkzeug für vier Schraubkappen (a), dessen Gewindekerne (b) über ein Zahnradvorgelege von einem Getriebemotor (c) ausgeschraubt werden. Es ist möglich, bei der Aus- und Einschraubbewegung mit unterschiedlichen Geschwindigkeiten zu arbeiten, um den Gesamtzyklus abzukürzen. Das Werkzeug öffnet zuerst in der Trennfläche (d). Der Anguss (e) reißt vom Formteil (a) ab und wird danach durch die Abstreifplatte (i), betätigt durch den Schleppbolzen (m), von den Haltestiften (f) abgezogen und fällt aus dem Werkzeug. In dieser Phase werden auch die Gewindekerne (b) durch den Getriebemotor (c) soweit aus den Kappen (a) herausgeschraubt, dass sie nur noch eine viertel Umdrehung im Eingriff bleiben. Kurz vor Abschluss des Angussauswerfens wird die Klinke (n) von der Kurve (o) abgehoben und das Werkzeug öffnet in der Ebene (p). Über den Anschlagbolzen (k), die Auswerferplatte (h) und die Abstreiferplatte (j) werden die Teile ausgeworfen. Das Abstreifen kann mit Druckluft unterstützt werden.

6.7 Führungen und Zentrierungen

Eine saubere Abbildung der Trennfugen am Formteil ist ein wichtiges Qualitätsmerkmal. Bei einer kongruenten Deckung der Werkzeugteile ohne Versatz ist die Trennung am Formteil kaum zu erkennen. Voraussetzung dafür ist jedoch eine präzise Führung der Werkzeughälften und eine saubere Zentrierung der Werkzeugteile zueinander. Mit Hilfe eines düsenseitigen Zentrierflansches (Position 9 in Bild 6-1) wird das Werkzeug zunächst in der Maschine zentriert. Bei schweren Werkzeugen werden beide Hälften mit Zentrierflanschen versehen. Die beiden Werkzeughälften werden beim Öffnen und Schließen mit Hilfe von normalerweise vier Führungssäulen (Position 11 in Bild 6-1) und Führungsbuchsen (Position 14 in Bild 6-1) geführt. Die Bestandteile des Werkzeugaufbaus innerhalb einer Werkzeughälfte können mit Hilfe von Zentrierbüchsen (Position 20 in Bild 6-1) zueinander positioniert werden. Da Führungssäulen und Buchsen leichtgängig gepasst werden müssen, ist ein geringes Passungsspiel nicht zu vermeiden. Aus diesem Grunde und um Querkräfte aufzunehmen, empfiehlt sich eine zusätzliche spielfreie innere Zentrierung über konisch ineinander laufende Zapfen oder Schrägen.

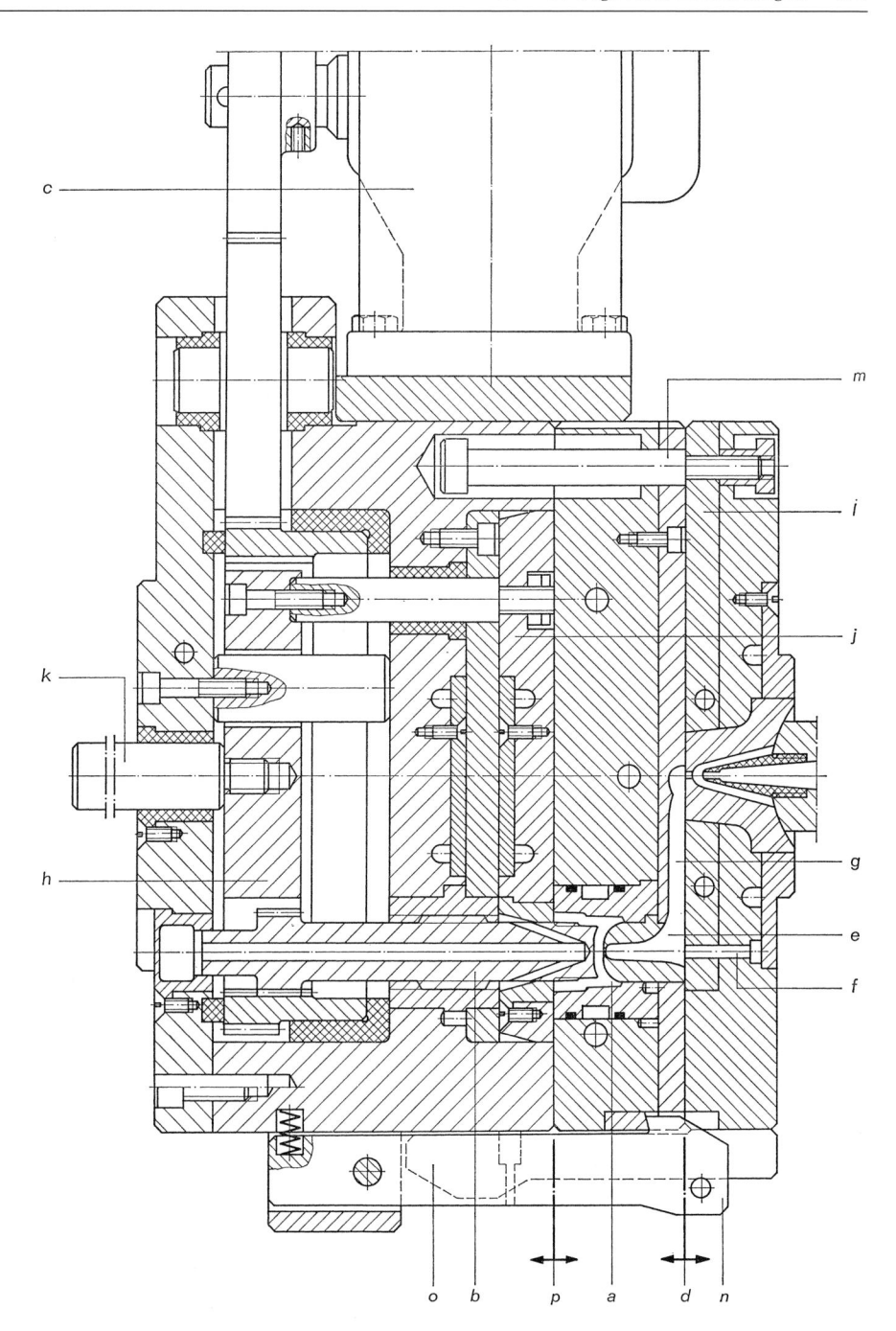

Bild 6-21   Dreiplattenwerkzeug, vierfach belegt mit Motor-Abschraubvorrichtung für Schraubkappen [119]
a Formteil (Schraubkappen), b Gewindekerne, c Getriebemotor, d Trennfläche, e Anguss, f Haltestifte, g Angussverteiler, h Auswerferplatten, i, j Abstreifplatte, k Anschlagbolzen, m Bolzen, n Zugklinke, o Führungsklinke, p Trennfläche

7 Wirtschaftlichkeit und Kostenrechnen

Spritzgießen ist ein Verfahren für die Massenproduktion von Formteilen. Die Stückkosten sind sehr stark von der insgesamt mit einem Werkzeug herstellbaren Anzahl von Teilen abhängig. Für Produktionsvolumen unter 1000 Stück kommt Spritzgießen kaum in Frage bzw. nur dann, wenn aus Qualitätsgründen keine anderen Verfahren wie spanende Bearbeitung oder „Rapid Prototyping" taugen.

In Bild 7-1 sind die Selbstkosten und in Bild 7-3 die prozentuale Aufteilung der Herstellkosten für eine Einweg-Kaffeetasse aus PS (Bild 7-2) dargestellt. Man beachte, dass eine totale Produktion von nur 10 Tassen zu Stückkosten von ca. € 4000,– führt! Erst bei Produktionen über 1 Mio. Stück wird die Produktion von Einweggeschirr wirtschaftlich interessant. Die Selbstkosten liegen dann unter € 0,04. Im Detailhandel sind solche Tassen für ca. € 0,06 erhältlich.

Der Grund für den hohen Werkzeugkostenanteil bei kleinen Produktionen ist, dass für jedes Formteil ein individuelles Werkzeug benötigt wird. Je nach Formteilgeometrie und Qualitätsanforderungen kann dieses Spritzgießwerkzeug einige tausend € (einfachste Kleinformteile), einige zehntausend € (kleine bis mittlere Formteile oder auch mehrere hunderttausend € oder mehr (größere Teile oder Mehrfachwerkzeuge) kosten. Da Spritzgießwerkzeuge in den wenigsten Fällen nach Auslaufen der Produktion auf irgendeine Art verwertet

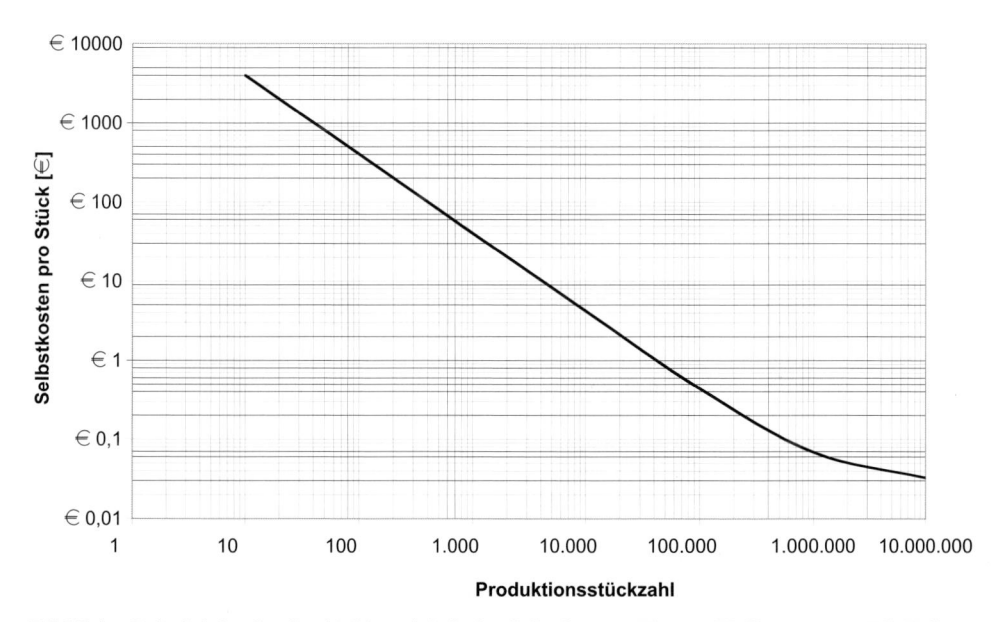

Bild 7-1 Beispiel der Stückzahlabhängigkeit der Selbstkosten: Einweg-Kaffeetasse aus PS, Teilegewicht 10 g, Wandstärke 0.5 mm, Zykluszeit 3 s, Werkzeug mit zwei Kavitäten. Rohmaterialkosten € 1.–/kg

434　*Wirtschaftlichkeit und Kostenrechnen*

Bild 7-2
Kaffeetasse aus PS
Beispiel für die Kostenrechnung (Hersteller: Dispopack SA, CH – 6814 Lamone)

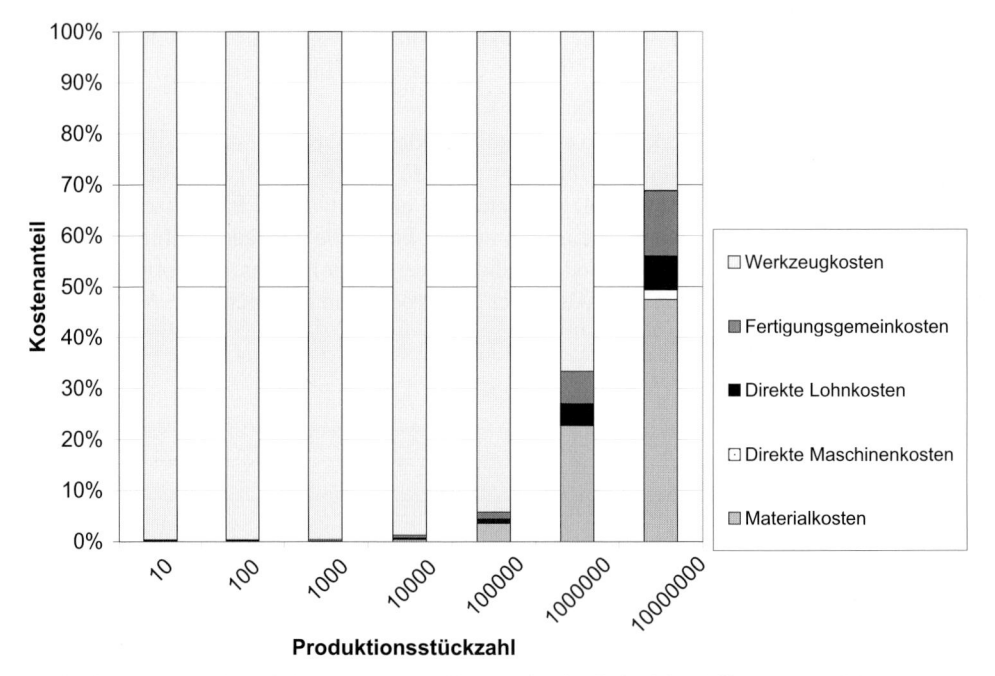

Bild 7-3　Prozentuale Aufteilung der Herstellkosten für das Beispiel „Kaffeetasse aus PS"; die Aufteilung ist typisch für dünnwandige Einwegprodukte aus billigen Rohmaterialien. Bis zu einer Produktion von über 1 Mio. Stück dominieren die Werkzeugkosten (Amortisation, Verzinsung und Instandhaltung). Bei größeren Stückzahlen überwiegen die Materialkosten. Die Maschinenkosten sind von untergeordneter Bedeutung.

werden können, sind sie entsprechend vollständig abzuschreiben. Bei hohen Stückzahlen dominieren in der Kostenstruktur üblicherweise die Rohmaterialkosten.

Die Berechnung der Herstellkosten ist vielfach schon in der Vorprojektierungs- oder Angebotsphase erforderlich, um abzuschätzen, ob ein bestimmtes Produkt überhaupt wirtschaftlich produziert werden kann. Das Vorgehen gliedert sich in:

- Definition des Formteils (wird bei den folgenden Ausführungen als bekannt vorausgesetzt),
- Festlegung des Produktionskonzepts (Werkzeug, Maschine, Peripherie, Zykluszeit, Personalaufwand),
- Abschätzung der Investitionskosten, der Stundensätze und Gemeinkostensätze,
- Kostenkalkulation.

7.1 Festlegung des Produktionskonzepts

7.1.1 Werkzeugkonzept

Das Festlegung des Werkzeugkonzepts und die Abschätzung der Werkzeugkosten sind in der Vorprojektierung die schwierigste Aufgabe. Das Werkzeugkonzept hat aber einen wesentlichen, bei Stückzahlen unter 100 000 sogar dominierenden Einfluss auf die Stückkosten.

7.1.1.1 Kavitätenzahl

Die Kavitätenzahl (Tabelle 7-1) hat einen wesentlichen Einfluss auf die Stückkosten. So können mit einem Vierfachwerkzeug in der gleichen Zeiteinheit rund viermal mehr Teile produziert werden wie mit einem Einkavitätenwerkzeug. Allerdings nehmen auch die Investitionskosten für das Werkzeug nicht ganz um das Vierfache zu. Zudem ist eine Spritzgießmaschine mit einer rund viermal größeren Schließkraft erforderlich. Im Zweifelsfalle lohnt es sich, Varianten der Kostenrechnung mit verschiedenen Kavitätenzahlen durchzuführen, wobei den grösseren technischen Risiken mit Mehrkavitätenwerkzeugen Rechnung zu tragen ist (höherer Ausschussanteil und geringere Verfügbarkeit).

Tabelle 7-1 Richtlinie zur Wahl der Kavitätenzahl von Spritzgiesswerkzeugen bei der Kostenvorkalkulation

1 Kavität	• Großteile (über ca. 1000 cm^2 projizierte Fläche) • Kleinserien (unter 10 000 Stück) • Teile mit zentralem Anschnitt • Neukonstruierte Teile (Versuchswerkzeuge) • Teile mit sehr hohen Qualitätsanforderungen
2 Kavitäten	• Teile mit seitlichem Anschnitt • Seitenverkehrte/symmetrische Teilepaare
4 bis 8 Kavitäten	• Serienteile mittlerer Größe, wenn die Prozessführung bekannt ist und mit ähnlichen Teilen Erfahrungen vorliegen
8 bis 200 Kavitäten	• Großserienfertigung von kleinen und mittleren Teilen, bei denen die Prozessführung bekannt ist und mit denen Erfahrungen vorliegen

7.1.1.2 Qualitätsstandard

Die Formteilgeometrie und die Kavitätenzahl bestimmen die Werkzeugkosten wesentlich. Daneben spielen aber auch die Qualitätsanforderungen an die Formteile eine wichtige Rolle. Stark verteuernd wirken sich aus:

- Hohe Maßgenauigkeit und geringer Verzug. Mit zusätzlichen Aufwendungen wie z.B. Füllsimulationsrechnungen, aufwändiger Werkzeugtemperierung, Korrekturen nach erster Abmusterung muss gerechnet werden.
- Polierte oder strukturierte Oberflächen.
- Sichtflächen ohne Anguss- und Auswerfermarkierungen.
- Verschleißschutz (für z.B. mineral- oder glasgefüllte Polymere).

Andererseits können Werkzeuge für geringe Produktionsstückzahlen und gut fließende thermoplastische Werkstoffe auch aus günstigeren Werkstoffen hergestellt werden, was deren Herstellung erheblich verbilligt.

7.1.1.3 Angusssystem

Auch das Prinzip des Angusssystems beeinflusst die Kostenrechnung erheblich, insbesondere bei Werkzeugen mit mehreren Kavitäten. Heißkanäle bzw. Kaltkanäle bringen gegenüber normalen, erstarrenden Verteilern folgende, für die Kostenrechnung relevanten Einflüsse:

- höhere Werkzeugbeschaffungs- und Instandhaltungskosten,
- meist etwas reduzierte Zykluszeit,
- reduzierter Angussabfall,
- trendmäßig geringere Anlagenverfügbarkeit, wegen der komplexeren Technik.

7.1.2 Definition der Spritzgießmaschine

7.1.2.1 Bestimmung der minimalen Schließkraft

In erster Näherung bestimmt die Schließkraft die Beschaffungskosten für Spritzgießmaschinen. Die folgenden Ausführungen beschreiben eine Methode zur Abschätzung der erforderlichen Schließkraft (Bild 7-5).

Die Werkzeugauftreibkraft F_A ist proportional zu der in die Trennebene projizierten Fläche der Werkzeugkavitäten A_F und dem mittleren, maximalen Werkzeuginnendruck p_{Wm}:

$$F_A = p_{Wm} \cdot A_p \qquad (7\text{-}1)$$

Damit das Werkzeug durch die Auftreibkraft nicht geöffnet wird, muss die Zuhaltekraft F_Z jederzeit größer sein als die Auftreibkraft. Bei der Maschinenauswahl wird die Zuhaltekraft gleich der Schließkraft F_S angenommen.

$$F_S = F_Z \geq F_A \qquad (7\text{-}2)$$

Die projizierte Fläche der Kavitäten lässt sich bei vorgegebener Formteilgeometrie, Kavitätenzahl und definiertem Angusssystem einfach berechnen. Der mittlere, maximale Werkzeuginnendruck hingegen ist von vielen Faktoren abhängig (s. Abschnitt 1.7.1.1). Er kann mittels rechnerischer Füllsimulation oder mit Hilfe von Erfahrungswerten näherungsweise bestimmt werden. Folgende Gesichtspunkte müssen bei einer Abschätzung berücksichtigt werden:

- *Viskosität der Schmelze*
- *Erstarrungsverhalten der Schmelze in der Werkzeugkavität.* Eine schnelle Erstarrung der Randschicht z. B. durch tiefe Werkzeugtemperaturen erhöht den Füllwiderstand. Dadurch wird ein höherer Spritzdruck erforderlich, der zur Erhöhung der Auftreibkraft führt. Aus diesem Grund erreicht man bei dünnwandigen Formteilen mit der Erhöhung der Einspritzgeschwindigkeit eine Reduktion des Werkzeuginnendrucks und damit eine Reduktion der Schließkraft.
- *Geometrie der Formteile.* Primär ist es das Verhältnis von Fließweg zu Wanddicke (in der Praxis liegt hier der Bereich zwischen 1 und 500). Speziell dünnwandige Partien am Fließwegende erhöhen den Druckbedarf für eine vollständige Füllung.
- *Länge der Umrisslinie in der Trennebene.* Teile mit langer Umrisslinie (Durchbrüche, filigrane Außenkontur oder auch Mehrkavitätenwerkzeuge) erfordern bei gleicher projizierter Fläche eine höhere Zuhaltekraft (Bild 7-4). Zu erklären ist das Phänomen mit der nie ganz exakten Abstimmung der Trennebene im Werkzeugbau. Am Rand der Kavität eine ausreichende Flächenpressung erforderlich, um die Ungenauigkeiten der Trennebene durch elastische Verformungen zu kompensieren.
- *Zustand des Werkzeugs.* Stark abgenützte Trennebenen erfordern eine Erhöhung der Schließkraft, um Gratbildung zu verhindern.
- *Anordnung der Kavität(en) im Werkzeug.* Bei asymmetrischer Anordnung, die besonders bei Einfachwerkzeugen vorkommt, entstehen exzentrische Auftreibkräfte, die einen erhöhten Schließkraftbedarf verursachen. Für Etagenwerkzeuge rechnet man ebenfalls mit einer höheren Zuhaltekraft.

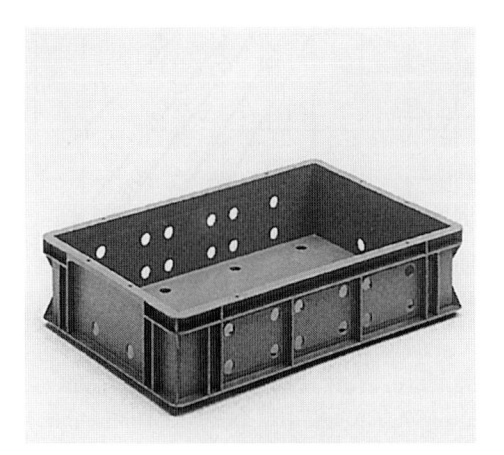

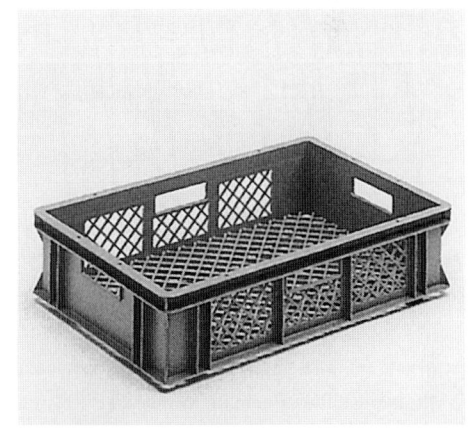

Bild 7-4 Teil mit kurzer (links) und langer (rechts) Umrisslinie

438 Wirtschaftlichkeit und Kostenrechnen

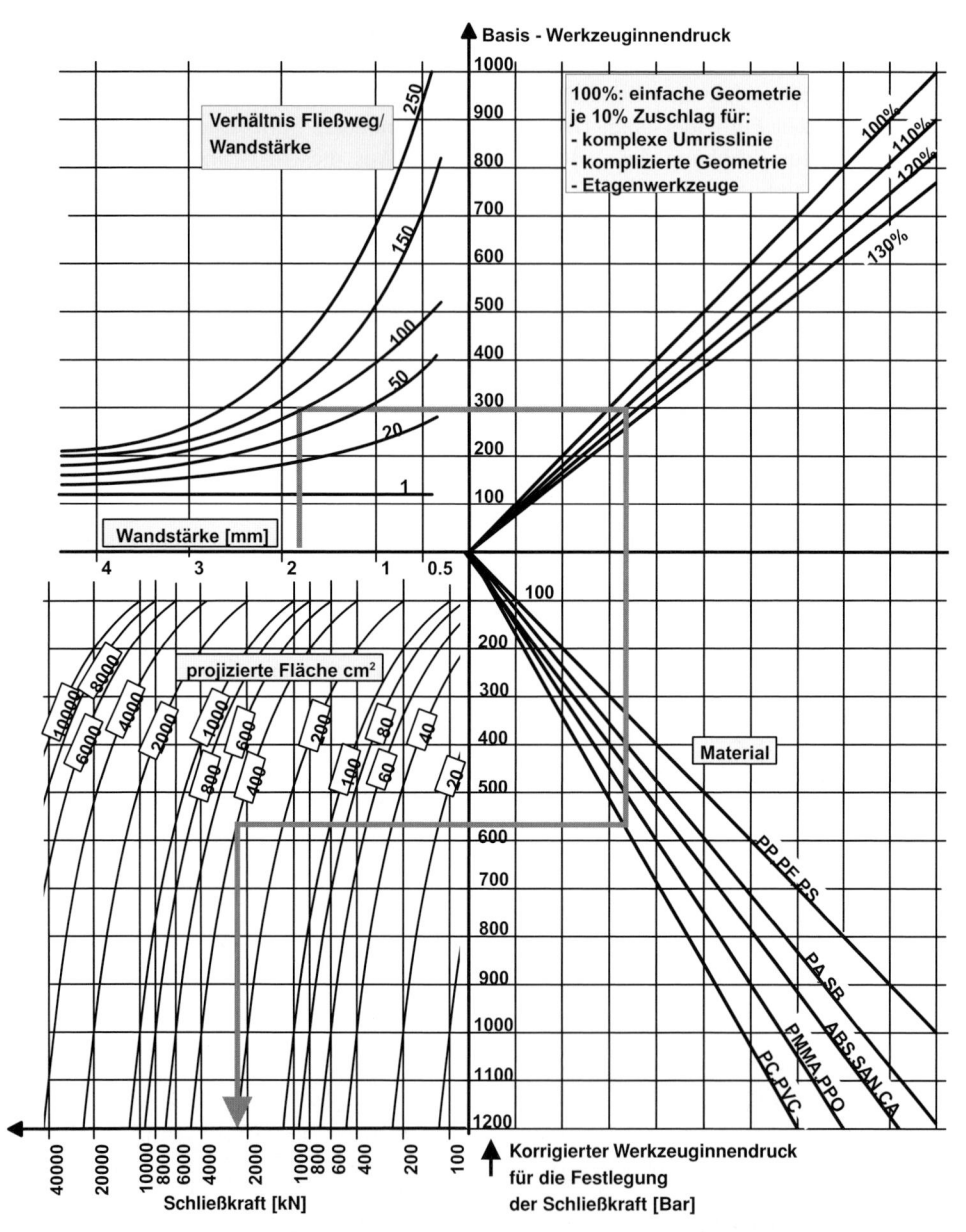

Bild 7-5   Nomogramm zur Grobabschätzung des mittleren Werkzeuginnendrucks und der Schließkraft; dargestelltes Beispiel: Wanddicke 1.8 mm, Fließweg/Wandstärke 100, komplexe Umrisslinie, Werkstoff PC, projizierte Fläche in der Werkzeugtrennebene 400 cm² (nach Unterlagen von E. Genster, Märkische FH, Iserlohn und der Firmen Netstal, Battenfeld)

7.1.2.2 Mindestgröße von Spritzaggregat und Schnecke

Die Größe des Spritzaggregats und der Schneckendurchmesser haben einen nicht unwesentlichen Einfluss auf die Investitionskosten für die Spritzgießmaschine. Die Maschinenhersteller geben in den Datenblättern u. a. die EUROMAP-Größe und das theoretische Hubvolumen an. Es entspricht dem maximalen Hubvolumen der Schnecke und kann in der Praxis nie erreicht werden.

Theoretisches Hubvolumen V_{theor}:

$$V_{theor} = \frac{\pi \cdot D^2 \cdot h_{max}}{4} \qquad (7\text{-}3)$$

mit D Schneckendurchmesser, h_{max} maximaler Schneckenhub.

Das theoretische maximale Schussgewicht W_{theor} beträgt:

$$W_{theor} = V_{theor} \cdot \rho_s \qquad (7\text{-}4)$$

mit ρ_s Dichte der Schmelze im Schneckenvorraum (bei Umgebungsdruck, nach Entlastung der Schnecke, Tabelle 7-2).

Das maximale effektive Schussgewicht Weff ist kleiner als W_{theor}, da die Rückströmsperre nicht vollständig dicht ist und nicht der ganze Schneckenhub ausgenützt werden kann. Der Ausbringungsfaktor α gibt an, wie sich das effektive Schußgewicht verglichen mit dem theoretischen Schußgewicht verhält. Er beträgt ca. 0,96 (für niedrigviskose Massen wie PA) bis zu 0,98 und ist auch vom Zustand der Rückströmsperre abhängig.

$$\alpha = \frac{V_{eff}}{V_{theor}} \qquad (7\text{-}5)$$

Zusätzlich ist eine Schneckenhubreserve von 2–5 % für das Restmassepolster zu berücksichtigen. Näherungsweise rechnet man mit einem Ausbringungsfaktor von 0,9. Das theoretische Hubvolumen beträgt somit:

$$V_{theor} = \frac{W_{eff}}{\rho_s \cdot \alpha} \approx \frac{W_{eff}}{\rho_s \cdot 0{,}9} \qquad (7\text{-}6)$$

Für eine grobe Abschätzung des benötigten *Spritzdrucks* können Tabelle 7-3 oder Erfahrungen mit ähnlichen Anwendungen hilfreich sein. Genauere Werte können mit einer Füllsimulationsrechnung einschließlich Anguss ermittelt werden. Zusätzlich müssen die Druck-

Tabelle 7-2 Schmelzdichte ρ_s einiger Polymere bei 1 bar [g/cm³] bei Verarbeitungstemperatur

Kunststoff	Dichte der Schmelze in [g/cm³]
Polystyrol, ABS	0,96
PC	1,09
HDPE, LDPE, PP	0,75
PA 6	0,99
POM	1,20
PMMA	1,10

Tabelle 7-3   Richtwerte für den erforderlichen Einspritzdruck

Verfahren	Spritzdruck p_{max} im Schneckenvorraum
• Niederdruckverfahren • Strukturschaum	20 bis 500 bar
• Fließweg/Wanddicke bis ca. 50 • Wandstärken über 2 mm • gut fließende Werkstoffe (PS, PE, PP usw.)	500 bis 1000 bar
• Fließweg / Wanddicke bis ca. 50 • Wandstärken über 2 mm • Technische Kunststoffe, unverstärkt	1000 bis 1500 bar
• Fließweg/Wandstärke bis ca. 100 • Wandstärken über 0,5 mm • Technische Kunststoffe, verstärkt	1200 bis 1800 bar
• Fließweg/Wanddicken-Verhältnis der Formteile über 100 • hochgefüllte oder hochviskose Materialien • Formteile mit Wanddicken unter 0,3 mm und/oder geringen Angussquerschnitten oder feinen Rippen am Fließwegende • Werkzeuge mit vielen Kavitäten und langen Fließwegen in den Angussverteilern	1500 bis 2500 bar

verluste von der Hydraulik bis zur Düse, wie sie aus Bild 1-28 und 1-29 hervorgehen, berücksichtigt werden.

Wenn das erforderliche theoretische Einspritzvolumen und der maximal erforderliche Spritzdruck p_{max} bekannt ist, lässt sich die minimale Größe des Spritzaggregates nach EUROMAP (im Folgenden „EM" benannt) bestimmen. Diese definiert das theoretische Einspritzvolumen Vtheor bei einem Referenzdruck von 1000 bar und errechnet sich nach Gleichung (7-7):

$$EM = \frac{W_{theor} \cdot P_{max}}{1000} = \frac{W_{eff} \cdot P_{max}}{900 \cdot \rho_s} \qquad (7\text{-}7)$$

Da in der Praxis der Förderwirkungsgrad der Schnecke beim Einspitzen unter 100% liegt, empfiehlt es sich, eine Reserve von mindestens 10% zu berücksichtigen:

$$EM_{eff} = 1{,}1 \cdot EM_{theor} \qquad (7\text{-}8)$$

7.1.2.3   Maschinenantrieb

Die Mehrzahl der heute verfügbaren Spritzgießmaschinen sind bei gegebener Schließkraft mit verschiedenen Antriebsleistungen und Antriebskonfigurationen erhältlich. Bei Thermoplast-Spritzgießmaschinen ist der Plastifizierantrieb der größte Energieverbraucher. Deshalb wird der Maschinenantrieb für die zu erwartende Plastifizierleistung ausgelegt. Die Spitzenleistung ist allerdings oft für das Einspritzen erforderlich und hat ebenfalls Einfluss auf das Antriebskonzept und somit auf die Investitionskosten.

Da sich heutige Spritzgießmaschinen hinsichtlich Antriebkonzept (hydraulisch, elektrisch, hybrid) und Wirkungsgrad stark unterscheiden, ist eine einfache Methode zur rechnerischen

Tabelle 7-4   Abschätzung der erforderlichen Leistungsstufe des Maschinenantriebes

Art der Produktion	Erforderliche Antriebsleistung	Parallelfunktion Plastifizieren + Öffnen/Schließen	Hohe Einspritzgeschwindigkeit (Hydraulik: Akkumulator)
Formteilwandstärke > 3 mm	niedrig	keine	keine
Formteilwandstärke 1–3 mm	mittel	keine	keine
Formteilwandstärke unter 1 mm und/oder Fliessweg/Wandstärke > 100	hoch	ja	ja

Bestimmung der für eine bestimmte Produktion erforderliche Leistungsstufe nicht verfügbar. Mit Tabelle 7-4 wurde der Versuch einer groben Einstufung unternommen.

7.1.3   Abschätzung der Zykluszeit

Für die Bestimmung der Zykluszeit werden, sofern keine Erfahrungswerte vorliegen, die Zeiten der einzelnen Funktionen abgeschätzt und addiert (s. Tabelle 7-5 sowie Bild 7-6 und 7-7).

Tabelle 7-5   Beispiel einer Zykluszeitabschätzung: Kaffeetasse aus PS. Die Bestimmung der einzelnen Teilzeiten wird in den folgenden Abschnitten 7.1.3.1 bis 7.1.3.6 beschrieben

Funktion	Zeit [s]	Bemerkungen
Schließen	0,4	Schnelle Bewegung, keine Kernzüge, Hub 150 mm
Einspritzen	0,4	
Kühlzeit	1,0	
Plastifizieren (nicht addieren)	(0,7)	Kritisch, da mehr als 50 % der Kühlzeit. Entscheid: Maschine mit Parallelantrieb verwenden
Öffnen	0,4	Schnelle Bewegung, keine Kernzüge, Hub 150 mm
Auswerfen	0	Keine mechanische Auswerfer
Pause	0,6	Ausblasen mit Luftauswerfer
Total Zykluszeit	2,8	

Schließen >	Einspritzen >	Kühl- / Härtezeit >		Öffnen >	Auswerfen >	Teilentnahme >
		Nachdruck >				
			für Plastifizierung verfügbare Zeit ▶			

Bild 7-6   Der einfachst mögliche Zyklusablauf: Folge der Einzelfunktionen

442 *Wirtschaftlichkeit und Kostenrechnen*

Schließen >	Einspritzen >	Kühl- / Härtezeit >		Öffnen >	Auswerfen >	Teilentnahme >
		Nachdruck >	Plastifizieren >			

für Plastifizierung verfügbare Zeit

Bild 7-7 Zyklusablauf mit Parallelfunktion Plastifizieren + Öffnen/Entformen/Schließen; die Zykluszeit lässt sich so bei dünnwandigen Formteilen mit kurzer Kühlzeit reduzieren; es ist dafür ein Maschinenantrieb erforderlich, der diese Betriebsart zulässt

7.1.3.1 Schließen und Öffnen des Werkzeugs

Die für den Hub der Schließeinheit erforderliche Zeit ist abhängig von der verfügbaren Maschinenleistung und der Werkzeugkonstruktion. Werkzeuge mit mechanischen Kernzügen dürfen nicht mit hohen Geschwindigkeiten geschlossen werden, um den Verschleiß in Grenzen zu halten. Auch ist für eine wirksame Werkzeugsicherung eine Verzögerung der Bewegung erforderlich. Die Kurve „schnell" in Bild 7-8 ist für Werkzeuge ohne mechanische Kernzüge und Hochleistungsmaschinen anwendbar.

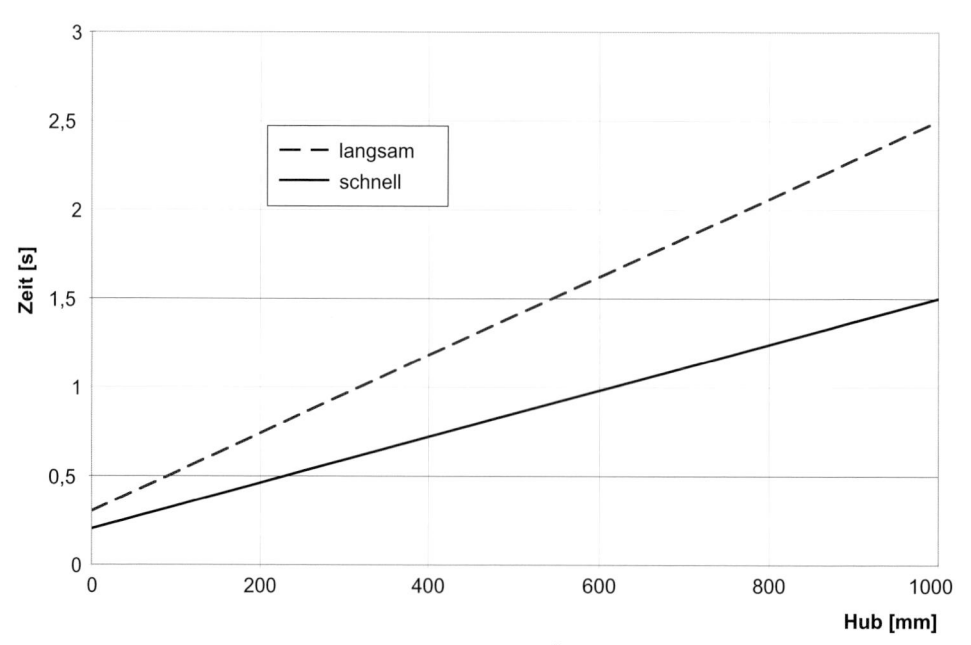

Bild 7-8 Diagramm zur Abschätzung der Schließ- oder Öffnungszeit

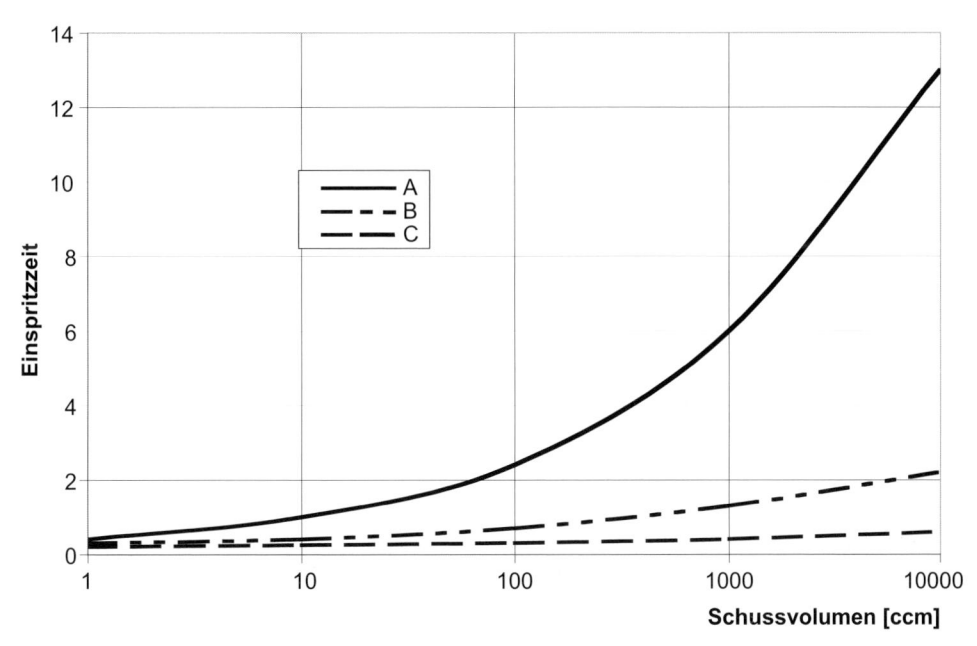

Bild 7-9 Diagramm zur Grobabschätzung der Einspritzzeit

7.1.3.2 Einspritzen

Die Einspritzzeit kann aus dem Schussvolumen und dem Einspritzstrom bestimmt werden. Der Einspritzstrom ist durch den Schneckendurchmesser und die Schneckenvorlaufsgeschwindigkeit bestimmt. Dabei ist zu berücksichtigen, dass hohe Schneckenvorlaufsgeschwindigkeiten bzw. Einspritzströme zu stärkerer Materialschädigung und Werkzeugentlüftungsproblemen führen können. Kurve A in Bild 7-9 gilt für dickwandige Formteile und Teile aus scherempfindlichen Polymeren. Kurve B ist der Maximalwert, der mir Standard-Spritzgießmaschinen erreichbar ist, Kurve C kann für Hochleistungsmaschinen im Verpackungsspritzguss verwendet werden.

7.1.3.3 Kühlzeit inkl. Nachdruckzeit

Für die rechnerische Bestimmung der Kühlzeit sei auf den Abschnitt 1.7.2.2 verwiesen. In grober Näherung kann dafür Bild 7-10 verwendet werden

444 Wirtschaftlichkeit und Kostenrechnen

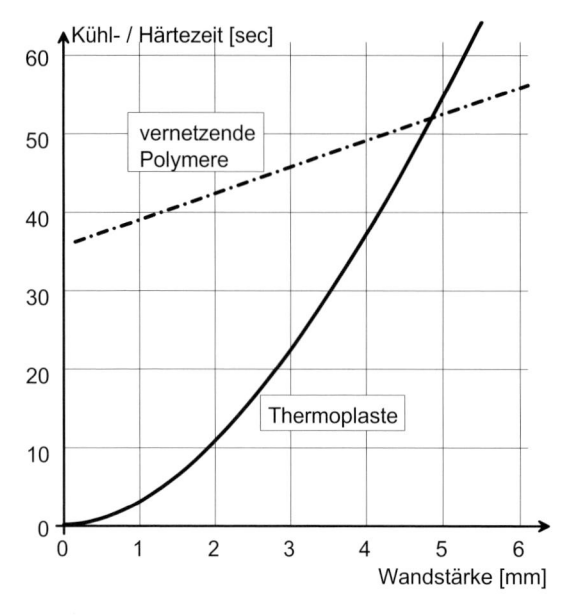

Bild 7-10 Diagramm für die Grobabschätzung der Kühl-/Härtezeit beim Spritzgießen

7.1.3.4 Nachdruck- und Plastifizierzeit

Der Nachdruck beginnt nach der volumetrischen Füllung der Kavitäten. Die Nachdruckzeit ist von der Formteil- und Angussgeometrie abhängig. Sie ist in jedem Fall kürzer als die physikalische Kühlzeit, lässt sich mit einfachen Mitteln nicht abschätzen. Die Plastifizie-

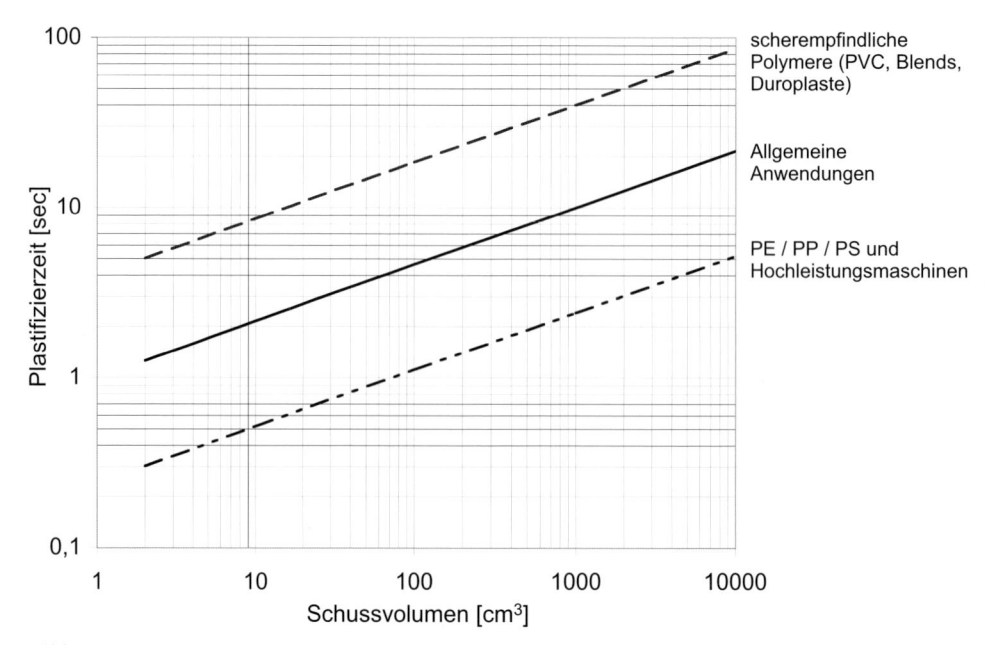

Bild 7-11 Diagramm zur Abschätzung der Plastifizierzeit

rung findet im Anschluss an den Nachdruck, während der Restkühlzeit statt. Aus Gründen der Wirtschaftlichkeit ist anzustreben, dass die Nachdruck- und Plastifizierzeit zusammen kleiner sind als die physikalische Kühlzeit. Falls dies nicht möglich scheint, bestehen folgende Möglichkeiten:

- Wahl eines größeren Spritzaggregats und Erhöhung der Schneckendrehzahl,
- Wahl einer Spritzgießmaschine mit einem Antrieb, der Parallelfunktionen erlaubt, wodurch mehr Zeit für die Plastifizierung verfügbar ist (vgl. 7.1.3),
- Akzeptierung einer Zykluszeitverlängerung (Verlängerung der Kühlzeit).

Die Plastifizierzeit sollte, bei Einsatz einer Standardmaschine ohne Parallelantriebe, in der Zykluszeitkalkulation 50 % der Kühlzeit nicht überschreiten. Für die Bestimmung der Plastifizierzeit können Leistungsdaten der Maschinenhersteller oder Diagramme wie z. B. Bild 7-11 verwendet werden. Die mittlere Kurve geht von einer Nutzung von 66 % des theoretischen Hubvolumens und einer Schneckenumfangsgeschwindigkeit von 0,8 m/s aus, was für die Mehrzahl der thermoplastischen Polymere zulässig ist. Die untere Kurve ist für Anwendungen im Verpackungsspritzguss und Spritzgießmaschinen mit Hochleistungsantrieb berechnet. Sie geht von einer Nutzung von lediglich 20 % des Hubvolumens aus, d. h. von einem vergleichsweise großen Spritzaggregat. Die obere Kurve gilt für sehr empfindliche Polymere und Schneckenumfangsgeschwindigkeiten von 0,2 m/s. Alle Daten gelten für Standardschnecken.

7.1.3.5 Auswerfen

Meist wird mit Hilfe von mechanischen Auswerfern entformt. Die dafür nötige Zeit lässt sich aus Bild 7-12 abschätzen. Unter Umständen ist eine Repetierbewegung nötig. Die Zeit ist dann mit der Anzahl Repetierbewegungen zu multiplizieren. Wird nur mit Hilfe von Luft entformt, entfällt diese Zeit. Hohe Geschwindigkeiten sind für dünnwandige Verpackungsteile üblich.

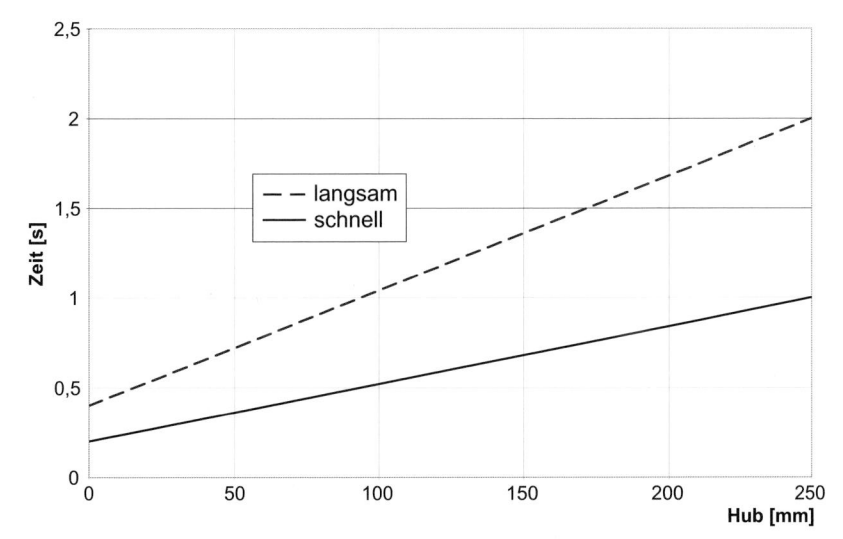

Bild 7-12 Erforderlicher Zeitaufwand für das mechanische Auswerfen (total vor- plus zurückfahren), abhängig vom Auswerferhub und der Auswerfergeschwindigkeit

7.1.3.6 Teilentnahme („Pause")

Meist ist es erforderlich, die Schließeinheit in der offenen Position, nach der Auswerferbetätigung, eine gewisse Zeit offen zu belassen, um den Formteilen den freien Fall aus dem Werkzeugbereich oder einem Entnahmegerät dessen Funktion zu ermöglichen. Je nach Konstruktion weisen Entnahmegeräte Geschwindigkeiten von 0,3 bis 2 m/s auf. Für das Greifen der Formteile ist mit ca. 0,3 s zu rechnen.

7.2 Abschätzung der Rohmaterial- und Investitionskosten

7.2.1 Rohmaterialkosten

Die Rohmaterialkosten schwanken konjukturbedingt, in Abhängigkeit vom Naphtapreis und der Abnahmemenge zum Teil drastisch. Deshalb sind die in Tabelle 7-6 benannte Preise lediglich als grobe Richtwerte anzusehen.

Tabelle 7-6   Kosten von gängigen thermoplastischen und duroplastischen Formmassen in €/kg

Kunststoff	Kostenbereich	
	von	bis
ABS	€ 1,25	€ 2,50
EPDM	€ 1,90	€ 2,25
LCP-GF 50	€ 20,00	€ 24,00
NBR	€ 1,90	€ 2,25
PA 6	€ 2,25	€ 2,65
PA 6-GF 30	€ 2,40	€ 3,00
PA 66	€ 2,45	€ 3,10
PBT-GF 30	€ 2,75	€ 3,30
PC	€ 2,85	€ 3,25
PC + ABS	€ 2,40	€ 3,00
PE-LD	€ 0,85	€ 0,90
PEEK	€ 55,00	€ 70,00
PEI	€ 10,00	€ 20,00
PET (Flaschenmaterial)	€ 0,80	€ 1,20
PMMA	€ 1,90	€ 2,40
POM	€ 2,90	€ 2,65
PS	€ 0,75	€ 0,90
PUR-RIM	€ 2,50	€ 3,25
PVC	€ 0,73	€ 0,78
TPE-U	€ 4,00	€ 6,50
UP-GF30 SMC	€ 2,60	€ 3,00

7.2.2 Beschaffungskosten für Spritzgießmaschine und Peripherie

Bild 7-13 dient zur Abschätzung der Beschaffungskosten von Maschine und Peripherie. Das Diagramm gilt für Basisausführungen und Hochleistungsmaschinen. Hochleistungsmaschinen sind insbesondere für die Herstellung von dünnwandigen Formteilen mit kurzen Zykluszeiten (unter ca. 5 s) erforderlich. Sie sind mit einem für Parallelbewegungen, hohe Einspritzgeschwindigkeit und Plastifizierleistung konzipierten Antrieb ausgerüstet. Für Zweikomponentenmaschinen ist mit Mehrkosten von ca. 30 % zu rechnen.

Zu den Kosten der Maschine sind die Kosten der nötigen Peripherie zu addieren. Einfachste pneumatische Entnahmegeräte („Anguss- Picker") sind ab ca. € 4000,– zu haben, ermöglichen aber keine geordnete Ablage der Teile. Die Preise für dreiachsige Linearhandlinggeräte mit pneumatischem Antrieb beginnen bei ca. € 15 000,–, für elektrisch getriebene Geräte (geregelte Asynchronmotoren) bei ca. € 30 000,–. Mehrachsige Entnahmegeräte mit schnellen und präzisen Servoantrieben wie auch servoelektrische Knickarm-Roboter liegen im Bereich ab ca. € 40 000,–. Die Preise sind von den maximalen Hüben, der Nutzlast und der Greiferkonstruktion abhängig.

Für Werkzeug-Temperiergeräte ist pro Temperierkreis je nach Leistung mit € 1500,– bis € 3000,– zu rechnen. Für Werkzeugtemperaturen über 150 °C kosten Wärmeträgeröl-Temperiergeräte ca. € 10 000,– pro Temperierkreis.

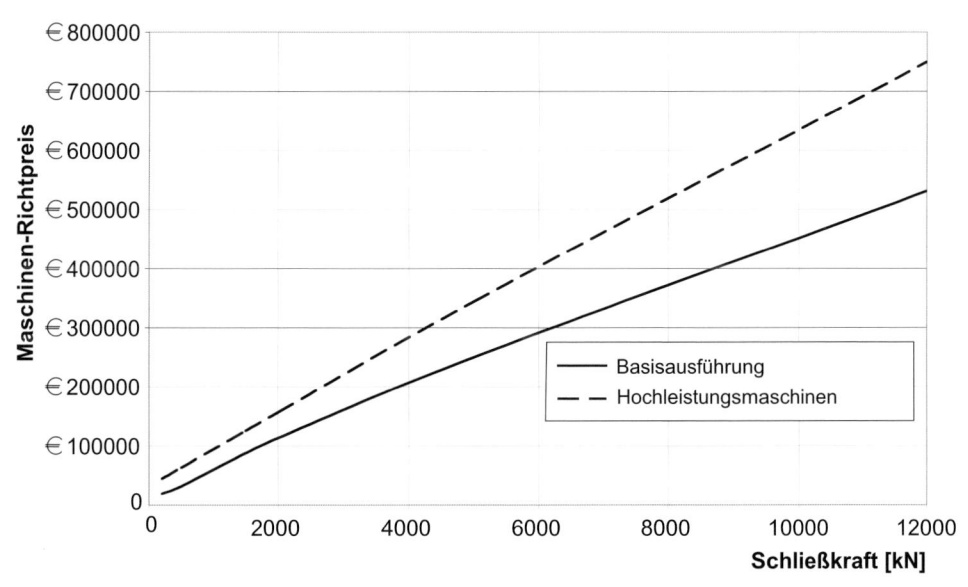

Bild 7-13   Richtpreise von Spritzgießmaschinen 2000

7.2.3 Werkzeugkosten

In erster Näherung sind die Werkzeugkosten abhängig von der Werkzeuggröße, der Komplexität von Funktionen und Konturen (Bild 7-14). Weitere kostensenkende oder erhöhende Einflüsse sind in Tabelle 7-7 aufgelistet.

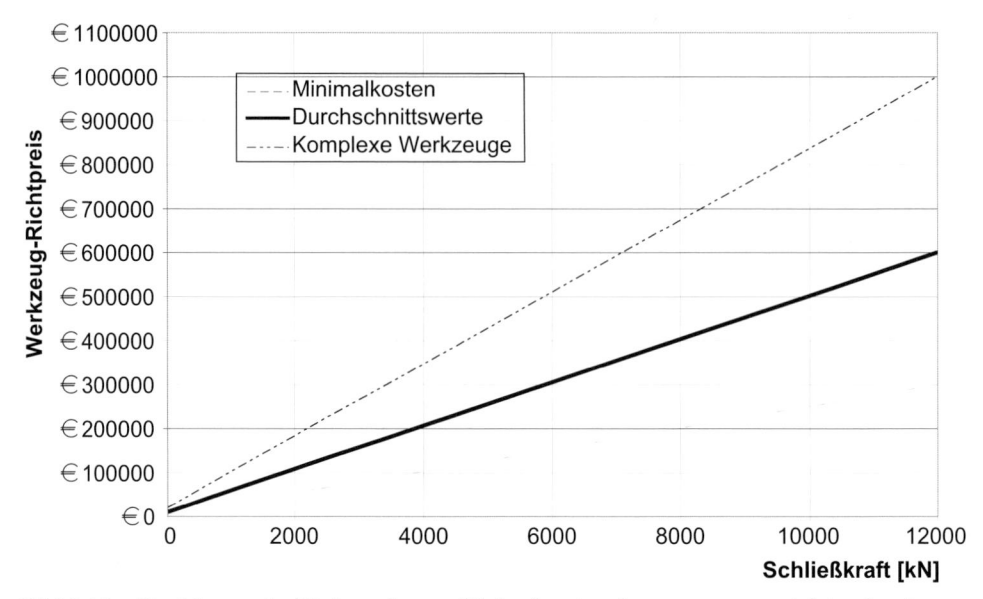

Bild 7-14 Abschätzung der Werkzeugkosten (Einkaufspreise abgemusterter, produktionsbereiter Werkzeuge)

Tabelle 7-7 Einflussfaktoren bei der Abschätzung der Werkzeugkosten

Kosten senkend wirkt sich aus:	Kosten erhöhend wirkt sich aus:
• nur eine Kavität	• Mehrkavitätenwerkzeuge
• einfache Formteilgeometrie (z. B. rotationssymmetrisch)	• Heisskanal
	• Zahlreiche und enge Toleranzen
• einfacher Anguss (z. B. Stangenanguss)	• Schieber und Kernzüge
• keine hohen Qualitätsanforderungen an die Formteile	• hochglanzpolierte oder strukturierte Oberflächen
• geringe geforderte Standzeit des Werkzeugs	• Hochleistungstemperierung
• keine polierten oder strukturierten Oberflächen	• Werkzeuginnendruckfühler
• Verzicht auf mechanische Auswerfer	• Luftauswerfer

7.3 Kostenkalkulation

7.3.1 Methoden der Kostenrechnung

Auf die Detailkalkulation (Tabelle 7-8) wird hier nicht weiter eingegangen. Sie ist eine rein buchhalterische Angelegenheit.

7.3.2 Zuschlagskalkulation

Bei der Zuschlagskalkulation werden nur die wichtigsten direkten Fertigungskosten exakt kalkuliert, alle übrigen Kosten mit prozentualen Zuschlägen abgeschätzt. Diese prozentualen Zuschläge sind mittels Nachkalkulation für den jeweiligen Betrieb zu berechnen oder abzuschätzen und werden als bekannt vorausgesetzt.

Tabelle 7-8   Vor- und Nachteile gängiger Kostenkalkulationsmethoden

	Detailkalkulation	Zuschlagskalkulation
Basis	Vor- oder Nachkalkulation der Entwicklungs-, Fertigungs-, Unterhalts-, Betriebsmittel- und Verkaufskosten usw.	vorkalkulierte Fertigungskosten und nachkalkulierte bzw. geschätzte Gemeinkosten
Vorteil	Genauigkeit	schnell und einfach
Nachteil	umständlich, weil Detaildaten oft nicht verfügbar sind	nur korrekt, wenn die geschätzte Maschinenauslastung und -Lebensdauer erreicht wird
Wann sinnvoll?	Großserienteile (Dauerläufer) und Nachkalkulation für die Vorkalkulation, d.h. neue Produkte oder Produktionen auf neu zu beschaffenden Maschinen/Anlagen	für die Vorkalkulation, d.h. neue Produkte oder Produktionen auf neu zu beschaffenden Maschinen/Anlagen

7.3.2.1   Materialkosten pro Los

Die Materialkosten setzen sich zusammen aus den Einkaufskosten und dem Gemeinkostenzuschlag, der den Aufwand für den Einkauf, die Eingangskontrolle, die Lagerhaltung, innerbetriebliche Transporte usw. umfasst (in der Praxis liegt dieser Zuschlag meist zwischen 6 und 12%). Zu berücksichtigen sind auch die Materialverluste. Die Materialkosten pro Los ergeben sich wie folgt:

$$\text{MTK} = \frac{\text{GW} \cdot \text{PL} \cdot \text{ME} \, (100 + \text{MKG})}{1000 \, (100 - \text{NV})} \qquad (7\text{-}9)$$

mit GW Formteilgewicht [g], PL Produktionslos (Anzahl gute Formteile), ME Material-Einkaufskosten [Währungseinheit/kg], MTK Materialkosten pro Los [Währungseinheit], MGK Material-Gemeinkosten [% von MK].

7.3.2.2   Direkte Maschinenkosten pro Los

Die Produktionsdauer beträgt:

$$\text{PD} = \frac{\text{PL} \cdot \text{ZZ} \cdot 100}{3600 \cdot \text{KZ} \cdot \text{SY}} \qquad (7\text{-}10)$$

mit PD Produktionsdauer [h], PL Produktionslos (Anzahl gute Formteile), ZZ Zykluszeit [s], KZ Kavitätenzahl des Werkzeugs [-], SY Systemauslastung [% effektive Betriebszeit mit Gutteilen], MB Maschinenbelegungszeit, ZE Zeitaufwand Einrichten pro Los, inkl. Demontage [h].

Maschinenbelegungszeit ergeben sich aus der Produktionsdauer und dem Zeitaufwand für das Einrichten:

$$\text{MB} = \text{PD} + \text{ZE} \qquad (7\text{-}11)$$

Die direkten Maschinenkosten setzen sich zusammen aus den Amortisationskosten (Investitionskosten geteilt durch die Lebensdauer, multipliziert mit der Maschinenbelegungszeit) und der Verzinsung des Kapitals (Verzinsung des halben Kapitals, umgerechnet auf die Maschinenbelegungszeit). Die direkten Maschinenkosten pro Los berechnen sich somit als:

$$\text{MSK} = \text{MB} \cdot \left(\frac{\text{IK}}{\text{AM} \cdot \text{MA}} + \frac{\text{IK} \cdot \text{ZI}}{2 \cdot 100 \cdot \text{MA}} \right) \tag{7-12}$$

mit MSK direkte Maschinenkosten pro Los [Währungseinheit], IK Investitionskosten SGM + Peripherie [Währungseinheit], AM Amortisationsperiode Maschine + Peripherie [Jahre], MA mittlere Maschinenauslastung [h/Jahr], ZI Kapitalzinsfuss [%]

7.3.2.3 Direkte Lohnkosten pro Los

Die direkten Lohnkosten umfassen die Löhne und Lohnnebenkosten (einschließlich Gratifikationen, Pensionskasse, Versicherungen, Urlaub usw.) des direkt mit der Produktion beschäftigten Personals. Beim Personalaufwand pro Produktionsstunde ist zu berücksichtigen, dass eine Person meist mehrere Maschinen beaufsichtigen kann, d. h. dieser Wert liegt meist deutlich unter 1.

$$\text{DLK} = \text{PD} \cdot \text{PP} \cdot \text{LP} + \text{EA} \cdot \text{LE} \tag{7-13}$$

mit DLK direkte Lohnkosten pro Los [Währungseinheit], PP Personalaufwand Produktion [Mannstunden pro Produktionsstunde], LP Lohnkosten Produktionspersonal inklusive Lohnnebenkosten [Währungseinheit/h], EA Einrichtaufwand [Mannstunden], LE Lohnkosten Einrichter inkl. Lohnnebenkosten [Währungseinheit /Std.].

7.3.2.4 Fertigungsgemeinkosten

Die Fertigungsgemeinkosten enthalten die kalkulatorischen Kosten für:

- Gebäude (Miete bzw. Amortisation und Unterhalt) und Infrastruktur,
- Energie und Betriebsmittel,
- Reparaturen und Unterhalt,
- Qualitätssicherung und Prüfeinrichtungen,
- Konstruktion und Arbeitsvorbereitung,
- Lohnkosten der nicht produktiven Bereiche (Verwaltung, Betriebsleitung usw.),
- Versicherungen,
- Reinigung,
- Schulung.

Die Fertigungsgemeinkosten werden der Summe der direkten Lohnkosten und der direkten Maschinenkosten zugeschlagen (der Fertigungs-Gemeinkostenzuschlag FGZ liegt in der Praxis bei ca. 150 bis 200%)

$$\text{FGK} = \frac{(\text{DLK} + \text{MSK}) \cdot \text{FGZ}}{100} \tag{7-14}$$

mit FGK Fertigungsgemeinkosten [Währungseinheit], FGZ Fertigungs-Gemeinkostenzuschlag [% von DLK + MSK]

7.3.2.5 Werkzeugkosten pro Los

Spritzgießwerkzeuge erreichen in der Praxis eine Lebensdauer von ca. 1 bis 5 Mio. Zyklen, wobei während dieser Zeit die Unterhaltskosten mehr als 100 % der Beschaffungskosten (bzw. 20% pro 1 Mio. Zyklen) ausmachen können. Die folgende Formel berücksichtigt die Amortisation des Werkzeuges, die Kapitalverzinsung und die Reparaturkosten:

$$WZK = \frac{PL \cdot IW}{KZ} \cdot \left(\frac{1}{AW} + \frac{ZI}{200 \cdot NJ} + \frac{UN}{10^8}\right) \tag{7-15}$$

mit WZK Werkzeugkosten pro Los [Währungseinheit], PL Produktionslos (Anzahl gute Formteile), IW Investitionskosten Werkzeug [Währungseinheit], KZ Kavitätenzahl des Werkzeuges [–], AW Amortisationsperiode Werkzeug, Anzahl Spritzgiesszyklen [–], ZI Kapitalzinsfuss [%], NJ Werkzeugnutzung, Zyklen pro Jahr [–], UN Werkzeugunterhaltskosten pro 1 Mio. Zyklen, bezogen auf die Investitionskosten [%].

7.3.2.6 Herstellkosten

Die Herstellkosten [HKL] pro Los betragen:

$$HKL = MSK + DLK + FGK + WZK \tag{7-16}$$

Dividiert durch das Produktionslos ergeben sich die Herstellkosten pro Stück [HK]

$$HK = \frac{HKL}{PL} \tag{7-17}$$

7.3.2.7 Selbstkosten

Die Herstellkosten decken erst die Kosten des Fabrikationsbetriebs. Zur Bestimmung der Selbstkosten wird ein Zuschlag für die Verwaltungs- und Verkaufskosten gemacht, der ebenfalls mittels Nachkalkulation bestimmt wird und erfahrungsgemäß bei ungefähr 20 bis 30% liegt. In diesem Zuschlag sind auch Rückstellungen für Garantiefälle, Ladenhüter usw. einzuschließen. Zusätzlich wird die Verzinsung des Fertigwarenlagers eingerechnet. Dadurch kann abgeschätzt werden, ob eine Just in Time-Fertigung in kleinen Losen oder eine Vorratsfertigung günstiger ist.

$$SKL = \frac{HKL \cdot (100 + VVZ)}{100} \cdot \frac{\left(100 + ZI \frac{LA}{52}\right)}{100} \tag{7-18}$$

$$SK = \frac{SKL}{PL} \tag{7-19}$$

mit SKL Selbstkosten pro Los [Währungseinheit], SK Selbstkosten pro Stück [Währungseinheit], VVZ Verwaltungs- und Verkaufskostenzuschlag [% von HK], LA mittlere Lagerhaltungszeit der Fertigteile [Wochen], PL Produktionslos (Anzahl gute Formteile).

7.3.2.8 Netto-Verkaufspreis pro Stück

Der Gewinnzuschlag wird auf die Selbstkosten geschlagen und ergibt den Netto-Verkaufspreis (unverpackt, ab Werk, exkl. MWST, ohne Vertreterprovision usw.).

$$VP = \frac{SK \cdot (100 + GZ)}{100} \tag{7-20}$$

mit VP Netto-Verkaufspreis pro Stück [Währungseinheit], GZ Gewinnzuschlag [% von den SK].

7.4 Möglichkeiten der Kostenreduktion

Bei größeren Produktionslosen dominieren meist die Materialkosten, sie können weit über 50% der Selbstkosten ausmachen. Einsparpotentiale:

- bessere Einkaufsbedingungen,
- Ausschussverminderung,
- Änderung der Materialspezifikationen (z. B. Verwendung von Mahlgut/Rezyklat).

Bei kleinen Losen schlagen die Einrichtkosten und die unproduktiven Maschinenstunden stark zu Buche. Zu den möglichen Massnahmen zählen:

- bessere Vorbereitung der Werkzeuge und der Peripherie,
- Verwendung von Schnellkupplungen und Werkzeugspannsysteme,
- automatisierte Materialfördersysteme,
- Schulung des Personals,
- Optimierung durch Produktionsplanung.

Bei kleinen Produktionsstückzahlen sind meist die Werkzeugkosten dominierend. Die Sparpotentiale sind hier bescheiden:

- Einsatz von Prototypenwerkzeugen aus Aluminium oder Kunststoff für Kleinstserien,
- Einkavitätenwerkzeuge mit einfachster Angussgestaltung und Ausrüstung,
- Vereinfachung der Formteilgeometrie, evtl. mechanische Nacharbeit.

Geringe Systemauslastung durch Betriebsunterbrechungen und Qualitätsprobleme (Ausschuss) sind oft Ursache von überhöhten Kosten. Hier hilft nur eine sorgfältige Analyse der betrieblichen Abläufe und Stillstandursachen. In größeren Betrieben werden dafür Betriebsdatenerfassungssysteme eingesetzt. Die Gründe einer schlechten Systemauslastung können sein:

- mangelhafte Optimierung der Produktionssysteme,
- schlecht gewartete Produktionsanlagen,
- Logistikprobleme (Materialversorgung, Abtransport, Betriebsmittel),
- unzuverlässige Werkzeuge,
- schlecht motiviertes/ausgebildetes Personal,
- schlecht organisierte Arbeitsabläufe (z. B. bei halbautomatischem Betrieb).

Wenn die direkten Personalkosten einen zu hohen Anteil ausmachen, sind folgende Maßnahmen denkbar:

- Automatisierung, z. B. durch Verwendung von Entnahmegeräten anstatt halbautomatischem Betrieb,
- Geisterschichten, um die unproduktiven Nachtzeiten zu nutzen (zusätzlicher Vorteil: Niedertarifstrom).

Ungeeignete oder überdimensionierte Maschinen und Peripherie beeinträchtigen die Wirtschaftlichkeit ebenfalls stark. Zu geringe Werkzeug-Kavitätenzahlen führen bei Massenartikeln zu überhöhten Herstellkosten. Möglich ist die Umstrukturierung des Betriebs bzw.

zusätzliche Auslastung durch externe Fertigungsaufträge oder „Outsourcing" d. h. Verminderung der eigenen Fertigungstiefe oder -breite.

Die Gemeinkosten machen einen wichtigen Teil der Gesamtkosten aus. Zu deren Verminderung tragen bei:

- Optimierung der Effizienz in den unproduktiven Bereichen.
- Überprüfung der Kosten für Gebäude und Infrastruktur und Reduktion der genutzten Bereiche.
- Bessere Nutzung der Produktionsanlagen durch Schichtbetrieb.
- Bis heute hat der Energie- und Betriebsmittelverbrauch relativ wenig Einfluss auf die Gesamtkosten. Der Anteil beträgt wenige Prozente. Maßnahmen zur Verbrauchsreduktion bedingen oft auch Investitionen. Durch die Liberalisierung der Energiemärkte sind neuerdings günstigere Preise möglich.
- Eine Reduktion der Durchlaufzeiten, der „Ware in Arbeit" und der Fertigwarenlager kann eine Kosteneinsparung bringen (JIT = Just In Time-Fertigung). Reduziert wird dadurch die Kapitalbindung und auch das Risiko von Abschreibungen für unverkäufliche Artikel.

Auch die Qualitätsprobleme (Reklamationen) und Ausschuss können die Kosten massiv belasten. Das Heil wird oft im Aufbau eines Q-Systems gesucht (Q-Zertifizierung). Nur ein motiviertes Personal kann jedoch die damit möglichen Verbesserungen sicherstellen. TQM (Total Quality Management) ist ein anderer Ansatz zur Qualitätsverbesserung. Es strebt eine optimale Organisation und Motivation zur Sicherstellung der Kundenbedürfnisse an.

Literaturverzeichnis

1. VDMA: Kenndaten für die Verarbeitung thermoplastischer Kunststoffe. Rheologie. Carl Hanser Verlag München
2. W. Michaeli: Extrusionswerkzeuge für Kunststoffe und Kautschuk. Carl Hanser Verlag München
3. G. Menges: Einführung in die Kunststoffverarbeitung. Carl Hanser Verlag München
4. S. Stitz: Analyse der Formteilbildung beim Spritzgießen von Plastomeren als Grundlage für die Prozesssteuerung. Technisch-Wissenschaftlicher Bericht. Herausgeber: Institut für Kunststoffverarbeitung (IKV), Aachen
5. F. Johannaber: Kunstoffmaschinenführer. Carl Hanser Verlag München
6. G. Pötsch, W. Michaeli: Injection Molding An Introduction. Carl Hanser Verlag München
7. G. Menges, S. Stitz: Einfluss der Einstellparameter auf den Druckverlauf in Spritzgießwerkzeugen. Kunststoff-Berater 12/1972
8. O. Kretzschmar: Rechnerunterstützte Auslegung von Spritzgießwerkzeugen mit segmentbezogenen Berechnungsverfahren. Technisch-Wissenschaftlicher Bericht. Herausgeber: Institut für Kunststoffverarbeitung (IKV), Aachen
9. G. Wübken: Einfluss der Verarbeitungsbedingungen auf die innere Struktur thermoplastischer Spritzgussteile unter besonderer Berücksichtigung der Abkühlverhältnisse. Dissertation an der RWTH Aachen (IKV), 1974
10. G. Wübken: Thermisches Verhalten und thermische Auslegung von Spritzgießwerkzeugen. Technisch-Wissenschaftlicher Bericht. Herausgeber: Institut für Kunststoffverarbeitung (IKV), Aachen
11. P. Thienel: Der Formfüllvorgang beim Spritzgießen von Thermoplasten. Dissertation an der RWTH Aachen (IKV), 1977
12. A. Kaminski: Messungen und Berechnungen von Entformungskräften an geometrisch einfachen Formteilen. Tagungshandbuch: Berechenbarkeit von Spritzgießwerkzeugen, VDI-Verlag, 1974.
13. O. Zöllner: Otimierte Werkzeugtemperierung. Anwendungstechnische Information der Firma Bayer; ATI 1104 d, e
14. NN: Spritzgießen. Verfahrensablauf, Verfahrensparameter, Prozessführung. Herausgegeber: G. Menges, Institut für Kunsstoffverarbeitung an der RWTH Achen
15. P. Thienel, W. Kemper, L. Schmidt: Praktische Anwendungsbeispiele für die Benutzung von p-v-T-Diagrammen. Plastverarbeiter 30. Jahrgang, 1979, Nr. 1
16. P. Wendisch: Vergleich von p-v-T-Geräten. Kunststoffe 86 (1996) 11
17. W. Haack, J. Schmitz: Rechnergestütztes Konstruieren von Spritzgießformteilen. Vogel-Buchverlag, Würzburg
18. D. Leibfried: Untersuchungen zum Werkzeugfüllvorgang beim Spritzgießen von thermoplastischen Kunststoffen. Dissertation an der RWTH Aachen (IKV), 1970
19. A. K. Doolittle: The dependence of viscosity of liquids on free space. J. app. Physics, Bd. 22 (1951) Nr. 12
20. J. D. Ferry: Viscoelastic properties of polymers. John Wiley & Sons, Inc. New York/London

21. U. Wölfel: Verarbeitung faserverstärkter Formmassen im Spritzgießprozess. Dissertation an der RWTH Aachen 1988
22. R. P. Hegler: Faserorientierung beim Verarbeiten kurzfaserverstärkter Thermoplaste. Kunststoffe 74 (1984) 5
23. L. Klostermann, J. Zöhren: Faserorientierung und Verzug im Formteil. Plastverabeitert 38 (1987) 3
24. O. Zöllner, U. Sagenschneider: Schwindung und Verzug glasfaserverstärkter Thermoplaste lassen sich berechnen. Kunststoffe 81 (1994) 8
25. NN: Störungsratgeber für Oberflächenfehler an thermoplastischen Spritzgussteilen. Herausgeber: Kunststoffinstitut Lüdenscheid
26. D. Schauf: Zusammenhänge zwischen Schwindung, Orientierung, Toleranzen und Verzug bei der Herstellung von Präzisionsformteilen. Plastverabeitert 30 (1979) 9
27. NN: C-Aquameter, Feuchtemessgerät nach einem chemischen Verfahren. Firmenschrift der Brabender Messtechnik, Duisburg
28. NN: Mahlgutverwendung. Technische Information der BASF
29. H.-J. Melerowicz: Kostenstruktur bei der Selbsteinfärbung. SKZ-Seminar: Einfärben von Kunststoffen
30. G. Menges, P. Mohren: Spritzgießwerkzeuge. Carl Hanser Verlag München, 4. Auflage
31. G. Menges, P. Thienel: Eine Messvorrichtung zur Aufnahme von p-v-T-Diagrammen bei praktischer Abkühlgeschwindigkeit. Kunststoffe Bd. 65 1975 H. 10
32. NN: Gleichmäßigkeit und Richtungsabhängigkeit der mechanischen Eigenschaften von Cellidor Spritzgussteilen. Firmenbroschüre 154/77, Bayer AG, Abteilung KL
33. T. Kaupel: Die zentrale, automatische Materialversorgung im Spritzgießbetrieb. Seminar: „Zuführ- und Entnahmetechniken beim Spritzgießen". Süddeutsches Kunststoffzentrum
34. H. Kornmayer: Moderne Peripheriesysteme sichern hohe und konstante Produktqualität bei der Kunststoffverarbeitung. Swiss Plastics 14 (1992) Nr. 8
35. H. Müller: Planung eines modernen Spritzgießbetriebs. In: Der moderne Spritzgießbetrieb. VDI-Verlag Düsseldorf, 1988
36. R. Sarholz: Entnahmetechniken an der Spritzgießmaschine. Fachtagung: Zuführungs- und Entnahmetechniken an der Spritzgießmaschine. Süddeutsches Kunststoffzentrum, 1991
37. D. Meyer: Kunststoffverarbeitung automatisieren. Carl Hanser Verlag München Wien
38. H.-J. Warnecke, V. Volkholz: Moderne Spritzgießfertigung. Carl Hanser Verlag München Wien
39. Regloplas: Handbuch der Temperierung mittels flüssiger Medien. Hüthig Verlag
40. W. Kotzab: Die Temperierung von Spritzgießwerkzeugen durch Impulskühlung. Wieder Temperiertechnik, Schweinfurt
41. W. Benfer: Werkzeugwechselsysteme an Spritzgießmaschinen. Kunststoffe 77 (1987)
42. M. Neubert: Rationalisierung und Automatisierung des Umrüstvorgangs beim Spritzgießen mit Schwerpunkt Werkzeugwechsel und Werkzeugstandardisierung. Diplomarbeit des Studiengangs Kunststofftechnik der FH Würzburg-Schweinfurt im Hause FAG, Kugelfischer. Betreuer: S. Stitz und K. Glaser
43. E. Bürkle, G. Dittel, Th. Schwachulla: Maßgeschneidert oder auf Zuwachs dimensioniert. Kunststoffe (87) (1997) 5
44. H. Wobbe, R. Naville: Verpackungen im Reinraum spritzen. Kunststoffe 86 (1996) 5
45. B. v. Eysmondt: Bausteine und Systematik zur ganzheitlichen Planung von flexiblen, automati-

sierten Fertigungsanlagen in Spritzgießbetrieben. Technisch-wissenschaftlicher Bericht des IKV, Aachen

46. H. Thoma: Spritzgießmaschinentechnik. Kunststoffe 87 (1997) 11
47. W. Michaeli, A. Feldhaus, M. Genz, D. Merchel: BDE-Systeme für Spritzgießbetriebe – eine Marktübersicht. Kunststoffe 81 (1991) 6
48. A. Schmitt: Der Hydrauliktrainer. Vogel Verlag, Würzburg (Rexroth)
49. NN: Fachkenntnisse Metall. Handwerk und Technik
50. Hermann Plank: Vorteile der vollelektrischen Maschinen. PowerPoint-Präsentation der Fa. Ferromatik-Milacron
51. T. F. Robers: Analyse des Betriebsverhaltens von vollelektrischen gegenüber hydraulisch angetriebenen Spritzgießmaschinen basierend auf Vergleichsmessungen. IKV, Aachener Beiträge zur Kunststoffverarbeitung, Band 27
52. B. Stillhard, O. Weber: Vollelektrische Spritzgießmaschine – ein wegweisendes Konzept? Sonderdruck der Fa. Ferromatik-Milacron
53. H. Thoma, B. Stillhard: Elektrische Spritzgießmaschinen – sparsam und genau. Sonderdruck aus Kunststoffe 10/92
54. Ch. Jaroschek: Elektrische und hydraulische Spritzgießmaschinen im Vergleich. Quelle unbekannt
55. P. Gorbach: Handbuch der Temperierung mittels flüssiger Medien. Hüthig Verlag
56. W. Knappe: Die Festigkeit thermoplastischer Kunststoffe in Abhängigkeit von den Verarbeitungsbedingungen. Kunststoffe 51 (1961) 9, S. 562–569
57. H. Rack, T. Fett: Bestimmung biaxialer Eigenspannungen in Kunststoffoberflächen durch Knoop-Härtemessungen. Materialprüfung 13 (1972) 29 S. 37–42
58. K. Ueberreiter: Kristallisationskinetik von Polymeren. Kolloid-Z. Bd. 234 H. 2, S. 1091
59. E. Dietrich, A. Schulze: Statistische Verfahren, 3. Aufl., Hanser Verlag, München, 1998
60. NN: Worldwide Quality System Standart, Ford Motor Co., Q 101, 1990
61. G. Menges, S. Stitz, J. Vargel: Grundlagen der Prozesssteuerung beim Spritzgießen. Kunststoffe 61 (1971) 2
62. S. Stitz, H. A. Hengesbach: Analog arbeitende Prozessführungsgeräte für Spritzgießmaschinen. Plastverarbeiter (25) 1974/4
63. IBOS: CIM/PRO: Das System zur Optimierung und Stabilisierung Ihrer Spritzgießfertigung. Firmenbroschüre der IBOS Qualitätssicherungssysteme GmbH, Aachen
64. Gierth u. Wybitul: Promon-Basis- und -Sub-Systeme. Firmenbroschüren der Gierth u. Wybitul Ingenieurgesellschaft mbH, Baesweiler
65. NN: Plastics Xpert – Die inovative Lösung für die Produktion von Kunststoff-Formteilen. Firmenbroschüre der Firma Moldflow. Moldflow-Vertriebs-GmbH, Hürth-Efferen
66. R. G. Speight, A. J. Monroe und A. Khassapov: Benefits of velocity phase profiles for injection molding. Begleitbuch zur ANTEC 1998 S. 520f.
67. J. C. Rowland, K. Ho-Le, Moldflow: Process Quality Assurance For Injection Molding Of Thermoplastic Polymers. Begleitbuch zur ANTEC 1994 S. 389f.
68. H. Offergeld, M. Haupt, O. Kaiser: Automatically Optimizing the Operation Point in Injection Molding. Kunststoffe German Plastics 82 (1992) 8
69. W. Michaeli, R. Vaculik, K. Wiybitul, M. Gierth: Qualitätsüberwachung beim Spritzgießen von Recyclat. Plastverarbeiter 44 Januar 1993

70. R. Bourdon: Zur Optimierung der Prozessrobustheit beim Spritzgießen. Technisch-wissenschaftlicher Bericht des Lehrstuhls für Kunststofftechnik der UNI Erlangen-Nürnberg
71. M. Popp: Statistische Versuchsmethodik beim Spritzgießen. Seminarhandbuch des SKZ
72. J. Rothe: Sonderverfahren des Spritzgießens. Kunststoffe 87 (1997) 11
73. NN: Engel Technologie: Combimelt. Firmenbroschüre der Engel Vertriebsgesellschaft M.B.H. A-4311-Schwertberg
74. NN: Die Arburg Sonderverfahren: Innovative Technologien konsequent nutzen. Technische-Information der Firma Arburg, Loßburg
75. Ch. Jaroschek: Elegant? Preiswert? Oder sogar beides? – Sandwich- und Gasinnendruck-Verfahren im Vergleich. Kunststoffe 87 (1997) 9, S. 1172–1176
76. H. Eckardt: Mehrkomponenten-Spritzgießtechnik bietet Qualitätsnutzen. Interne Veröffentlichung, Battenfeld, Meinerzhagen
77. C. Jaroschek: Verbundspritzgießen mit einer Spritzeinheit
78. R. Killermann: Gasinnendruckverfahren, Anlagen und Werkzeugtechnik. Broschüre der Firma Krauss-Maffei
79. NN: Gasinjektions-Technik. Broschüre, IKV, Aachen 1995
80. A. Riewel, M. Knoblauch, P. Eyerer: Oberflächenfehler vermeiden bei der Gasinjektion. Kunststoffe 89 (1999) 7
81. W. Michaeli, A. Brunswick, T. Pohl: Gas oder Wasser? – Spritzgießen von Hohlkörpern durch Fluidinjektion. Kunststoffe 89 (1999) 9
82. NN: Dreidimensionale Kunststoffdekoration. Broschüre der Firma Kurz, Fürth
83. NN: Anwendungstechnische Information ATI 900. Bayer AG, Leverkusen, 1995
84. E. Bürkle u.a.: Großflächige Bauteile im Urformwerkzeug kaschieren. Kunststoffe 82 (1992) 10
85. T. Jud: Analyse der Hinterspritztechnik zur Übertragung des Verfahrens vom Spritzgießen auf das Pressen. Studienarbeit am IKV, 1993
86. NN: Firmenschrift. Mann + Hummel, Ludwigsburg 1993
87. E. Schmachtenberg: Technologiemarketing für Schmelzkerntechnik. IKM GmbH, Essen 1995
88. U. Haak: Plastverarbeiter 26 (1984) 6
89. NN: Firmenschrift: Hoechst AG, Frankfurt/Main
90. H. Bangert, H. Goldbach, K. Konejung: Kreative Materialkombinationen – Beispiel innovativer Anwendungen
91. A. Jaeger: Neues vom Mehrkomponenten-Spritzgießen. Kunststoffe 89 (1999) 9
92. N. Kudlik: Dünnwandtechnik. Kunststoffe 89 (1999) 9
93. NN: Netstal News. Nr. 31/April 1997
94. NN: Netstal News. Nr. 33/April 1998
95. F. Ehrig u.a.: Mikrotechnik: Neue Dimensionen in der Kunststoffverarbeitung. 19. IKV-Kolloquium Aachen 1998
96. W. Kaiser u.a.: Spritzguss stößt in immer kleinere Dimensionen vor. Kunststoffe-Synthetics 2/99
97. F. Nöker: Perspektiven und Möglichkeiten des Spritzgießens in der Mikrotechnik. SKZ-Seminar
98. A. Nagel, K. Ringel, H. Scherz: Qualitätsmanagement für kleine und mittlere Unternehmen.

Ein Leitfaden zur Einführung eines Qualitätsmanagementsystems. Herausgeber: Bayerisches Staatsministerium für Wirtschaft, Verkehr und Technologie

99. C. Bader: Automatische Optimierung. Kunststoffe 88 (1998) 9
100. NN: Powder Injection Moulding (PIM). Technische-Information der Firma Arburg, Loßburg
101. Ch. Schuhmacher: Durch Pulverspritzgießen zu neuen Formen. Kunststoffe 88 (1998) 9
102. B. Koch, G. Knözinger, T. Pleschke, H. Wolf: Hybrid-Frontend als Strukturbauteil, Kunststoffe 89 (1999) 3
103. A. Dworog, D. Hartmann: Thixomolding: Neue Märkte für Spritzgießer. Kunststoffe 89 (1999) 3
104. A. Dworog, D. Hartmann: Magnesiumspritzgießen. Kunststoffe 89 (1999) 9
105. G. Steinbichler: Spritzgießen von Strukturschaum. Ein neues Verfahren für feine Zellstrukturen. Kunststoffe 89 (1999) 9
106. F. Vollmer: Beweglich aus dem Spritzgießwerkzeug. Plastverarbeiter 36 (1985) 4
107. N. Gebhardt: Zeittafel der Kautschukgeschichte. WdK-Report des Wirtschaftverbands der deutschen Kautschukindustrie. Frankfurt
108. NN: Blasformen von Thermoplasten. Firmenbroschüre der Hoechst AG
109. NN: WDK-Report: „Vom Rohstoff Kautschuk zum Werkstoff Gummi" Information des Wirtschaftsverbands der deutschen Kautschukindustrie e. V. (WdK)
110. A. Limper, P. Barth, F. Grajewski: Technologie der Kautschukverarbeitung. Hanser Verlag, München, 1989
111. W. Schönthaler: Zukunft von Anfang an. Herausgeber: Technische Vereinigung, Würzburg
112. NN: Spritzgießen mit Wärmetauscheranguss. Technische Information der Bakelite GmbH, 1989
113. J. Rothe: Formgebung von Duromeren in Spritzgießmaschinen. In: Wirtschaftliche Herstellung von Duromer-Formteilen. VDI-Verlag 1978
114. E. Egli: Der Spritzgießprozess unter besonderer Berücksichtigung verschiedener Elastomere. In: Spritzgießen technischer Gummi-Formteile. VDI-Verlag 1981
115. P.-D. Hunold: Analyse der Verarbeitungseigenschaften duromerer Formmassen und Ansätze zur Prozessoptimierung beim Spritzgießen. Dissertation an der RWTH Aachen (IKV), 1992
116. E. Hartmann: Formtechnik der Formmassen. Vorlesung an der HTL-Brugg-Windisch
117. Cl. Trumm, H. P. Wolf: Flüssigsilikonkautschuk – ein Material mit besonderen Eigenschaften. Fachtagung Siliconelastomere des SKZ, 1999
118. NN: Spritzgießtechnik. Broschüre der Chemischen Werke Hüls AG
119. NN: Spritzgießen von Thermoplasten. Broschüre der Fa. Hoechst AG
120. W. Mink: Grundzüge der Spritzgießtechnik. Zechner & Hüthig Verlag. ISBN 3-87927-022-8
121. O. Heuel: Optimierung der Werkzeugtemperatur durch richtige Auslegung und Installation der Temperiersysteme. Der Stahlformenbauer 1/92
122. R. Westhoff: Neue Temperierkanalsysteme und deren Layouts. Fachtagung Ressourcen im Werkzeugbau-Wege zum Erfolg. Süddeutsches Kunststoffzentrum, 1994
123. O. Heuel: Normalisierte Entformunghilfen für Druck- und Spritzgießwerkzeuge. Der Stahlformenbauer 4/90
124. H. Domininghaus: Die Kunststoffe und ihre Eigenschaften. VDI Verlag
125. M. Ganz: Mikrospritzguss < 100 mg. Fachtagung Mikrospritzgießen – heute und morgen. Süddeutsches Kunststoffzentrum, 2000

126. A. Spennemann: Eine neue Maschinen- und Verfahrenstechnik zum Spritzgießen von Mikrobauteilen. Dissertation an der RWTH Aachen (IKV), 2000
127. NN: Forminnendruckmessung, Formteilfehlerkatalog und Verfahrensoptimierung. Broschüre der Fa. Bakelite AG
128. W. Schönthaler, K. Niemann: Optimiertes Spritzgießen von Duroplasten. Kunststoffe 71 (1981) 6
129. H.-J. Popp: E-Antriebe für Schnecke und Kniehebel. Kunststoffe 88 (1998) 9
130. A. Jaeger: Hybridmaschinen auf dem Prüfstand, Kunststoffe 90 (2000) 9

Stichwortverzeichnis

Abblätterung, *145*
Abbürstvorrichtung, *353*
Abkühlgeschwindigkeit, *93*
Abkühlkurven, *79*
Abkühlspannungen, *131*
Abkühlung, *69, 79*
Abrasiver Verschleiß, *276*
Abreißanguss, *412*
Abschätzung der Zykluszeit, *441*
Abstreifelemente, *425*
Abstreifer, *353f.*
Adhäsiver Verschleiß, *277*
Alterungsschutzmittel, *221*
Aminoplaste, *208*
Analytische Temperaturberechnung, *69*
Anguss, *410*
Angussarten, *412*
Angusshandling, *384*
Angussrecycling, *373*
Anlaufphase, *51*
AQL, *146*
Arbeitszyklus, *22*
Auditieren, *146*
Aufbereitung der Formmassen, *225*
– von Kautschuk, *226*
Aufschmelzvorgang, *46*
Auftreibkraft, *283*
Ausgangsgrößen, *29*
Ausschraubwerkzeuge, *430*
Ausstoßzone, *263*
Auswerfer, *295*
Auswerferarten, *424*
Auswerferhülsen, *424*
Auswerferstifte, *424*
Axialkolben-Verstellpumpe, *304*

Backen, *427*
Bandeinzugsvorrichtung, *349*
Barriereschnecken, *266*
Bauarten von Spritzgießmaschinen, *341*
Begrenzung des Maximaldrucks, *62*

Beheizung des Massenzylinders, *255*
Berechnung der Herstellkosten, *434*
Betätigung von Auswerfern, *425*
Betriebsdatenerfassung, *405*
Biinjektion, *171*
Bindenähte, *127, 240, 242, 245*
Bindenähte, Fließlinien, *142*
Blasen auf der Oberfläche, *245*
Blockströmung, *235*
BMC Bulk Moulding Compound, *217*
– Spritzguss, *208*
Borierung, *278*
Brückenbildung im Trichterauslauf, *228*

Cartridge-Ventile, *307*
Chargenschwankungen, *224*
Chipkarten, *194*
CM-Verfahren, *247*
Coinjektionsverfahren, *168*
Computerintegrierte Fertigung (CIM), *406*
C-Rahmen, *290*

DAIP, *215*
DAP, *215*
DAP-Formmassen, *216*
Darbietungsformen, *40*
Darbietungsformen (von Duroplasten), *227*
Deformationen von Aufspannplatten, *292*
Dehnströmung, *243*
Dekompressionszone, *267*
Dezentrale Druck- und Mengensteuerung, *321*
Diallylphthalat-Formmassen, *215*
Dichtungen, *422*
Dieseleffekt, *143*
Differenzenverfahren, *72*
Digitale Hydrauliksteuerung, *315*
Direktanspritzung, *415*
Direkte Maschinenkosten, *449*

DMC Dough Moulding Compound, *217*, *242*
Doppelbrechung, *120*
Doppelkniehebel, *281*
Dosierer, *373*
Dosiervolumen, *29*
Dosierweg, *29*
Druck, *36*
Druck-, (Kraft)-steuerung, *299*
Druckabbau, *52*
Druckanstieg, *49*
Druckbegrenzungsventil, *308*
Druckerschnittstellen, *338*
Druckmessung, *262*
Druckminderventil, *308*
Druckproportionalventile, *313*
Druckring, *268*
Druckverformungsrest, *221*
Druckverlauf, *49*
Druckverlauf in der Füllphase, *60*
Druckverluste, *36*
Dünnwandtechnik, *194*
Düsen, *257*
Dunkle Punkte, *144*
Duroplaste, *207*, *210*
Duroplastische Polyimide, *218*
Duroplast-Programme, *354*
Duroplast-Rückströmsperre, *350*
Duroplastschnecken, *350*
Duroplastspritzgießmaschinen, *347*
Dynamische Effekte, *52*

Effektive Temperaturleitfähigkeit, *77*
Eigenspannungen, *130*
Eigenspannungen durch Restdruck, *132*
Eigenspannungszustand, *130*
Eindickungsmittel, *216*
Einfachkniehebel, *280*
Einfärbegeräte, *373*
Einfärben, *43*
Einfallstellen, *245*
Einfallstellen, unebene Oberfläche, *143*
Eingangsgrößen, *26*
Eingriffsgrenzen, *149*
Einspritzdruck, *27*, *440*
Einspritzgeschwindigkeit, *27*
Einspritzleistung, *275*

Einspritzphase, *234*
Einspritzstrom, *27*, *275*
Einspritzzeit, *28*, *443*
Einstellgrößen, *26*
Einzugshilfen für reagierende Formmassen, *348*
Einzugstasche, *257*
Einzugszone, *263*
Elastizität, *221*
Elastomere, *210*, *220f.*
Elektrische Direktantriebe, *322*
Elektrohydraulische Regelantriebe, *318*
Energiekosten, *331*
Energieschnellkupplung, *390*
Energieverbrauch, *329*
Energieverbrauchsmessung, *333*
Entformung, *423*
Entformungshilfen, *353*
Entformungsprobleme, *246*
Entformungsschwierigkeiten, *142*, *224*
Entformungstemperatur, *80*
Entgasungsschnecken, *267*
Entgratungsanlage, *364*
Entlüften, *354*
Entlüften der Werkzeuge, *239*
Entlüftung, *416*
Entlüftungskanäle, *416*
Entlüftungslamellen, *416*
Entlüftungsprogramm, *239f.*
Entsperrbares Rückschlagventil, *307*
EP, *214*
Epoxidharze, *208*, *214*
Epoxidharz-Formmassen, *214*
Erstarrende Angüsse, *411*
EUROMAP, *251*, *275f.*, *12*, *338*
Evakuierung, *239*, *417*
Evolutionsstrategie, *160*

Fadenbildung, *258*
Farbschlieren, *144*
Faserorientierungen, *126*
Faserorientierungen bei Duroplasten, *243*
Faserzerstörung, *242*
Fertigungsgemeinkosten, *450*
Feuchte, *42*
Feuchtebestimmung, *43*
Feuchtigkeitsschlieren, *144*

Feuchtpolyester, *228, 242*
Feuchtpolyester-Formmassen, *216*
Feuchtpolyestermassen (GMC, DMC), *242*
Feuchtpolyesterverarbeitung, *242*
Filmanguss, *412*
Filterdüsen, *260, 376*
Flach geschnittene Schnecken, *265*
Flachdüse, *262*
Flammschutzmittel, *221*
Flexible Fertigungssysteme, *403*
– Fertigungszellen, *401*
Fließ-/Vernetzungsverhalten, *228*
Fließfähigkeit, *40*
Fließstrecke, *230*
Fließverhalten der Duroplaste, *235*
Flügelzellenpumpe, *303*
Flügelzellen-Verstellpumpe, *304*
Flüssigharzverfahren, *225*
Flüssigsilikonkautschuk LSR, *223*
Fluidinjektionsverfahren, *172*
Fördersysteme, *371*
Formaldehyd, *207*
Forminnendruckverlauf, *238*
Formmasse, *38*
Formschlüssige Verriegelung, *279*
Formteilbildung, *49, 90*
Formteilfestigkeit, *246*
Formteilgewicht, *98*
Formteilhandling, *376*
Free Space-Maschinen, *289*
Freistrahlbildung, *142, 236*
Friktionsenergie, *234*
Führungen, *430*
Führungssäulen (Holmen), *279*
Füllphase, *52*
Füllstoffe, *211*
Füllstofforientierung, *240, 243*
Fülltrichter mit Rührwerk, *348*

Gangtiefe, *264*
Gasblasen, *143*
Gasinjektionstechnik, *172*
Gefügeaufbau, *138*
Gegendruckverfahren, *239f.*
Gegentaktspritzgießen, *171*
Gesamtschwindung, *100*

Geschwindigkeitsprofile im Werkzeug, *235*
Geschwindigkeitssteuerung, *300*
Glanz, *144*
Glasfasergröße, *126*
Glasfaserschädigung, *242*
Glasfaserschlieren, *144*
GMC Granulated Moulding Compound, *217, 242*
Gratarmes Spritzen, *235*
Gratbildung, *224, 235, 246*
Gratbildung, Schwimmhäute, *141*
Gummi, *220f.*
Gummielastizität, *221*
Gummi-Plastifiziereinheit, *359*

Hagen-Poiseuillesche Gesetze, *37*
Handhabungsgeräte, *379*
Handlinggeräteschnittstellen, *338*
Harnstoffharze, *213*
Harnstoffharz-Formmassen, *213*
Harte Automation, *401*
Hartmetall, *278*
Hartmetallausschleuderung, *278*
Hartmetall-Panzerung, *278*
Hart-PVC Spezielschnecken, *265*
Heißkanal, *415*
Heißkanalregler, *398*
Heiz-/Kühlzeit, *236*
Heizleistung, *255*
Herstellkosten, *451*
Herstellverfahren für Gummiformteile, *247*
Hinterschneidungen, *426*
Hinterspritzen von Textilien, *182*
Hinterspritztechnik, *178*
Hochdruckkapillarrheometer, *35*
Hochleistungsschnecken, *266*
Holme, *252*
Holmlose Schließeinheiten, *289*
Hot-cone-Verfahren, *237*
H-Rahmen, *291*
HTV-Silikone, *222*
HTV-Silikonformmassen, *223*
HTV-Silikonkautschuk, *223*
Hubvolumen, *252*
– Schussgewicht, *274*

Hybridantriebe, *328*
Hybride Strukturbauteile, *192*
Hydraulische Antriebe, *298*
– Schließeinheit mit mechanischer Verriegelung, *286*
– Schließeinheiten, *284*
– Zuhaltung, *179*
Hydromotoren, *302*
Hydropumpen, *302*
Hydrospeicher, *313*
Hydrozylinder, *305*

ICM-Verfahren, *247*
IM-Verfahren, *247*
Inaktive Füllstoffe, *221*
Industrieroboter, *379*
Informationsver- und -entsorgung, *403*
Infrarot-Messgeräte, *262*
Infrarot-Werkzeugsicherung, *392*
In-Mold-Assembling: IMA, *193*
In-Mold-Decoration (IMD), *178*
In-Mold-Labelling (IML), *180*
Innenpanzerung, *278*
Innenschieber, *428*
Innenzahnradpumpe, *303*
Insert-Technik, *189*
Insert-Technik (IMD), *180*
Intrusion, *206*
Investitionskosten, *446*
Isolierkanal, *415*
ITM-Verfahren, *247*

Kaltkanal, *414*
Kasein, *207*
Kaskadenspritzgießen, *186*
Kautschuk, *220, 228*
Kautschukelastizität, *221*
Kautschukverarbeitung, *359*
Kavitätenzahl, *435*
Kavitation, *277*
Keimbildungsgeschwindigkeit, *138*
Keimwachstumsgeschwindigkeit, *138*
Kenngrößen des Forminnendrucks, *58*
Keramikbeschichtung, *278*
Klassifizierung der Maschinen, *252*
Kleinstmaschinen, *274*
Knickarm-Roboter, *381*

Kniehebelprinzip, *279*
Kolbenplastifizieraggregat, *273*
Kolbenspritzaggregate, *242*
Kompressibilität, *93*
Kompressionsverhältnis, *264*
Kompressionszone, *263f.*
Konusdüse, *262*
Korrosion, *277*
Kostenkalkulation, *448*
Kostenkalkulationsmethoden, *449*
Kostenrechnen, *433*
Kristallinität, *136, 140*
Kristallite, *137*
Kritstallitoberflächen, *137*
Kühlzeit, *443*

Lage der Schließeinheit, *252*
Lagerung von Formmassen, *225*
Laminarströmungs-Reinraumgeräte, *400*
Leistungsdaten der Spritzaggregate, *274*
Leitrechnerschnittstellen, *338*
Linear-Handlinggerät, *380*
Lohnkosten, *450*
LSR, *222, 363*
LSR-Spritzgießanlage, *363*
Luftauswerfer, *425*
Lufteinschlüsse, *240*
Lunker, *143*

Magnesiumspritzgießen, *202*
Magnetabscheider, *376*
Magnetspannsysteme, *388*
Mahlgut, *45, 260*
Marmorieren, *170*
Maschinen für die Kautschukverarbeitung, *359*
Maschinenantrieb, *440*
Maschinenaufbau, *252*
Maschinenbett, *252*
Maschinendüse, *261*
Maschinenfähigkeit, *148*
Maschinenständer, *295*
Maschinensteuerung, *334*
Maßabweichungen, *101*
Maßänderungsverhalten, *99*
Masserückfluss, *267*
Massezylinder, *255*

Maßschwindung, *99, 103*
Masterbatch, *43*
Materialdaten, *218*
Materialfördergerät, *371*
Materialversorgung, *369*
Matte Oberfläche, *246*
– Stellen, *143*
Mechanische Zuhaltung, *279*
Mechanisch-hydraulische Zuhaltung, *279*
Mehrfarbenspritzgießen, *164*
Mehrkomponentenspritzgießmaschinen, *343*
Mehrkomponentspritzgießen, *162*
Mehrstationen-Maschinen, *360*
Melamin, *228*
Melaminharz-Formmassen, *214*
Melamin-Phenolharz-Formmassen, *214*
Metallabscheider, *375*
Metalldetektoren, *376*
Meteringzone, *263 f.*
MF, *214*
MID, *187*
Mikroformteile, *200*
Mikrospritzgießmaschinen, *343*
Mikrostrukturen, *198*
Mischdüsen, *260*
Mischer, *373*
Mittelwertmethode, *77*
Möglichkeiten der Kostenreduktion, *452*
Molded Interconnection Devices, *187*
Molekülanordnungen, *209*
Molekulare Orientierungen, *116*
Monomere, *239*
Montagespritzguss, *165*
MPF, *214*

Nachbearbeitungsstationen, *364*
Nachdruck, *28, 236*
Nachdruck- und Plastifizierzeit, *444*
Nachdruckzeit, *443*
Nachdruckzeiten, *28*
Nachschwindung, *100, 141*
Nadelverschlussdüse, *259*
Netto-Verkaufspreis, *451*
Normen, *251*

Ölfilter, *314*
Ölkühler, *314*
Ölreservoir, *314*
Offene Düse, *258*
Optimierungsmöglichkeiten, *158*
Optimierungsstrategien, *156*
Optische Datenträger, *195*
Orientierungen, *116*
Orientierungen von Füll- und Verstärkungsstoffen, *125*
Orientierungsgrad, *121*
Orientierungsverteilung, *122*
Orientierungszustand, *120*
Outsert-Technik, *191*

Peripheriegeräte, *367*
Peroxidkatalysator, *216*
PET-Flaschenvorformlinge, *274*
PF, *211*
Phenolharz-Formmassen, *208, 211*
Phenolharzmasse, *230*
PIC-Verfahren, *241*
PIM Powder Injection Molding, *200*
Plastifizieraggregat, *253*
Plastifizierleistung, *276*
Plastifizierstrom, *276*
Plastifizierung, *46, 233*
Pneumatischer Ausfeueranguss, *412*
Polarisationsoptik, *120*
Polyesterharze, *208*
Polyesterstopfer, *357*
Polyimid-Formmassen, *218*
Poren, *239*
Porositäten, *235*
Poröse Formteile, *245*
Prägegeschwindigkeit, *240*
Prägespalt, *240*
Prägezeitpunkt, *240*
Pressverfahren, *208*
Produktionskonzept, *435*
Propfenströmung, *235*
Proportionaltechnik, *316*
Proportionalventile, *311*
Prozessdokumentation, *152*
Prozessführung, *157*
Prozesskennzahlen, *154*
Prozessregelsysteme, *340*

Prozessvariable, 26
Pulverspritzgießen, 200
Pulverstopfvorrichtung, 349
p-v-ϑ-Diagramme, 91
PVD-Beschichtung, 278

Qualität, 98, 145
Qualitätsmanagement, 147
Qualitätsregelkarte, 149
Qualitätssicherung, 145, 398
Qualitätsstandard, 435
Qualitätsüberwachung, 406

Radialkolbenmotor, 303
Radialkolben-Verstellpumpe, 305
Radiusdüse, 262
Reaktionsgase, 239
Reaktionsharze, 214
Reaktionswärme, 236
Recycling, 45
Regelung, 158
Reibungswärme, 68, 270
Reinraumgeräte, 399
Reinraumklassen, 399
Relaxation, 118
Reproduktion, 158
Restkühlzeit, 28
Restschließkraft, 283
Retardation, 118
Rieselfähigkeit, 225
Ringanguss, 412
Ring-Rückströmsperre, 268
Rissätzen, 134
Risse, 246
Rohmaterialkosten, 446
Rotatorischer Schneckenantrieb, 270
RTV-Silikonformmassen, 223
Rückschlagventil, 307
Rückstandbildung, 224
Rückstellbestreben, 118
Rückstellung, 118
Rückströmsperren, 254, 267, 268
Rückströmung in der Schnecke, 237

Säulen, 252
Sandwichspritzgießen, 168
Sauerkrautmassen, 217

Schallplatteneffekt, 142
Schaltung von Temperierkreisläufen, 422
Scher- und Deformationsgeschwindigkeit, 32
Schichtmodell, 30
Schieber, 426
Schiebeverschlussdüse, 258
Schirmanguss, 412
Schließeinheit, 252, 278, 352
Schließkraft, 28, 87, 252, 283, 436
Schmelzefilterdüse, 261
Schmelzflussverfahren, 225
Schmelzkerntechnik, 190
Schnecken, 262
Schneckenantrieb, 269
Schneckendrehzahl (n), 28, 233
Schnecken-Düsenspiel, 351
Schneckenkolben, 253f.
Schneckenplastifizierung, 242
Schneckenplastizierung, 48
Schneckenspitze, 254, 267
Schneckenvorlaufgeschwindigkeit, 27
Schneckenvorplastifizierung mit Kolbeneinspritzung, 273
Schnellspannvorrichtungen, 386
Schnitzelmassen, 224
Schrumpf, 121
Schrumpfmessungen, 120
Schubspannung, 31
Schwenkarm-Handlinggerät, 380
Schwindung, 98, 240, 245
Schwindung bei Duroplasten, 243
Schwindungs- und Verzugsberechnung, 106
Schwindungsverhalten einer Scheibe, 244
Seitlicher Anguss, 412
Selbstkosten, 451
Sensoren, 337
Separierschiene, 377
Servomotoren, 323
Servoventil, 312, 313
Sicherheitseinrichtungen, 296
Silikone, 222
Sinnbilder für hydraulische Bauelemente, 300
Sonderdüsen, 260

Sonderverfahren, *162*
Spannungsrissauslösende Medien, *134*
Spannungsrisse, *135*
Sperrring, *268*
Sperrschieberpumpe, *303*
Sperrventile, *306*
Spezifischer Energieverbrauch, *331*
Spezifisches Volumen, *91*
Sphärolithe, *137*
Spiralsortierwalze, *377*
Spritzaggregat, *253, 349, 439*
Spritzaggregate, *272*
Spritzblasen, *205*
Spritzen von Hybridteilen, *188*
Spritzfehler, *141*
Spritzgießen beweglicher Teile, *165*
– vernetzter Polymere, *207*
Spritzgießmaschine, *249*
Spritzgießmaschine für Elastomere, *360*
Spritzgießmaschinen für die Verarbeitung von Feuchtpolyester, *357*
– für Flüssigsilikonkautschuke, *363*
Spritzprägen, *204, 354*
– Verfahren, *240*
Spritzprägen von Duroplasten, *240*
Spritzzyklus, *22*
Standardschnecke, *263*
Stangenanguss, *412*
Statistische Prozesskontrolle, *147*
– Verfahren, *160*
Staudruck, *29, 234, 255, 264*
Steuerung des Druckverlaufs, *59*
Steuerungssoftware, *338*
Störgrößen, *26*
Stoffwerte, *75*
Stopfdruck, *243*
Stopfschnecke, *348*
Stopfvorrichtung, *242*
Strömungsbedingte Spannungen, *131*
Stromventile, *309*
Struktur von Polymeren, *209*
Strukturviskosität, *33*

Tauchdüse, *262*
Temperaturberechnung, *78*
Temperaturen, *67*
Temperaturführung, *231*

Temperaturführung im Plastifizierzylinder, *233*
Temperaturleitfähigkeit, *75*
Temperaturmessung, *256*
Temperaturregler, *336*
Temperaturverteilung, *78*
Temperiergeräte, *392*
Temperierkanäle, *420*
Temperiermitteltemperatur, *28*
Temperierung, *417*
Thermische Beständigkeit, *41*
Thermoplaste, *210*
Thermoplastische Elastomere, *210*
Thermoplast-Schaumguss (TSG), *203*
Thermoplast-Spritzgießmaschine, *249*
Thixomolding, *202*
TM-Verfahren, *247*
Töpfchenmodell, *90*
Transferspritzpressen, *208*
Treibmittel, *221*
Trockenlaufzeiten, *293*
Trockenluftgeräte, *401*
Trockenlufttrockner, *370*
Trockenpolyester, *217*
Trockenpolyesterharz-Formmassen, *217*
Trockner, *369*
Tunnelanguss, *413*
Typisierung der Formmassen, *210*

Über- oder Aneinanderspritzen (Overmolding), *162*
UF, *213*
Umspritzen von Einlegeteilen, *188*
Ungesättigte Polyester, *216*
Universalschnecke, *262*
Unvollständige Werkzeugfüllung, *141*

Verarbeitungsparameter vernetzender Polymerere, *232*
Verarbeitungsschwindung, *100*
Verbindungs-, Verbundspritzgießen oder Combimelt-Technologie, *162*
Verbrennungen am Formteil (Dieseleffekt), *239*
Verbrennungsschlieren, *144*
Verdichtungslinie, *235*
Verdichtungsphase, *52*

Verfahrensablauf, *20*
Verfahrenstechnik, *224*
Verformungsmessung, *89*
Verformungsverhalten von Aufspannplatten, *292*
Vergleich der Schließsysteme, *293*
Vergleichsmerkmale von Schließeinheiten, *294*
Verifizieren, *147*
Vernetzungsmittel, *220*
Vernetzungsreaktion, *212, 228*
Vernetzungszeiten, *228*
Verschleiß, *224, 268, 276*
Verschleiß an Spritzgießmaschinen, *354*
Verschleißende Wirkung von Duroplastformmassen, *356*
Verschleißfeste Plastifizierausrüstungen, *277*
Verschleißschutz, *277*
Verschlussdüsen, *258*
Verspannungsschaubild Schließeinheit, *283*
Verstärkende Füllstoffe, *221*
Verstärkungsstoffe, *211*
Verteilerkanäle, *414*
Vertikalmaschinen, *341*
Verzug, *107, 240, 244f.*
Verzug bei Duroplasten, *243*
Verzugsanalyse, *112*
Viskosität, *32, 228, 264*
Viskositätsverlauf bei der Verarbeitung, *228*
Vollhydraulische Schließeinheiten, *284*
Volumenausdehnungskoeffizient, *93*
Volumenschwindung, *99f.*
Vorkammeranguss, *415*
Vorprägen, *240*
Vulkanisat, *220*
Vulkanisationsbeschleuniger, *221*
Vulkanisationsverzögerer, *221*

Wärmebilanz, *417*
Wärmeeindringfähigkeit, *83*
Wärmeleitdüse, *262*

Wahl der Kavitätenzahl, *435*
Wasserinjektionstechnik, *177*
Wege-Proportionalventil, *311*
Wegeventile, *310*
Weichmacher, *221*
Weich-PVC, *265*
Werkstoffpaarungen, *167*
Werkzeugatmung, *85*
Werkzeugaufspannplatte, *252, 279*
Werkzeuge, *409*
Werkzeugentlüftung, *242*
Werkzeuginnendruck, *436*
Werkzeugkonzept, *435*
Werkzeugkosten, *447*
Werkzeugkosten pro Los, *450*
Werkzeugreinigungsgeräte, *353*
Werkzeugschnellwechselsysteme, *390*
Werkzeugsicherung, *295, 392*
Werkzeugtemperatur, *82, 225, 231*
Werkzeugverformungen, *86*
Werkzeugwechselsysteme, *384*
Wiederverwendung von Mahlgut, *375*
Wirtschaftliche Bedeutung, *250*
Wirtschaftlichkeit, *433*
WLF-Gleichung, *118*

Zentraler Druck- und Mengensteuerung, *318*
Zentrierungen, *430*
Zertifizieren, *147*
Zielgrößen, *29*
Zonenaufteilung der Schnecke, *263*
Zuhaltekraft, *283*
Zusatzstoffe, *221*
Zuschlagskalkulation, *448*
Zustandskurve, *96*
Zweikomponenten-Flüssigsilikon-Elastomeren, *363*
Zwei-Plattenschließeinheit, *286f.*
Zweistufen-Spritzaggregat, *273*
Zyklusablauf, *441*
Zykluszeit, *246*
Zylinderkopf, *257*
Zylindertemperatur, *28, 231*

Ihr Standardwerk für die Praxis.

Dieses Handbuch der Spritzgießtechnik wird seit langem von der Fachwelt erwartet. Im Mittelpunkt dieses Wissensspeichers stehen der Spritzgießprozeß und der Spritzgießbetrieb. Die Zusammenhänge von Material-, Produkt- und Werkzeuggestaltung, Prozeßführung, Verfahrenstechnik, Sonderverfahren sowie Maschine und Peripherie werden ausführlich erläutert.

Dieses Handbuch darf in keinem Spritzgießbetrieb fehlen. Es ist Lernbuch, Nachschlagewerk und Problemlöser in einem.

Es gibt keine vergleichbare Sammlung von Wissen und Praxiserfahrung zum Thema Spritzgießen.

„... Das Handbuch erfüllt alle Ansprüche, die man an eine grundlegende, wissenschaftlich fundierte und zugleich praxisorientierte Arbeit über dieses Gebiet stellen kann (...) und ist dank der didaktischen Fähigkeiten seiner Verfasser leicht lesbar und verständlich."

Georg Menges, Kunststoffe

Friedrich Johannaber, Walter Michaeli
Handbuch Spritzgießen
1300 Seiten, 100 Tabellen,
738 Abbildungen
2001. Gebunden
ISBN 3-446-15632-1

Inhalt:
- Geschichte des Spritzgießens
- Wirtschaftliche Bedeutung des Spritzgießens
- Werkstoffe für das Spritzgießen
- Verarbeitungsdaten
- Verfahrenseinflüsse
- Spritzgießverfahren
- Sonderverfahren der Spritzgießtechnik
- Die Spritzgießmaschine
- Fertigungstechnische Formteilauslegung
- Fertigungsgerechte Werkzeugauslegung
- Zyklusanalyse
- Fertigungsvorbereitung
- Fertigung
- Zubehör, Peripherieeinrichtungen
- Recycling für das Spritzgießen
- Herstellerverzeichnis

www.hanser.de

Carl Hanser Verlag
Postfach 86 04 20, D-81631 München
Tel. (0 89) 9 98 30-0, Fax (0 89) 9 98 30-269
E-Mail: info@hanser.de, http://www.hanser.de